海军重点学科专业建设规划教材

导弹制导与控制系统原理

主编 林 涛

副主编 肖支才 李 涛 梁 勇 戢治洪

北京航空航天大学出版社

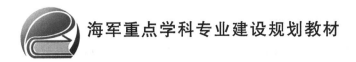

内容简介

本书共分9章，以典型的飞航导弹及防空（空空）导弹制导控制系统为背景，着重介绍导弹控制与制导系统的基本概念和组成，导弹弹体的数学模型、传递函数及动态特性分析，弹上执行机构，导弹的控制方法及特性，导弹稳定控制系统分析与设计，导弹导引规律及导弹制导系统分析与设计等内容。

本书可作为高等院校导弹工程、导航制导与控制等专业本科生和研究生的教材，也可供相关领域的工程技术人员参考使用。

图书在版编目(CIP)数据

导弹制导与控制系统原理 / 林涛主编. -- 北京 ：北京航空航天大学出版社，2020.9

ISBN 978-7-5124-3365-6

Ⅰ. ①导… Ⅱ. ①林… Ⅲ. ①导弹制导②导弹控制 Ⅳ. ①TJ765

中国版本图书馆CIP数据核字(2020)第176185号

导弹制导与控制系统原理

主编 林 涛

副主编 肖支才 李 涛 梁 勇 戢治洪

策划编辑 董 瑞 责任编辑 张冀青

*

北京航空航天大学出版社出版发行

北京市海淀区学院路37号(邮编100191) http://www.buaapress.com.cn

发行部电话:(010)82317024 传真:(010)82328026

读者信箱: goodtextbook@126.com 邮购电话:(010)82316936

北京建宏印刷有限公司印装 各地书店经销

*

开本:787×1 092 1/16 印张:21.5 字数:564千字

2021年3月第1版 2025年1月第3次印刷 印数:1 301～1 500册

ISBN 978-7-5124-3365-6 定价:69.00元

前　言

随着高新技术的迅猛发展和新军事变革的不断深入，以导弹为代表的精确制导武器在现代战争中得到了广泛应用，并极大地影响了战争的形态和作战方式。制导控制系统是引导导弹精准命中目标的关键。本书对导弹制导与控制原理进行了系统分析和深入阐述。

本书作为面向高等院校制导与控制专业本科生及研究生的教材，以及从事导弹作战使用与维护的技术人员及相关专业科研工作者的参考书，目的是使读者系统、全面地掌握战术导弹制导控制系统的基本结构、工作原理和工作过程，掌握制导控制系统分析和设计的基本方法及技术途径，了解不同制导控制系统在导弹作战应用及综合保障背景下体现出的特殊性。本书在编写过程中强调了以下特点：

1. 以战术导弹制导控制系统基本组成及原理为核心，以其分析和设计方法为主线，针对近年来世界各国海军现役战术导弹制导控制技术的特点，在系统构成、设计原理及关键技术方面进行了深入浅出的分析，内容系统、全面，突出了飞航式和防空（空空）两类战术导弹制导控制技术的不同特色，便于读者根据不同需求，掌握导弹制导控制系统的原理及主要设计思路。

2. 在详尽论述战术导弹制导控制系统分析设计的基本原理及方法的基础上，有针对性地介绍了高超声速导弹控制系统设计、直接力/气动力复合控制技术及现代导引规律设计领域的新成果和发展趋势，使其具有一定的实用性及前瞻性。

本书共分 9 章，以典型的飞航导弹及防空（空空）导弹制导控制系统为背景，着重介绍导弹控制与制导系统的基本概念和组成，导弹弹体的数学模型、传递函数及动态特性分析，弹上执行机构，导弹的控制方法及特性，导弹稳定控制系统分析与设计，导弹导引规律及导弹制导系统分析与设计等内容。

本书由林涛副教授主持制订框架结构和编写大纲，集体编写完成。第 1、5～7 章由林涛副教授编写；第 2、3 章由肖支才副教授编写；第 4 章由李涛高级工程师编写，第 8、9 章由梁勇副教授和戢治洪讲师编写。

本书参考和引用了大量国内外教材、著作和研究成果，均在参考文献中列出，在此对所有相关作者表示感谢。

本书内容广泛，涉及很多方面的专业知识，由于作者水平有限，书中难免有不妥之处，敬请读者指正。

作　者

2020 年 10 月

目　录

第1章 绪 论

1.1 导弹制导控制系统概述

1.1.1 导弹制导控制系统的概念

导弹是现代化的精确制导武器，其主要任务是对目标实施精确打击。导弹与普通武器的根本区别在于其具有制导控制系统。

制导控制系统以导弹为控制对象，保证导弹在飞行的过程中克服各种不确定性和干扰因素，按照预先设计的弹道飞行，或者根据目标的运动情况及时修正弹道，最后准确命中目标。概括起来，制导控制系统是完成导弹“导引”和“控制”功能的硬件及软件的总称。

1.1.2 导弹制导控制系统的组成及功能

导弹制导控制系统包括导引系统和稳定控制系统两部分。导引系统由测量装置和制导计算装置组成，其功用是测量导弹相对目标的位置或速度，按预定导引规律加以计算处理并形成制导指令，并通过稳定控制系统控制导弹，使其沿适当的弹道飞行，直至命中目标；稳定控制系统有时又称为自动驾驶仪，它由敏感装置、计算装置和执行机构组成，其功用是保证导弹飞行稳定，接受来自导引系统的制导指令，控制导弹的姿态进而改变导弹的飞行弹道，使其最终命中目标。

一般情况下，导弹制导控制系统是一个多回路系统，主要包括两个回路。由导引系统、稳定控制系统、导弹弹体和运动学环节一起形成一个闭环回路，称为导弹制导回路，又称大回路，主要任务是控制弹体质心运动，保证导弹命中精度。由稳定控制系统和弹体组成的回路称为导弹稳定控制回路，又称小回路，主要任务是控制弹体绕质心转动，保证导弹姿态稳定。导弹制导控制系统组成框图如图1.1所示。

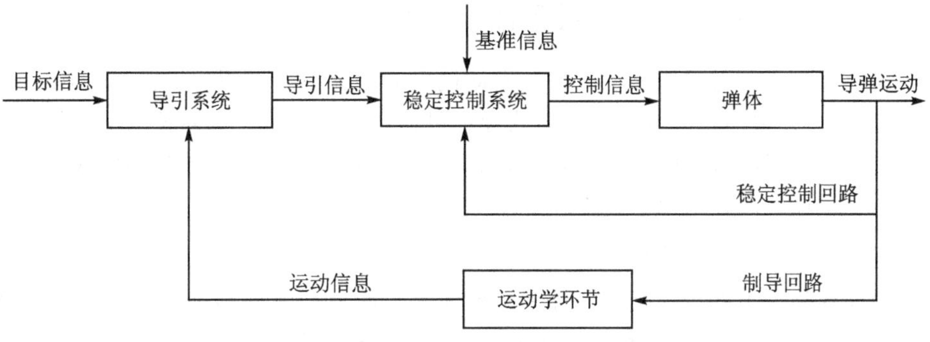

图1.1 导弹制导控制系统组成框图

1.1.3　导弹制导控制系统的基本原理及工作过程

制导控制系统是导弹的核心和关键部分，在很大程度上决定着导弹的战术技术性能，尤其是飞行稳定及制导精度。导弹制导控制系统的工作过程包括：

① 在导弹飞向目标的整个过程中，不断测量导弹实际飞行弹道相对于理想(规定)飞行弹道之间的偏差，或者测量导弹与目标的相对位置，并按照一定制导规律(简称导引规律)，计算出导弹击中目标所必需的制导指令，自动控制导弹修正偏差，准确飞向目标。

② 按照控制律形成控制信号，操纵系统执行机构，产生控制力和力矩，改变导弹的飞行姿态和弹道，保证导弹按照预定弹道稳定飞行直至命中目标。

1.1.4　导弹制导控制系统的主要特点

导弹制导控制系统又区别于一般自动控制系统，其具有如下主要特点，必须在分析与设计中着重考虑。

① 导弹是一个具有高机动性的飞行器。为了对付机动目标，导弹制导控制系统必须具有连续测定目标状态的能力，并控制导弹按照一定的规律飞行，这样才能有效命中目标。

② 导弹在使用空域内飞行高度和速度的变化范围很大，其运动参数和控制参数也会有大幅度、非线性的改变，且各自由度运动之间存在密切的耦合关系，致使导弹动态特性发生很大变化。因此，导弹制导控制系统应该是一个多通道铰链、非线性、变参数及变结构控制系统。为了获得满意的导弹控制品质和制导飞行性能，系统设计必须有自适应能力。

③ 由于导弹战斗部威力有限，因此制导控制系统的精度必须满足对目标命中精度的要求。

④ 由于导弹作战面临着严峻的干扰环境，因此制导控制系统设计必须考虑各种随机干扰和主动干扰的影响，具备相应的对抗措施。

⑤ 随着未来作战态势的复杂化，对导弹制导控制系统的信息化、智能化程度的要求不断提高，这体现在自主目标识别、协同制导以及在线弹道规划等方面。

1.2　典型战术导弹制导控制系统

1.2.1　飞航式导弹制导控制系统

飞航式导弹主要指那些依靠空气喷气发动机推力和弹翼气动升力，在大气层内部以巡航状态，沿机动多变弹道飞行的导弹。飞航式导弹可以从地面、空中、水面及水下发射，用于攻击固定及活动目标。飞航式导弹包括巡航导弹、反舰导弹等。根据此类导弹的作战使用需求，其制导控制系统设计应凸显出以下特点：

(1) 强调飞行弹道的稳定性及抗干扰性设计

飞航式导弹是一类在较远距离条件下对地面或水面目标实施精确打击的导弹武器，其动力系统又多以空气为氧化剂，并充分利用地形或海况进行隐蔽飞行。因此，这就要求飞行控制系统具备长时间稳定工作并能克服地(海)面复杂环境干扰而实现准确控制的能力。为满足这一使用要求，控制系统应具备近地(海)隐蔽飞行机动性及抗干扰的能力，如实现掠海(飞行高度在 10 m 以下)、贴“树梢”飞行(平原上飞行高度小于 50 m)，安全实现地形跟踪与回避；又如能在海面上5级风、4级海情下飞行,陆上能够抵抗弹道风、大气随机紊流与阵风干扰。因此,在对导弹稳定控制系统设计过程中,更加强调其稳定性及抗干扰性能的设计。

(2) 稳定控制系统多采用面对称气动布局和三个独立通道控制机制

由于飞航式导弹是在稠密大气层内飞行,一般都要求有较大的升力面,从而多数导弹具有面对称布局。它适用于对地(水)面机动性不大的目标进行攻击,而维持升力、重力平衡,也有利于长距离的巡航飞行。只有部分对机动性要求高的飞航式导弹和对发射装置有所限制的导弹才用轴对称布局。

为满足对飞行稳定性的要求,飞航式导弹的稳定控制系统多采用三个独立通道的机制,即对俯仰、偏航和滚动三个通道分别进行姿态稳定及控制,从而建立一个确定的弹体坐标系。控制通道独立并不意味着通道间不存在交联作用,尤其是通过气动系数在有侧滑角条件下对滚动通道的交联作用。稳定控制系统不仅要提防"荷兰滚",而且必要时需采用BTT(倾斜转弯)技术来提高导弹的机动性。采用4个舵面实现三个通道的控制,反映一种电气综合交叉控制作用。

(3) 一般采用"自控+自导"的制导体制

飞航式导弹一般都采用"自控+自导"的制导体制,这是由于弹上导引系统很难完成远距离全程制导。除了弹上被动雷达可以达到200~400 km(导弹飞行高度在2 500~9 000 m)的探测距离外,其他各种导引头一般只能实现几十公里以内的探测、跟踪距离。如果采用全程惯导,即使有其他设备介入实现全程组合导航,其精度与成本也难以让飞航式导弹控制系统所接受。近年来,虽然卫星定位系统可以达到米级的定位精度,但飞航式导弹俯冲段控制精度、机动目标搜索和选择跟踪仍难以满足精确打击的要求,而自控与自导两种方式的结合却能较好地满足远距离、精确制导的要求。

1.2.2 防空(空空)导弹制导控制系统

防空(空空)导弹主要是在大空域范围内对高机动性目标进行杀伤的导弹武器。它具有高加速性、高机动性、精确制导等特点,主要用于攻击空气动力型目标(战斗机、巡航导弹等)及弹道式目标(弹道导弹、火箭弹等);它包括地空导弹、舰空导弹及空空导弹等。根据此类导弹的作战使用要求,其制导控制系统设计凸显出以下特点:

(1) 拦截目标具有强机动性、大空域分布及弱散射/辐射特征

防空(空空)导弹主要是针对弱散射/辐射、高度分布较大、机动性能较强的空中(空天)目标,其飞行速度在每秒几百米到几千米范围变化,高度在几米到上百千米范围变化,拦截距离的最小射程在几百米,最大射程可达几百公里。针对此类目标,导弹的飞行弹道的分布空域较大,包括远、中、近程,高、中、低及超低空等。部分导弹的飞行弹道处于大气层内,有些导弹的弹道甚至位于大气层之外。在不同的弹道点上,气动参数变化范围较大,弹道机动所需可用过载也较大。

(2) 多采用轴对称的气动布局及引入过载反馈的多通道控制

由于防空(空空)导弹的目标机动性强,对于导弹的机动性及操纵性要求更高,因此大多采用轴对称的气动布局,以便在空气动力控制时生成较大的侧向控制力。为适应不同的空气动力控制方法,导弹的纵向气动布局形式主要包括正常式、全动弹翼式和鸭式气动布局等。由于抗击多向饱和攻击能力及发射平台装载弹药能力的需求,防空导弹多采用垂直发射快速转弯

技术，以满足全方位、快速响应及高机动性能的需求。随着空中威胁越发严重，空袭目标的速度、机动性及杀伤效能越发强大，则反空袭导弹的动态响应时间必须足够小，可用过载足够大，命中精度足够高。为适应战术需求的变化，在传统空气动力控制的防空（空空）导弹基础上，产生了直接力/气动力复合控制方法，使得导弹能够实现大迎角飞行和大角速率操纵，从而大大提高了可用过载、机动能力及命中精度。

大部分防空（空空）导弹的导引规律一般不要求有三个姿态角稳定回路，但为便于实现指令控制，要求稳定滚动姿态角和另外两个通道的角速率。按控制通道选择分类，其控制方式可分为单通道控制（自旋弹体）、双通道控制及三通道控制。由于防空（空空）导弹作战空域较大，其速度特性及大气密度变化很大，造成气动参数差别很大，为保证相同的指令输入具有相同的加速度输出，通常需引入加速度反馈回路；由于大部分防空（空空）导弹的弹体长细比（值）较大，造成了弹性弹体特性比较明显，因此在设计导弹稳定回路时应考虑弹性振动的不利影响。

(3) 采用适应目标特性快速变化的多种制导体制

防空导弹制导控制系统使用的制导方式大致有四种，即遥控制导、驾束制导、寻的制导和复合制导。在遥控制导方式中，导引规律多采取位置导引，如三点法、前置点法，补偿规律一般采用动态误差补偿等。在寻的制导方式中，导引规律多采用速度导引，如追踪法、比例导引等；补偿规律除必要时采用动态误差补偿，一般更关注天线罩斜率误差补偿等。

随着目标机动性能的提高和突防形式的变化，对防空（空空）导弹末制导段的制导控制提出了某些特殊要求。例如：在弹目交会过程中，由于质心和姿态的相对运动变化剧烈，使引战配合出现新问题，从而对导弹在末制导过程中的姿态运动提出特定要求；在拦截大机动目标过程中，要求增加导弹的机动性能，但制导过程末段，由于导弹末速降低，机动性能亦随之下降，因而需要采用需用过载小、对目标机动性适应能力强的导引规律；在拦截掠海飞行的超低空目标时，为了有效抑制海面产生的多路径效应，需采用特殊的制导弹道形式；同时，由于直接碰撞杀伤方式的要求，对于制导规律精度的要求也不断提高。

1.3　导弹制导控制系统关键技术

导弹的制导与控制是一种综合性工程技术，涉及系统总体技术、制导体制及方式、导引规律与控制律、制导控制回路结构形式、系统主要设备和装置、惯性敏感与探测技术以及信息融合技术等，但直接决定导弹制导控制技术进步的本质因素可归纳为两个方面，即机动性水平和信息化程度。机动性水平体现武器本身的机动性高低，包括可用过载、敏捷性及武器反应时间等，归根结底是导弹控制力和力矩的生成方法及效率；信息化程度指目标和武器状态矢量的信息化数量和质量，取决于对导弹-目标坐标、姿态和运动状态等信息的探测方式和设备的完善程度，以及对各种制导控制信息生成、采集和处理的先进性和效率。

1.3.1　制导体制选择与导引规律设计

制导体制又称制导方式，它的选择是制导控制系统设计的首要任务和顶级内容之一。截至目前，主要可以运用的制导体制有四大类：遥控制导、寻的制导、自主制导和复合制导。选择何种制导体制主要取决于拦截距离、制导精度、打击多目标能力、抗干扰能力、反隐身能力等。除此之外，还将受到目标机动性、武器成本、可行性及可靠性等因素的影响。

导引规律设计的任务是解决在向目标接近的整个过程中应遵循一定的运动规律（即弹目

运动关系),它确定制导过程中导弹的质心空间运动轨迹。不同导引方法会产生不同的导引规律,从而引导导弹按不同的弹道接近目标,直接影响导弹速度、机动过载、制导精度和杀伤概率等主要指标。实现导引规律的导引方法虽然很多,但可归结为古典导引法和现代导引法两大类。前者包括三点法、追踪法、平行接近法和纯比例导引法等;后者包括基于现代控制理论的各种最优导引法。应强调指出,比例导引是自动寻的导引中最重要的一种导引规律,也是现代导弹中应用最广泛的导引规律。为了提高这种导引规律质量,可利用最优控制理论对纯比例导引进行修正,由此产生了如扩展比例导引法、偏置比例导引法、修正 PID 比例导引法、LQG 最优导引法、微分对策导引法及变结构比例导引法等改进比例导引规律。

1.3.2 惯性敏感与探测技术

在精确制导与控制中,目标和导弹坐标及弹目相对坐标是最重要的信息,它取决于制导与控制方式,由相应的惯性敏感和探测设备来确定。

采用遥控指令制导时,这些设备包含在导弹制导控制组合中,借助地面(或机载、舰上)的探测系统进行观测,由计算机系统进行信息集成和分析,并利用此信息来生成制导指令,通过无线电传输,利用弹上自动驾驶仪实现导弹飞行状态的变化。

采用寻的制导时,这些信息由弹上导引头来确定。导引头是现代导弹导引系统中最重要的探测部件,通常有雷达、红外、紫外、激光、电视和复合导引头,其中红外、紫外、激光和电视导引头统称为光电导引头。导引头能够发现、提取、捕获和跟踪目标,输出实现导引规律所需要的信息,消除其他干扰影响等。

采用惯性制导时,将利用弹上惯性测量设备测量弹体相对惯性空间的运动参数,并在给定初始运动条件下,通过弹载计算机计算出导弹速度、位置及姿态等参数,而形成制导控制指令。按照惯性测量装置在弹上安装方式的不同,惯性制导可分为平台式和捷联式。目前,先进的捷联惯导已基本上代替了传统机械平台惯导。从本质上讲,捷联惯导是将惯性敏感元件(加速度表和陀螺仪组合)直接安装在弹体上,利用数学平台(计算机)代替机械平台作用,给加速度测量提供一个空间稳定不变的测量基准,通过坐标变换给出导弹的运动参数,通过稳定控制系统综合转换形成控制信号操纵导弹改变运动状态并飞向目标。

采用卫星导航系统制导时,普遍应用 GPS、GLONASS 或北斗系统定位。这种卫星定位基于无线电精密测距和计时,来确定导弹弹体的位置坐标。除此之外,GPS 还可以测速,确定姿态和轨迹等。通常,GPS 制导不单独使用,而是同其他主要制导方式(如惯性制导)组合,以提高主要制导精度。如“战斧”巡航导弹加装 GPS 接收机和无线电系统后,可使导弹武器系统的圆概率误差(CEP)由 9 m 降为 3 m。又如,常规航弹“制导化”在加装廉价的捷联惯导/GPS 制导方式后,可使 CEP 达到 10 m。

采用地形匹配或景像匹配制导时,一般通过遥测遥感手段预先获得导弹沿途航线上的地形地貌信息,经过信息处理得到专门的标准地貌图或景像数字化信息并存入弹载计算机。在制导过程中,将弹载雷达和高度表实时测得的飞越地区数据(如高度、射程及数字化景像等)同预存数据进行比较,然后匹配相关计算,自动给出实际弹道与预定弹道的偏差,并形成修正弹道偏差的制导控制指令,进而调整导弹姿态将导弹准确引向攻击目标。应该指出,这种制导方式往往同惯性制导组合使用,以减小惯导误差。“战斧”巡航导弹的初段和中段为惯性制导,而末段则采用了地形匹配制导,在末段攻击时还采用了景像匹配制导,因此它的制导精度相当高。

1.3.3 制导控制回路分析与设计

制导控制回路由导引系统和稳定控制系统两大部分构成，分别具有“导引”与“控制”功能，在很大程度上决定着导弹的战术技术性能，特别是制导精度和杀伤概率。其结构形式选择和参数设计主要取决于采用的制导方式和控制策略。

回路分析与设计一般采用导引头耦合回路和自动驾驶仪的一体化方法，并通过参数优化来实现。影响回路性能因素主要包括：有效导航比和控制刚度、导弹可用过载和气动力时间常数、导引头最大转角范围及去耦能力、天线罩电气性能指标、目标视线角速度测量范围、系统零位误差要求、系统放大系数及时间常数的允许变化范围等。

1.3.4 直接力/气动力复合控制技术

理论实践证明，传统的空气动力控制方式不能从根本上改善导弹的高机动性，且难以实现动能杀伤(KVV)技术的直接碰撞。为此，可在导弹上采用气动舵面与直接力作用装置复合控制技术。目前，实现这种技术的方法主要有两种：

① 利用空气动力与相对质心一定距离的火箭发动机系统相结合，可以实现“力矩”控制(姿控)；

② 利用空气动力与接近导弹质心安置的脉冲发动机系统相结合，可以实现“侧向力”控制(轨控)。

1.3.5 信息计算及融合技术

信息计算由信息计算装置来完成，主要包括弹载数字计算机和模拟计算装置，用于处理制导控制系统生成或接收的信息。主要计算包括：导引头信息处理、量测噪声滤波、目标跟踪和稳定、天线罩瞄准线误差补偿；指令形成装置的状态估计与滤波、导引规律计算；自动驾驶仪控制增益计算、数字控制校正和气动参数辨识；遥测数据的处理；初始状态预置；惯性基准测量和力学编排等。

信息(数据)融合是一种多传感器系统的横向信息综合处理技术，已成为精确制导与控制十分关键的技术和必不可少的手段，被广泛应用于雷达组网、多传感器跟踪、多模复合导引、目标群拦截决策、变速率多信道通信及雷达系统仿真等信息处理系统中。情报侦察系统的数据融合也是保证精确制导与控制的信息融合技术的一个重要方面，对于提高预警目标运动能力和实现图像匹配制导的前期侦察情报处理自动化非常关键。

1.3.6 系统建模与仿真技术

导弹制导控制技术的发展是系统建模与仿真技术进步的重要牵引力，而在精确制导武器建模与仿真中，制导控制系统建模与仿真始终占据着主要地位，并成为该系统不可缺少的研究、设计、评估和使用训练的手段，甚至已经嵌入系统作战运行中。为了提高建模与仿真的效率和质量，制导控制系统的建模方法选取，仿真环境和系统构成、建模和仿真的 VV&A 活动，以及仿真结果分析是十分关键的。

1.4 导弹制导控制系统发展概况及趋势

1.4.1 导弹制导控制系统发展概况

导弹制导控制系统起源于第二次世界大战期间德国研制的 V-1、V-2 和“莱茵女儿”导弹。V-2 导弹使用了简易惯性制导系统，从那时起直到 20 世纪 80 年代，无论是发射人造地球卫星的火箭，还是洲际导弹一直是采用 V-2 导弹的自主制导原理。20 世纪 50 年代，弹道导弹主要采用无线电-惯性复合制导以提高命中精度。防空导弹着重发展中、高空(1～20 km)和中、远程(30～300 km)的无线电指令制导系统。这一时期，人们解决了指令制导、波束制导和寻的制导中一系列基本技术问题，使防空导弹成为有效的武器。此外，红外寻的制导当时也已采用，但性能不佳。60 年代，随着惯性仪表精度的提高、误差分离以及补偿技术的发展和应用，惯性制导系统因精度显著提高而得到广泛的应用。低空飞机、高低空无人驾驶飞机和巡航导弹的发展，促进了防空导弹制导和控制技术(如快速反应和雷达低空性能)的发展。在这一时期，光学跟踪和光电制导技术也有所发展。70 年代，制导系统的制导精度得到较大提高，洲际导弹的精度比 50—60 年代提高了一个数量级。80 年代后，导弹探测和制导精度大大提高。即将投入使用的“高级惯性参考球”(又称浮球平台)将进一步提高惯性制导精度。采用复合制导可以提高防空导弹抗干扰和全天候作战能力。各国研制的“导航星”全球定位系统可提供更精确的制导方法。雷达频率捷变技术、成像制导技术和隐身技术的发展将提高巡航导弹的命中精度、抗干扰能力和突防能力。第二次世界大战以后，各国都十分重视发展导弹技术。20 世纪 70 年代前后经历的几次局部战争使导弹技术得到全面发展，到了 90 年代，导弹制导精度大大提高，并且向信息化、智能化、高精度、大范围机动和强抗干扰等方向发展。

1.4.2 导弹制导控制系统发展趋势

目前，导弹制导与控制系统主要向两个方面发展：

一方面，导弹制导系统中采用先进的多类制导传感器融合集成技术、信息处理技术及新的制导体系提高制导精度和抗干扰能力，以适应未来高技术条件下的复杂作战环境，实现导弹全天候、全天时的工作能力以及对抗多种干扰的能力。其中“中制导＋末制导”组合、成像制导、自主智能制导及多模复合制导等技术的发展尤为迅猛。

另一方面，导弹制导系统中应用不同种类的控制方法和先进的控制理论，如自适应控制、智能控制、非线性控制、随机系统控制理论等，以解决在高机动、非线性、强耦合条件下完成导弹稳定控制任务的问题。

导弹导引规律按发展阶段可分为经典导引规律和现代导引规律。从目前的研究状况看，传统的比例导引法，在对付高速机动目标和复杂电磁对抗环境时已显得无能为力。随着现代控制理论的发展，出现了最优导引规律、滑模变结构导引规律、鲁棒导引规律、结构随机跳变导引规律、随机预测导引规律及微分对策导引规律等先进制导理论。

1.5 本书编写特点及内容安排

现代战争中导弹及其武器系统的应用愈加频繁，使得精确制导武器由原占一席之地迅速上升为决定战争走向的主导地位。导弹制导控制技术的发展则更加日新月异，其信息化、网络化及智能化的特点更为明晰，经典的导弹制导控制技术面临巨大的挑战。为适应现代制导控制技术的发展，编写一部系统论述导弹制导控制系统基本原理和设计方法的教材，对于与导弹导航、制导及控制相关专业的学生，导弹武器应用及保障的军事人员，导弹制导控制系统设计的科技人员，具有重要参考价值。

本书以典型的飞航式及防空(空空)导弹制导控制系统的基本组成、工作原理及分析设计方法为主要架构进行编写，包含绪论，全书共9章。

第1章　绪论，主要介绍导弹制导控制系统的组成、基本原理、特点、关键技术及发展趋势。

第2章　导弹基本运动方程及分析，主要介绍导弹飞行力学的相关概念、导弹受力及力矩的情况，重点分析了导弹各类基本运动方程的推导及组成。

第3章　刚性弹体动态特性分析，在导弹弹体传递函数模型的基础上，对其控制特性开展讨论分析。

第4章　导弹的控制方法，主要介绍导弹法向控制力的产生方法，不同的导弹控制方法对导弹的稳定性、机动性及操纵性产生的影响。

第5章　测量传感器及弹上执行机构，主要介绍部分弹上常用的运动传感器和几种常见的导航装置及方法；并对以舵机为主的弹上执行机构的分类、组成及工作原理进行了深入分析。

第6章　飞航式导弹控制系统分析与设计，重点介绍飞航式导弹控制系统的特点及设计方法。

第7章　防空(空空)导弹稳定控制系统分析与设计，重点介绍防空(空空)导弹控制系统的特点及设计方法。

第8章　导引规律的设计与实现，重点介绍导弹导引规律的概念、分类、特点，及常用导引规律的古典及现代设计方法。

第9章　战术导弹制导系统分析与设计，重点介绍制导系统的组成、功能、工作原理，及典型制导系统的设计分析方法。

本书在编写中，以典型导弹制导与控制系统组成、功能及工作原理为核心，并以其分析与设计为主线展开，使得本书具有相对完整的系统性及综合性。

思考题

1. 试述导弹制导控制系统的组成及主要功能。
2. 试述导弹制导控制系统的主要特点。
3. 对比飞航式导弹制导控制系统与防空(空空)导弹制导控制系统的主要异同点。
4. 决定导弹制导控制技术进步的本质因素有哪些？
5. 分析导弹制导控制技术的主要发展趋势。

第 2 章　导弹基本运动方程及分析

导弹弹体作为制导控制系统的控制对象,其质心运动特性及姿态运动特性直接影响制导控制系统的性能。因此,建立弹体数学模型,进行弹体运动及受力特性分析是制导控制系统设计的重要基础。

在制导控制系统分析和设计的不同阶段,需根据不同的研究目的,建立不同层次的弹体数学模型:在导引规律设计时,可以将弹体作为质点研究,此时假定制导控制系统工作是理想的,导弹质量集中于质心上,且飞行任意瞬间作用在导弹上的所有外力的合力矩为零。通过研究作用于导弹上的力及运动之间的关系,加上制导系统理想工作的约束关系式,即可求出质心运动轨迹——弹道、飞行速度及过载等飞行参数。这一层次的模型主要用于研究导弹的质点动力学问题;稳定控制系统设计时,需考虑弹体的转动,往往将弹体作为刚体来研究,即将导弹作为质点系来研究其运动情况,不仅要考虑作用于质心上的力,也要考虑绕质心的力矩。这一层次的模型主要用于研究导弹的质点系动力学问题;当考虑弹体弹性形变可能对导弹稳定及控制产生影响时,需要将弹体作为弹性体研究。这一层次的模型主要用于研究导弹的弹性动力学问题。

2.1　导弹飞行力学相关概念及转换关系

2.1.1　坐标系分类及欧拉角定义

1. 地面坐标系 $Axyz$

地面坐标系为三维正交直角坐标系。该坐标系的原点为地球表面任意一点,用 A 表示。对于地面发射的导弹,常选择导弹的发射点作为坐标系原点;当导弹在运动载体上发射时,选择发射瞬间发射点在地面上的投影点作为坐标系原点。通过原点 A 作一个平面,与地球表面相切,在此平面内通过原点 A 画一条射线作为 x 轴,为便于弹道分析,一般取发射瞬间导弹的指向或直接指向目标的方向作为 x 轴的正向;y 轴则通过原点垂直于 x 轴,位于通过原点的地球表面的法线方向,背离地心方向为其正向;z 轴按右手定则确定。地面坐标系示意图如图 2.1 所示。

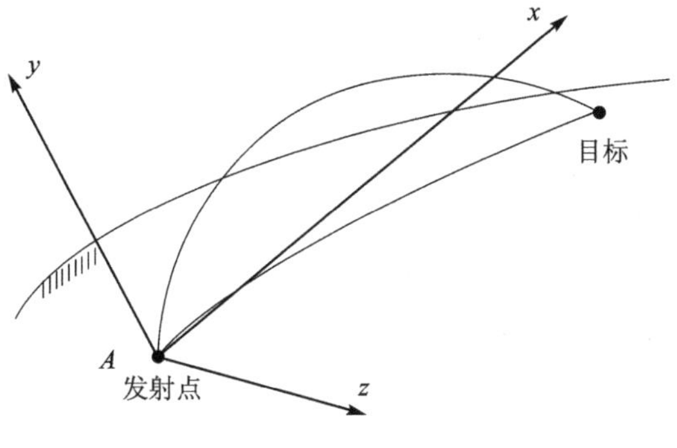

图 2.1　地面坐标系示意图

地面坐标系相对地球为静止的，此坐标系一经选定即与地球固联在一起，随着地球的自转而旋转，所以它是非惯性坐标系。地面坐标系可作为研究导弹运动轨迹的参考坐标系，也可作为导弹运动姿态的参考坐标系。

2. 弹体坐标系 $Ox_1y_1z_1$

弹体坐标系是固联于导弹弹体上的三维正交坐标系，随导弹弹体一起在空间移动及旋转。其原点 O 位于导弹质心上，x_1 轴一般取平行于弹身对称轴线，或平行于弹翼的平均气动力弦并由 O 点引出的一条射线，指向导弹头部方向为其正向；y_1 轴取在通过 x_1 轴的弹体左右对称平面内，通过原点 O 垂直于 x_1 轴，其正向的确定与导弹在空间的姿态有关，一般根据导弹正常飞行状态、发射状态或某一特定状态确定。Oz_1 轴按右手定则确定。弹体坐标系示意图如图 2.2 所示。

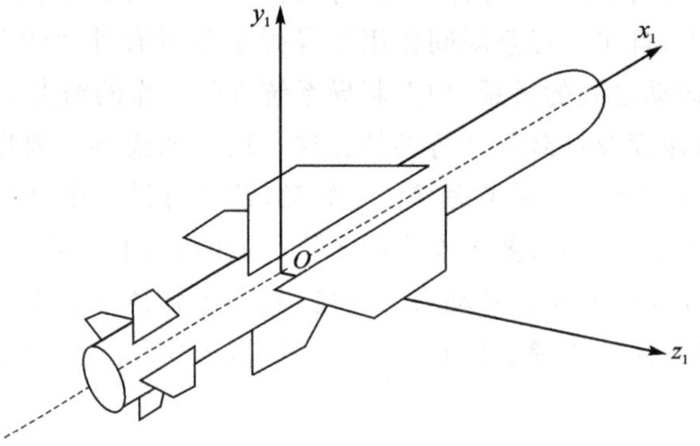

图 2.2 弹体坐标系示意图

利用弹体坐标系和地面坐标系可以确定导弹相对地面的姿态。导弹相对地面的姿态可用俯仰角、偏航角和滚动角描述。

俯仰角(ϑ)——导弹弹体纵轴(Ox_1)与地面坐标系中的地平面(xAz)之间的夹角，如图 2.3 所示。当导弹处于抬头状态时俯仰角为正，当导弹处于低头状态时俯仰角为负。

偏航角(ψ)——导弹弹体坐标系中 Ox_1 轴在地面坐标系中的地平面(xAz)上的投影 Ox_1' 与地面坐标系 Ax 轴之间的夹角，如图 2.3 所示。当逆着 Oy 轴观察时，将 Ax 轴以最小角度转向 Ox_1'，若为逆时针转动，则此时偏航角为正；反之为负。

滚动角(γ)——又称滚转角、倾斜角，为导弹弹体坐标系中 Oy_1 轴与通过 Ox_1 轴的地球铅垂面之间的夹角，如图 2.4 所示。当顺着 Ox_1 轴观察时，最小滚动角使 Oy_1 轴由通过 Ox_1 轴的地球铅垂面偏转出来，若为顺时针转动，则此时滚动角为正；反之为负。

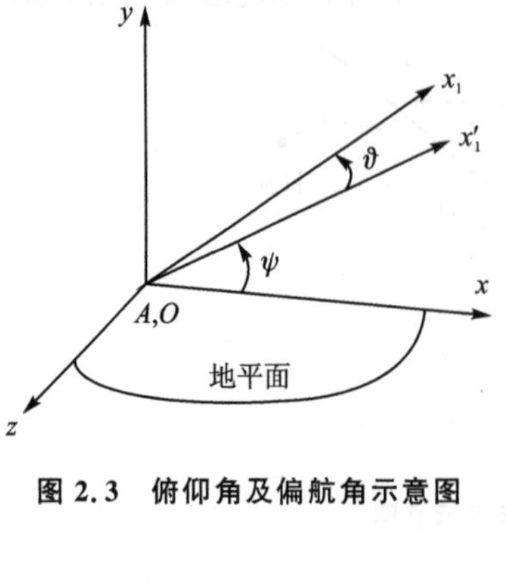

图 2.3 俯仰角及偏航角示意图

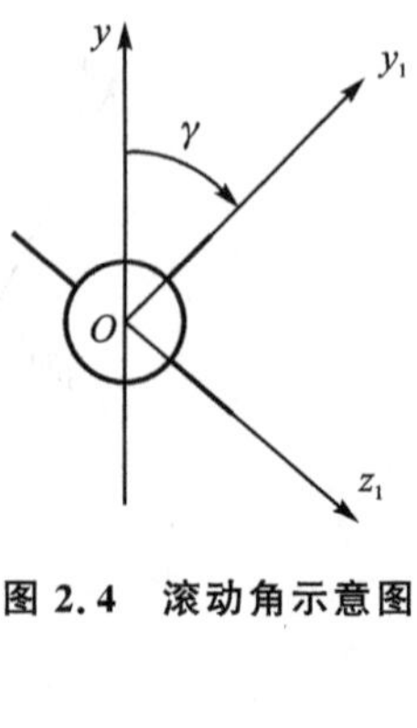

图 2.4 滚动角示意图

3. 弹道坐标系 $Ox_2y_2z_2$

弹道坐标系是一组符合右手定则的三维正交直角坐标系，其原点 O 取在导弹的质心上，故该坐标系是一个随导弹质心在空间中运动的动坐标系。该坐标系的 Ox_2 轴方向与导弹质心运动速度方向一致。Oy_2 轴在通过 Ox_2 轴的铅垂平面内，并垂直于 Ox_2 轴；Oy_2 轴指向为远离地心方向。Oz_2 轴按右手定则确定。弹道坐标系如图 2.5 所示。

弹道坐标系与地面坐标系组合起来用于确定导弹质心运动速度 V 相对地面的姿态，为此定义如下两个角度：

弹道倾角(θ)——导弹质心运动速度 V 与地面坐标系中的地平面(xAz)之间的夹角，如图 2.6 所示。当逆着 Oz_2 轴观察时，若 V 以最小角度逆时针由地平线旋转出来，则此时的弹道倾角为正值；反之为负值。

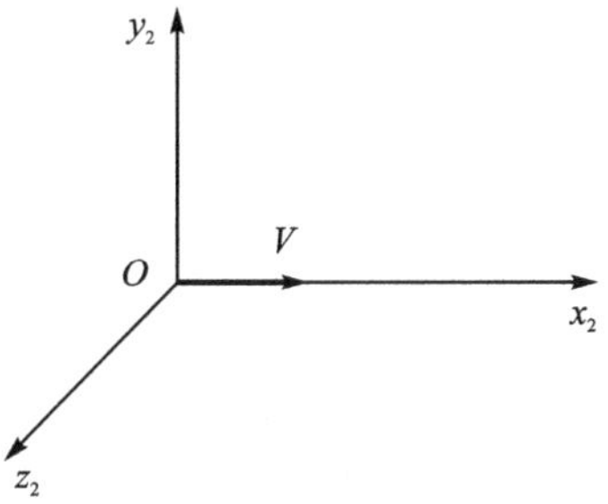

图 2.5　弹道坐标系

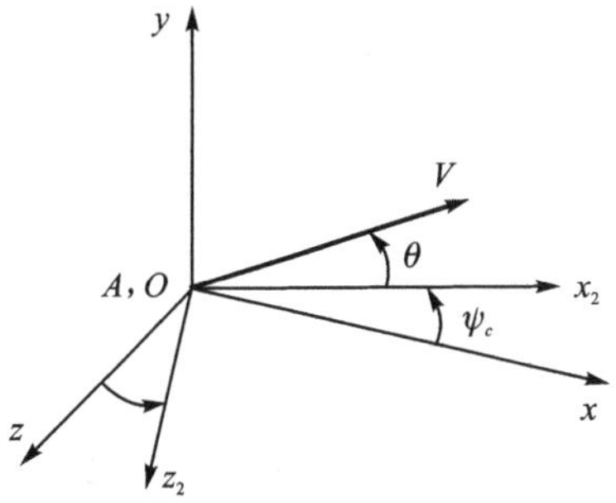

图 2.6　弹道倾角、弹道偏角示意图

弹道偏角(ψ_c)——导弹质心运动速度 V 在地面坐标系地平面(xAz)内的投影 Ox_2 与地面坐标系 Ax 轴之间的夹角，如图 2.6 所示。当逆着 Ay 轴正向观察时，以最小的弹道偏角 ψ_c 将 Ox_2 轴由 Ax 轴转出，若此角度按逆时针增大，则弹道偏角为正值；反之为负值。

4. 速度坐标系 $Ox_vy_vz_v$

速度坐标系的原点 O 取在导弹的质心上，Ox_v 轴方向与导弹质心运动速度 V 方向一致。Oy_v 轴位于导弹的对称平面内且垂直于 Ox_v 轴，指向上方为 Oy_v 轴的正方向。Oz_v 轴按右手定则确定。

速度坐标系 $Ox_vy_vz_v$ 和弹体坐标系 $Ox_1y_1z_1$ 一起可用于确定作用在导弹上的空气动力，以及它在 Ox_v 轴、Oy_v 轴及 Oz_v 轴上的分量，即阻力、升力及侧向力。为此定义如下两个角度：

迎角(α)——导弹质心运动速度 V 在导弹的对称平面上的投影与弹体坐标系 Ox_1 轴之间的夹角。当 V 在导弹的对称平面上的投影在 Oy_1 轴的负方向时，迎角为正值，反之为负值。

侧滑角(β)——导弹质心运动速度 V 与导弹对称平面之间的夹角。当 V 在导弹对称平面右侧时，侧滑角为正值，反之为负值。

2.1.2 典型坐标系间的转换矩阵

1. 弹体坐标系和地面坐标系之间的转换矩阵

根据上述有关弹体姿态角的定义可知，弹体坐标系是由地面坐标系经过三次旋转之后获得。其转换过程如下：

第一步是将地面坐标系 $Axyz$ 绕 Ay 轴转动一个偏航角 ψ，并形成第一个过渡坐标系

$Ax'yz'$。此时坐标系 $Ax'yz'$ 与地面坐标系 $Axyz$ 之间的转换矩阵为

$$\begin{bmatrix} x' \\ y \\ z' \end{bmatrix} = \begin{bmatrix} \cos\psi & 0 & -\sin\psi \\ 0 & 1 & 0 \\ \sin\psi & 0 & \cos\psi \end{bmatrix} \begin{bmatrix} x \\ y \\ z \end{bmatrix} \tag{2-1}$$

第二步是将坐标系 $Ax'yz'$ 绕 z 轴旋转一个正的俯仰角 ϑ，进而形成第二个过渡坐标系 $Ax'y'z'$。坐标系 $Ax'yz'$ 和 $Ax'y'z'$ 之间的转换矩阵为

$$\begin{bmatrix} x' \\ y' \\ z' \end{bmatrix} = \begin{bmatrix} \cos\vartheta & \sin\vartheta & 0 \\ -\sin\vartheta & \cos\vartheta & 0 \\ 0 & 0 & 1 \end{bmatrix} \begin{bmatrix} x' \\ y \\ z' \end{bmatrix} \tag{2-2}$$

第三步是将坐标系 $Ax'y'z'$ 绕 x_1 轴旋转一个滚动角 γ，即可得到 $Ax_1y_1z_1$ 坐标系。将坐标系原点 A 移至导弹的质心 O，即得到弹体坐标系 $Ox_1y_1z_1$。坐标系 $Ax'y'z'$ 与坐标系 $Ox_1y_1z_1$ 之间的转换矩阵为

$$\begin{bmatrix} x_1 \\ y_1 \\ z_1 \end{bmatrix} = \begin{bmatrix} 1 & 0 & 0 \\ 0 & \cos\gamma & \sin\gamma \\ 0 & -\sin\gamma & \cos\gamma \end{bmatrix} \begin{bmatrix} x' \\ y' \\ z' \end{bmatrix} \tag{2-3}$$

地面坐标系 $Axyz$ 至弹体坐标系 $Ox_1y_1z_1$ 的转换过程如图 2.7 所示。

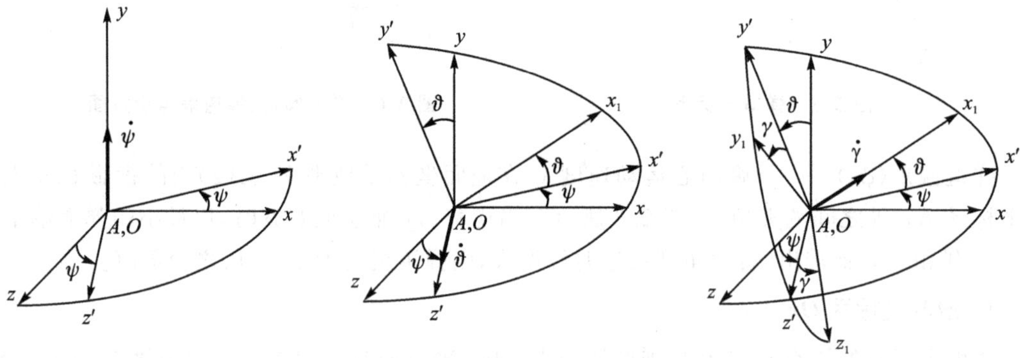

图 2.7　地面坐标系至弹体坐标系的转换过程

两坐标系之间的转换矩阵如下：

$$\begin{aligned}\begin{bmatrix} x_1 \\ y_1 \\ z_1 \end{bmatrix} &= \begin{bmatrix} 1 & 0 & 0 \\ 0 & \cos\gamma & \sin\gamma \\ 0 & -\sin\gamma & \cos\gamma \end{bmatrix} \begin{bmatrix} \cos\vartheta & \sin\vartheta & 0 \\ -\sin\vartheta & \cos\vartheta & 0 \\ 0 & 0 & 1 \end{bmatrix} \begin{bmatrix} \cos\psi & 0 & -\sin\psi \\ 0 & 1 & 0 \\ \sin\psi & 0 & \cos\psi \end{bmatrix} \begin{bmatrix} x \\ y \\ z \end{bmatrix} \\ &= \begin{bmatrix} \cos\vartheta\cos\psi & \sin\vartheta & -\cos\vartheta\sin\psi \\ -\sin\vartheta\cos\psi\cos\gamma+\sin\psi\sin\gamma & \cos\vartheta\cos\gamma & \sin\vartheta\sin\psi\cos\gamma+\cos\psi\sin\gamma \\ \sin\vartheta\cos\psi\sin\gamma+\sin\psi\cos\gamma & -\cos\vartheta\sin\gamma & -\sin\vartheta\sin\psi\sin\gamma+\cos\psi\cos\gamma \end{bmatrix} \begin{bmatrix} x \\ y \\ z \end{bmatrix}\end{aligned} \tag{2-4}$$

2. 弹道坐标系和地面坐标系之间的转换矩阵

可以认为弹道坐标系 $Ox_2y_2z_2$ 是由地面坐标系 $Axyz$ 经过两次旋转后，再将原点平移至弹体质心上而获取的。首先将地面坐标系绕 Ay 轴旋转出弹道偏角 ψ_c，得到一组过渡坐标系 $Ax'yz_2$；然后将过渡坐标系再绕 Az_2 轴旋转一个弹道倾角 θ 形成新的坐标系 $Ax_2y_2z_2$，将地

面坐标系的原点 A 平移至弹体的质心 O 上就是弹道坐标系 $Ox_2y_2z_2$。地面坐标系至弹道坐标系的转换过程如图 2.8 所示。

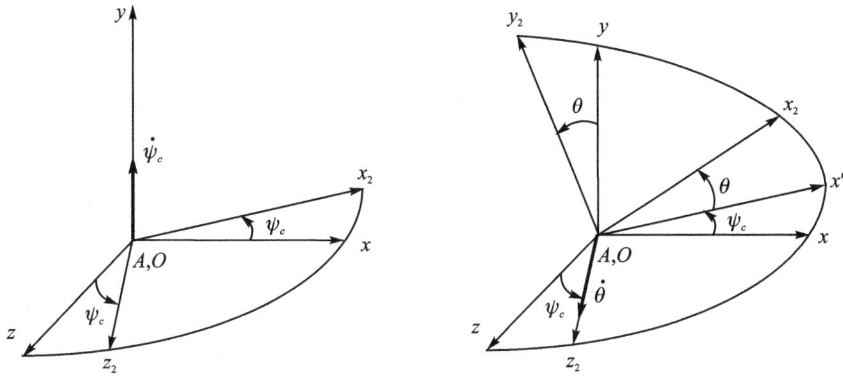

图 2.8　地面坐标系至弹道坐标系的转换过程

弹道坐标系和地面坐标系之间的转换矩阵如下：

$$\begin{bmatrix} x_2 \\ y_2 \\ z_2 \end{bmatrix} = \begin{bmatrix} \cos\theta & \sin\theta & 0 \\ -\sin\theta & \cos\theta & 0 \\ 0 & 0 & 1 \end{bmatrix} \begin{bmatrix} \cos\psi_c & 0 & -\sin\psi_c \\ 0 & 1 & 0 \\ \sin\psi_c & 0 & \cos\psi_c \end{bmatrix} \begin{bmatrix} x \\ y \\ z \end{bmatrix}$$

$$= \begin{bmatrix} \cos\theta\cos\psi_c & \sin\theta & -\cos\theta\sin\psi_c \\ -\sin\theta\cos\psi_c & \cos\theta & \sin\theta\sin\psi_c \\ \sin\psi_c & 0 & \cos\psi_c \end{bmatrix} \begin{bmatrix} x \\ y \\ z \end{bmatrix} \tag{2-5}$$

3. 弹体坐标系和速度坐标系之间的转换矩阵

由侧滑角 β 和迎角 α 的定义可知，弹体坐标系 $Ox_1y_1z_1$ 可由速度坐标系 $Ox_vy_vz_v$ 经过两次旋转后得到。首先将速度坐标系绕 Oy_v 轴旋转出侧滑角 β，形成过渡坐标系 $Ox'y_vz_1$，然后再将过渡坐标系绕 Oz_1 轴旋转一个迎角 α，就形成了弹体坐标系 $Ox_1y_1z_1$，如图 2.9 所示。速

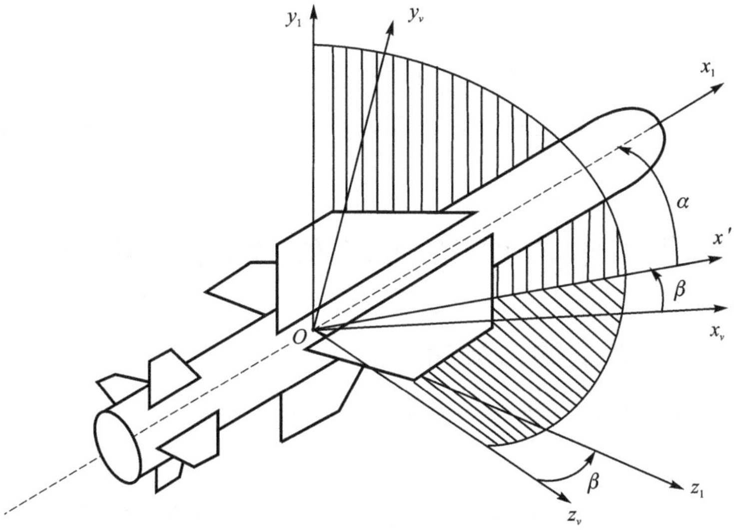

图 2.9　速度坐标系至弹体坐标系的转换过程

度坐标系 $Ox_vy_vz_v$ 与弹体坐标系 $Ox_1y_1z_1$ 之间的转换矩阵为

$$\begin{bmatrix} x_1 \\ y_1 \\ z_1 \end{bmatrix} = \begin{bmatrix} \cos\alpha\cos\beta & \sin\alpha & -\cos\alpha\sin\beta \\ -\sin\alpha\cos\beta & \cos\alpha & \sin\alpha\sin\beta \\ \sin\beta & 0 & \cos\beta \end{bmatrix} \begin{bmatrix} x_v \\ y_v \\ z_v \end{bmatrix} \tag{2-6}$$

4. 弹道坐标系和速度坐标系之间的转换矩阵

根据对坐标系的定义可知，弹道坐标系和速度坐标系的 Ox_2 轴和 Ox_v 轴是重合的，只是在 Oy_2 轴和 Oy_v 轴及 Oz_2 轴和 Oz_v 轴之间有一个夹角，通常称该夹角为弹道倾斜角 γ_c。顺着 Ox_2 正方向观察时，当 Oy_2 轴绕 Ox_2 轴以最小角度转向 Oy_v 轴时，若转动为顺时指方向，则夹角 γ_c 为正；反之为负。由于这两组坐标系之间只差一个倾斜角 γ_c，所以可以很容易求得两者之间的转换矩阵：

$$\begin{bmatrix} x_v \\ y_v \\ z_v \end{bmatrix} = \begin{bmatrix} 1 & 0 & 0 \\ 0 & \cos\gamma_c & \sin\gamma_c \\ 0 & -\sin\gamma_c & \cos\gamma_c \end{bmatrix} \begin{bmatrix} x_2 \\ y_2 \\ z_2 \end{bmatrix} \tag{2-7}$$

弹体坐标系至速度坐标系的转换过程如图 2.10 所示。

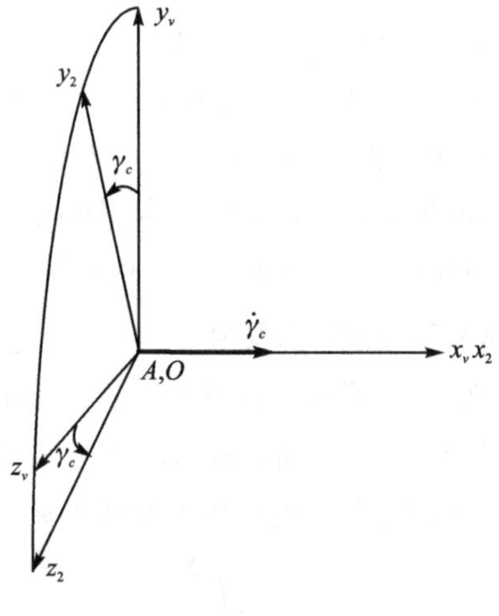

图 2.10 弹体坐标系至速度坐标系的转换过程

有了式(2-4)～式(2-7)这四个坐标转换矩阵，就可以在上述四种坐标系之间进行任意转换。

2.2 作用于导弹上的力及力矩分析

2.2.1 作用于导弹上的力分析

在导弹上的作用力有重力、推力、空气动力和控制力等。

1. 重力 G

根据万有引力定律，导弹与地球相互吸引，故在导弹上有重力作用。导弹在大气层内飞行，可视重力场为平行力场，导弹的重力向下与地面垂直。重力 G 的定义式为

$$G = mg \tag{2-8}$$

式中：m 为导弹的瞬间质量；g 为重力加速度，地球引力场内向心加速度。

重力加速度与导弹所处高度有关，导弹在某一高度 h 上的重力加速度为

$$g = g_0 \frac{R_0^2}{(R_0 + h)^2}$$

式中：g_0 为地球表面的重力加速度。因为地球是椭球体，且质量分布不均匀，所以不同的地点加速度值不同。一般取 9.80～9.81 $\mathrm{m/s^2}$。R_0 为地球半径，取值 6 371 km。

对于战术导弹，局部的地球表面可以认为是一个平面。于是导弹的重力向量 G 与地面坐标系的 Ay 轴平行，重力的正方向则与 Ay 轴负向一致。

2. 推力 P

火箭发动机的推力可用下式计算：

$$P = m_c u g + A_e (p_e - p) \tag{2-9}$$

式中：m_c 为燃料每秒质量消耗量，kg/s；u 为燃料在喷口截面处的平均有效速度，m/s；A_e 为发动机喷口处的截面积，$\mathrm{m^2}$；p_e 为发动机喷口处的燃气流静压强，Pa；p 为导弹所处高度的大气静压强，Pa。

火箭发动机推力只与导弹飞行高度有关，其大小取决于发动机的性能。导弹若采用航空发动机，其推力大小除与导弹飞行高度有关外，还与飞行速度及迎角有关。

3. 空气动力 R

导弹在空气中运动，将产生空气动力 R。空气动力在速度坐标系上分解，可用相应的气动力系数表示如下：

阻力　　$X = C_x q S$

升力　　$Y = C_y q S$

侧向力　　$Z = C_z q S$

式中：q 为动压；C_x，C_y，C_z 分别为阻力、升力和侧力系数；S 为气动力参考面积。

导弹在飞行中迎角 α 和舵偏角 δ_z 的值在小范围内，升力系数 C_y 与两者的关系可近似用以下线性公式表示：

$$C_y = C_{y_0} + C_y^{\alpha}\alpha + C_y^{\delta_z}\delta_z \tag{2-10}$$

式中：C_{y_0} 为零攻角升力系数。轴对称导弹 C_{y_0} 为零。

4. 控制力

操纵面在相对气流或发动机喷出燃气流中产生的作用力，属于导弹的控制力，如

$$F_{\delta_z} = C_y^{\delta_z}\delta_z q S$$

2.2.2 作用于导弹上的力矩分析

在导弹上的作用力，除重力以外，其他力的作用点均不在质心上，这些力要产生绕质心的力矩。作用于导弹上的力矩向量，可分解为三个相互垂直的分量。为便于分析导弹姿态变化，通常是沿弹体坐标系 $Ox_1y_1z_1$ 的三个轴分解。绕 Ox_1 轴的力矩称为滚动力矩；绕 Oy_1 轴的力矩称为偏航力矩，绕 Oz_1 轴的力矩称为俯仰力矩。

1. 推力 P 产生的力矩

推力对质心产生的力矩，在弹体坐标系上的三个分量分别为 M_{xP}，M_{yP}，M_{zP}，其表达式为

$$M_{xP}=P_{z_1}y_p-P_{y_1}z_p \tag{2-11}$$

$$M_{yP}=P_{x_1}z_p-P_{z_1}x_p \tag{2-12}$$

$$M_{zP}=P_{y_1}x_p-P_{x_1}y_p \tag{2-13}$$

式中：P_{x_1}，P_{y_1}，P_{z_1} 为推力在弹体坐标系中的三个轴向分量；x_p，y_p，z_p 为推力作用点在弹体坐标系中的坐标。

2. 空气动力 *R* 产生的力矩

导弹上空气动力的作用点是气动中心。空气动力力矩绕弹体坐标系坐标轴的三个分量，在线性条件下的一般表达式为

$$\left.\begin{aligned}M_x&=M_x^{\beta}\beta+M_x^{\delta_x}\delta_x+M_x^{\delta_y}\delta_y+M_x^{\omega_x}\omega_x+M_x^{\omega_y}\omega_y\\M_y&=M_y^{\beta}\beta+M_y^{\dot{\beta}}\dot{\beta}+M_y^{\delta_y}\delta_y+M_y^{\dot{\delta}_y}\dot{\delta}_y+M_y^{\omega_y}\omega_y+M_y^{\omega_x}\omega_x\\M_z&=M_z^{\alpha}\alpha+M_y^{\dot{\alpha}}\dot{\alpha}+M_z^{\delta_z}\delta_z+M_z^{\dot{\delta}_z}\dot{\delta}_z+M_z^{\omega_z}\omega_z\end{aligned}\right\} \tag{2-14}$$

式中：$M_x^{\delta_x}\delta_x$，$M_x^{\delta_y}\delta_y$，$M_y^{\delta_y}\delta_y$，$M_y^{\dot{\delta}_y}\dot{\delta}_y$，$M_z^{\delta_z}\delta_z$，$M_z^{\dot{\delta}_z}\dot{\delta}_z$ 均称为操纵力矩（或控制力矩），因此气动力矩中也包含着控制力矩。

2.3　导弹基本运动方程组分析

2.3.1　刚体质心运动和绕质心转动的动力学方程组

理论推导和工程实践证明，应用动坐标系描述导弹的运动比惯性坐标系简便得多，常用的动坐标系为弹道坐标系和弹体坐标系。

1. 弹道坐标系中的质心运动动力学方程组

设弹道坐标系相对于地面坐标系具有旋转角速度 $\boldsymbol{\Omega}$，令 $\boldsymbol{i}$、$\boldsymbol{j}$ 及 $\boldsymbol{k}$ 分别是 Ox_2、Oy_2 及 Oz_2 三个轴上的单位向量，所以

$$\boldsymbol{\Omega}=\Omega_{x_2}\boldsymbol{i}+\Omega_{y_2}\boldsymbol{j}+\Omega_{z_2}\boldsymbol{k} \tag{2-15}$$

同理，导弹飞行速度 $\boldsymbol{V}$ 和外力主向量 $\boldsymbol{F}$ 在弹道坐标系分解为

$$\boldsymbol{V}=V_{x_2}\boldsymbol{i}+V_{y_2}\boldsymbol{j}+V_{z_2}\boldsymbol{k} \tag{2-16}$$

$$\boldsymbol{F}=F_{x_2}\boldsymbol{i}+F_{y_2}\boldsymbol{j}+F_{z_2}\boldsymbol{k} \tag{2-17}$$

将以上两式代入下式：

$$m\frac{\mathrm{d}\boldsymbol{V}}{\mathrm{d}t}=\boldsymbol{F}$$

则有

$$m\left[\left(\frac{\mathrm{d}V_{x_2}}{\mathrm{d}t}\boldsymbol{i}+\frac{\mathrm{d}V_{y_2}}{\mathrm{d}t}\boldsymbol{j}+\frac{\mathrm{d}V_{z_2}}{\mathrm{d}t}\boldsymbol{k}\right)+\left(V_{x_2}\frac{\mathrm{d}\boldsymbol{i}}{\mathrm{d}t}+V_{y_2}\frac{\mathrm{d}\boldsymbol{j}}{\mathrm{d}t}+V_{z_2}\frac{\mathrm{d}\boldsymbol{k}}{\mathrm{d}t}\right)\right]=F_{x_2}\boldsymbol{i}+F_{y_2}\boldsymbol{j}+F_{z_2}\boldsymbol{k} \tag{2-18}$$

动坐标系具有旋转角速度 $\boldsymbol{\Omega}$，它的单位向量之方向是变化的，且

$$\frac{\mathrm{d}\boldsymbol{i}}{\mathrm{d}t}=\boldsymbol{\Omega}\times\boldsymbol{i},\quad\frac{\mathrm{d}\boldsymbol{j}}{\mathrm{d}t}=\boldsymbol{\Omega}\times\boldsymbol{j},\quad\frac{\mathrm{d}\boldsymbol{k}}{\mathrm{d}t}=\boldsymbol{\Omega}\times\boldsymbol{k}$$

所以

$$V_{x_2}\frac{\mathrm{d}\boldsymbol{i}}{\mathrm{d}t}+V_{y_2}\frac{\mathrm{d}\boldsymbol{j}}{\mathrm{d}t}+V_{z_2}\frac{\mathrm{d}\boldsymbol{k}}{\mathrm{d}t}$$
$$=\boldsymbol{\Omega}\times(V_{x_2}\boldsymbol{i}+V_{y_2}\boldsymbol{j}+V_{z_2}\boldsymbol{k})$$
$$=\boldsymbol{\Omega}\times\boldsymbol{V} \tag{2-19}$$

将此式代入式(2-18)，可得到以下微分方程组：

$$\left.\begin{aligned} m\left(\frac{\mathrm{d}V_{x_2}}{\mathrm{d}t}+\Omega_{y_2}V_{z_2}-\Omega_{z_2}V_{y_2}\right)=F_{x_2} \\ m\left(\frac{\mathrm{d}V_{y_2}}{\mathrm{d}t}+\Omega_{z_2}V_{x_2}-\Omega_{x_2}V_{z_2}\right)=F_{y_2} \\ m\left(\frac{\mathrm{d}V_{z_2}}{\mathrm{d}t}+\Omega_{x_2}V_{y_2}-\Omega_{y_2}V_{x_2}\right)=F_{z_2} \end{aligned}\right\} \tag{2-20}$$

上式是导弹为刚体时，其质心运动在动坐标系中的动力学方程组。

2. 弹体坐标系中的绕质心运动动力学方程组

导弹绕质心转动的动力学方程组，可由动量矩定理得到

$$\boldsymbol{H}=\int\boldsymbol{r}\times(\boldsymbol{\omega}\times\boldsymbol{r})\mathrm{d}m \tag{2-21}$$

式中：$\boldsymbol{\omega}$ 为导弹绕质心的旋转角速度；$\boldsymbol{r}$ 为质量 $\mathrm{d}m$ 的任一点相对质心的向径。

根据双重向量积分等式，可将式(2-21)写成：

$$\boldsymbol{H}=\int[\boldsymbol{r}^2\boldsymbol{\omega}-(\boldsymbol{\omega}\cdot\boldsymbol{r})\boldsymbol{r}]\mathrm{d}m \tag{2-22}$$

将向量 $\boldsymbol{H}$ 和 $\boldsymbol{r}$ 分解到弹体坐标系，则有

$$\left.\begin{aligned} \boldsymbol{H}&=H_x\boldsymbol{i}+H_y\boldsymbol{j}+H_z\boldsymbol{k} \\ \boldsymbol{\omega}&=\omega_x\boldsymbol{i}+\omega_y\boldsymbol{j}+\omega_z\boldsymbol{k} \\ \boldsymbol{r}&=x\boldsymbol{i}+y\boldsymbol{j}+z\boldsymbol{k} \end{aligned}\right\} \tag{2-23}$$

将其结果代入式(2-21)，动量矩 $\boldsymbol{H}$ 又可写成

$$\boldsymbol{H}=\boldsymbol{\omega}\int(x^2+y^2+z^2)\mathrm{d}m-$$
$$\int(x\boldsymbol{i}+y\boldsymbol{j}+z\boldsymbol{k})(\omega_x x+\omega_y y+\omega_z z)\mathrm{d}m \tag{2-24}$$

因惯性矩 J_x,J_y,J_z 和惯性积 J_{xy},J_{xz},J_{yz} 分别为

$$\left.\begin{aligned} J_x&=\int(y^2+z^2)\mathrm{d}m \\ J_y&=\int(x^2+z^2)\mathrm{d}m \\ J_z&=\int(x^2+y^2)\mathrm{d}m \end{aligned}\right\} \tag{2-25}$$

$$\left.\begin{aligned} J_{xy}&=\int xy\,\mathrm{d}m \\ J_{yz}&=\int yz\,\mathrm{d}m \\ J_{xz}&=\int xz\,\mathrm{d}m \end{aligned}\right\} \tag{2-26}$$

将其结果代入式(2-24)，动量矩 $\boldsymbol{H}$ 又可写成矩阵形式

$$\begin{bmatrix} H_x \\ H_y \\ H_z \end{bmatrix} = \begin{bmatrix} J_x & -J_{xy} & -J_{xz} \\ -J_{xy} & J_y & -J_{yz} \\ -J_{xz} & -J_{yz} & J_z \end{bmatrix} \begin{bmatrix} \omega_x \\ \omega_y \\ \omega_z \end{bmatrix} \tag{2-27}$$

引用惯性张量

$$\boldsymbol{J} = \begin{bmatrix} J_x & -J_{xy} & J_{xz} \\ -J_{xy} & J_y & -J_{yz} \\ -J_{xz} & -J_{yz} & J_z \end{bmatrix} \tag{2-28}$$

所以

$$\boldsymbol{H} = \boldsymbol{J\omega} \tag{2-29}$$

根据动量矩定理，在动坐标系上建立导弹绕质心转动的动力学方程，应注意到，对质心的动量求时间导数，等于作用力对同一点的力矩。其关系式为

$$\frac{\mathrm{d}\boldsymbol{H}}{\mathrm{d}t} = \left(\frac{\mathrm{d}\boldsymbol{H}}{\mathrm{d}t}\right)_1 + \boldsymbol{\omega} \times \boldsymbol{H} = \boldsymbol{M} \tag{2-30}$$

式中：$\left(\frac{\mathrm{d}\boldsymbol{H}}{\mathrm{d}t}\right)_1$ 为动量矩相对于动坐标的变化率；$\boldsymbol{M}$ 为导弹上的作用力对质心的力矩。

$\boldsymbol{M}$ 在动坐标系中的分量为 M_{x_1}，M_{y_1}，M_{z_1}，于是

$$\boldsymbol{M} = M_{x_1}\boldsymbol{i} + M_{y_1}\boldsymbol{j} + M_{z_1}\boldsymbol{k} \tag{2-31}$$

应用式(2－30)和式(2－31)可将上式分解为动坐标系的三个分量方程：

$$\left.\begin{aligned} \frac{\mathrm{d}H_x}{\mathrm{d}t} + \omega_y H_z - \omega_z H_y = M_{x_1} \\ \frac{\mathrm{d}H_y}{\mathrm{d}t} + \omega_z H_x - \omega_x H_z = M_{y_1} \\ \frac{\mathrm{d}H_z}{\mathrm{d}t} + \omega_x H_y - \omega_y H_x = M_{z_1} \end{aligned}\right\} \tag{2-32}$$

将动量矩表达式(2－25)及式(2－26)代入上式，最后可得导弹绕质心转动在动坐标系上建立的一般动力学方程：

$$\left.\begin{aligned} & J_x \frac{\mathrm{d}\omega_x}{\mathrm{d}t} - (J_y - J_z)\omega_y\omega_z - J_{xy}(\omega_y^2 - \omega_z^2) - \\ & \quad J_{zx}\left(\frac{\mathrm{d}\omega_z}{\mathrm{d}t} + \omega_x\omega_y\right) - J_{xy}\left(\frac{\mathrm{d}\omega_y}{\mathrm{d}t} + \omega_z\omega_x\right) = M_{x_1} \\ & J_y \frac{\mathrm{d}\omega_y}{\mathrm{d}t} - (J_z - J_x)\omega_x\omega_z - J_{xz}(\omega_z^2 - \omega_x^2) - \\ & \quad J_{xy}\left(\frac{\mathrm{d}\omega_x}{\mathrm{d}t} + \omega_z\omega_y\right) - J_{yz}\left(\frac{\mathrm{d}\omega_x}{\mathrm{d}t} - \omega_y\omega_x\right) = M_{y_1} \\ & J_z \frac{\mathrm{d}\omega_z}{\mathrm{d}t} - (J_x - J_y)\omega_x\omega_y - J_{xy}(\omega_x^2 - \omega_y^2) - \\ & \quad J_{yz}\left(\frac{\mathrm{d}\omega_z}{\mathrm{d}t} + \omega_x\omega_z\right) - J_{xz}\left(\frac{\mathrm{d}\omega_x}{\mathrm{d}t} - \omega_y\omega_z\right) = M_{z_1} \end{aligned}\right\} \tag{2-33}$$

在导弹设计中动坐标系经常采用弹体坐标系，可将转动动力学方程变为描述导弹姿态动力学的标量方程组。

2.3.2　导弹基本运动方程组

导弹作为自由刚体在空间的任意运动，可视为自由刚体质心的平动和绕质心转动两部分组成的合成运动。刚体质心的瞬间位置由三个自由度决定，刚体绕质心转动的姿态运动也是三个自由度。因此，导弹在空中的运动拥有六个自由度。

1. 导弹质心运动的动力学方程

(1) 重力 G 在弹道坐标系的投影

建立导弹质心运动的第一步是将重力、推力及空气动力分解到弹道坐标系。近程战术导弹，重力 G 的方向可以确定为沿地面坐标系 Ay 轴的反方向。根据弹道坐标系与地面坐标系的转换关系，重力 G 在弹道坐标系上的分量为

$$\left.\begin{aligned} G_{x_2} &= -G\sin\theta \\ G_{y_2} &= -G\cos\theta \\ G_{z_2} &= 0 \end{aligned}\right\} \tag{2-34}$$

(2) 推力 P 在弹道坐标系的投影

在设计导弹时，通常假设发动机推力 P 与导弹弹体纵轴重合，实际上存在着方向误差。以弹体坐标系 $Ox_1y_1z_1$ 为基准，σ_1 和 σ_2 表示方向误差。由图 2.11 可知，推力在弹体坐标系上的投影分量为

$$\left.\begin{aligned} P_{x_1} &= P\cos\sigma_1\cos\sigma_2 \\ P_{y_1} &= P\sin\sigma_1 \\ P_{z_1} &= P\cos\sigma_1\sin\sigma_2 \end{aligned}\right\} \tag{2-35}$$

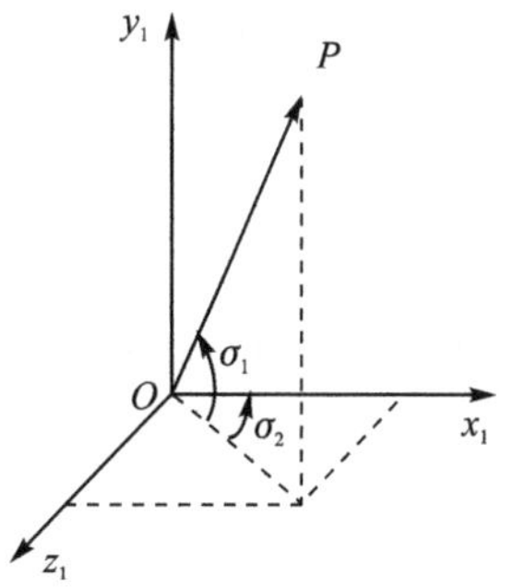

图 2.11　推力的方向图

再将 $P_{x_1}, P_{y_1}, P_{z_1}$ 分别投影到速度坐标系上，由式(2-6)和图 2.11 可得推力在速度坐标系的轴向分量为

$$\left.\begin{aligned} P_{x_v} &= P(\cos\alpha\cos\beta\cos\sigma_1\cos\sigma_2 - \sin\alpha\cos\beta\sin\sigma_1 + \sin\beta\cos\sigma_1\sin\sigma_2) \\ P_{y_v} &= P(\sin\alpha\cos\sigma_1\cos\sigma_2 + \cos\alpha\sin\sigma_1)\cos\gamma_c \\ P_{z_v} &= P(-\cos\alpha\sin\beta\cos\sigma_1\cos\sigma_2 + \sin\alpha\sin\beta\sin\sigma_1 + \cos\beta\cos\sigma_1\sin\sigma_2)\sin\gamma_c \end{aligned}\right\} \tag{2-36}$$

由图 2.10 可将 $P_{x_v}, P_{y_v}, P_{z_v}$ 进一步分解，则推力 P 在弹道坐标系上的投影为

$$\left.\begin{aligned} P_{x_2} &= P(\cos\alpha\cos\beta\cos\sigma_1\cos\sigma_2 - \sin\alpha\cos\beta\sin\sigma_1 + \sin\beta\cos\sigma_1\sin\sigma_2) \\ P_{y_2} &= P[(\sin\alpha\cos\gamma_c + \cos\alpha\sin\beta\sin\gamma_c)\cos\sigma_1\cos\sigma_2 + \\ &\quad (\cos\beta\sin\gamma_c - \sin\alpha\sin\beta\sin\gamma_c)\sin\sigma_1 - \cos\beta\sin\gamma_c\cos\sigma_1\sin\sigma_2] \\ P_{z_2} &= P[(\sin\alpha\sin\gamma_c - \cos\alpha\sin\beta\cos\gamma_c)\cos\sigma_1\cos\sigma_2 + \\ &\quad (\cos\alpha\sin\gamma_c + \sin\alpha\sin\beta\cos\gamma_c)\sin\sigma_1 + \cos\beta\cos\gamma_c\cos\sigma_1\sin\sigma_2] \end{aligned}\right\} \tag{2-37}$$

当发动机推力的方向与弹体纵轴重合时，上式可以简化。此时弹道坐标系上的推力分量值由以下各式计算：

$$\left.\begin{aligned} P_{x_2} &= P\cos\alpha\cos\beta \\ P_{y_2} &= P(\sin\alpha\cos\gamma_c + \cos\alpha\sin\beta\sin\gamma_c) \\ P_{z_2} &= P(\sin\alpha\sin\gamma_c - \cos\alpha\sin\beta\cos\gamma_c) \end{aligned}\right\} \tag{2-38}$$

(3) 空气动力 R 在弹道坐标系上的投影

如 2.2.1 小节所述，空气动力 R 在速度坐标系中的轴向分量分别称为阻力 X、升力 Y 及侧力 Z。空气动力在弹道坐标系的轴向分量为

$$\left.\begin{aligned} R_{x_2} &= -X \\ R_{y_2} &= Y\cos\gamma_c - Z\sin\gamma_c \\ R_{z_2} &= Y\sin\gamma_c - Z\cos\gamma_c \end{aligned}\right\} \tag{2-39}$$

综上所述，作用在导弹上的作用力，在弹道坐标系上形成的各分量之和为

$$\left.\begin{aligned} F_{x_2} &= P_{x_2} + R_{x_2} + G_{x_2} \\ F_{y_2} &= P_{y_2} + R_{y_2} + G_{y_2} \\ F_{z_2} &= P_{z_2} + R_{z_2} + G_{z_2} \end{aligned}\right\} \tag{2-40}$$

(4) 弹道坐标系中的旋转角速度

以地面坐标系为基准，若弹道坐标系为动坐标系，则动坐标系相对于基准坐标系的旋转角速度 $\boldsymbol{\Omega}$ 投影到弹道坐标系上的相应分量为

$$\left.\begin{aligned} \Omega_{x_2} &= \dot{\psi}_c\sin\theta \\ \Omega_{y_2} &= \dot{\psi}_c\cos\theta \\ \Omega_{z_2} &= \dot{\theta} \end{aligned}\right\} \tag{2-41}$$

将式(2-40)和式(2-41)代入式(2-20)，并考虑到弹道坐标系的定义，导弹飞行速度在此坐标系中的轴向分量为

$$\begin{aligned} V_x &= V \\ V_y &= V_z = 0 \end{aligned}$$

所以质心运动学方程组应为

$$\left.\begin{aligned} m\frac{\mathrm{d}V}{\mathrm{d}t} &= P_{x_2} + R_{x_2} + G_{x_2} \\ mV\frac{\mathrm{d}\theta}{\mathrm{d}t} &= P_{y_2} + R_{y_2} + G_{y_2} \\ -mV\cos\theta\frac{\mathrm{d}\psi_c}{\mathrm{d}t} &= P_{z_2} + R_{z_2} \end{aligned}\right\} \tag{2-42}$$

方程组(2-42)第一式描述了导弹质心的切向加速度，由此决定了导弹飞行速度的大小；第二式为导弹在铅垂平面内的法向加速度；第三式为导弹的侧向加速度。故后两式决定了导弹飞行速度方向的变化。

当推力 P 无方向误差 σ_1 和 σ_2 时，将式(2-34)、式(2-38)及式(2-39)代入式(2-42)，可得到以下工程常用的导弹质心运动的动力学方程组：

$$\left.\begin{aligned} m\frac{\mathrm{d}V}{\mathrm{d}t} &= P\cos\alpha\cos\beta - X - G\sin\theta \\ mV\frac{\mathrm{d}\theta}{\mathrm{d}t} &= P(\sin\alpha\cos\gamma_c + \cos\alpha\sin\beta\sin\gamma_c) + Y\cos\gamma_c - Z\sin\gamma_c - G\cos\theta \\ -mV\frac{\mathrm{d}\psi_c}{\mathrm{d}t} &= P(\sin\alpha\sin\gamma_c - \cos\alpha\sin\beta\cos\gamma_c) + Y\sin\gamma_c - Z\cos\gamma_c \end{aligned}\right\} \tag{2-43}$$

2. 导弹绕质心运动的动力学方程

建立导弹姿态运动学的动力学方程组，采用的动坐标系是弹体坐标系。多数战术导弹对弹体坐标系的 Ox_1 轴是轴对称的，或对纵向对称平面是面对称的。在这种情况下，弹体坐标系可作为惯性主系，所有惯性积等于零，如下式：

$$J_{xy}=J_{yz}=J_{xz}=0$$

气动力对质心产生的力矩，在弹体坐标系上的分量由式(2－14)表示，而推力作用线不通过质心形成的力矩由式(2－11)～式(2－13)表示。于是，弹体坐标系上的力矩分量为

$$\left.\begin{aligned} M_{x_1}&=M_x+M_{xP}\\ M_{y_1}&=M_y+M_{yP}\\ M_{z_1}&=M_z+M_{zP}\end{aligned}\right\}\tag{2-44}$$

将式(2－44)和 $J_{xy}=J_{yz}=J_{xz}=0$ 代入式(2－33)，可得导弹绕质心转动的动力学方程式：

$$\left.\begin{aligned} J_x\frac{\mathrm{d}\omega_x}{\mathrm{d}t}-(J_y-J_z)\omega_y\omega_z&=M_x+M_{xP}\\ J_y\frac{\mathrm{d}\omega_y}{\mathrm{d}t}-(J_z-J_x)\omega_x\omega_z&=M_y+M_{yP}\\ J_z\frac{\mathrm{d}\omega_z}{\mathrm{d}t}-(J_x-J_y)\omega_x\omega_y&=M_z+M_{zP}\end{aligned}\right\}\tag{2-45}$$

当推力 P 的作用线通过质心时，不考虑推力产生的力矩，由上式可得工程常用的导弹绕质心运动的动力学方程组：

$$\left.\begin{aligned} J_x\frac{\mathrm{d}\omega_x}{\mathrm{d}t}-(J_y-J_z)\omega_y\omega_z&=M_x^{\beta}\beta+M_x^{\delta_x}\delta_x+M_x^{\delta_y}\delta_y+M_x^{\omega_x}\omega_x+M_x^{\omega_y}\omega_y\\ J_y\frac{\mathrm{d}\omega_y}{\mathrm{d}t}-(J_z-J_x)\omega_x\omega_z&=M_y^{\beta}\beta+M_y^{\delta_y}\delta_y+M_y^{\dot{\delta}_y}\dot{\delta}_y+M_y^{\dot{\beta}}\dot{\beta}+M_y^{\omega_y}\omega_y+M_y^{\omega_x}\omega_x\\ J_z\frac{\mathrm{d}\omega_z}{\mathrm{d}t}-(J_x-J_y)\omega_x\omega_y&=M_z^{\alpha}\alpha+M_z^{\delta_z}\delta_z+M_z^{\dot{\delta}_z}\dot{\delta}_z+M_y^{\dot{\alpha}}\dot{\alpha}+M_z^{\omega_z}\omega_z\end{aligned}\right\}\tag{2-46}$$

3. 导弹质心运动的运动学方程组

动力学方程组(2－42)等号左端是导弹的加速度，在已知作用力下积分该方程组，可得到导弹飞行速度在每一瞬间的大小和空间方向。将所得速度投影到地面坐标系的轴向上，可以建立以导弹为刚体，其质心相对于地面坐标系的运动学方程组。

根据图 2.8，导弹质心每一瞬间在地面坐标系上移动位置的时间变化率为

$$\left.\begin{aligned} \frac{\mathrm{d}x}{\mathrm{d}t}&=V\cos\theta\cos\psi_c\\ \frac{\mathrm{d}y}{\mathrm{d}t}&=V\sin\theta\\ \frac{\mathrm{d}z}{\mathrm{d}t}&=-V\cos\theta\sin\psi_c\end{aligned}\right\}\tag{2-47}$$

称此式为导弹质心运动的运动学方程组。

4. 导弹绕质心运动的运动学方程组

导弹作为刚体绕质心转动时，它的姿态欧拉角随时间变化。导弹绕质心转动的动力学方

程组(2-46)在已知作用力矩下可积分求出沿弹体坐标系的三个角速度,即 $\omega_x,\omega_y,\omega_z$。根据图 2.7 可以求出俯仰角速度 $\dot{\vartheta}$、偏航角速度 $\dot{\psi}$ 及滚动角速度 $\dot{\gamma}$ 与 $\omega_x,\omega_y,\omega_z$ 之间的关系:

$$\left.\begin{aligned}\omega_x&=\dot{\gamma}+\dot{\psi}\sin\vartheta\\ \omega_y&=\dot{\psi}\cos\vartheta\cos\gamma+\dot{\vartheta}\sin\gamma\\ \omega_z&=\dot{\vartheta}\cos\gamma-\dot{\psi}\cos\vartheta\sin\gamma\end{aligned}\right\}\tag{2-48}$$

由此微分方程组可得

$$\left.\begin{aligned}\dot{\vartheta}&=\omega_y\sin\gamma+\omega_x\cos\gamma\\ \dot{\psi}&=\omega_y\frac{\cos\gamma}{\cos\vartheta}-\omega_z\frac{\sin\gamma}{\cos\vartheta}\\ \dot{\gamma}&=\omega_x-\tan\vartheta(\omega_y\cos\gamma-\omega_z\sin\gamma)\end{aligned}\right\}\tag{2-49}$$

积分此方程组,能够获得导弹在空间飞行时每一瞬间的三个姿态欧拉角。

5. 坐标系角度间的关系方程

在空间确定导弹质心运动和绕质心运动的六个动力学自由度,分别由微分方程组(2-47)和方程组(2-49)表示。在此 12 个运动参数的运动微分方程组中使用了 4 种坐标系,相互间包含了 8 个角度($\vartheta,\psi,\gamma,\theta,\psi_c,\gamma_c,\alpha,\beta$),见图 2.12。这 8 个角度中只有 5 个是独立变量,另外 3 个可由它们之间的关系确定,这些角度关系统称为坐标角之间的几何关系。

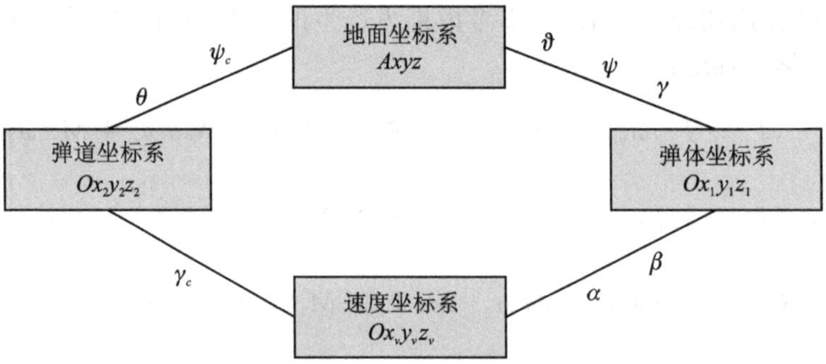

图 2.12 坐标系间关系

弹道倾角与其他角度的关系可用以下方法推导。在弹道坐标系的 Ox_2 轴上取单位向量 $\boldsymbol{i}$,它在地面坐标系轴上的投影分量为 $y_i=\sin\theta$。

除了将 Ox_2 轴上的单位向量直接投影到 Ay 轴上外,还可以根据图 2.12 先通过迎角 α 和侧滑角 β 投影到弹体坐标系上。然后,再通过俯仰角 ϑ、偏航角 ψ 及滚动角 γ 投影到地面坐标系上。于是在 Ay 轴上出现分量 y_i,其值为

$$y_i=\cos\alpha\cos\beta\sin\vartheta-\sin\alpha\cos\beta\cos\vartheta\cos\gamma-\sin\beta\cos\vartheta\sin\gamma\tag{2-50}$$

联立式(2-50)和 $y_i=\sin\theta$,得到描述弹道倾角 θ 的几何关系式:

$$\sin\theta=\cos\alpha\cos\beta\sin\vartheta-\sin\alpha\cos\beta\cos\vartheta\cos\gamma-\sin\beta\cos\vartheta\sin\gamma\tag{2-51}$$

根据上述在 Ox_2 轴上的同一单位向量 $\boldsymbol{i}$,由坐标系相互间的关系,经过两种途径向地面坐标系 Ay 投影,可得包含弹道偏角 ψ_c 的几何关系式:

$$\begin{aligned}\cos\theta\sin\psi_c=&\cos\alpha\cos\beta\cos\vartheta\sin\psi+\sin\alpha\cos\beta(\sin\vartheta\sin\psi\cos\gamma+\cos\psi\sin\gamma)-\\&\sin\beta(\cos\psi\sin\gamma-\sin\vartheta\sin\psi\sin\gamma)\end{aligned}\tag{2-52}$$

为了求得包含弹道倾斜角 γ_c 的几何关系式，可在速度坐标系的 Oz_v 轴上设一个单位向量。第一种投影路径是先向弹道坐标系投影，而后再投影到 Ay 轴上；第二种途径是通过弹体坐标系，再向 Ay 轴投影。由此可得到第三个几何关系式：

$$\cos\theta\sin\gamma_c = \cos\alpha\sin\beta\sin\vartheta - \sin\alpha\sin\beta\cos\vartheta\cos\gamma + \cos\beta\cos\vartheta\sin\gamma \tag{2-53}$$

上述坐标系间角度的关系式(2-51)、式(2-52)和式(2-53)是导弹运动方程中的几何关系，其作用是通过 5 个角度的独立变量确定另外 3 个坐标系间的角度，以便最后求出描述导弹运动的 8 个空间角。几何关系补充了坐标系之间的角度函数关系，它们同样是导弹运动方程组中不可缺少的一部分。因此，描述导弹具有 6 个自由度的空间运动，除了反映导弹质心运动和绕质心运动的动力学和运动学的 12 个微分方程外，还应有坐标系间角度转换的三个几何关系式。

6. 理想控制关系方程

为了描述导弹质心运动和绕质心转动的动力学及运动学，上面已建立了 12 个一阶微分方程。计入质量随时间变化，又增加了一个一阶微分方程：

$$\frac{\mathrm{d}m}{\mathrm{d}t} = -\dot{m} \tag{2-54}$$

因此，导弹的运动由 13 个微分方程组成。再加上坐标系角度之间的几何关系，导弹的空间运动由 16 个方程式组成。求解和积分这 16 个方程式，可以获取导弹运动状态的 16 个参数，即 $V(t)$、$\theta(t)$、$\psi_c(t)$、$\gamma_c(t)$、$\alpha(t)$、$\beta(t)$、$\omega_x(t)$、$\omega_y(t)$、$\omega_z(t)$、$\vartheta(t)$、$\psi(t)$、$\gamma(t)$、$m(t)$、$x(t)$、$y(t)$及 $z(t)$。在这 16 个参数中没有包括操纵面的偏转角 $\delta_z(t)$、$\delta_y(t)$及 $\delta_x(t)$，以及改变发动机推力调节参数 $\delta_p(t)$。

当控制参数 δ_x、δ_y 及 δ_z 不变时，属于无控制飞行状态，换句话说，仅有 $V(t)$，$\theta(t)$，…，$y(t)$，$z(t)$等 16 个运动参数的飞行状态是无控飞行状态。

有控飞行状态是导弹制导飞行的特点，因此操纵面的偏转角 δ_x、δ_y、δ_z 和推力调节 δ_p 是随时间变化的，而且是自动调节的。为了描述这四个控制参数随时间的变化，在表示无控飞行的 16 个方程的基础上，还需补充四个关系式分别描述 δ_x、δ_y、δ_z 及推力调节 δ_p 随时间变化的关系式，称为控制方程。在实际飞行中，参数 δ_x、δ_y、δ_z 及 δ_p 是导弹控制系统的输出值，而控制系统又是根据当时的飞行状态，为达到制导飞行的要求来自动控制 δ_x、δ_y、δ_z 的。因此，控制关系方程的一般形式为

$$\left.\begin{aligned}
\delta_z &= \delta_z(V,\theta,\psi_c,\cdots,x,y,z,\cdots,\omega_x,\cdots)\\
\delta_y &= \delta_y(V,\theta,\psi_c,\cdots,x,y,z,\cdots,\omega_x,\cdots)\\
\delta_z &= \delta_z(V,\theta,\psi_c,\cdots,x,y,z,\cdots,\omega_x,\cdots)\\
\delta_p &= \delta_p(V,\theta,\psi_c,\cdots,x,y,z,\cdots,\omega_x,\cdots)
\end{aligned}\right\} \tag{2-55}$$

控制关系方程的具体形式与飞行引导方案、制导系统结构与动态过程相关。不同类型导弹将有不同形式的控制关系方程；同一类型的导弹采取不同形式的控制系统，其控制方程亦不相同。也就是说，有控飞行应由 20 个方程表示，相应的参数数量也应是包括四个控制参数在内的 20 个。

7. 导弹运动方程组

将前述的导弹运动方程式集中起来，在不考虑导弹制导系统的工作时间滞后时，导弹的有控运动方程如下：

(1) 导弹的质心运动的动力学方程(不考虑推力方向误差)

$$\left.\begin{aligned}
&m\frac{\mathrm{d}V}{\mathrm{d}t}=P\cos\alpha\cos\beta-X-G\sin\theta\\
&mV\frac{\mathrm{d}\theta}{\mathrm{d}t}=P(\sin\alpha\cos\gamma_c+\cos\alpha\sin\beta\sin\gamma_c)+Y\cos\gamma_c-Z\sin\gamma_c-G\cos\theta\\
&-mV\frac{\mathrm{d}\psi_c}{\mathrm{d}t}=P(\sin\alpha\sin\gamma_c-\cos\alpha\sin\beta\cos\gamma_c)+Y\sin\gamma_c-Z\cos\gamma_c
\end{aligned}\right\}\tag{2-56}$$

(2) 导弹绕质心转动的动力学方程

$$\left.\begin{aligned}
&J_x\frac{\mathrm{d}\omega_x}{\mathrm{d}t}-(J_x-J_y)\omega_y\omega_z=M_x^{\beta}\beta+M_x^{\delta_x}\delta_x+M_x^{\delta_y}\delta_y+M_x^{\omega_x}\omega_x+M_x^{\omega_y}\omega_y\\
&J_y\frac{\mathrm{d}\omega_y}{\mathrm{d}t}-(J_z-J_x)\omega_x\omega_z=M_y^{\beta}\beta+M_y^{\delta_y}\delta_y+M_y^{\dot{\delta}_y}\dot{\delta}_y+M_y^{\dot{\beta}}\dot{\beta}+M_y^{\omega_y}\omega_y+M_y^{\omega_x}\omega_x\\
&J_z\frac{\mathrm{d}\omega_z}{\mathrm{d}t}-(J_x-J_y)\omega_x\omega_y=M_z^{\alpha}\alpha+M_z^{\delta_z}\delta_z+M_z^{\dot{\delta}_z}\dot{\delta}_z+M_y^{\dot{\alpha}}\dot{\alpha}+M_z^{\omega_z}\omega_z
\end{aligned}\right\}\tag{2-57}$$

(3) 质心运动学方程

$$\left.\begin{aligned}
&\frac{\mathrm{d}x}{\mathrm{d}t}=V\cos\theta\cos\psi_c\\
&\frac{\mathrm{d}y}{\mathrm{d}t}=V\sin\theta\\
&\frac{\mathrm{d}z}{\mathrm{d}t}=-V\cos\theta\sin\psi_c
\end{aligned}\right\}\tag{2-58}$$

(4) 绕质心转动的运动学方程

$$\left.\begin{aligned}
&\dot{\vartheta}=\omega_y\sin\gamma+\omega_x\cos\gamma\\
&\dot{\psi}=\omega_y\frac{\cos\gamma}{\cos\vartheta}-\omega_z\frac{\sin\gamma}{\cos\vartheta}\\
&\dot{\gamma}=\omega_x-\tan\vartheta(\omega_y\cos\gamma-\omega_z\sin\gamma)
\end{aligned}\right\}\tag{2-59}$$

(5) 导弹质量时变方程

$$\frac{\mathrm{d}m}{\mathrm{d}t}=-\dot{m}\tag{2-60}$$

(6) 几何关系方程

$$\sin\theta=\cos\alpha\cos\beta\sin\vartheta-\sin\alpha\cos\beta\cos\vartheta\cos\gamma-\sin\beta\cos\vartheta\sin\gamma\tag{2-61}$$

$$\begin{aligned}\cos\theta\sin\psi_c=&\cos\alpha\cos\beta\cos\vartheta\sin\psi+\sin\alpha\cos\beta(\sin\vartheta\sin\psi\cos\gamma+\cos\psi\sin\gamma)-\\&\sin\beta(\cos\psi\sin\gamma-\sin\vartheta\sin\psi\sin\gamma)\end{aligned}\tag{2-62}$$

$$\cos\theta\sin\gamma_c=\cos\alpha\sin\beta\sin\vartheta-\sin\alpha\sin\beta\cos\vartheta\cos\gamma+\cos\beta\cos\vartheta\sin\gamma\tag{2-63}$$

(7) 控制关系方程

$$\left.\begin{aligned}
&\delta_z=\delta_z(V,\theta,\psi_c,\cdots,x,y,z,\cdots,\omega_x,\cdots)\\
&\delta_y=\delta_y(V,\theta,\psi_c,\cdots,x,y,z,\cdots,\omega_x,\cdots)\\
&\delta_z=\delta_z(V,\theta,\psi_c,\cdots,x,y,z,\cdots,\omega_x,\cdots)\\
&\delta_p=\delta_p(V,\theta,\psi_c,\cdots,x,y,z,\cdots,\omega_x,\cdots)
\end{aligned}\right\}\tag{2-64}$$

2.3.3 导弹扰动运动方程组

1. 基准运动与扰动方程

如果导弹结构、外形及参数符合理论值，发动机状态参数、控制系统参数符合额定值，大气状态参数符合标准值，且目标特性是确定的，则按给定初始条件计算得出的理论弹道称为未扰动弹道或基准弹道，相应的导弹运动称为未扰动运动或基准运动。然而，实际飞行的弹道总是不同于基准弹道。这不仅是由于所采用的方程只是近似描述导弹和制导系统动力学特性，而且还有一系列随机因素作用于导弹制导控制系统，实际的初始条件总是不同于所给定的数值，大气扰流所引起的随机空气动力也作用于导弹上，目标机动飞行也存在随机特性，等等。所有这些因素都不可避免地存在于实际飞行中，并对导弹的运动产生扰动，这时导弹运动称为扰动运动，其对应的弹道称为扰动弹道。

2. 导弹扰动运动的研究方法

(1) 数值积分法

如果要对导弹扰动运动做比较精确的计算，或者由于所研究问题必须用非线性微分方程组描述，就需要求解非线性微分方程组。一般来说，大多数微分方程组得不出解析解，但是用数值积分法可以求出特解。

计算机可以使用较为精确的导弹运动数学模型，计算出导弹的扰动弹道以及其受控运动过程，计算步长也可以根据精度要求进行选取，还可以选择各种初始条件进行计算。故数值积分法作为现代数值计算技术得到了广泛的应用，但数值积分法只能求取对应于一组确定初始条件下的特解。因此，研究扰动运动时很难从方程组特解中总结出带规律性的结果，这是数值积分法的一个缺点。

(2) 小扰动法

如果对扰动运动方程组加以合理的简化处理，使其能够解析求解而又具有必要的工程精度，这将是很有价值的。因为解析解中包含了各种飞行和气动参数，可以直接分析参数对导弹动态特性的影响。常用的方法就是利用小扰动假设将微分方程线性化，通常称为小扰动法。

当研究一个非线性系统在某一稳定平衡点附近的微小扰动运动的状态时，原来的系统可以充分精确地用一个线性系统加以近似。几乎可以肯定地说，任何一个物理系统都是非线性的。我们所说的某个实际的物理系统是线性系统，只是说它的某些主要性能可以充分精确地用一个线性系统加以近似而已。所谓“充分精确”是指实际系统与理想化线性系统的差别，对于所研究的问题，已经小到可以忽略的程度。

只有当具体的条件和要求给定以后，才能确定一个实际系统是线性系统还是非线性系统。例如导弹弹体-自动驾驶仪系统，本质是非线性系统，因为无论是导弹运动方程还是自动驾驶仪方程都是非线性的；但是，当研究动态特性时，可以认为这两个方程组是线性的。如果所研究的是导弹弹体-自动驾驶仪系统的自振问题，则略去自动驾驶仪方程的非线性是不允许的，因为只有自动驾驶仪的非线性特性才会发生自振。

如果导弹制导控制系统的工作精度较高，实际飞行弹道总与未扰动弹道相当接近，那么，在许多情况下，导弹运动方程组可以用线性方程组来近似。如果扰动弹道和未扰动弹道差别很大，那么用小扰动法研究稳定性就会有较大的误差，研究扰动弹道就不能应用此法。

(3) 经典控制理论和现代控制理论方法

对于导弹扰动运动的分析，控制理论的应用也有两种不同的方法，即经典控制理论和现代控制理论。

经典控制理论是以单输入、单输出的常系数线性系统作为主要研究对象，它以传递函数作为系统基本数学描述，以根轨迹法和频率法作为分析扰动运动特性的两类方法。它的基本内容是研究给定输入条件下扰动运动的稳定性和动态特性，以及给定指标下系统的设计方法。导弹作为制导控制系统的一个环节，即控制对象，其特性完全可由经典控制理论的概念和定义表示，如输入量、输出量、传递函数、稳定性、过渡过程品质指标等。

20 世纪 60 年代，由于空间技术和计算机技术的飞速发展，现代控制理论逐渐形成。它的研究对象既可以是线性的，也可以是非线性的，既可以是常系数的，也可以是变系数的。它本质上属于时域方法(经典控制理论是频域的)，是建立在对系统状态变量的描述，即所谓状态空间法，是直接求解微分方程组的一种方法，可以揭示系统内在的规律，在一定条件下实现系统的最优控制。

现代控制理论在解决大型复杂的控制问题时，具有许多突出的优点，目前在导弹制导控制系统分析和设计中也得到越来越多的应用；但是它不能够完全取代经典控制理论，在工程的实际应用中，两者各有所长，应互为补充。

3. 导弹的线性化扰动运动方程组

由 2.3.3 小节内容可知，导弹空间运动通常是由一个非线性、变系数的微分方程组来描述的，在数学上尚无求解这种方程组的一般解析法。因此往往在一定约束条件下，采用一个近似的线性系统来替代，并使其误差小到无关紧要的地步。为了使方程组线性化，所有运动参数都分别写成它们在未扰动运动中的数值与某一偏量之和，即

$$\left.\begin{aligned} V(t) &= V_0(t) + \Delta V(t) \\ \theta(t) &= \theta_0(t) + \Delta\theta(t) \\ &\vdots \\ \omega_x(t) &= \omega_{x_0}(t) + \Delta\omega_x(t) \\ &\vdots \\ z(t) &= z_0(t) + \Delta z(t) \end{aligned}\right\} \tag{2-65}$$

式中：带下标 0 的量为未扰动运动中运动学参数的数值；$\Delta V(t)$，$\Delta\theta(t)$，…，$\Delta z(t)$为扰动运动参数对未扰动运动参数的偏差值，称为运动学参数偏量。

利用泰勒级数形式给出的导弹任意运动学参数偏量的线性微分方程表达式，进而得到描述导弹空间扰动运动的线性微分方程如下：

$$\begin{aligned} [m]_0 \frac{\mathrm{d}\Delta V}{\mathrm{d}t} = {} & [P^V - X^V]_0 \Delta V + [P^\alpha - P\alpha - X^\alpha]_0 \Delta\alpha + \\ & [P^\beta - P\beta - X^\beta]_0 \Delta\beta + [P^H - X^H - G^H \sin\theta]_0 \Delta H - \\ & [X^{\delta_z}]_0 \Delta\delta_z - [X^{\delta_y}]_0 \Delta\delta_y - [G\cos\theta]_0 \Delta\theta \end{aligned} \tag{2-66}$$

$$\begin{aligned} [mV]_0 \frac{\mathrm{d}\Delta\theta}{\mathrm{d}t} = {} & [P^V\alpha + Y^V]_0 \Delta V + [P + Y^\alpha]_0 \Delta\alpha + \\ & [G\sin\theta]_0 \Delta\theta + [Y^{\delta_z}]_0 \Delta\delta_z + [Y^H - G^H \cos\theta]_0 \Delta H \end{aligned} \tag{2-67}$$

$$[-mV\cos\theta]_0\frac{d\psi_c}{dt}=[Z^V]_0\Delta V+[P\gamma_c+Y^\alpha]_0\Delta\alpha+[-P+Z^\beta]_0\Delta\beta+$$
$$[P\alpha+Y]_0\Delta\gamma_c+[Z^{\delta_y}]_0\Delta\delta_y+[Z^H]_0\Delta H \tag{2-68}$$

$$[J_x]_0\frac{d\Delta\omega_x}{dt}=[M_x^V]_0\Delta V+[M_x^{\omega_x}]_0\Delta\omega_x+[M_x^{\delta_x}]_0\Delta\delta_x+[M_x^{\delta_y}]_0\Delta\delta_y+$$
$$[M_y^{\omega_y}]_0\Delta\omega_y-[(J_z-J_y)\omega_y]_0\Delta\omega_z-[(J_x-J_y)\omega_z]_0\Delta\omega_y+$$
$$[M_y^\beta]_0\Delta\beta+[M_x^H]_0\Delta H \tag{2-69}$$

$$[J_y]_0\frac{d\Delta\omega_y}{dt}=[M_y^V]_0\Delta V+[M_y^\beta]_0\Delta\beta+[M_y^{\omega_y}]_0\Delta\omega_y+[M_y^{\omega_x}]_0\Delta\omega_x+$$
$$[M_x^{\delta_y}]_0\Delta\delta_y+[M_y^H]_0\Delta H+[M_y^\beta]_0\Delta\beta-$$
$$[(J_x-J_z)\omega_z]_0\Delta\omega_x-[(J_x-J_z)\omega_x]_0\Delta\omega_z \tag{2-70}$$

$$[J_z]_0\frac{d\Delta\omega_z}{dt}=[M_z^V]_0\Delta V+[M_z^\alpha]_0\Delta\alpha+[M_z^{\omega_z}]_0\Delta\omega_z+[M_z^{\delta_z}]_0\Delta\delta_z+$$
$$[M_z^{\dot\alpha}]_0\Delta\dot\alpha+[M_z^{\dot\delta_z}]_0\Delta\dot\delta_z+[M_z^H]_0\Delta H-[(J_y-J_x)\omega_x]_0\Delta\omega_y-$$
$$[(J_y-J_x)\omega_y]_0\Delta\omega_x \tag{2-71}$$

$$\frac{d\Delta\vartheta}{dt}=\Delta\omega_z \tag{2-72}$$

$$\frac{d\Delta\psi}{dt}=\left[\frac{1}{\cos\vartheta}\right]_0\Delta\omega_y \tag{2-73}$$

$$\frac{d\Delta\gamma}{dt}=\Delta\omega_x-[\tan\vartheta]_0\Delta\omega_y \tag{2-74}$$

$$\frac{d\Delta x}{dt}=[\cos\theta\cos\psi_c]_0\Delta V-[V\sin\theta\cos\psi_c]_0\Delta\theta-[V\cos\theta\sin\psi_c]_0\Delta\psi_c \tag{2-75}$$

$$\frac{d\Delta y}{dt}=[\sin\theta]_0\Delta V+[V\cos\theta]_0\Delta\theta \tag{2-76}$$

$$\frac{d\Delta z}{dt}=[-\cos\theta\sin\psi_c]_0\Delta V+[V\sin\theta\sin\psi_c]_0\Delta\theta-[V\cos\theta\cos\psi_c]_0\Delta\psi_c \tag{2-77}$$

$$\Delta\theta=\Delta\vartheta-\Delta\alpha \tag{2-78}$$

$$\Delta\psi_c=\Delta\varphi+\left[\frac{\alpha}{\cos\theta}\right]_0\Delta\gamma-\left[\frac{1}{\cos\theta}\right]_0\Delta\beta \tag{2-79}$$

$$\Delta\gamma_c=[\tan\theta]_0\Delta\beta+\left[\frac{\cos\vartheta}{\cos\theta}\right]_0\Delta\gamma \tag{2-80}$$

一次方程组中仅包含 15 个运动参数偏量：$\Delta V,\Delta\alpha,\Delta\beta,\Delta\psi_c,\Delta\theta,\Delta\gamma_c,\Delta\vartheta,\Delta\varphi,\Delta\gamma,\Delta\omega_x,\Delta\omega_y,\Delta\omega_z,\Delta x,\Delta y,\Delta z$。运动参数变量线性微分方程中的舵偏角 $\Delta\delta_x,\Delta\delta_y,\Delta\delta_z$ 是弹体扰动运动的输入量，在孤立分析弹体自身的动态特性时，可取常用的典型输入形式，如阶跃输入函数等。

在运动参数偏量的线性微分方程中，凡有方括号[]表示的量均是方程式的系数，而下标 0 表示这些系数由基准弹道的运动参数、气动参数和结构参数等确定，此后为书写方便常略去下标 0。

导弹运动方程组与运动偏量方程组的差别是：

① 前者描述一般的飞行状态，即基准运动或未扰动运动，后者描述基准运动邻近的扰动运动，或称附加运动；

② 一般的飞行状态为非线性的，而扰动运动是线性的。

4. 系数冻结法

绝大多数的导弹在飞行过程中，即使按照未扰动弹道飞行，其运动参数也是随时间而变化的。只有在某些特殊情况下，比如导弹作水平直线等速飞行时，才近似地认为运动参数不变，如飞航式导弹弹道的中段(即平飞段)。但严格地说，由于飞行过程中导弹的质量 m 和转动惯量 J_x，J_y，J_z 随着燃料的不断消耗也在不断地变化，因此，能够严格保持等速平飞，某些运动参数，例如迎角 α、侧滑角 β，仍然是时间的函数。因此，以上所得到的线性化扰动方程是变系数线性微分方程组。即使是变系数线性微分方程组，仍然难以求得解析解，为此常采用系数冻结法来解决上述问题。

系数冻结法的含义是：在研究导弹的动态特性时，如果基准弹道已给出，那么在该弹道上任何点上的运动参数和结构参数都为已知数值。可以近似地认为，在这些点附近的小范围内运动参数和结构参数都固定不变，也就是说，各扰动运动方程式的扰动偏量系数在所研究的弹道点附近冻结不变。这样一来就将变系数常微分方程变为了常系数微分方程。

系数“冻结”法并无严格的理论依据和数学证明。在实际应用中通常发现：在过渡过程中，若系数变化不超过 15％～20％，则系数“冻结”也不会带来较大误差。

2.3.4 纵向扰动运动数学模型

在导弹设计的某些阶段，特别是在导弹制导控制系统的初步设计阶段，通常在一定假设前提下，把导弹运动方程组分解为纵向运动和侧向运动方程组，或简化为铅垂面和水平面内方程组，均具有一定的实用价值。

1. 纵向扰动运动方程组

如果只考虑导弹绕弹体 Oz_1 轴转动，且质心的移动基本在垂直平面内，同时认为导弹纵向对称平面与此飞行平面相重合，可将导弹在铅垂平面内的运动称为纵向运动。

导弹在铅垂平面内线性化后的扰动运动方程组为

$$\left.\begin{aligned}
&m\frac{\mathrm{d}\Delta V}{\mathrm{d}t}=(P^V-X^V)\Delta V-(P\alpha+X^\alpha)\Delta\alpha-(G\cos\theta)\Delta\theta\\
&mV\frac{\mathrm{d}\Delta\theta}{\mathrm{d}t}=(P^V\alpha+Y^V)\Delta V+(P+Y^\alpha)\Delta\alpha+(G\sin\theta)\Delta\theta+Y^{\Delta\delta_z}\Delta\delta_z\\
&J_z\frac{\mathrm{d}\Delta\omega_z}{\mathrm{d}t}=M_z^V\Delta V+M_z^\alpha\Delta\alpha+M_z^{\omega_z}\Delta\omega_z+M_z^{\dot{\alpha}}\Delta\dot{\alpha}+M_z^{\delta_z}\Delta\delta_z+M_z^{\dot{\delta}_z}\Delta\dot{\delta}_z\\
&\frac{\mathrm{d}\Delta\vartheta}{\mathrm{d}t}=\Delta\omega_z\\
&\Delta\theta=\Delta\vartheta-\Delta\alpha\\
&\frac{\mathrm{d}\Delta x}{\mathrm{d}t}=(\cos\theta)\Delta V-(V\sin\theta)\Delta\theta\\
&\frac{\mathrm{d}\Delta y}{\mathrm{d}t}=(\sin\theta)\Delta V+(V\cos\theta)\Delta\theta
\end{aligned}\right\}\tag{2-81}$$

为书写方便，常常省去偏量符“Δ”，并在方程组中补充客观存在的切向干扰力 F'_{xd}、法向干扰力 F'_{yd} 和纵向干扰力矩 M'_{zd}，于是方程组改写成如下形式：

$$\left.\begin{aligned}
&m\dot{V}=(P^V-X^V)V-(P\alpha+X^\alpha)\alpha-(G\cos\theta)\theta+F'_{xd}\\
&J_z\dot{\omega}_z=M_z^V V+M_z^\alpha\alpha+M_z^{\omega_z}\omega_z+M_z^{\dot{\alpha}}\dot{\alpha}+M_z^{\delta_z}\delta_z+M_z^{\dot{\delta}_z}\Delta\dot{\delta}_z+M'_{zd}\\
&mV\dot{\theta}=(P^V\alpha+Y^V)V+(P+Y^\alpha)\alpha+(G\sin\theta)\theta+Y^{\delta_z}\delta_z+F'_{yd}\\
&\dot{\vartheta}=\omega_z\\
&\theta=\vartheta-\alpha
\end{aligned}\right\}\qquad(2-82)$$

式中:V 是未扰动飞行速度。

方程组(2-82)并非标准形式的纵向扰动运动模型,习惯上用动力系数代替方程组中的系数,形成标准形式的数学模型。纵向动力系数用 a_{mn} 表示,下标 m 代表方程的编号,n 代表运动参数偏量的编号,ΔV 为 1,$\Delta\omega$ 为 2,$\Delta\theta$ 为 3,$\Delta\alpha$ 为 4,$\Delta\delta_z$ 为 5 。纵向扰动方程组中相关的动力系数及特性见表 2.1。

表 2.1　纵向扰动方程组中相关的动力系数及特性

序　号	名　称	符　号	表达式	单　位	参数特性
1	阻尼动力系数	a_{22}	$-\dfrac{M_z^{\omega_z}}{J_z}$	1/s	具有气动力矩导数的特性
2	恢复动力系数	a_{24}	$-\dfrac{M_z^\alpha}{J_z}$	$1/s^2$	
3	操纵动力系数	a_{25}	$-\dfrac{M_z^{\delta_z}}{J_z}$	1/s	
4	速度动力系数	a_{21}	$-\dfrac{M_z^V}{J_z}$	1/ms	
5	下洗延迟动力系数	a'_{24}	$-\dfrac{M_z^{\dot{\alpha}}}{J_z}$	1/s	
6	法向动力系数	a_{34}	$\dfrac{P+Y^\alpha}{mV}$	1/s	具有导弹的法向作用力性质
7	舵面动力系数	a_{35}	$\dfrac{Y^{\delta_z}}{mV}$	1/s	
8	重力动力系数	a_{33}	$-\dfrac{g}{V}\sin\theta$	1/s	
9	速度动力系数	a_{31}	$-\dfrac{P^V\alpha+Y^V}{mV}$	1/m	
10	切向动力系数	a_{14}	$\dfrac{P\alpha+X^\alpha}{m}$	m/s^2	具有导弹的切向作用力性质
11	重力动力系数	a_{13}	$g\cos\theta$	m/s^2	
12	速度动力系数	a_{11}	$\dfrac{P^V-X^V}{m}$	1/s	

作用于导弹上的干扰力矩可采用以下相应的符号：

$$F_{xd}=\frac{F'_{xd}}{m},\quad F_{yd}=\frac{F'_{yd}}{m},\quad M_{zd}=M'_{zd}/J_z$$

引入动力系数后，可将方程组(2-82)改写为标准形式的纵向扰动运动模型：

$$\left.\begin{aligned}&\dot V+a_{11}V+a_{14}\alpha+a_{13}\theta=F_{xd}\\&\dot\omega_z+a_{21}V+a_{22}\omega_z+a_{24}\alpha+a'_{24}\dot\alpha=-a_{25}\delta_z-a'_{25}\dot\delta_z+M_{zd}\\&\dot\theta+a_{31}V+a_{33}\theta-a_{34}\alpha=a_{35}\delta_z+F_{yd}\\&\dot\vartheta=\omega_z\\&\vartheta=\theta+\alpha\end{aligned}\right\}\tag{2-83}$$

常系数齐次线性微分方程组描述了导弹的自由扰动运动，非齐次方程组代表了导弹的强迫扰动运动。非齐次方程组的通解由齐次方程组的通解和非齐次方程组的特解组成，前者代表了扰动运动的自由分量，而后者则代表了强迫分量。当方程组(2-83)中各式右端为零时，就得到了描述纵向自由扰动运动的齐次线性微分方程组。此时各运动偏量的通解为

$$\begin{aligned}V&=\sum A_i\mathrm{e}^{\lambda_i t}\\\vartheta&=\sum B_i\mathrm{e}^{\lambda_i t}\\\theta&=\sum C_i\mathrm{e}^{\lambda_i t}\\\alpha&=\sum D_i\mathrm{e}^{\lambda_i t}\end{aligned}$$

式中：A_i,B_i,C_i,D_i 是根据初始条件来确定的系数；λ_i 是纵向扰动方程组(2-83)的特征方程根。若方程组(2-83)的右端不为零，则此时运动方程组描述了纵向强迫扰动。

2. 纵向扰动运动的状态方程

导弹纵向扰动运动方程组(2-83)对于运动偏量而言是线性的，可将方程组(2-83)写成状态向量形式，纵向扰动运动的状态参数列向量为 $[V\quad\omega_z\quad\alpha\quad\vartheta]^{\mathrm T}$。在状态向量中设置了迎角偏量 α，也就包含了能够反映气动力变化的主要特征。但是纵向扰动运动方程组(2-83)没有明显列出迎角导数的表达式，为此利用角度几何关系，可将方程组中的第三式改写为

$$\dot\alpha-\dot\vartheta-a_{31}V-a_{33}\theta+a_{34}\alpha=-a_{35}\delta_z-F_{yd}\tag{2-84}$$

于是方程组(2-83)可变成

$$\left.\begin{aligned}&\dot V=-a_{11}V-(a_{14}-a_{13})\alpha-a_{13}\vartheta+F_{xd}\\&\dot\omega_z=-(a_{21}+a_{24}a_{31})V-(a_{22}+a'_{24})\omega_z+(a'_{24}a_{34}+a'_{24}a_{33}-a_{24})\alpha-\\&\qquad a'_{24}a_{33}\vartheta-(a_{25}-a'_{24}a_{35})\delta_z-a'_{25}\dot\delta_z+a'_{24}F_{yd}+M_{zd}\\&\dot\alpha=-a_{31}V-\omega_z-(a_{33}+a_{34})\alpha+a_{33}\vartheta-a_{35}\delta_z-F_{yd}\\&\dot\vartheta=\omega_z\end{aligned}\right\}\tag{2-85}$$

因为 $\alpha=\vartheta-\theta$，故以上方程组没有列出弹道倾角偏量 θ，由此方程组可得纵向扰动运动的状态方程为

$$\begin{bmatrix}\dot{V}\\ \dot{\omega}_z\\ \dot{\alpha}\\ \dot{\vartheta}\end{bmatrix}=\boldsymbol{A}_z\begin{bmatrix}V\\ \omega_z\\ \alpha\\ \vartheta\end{bmatrix}+\begin{bmatrix}0\\ -a_{25}+a'_{24}a_{35}\\ -a_{35}\\ 0\end{bmatrix}\delta_z+\begin{bmatrix}0\\ -a'_{25}\\ 0\\ 0\end{bmatrix}\dot{\delta}_z+\begin{bmatrix}F_{xd}\\ a'_{24}F_{yd}+M_{zd}\\ -F_{yd}\\ 0\end{bmatrix} \tag{2-86}$$

式中纵向动力系数 4×4 阶矩阵 $\boldsymbol{A}_z$ 的表达式为

$$\boldsymbol{A}_z=\begin{bmatrix}-a_{11} & 0 & -a_{14}+a_{13} & -a_{13}\\ -(a_{21}+a'_{24}a_{31}) & -(a_{22}+a'_{24}) & a'_{24}a_{34}+a'_{24}a_{33}-a_{24} & -a'_{24}a_{33}\\ a_{31} & 0 & -(a_{34}+a_{33}) & a_{33}\\ 0 & 1 & 0 & 0\end{bmatrix} \tag{2-87}$$

3. 纵向扰动运动的传递函数

在纵向控制回路中导弹运动为开环，其输出量是 V、ω_z、ϑ、α 和弹道倾角 θ，输入量是 δ_z（干扰力和力矩对系统的作用也可转换成等效舵偏角输入）。

首先对纵向扰动方程组(2-83)在零初始条件下进行拉氏变换，使其转换成为一个有关复变量 s 的代数方程组：

$$\left.\begin{aligned}&(s+a_{11})V(s)+a_{14}\alpha(s)+a_{13}\theta(s)=F_{xd}(s)\\ &(s^2+a_{22}s)\vartheta(s)+a_{21}V(s)+(a'_{24}s+a_{24})\alpha(s)=-(a'_{25}s+a_{25})\delta_z(s)+M_{zd}(s)\\ &(s+a_{33})\theta(s)+a_{31}V(s)-a_{34}\alpha(s)=a_{35}\delta_z(s)+F_{yd}(s)\\ &\vartheta(s)=\theta(s)+\alpha(s)\end{aligned}\right\} \tag{2-88}$$

输出象函数为

$$V(s)=\frac{\Delta_V}{\Delta},\quad \vartheta(s)=\frac{\Delta_\vartheta}{\Delta},\quad \alpha(s)=\frac{\Delta_\alpha}{\Delta},\quad \theta(s)=\frac{\Delta_\theta}{\Delta}$$

式中：主行列式为方程组(2-88)的系数组成的行列式；Δ_V、Δ_ϑ、Δ_α 及 Δ_θ 是式(2-88)右端舵偏角组成的列，或由干扰力及干扰力矩组成的列代入主行列式相应的列中所得的行列式。可求得主行列式为

$$\Delta=-(s^4+P_1s^3+P_2s^2+P_3s+P_4)=-D(s) \tag{2-89}$$

式中

$$\begin{aligned}P_1&=a_{22}+a_{33}+a_{11}+a_{34}+a'_{24}\\ P_2&=a_{22}a_{33}+a_{22}a_{34}+a_{24}+a_{11}(a_{22}+a_{33})+\\ &\quad a_{11}a_{34}-a_{31}(a_{13}-a_{14})+a'_{24}(a_{11}+a_{33})\\ P_3&=a_{24}a_{33}+a_{11}a_{22}a_{33}+a_{11}a_{22}a_{34}+a_{11}a_{24}-\\ &\quad a_{31}a_{22}(a_{13}-a_{14})-a_{14}a_{21}-a_{13}a'_{24}a_{31}\\ P_4&=a_{11}a_{24}a_{33}-a_{13}a_{24}a_{31}-a_{13}a_{21}a_{34}-a_{14}a_{21}a_{33}\end{aligned}$$

(1) 俯仰舵偏角输入纵向传递函数

纵向扰动运动中，由方程组(2-88)可得舵偏转角的传递函数为

$$\left.\begin{aligned}
W_{\delta v}(s)&=\frac{V(s)}{\delta_z(s)}=\frac{\dfrac{\Delta_V}{\Delta}}{D(s)}=\frac{M_V(s)}{D(s)}\\
W_{\delta\vartheta}(s)&=\frac{\vartheta(s)}{\delta_z(s)}=\frac{\dfrac{\Delta_\vartheta}{\Delta}}{D(s)}=\frac{M_\vartheta(s)}{D(s)}\\
W_{\delta\alpha}(s)&=\frac{\alpha(s)}{\delta_z(s)}=\frac{\dfrac{\Delta_\alpha}{\Delta}}{D(s)}=\frac{M_\alpha(s)}{D(s)}
\end{aligned}\right\}\tag{2-90}$$

其中各分子多项式分别为

$$\begin{aligned}
M_V(s)=&(a_{13}-a_{14})a_{35}s^2+(a_{13}a_{22}a_{35}+\\
&a'_{24}a_{13}a_{35}-a_{14}a_{22}a_{35}-a_{25}a_{14})s+\\
&a_{13}a_{24}a_{35}-a_{13}a_{25}a_{34}-a_{14}a_{25}a_{33}\\
M_\vartheta(s)=&(a_{25}-a'_{24}a_{35})s^2+(a_{25}a_{33}+a_{25}a_{34}-\\
&a_{24}a_{35}+a_{25}a_{11}-a'_{24}a_{11}a_{35})s+\\
&a_{11}(a_{25}a_{33}+a_{25}a_{34}-a_{24}a_{35})+\\
&(a_{14}-a_{13})(a_{25}a_{31}+a_{21}a_{35})\\
M_\alpha(s)=&a_{35}s^3+(a_{11}a_{25}a_{35}+a_{25}a_{35})s^2+\\
&(a_{25}a_{33}+a_{11}a_{22}a_{35}+a_{11}a_{25})s+\\
&a_{11}a_{25}a_{33}-a_{13}a_{22}a_{31}+a_{21}a_{24}a_{35}
\end{aligned}$$

所得导弹纵向传递函数，其中各运动参数偏量与舵偏角的比值为负，反映了飞行力学中关于运动参数正负号的规定。

(2) 干扰力输入纵向传递函数

以切向干扰力为输入量的纵向传递函数：

$$\left.\begin{aligned}
W_{F_xv}(s)&=\frac{V(s)}{F_{xd}(s)}=\frac{M_{xV}(s)}{D(s)}\\
W_{F_x\vartheta}(s)&=\frac{\vartheta(s)}{F_{xd}(s)}=\frac{M_{x\vartheta}(s)}{D(s)}\\
W_{F_x\alpha}(s)&=\frac{\alpha(s)}{F_{xd}(s)}=\frac{M_{x\alpha}(s)}{D(s)}
\end{aligned}\right\}\tag{2-91}$$

以法向干扰力为输入量的纵向传递函数：

$$\left.\begin{aligned}
W_{F_yv}(s)&=\frac{V(s)}{F_{yd}(s)}=\frac{M_{yV}(s)}{D(s)}\\
W_{F_y\vartheta}(s)&=\frac{\vartheta(s)}{F_{yd}(s)}=\frac{M_{y\vartheta}(s)}{D(s)}\\
W_{F_y\alpha}(s)&=\frac{\alpha(s)}{F_{yd}(s)}=\frac{M_{y\alpha}(s)}{D(s)}
\end{aligned}\right\}\tag{2-92}$$

各分子多项式分别为

$$M_{xV}(s)=-s^3-(a_{22}+a_{34}+a'_{24}+a_{33})s^2-$$
$$(a_{22}a_{33}+a'_{24}a_{34}+a_{24}+a_{22}a_{34})s-a_{24}a_{33}$$
$$M_{x\vartheta}(s)=(a_{21}+a'_{24}a_{31})s+(a_{21}a_{33}+a_{22}a_{31}+a_{21}a_{34})$$
$$M_{x\alpha}(s)=-a_{31}s^2+(a_{21}-a_{22}a_{31})s+a_{21}a_{33}$$
$$M_{yV}(s)=(a_{13}-a_{14})s^2+(a_{22}a_{13}-a_{22}a_{14}+a'_{24}a_{13})s+a_{24}a_{13}$$
$$M_{y\vartheta}(s)=-a'_{24}s^2-(a_{24}+a'_{24}a_{11})s-a_{24}a_{11}+a_{21}(a_{14}-a_{13})$$
$$M_{y\alpha}(s)=s^3+(a_{11}+a_{22})s^2+a_{11}a_{22}s-a_{21}a_{13}$$

(3) 干扰力矩输入纵向传递函数

应用方程组(2-88),采取相同的推导方法,可得输入量为干扰力矩 M_{xd} 的纵向传递函数:

$$\left.\begin{aligned}W_{M_z v}(s)&=\frac{V(s)}{M_{xd}(s)}=\frac{M_{MV}(s)}{D(s)}\\W_{M_z \vartheta}(s)&=\frac{\vartheta(s)}{M_{xd}(s)}=\frac{M_{M\vartheta}(s)}{D(s)}\\W_{M_z \alpha}(s)&=\frac{\alpha(s)}{M_{xd}(s)}=\frac{M_{M\alpha}(s)}{D(s)}\end{aligned}\right\}\tag{2-93}$$

各分子多项式分别为

$$M_{MV}(s)=a_{14}s+a_{13}a_{34}+a_{14}a_{33}$$
$$M_{x\vartheta}(s)=-s^2-(a_{33}+a_{34}+a_{11})s-a_{11}(a_{34}+a_{33})+a_{31}(a_{14}-a_{13})$$
$$M_{x\alpha}(s)=-s^2-(a_{11}+a_{33})s-a_{11}a_{13}+a_{13}a_{31}$$

应当指出,传递函数只能反映零初始条件下输入作用产生的纵向扰动运动。但导弹在飞行中将不可避免地受到偶然干扰,例如瞬时阵风作用,而产生初始迎角偏量 α_0,如果此时弹体纵轴无偏转,则存在 $\alpha_0=\theta_0$。

纵向扰动运动方程组(2-83)在初始值 α_0 和 $-\theta_0$ 下进行拉氏变换,还可以直接写出 α_0、$-\theta_0$ 的纵向运动参数偏量的象函数:

$$V(s)=\frac{1}{D(s)}[a'_{24}M_{\alpha V}(s)\alpha_0+M_{\theta V}(s)\theta_0]\tag{2-94}$$

$$\vartheta(s)=\frac{1}{D(s)}[a'_{24}M_{\alpha\vartheta}(s)\alpha_0+M_{\vartheta\theta}(s)\theta_0]\tag{2-95}$$

$$\alpha(s)=\frac{1}{D(s)}[a'_{24}M_{\alpha\alpha}(s)\alpha_0+M_{\alpha\theta}(s)\theta_0]\tag{2-96}$$

2.3.5 侧向扰动运动数学模型

1. 侧向扰动运动方程组

在导弹空间扰动运动方程组中,因为运动参数的偏量足够小,所以属于小扰动范畴;同时,在导弹纵向对称以及基准弹道中侧向参数和纵向运动角速度足够小的条件下,可以得到侧向扰动运动方程组:

$$\left.\begin{aligned}
&\frac{\mathrm{d}\Delta\psi_c}{\mathrm{d}t}=\frac{P-Z^{\beta}}{mV\cos\theta}\Delta\beta-\frac{P\alpha+Y}{mV\cos\theta}\Delta\gamma_c-\frac{Z^{\delta}y}{mV\cos\theta}\Delta\delta_y\\
&\frac{\mathrm{d}\Delta\omega_x}{\mathrm{d}t}=\frac{M_x^{\beta}}{J_x}\Delta\beta+\frac{M_x^{\omega_x}}{J_x}\Delta\omega_x+\frac{M_x^{\omega_y}}{J_x}\Delta\omega_y+\frac{M_x^{\delta_x}}{J_x}\Delta\delta_x+\frac{M_x^{\delta_y}}{J_x}\Delta\delta_y\\
&\frac{\mathrm{d}\Delta\omega_y}{\mathrm{d}t}=\frac{M_y^{\beta}}{J_y}\Delta\beta+\frac{M_y^{\omega_x}}{J_y}\Delta\omega_x+\frac{M_y^{\omega_y}}{J_y}\Delta\omega_y+\frac{M_y^{\dot\beta}}{J_y}\Delta\dot\beta+\frac{M_y^{\delta_y}}{J_y}\Delta\delta_y\\
&\frac{\mathrm{d}\Delta\psi}{\mathrm{d}t}=\frac{1}{\cos\vartheta}\Delta\omega_y\\
&\frac{\mathrm{d}\Delta\gamma}{\mathrm{d}t}=\Delta\omega_x-(\tan\vartheta)\Delta\omega_y\\
&\Delta\psi_c=\Delta\psi+\frac{\alpha}{\cos\theta}\Delta\gamma-\frac{1}{\cos\theta}\Delta\beta\\
&\Delta\gamma_c=(\tan\theta)\Delta\beta+\frac{\cos\vartheta}{\cos\theta}\Delta\gamma\\
&\frac{\mathrm{d}\Delta z}{\mathrm{d}t}=-(V\cos\theta)\Delta\psi_c
\end{aligned}\right\}\tag{2-97}$$

侧向扰动运动和纵向扰动运动类似，它的许多动力学现象可由侧向动力系数来表示。为了写出由侧向动力系数表示的标准侧向扰动运动方程组，对式(2-97)做进一步简化，可得

$$\left.\begin{aligned}
&\frac{\mathrm{d}\Delta\omega_y}{\mathrm{d}t}=\frac{M_y^{\beta}}{J_y}\Delta\beta+\frac{M_y^{\omega_x}}{J_y}\Delta\omega_x+\frac{M_y^{\omega_y}}{J_y}\Delta\omega_y+\\
&\qquad\frac{M_y^{\dot\beta}}{J_y}\Delta\dot\beta+\frac{M_y^{\delta_y}}{J_y}\Delta\delta_y+\frac{M'_{yd}}{J_y}\\
&\cos\theta\,\frac{\mathrm{d}\Delta\psi_c}{\mathrm{d}t}=\frac{\cos\theta}{\cos\vartheta}\Delta\omega_y+\alpha\,\frac{\mathrm{d}\Delta\gamma}{\mathrm{d}t}-\frac{\mathrm{d}\Delta\beta}{\mathrm{d}t}\\
&\qquad=\frac{P-Z^{\beta}}{mV}\Delta\beta-\frac{g}{V}(\sin\theta)\Delta\beta-\frac{g}{V}(\cos\theta)\Delta\beta-\\
&\qquad\frac{g}{V}(\cos\vartheta)\Delta\gamma-\frac{X^{\delta_y}}{mV}\Delta\delta_y+\frac{F'_{yd}}{mV}\\
&\Delta\psi_c=\Delta\psi-\frac{1}{\cos\theta}\Delta\beta+\frac{\alpha}{\cos\theta}\Delta\gamma\\
&\frac{\mathrm{d}\Delta\omega_x}{\mathrm{d}t}=\frac{M_x^{\beta}}{J_x}\Delta\beta+\frac{M_x^{\omega_x}}{J_x}\Delta\omega_x+\frac{M_x^{\omega_y}}{J_x}\Delta\omega_y+\\
&\qquad\frac{M_x^{\delta_x}}{J_x}\Delta\delta_x+\frac{M_x^{\delta_y}}{J_x}\Delta\delta_y+\frac{M'_{xd}}{J_x}\\
&\frac{\mathrm{d}\Delta\gamma}{\mathrm{d}t}=\Delta\omega_x-(\tan\vartheta)\Delta\omega_y
\end{aligned}\right\}\tag{2-98}$$

在侧向扰动运动方程组中，M'_{yd} 为航向干扰力矩；M'_{xd} 为横滚干扰力矩；F'_{yd} 为侧向干扰力。为书写方便，在式(2-98)中可略去偏量符“Δ”，并用航向和滚转力系数来代替测量前的系数。航向动力系数及特性如表 2.2 所列。

表 2.2　航向动力系数及特性

序　号	名　称	符　号	表达式	单　位	参数特性
1	阻尼动力系数	b_{22}	$-\frac{M_y^{\omega}}{J_y}$	1/s	
2	恢复动力系数	b_{24}	$-\frac{M_y^{\beta}}{J_y}$	$1/s^2$	
3	操纵动力系数	b_{27}	$-\frac{M_y^{\delta_y}}{J_y}$	1/s	具有气动力矩导数的特性
4	下洗动力系数	b'_{24}	$-\frac{M_y^{\dot{\beta}}}{J_y}$	1/s	
5	旋转动力系数	b_{21}	$-\frac{M_y^{\omega_x}}{J_y}$	1/s	
6	航向动力系数	b_{34}	$-\frac{P-Z^{\beta}}{mV}$	1/s	
7	舵面动力系数	b_{37}	$-\frac{Z^{\delta_y}}{mV}$	1/s	具有导弹的法向作用力性质
8	重力动力系数	b_{35}	$-\frac{g}{V}\cos\vartheta$	1/s	
9	阻尼动力系数	b_{11}	$-\frac{M_x^{\omega_x}}{J_x}$	1/s	
10	恢复动力系数	b_{14}	$-\frac{M_x^{\beta}}{J_x}$	$1/s^2$	
11	操纵动力系数	b_{18}	$-\frac{M_x^{\delta_x}}{J_x}$	$1/s^2$	滚动动力系数
12	旋转动力系数	b_{12}	$-\frac{M_x^{\omega_y}}{J_x}$	1/s	
13	垂尾效应动力学系数	b_{17}	$-\frac{M_x^{\delta_y}}{J_x}$	1/s	
14		b_{36}	$-\frac{\cos\theta}{\cos\vartheta}$		
15		b_{41}	$\frac{1}{\cos\theta}$		其他
16		b_{56}	$-\tan\vartheta$		

采用航向和滚转动力系数后，航向干扰力矩、横滚干扰力矩，以及侧向干扰力可用以下相应的符号表示：

$$M_{yd}=\frac{M'_{yd}}{J_y},\quad M_{xd}=\frac{M'_{xd}}{J_x},\quad F_{yd}=\frac{F'_{yd}}{mV}$$

于是,侧向扰动运动的标准形式为

$$\left.\begin{aligned}&\dot{\omega}_y + b_{22}\omega_y + b_{24}\beta + b_{21}\omega_x + b'_{24}\beta = -b_{27}\delta_y + M_{yd}\\&\dot{\beta} + b_{34}\beta + b_{36}\omega_y - \alpha\dot{\gamma} + b_{35}\gamma + a_{33}\beta = -b_{37}\delta_y - F_{yd}\\&\psi_c = \psi - b_{41}\beta + b_{41}\alpha\gamma\\&\dot{\omega}_x + b_{11}\omega_x + b_{14}\beta + b_{12}\omega_y = -b_{18}\delta_x - b_{17}\delta_y + M_{xd}\\&\dot{\gamma} = \omega_x + b_{56}\omega_y\end{aligned}\right\} \tag{2-99}$$

在方程组中,航向和滚转动力系数等由基准弹道的运动参数来计算。因为式(2-99)中还包括纵向运动参数 α(未写下标 0)等,所以分析航向和滚转扰动运动时,除计算出基准弹道的侧向参数外,还必须了解纵向运动的一些参数。在小扰动范围内,将侧向扰动运动和纵向扰动运动分开分析可以将问题简化,初步了解航向和滚转扰动运动的基本特性。

侧向扰动运动的偏量可用 $\omega_y,\omega_x,\beta,\gamma$ 来表示其主要特性,于是,方程组(2-99)可简化为

$$\left.\begin{aligned}&\dot{\omega}_x + b_{11}\omega_x + b_{12}\omega_y + b_{14}\beta = -b_{18}\delta_x - b_{17}\delta_y + M_{xd}\\&\dot{\omega}_y + b_{22}\omega_y + b_{24}\beta + b'_{24}\dot{\beta} + b_{21}\omega_x = -b_{27}\delta_y + M_{yd}\\&\dot{\beta} + (b_{34} + a_{33})\beta - \alpha\dot{\gamma} + b_{35}\gamma + b_{36}\omega_y = -b_{37}\delta_y - F_{zd}\\&\dot{\gamma} = \omega_x + b_{56}\omega_y\end{aligned}\right\} \tag{2-100}$$

这是工程设计中常见的侧向线性扰动运动方程组。

2. 侧向扰动运动的状态方程

侧向扰动运动的状态向量为 $[\omega_x \quad \omega_y \quad \beta \quad \gamma]^{\mathrm{T}}$,在侧向扰动运动方程组(2-100)中,第二式的 $\dot{\beta}$ 可以替换,于是侧向扰动运动的状态方程可写为

$$\left.\begin{aligned}&\dot{\omega}_x = -b_{11}\omega_x - b_{12}\omega_y - b_{14}\beta - b_{18}\delta_x - b_{17}\delta_y + M_{xd}\\&\dot{\omega}_y = -(b_{21}\omega_x + b'_{24}\alpha)\omega_x - (b_{22} - b'_{24}b_{36} + b'_{24}b_{56}\alpha)\omega_y -\\&\qquad (b_{24} - b'_{24}b_{34} - b'_{24}b_{35})\beta + b'_{24}b_{35}\gamma -\\&\qquad (b_{27}\delta_y - b'_{24}b_{37})\delta_y + M_{yd} + b'_{24}F_{xd}\\&\dot{\beta} = \alpha\omega_x - (b_{36} - \alpha b_{56})\omega_y - (b_{34} + a_{33})\beta - b_{35}\gamma - b_{37}\delta_y + F_{xd}\\&\dot{\gamma} = \omega_x + b_{56}\omega_y\end{aligned}\right\} \tag{2-101}$$

由此方程组可得侧向扰动运动的状态方程为

$$\begin{bmatrix}\dot{\omega}_x\\\dot{\omega}_y\\\beta\\\dot{\gamma}\end{bmatrix} = \mathbf{A}_{xy}\begin{bmatrix}\omega_x\\\omega_y\\\beta\\\gamma\end{bmatrix} - \begin{bmatrix}b_{18}\\0\\0\\0\end{bmatrix}\delta_x - \begin{bmatrix}b_{17}\\b_{27} - b'_{24}b_{37}\\b_{37}\\0\end{bmatrix}\delta_y + \begin{bmatrix}M_{xd}\\M_{yd} + b'_{24}F_{yd}\\F_{yd}\\0\end{bmatrix} \tag{2-102}$$

式中侧向动力系数 4×4 阶矩阵 $\mathbf{A}_{xy}$ 的表达式为

$$\mathbf{A}_{xy} = \begin{bmatrix}-b_{11} & -b_{12} & -b_{14} & 0\\-(b_{21} + b'_{24}\alpha) & -(b_{22} - b'_{24}b_{56} + b'_{24}\alpha b_{56}) & -(b_{24} - b'_{24}b_{34} - b'_{24}b_{35}) & b'_{24}b_{35}\\\alpha & -(b_{36} - \alpha b_{56}) & -(b_{34} + a_{33}) & -b_{35}\\1 & b_{56} & 0 & 0\end{bmatrix} \tag{2-103}$$

式(2-102)中，若等式右端舵偏角 δ_y 和 δ_x 等于零，干扰力矩和干扰力矩的列向量也等于零，则矩阵方程描述了侧向自由扰动运动；只要有一项不等于零，状态方程将描述导弹的侧向强迫扰动运动。

侧向自由扰动运动的性质取决于以下特征方程式：

$$B(s)=|s\boldsymbol{I}-\boldsymbol{A}_{xy}|=s^4+B_1s^3+B_2s^2+B_3s+B_4=0 \tag{2-104}$$

式中各特征方程系数的表达式为

$$\begin{aligned}
B_1 &= b_{22}+b_{34}+b_{11}+\alpha b'_{24}b_{56}-b'_{24}b_{36}+a_{33}\\
B_2 &= b_{22}b_{34}+b_{22}b_{33}+b_{22}b_{11}+b_{34}b_{11}+b_{22}b_{33}-\\
&\quad b_{24}b_{36}-b'_{24}b_{36}b_{11}-b_{21}b_{12}+(b_{14}+b_{24}b_{56}+\\
&\quad b'_{24}b_{11}b_{56}-b'_{24}b_{12})\alpha-b'_{24}b_{35}b_{56}\\
B_3 &= (b_{22}b_{14}-b_{21}b_{14}b_{56}+b_{24}b_{11}b_{56}-b_{24}b_{12})\alpha-\\
&\quad (b_{24}b_{56}+b'_{24}b_{11}b_{56}-b'_{24}b_{12}+b_{14})b_{35}+b_{22}b_{34}b_{11}+\\
&\quad b_{22}b_{11}b_{33}+b_{21}b_{14}b_{36}-b_{21}b_{12}b_{33}-b_{21}b_{12}b_{34}-b_{24}b_{11}b_{36}\\
B_4 &= -(b_{22}b_{14}-b_{21}b_{14}b_{56}+b_{24}b_{11}b_{56}-b_{24}b_{12}b_{35})
\end{aligned}$$

侧向扰动运动特征方程和前面纵向一样，也是四阶的。

3. 侧向扰动运动的传递函数

参照 2.3.4 小节之方法，在侧向扰动运动中导弹对副翼偏转的传递函数为

$$\left.\begin{aligned}
W_{\delta_x\omega_x}(s) &= \frac{b_{18}(s^3+A_2s^2+A_3s+A_4)}{B(s)}\\
W_{\delta_x\omega_y}(s) &= \frac{b_{18}(A_6s^2+A_7s+A_8)}{B(s)}\\
W_{\delta_x\beta}(s) &= \frac{b_{18}(E_2s^2+E_3s+E_4)}{B(s)}\\
W_{\delta_x\gamma}(s) &= \frac{b_{18}(s^2+E_5s+E_6)}{B(s)}
\end{aligned}\right\} \tag{2-105}$$

式中参数 A，E 的表达式为

$$\begin{aligned}
A_2 &= (b_{34}+a_{33})+b_{22}+b'_{24}(\alpha b_{56}-b_{36})\\
A_3 &= b_{22}(b_{34}+a_{33})-b'_{24}b_{56}b_{35}+b_{24}(\alpha b_{56}-b_{36})\\
A_4 &= -b_{22}b_{35}b_{56}\\
A_6 &= -b_{21}-\alpha b'_{24}\\
A_7 &= -b_{21}(b_{34}+a_{33})+b'_{24}b_{35}-\alpha b_{24}\\
A_8 &= b_{24}b_{35}\\
E_2 &= \alpha\\
E_3 &= b_{21}b_{36}-b_{35}-\alpha(b_{21}b_{56}-b_{22})\\
E_4 &= b_{35}(b_{21}b_{56}-b_{22})\\
E_5 &= (b_{34}+a_{33})-(b_{21}b_{56}-b_{22})-b'_{24}b_{36}\\
E_6 &= -b_{24}b_3-(b_{21}b_{56}-b_{22})(b_{34}+a_{33})
\end{aligned}$$

导弹侧向运动中偏航舵偏转的传递函数为

$$\left.\begin{aligned}
W_{\delta_y\omega_x}(s) &= \frac{R_1 s^3 + R_2 s^2 + R_3 s + R_4}{B(s)} \\
W_{\delta_y\omega_y}(s) &= \frac{R_5 s^3 + R_6 s^2 + R_7 s + R_8}{B(s)} \\
W_{\delta_y\beta}(s) &= \frac{T_1 s^3 + T_2 s^2 + T_3 s + T_4}{B(s)} \\
W_{\delta_y\gamma}(s) &= \frac{T_5 s^2 + T_6 s + T_7}{B(s)}
\end{aligned}\right\} \tag{2-106}$$

式中各参数表达式为

$$R_1 = b_{17}$$

$$R_2 = b_{17}[(b_{34} + a_{33}) + b_{22} + b'_{24}(\alpha b_{56} - b_{36})] + b_{12}(b'_{24}b_{37} - b_{27}) - b_{37}b_{14}$$

$$\begin{aligned} R_3 = {} & b_{17}[b_{22}(b_{34} + a_{33}) - b'_{24}b_{35}b_{56} + \alpha b_{24}b_{56} - b_{24}b_{36}] + b_{12}[b_{24}b_{37} - b_{27}(b_{34} + a_{33})] + \\ & b_{14}[-b_{22}b_{37} - b_{27}(\alpha b_{56} - b_{36})] \end{aligned}$$

$$R_4 = -b_{24}b_{35}b_{56}b_{17} - b_{27}b_{35}b_{56}b_{14}$$

$$R_5 = b_{27} - b'_{24}b_{37}$$

$$R_6 = b_{17}(-b_{21} - \alpha b'_{24}) + b_{27}(b_{34} + a_{33}b_{11}) + b_{37}(-b_{24} - b'_{24}b_{11})$$

$$\begin{aligned} R_7 = {} & b_{17}[-b_{21}(b_{34} + a_{33}) + b'_{24}b_{35} - \alpha b_{24}] + b_{27}[b_{11}(b_{34} + a_{33}) + \alpha b_{14}] + \\ & b_{37}(b'_{24}b_{14} - b_{24}b_{11}) \end{aligned}$$

$$R_8 = b_{35}(b_{24}b_{17} - b_{27}b_{14})$$

$$T_1 = b_{37}$$

$$T_2 = \alpha b_{17} + b_{27}(\alpha b_{56} - b_{36}) + b_{37}(b_{22} + b_{11})$$

$$\begin{aligned} T_3 = {} & b_{17}[b_{21}b_{36} - b_{35} - \alpha(b_{21}b_{56} - b_{22})] + \\ & b_{27}[-\alpha b_{12} - b_{35}b_{56} + b_{11}(\alpha b_{56} - b_{36})] + b_{27}(b_{22}b_{11} - b_{21}b_{12}) \end{aligned}$$

$$T_4 = b_{17}b_{35}(b_{21}b_{56} - b_{22}) - b_{27}b_{35}(b_{56}b_{11} - b_{12})$$

$$T_5 = b_{17} + b_{27}b_{56} - b'_{24}b_{37}$$

$$\begin{aligned} T_6 = {} & b_{17}[(b_{34} + a_{33}) - (b_{21}b_{56} - b_{22}) - b'_{24}b_{34}] + \\ & b_{27}[b_{56}(b_{34} + a_{33}) + (b_{56}b_{11} - b_{12})] + \\ & b_{37}[-b_{14} - b_{24}b_{56} - b'_{24}(b_{56}b_{11} - b_{12})] \end{aligned}$$

$$\begin{aligned} T_7 = {} & b_{17}[-(b_{34} + a_{33})(b_{21}b_{56} - b_{22}) - b_{24}b_{36}] + \\ & b_{18}[(b_{34} + a_{33})(b_{56}b_{11} - b_{12}) + b_{36}b_{14}] + \\ & b_{37}[b_{14}(b_{21}b_{56} - b_{22}) - b_{24}(b_{56}b_{11} - b_{12})] \end{aligned}$$

2.4　弹性弹体数学模型

导弹常见弹体外形为细长柱体，当受到气动载荷作用时，会引起弹体的弹性弯曲变形并随之带来局部迎角变化，从而影响其气动特性。为定量分析弹性形变对弹体动态特性的影响，需建立弹性弹体数学模型并对其动态特性进行分析。

2.4.1　弹性弹体动力学方程的一般描述

由于弹性弹体结构复杂，且存在结构变形和气动力之间的耦合作用、结构变形和发动机推力之间的耦合作用，因此建立精确的运动方程十分困难。弹体弹性振动包括弯曲振动和扭转振动，实际工程设计中弹性弹体模型仅用于弹体动力学特性分析和控制回路设计，模型并不要求十分精确，而且由于扭转振型频率相对于控制频率足够高，在控制系统分析和设计中只考虑弹体横向弹性振动。为此在建立弹体弹性振动模型时，常用下面三个基本假设条件：

① 弹体弹性振动为平面运动，弹体本身为一个受载的弹性梁，且忽略剖面扭转和剪切变形；

② 弹性导弹为连续介质，采用微分方程描述振动运动，弹性运动具有无限个自由度，分析时将其简化为有限个被选取的振型叠加；

③ 弹性弹体运动被认为是刚性弹体运动和弹性弹体振动运动的叠加。

基于上述假设，弹体的弹性振动类似于弹性梁的受载振动，在弹体刚性纵轴附近的小幅度周期性运动如图 2.13 所示，运动幅度随距弹体理论尖点的距离而变化。为分析方便，引入以弹体理论尖点为原点的弹体弹性基准坐标系 $O_1x_ey_ez_e$，Ox_e 为弹体刚性纵轴，指向弹体尾部；Oy_e 与 Ox_e 垂直，向上指向。

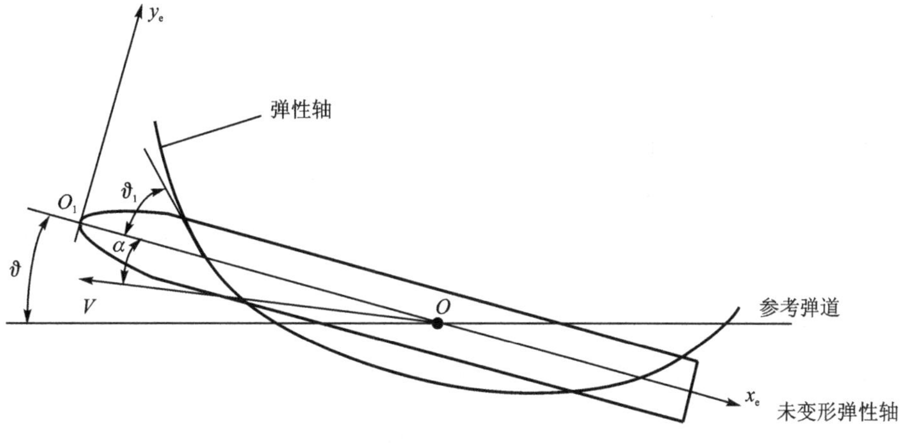

图 2.13　弹体在参考弹道上的一阶弹性振动运动示意图

由图 2.13 可知，当弹体存在弹性振动时，弹体姿态角和迎角都随着弹上位置的不同改变其大小和符号，这种弹性变形引起的姿态角(或迎角)变化称为弹性附加姿态角(或弹性附加迎角)。

图 2.14 所示为弹体坐标系 $Ox_1y_1z_1$ 和弹性基准坐标系 $O_1x_ey_ez_e$。以 $y_e(x_e,t)$ 表示弹体弹性振动沿 Ox_e 轴的幅值时变函数(挠度)，类似于梁的横向振动方程，在外力作用下，弹体的弹性振动微分方程为

$$\frac{\partial^2}{\partial x_e^2}\left[EJ(x_e)\frac{\partial^2 y_e(x_e,t)}{\partial x_e^2}\right]+m(x_e)\frac{\partial^2 y_e(x_e,t)}{\partial t^2}=W(x_e,t) \qquad (2-107)$$

式中：$y_e(x_e,t)$ 为弹体弹性振动沿 Ox_e 轴的幅值时变函数(挠度)；$EJ(x_e)$ 为取决于结构材料和剖面惯性矩的弹体刚度分布函数；$m(x_e)$ 为弹性基准坐标系中的弹体质量分布函数；$W(x_e,t)$ 为沿弹体分布的横向载荷密度。

研究导弹在飞行中的弹性振动时，可以将弹体看作两端自由的弹性梁，因此由弹性力学可知有边界条件：

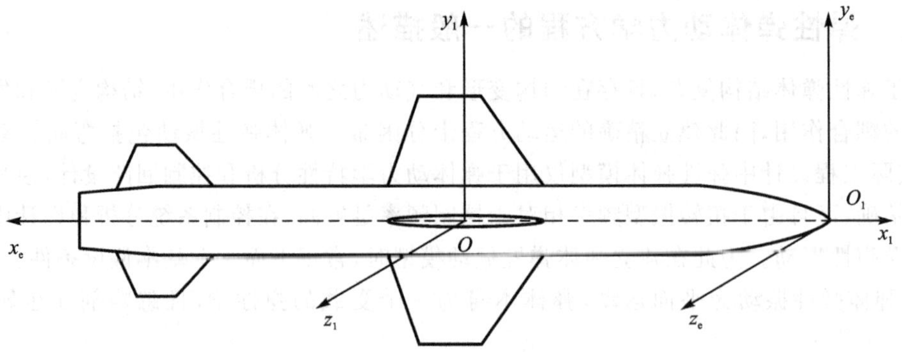

图 2.14 弹体坐标系 $Ox_1y_1z_1$ 和弹性基准坐标系 $O_1x_ey_ez_e$

弯矩
$$EJ(x_e)\frac{\partial^2 y_e(x_e,t)}{\partial x_e^2}\bigg|_{\substack{x_e=0\\x_e=l}}=0 \tag{2-108}$$

剪切力
$$\frac{\partial}{\partial x_e}\left[EJ(x_e)\frac{\partial^2 y_e(x_e,t)}{\partial x_e^2}\right]\bigg|_{\substack{x_e=0\\x_e=l}}=0 \tag{2-109}$$

式中:l 为弹体的长度。

初始条件:

$$\begin{cases} y_e(x_e,0)=f_1(x_e) \\ \dfrac{\mathrm{d}}{\mathrm{d}t}y_e(x_e,0)=f_2(x_e) \end{cases}$$

式中:$f_1(x_e)$、$f_2(x_e)$为坐标的函数。

偏微分方程式(2-107)求解常采用的方法:先求解它的自由振动解,采用分离变量法求得固有频率 ω_i 和固有振型 $\varphi_i(x_e)$(其中 $i=1,2,\cdots,n$ 表示振型的阶次);再根据初始条件和外力求解实际振幅。

1. 自由振动解

当外力 $W(x_e,t)=0$ 时,偏微分方程为齐次方程:

$$\frac{\partial^2}{\partial x_e^2}\left[EJ(x_e)\frac{\partial^2 y_e(x_e,t)}{\partial x_e^2}\right]+m(x_e)\frac{\partial^2 y_e(x_e,t)}{\partial t^2}=0 \tag{2-110}$$

令

$$y_e(x_e,t)=y_{e1}(x_e)T(t)$$

式中:$y_{e1}(x_e)$为随 x_e 而变化的振幅; $T(t)$为在坐标 x_e 处随时间而变化的振动规律。

函数 $y_{e1}(x_e,t)$的无穷级数必须满足初始条件,且能描述自由振动的时间历程,则有

$$y_{e1}(x_e,t)=\sum_{i=1}^{\infty}(A_i\sin\omega_i t+B_i\cos\omega_i t)\varphi_i(x_e) \tag{2-111}$$

式中:$i=1,2,\cdots,\infty$,为振型的阶次;$\varphi_i(x_e)$为弹性振动的第 i 阶振型函数;ω_i 为每个振型对应的自然频率;A_i,B_i 为每个振型对应的振幅;$y_{e1}(x_e,t)$为弹体弹性振动沿弹体弹性坐标系 Ox_e 轴的幅值时变函数(挠度)。

$\varphi_i(x_e)$具有正交性,即

$$\int_0^l m(x_e)\varphi_i(x_e)\varphi_j(x_e)\,\mathrm{d}x_e=\begin{cases} M_i & i=j \\ 0 & i\neq j \end{cases} \tag{2-112}$$

式中：M_i 为第 i 阶振型的广义质量。

M_i 的绝对值取决于振型 $\varphi_i(x_e)$ 的标度，$\varphi_i(x_e)$ 为按某一标度的振型函数相对值，称归一化振型，按照振型的正交性和初始条件可求 A_i 和 B_i。

工程上，可将弹体简化为无重弹性杆连接的 n 个集中质量模型，用分站推导法（Halzal-Myklested 法）进行迭代计算求 $\varphi_i(x_e)$，ω_i，M_i。

2. 强迫振动解

用振型的傅里叶级数表示弹性振动：

$$y_{el}(x_e,t)=\sum_{i=1}^{\infty}q_i(t)\varphi_i(x_e) \tag{2-113}$$

式中：$q_i(t)$ 为与外力和初始条件有关的广义坐标。

将上式代入式(2-107)中，有

$$\sum_{i=1}^{\infty}q_i(t)\frac{d^2}{dx_e^2}\left[EJ(x_e)\frac{d^2\varphi_i(x_e)}{dx_e^2}\right]+\sum_{i=1}^{\infty}m(x_e)\frac{d^2q_i(t)}{dt^2}\varphi_i(x_e)=W(x_e,t) \tag{2-114}$$

将上式两边同乘以 $\varphi_i(x_e)(i=1,2,\cdots,\infty)$ 并对弹体长度积分，利用 $\varphi_i(x_e)$ 的正交性，得到

$$\sum_{i=1}^{\infty}[M_i\ddot{q}_i(t)+M_i\omega_i^2q_i(t)]=\sum_{i=1}^{\infty}W_i(t) \tag{2-115}$$

若计及振动的结构阻尼比 ξ_i（ξ_i 常由试验确定），则第 i 阶振型的广义坐标运动方程为

$$\ddot{q}_i(t)+2\xi_i\omega_i\dot{q}_i(t)+\omega_i^2q_i(t)=\frac{W_i(t)}{M_i} \tag{2-116}$$

式中：ξ_i 为振动的结构阻尼比。

第 i 阶振型的广义力为

$$W_i(t)=\int_0^l W(x_e,t)\varphi_i(x_e)\,dx_e \tag{2-117}$$

式中：$W(x_e,t)$ 为沿弹体分布的横向载荷密度。

第 i 阶振型的广义质量为

$$M_i=\int_0^l m(x_e)\varphi_i^{\ 2}(x_e)\,dx_e \tag{2-118}$$

式中：$m(x_e)$ 为弹体质量分布函数。

于是由 $m(x_e)$、$W(x_e,t)$，以及按分站推导法计算的归一化振型 $\varphi_i(x_e)$ 和固有频率 ω_i 即可求得 $q_i(t)$，再按式(2-113)即可求得 $y_e(x_e,t)$。

2.4.2　作用于弹体上的广义力

假定弹性弹体上引起弹性振动作用的力主要是空气动力和舵面控制力，它们与刚性弹体受力的差别在于弹体弹性变形将引起这些力的变化，这种变化反过来又影响弹体的刚性和弹性运动，推导出这些力的分布，即可按式(2-117)求得广义力。当弹性变形不十分大时，完全可以不计推力和重力的作用。

1. 空气动力

空气动力主要由迎角决定，对于弹性弹体，迎角由三部分组成：

① 刚体迎角为$\alpha(t)$。

② 刚体绕质心转动，在x_e坐标处的附加速度为$V'(x_e,t)=\dot{\vartheta}(t)(X_T-x_e)$，则在该处的局部迎角为

$$\alpha_V(x_e,t)=\tan\frac{-V'(x_e,t)}{V}=\frac{-1}{V}(X_T-x_e)\dot{\vartheta}(t) \tag{2-119}$$

式中：X_T为弹体质心坐标；$\dot{\vartheta}(t)$为刚性弹体俯仰角速度；$V'(x_e,t)$为刚性弹体绕质心转动在弹性基准坐标系x_e位置的附加速度。

③ 弹体弹性运动引起的附加迎角沿弹体长度的分布为

$$\alpha_i(x_e,t)=-\frac{\partial y_e(x_e,t)}{\partial x_e}-\frac{1}{V}\frac{\partial y_e(x_e,t)}{\partial t} \tag{2-120}$$

将式(2-113)代入上式，有

$$\alpha_i(x_e,t)=-\sum_{i=1}^{n}q_i(t)\frac{\partial\varphi_i(x_e)}{\partial x_e}-\sum_{i=1}^{n}\frac{1}{V}q_i(t)\varphi_i(x_e) \tag{2-121}$$

式中：V为导弹质心运动速度；n为所考虑的振型阶数；"−"号是据弹性基准坐标系的定义而加入的。

总的局部迎角为

$$\alpha_\Sigma(x_e,t)=\alpha(t)-\frac{1}{V}\dot{\vartheta}(t)(X_T-x_e)-\sum_{i=1}^{n}q_i(t)\frac{\partial\varphi_i(x_e)}{\partial x_e}\sum_{i=1}^{n}\frac{1}{V}\dot{q}_i(t)\varphi_i(x_e) \tag{2-122}$$

由总的局部迎角所决定的气动载荷密度为

$$W_i(x_e,t)=F_n^\alpha(x_e)\alpha_\Sigma(x_e,t) \tag{2-123}$$

式中：$F_n^\alpha(x_e)$为随x_e而变化的横向气动力导数；$\alpha_\Sigma(x_e,t)$为总的局部迎角。

将式(2-122)、式(2-123)代入式(2-117)中可得广义气动力：

$$\begin{aligned}W_{i_1}(t)=&\int_0^l W(x_e,t)\varphi_i(x_e)\,\mathrm{d}x_e=\alpha(t)\int_0^l F_n^\alpha(x_e)\varphi_i(x_e)\,\mathrm{d}x_e-\\&\frac{1}{V}(X_T-x_e)\dot{\vartheta}(t)\int_0^t F_n^\alpha(x_e)(X_T-x_e)\varphi_i(x_e)\,\mathrm{d}x_e-\\&\sum_{j=1}^{n}\frac{1}{V}\dot{q}_j(t)\int_0^t F_n^\alpha(x_e)\varphi_i(x_e)\varphi_j(x_e)\,\mathrm{d}x_e-\\&\sum_{j=1}^{n}q_j(t)\int_0^t F_n^\alpha(x_e)\frac{\partial\varphi_j(x_e)}{\partial x_e}\varphi_i(x_e)\,\mathrm{d}x_e\end{aligned} \tag{2-124}$$

2. 舵面偏转引起的广义控制力

对弹性弹体来说，舵偏角为

$$\delta(t)=\delta_1(t)+\delta_2(t) \tag{2-125}$$

式中：$\delta_1(t)$为控制信号所要求的舵偏角；$\delta_2(t)$为弹体弹性变形引起的附加舵偏角。

附加舵偏角为

$$\delta_2(t)=\sum_{i=1}^{n}-\frac{\partial\varphi_i(x_e)}{\partial x_e}q_i(t)\bigg|_{x_e=x_\delta} \tag{2-126}$$

式中：x_δ 为舵面在弹体弹性基准坐标系 Ox_e 轴上的位置坐标。

则横向控制力载荷密度为

$$\left.\begin{aligned} W_2(x_e,t) &= \left[F_n^\delta(x_e)\delta_1(t) - \sum_{i=1}^{n} F_n^\delta(x_e) q_i(t) \frac{\partial \varphi_i(x_e)}{\partial x_e}\right]\Delta(x_e - x_\delta) \\ \Delta(x_e - x_\delta) &= \begin{cases} 0 & x_e \neq x_\delta \\ 1 & x_e = x_\delta \end{cases} \end{aligned}\right\} \tag{2-127}$$

式中：$\Delta(x_e - x_\delta)$ 为 δ 函数。

将式(2-127)代入式(2-117)中可得广义控制力：

$$W_{i2}(x_e,t) = F_n^\delta(x_e)\delta\varphi_i(x_\delta) - \sum_{j=1}^{n} F_n^\delta(x_e) q_j(t) \frac{\partial \varphi_i(x_e)}{\partial x_e}\bigg|_{x_e = x_\delta} \varphi_i(x_\delta) \tag{2-128}$$

式中：$\varphi_i(x_\delta)$ 为 x_δ 处的振型。

2.4.3　弹性弹体动力学方程

飞行中弹体可视为两端自由的弹性梁。除弹性运动之外，弹体的横向运动还应引入两种刚体振型，即通过质心的惯性轴的横向平移运动和绕质心的转动运动。

1. 弹体刚性转动运动

按平面运动假设，弹性弹体在俯仰平面内绕质心转动的刚体振型公式如下：

$$\varphi_\vartheta(x_e) = X_T - x_e \tag{2-129}$$

广义坐标

$$q_\vartheta(t) = \vartheta(t) \tag{2-130}$$

运动位移

$$y(x_e,t) = \vartheta(t)(X_T - x_e) \tag{2-131}$$

广义质量

$$M_\vartheta = J_z = \int_0^l m(x_e)(X_T - x_e)^2 \mathrm{d}x_e \tag{2-132}$$

由式(2-124)和式(2-127)可得到作用于弹体上的广义力：

$$\begin{aligned} W_\vartheta(t) = {} & W_{\vartheta_1}(t) + W_{\vartheta_2}(t) = \\ & \int_0^l F_n^\alpha(x_e)\alpha(t)(X_T - x_e)\mathrm{d}x_e - \\ & \frac{1}{V}\dot{\vartheta}(t)\int_0^t F_n^\alpha(x_e)(X_T - x_e)^2\mathrm{d}x_e - \\ & \sum_{j=1}^{n}\frac{1}{V}\dot{q}_j(t)\int_0^t F_n^\alpha(x_e)(X_T - x_e)\varphi_j(x_e)\mathrm{d}x_e - \\ & \sum_{j=1}^{n} q_j(t)\int_0^t F_n^\alpha(x_e)\frac{\partial \varphi_j(x_e)}{\partial x_e}(X_T - x_e)\mathrm{d}x_e + \\ & F_n^\alpha(x_\delta)\delta(X_T - x_\delta) - \\ & \sum_{j=1}^{n} q_j(t) F_n^\delta(x_e)(X_T - x_e)\frac{\partial \varphi_j(x_e)}{\partial x_e}\bigg|_{x_e = x_\delta} \end{aligned} \tag{2-133}$$

可以看出，式中第一项是静稳定力矩导数 M_z^α 与迎角 α 之积；第二项是阻尼力矩导数 $M_z^{\omega_z}$ 与俯仰角速度 $\dot{\vartheta}$ 之积；第五项是控制力矩导数 M_z^δ 与舵偏角 δ 之积。

令

$$M_z^{\dot{q}_j} = \frac{1}{V}\int_0^t F_n^\alpha(x_e)(X_T - x_e)\varphi_i(x_e)\,dx_e \tag{2-134}$$

$$M_z^{q_i} = \int_0^t F_n^\alpha(x_e)(X_T - x_e)\frac{\partial \varphi_j(x_e)}{\partial x_e}dx_e - F_n^\delta(x_e)(X_T - x_e)\frac{\partial \varphi_j(x_e)}{\partial x_e}\bigg|_{x_e = x_\delta} \tag{2-135}$$

于是

$$W_\vartheta(t) = M_z^\alpha \alpha + M_z^{\omega_z}\dot{\vartheta} + \sum_{i=1}^n M_z^{\dot{q}_i}\dot{q}_i(t) + \sum_{i=1}^n M_z^{q_i} q_i(t) + M_z^\delta \delta \tag{2-136}$$

将式(2－129)～式(2－136)代入式(2－116)，得到刚体绕质心转动的运动方程：

$$J_z\ddot{\vartheta}(t) = M_z^\alpha \alpha + M_z^{\omega_z}\dot{\vartheta} + \sum_{i=1}^n M_z^{\dot{q}_i}\dot{q}_i(t) + \sum_{i=1}^n M_z^{q_i} q_i(t) + M_z^\delta \delta \tag{2-137}$$

经整理后有

$$\ddot{\vartheta}(t) - \frac{M_z^\alpha}{J_z}\alpha(t) - \frac{M_z^{\omega_z}}{J_z}\dot{\vartheta}(t) - \frac{1}{J_z}\sum_{i=1}^n\left[M_z^{\dot{q}_i}\dot{q}_i(t) + M_z^{q_i}q_i(t)\right] = \frac{M_z^\delta}{J_z}\delta \tag{2-138}$$

2. 横向平移运动

通过质心惯性，轴的横向平移运动公式如下：

振型

$$\varphi_y(x_e) = 1 \tag{2-139}$$

广义坐标

$$q_y(t) = y(t) \tag{2-140}$$

运动位移

$$y(x_e, t) = y(t) \tag{2-141}$$

广义质量

$$M_y = \int_0^l m(x_e)\,dx_e = M \tag{2-142}$$

式中：M 为导弹的质量；$m(x_e)$ 为弹性弹体坐标系中的弹体质量分布函数。

由式(2－124)和式(2－127)可得到作用于弹上的广义力：

$$W_y(t) = W_{y_1}(t) + W_{y_2}(t) = \alpha(t)\int_0^l F_n^\alpha(x_e)\,dx_e - \frac{1}{V}\sum_{i=1}^n \dot{q}_i(t)\int_0^t F_n^\alpha(x_e)\varphi_j(x_e)\,dx_e - \sum_{j=1}^n q_j(t)\int_0^t F_n^\alpha(x_e)\frac{\partial \varphi_j(x_e)}{\partial x_e}dx_e + F_n^\alpha(x_\delta)\delta - \sum_{i=1}^n q_i(t) F_n^\delta(x_e)\frac{\partial \varphi_j(x_e)}{\partial x_e}\bigg|_{x_e = x_\delta} \tag{2-143}$$

令

$$F_n^{\alpha}=\int_0^l F_n^{\alpha}(x_e)\,\mathrm{d}x_e$$

$$F_n^{q_i}=\int_0^l F_n^{\alpha}(x_e)\frac{\partial\varphi_j(x_e)}{\partial x_e}\mathrm{d}x_e+F_n^{\delta}(x_e)\frac{\partial\varphi_j(x_e)}{\partial x_e}\bigg|_{x_e=x_\delta}$$

$$F_n^{\dot{q}_i}=-\frac{1}{V}\int_0^t F_n^{\alpha}(x_e)\varphi_j(x_e)\,\mathrm{d}x_e$$

$$F_n^{\delta}=F_n^{\delta}(x_\delta)$$

则

$$W_y(t)=F_n^{\alpha}\alpha+F_n^{\delta}\delta+\sum_{i=1}^{n}\left[F_n^{q_i}q_i(t)+F_n^{\dot{q}_i}\dot{q}_i(t)\right] \tag{2-144}$$

将式(2－139)～式(2－144)代入式(2－116)中可得到弹体刚性平移运动方程：

$$m\ddot{y}=F_n^{\alpha}\alpha+F_n^{\delta}\delta+\sum_{i=1}^{n}\left[F_n^{q_i}q_i(t)+F_n^{\dot{q}_i}\dot{q}_i(t)\right]$$

又由 $\ddot{y}=V\dot{\theta}(t)$，有

$$\dot{\theta}-\frac{F_n^{\alpha}\alpha}{mV}-\sum_{i=1}^{n}\left[\frac{F_n^{q_i}}{mV}q_i(t)+\frac{F_n^{\dot{q}_i}}{mV}\dot{q}_i(t)\right]=\frac{F_n^{\delta}}{mV}\delta \tag{2-145}$$

可以看出，在忽略弹性形变引起气动力的条件下，式(2－138)和式(2－145)与小扰动线性化刚性弹体动力学方程一致。

3. 弹体纵轴的横向弹性振动

将式(2－124)和式(2－127)代入式(2－116)中可得到第 i 阶弹体弹性振动的动力学方程：

$$\begin{aligned}\ddot{q}_i(t)+2\xi_i\omega_i\dot{q}_i(t)+\omega_i^2q_i(t)=\frac{1}{M_i}\Big[&\alpha(t)\int_0^l F_n^{\alpha}(x_e)\varphi_i(x_e)\,\mathrm{d}x_e-\\&\frac{1}{V}\dot{\vartheta}(t)\int_0^t F_n^{\alpha}(x_e)\varphi_i(x_e)(X_T-x_e)\,\mathrm{d}x_e\Big]-\\&\sum_{j=1}^{n}\Big[\frac{1}{V}\dot{q}_j(t)\int_0^t F_n^{\alpha}(x_e)\varphi_i(x_e)\varphi_j(x_e)\,\mathrm{d}x_e+\\&q_j(t)\int_0^t F_n^{\alpha}(x_e)\frac{\partial\varphi_j(x_e)}{\partial x_e}\varphi_i(x_e)\,\mathrm{d}x_e\Big]+\\&F_n^{\alpha}(x_\delta)\delta\varphi_i(x_e)-\sum_{j=1}^{n}F_n^{\delta}(x_e)q_j(t)\frac{\partial\varphi_j(x_e)}{\partial x_e}\varphi_i(x_e)\bigg|_{x_e=x_\delta}\end{aligned} \tag{2-146}$$

令

$$E_i^{\alpha}=\int_0^l F_n^{\alpha}(x_e)\varphi_i(x_e)\,\mathrm{d}x_e \tag{2-147}$$

$$E_i^{q_j} = \int_0^t F_n^\alpha(x_e) \frac{\partial \varphi_j(x_e)}{\partial x_e} \varphi_i(x_e) \mathrm{d}x_e \tag{2-148}$$

$$F_i^\omega = \int_0^t F_n^\alpha(x_e) \varphi_i(x_e)(X_T - x_e) \mathrm{d}x_e \tag{2-149}$$

$$F_i^{\dot{q}_j} = \int_0^t F_n^\alpha(x_e) \varphi_i(x_e) \varphi_j(x_e) \mathrm{d}x_e \tag{2-150}$$

$$B_i^\delta = F_n^\alpha(x_\delta) \varphi_i(x_e) \tag{2-151}$$

$$B_i^{q_j} = -F_n^\delta(x_e) \varphi_i(x_e) \left. \frac{\partial \varphi_j(x_e)}{\partial x_e} \right|_{x_e = x_\delta} \tag{2-152}$$

将式(2-148)～式(2-152)代入式(2-146)中可得到第 i 阶弹性弹体振动的动力学方程：

$$\ddot{q}_i(t) + 2\xi_i\omega_i\dot{q}_i(t) + \omega_i{}^2 q_i(t) = \frac{1}{M_i}\Bigg\{E_i^\alpha \alpha(t) - \frac{1}{V}F_i^\omega \dot{\vartheta}(t) - \sum_{j=1}^n \left[\frac{1}{V}F_i^{\dot{q}_j}\dot{q}_j(t) + E_i^{q_j}q_j(t) - B_i^{q_j}q_j(t)\right] + B_i^\delta \delta\Bigg\} \tag{2-153}$$

式(2-138)、式(2-145)和式(2-153)组成了完整的弹性弹体动力学方程。通常仅在稳定控制回路分析与设计中考虑弹体的弹性振动，除上述的三个弹性弹体动力学方程外，其余运动方程和刚性弹体运动方程完全相同。

2.5　高超声速飞行导弹动力学建模

2.5.1　高超声速飞行导弹的特殊性

高超声速是指物体的速度超过 5 倍声速(约合每小时移动 6 000 km)以上。高超声速飞行器主要包括 3 类：高超声速巡航导弹、高超声速飞机以及航天飞机。它们采用的是超声速冲压发动机。

弹道导弹和航天器等在飞出、飞入大气层的过程中，可以轻易地超过这一速度甚至达到几十倍声速，但如何在大气层内实现高超声速飞行，仍属于前沿技术。为实现高速度、高升限、远巡航距离、强突防能力等目标，高超声速飞行器需要采用高升阻比和强机动性的气动外形。可供选择的方案有升力体、翼身融合体、轴对称旋成体、乘波体等，美军 X-51 和"猎鹰"验证飞行器采用了乘波体。

乘波体(waverider)是指外形为流线型、所有前缘都具有附体激波的高速飞行器。通俗地讲，乘波体飞行时其前缘平面与激波的上表面重合，就像骑在激波的波面上一样，依靠激波的压力产生升力。如果把大气层边缘看作水面，乘波体飞行时就像是在水面上打水漂(但与打水漂不同，乘波体飞行很稳定)一样。乘波体飞行器不用机翼产生升力，而是靠压缩升力和激波升力飞行，像水面由快艇拖带的滑水板一样产生压缩升力。超声速飞行形成的激波不仅是阻力的来源，也是飞行器"踩"在激波峰面的背后"冲浪"的载体。

美军 1998 年提出的高超声速飞行器设计方案，使用火箭组合循环发动机推进。从普通跑道起飞，发动机马赫数加到 10 飞行，当爬升到 40 km 高度时关闭发动机，飞机依靠惯性滑行到 60 km 的高度开始机动飞行。在这个高度区间，地球大气层的压力、密度随高度增加而迅速衰减:在距地球表面 15 km 的高度,大气压力和密度分别约为地面的 12.3%和 16.2%;在 30 km 的高度,大气压力和密度分别约为地面的 1.2%和 1.6%;在 60 km 的高度,大气压力和密度分别仅为地面的 0.031‰和 0.028‰,已接近真空状态。

因此,30～60 km 的高空"走廊"是高超声速飞行器长时间、远距离飞行的理想空间,在这个"走廊"短暂启动发动机,推动飞行器再次爬升、回落、再爬升,如此周而复始,约每两分钟进行一次"跳跃",每一跳约 450 km,这样在两小时内便可以到达全球任何地点。

这种在稠密大气层上方如"打水漂"般跳跃飞行的方式,不仅节省燃料,而且大大减轻高超声速飞行的气动加热。飞行器可利用其高升阻比气动外形进行大范围滑翔机动,规避拦截火力,并在合适位置释放出携带的弹药,对目标进行精确打击。

与弹道导弹相比,高超声速飞行器武器系统的最大优势是飞行弹道、落点难以预测,拦截武器系统的传感器即使探测到发射也难以连续跟踪,导致难以获得精确数据。同时,导弹防御系统的拦截能力恰恰对这种飞行器大部分飞行时间和轨道显得无能为力,因而高超声速武器系统对于弹道导弹防御系统有非常高的突防概率。其飞行末段马赫数高达 10～20 的高超声速攻击,让距离远隔洲际的坚固建筑和深埋地下百米的目标也变得弱不禁风。

支撑超高声速武器巨大作战效能的是不可思议的速度,飞行要跨越亚声速、跨声速、超声速阶段,才能进入高超声速阶段。当飞行器从稠密大气层冲向稀薄大气层时,空气密度的巨大变化给飞行器的研制带来巨大困难。高超声速技术必须突破多个难题才能释放威力,如:

① 动力难题。高超声速技术主要选用超燃冲压发动机作为推进系统,高超声速时空气在燃烧室中的滞留时间通常只有 1.5 ms 左右,每次工作窗口极其狭窄,要在这样短的时间内将其压缩、增压,并与燃料在超声速流动状态下均匀稳定地混合和燃烧十分困难。

② 气动加热难题。以马赫数可达 20 的"猎鹰"为例,其飞行时与大气层的摩擦就会使外壳承受近 2 000 ℃的高温(超过钢的熔点),其他部位的温度也将在 600 ℃以上,因此必须综合利用多学科的计算、试验等手段来解决真实飞行环境下的气动加热问题。

③ 结构材料也是个难题。高超声速飞行器要在尽可能减轻结构质量的情况下克服气动加热问题。若要研制高超声速飞行器,耐高温、抗腐蚀、高强度、低密度的结构材料是必须突破的关口,甚至会使用航天器的结构与材料。

2.5.2 高超声速飞行器建模研究

高超声速飞行器的关键技术包括推进技术、材料技术、空气动力学技术和飞行控制技术等,具有高升阻比特性的乘波构型被认为是高超声速飞行器最好的外形设计,具有广阔的应用前景,已成为世界各国研究的重点。然而,采用乘波构型后飞行器机身与发动机相互融合,即所谓的机身-发动机一体化设计,使得气动、推进与控制作用相互耦合、相互影响,不可分离。因此,在研究高超声速飞行器建模问题时,应充分考虑高超声速飞行的特点以及飞行器的结构特性,以确保建模的可行性。

在研究初期,NASA 公布了一种锥形刚体模型,并给出了模型的气动布局以及相关气动数据,但该模型反映不出当前研究的乘波体构型飞行器的动力学行为,因此很少被采用。Schmidt 等对吸气式高超声速飞行器进行了抽象,并基于拉格朗日方法获得了包含气动、推进、弹性耦合特性的动力学解析模型,基于这个解析模型,吸气式高超声速飞行器的气动、推进、弹性耦合特性对飞行动力学和控制的影响被逐步揭示。Bolencter 等在此基础上经过简化,提出了一种新的吸气式高超声速飞行器非线性纵向动力学一体化解析模型,在纵向平面全面刻画了吸气式高超声速飞行器的动力学行为,能够揭示出高超声速飞行器飞行控制研究所面临的问题。

与此同时，很多学者结合吸气式高超声速飞行器气动-发动机一体化耦合的特点，对高超声速飞行器的各种飞行特性，如攻角特性、升阻特性、发动机特性以及纵向气动特性等进行了研究。Mirmirani 等从工程实用角度出发，研究了吸气式高超声速飞行器的耦合动力学特性，重点研究了吸气式高超声速飞行器气动-推进耦合动力学特性对控制系统设计的影响。这些研究从不同角度对高超声速飞行器的建模问题提供了一种支撑。

从临近空间高超声速飞行器建模方面的国内外研究成果可以看出，现有建模问题多是局限于气动力模型或飞行姿态模型的研究。然而，对于采用机身-发动机一体化布局的临近空间飞行器，弹性、推进、姿态耦合是飞行器运动过程中存在的固有物理联系。临近空间高超声速飞行器由于运行环境非常复杂，气动力、气动力矩和推进特性非线性严重，导致弹性、推进、姿态耦合关系更加复杂，采用现有的飞行姿态建模或气动力建模方法，已无法满足三者协调控制的需要。从现有文献看，当前对该问题开展的相关研究较少。因此，深入分析临近空间高超声速飞行器的飞行弹性、推进、姿态耦合机理及特性，充分考虑高超声速飞行器新动力学特性，根据不同任务进行理论和数值仿真分析，对模型进行合理简化，将是建立适合高超声速飞行器协调控制模型的一种有效途径。

2.5.3 高超声速飞行器的控制

高超声速飞行器独特的气动外形和细长结构设计，导致空气动力学、推进系统、结构动力学和高带宽控制系统之间在宽频率域内存在显著的交叉耦合。与传统的飞行器相比，模型的复杂度和非线性度更高，而且高超声速飞行器的飞行高度和飞行马赫数跨度范围大，运行空间环境非常复杂；在飞行过程中，飞行器气热特性和气动特性的变化更为剧烈。因此，较常规飞行器，高超声速飞行器的飞行控制问题更具有挑战性，主要表现在如下方面：

① 特殊的气动/推进布局和结构使得高超声速飞行器机体结构的固有振动频率较低，并造成明显的弹性效应，既影响飞行器短周期运动，又使得飞行器变形加剧，导致飞行失控。

② 机身与发动机的高度一体化设计，必然带来空气动力学与推进系统之间的强烈耦合，限制了飞行器可达到的闭环系统性能，造成对高超声速飞行器飞行控制系统设计的各种约束。

③ 根据激波条件优化，设计出的乘波体外形使高超声速飞行器工作在激波面上，具有姿态本质非稳定性。

④ 由于工作条件大范围变化，高低空气动特性差异巨大，导致飞行器动力学特征与模型参数在飞行过程中变化显著，同时控制面的控制效率较亚声速、超声速飞行时低得多，且时滞、气动耦合严重。

⑤ 现有试验条件无法全面模拟飞行器的工作环境，检测设备不能完全监测试验过程，对高超声速飞行器各种特性的研究存在较大的不确定性。

尽管存在较大的挑战，随着各种高超声速飞行器计划的实施，在高超声速飞行器控制器设计方面，近年来，国内外已经开展了大量的理论和工程应用研究，以提高临近空间高超声速飞行器的运动品质，改善其相关控制性能，并取得了相应的研究成果。验证机 X-43A 采用传统的增益预置方法设计控制器，该方法被工程广泛采用，技术比较成熟，且不受计算机速度的限制；此外，X-43A 试飞成功也表明，增益预置方法是目前飞控系统设计的主流方案。但是，当飞行包线范围扩大，外界扰动增强时，基于增益预置方法的控制器存在明显的缺陷，特别是在控制可能发生故障时，该方法需有大量的增益预置表，且切换过程中参数往往产生突变，严重影响系统的整体性能。

高超声速飞行器的飞行条件极为复杂，要想获取其精确的模型信息很困难，甚至是不可能的。因此，控制器的鲁棒性显得尤为重要，为了能设计出强鲁棒的控制器，在控制器的设计过程中，必须弱化其对模型的依赖，采用某些在线逼近方法来获取被控模型信息，或者应用某种在线补偿方式来克服模型不准确所带来的影响。

然而，鲁棒控制中优化问题的最终解往往是考虑最坏条件下获得的，优化解一般存在不同程度的保守性，即鲁棒性的获得是以牺牲性能指标为代价的。因此，经典的鲁棒控制方法在实际应用中往往具有一定的局限性。采用带有神经网络补偿的非线性动态逆控制方法进行验证机 X-33 控制器的设计，该方法具有较好的非线性解耦控制能力，较强的鲁棒性，以及一定的容错重构性能。虽然验证机 X-33 因多种原因被迫下马，但其控制器的设计过程为今后高超声速飞行控制器的设计提供了一种全新的思路。

基于这种思想，近年来，鲁棒自适应控制方法已经被应用于复杂、未知和不确定的非线性动态系统控制中，依靠状态变量进行反馈，通过所设计的自适应律来调节参数、抑制扰动，改善控制系统的性能。多数研究人员采用动态逆方法进行自适应控制，首先对系统进行反馈线性化，然后结合其他自适应控制方法进行鲁棒自适应控制设计。但在这种方法中，不但反馈矩阵的计算量大，而且难以实现。为此，一些学者尝试采用其他非线性控制设计方法，从不同的角度进行高超声速飞行器控制器的设计。例如，针对结构模态和执行器动力学的不确定，以姿态和速度跟踪为目标，设计了一种自适应 LQ 控制器；针对飞行航迹角动力学的非最小相位特性，通过建立一种简化模型，提出了一种兼备自适应性和鲁棒性的设计方法；基于 Lyapunov 方法，分别对内外环进行控制器设计等。

尽管近年来高超声速飞行器控制研究工作受到广泛重视，但大部分研究局限于单独针对飞行姿态控制或气动力控制展开。普通低速航空器中，飞行姿态对气动力和气动力矩的影响关系比较明确，通过气动总体设计可保证飞行器的稳定性和操纵性满足规定要求。然而，高超声速飞行器独特的机身-推进一体化布局及其独特的气动外形，使高超声速飞行器存在严重的弹性、非线性以及气动不确定性，为飞行控制系统的设计带来了诸多难题，更使一些常用的控制方法不适于或者很难应用于这类飞行器。主要表现在：

① 多数线性控制研究是基于某几个工作点的线性化模型来设计局部控制器，通过增益调度方法可对飞行器在一定飞行区域范围内控制，但无法满足强耦合、大非线性条件下高超声速飞行器大跨度机动飞行控制的需求。

② 非线性控制过于依赖反馈线性化方法，对模型结构的要求，在设计中常常忽略了弹性效应，然而飞行器刚体运动与弹性运动之间存在显著耦合，只基于刚体模型设计的控制系统会因为严重的模型不匹配而引起系统稳定性问题。

③ 智能控制主要利用先验知识和数值仿真建立运动参数和控制量之间的映射关系，控制器结构复杂不利于理论上分析控制系统稳定性，只能依靠非线性仿真验证。

④ 多数控制忽略了机体弹性效应，或者将弹性效应作为高频摄动不确定性处理，然而，高超声速飞行器的高带宽控制系统动态和低频结构模态之间不再具有频带分离现象，这种交叉耦合极易使控制与结构的耦合失稳。只基于刚体模型的控制设计，则难以保证系统的稳定性。

综上所述，高超声速飞行器特殊的动力学特性使得飞行控制设计面临的问题复杂多样，为保证高超声速飞行器在复杂的飞行条件下拥有稳定的飞行特性、良好的控制性能及强鲁棒性能，需要对其动力学特性、耦合特性以及各种不确定性进行深入研究和分析；选择合理的控制结构，对飞行器弹性、推进、姿态协调控制进行研究，在其飞行控制系统设计过程中引入新的控制方法和控制手段。

思考题

1. 试述弹体建模常用角度的定义及符号规定，并推导地面坐标系与弹体坐标系之间的转换矩阵。

2. 试分析导弹的主要受力、力矩及对应特性。

3. 试述导弹刚性弹体数学模型的主要组成部分及作用。

4. 采用经典控制理论设计导弹稳定控制系统时，需采用哪些方法对弹体数学模型进行处理？

5. 将飞行中的弹体视为两端自由弹性梁时，弹体建模过程中应主要考虑哪几种运动模式？

第3章　刚性弹体动态特性分析

导弹弹体作为导引、控制的对象，必然会受到制导控制系统的约束控制，并要求其具有良好的稳定性、操纵性及机动性，即理想弹体的动态特性。研究导弹的动态特性，一般分为三个步骤：

第一步，研究导弹受到偶然干扰作用后，基准运动是否具有稳定性。这就要求分析自由扰动运动的性质，即求取导弹线性化常系数扰动运动方程组齐次解。

第二步，研究导弹对舵面偏转或其他控制信号的响应所表现出的操纵性。这时除了要分析自由扰动运动分量外，还需研究强迫扰动运动分量，在此过程中关注的重点是扰动作用下过渡过程的品质。

第三步，分析导弹在常值干扰作用下，扰动运动结束后所产生的参数误差。

3.1　导弹的动态特性

所谓导弹的动态特性，是指它在受到扰动作用后或当操纵机构动作时所产生的扰动运动的特征，主要指导弹的稳定性(stability)、操纵性(controllability)和机动性(manoeuverability)。

3.1.1　稳定性

1. 动稳定性

导弹动稳定性的概念，在一般情况下可应用李亚普诺夫关于运动稳定性的定义。因为描述导弹实际飞行的运动参数，可以表示为

$$x(t)=x(t_0)+\Delta x(t) \tag{3-1}$$

式中：$x(t_0)$为基准运动参数；$\Delta x(t)$为扰动运动参数。

假定扰动对导弹作用的结果，在$t=0$时出现初始值并产生扰动运动。如果ε是任意小的正数，由此找到另外一个正数δ，在$t=0$时，$|\Delta x(0)|\leqslant\delta$，而在$t>0$的所有时刻，扰动运动的所有参数$\Delta x(t)$均满足不等式$|\Delta x(t)|<\varepsilon$，则称基准运动$x(t_0)$对于偏量$\Delta x(t)$是稳定的。

如果除了满足条件$|\Delta x(0)|\leqslant\delta$和$|\Delta x(t)|<\varepsilon$外，还满足关系式$\lim\limits_{t\to\infty}|\Delta x(t)|=0$，则称基准运动是渐近稳定的。当上述初值$\Delta x(0)$比较小时稳定条件才满足，这就是小扰动范围内具有稳定性的情况。

若存在这样的ε，当δ任意小时，$|\Delta x(0)|\leqslant\delta$成立，但在$t>0$的某时刻不能满足$|\Delta x(t)|<\varepsilon$，则称基准运动不稳定。由此可见，动稳定性是指整个扰动运动具有收敛特性，它是由导弹随时间恢复到基准运动的能力决定的。

导弹小扰动运动形态由常系数线性系统描述时，在扰动作用下，导弹将离开基准运动状态。一旦扰动运动作用消失，导弹经过扰动运动后又重新恢复到原来的运动状态，则称导弹的基准运动是稳定的。如果在扰动运动作用消失后，导弹无法恢复到原来的飞行状态，甚至偏差越来越大，则称导弹的基准运动是不稳定的。

对于导弹的动稳定性，更为确切的提法是指某些运动参数的动稳定性。例如导弹飞行高度的稳定性，迎角 α 、俯仰角 ϑ 、滚动角 γ 的稳定性等。必须指出，这种稳定性是指导弹在没有控制作用时的抗干扰能力，这与制导控制系统参与工作时闭环回路中导弹系统动稳定性不同。例如，无控条件下导弹是动不稳定的，但在控制条件下可以变成稳定的。当然也可以出现另一种情况，即导弹在无控条件下是动稳定的，但由于控制系统设计得不合理，在闭环时反而不稳定了。对于战术导弹，通常希望在无控条件下就具有良好的稳定性和动态品质，以降低对控制系统的要求。甚至有些导弹完全依靠弹体自身稳定性来保证导弹飞行的稳定性。要保证弹体自身的稳定性首先应具有静稳定性。

2. 静稳定性

导弹受外力作用偏离其平衡运动状态后，在外力作用消失瞬间，若自身形成空气动力力矩（操纵机构不动作），使导弹具有恢复到平衡状态的趋势，则称导弹具有静稳定性。若产生的空气动力力矩使导弹更加偏离原平衡状态，则称导弹是静不稳定的。必须强调指出，静稳定性只说明导弹偏离平衡状态那一瞬间的力矩特性，而不说明整个运动过程导弹最终是否具有稳定性。依据干扰作用及空气动力矩的不同，导弹的静稳定性又可分为纵向静稳定性、航向静稳定性和横向静稳定性。

(1) 纵向静稳定性

纵向静稳定性是指俯仰方向上导弹的静稳定性。判断导弹纵向静稳定性的方法是看偏导数 $m_z^\alpha|_{\alpha=\alpha_b}$（即力矩特性曲线相对于横坐标轴的斜率）的性质。若导弹以某个平衡迎角 α_b 处于平衡状态下飞行，由于某种原因（例如，垂直向上的阵风）使迎角增加了 $\Delta\alpha\ (\alpha>0)$，产生了作用在焦点上的附加升力。当舵偏角 δ_z 保持不变（即导弹不控制）时，由这个附加升力引起的附加俯仰力矩为

$$\Delta M_z(\alpha)=m_z^\alpha|_{\alpha=\alpha_b}\Delta\alpha qSL \tag{3-2}$$

若 $m_z^\alpha|_{\alpha=\alpha_b}<0$，则 $\Delta M_z(\alpha)$ 是个负值，它将使导弹低头，力图使迎角值由扰动状态恢复到原平衡值（即消除迎角增量）。导弹的这种物理属性称为静稳定性。静稳定的导弹，在导弹偏离平衡位置后又使其恢复到原平衡位置的空气动力矩称为静稳定力矩，或恢复力矩。

若 $m_z^\alpha|_{\alpha=\alpha_b}>0$，则 $\Delta M_z(\alpha)>0$，这一附加俯仰力矩将使导弹更加偏离平衡位置。这种情况下称导弹为静不稳定的。偏导数 m_z^α 表示单位迎角引起俯仰力矩系数的大小和方向，它表征导弹的纵向静稳定品质。在大多数情况下，C_y 与 α 呈线性关系，有时用偏导数 $m_z^{C_y}$ 取代 m_z^α，作为衡量导弹是否具有静稳定性的条件，即

$$M_z(\alpha)=-Y^\alpha\alpha(x_F-x_G)=-C_y^\alpha\alpha(x_F-x_G)qS=m_z^\alpha\alpha qSL \tag{3-3}$$

于是

$$m_z^\alpha=-C_y^\alpha(\bar{x}_F-\bar{x}_G)$$

由此得

$$m_z^{C_y}=\frac{\partial m_z}{\partial C_y}=\frac{m_z^\alpha}{C_y^\alpha}=-(\bar{x}_F-\bar{x}_G) \tag{3-4}$$

式中：$\bar{x}_F=\dfrac{x_F}{L}$，为全弹焦点的相对坐标；$\bar{x}_G=\dfrac{x_G}{L}$，为全弹质心的相对坐标。

显然，对于具有纵向静稳定性的导弹，$m_z^{C_y}<0$，这时焦点位于质心之后。当焦点逐渐向质心靠近时，静稳定性逐渐降低；当焦点移到与质心重合时，导弹是静中立稳定的；焦点移到质心

之前时(即 $m_z^{C_y}>0$),导弹是静不稳定的。因此,工程上常把 $m_z^{C_y}$ 称为静稳定度,焦点相对坐标与质心相对坐标之间的差值($\bar{x}_F-\bar{x}_G$)称为静稳定裕度。

导弹的静稳定度与飞行性能有关。为了保证导弹具有所希望的静稳定度,设计过程中常采用两种方法:一是改变导弹的气动布局,从而改变焦点的位置,如改变弹翼的外形、面积及其相对弹身的前后位置,改变尾翼面积,添置反安定面等。另一种办法是改变导弹内部的载荷安排,以调整全弹质心的位置。

(2) 航向静稳定性

航向静稳定性是指偏航方向上导弹的静稳定性。对于轴对称导弹,偏航力矩产生的物理原因与俯仰力矩类似,因此可以用类似纵向静稳定性的分析方法分析航向静稳定性。例如可用 m_y^β 来表征导弹的航向稳定性,若 $m_y^\beta<0$,则导弹是航向静稳定的;反之则导弹是航向静不稳定的。

(3) 横向静稳定性

当气流以某个侧滑角 β 流过导弹的水平弹翼和尾翼时,由于左右翼绕流条件不同,压力分布也就不同,左右翼升力不对称则产生绕纵轴的滚转力矩。

导数 m_x^β 表征导弹横向静稳定性,对于正常式气动布局的导弹来说具有重要意义。以正常式气动布局的导弹水平直线飞行为例,假设由于某种原因,导弹突然向右倾斜了某个角度 γ(见图 3.1)。因为升力 Y 总是处于导弹纵向对称平面内,故当导弹倾斜时,产生升力的水平分量为 $Y\sin\gamma$。在该分量的作用下,导弹的飞行速度方向发生偏转,产生正向侧滑角 β。若 $m_x^\beta<0$,则由侧滑角所产生的滚动力矩 $M_x(\beta)<0$,于是此力矩使导弹有消除某种原因所产生的向右倾斜的趋势。因此,若 $m_x^\beta<0$,则导弹具有横向静稳定性;反之,则导弹是横向静不稳定的。

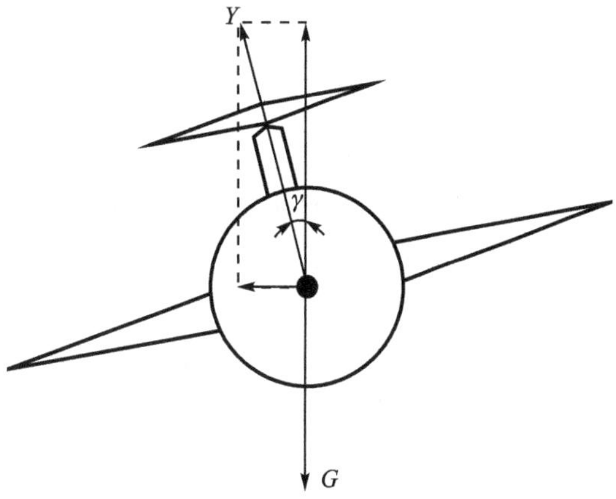

图 3.1　由倾斜引起的侧滑飞行

正常式气动布局导弹的横向静稳定性,主要由弹翼和垂直尾翼产生,而影响 m_x^β 值的主要因素是弹翼后掠角及上反角。

3. 导弹动稳定性与静稳定性的关系

动稳定性和静稳定性有内在联系,但两者又有严格区别。例如,纵向静稳定性仅代表扰动运动中力矩 $M_z^\alpha\alpha$ 总是与迎角增量方向相反,而动态稳定性则表明整个扰动运动中,在诸多力矩作用下,经过一段时间的扰动运动,使运动参数的偏差趋近于零。鉴于静稳定性并非动稳定性的必要条件,为不产生混淆,有些参考资料又将静稳定性描述为正俯仰刚度,以便与动稳定性加以区别。

3.1.2 操纵性

1. 操纵性的概念

导弹操纵性可以理解为当操纵机构进行调节动作时，导弹改变其原来飞行状态（如姿态角、迎角、弹道角）的能力及响应过程的快慢程度。

进一步说，对操纵性进行评价，需要全面分析操纵机构动作时导弹扰动运动的过渡过程。为便于比对，常以给定的单位操纵机构动作偏量（如空气舵偏角 $\Delta\delta_Z=1°$）、导弹飞行状态参数增量的稳态值大小、达到稳态值的快慢及超调量的大小作为比较标准。

一般来说，研究操纵机构动作时导弹的运动，不考虑控制系统的工作过程，也就是在给定调节动作输入量（如 $\Delta\delta_Z$）的条件下，求解导弹运动方程组。方程组的一般解是由齐次方程组的通解和非齐次方程组的特解组成。齐次方程组的通解对应于导弹的自由运动，非齐次方程组的特解对应于导弹的强迫运动。故操纵机构动作时导弹所产生的扰动运动由自由运动和强迫运动共同组成。

2. 操纵性分析

在研究导弹弹体操纵性时，通常只研究导弹对操纵机构调节动作的单位阶跃输入方式的响应。单位阶跃输入信号的表达式如下：

$$\Delta\delta_Z=\begin{cases}0 & t<t_0\\1 & t\geqslant t_0\end{cases}$$

操纵机构采取阶跃输入是因为在这种情况下导弹的响应最为强烈，引起过渡过程中的超调量最大。实际上操纵机构不可能作瞬间阶跃偏转，但是在舵机快速作用下，机构的输出可以接近于阶跃信号的形式。

假定导弹的空气舵面固定偏转一个角度 $\Delta\delta_Z$，则根据纵向通道的传递函数，当操纵机构输出为恒定幅值阶跃的信号时，只能使迎角、俯仰角速度、弹道倾角角速度达到稳定，但俯仰角和弹道倾角则随时间呈增长趋势。

纵向通道弹体传递函数是典型的二阶系统，其过渡过程品质主要由纵向传递系数 K_α、时间常数 T_α 及相对阻尼系数 ξ_α 决定。纵向通道弹体传递函数式如下：

$$\left.\begin{aligned}G_\delta^\vartheta(s)&=\frac{K_\alpha(T_{1\alpha}s+1)}{s(T_\alpha^2s^2+2\xi_\alpha T_\alpha s+1)}\\G_\delta^\theta(s)&=\frac{K_\alpha}{s(T_\alpha^2s^2+2\xi_\alpha T_\alpha s+1)}\\G_\delta^\alpha(s)&=\frac{K_\alpha T_{1\alpha}}{T_\alpha^2s^2+2\xi_\alpha T_\alpha s+1}\\G_\delta^{n_y}(s)&=\frac{V}{g}\,\frac{K_\alpha}{T_\alpha^2s^2+2\xi_\alpha T_\alpha s+1}\end{aligned}\right\}\tag{3-5}$$

3. 纵向传递系数对操纵性的影响

导弹纵向传递系数的物理意义：过渡过程结束时，单位舵偏角情况下导弹纵向运动参数的稳态值为

$$\frac{\Delta\alpha}{\Delta\delta_Z}=\frac{\Delta\dot\vartheta}{\Delta\delta_Z}=\frac{\Delta\dot\theta}{\Delta\delta_Z}=\frac{\Delta n_y g}{\Delta\delta_Z V}=K_\alpha\tag{3-6}$$

式(3－6)表明，传递系数越大，导弹的操纵性就越好。纵向传递系数的关系式为

$$K_\alpha = \frac{-a_{25}a_{34}}{a_{22}a_{34}+a_{24}}(s^{-1}) \tag{3-7}$$

由式(3－7)可知，提高操纵机构的效率和适当减小导弹的静稳定度，即增大动力系数 a_{25}，以及在具有稳定性的前提下减小动力系数 a_{24}，均有利于提高导弹的操纵性。这些都是在导弹气动外形设计时可以考虑的技术手段。

式(3－7)还表明，导弹操纵性和稳定性是相互矛盾的，导弹的稳定性好，其运动状态不易改变；而导弹的操纵性好，意味着其运动状态容易改变，必然会使导弹的稳定性变差。因此在实际工程设计中需要做好权衡。

在导弹的实际应用中，其高度、速度等飞行条件变化较大，因而其传递系数的变化范围也较大。例如：导弹的飞行高度增加而其他参数不变时，传递系数减小将导致其操纵性变差；反之，当高度下降而其他参数不变时，传递系数增大将导致其操纵性变好。

4. 时间常数对操纵性的影响

导弹纵向扰动运动作为短周期运动来处理，运动参数 $\Delta\alpha$，Δn_y，$\Delta\dot{\theta}$ 的特性可由一个二阶环节表示，这个环节的过渡过程以 $x/K_\alpha\Delta\delta_Z$ 为纵坐标，以 $t/T_\alpha(=\bar{t})$ 为横坐标，其状态如图 3.2 所示。

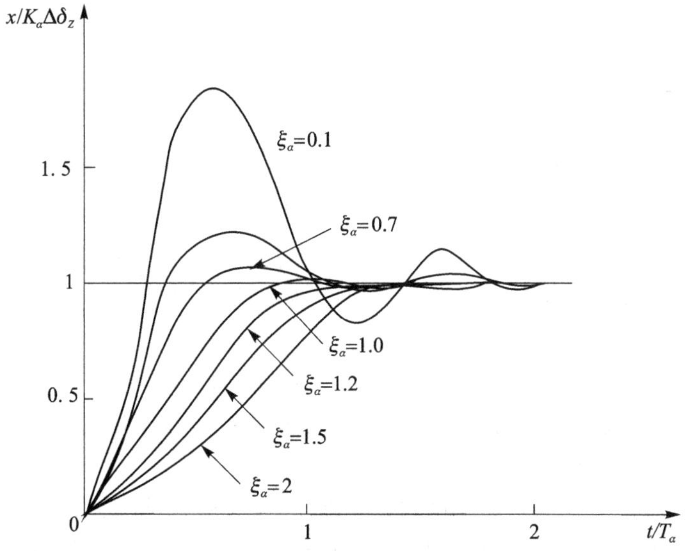

图 3.2　运动参数过渡过程曲线

由图 3.2 可知，$\xi_\alpha=0.75$ 时过渡过程时间最短。当 ξ_α 的值确定时，过渡过程时间正比于该环节的时间常数 T_α，即

$$T_\alpha = \frac{1}{\sqrt{-a_{24}-a_{22}a_{34}}} \tag{3-8}$$

由式(3－8)可知，增大动力系数 a_{22}，a_{24}，a_{34} 将使时间常数 T_α 减小，特别是导弹的静稳定性变差，可使动力系数 a_{24} 变大，有利于缩短过渡时间而操纵性变好。但是，动力系数 a_{24} 变大会使传递系数 K_α 减小，这又不利于操纵性变好。

时间常数 T_α 与弹体自振频率 ω_d 之间的关系为 $\omega_d=\dfrac{1}{T_\alpha}$，以 Hz 为单位的自振频率的表

达式为

$$f_{\mathrm{d}}=\frac{\omega_{\mathrm{d}}}{2\pi}\approx\frac{\sqrt{-a_{24}}}{2\pi}\approx\frac{1}{2\pi}\sqrt{\frac{m_z^{\alpha}qSb_{\mathrm{A}}}{J_z}}=\frac{1}{2\pi}\sqrt{\frac{(X_G-X_F)C_y^{\alpha}qSb_{\mathrm{A}}}{J_z}} \tag{3-9}$$

式(3－9)说明,导弹静稳定性的大小决定了其自振频率,增加静稳定性可以减小时间常数 T_{α},但却增加了弹体的自振频率。设计导弹控制系统时,一般情况下要求弹体自振频率低于自动驾驶仪的频率,以免出现共振。从这个角度出发,应对导弹静稳定性进行限制。

5. 相对阻尼系数对操纵性的影响

过渡过程的形态取决于相对阻尼系数 ξ_{α}。由图 3.2 可知,当操纵机构输出信号为阶跃形式时,系统响应的相对超调量只取决于相对阻尼系数 ξ_{α}。实际上,导弹弹体自身的阻尼往往很小,尤其在高空飞行时更小,因此响应过程的相对超调量较大,过渡过程的振荡次数较多。

相对阻尼系数 ξ_{α} 与飞行速度无直接关系,因此超调量 $\sigma\%$ 也不随飞行速度的变化而发生明显变化。但是相对阻尼系数 ξ_{α} 与空气密度有关,随飞行高度的增加,其明显减小。导弹弹体欠阻尼的原因是相对其他介质空气的密度较小,而且导弹弹翼面积和阻尼力臂不可能很大,这使得弹体的欠阻尼是一个普遍现象。该现象将产生较为严重的不良影响,如使弹体承受远大于需用的法向过载,增大弹体结构设计压力;使导弹迎角过大,增大诱导阻力,使射程减小等。实际工程中,理想的相对阻尼系数为 0.7 左右,对应超调量约为 5%;相对阻尼系数下限一般应高于 0.35,对应超调量约为 30%。对于欠阻尼的弹体一般不作要求,而是通过控制系统设计增大弹体阻尼。

3.1.3 机动性

1. 机动性及过载的概念

导弹的机动性是指导弹改变飞行速度(大小和方向)的能力。当攻击活动目标时,导弹必须具有良好的机动性能。导弹机动性好坏可由导弹在飞行过程中产生切向和横向(法向)加速度的大小来表征。通常最关心的是导弹横向机动性,即横向加速度的大小。因为,在同一高度和速度下,导弹的横向机动性越好,转弯半径越小,对攻击活动目标越有利。

由空气动力控制的有翼导弹,其横向机动性取决于横向空气动力的大小,导弹能提供的最大横向空气动力越大,其横向机动性就越好。推力矢量控制的导弹的横向机动性则取决于发动机推力的大小及其可偏离弹体轴线的角度。

导弹机动性可用切向和横向加速度表征。通常,备受关注的是导弹产生加速度的能力,即作用在导弹上的外力。作用在导弹上的外力有可控的空气动力、推力和不可控的重力,所以评定导弹的机动性时,不计重力并引出过载的概念。

设 N 是除重力外作用在弹上的外力之合力,则导弹重心的加速度为

$$a=\frac{N+G}{m} \tag{3-10}$$

若以重力加速度 g 为度量单位,则导弹重心的相对加速度为

$$\frac{a}{g}=\frac{N}{G}+\frac{g}{g} \tag{3-11}$$

式中 N 与 G 的比值便是过载,用 n 表示,即

$$n=\frac{N}{G} \tag{3-12}$$

因此，过载是指作用在导弹上除重力以外的其他外力之合力与导弹重力之比。过载是一个矢量，它的方向与合力 N 的方向一致，其模为合力 $|N|$ 对导弹重量 G 的倍数，即过载矢量的表征就是外力 N 的大小和方向，制导过程就是通过改变外力 N 控制导弹飞行。过载矢量的大小和方向，通常用它在速度坐标系上的投影确定。即

$$\left.\begin{aligned} n_{X_v} &= \frac{1}{G}(P\cos\alpha\cos\beta - X) \\ n_{Y_v} &= \frac{1}{G}(P\sin\alpha + Y) \\ n_{Z_v} &= \frac{1}{G}(-P\cos\alpha\sin\beta + Z) \end{aligned}\right\} \tag{3-13}$$

式中：n_{Y_v}，n_{Z_v} 称为导弹的横向过载。若迎角 α、侧滑角 β 较小，且 $Y \gg P\sin\alpha$，$Z \gg P\sin\beta$，则导弹的横向过载可写为

$$n_{Y_v} \approx \frac{Y}{G},\quad n_{Z_v} \approx \frac{Z}{G}$$

导弹的机动性能可用切向和横向过载来评定。横向过载 n_{Y_v}，n_{Z_v} 越大，导弹所能产生的横向加速度就越大。速度相同时，导弹改变飞行方向的能力就越强，能够形成弯曲程度大的飞行轨迹。切向过载 n_{X_v} 越大，导弹所产生的切向加速度就越大，导弹的速度改变就越快。因此，过载越大导弹的机动性能就越好。

当已知导弹的飞行过载时，还可确定弹上任何构(部)件所受的载荷。因为导弹飞行时，弹体内所有的构(部)件所受的作用力有重力和连接反力，而连接反力等于导弹过载与它本身质量的乘积。

2. 常用的过载指标

(1) 需用过载 n_R

导弹沿给定理想弹道飞行时应产生的横向过载称为需用过载 n_R。导弹的需用过载必须满足导弹战术技术指标要求，在这个前提下需用过载越小越好。飞行弹道越平直，导弹飞行中所承受的力就越小，这对导弹的结构、弹上设备的正常工作及减小制导误差是有利的。

需用过载的表达式为

$$\left.\begin{aligned} n_y &= \frac{V}{g}\frac{d\theta}{dt} + \cos\theta \\ n_z &= -\frac{V}{g}\cos\theta\frac{d\psi_c}{dt} \end{aligned}\right\} \tag{3-14}$$

(2) 可用过载 n_P

当导弹舵偏角达到最大时，所能产生的横向过载称为可用过载 n_P。因此，要使某导弹沿一条理想弹道飞行，在这条弹道的任何点上，导弹所产生的可用过载都应大于需用过载。正常情况下，导弹扰动运动达到平衡时的过载正比于该瞬时的迎角(α)、侧滑角(β)和舵偏角(δ_Y、δ_Z)。为了保证导弹低空飞行时，不致因横向过载过大而使弹体结构受到破坏，所以要限制舵偏角的最大值。

(3) 极限过载 n_L

导弹的尺寸和外形给定，在一定速度和高度下，产生横向力的大小取决于迎角 α、侧滑角 β

及舵偏角，而这些角度一般有一定限制。当导弹飞行时的迎角和侧滑角达到临界值时，升力和侧力达到最大值，α 或 β 再增加，导弹的飞行将失速。导弹的迎角 α 或侧滑角 β 达到临界值时的横向过载称为极限过载 n_L。

以纵向运动为例，相应的极限过载为

$$n_L = \frac{1}{G}(P\sin\alpha_L + qSC_{y\max}) \tag{3-15}$$

式中：α_L 为导弹迎角的极限值；$C_{y\max}$ 为升力系数最大值。

综上所述，需用过载、可用过载和极限过载的关系应如下：

需用过载≤可用过载≤极限过载

3. 机动性与操纵性的关系

导弹的机动性与操纵性有着密切的关系。机动性表示舵偏角最大时，导弹所提供的最大横向加速度；操纵性表示操纵导弹的效率，通常指导弹运动参数增量和相应舵偏角变化量之比，即它是一个相对量，而机动性是一个绝对值。此外，有好的操纵性，必然有助于提高机动性。

3.2 纵向扰动运动模态及传递函数

3.2.1 纵向扰动运动特征根的性质

纵向扰动运动的特征方程式为

$$D(s) = s^4 + P_1 s^3 + P_2 s^2 + P_3 s + P_4 = 0 \tag{3-16}$$

纵向特征方程有四个根，它们可以是实数，也可以是共轭复数。因此，一般而言，纵向自由扰动运动有以下三种情况。

1. 全为实根

这时导弹的纵向自由扰动运动特征方程的四个实根为 $s_i, i=1,2,3,4$。以 x_{zj} 代表纵向扰动运动的偏量 $V,\vartheta,\theta,\alpha$，纵向自由扰动运动的解析解为

$$x_{zj}(t) = D_j e^{s_i t} \tag{3-17}$$

式中：D_j 是纵向扰动运动微分方程初始值决定的参数。

2. 两个实根，一对共轭复根

假定两个实根为 s_1 和 s_2，一对共轭复根则等于 $s_{3,4} = \sigma \pm i\gamma$，于是纵向自由扰动运动的解析解为

$$x_{zj}(t) = D_{1j} e^{s_1 t} + D_{2j} e^{s_2 t} + D_{3j} e^{s_3 t} + D_{4j} e^{s_4 t} \tag{3-18}$$

式中：D_{3j} 和 D_{4j} 也应是共轭复数，$D_{3j} = p - iq$，$D_{4j} = p + iq$。

3. 两对共轭复根

假定特征方程的两对共轭复根为：$s_{1,2} = \sigma_1 \pm i\gamma_1$，$s_{3,4} = \sigma_3 \pm i\gamma_3$。此时纵向扰动运动的解析解若以式(3-18)表示，则系数 D_1, D_2, D_3, D_4 是两对共轭复数，表示为 $D_{1,2} = p_1 \mp iq_1$，$D_{3,4} = p_3 \mp iq_3$。

在上述纵向自由扰动运动的解析解中，若特征根的实数或共轭复根的实部均为负值，则纵

向扰动运动的性质是稳定的；反之，只要有一个实根为正，或一对共轭复根的实部为正，则纵向扰动运动将是不稳定的。

导弹纵向自由扰动运动的形态，在基准弹道的一些特征点上，同一类气动外形的导弹将存在着相同的规律性。求解战术导弹的特征方程式，经常发现有两对共轭复根。不同型号的飞行器，纵向特征根有一对大复根和一对小复根的规律性，说明纵向自由扰动运动包含着两个特征不同的分量。特征值为共轭复根，与此对应的解析解是振荡形式的分量，在式(3-16)中，一对共轭复根的解析解为

$$\begin{aligned} x_{zj3,4}(t) &= D_{3j}e^{s_3 t} + D_{4j}e^{s_4 t} \\ &= p e^{\sigma t}(e^{i\nu t} + e^{-i\nu t}) - iq e^{\sigma t}(e^{i\nu t} - e^{-i\nu t}) \end{aligned} \tag{3-19}$$

根据欧拉公式

$$e^{i\nu t} + e^{-i\nu t} = 2\cos \nu t$$
$$e^{i\nu t} - e^{-i\nu t} = 2i\sin \nu t$$

于是式(3-19)又可写为

$$\begin{aligned} x_{zj3,4}(t) &= 2e^{\sigma t}\sqrt{p^2+q^2}\left(\frac{p}{\sqrt{p^2+q^2}}\cos \nu t + \frac{q}{\sqrt{p^2+q^2}}\sin \nu t\right) \\ &= D_{zj3,4}e^{\sigma t}\sin(\nu t + \varphi) \end{aligned} \tag{3-20}$$

式中

$$D_{zj3,4} = 2\sqrt{p^2+q^2},\quad \sin\phi = \frac{p}{\sqrt{p^2+q^2}},\quad \cos\phi = \frac{q}{\sqrt{p^2+q^2}},\quad \phi = \arctan\frac{p}{q}$$

可见，一对共轭复根形成了振荡形式的扰动运动，振幅为 $D_{zj3,4}e^{\sigma t}$，角频率为 ν，相位为 φ。如果复根的实部 $\sigma<0$，则振幅随时间增长而减小，扰动运动是减幅振荡运动；若实部 $\sigma>0$，则是增幅振荡运动；若 $\sigma=0$，则扰动运动为简谐运动。

纵向自由扰动运动存在一对大复根和一对小复根的内在特性，表明运动形态包括两种振荡分量。一对大复根是周期短、衰减快，属于振荡频率高而振幅衰减快的运动，通常称为短周期运动；一对小复根所决定的扰动运动分量则是频率低、衰减慢的运动，称为长周期运动。

3.2.2　纵向短周期扰动运动特征根分析

纵向特征根有一对大复根和一对小复根的特点，可使纵向扰动运动分成低频慢衰减和高频快衰减两种运动分量。在纵向扰动运动的最初阶段，高频快衰减分量起着主要作用，称之为短周期运动。

在纵向运动方程组中，不考虑飞行速度偏量的缓慢变化，可得一种简洁形式的纵向扰动方程组：

$$\left.\begin{aligned} &\ddot{\vartheta} + a_{22}\dot{\vartheta} + a_{24}\alpha + a'_{24}\dot{\alpha} = -a_{25}\delta_z - a'_{25}\dot{\delta}_z + M_{zd} \\ &\dot{\theta} + a_{33}\theta - a_{34}\alpha = a_{35}\delta_z + F_{yd} \\ &\vartheta = \theta + \alpha \end{aligned}\right\} \tag{3-21}$$

称之为纵向短周期扰动运动方程组。该运动的状态方程为

$$\begin{bmatrix}\dot{\omega}_z \\ \dot{\alpha} \\ \dot{\vartheta}\end{bmatrix} = \mathbf{A}\begin{bmatrix}\omega_z \\ \alpha \\ \vartheta\end{bmatrix} + \begin{bmatrix}-a_{25} \\ -a_{35} \\ 0\end{bmatrix}\delta_z - \begin{bmatrix}a'_{25} \\ 0 \\ 0\end{bmatrix}\dot{\delta}_z + \begin{bmatrix}M_{xd} \\ -F_{yd} \\ 0\end{bmatrix} \tag{3-22}$$

短周期运动的动力系数矩阵 **A**，由式(2-87)的矩阵 $\mathbf{A}_z$ 的右下分块矩阵表示，根据矩阵 **A** 可得纵向短周期扰动运动的特征方程为

$$D(s)=s^3+P_1s^2+P_2s+P_3=0 \tag{3-23}$$

式中的系数表达式为

$$P_1=a_{22}+a_{34}+a'_{24}+a_{33}$$
$$P_2=a_{24}+a_{22}(a_{34}+a_{33})+a'_{24}a_{33}$$
$$P_3=a_{24}a_{33}$$

如果不计重力动力系数的影响，$a_{33}=0$，特征方程及其系数可简化为

$$(s^2+P_1s+P_2)s=0 \tag{3-24}$$

此时短周期运动的特征方程有一个零根和两个非零根。两个非零根为

$$s_{1,2}=-\frac{1}{2}(a_{22}+a_{34}+a'_{24})\pm \frac{1}{2}\sqrt{(a_{22}+a_{34}+a'_{24})^2-4(a_{24}+a_{22}a_{34})}$$

保证短周期运动的稳定条件为

$$a_{24}+a_{22}a_{34}>0 \tag{3-25}$$

此不等式称为动态稳定的极限条件。如果

$$(a_{22}+a_{34}+a'_{24})^2-4(a_{24}+a_{22}a_{34})<0 \tag{3-26}$$

不等式成立，则短周期扰动运动将具有以下一对复根：

$$\begin{aligned}s_{1,2}&=\sigma\pm \mathrm{i}\gamma\\&=-\frac{1}{2}(a_{22}+a_{34}+a'_{24})\pm \mathrm{i}\,\frac{1}{2}\sqrt{4(a_{24}+a_{22}a_{34})-(a_{22}+a_{34}+a'_{24})^2}\end{aligned}$$

式中：σ 代表了短周期扰动运动的衰减程度。实部 σ 越大，扰动运动就衰减得越快。

用动力系数的表达式求 σ，其关系式为

$$\begin{aligned}\sigma&=-\frac{1}{2}(a_{22}+a_{34}+a'_{24})\\&=\frac{1}{4}\left[\frac{(m_z^{\omega_z}+m_z^{\dot{\alpha}})\rho VSL^2}{J_z}-\frac{2p+C_y^{\alpha}\rho V^2S}{mV}\right]\end{aligned} \tag{3-27}$$

复根的虚部 γ 决定着短周期扰动运动的振荡频率 ω_α。因 $\omega_\alpha=\gamma$，所以

$$\begin{aligned}\omega_\alpha&=\frac{1}{2}\sqrt{4(a_{24}+a_{22}a_{34})-(a_{22}+a_{34}+a'_{24})^2}\\&=0.707\sqrt{\frac{-m_z^{\alpha}\rho V^2SL}{J_z}+\frac{-m_z^{\omega_z}\rho VSL^2}{J_z}\cdot\frac{2P/V+C_y^{\alpha}\rho VS}{m}-\frac{1}{8}\left(\frac{-m_z^{\omega_z}\rho VSL^2}{J_z}+\frac{2\rho/V+C_y^{\alpha}\rho VS}{m}-\frac{-m_z^{\dot{\alpha}}\rho VSL^2}{J_z}\right)^2}\end{aligned} \tag{3-28}$$

可见影响振荡频率的因素很多，其中最主要的是静稳定性 a_{24}，其值越大，振荡率越高，振动周期越短。

ω_α 是在有气动阻尼、下洗以及法向力等因素下的振荡频率。如果不考虑这些因素，令动力系数 a'_{24}，a_{22}，a_{34} 分别等于零，可得纵向固有频率或自振频率：

$$\omega_\alpha = \sqrt{a_{24}} = \sqrt{\frac{-m_z^\alpha \rho V^2 SL}{2J_z}} \tag{3-29}$$

3.2.3 纵向短周期扰动运动传递函数

由纵向短周期扰动运动方程组可得短周期运动传递函数：

$$\begin{aligned} G_\delta^\vartheta(s) &= -\frac{\vartheta(s)}{\delta_z(s)} \\ &= \frac{a'_{25}s^2 + (a'_{25}a_{33} + a'_{25}a_{34} + a_{25} - a'_{24}a_{35})s + a_{25}(a_{34} + a_{33}) - a_{24}a_{35}}{s^3 + P_1 s^2 + P_2 s + P_3} \end{aligned} \tag{3-30}$$

$$\begin{aligned} G_\delta^\theta(s) &= -\theta(s)/\delta_z(s) \\ &= \frac{-a_{35}s^2 + (a'_{25}a_{34} - a_{22}a_{35} - a'_{24}a_{35})s + (a_{25}a_{34} - a_{24}a_{35})}{s^3 + P_1 s^2 + P_2 s + P_3} \end{aligned} \tag{3-31}$$

$$\begin{aligned} G_\delta^\alpha(s) &= -\frac{\alpha(s)}{\delta_z(s)} \\ &= \frac{(a'_{25} + a_{35})s^2 + (a_{25} + a_{22}a_{35} + a'_{25}a_{33})s + a_{25}a_{33}}{s^3 + P_1 s^2 + P_2 s + P_3} \end{aligned} \tag{3-32}$$

式中：系数 P_1, P_2, P_3 由导弹纵向动力系数表示。

在短周期运动中若不计重力动力系数 a_{33}，也不考虑舵面气流下洗延迟产生的动力系数 a'_{25}，则可得近似传递函数为

$$G_\delta^\vartheta(s) = \frac{(a_{25} - a'_{24}a_{35})s + a_{25}a_{34} - a_{24}a_{35}}{s(s^2 + P_1 s + P_2)} = \frac{K_\alpha(T_{1\alpha}s + 1)}{s(T_\alpha^2 s^2 + 2\xi_\alpha T_\alpha s + 1)} \tag{3-33}$$

式中：$P_1 = a_{22} + a_{34} + a'_{24}$，$P_2 = a_{24} + a_{22}a_{34}$，$K_\alpha = \dfrac{a_{25}a_{34} - a_{24}a_{35}}{a_{24} + a_{22}a_{34}}$，称为纵向传递系数；$T_\alpha = \dfrac{1}{\sqrt{a_{24} + a_{22}a_{34}}}$，称为纵向时间常数；$\xi_\alpha = \dfrac{a_{22} + a_{22}a_{24}}{2\sqrt{a_{24} + a_{22}a_{34}}}$，称为纵向相对阻尼系数；$T_{1\alpha} = \dfrac{a_{25} - a'_{24}a_{35}}{a_{25}a_{34} - a_{24}a_{35}}$，称为纵向气动力时间常数。

正常式导弹的纵向传递系数 K_α 为正值。鸭式导弹因 a_{25} 为负值，所以它的纵向传递系数 K_α 为负值。

弹道倾角的传递函数式可以变为

$$G_\delta^\theta(s) = \frac{-a_{35}s^2 - a_{35}(a_{22} + a'_{24})s + a_{25}a_{34} - a_{24}a_{35}}{s(s^2 + P_1 s + P_2)} = \frac{K_\alpha(T_{1\theta}s + 1)(T_{2\theta}s + 1)}{s(T_\alpha^2 s^2 + 2\xi_\alpha T_\alpha s + 1)} \tag{3-34}$$

式中

$$T_{1\theta}T_{2\theta} = \frac{-a_{35}}{a_{25}a_{34} - a_{24}a_{35}}, \quad T_{1\theta} + T_{2\theta} = \frac{-a_{35}(a_{22} + a'_{24})}{a_{25}a_{34} - a_{24}a_{35}}$$

迎角的传递函数式可以变为

$$G_\delta^\alpha(s) = \frac{a_{35}s + a_{25} + a_{22}a_{35}}{s^2 + P_1 s + P_2} = \frac{K_{2\alpha}(T_{2\alpha}s + 1)}{T_\alpha^2 s^2 + 2\xi_\alpha T_\alpha s + 1} \tag{3-35}$$

式中：$K_{2\alpha}=\dfrac{a_{25}+a_{22}a_{35}}{a_{24}+a_{22}a_{34}}$ 为迎角传递系数；$T_{2\alpha}=\dfrac{a_{35}}{a_{25}+a_{22}a_{35}}$为迎角时间常数。

由式(3-35)可知，迎角传递函数具有一般振荡环节的特性。俯仰角和弹道倾角的分母多项式除了二阶环节外，还含有一个积分环节。因此，在稳定的短周期扰动运动中，当迎角消失时，俯仰角与弹道倾角还存在着剩余偏量。此时，导弹已由绕 Oz_1 轴的急剧转动逐步转变为以质心缓慢运动为主的长周期运动。

由舵面偏转引起的扰动运动，其目的是对导弹的飞行实施控制，从而改变导弹的飞行状态，衡量导弹跟随舵面偏转的操纵性，除了上述迎角、俯仰角和弹道倾角外，法向过载也是一个重要的参数。在基准运动中法向过载为

$$n_{y0}=\frac{V_0}{g}\frac{\mathrm{d}\theta_0}{\mathrm{d}t}+\cos\theta_0 \tag{3-36}$$

式(3-36)线性化后，可以求出法向过载偏量的表达式：

$$\Delta n_y=\frac{\Delta V}{g}\frac{\mathrm{d}\theta_0}{\mathrm{d}t}+\frac{V_0}{g}\frac{\mathrm{d}\Delta\theta}{\mathrm{d}t}-(\sin\theta_0)\Delta\theta \tag{3-37}$$

略去二次微量$(\sin\theta_0)\Delta\theta$ 和偏量 ΔV，并省去偏量符号“Δ”和下标“0”，上式变为

$$n_y\approx\frac{V}{g}\frac{\mathrm{d}\theta}{\mathrm{d}t} \tag{3-38}$$

因此，法向过载传递函数式为

$$G_\delta^{n_y}(s)=-\frac{n_y(s)}{\delta_z(s)}=-\frac{s\theta(s)}{\delta_z(s)}\frac{V}{g}=\frac{V}{g}sG_\delta^\theta(s) \tag{3-39}$$

正常式气动布局导弹的舵面面积远小于翼面，因动力系数 $a_{35}\ll a_{34}$。为了进一步获得动态分析的结论，可以暂不计舵面动力系数 a_{35} 的作用，于是纵向短周期传递函数又可写为

$$\left.\begin{aligned}
G_\delta^\vartheta(s)&=\frac{K_\alpha(T_{1\alpha}s+1)}{s(T_\alpha^2s^2+2\xi_\alpha T_\alpha s+1)}\\
G_\delta^\theta(s)&=\frac{K_\alpha}{s(T_\alpha^2s^2+2\xi_\alpha T_\alpha s+1)}\\
G_\delta^\alpha(s)&=\frac{K_\alpha T_{1\alpha}}{T_\alpha^2s^2+2\xi_\alpha T_\alpha s+1}\\
G_\delta^{n_y}(s)&=\frac{V}{g}\frac{K_\alpha}{T_\alpha^2s^2+2\xi_\alpha T_\alpha s+1}
\end{aligned}\right\} \tag{3-40}$$

作为输入作用，除舵面偏转外，还有干扰作用，其对短周期扰动运动的影响主要是干扰力矩 M_{zd}。应该说明的是，$M_{zd}=\dfrac{M'_{zd}}{J_z}$，为简单起见称 M_{zd} 为干扰力矩。采用建立式(3-40)传递函数的方法，由式(3-22)或式(3-23)可得常用形式的纵向短周期运动的干扰传递函数：

$$\left.\begin{aligned}
G_M^\vartheta(s)&=\frac{\vartheta(s)}{M_{zd}(s)}=\frac{T_\alpha^2(s+a_{34})}{s(T_\alpha^2s^2+2\xi_\alpha T_\alpha s+1)}\\
G_M^\theta(s)&=\frac{\theta(s)}{M_{zd}(s)}=\frac{T_\alpha^2a_{34}}{s(T_\alpha^2s^2+2\xi_\alpha T_\alpha s+1)}\\
G_M^\alpha(s)&=\frac{\alpha(s)}{M_{zd}(s)}=\frac{T_\alpha^2}{T_\alpha^2s^2+2\xi_\alpha T_\alpha s+1}\\
G_M^{n_y}(s)&=\frac{n_y(s)}{M_{zd}(s)}=\frac{V}{g}\frac{T_\alpha^2}{T_\alpha^2s^2+2\xi_\alpha T_\alpha s+1}
\end{aligned}\right\} \tag{3-41}$$

反映导弹纵向短周期扰动运动的传递函数关系图，也可由方程式(3-22)来直接描述组成，如图 3.3 所示。分析各动力系数与短周期动态特性的关系，利用图 3.3 进行模拟求解是比较直观和方便的。

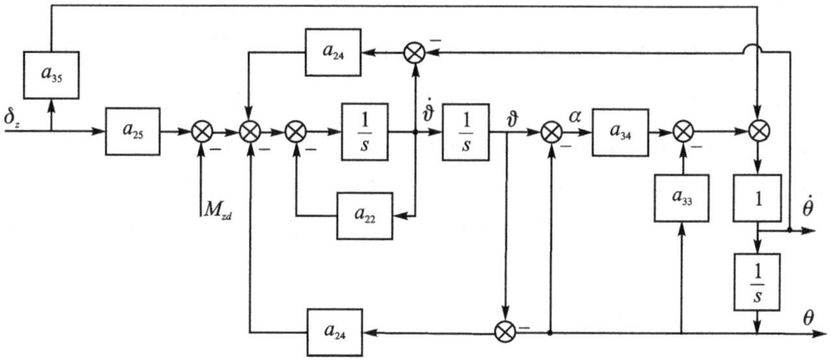

图 3.3　采用纵向动力系数的传递关系

3.3　侧向扰动运动模态及传递函数

3.3.1　侧向扰动运动特征根的性质

侧向扰动运动的特征方程为

$$B(s)=s^4+B_1s^3+B_2s^2+B_3s+B_4=0 \tag{3-42}$$

在基准弹道的一些特征点上，导弹侧向扰动运动的特征根也存在着一定的规律性：常由一个大实根、一个小实根和一对共轭复根组成，且小实根有可能是正值。动态分析实践说明：侧向特征根对于运动偏量 $\omega_x,\omega_y,\beta,\gamma$ 的作用是不同的，或者说由特征根决定的运动分量，对于侧向运动偏量的作用是不同的。

1. 滚转模态

一般来说，在侧向扰动运动初期，大实根 s_1 起主要作用，导弹的滚动角迅速变化；而其他参数如侧滑角、偏航角速度变化很小。主要原因是滚动转动惯量 J_x 比航向转动惯量 J_y 小很多，在干扰作用下，容易产生滚动运动，而不易产生航向运动。另外，滚动运动的阻尼较强，故运动的衰减过程较快。因此，导弹侧向扰动运动的初始瞬间表现为迅速衰减的滚转运动。

由于 $|\omega_x|\gg|\omega_y|$，$|\gamma|\gg|\beta|$，可将侧向扰动运动方程组的第一式简化成 $\dot{\omega}_x+b_{11}\omega_x\approx0$，由此可得一个新的方程：$s_1+b_{11}=0$。可见，增大动力系数 b_{11} 将会使滚转模态更快地收敛。

2. 荷兰滚模态

滚转模态趋于消失时，一对共轭复根的振荡分量逐渐显现出来，此时侧向运动的振荡分量包含滚动和航向两种扰动运动，呈现出一种称为荷兰滚模态的侧向运动。在荷兰滚模态下，滚动角 γ、偏航角 ψ 和侧滑角 β 随时间做周期性变化。

如果 M_x^β 远大于 M_y^β，就会比较突出地表现出荷兰滚运动。若导弹受侧向扰动而向右倾斜，如图 3.4(a)所示，则升力向心力分量 $Y\sin\gamma$ 指向导弹右侧，使导弹速度矢量偏向右侧，进而出现右侧滑，即 $\beta>0$。侧滑角主要产生两个力矩，分别是 $M_x^\beta\beta$ 和 $M_y^\beta\beta$。由于 $M_x^\beta<0$、

$M_y^\beta<0$,所以由右侧滑引起的横向安定力矩 $M_x^\beta\beta<0$,使导弹向左滚转;与此同时,由右侧滑引起的航向安定力矩 $M_y^\beta\beta<0$,使导弹向右偏转以减小侧滑角。由于 M_x^β 远大于 M_y^β,向左滚转的力矩大于向右偏航的力矩,当滚动角 γ 归零时,导弹航向偏转不大,仍存在着相当的侧滑角 $\beta>0$,故而在横向安定力矩($M_x^\beta\beta<0$)的作用下导弹继续左滚转,使得滚动角 $\gamma<0$。此时,升力向心分量 $Y\sin\gamma$ 指向导弹左侧,速度方向又转向导弹左侧,形成左侧滑,如图 3.4(b)所示。值得注意的是,此处忽略了 ω_y 的影响(由于此时 ω_y 和 $M_x^{\omega_y}$ 的值较小)。

综上所述,导弹右倾斜引起右侧滑,形成左滚动和右偏航;进而又左倾斜引起左侧滑,形成右滚转和左偏航,进而又形成右倾斜引起右侧滑,周而复始。这就使得飞行轨迹呈现 S 形。这种运动方式与荷兰人滑冰时的动作相仿故称荷兰滚。导弹荷兰滚运动过程如图 3.4 所示。

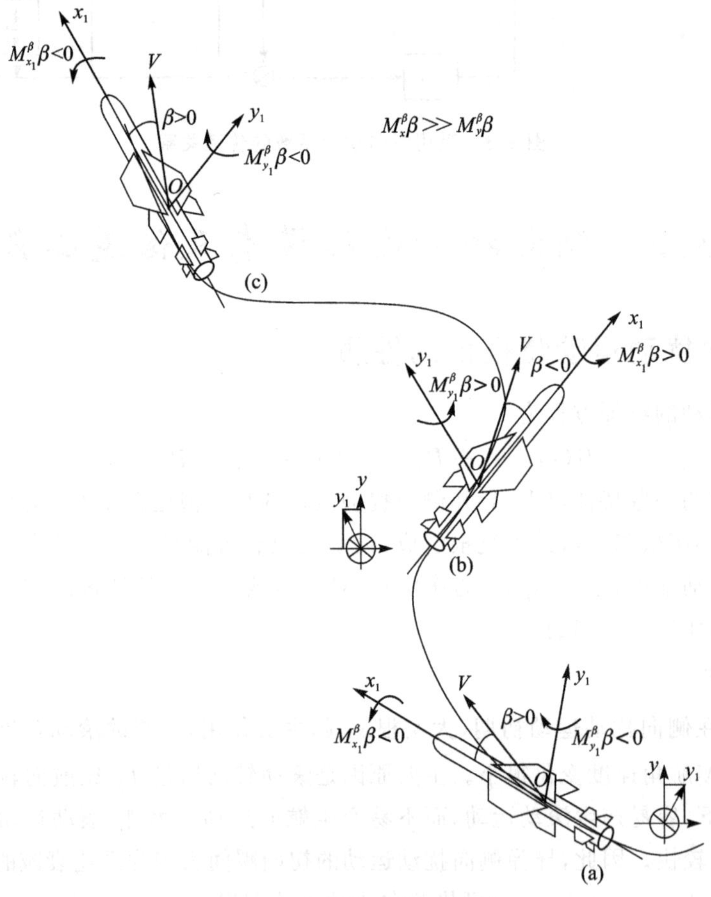

图 3.4　导弹荷兰滚运动模态

3. 螺旋模态

小实根的非周期运动分量是在侧向扰动运动后期才会明显地表现出来,这时导弹已经具有明显的滚动角 γ 及侧滑角 β 的变化。

在侧向扰动运动后期,如果导弹仍存在小的正侧滑角,则产生两个力矩,分别是 $M_x^\beta\beta$ 和 $M_y^\beta\beta$,如图 3.5(a)所示,当 M_y^β 远大于 M_x^β 时,航向安定力矩 $M_y^\beta\beta$ 对导弹运动影响显著,使导弹向右偏转以减小侧滑角 β。此时由于 $\omega_y<0$,将产生交叉力矩 $M_x^{\omega_y}\omega_y>0$($M_x^{\omega_y}<0$),该力矩使得导弹向右滚转,而此时横向安定力矩 $M_x^\beta\beta$ 使导弹向左滚转,因 M_x^β 较小,两力矩共同作用的结果是导弹缓慢地向右滚转。与此同时,速度矢量也在向右偏转,侧滑角 β 将保持一个很小

的正值，导弹在缓慢右滚转的过程中又缓慢地向右偏航。导弹右倾斜后，升力在铅垂方向上的分量 $Y\cos\gamma$ 小于导弹重力，因此飞行高度缓慢下降，导弹最终沿着螺旋下降的轨迹运动，如图 3.5(b)所示。这种运动模态称为螺旋模态。

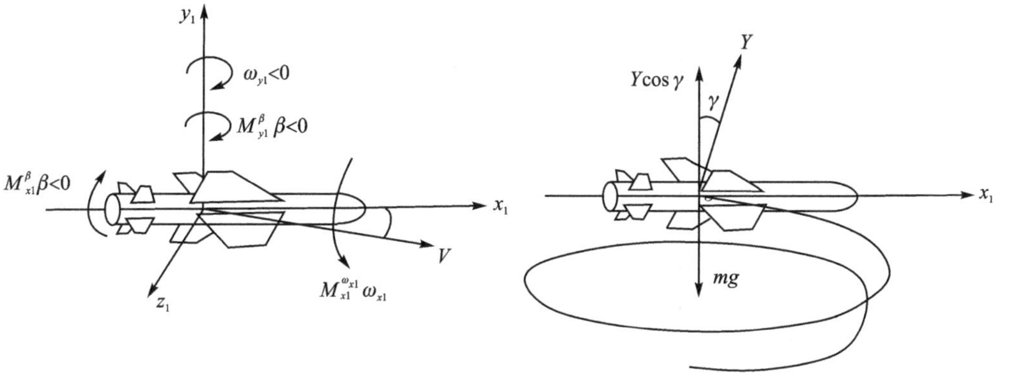

(a) 螺旋模态下弹体力矩特性　　(b) 螺旋模态下弹体质心运动轨迹

图 3.5　导弹螺旋运动模态

3.3.2　侧向运动稳定性判据

对标准形式的侧向扰动运动的方程组(2-99)进一步解耦，将其中之第三式分离出去，可得一组新的侧向扰动运动方程组

$$\left.\begin{aligned}&\dot{\omega}_x+b_{11}\omega_x+b_{14}\beta+b_{12}\omega_y=-b_{18}\delta_x-b_{17}\delta_y+M_{xd}\\&\dot{\omega}_y+b_{22}\omega_y+b_{24}\beta+b'_{24}\beta+b_{21}\omega_x=-b_{27}\delta_y+M_{yd}\\&\dot{\beta}+(b_{34}+a_{33})\beta-\alpha\dot{\gamma}+b_{35}\gamma+b_{36}\omega_y=-b_{37}\delta_y-F_{yd}\\&\dot{\gamma}=\omega_x+b_{56}\omega_y\end{aligned}\right\}\tag{3-43}$$

由此对应的侧向扰动运动的特征方程式可以写为

$$B(s)=s^4+B_1s^3+B_2s^2+B_3s+B_4=0\tag{3-44}$$

特征方程式的系数 B_1、B_2、B_3 和 B_4 是侧向动力系数的函数。

判别侧向扰动运动的稳定性可以采用多种稳定判据，工程上常用的判据是劳斯-霍尔维茨稳定准则，如下所示：

$$B_1>0;\quad B_2>0;\quad B_3>0;\quad B_4>0$$

$$\begin{vmatrix}B_1&B_3\\1&B_2\end{vmatrix}=B_1B_2-B_3>0$$

$$\begin{vmatrix}B_1&B_3&0\\1&B_2&B_4\\0&B_1&B_3\end{vmatrix}=B_1B_2B_3-B_1^2B_4-B_3^2>0$$

$$\begin{vmatrix}B_1&B_3&0&0\\1&B_2&B_4&0\\0&B_1&B_3&0\\0&1&B_2&B_4\end{vmatrix}=B_4(B_1B_2B_3-B_1^2B_4-B_3^2)>0$$

如前所述，常见的侧向扰动运动的三种模态分别为滚转模态、荷兰滚模态和螺旋模态，侧向动力系数对稳定性的影响，可以直接理解为对这三种模态的影响。实践说明，在侧向动力系数中，与三种模态性质显著相关的是航向静稳定动力系数 b_{24} 和横向静稳定动力系数 b_{14}，并可由侧向稳定边界图说明，如图 3.6 所示。

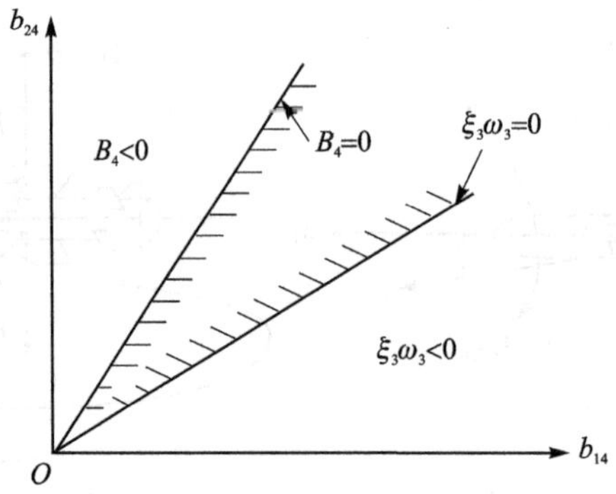

图 3.6　侧向稳定边界图

以航向静稳定动力系数 b_{24} 为纵坐标，以横向静稳定动力系数 b_{14} 为横坐标，绘出保持运动模态稳定性的区域，称为侧向稳定边界图。其优点是可以直接了解航向静稳定性与横向静稳定性对螺旋运动分量和振荡运动分量之影响。

螺旋模态的不稳定性与 m_x^β/m_y^β 比值的关系，可通过以下方法简要讨论，决定螺旋模态的小实根可由近似方法计算。考虑到小实根 s_2 的高次项是一个小值，可在特征方程式中只保留最后两项，由此求解特征根 s_2 不会带来太大的误差；因此，螺旋模态的根值取决于方程

$$B_3 s_2 + B_4 = 0$$

所以，小实根

$$s_2 = -\frac{B_4}{B_3}$$

此式由动力系数表示则为

$$s_2 = \frac{-b_{35}(b_{24}b_{12} - b_{22}b_{14})}{b_{34}(b_{22}b_{11} - b_{21}b_{12}) + b_{36}(b_{21}b_{14} - b_{24}b_{11}) - b_{35}b_{14}} \tag{3-45}$$

对于正常气动布局导弹来讲，通常有 $B_3>0$。因此，要求导弹具有稳定的螺旋运动分量，必须保证特征根 s_2 表达式的分子为正。于是要求 $b_{22}b_{14}-b_{24}b_{12}>0$。用力矩系数代表动力系数，上式又可写成 $m_x^\beta m_y^{\omega_y} - m_y^\beta m_x^{\omega_y}>0$。当 $m_y^\beta<0$ 时又可写成

$$\frac{m_x^\beta}{m_y^\beta} > \frac{m_x^{\omega_y}}{m_y^{\omega_y}} \tag{3-46}$$

结果表明，当横向静稳定性 m_x^β 足够大，而航向静稳定性 m_y^β 又不太大时，亦即比值 $\dfrac{m_x^\beta}{m_y^\beta}$ 较大时，因不等式得到满足，导弹将是螺旋稳定的。

横向与航向静稳定性之比对荷兰滚模态也有很大的影响，因为侧向特征方程可以写为

$$s^4 + B_1 s^3 + B_2 s^2 + B_3 s + B_4 = (\lambda - s_1)(\lambda - s_2)(\lambda^2 + 2\xi_3\omega_3\lambda + \omega_3^2) = 0 \tag{3-47}$$

式中：s_1 和 s_2 分别是侧向扰动运动的一个大实根和一个小实根；而 ξ_3 和 ω_3 分别是振荡分量的相对阻尼系数和固有频率。将式的右边展开，并比较等式两边同阶次项的系数，可得到

$$\left.\begin{aligned}B_1&=2\xi_3\omega_3-(s_1+s_2)\\B_2&=\omega_3^2-2\xi_3\omega_3(s_1+s_2)+s_1s_2\\B_3&=2\xi_3\omega_3s_1s_2-\omega_3^2(s_1+s_2)\\B_4&=\omega_3^2s_1s_2\end{aligned}\right\}\tag{3-48}$$

式中：第一式可以写为 $2\xi_3\omega_3=B_1+(s_1+s_2)$，系数 B_1 采用动力系数表达式。该式又可写为

$$2\xi_3\omega_3=b_{22}+b_{11}+b_{24}+s_1+s_2\tag{3-49}$$

第四式可以写为 $s_1=\dfrac{B_4}{s_2\omega_3^2}$，由于 $s_2=-\dfrac{B_4}{B_3}$，所以该式又可写为

$$\begin{aligned}s_1&=-\frac{B_3}{\omega_3^2}\\&=-\frac{1}{\omega_3^2}[b_{34}(b_{22}b_{11}-b_{21}b_{12})+b_{36}(b_{21}b_{14}-b_{24}b_{11})-b_{35}b_{14}]\\&=-\frac{1}{\omega_3^2}b_{14}(b_{21}b_{36}-b_{35})-\frac{1}{\omega_3^2}b_{34}(b_{22}b_{11}-b_{21}b_{12})+\frac{1}{\omega_3^2}b_{36}b_{24}b_{11}\end{aligned}\tag{3-50}$$

在此式中略去了 B_3，表达式中次要的动力系数。

实践经验表明，式中固有频率可近似为 $\omega_3^2\approx b_{12}$，因此特征根为

$$s_1\approx-\frac{b_{14}}{b_{24}}(b_{21}b_{36}-b_{35})-\frac{b_{34}}{b_{24}}(b_{22}b_{11}-b_{21}b_{12})+b_{36}b_{11}\tag{3-51}$$

将特征根 s_1 和 s_2 表达式(3-47)和式(3-51) 代入式(3-49)，则有

$$\begin{aligned}2\xi_3\omega_3=&-\frac{b_{14}}{b_{24}}(b_{21}b_{36}-b_{35})-\frac{b_{34}}{b_{24}}(b_{22}b_{11}-b_{21}b_{12})+b_{11}(1+b_{36})+b_{22}+b_{34}-\\&\frac{b_{35}(b_{24}b_{12}-b_{22}b_{14})}{b_{34}(b_{22}b_{11}-b_{21}b_{12})+b_{36}(b_{21}b_{14}-b_{24}b_{11})-b_{35}b_{14}}\end{aligned}\tag{3-52}$$

二阶环节的动态性质依赖于 $2\xi_3\omega_3$ 的取值。当 $2\xi_3\omega_3>0$ 时，二阶环节是稳定的；反之，$2\xi_3\omega_3<0$，则是不稳定的。为直观地说明 $2\xi_3\omega_3$ 与 m_x^β/m_y^β 之间的关系，可以对式(3-52)进行简化。考虑到该式右端最后的分式实际上是一个很小的值，又第二个分式的值相比之下也不大，且 $b_{36}=-\dfrac{\cos\theta}{\cos\vartheta}\approx-1$，于是式(3-52)可简写为

$$2\xi_3\omega_3=-\frac{b_{14}}{b_{24}}(-b_{21}-b_{35})+b_{22}+b_{34}\tag{3-53}$$

式中重力动力系数 b_{35} 是一个负值，所以横向与航向静稳定动力系数 b_{14}/b_{24} 之比较大时，有可能使 $2\xi_3\omega_3<0$，以致由二阶环节表示的荷兰滚模态出现不稳定的现象。此结果恰巧与保证螺旋模态具有稳定性的要求相反，可见横向与航向静稳定性的比值只能处于某较小和较大值之间，才可以保证荷兰滚和螺旋模态同时具有稳定性。确定比值 m_x^β/m_y^β 的中间区域，是绘制侧向稳定边界图的任务。

在侧向稳定边界图上区分螺旋模态稳定与否的分界线是小实根 $s_2=0$。这相当于要求式(3-45)的分子等于零，即 $b_{24}=\dfrac{b_{22}}{b_{12}}b_{14}$。此式表明在侧向稳定边界图上，判别螺旋模态能否稳定的分界线是一条通过原点的直线。此直线的完整表述，由系数 $B_4=0$，按其表达式可得 $b_{24}=\dfrac{b_{22}-b_{21}b_{56}}{b_{12}-b_{11}b_7}b_{12}$。

在稳定边界图上，直线 $B_4=0$ 以上的区域，静稳定动力系数 $b_{24}>\dfrac{b_{22}b_{14}}{b_{12}}$，小实根 $s_2>0$，属于螺旋模态不稳定区域。振荡运动分量能否稳定的分界线为 $\xi_3\omega_3=0$，从式(3-53)可知，这等于要求 $b_{24}=-\dfrac{b_{21}+b_{35}}{b_{22}+b_{34}}b_{14}$。这也是一条通过原点的直线，此直线下静稳定动力系数 b_{24} 之值小于该式右端的值，其结果 $2\xi_3\omega_3<0$，属于荷兰滚模态不稳定区域。

综上所述，选择横向和航向的静稳定动力系数均处于两分界线之间(如图 3.6 所示)，导弹的螺旋模态和荷兰滚模态将是稳定的。

3.3.3 航向扰动运动方程组及传递函数

侧向扰动运动将航向和滚动两种扰动运动耦合成一体，是基于以下三种主要原因：

① 侧滑角不仅产生航向安定力矩 $M_y^\beta\beta$，同时也产生横向安定力矩 $M_x^\beta\beta$；

② 航向和滚动间的交叉力矩形成了动力系数 b_{21} 和 b_{12}；

③ 面对称导弹偏转方向舵时产生垂尾效应，形成了动力系数 b_{17}。

如上所述，在侧向扰动运动中，若有关动力系数可忽略不计，且考虑到自动驾驶仪可相当快地偏转副翼、消除倾斜，以减小法向力分量对航向扰动运动的影响，则航向扰动运动与滚动角偏量无关，两种扰动运动可以独立存在。

基于以上各种理由，在侧向扰动运动方程组(3-43)中不计动力系数 b_{21}、b_{36}、b_{14}、b_{12}、b_{17} 以及 a_{33} 的作用，并略去 $\alpha\dot{\gamma}$ 这一项，可得航向扰动运动方程组为

$$\left.\begin{aligned}&\dot{\omega}_y+b_{22}\omega_y+b_{24}\beta+b'_{24}\dot{\beta}=-b_{27}\delta_y+M_{yd}\\&\dot{\beta}+b_{34}\beta+b_{36}\omega_y=-b_{37}\delta_y-F_{yd}\\&\psi_c=\psi-b_{41}\beta\end{aligned}\right\}\tag{3-54}$$

当导弹近似于水平飞行时，因倾角 $\theta\approx0$，迎角 α_0 也不大，航向扰动运动方程组的精确解是可以令人满意的。在这种情况下，因为动力系数 $b_{41}=1$，$b_{36}\approx1$，并考虑到 $\dfrac{\mathrm{d}\psi_c}{\mathrm{d}t}=\dfrac{\mathrm{d}\psi}{\mathrm{d}t}-\dfrac{\mathrm{d}\beta}{\mathrm{d}t}=\omega_y-\dot{\beta}$，所以航向扰动运动方程组可改写为

$$\left.\begin{aligned}&\ddot{\psi}+b_{22}\dot{\psi}+b_{24}\beta+b'_{24}\dot{\beta}=-b_{27}\delta_y+M_{yd}\\&\dot{\psi}-b_{34}\beta=b_{37}\delta_y+F_{yd}\\&\psi-\psi_c-\beta=0\end{aligned}\right\}\tag{3-55}$$

这一组微分方程除了不考虑重力影响外，与纵向短周期扰动运动方程组是完全对称的。航向扰动运动的偏量 ψ，ψ_c，β 对应于纵向运动的偏量 ϑ，θ，α，同时动力系数 b_{22}，b_{24}，b_{27}，b'_{24}，b_{34}，b_{37} 与动力系数 a_{22}，a_{24}，a_{25}，a'_{24}，a_{34}，a_{35} 的性质相对应。对于轴对称的导弹，两组参数还完全相等，这也是轴对称导弹的一个显著特点。参照 3.3 节可得航向传递函数的典型形式：

$$\left.\begin{aligned}
G_{\delta_y}^{\psi}(s)&=-\frac{\psi(s)}{\delta_y(s)}=\frac{K_\beta(T_{1\beta}s+1)}{s(T_\beta^2s^2+2\xi_\beta T_\beta s+1)}\\
G_{\delta_y}^{\psi_c}(s)&=-\frac{\psi_c(s)}{\delta_y(s)}=\frac{K_\beta(T_{1\psi}s+1)(T_{2\psi}s+1)}{S(T_\beta^2s^2+2\xi_\beta T_\beta s+1)}\\
G_{\delta_y}^{\beta}(s)&=-\frac{\beta(s)}{\delta_y(s)}=\frac{K_{2\beta}(T_{2\beta}s+1)}{T_\beta^2s^2+2\xi_\beta T_\beta s+1}\\
G_{\delta_y}^{n_z}(s)&=\frac{n_z(s)}{\delta_y(s)}=\frac{V\cos\theta}{g}G_{\delta_y}^{\psi_c}(s)
\end{aligned}\right\}\tag{3-56}$$

式中：$K_\beta=\dfrac{b_{27}b_{34}-b_{24}b_{37}}{b_{24}+b_{22}b_{34}}$称为侧向传递系数；$T_\beta=\dfrac{1}{\sqrt{b_{24}+b_{22}b_{34}}}$称为侧向时间常数；$\xi_\beta=\dfrac{b_{22}+b_{34}+b'_{24}}{2\sqrt{b_{24}+b_{22}b_{34}}}$称为侧向相对阻尼系数；$T_{1\beta}=\dfrac{b_{27}-b'_{24}b_{37}}{b_{27}b_{34}-b_{24}b_{37}}$称为侧向时间常数；$K_{2\beta}=\dfrac{b_{27}+b_{27}b_{37}}{b_{24}+b_{22}b_{24}}$称为侧滑角传递系数；$T_{2\beta}=\dfrac{b_{37}}{b_{27}+b_{22}b_{37}}$称为侧滑角时间常数，且 $T_{1\psi}T_{2\psi}=\dfrac{-b_{37}}{b_{27}b_{34}-b_{24}b_{37}}$，$T_{1\psi}+T_{2\psi}=\dfrac{-b_{37}(b_{22}+b'_{24})}{b_{27}b_{34}-b_{24}b_{37}}$。

如果不计作用于方向舵的侧力，舵面动力系数 $b_{37}=0$，则上列侧向传递函数还可以进一步简化，其结果与纵向短周期传递函数的形式相似。

3.3.4 滚动扰动运动方程组及传递函数

侧向扰动运动模型经过解耦处理后，除分离航向扰动运动方程组外，还可以得到列导弹滚动扰动运动方程组：

$$\left.\begin{aligned}
\dot{\omega}_x+b_{11}\omega_x&=-b_{18}\delta_x+M_{xd}\\
\dot{\gamma}&=\omega_x
\end{aligned}\right\}\tag{3-57}$$

合并后，可写出一个自由度的滚动扰动运动方程：

$$\ddot{\gamma}+b_{11}\dot{\gamma}=-b_{18}\delta_x+M_{xd}\tag{3-58}$$

由此可得滚动方程为

$$\dot{s}_1+b_{11}=0\tag{3-59}$$

特征根 s_1 的性质也就是 3.1 节所述滚动模态的性质。

将式(3-58)进行拉氏变换，可得导弹滚动传递函数

$$G_{y\delta_x}(s)=-\frac{\gamma(s)}{\delta_x(s)}=\frac{K_x}{s(Ts+1)}\tag{3-60}$$

式中：$K_x=\dfrac{b_{18}}{b_{11}}$称为滚动传递系数，$T_x=\dfrac{1}{b_{11}}$称为滚动时间常数。

对于滚动角速度来讲，简化后的滚动扰动运动是一个稳定的非周期运动，对于滚动角 γ 而言，因为存在着一个零根，所以该角度是中立稳定的。

在滚动扰动运动中，以干扰力矩 M_{xd} 为输入量，可得滚动干扰传递函数

$$G_M^{\gamma}(s)=\frac{\gamma(s)}{M_{xd}(s)}=\frac{T_x}{s(T_xs+1)}\tag{3-61}$$

当导弹同时受到副翼偏转和干扰力矩作用时，考虑到滚动时间常数 $T_x=\dfrac{K_x}{b_{18}}$，可用

图 3.7 综合表示导弹的滚动动态特性。

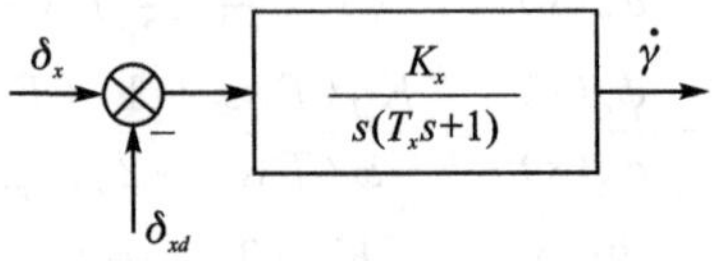

图 3.7　滚动通道结构图

图 3.7 中，$\delta_{xd}=\dfrac{M_{xd}}{b_{18}}$，其中 δ_{xd} 称为副翼等效干扰舵偏角，可由它来反映滚动干扰力矩对导弹飞行的影响。

思考题

1. 试述导弹纵向静稳定性的概念及判断方法。
2. 试述导弹操纵性和机动性的概念及其与稳定性的关系。
3. 试由导弹纵向扰动运动方程组，推导以俯仰舵偏角为输入，以俯仰角为输出的短周期扰动传递函数。
4. 试述导弹侧向扰动运动中荷兰滚模态和螺旋模态的生成过程。

第 4 章 导弹的控制方法

导弹的控制方法是指生成导弹法向控制力的各种方法。通常作用在导弹上的力 $\boldsymbol{F}$ 表示为

$$\boldsymbol{F}=\boldsymbol{G}+\boldsymbol{P}+\boldsymbol{R} \tag{4-1}$$

若改变导弹的飞行方向,可改变其垂直速度矢量方向上的控制力,而一般控制力可由空气动力 $\boldsymbol{R}$ 或由改变推力 $\boldsymbol{P}$ 的大小和方向来获得。根据导弹获取控制力的方法可将其控制方法分为气动力控制、推力矢量控制及直接力控制三种;也可根据控制力的分解方式将控制方法分为直角坐标控制和极坐标控制两种。因此,按照导弹获取控制力的方法可得导弹控制方法的分类如图 4.1 所示。

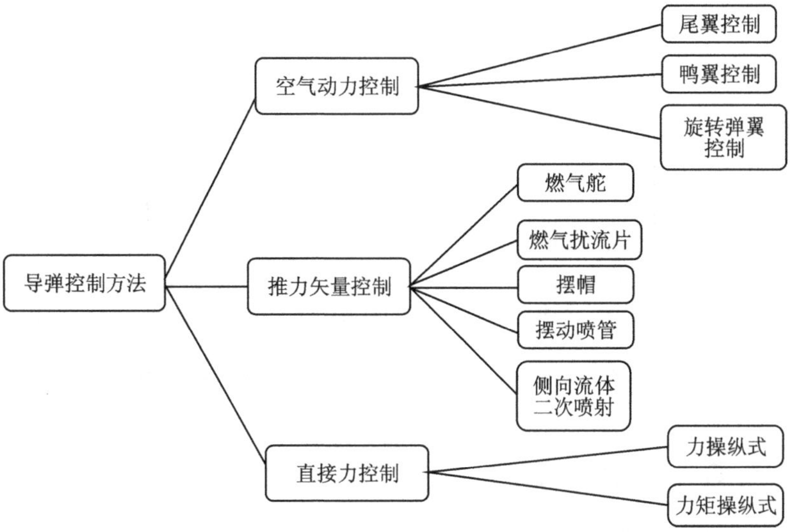

图 4.1 导弹控制方法分类表

4.1 空气动力控制技术

4.1.1 空气动力控制原理

导弹的控制力由两个互相垂直分量组成的控制,称为直角坐标控制。这种控制多用于"+"字和"×"字舵面配置的导弹。下面以直角坐标控制的导弹来说明空气动力控制的原理。设导弹的迎角 α 和侧滑角 β 较小,则认为弹体坐标系与速度坐标系重合。如图 4.2 所示,假设某时刻制导装置"发现"导弹位于理想弹道位置 O 以外的 M 点,取 O 为原点,在与导弹速度矢量 $\boldsymbol{V}$ 垂直平面内的垂直和水平方向作 Oy_1、Oz_1 轴。

在 Oy_1z_1 平面内,制导装置产生使导弹向左和向上的两个导引指令,两对舵面偏转出现舵面控制力对导弹重心的力矩(操纵力矩),于是导弹绕 Oz_1、Oy_1 转动。由于导弹速度矢量的

转动滞后导弹姿态变化，于是产生迎角 α、侧滑角 β 增量，相应地，出现升力和侧力变化。变化的升力和侧力对导弹重心取矩，该力矩与操纵力矩方向相反，当两者平衡时，导弹停止转动。因此，舵偏角一定时，导弹的迎角 α、侧滑角 β 恒定，导弹产生的控制力分量 Y_C、Z_C 也恒定。而 Y_C、Z_C 产生横向加速度 a_Y、a_Z 使导弹改变飞行方向，向理想弹道飞。

由此可知，采用空气动力控制的导弹，在其控制过程中首先出现姿态的变化（由控制力矩形成），然后出现迎角 α、侧滑角 β 的变化，进而才产生升力及侧向力（控制力），因此其控制响应过程相对较缓慢。用直角坐标控制的导弹，在垂直和水平方向上有相同的控制性能，且任何方向控制力形成都很迅速。但需要两对升力面和操纵舵面，为保持导弹滚转稳定，需 3 套操作机构。目前，气动控制的导弹大都采用直角坐标控制。

极坐标空气动力控制导弹的工作原理如图 4.3 所示，导引指令使导弹产生一个大小为 $|F_C|$ 的力，方向由某固定方向（如轴 Oy_1）的夹角 φ 确定。F_C 的大小由俯仰舵控制，φ 角由副翼控制。导引指令作用后，副翼使导弹从某一固定方向滚动角 φ 产生控制力 F_C，从而改变导弹的飞行方向，向理想弹道飞。极坐标控制一般用于有一对升力面和舵面的飞航式导弹或滚转式导弹。

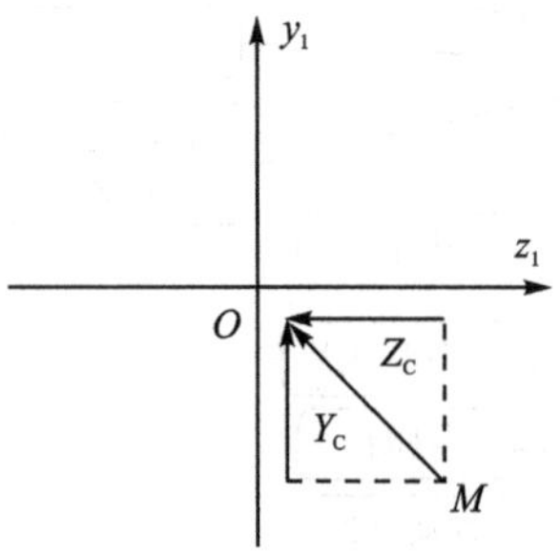

图 4.2　导弹直角坐标控制

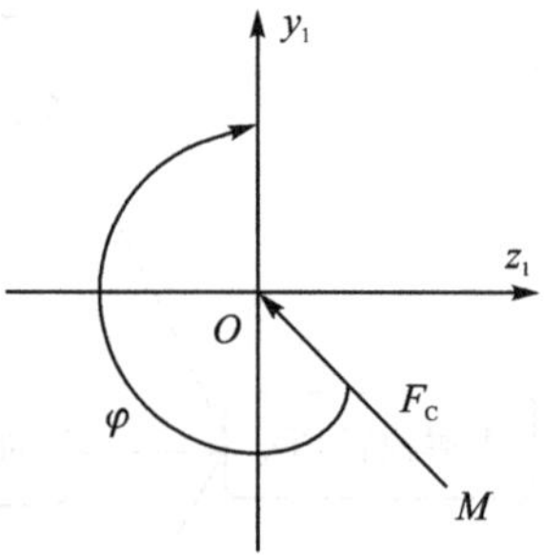

图 4.3　导弹极坐标控制

4.1.2　空气动力控制方法

空气动力的各种控制方法与导弹纵向气动布局密切相关，如尾翼控制、旋转弹翼控制、鸭翼控制分别对应正常式布局、全动弹翼式布局和鸭式气动布局。

1. 尾翼控制方法

图 4.4 给出尾翼控制正常式布局导弹的法向力作用状况。静稳定条件下，在控制开始时由舵面负偏转角 $-\delta$ 产生一个使头部上仰的力矩，舵面偏转角始终与弹身迎角增大方向相反，舵面产生控制力的方向也始终与弹身迎角产生的法向力增大方向相反，因此导弹的响应特性比较差。图 4.5 为旋转弹翼控制、鸭翼控制和尾翼控制响应特性的比较，可以看出，尾翼控制即正常式布局的响应是最慢的。

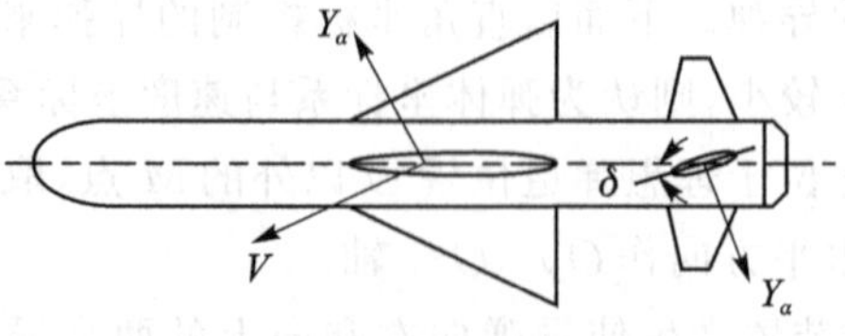

图 4.4　尾翼控制正常式布局导弹的法向力作用状况

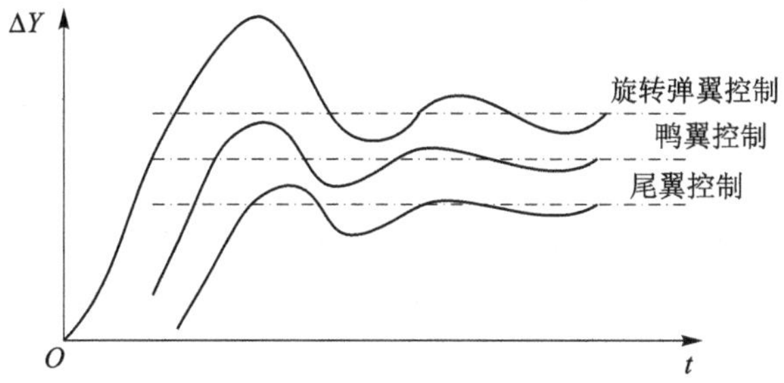

图 4.5　响应特性的比较

由于正常式布局舵偏角与迎角方向相反，全动弹翼布局全弹的合成法向力是迎角产生的法向力减去舵偏角产生的法向力，即

$$Y = Y_{\alpha} - Y_{\delta} \tag{4-2}$$

因此，正常式布局的升力特性较鸭式布局和全动弹翼布局要差。由于舵面受前面弹翼下洗的影响，其效率也有所降低。当固体火箭发动机出口在弹身底部时，由于尾部弹体内空间有限，因此布局控制机构存在困难。此外，尾舵有时不能提供足够的滚转控制力矩。

正常式布局的主要优点是尾舵的合成迎角小，从而减小了尾舵的气动载荷和舵面铰链力矩。因为总载荷大部分集中在位于质心附近的弹翼上，所以可大大减小作用于弹身的弯矩；由于弹翼是固定的，对后舵面带来的洗流干扰要小些，因此尾翼控制布局的空气动力特性比旋转弹翼控制布局、鸭翼控制布局具有更好的线性特性；此外，由于舵面位于全弹尾部，离质心较远，舵面面积可以小些。在设计过程中改变舵面尺寸和位置，对全弹基本气动力特性影响很小，这一点对总体设计十分有利。

显然，从控制方法的角度，无尾式布局（见图 4.6）可视为正常式气动布局的变形。与正常式布局一样，因舵面在质心之后，故力矩平衡时的 $\left(\dfrac{\alpha}{\delta}\right)_{\mathrm{b}} < 0$。这种布局的特点是翼面数量少，相当于弹翼与尾翼合二为一，从而减小了阻力，降低了制造成本。但是，弹翼与尾翼的合并使用给主翼位置的安排带来了困难，因为此时稳定性与操纵性的协调，由弹翼与尾翼的共同协调变成了单独主翼的位置调整。若主翼安置太靠后，则稳定度太大，需要大的操纵面和大的偏转角；若主翼位置太靠前，则操纵效率降低，难以达到操纵性指标，俯仰（偏航）阻尼力矩也会骤减。

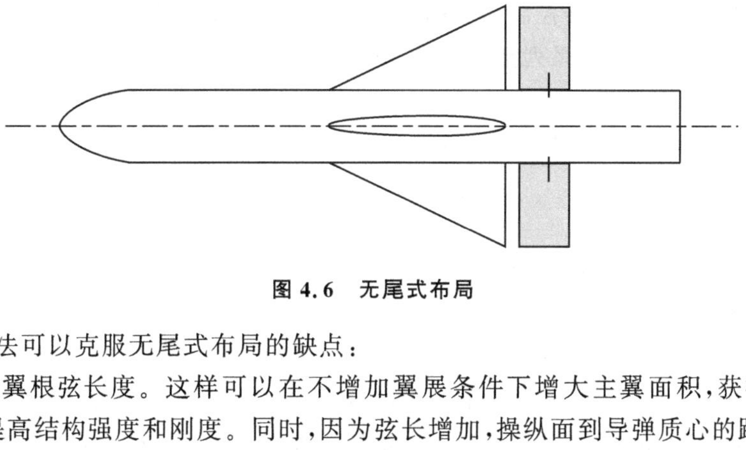

图 4.6　无尾式布局

下面的方法可以克服无尾式布局的缺点：

① 增加弹翼根弦长度。这样可以在不增加翼展条件下增大主翼面积，获得所需要的升力，还有助于提高结构强度和刚度。同时，因为弦长增加，操纵面到导弹质心的距离也增加，从

而提高了操纵效率。

② 在弹身前部安置反安定面。反安定面的安装可以使主翼面后移,以协调稳定性和操纵性之间的要求。当主翼因总体部位安排及结构安排等原因需要向前或向后移动时,可以用改变反安定面尺寸和位置的方法进行协调。

③ 操纵面与主翼之间留有一定的间隙。这一方面,可以减弱主翼对舵面的干扰,使操纵力矩和铰链力矩随迎角和舵偏角呈线性变化,以方便控制系统设计;另一方面,舵面后移增加了操纵力臂,也相应地提高了操纵效率。

2. 鸭翼控制方法

鸭翼控制方法的优点是控制效率高,舵面铰链力矩小,能降低导弹跨声速飞行时过大的静稳定性;从总体设计观点来看,鸭翼控制方法的舵面离惯性测量组件、导引头、弹上计算机近,连接电缆短,敷设方便,将控制执行元件安置在发动机喷管周围也没有什么困难。图 4.7 给出了鸭翼控制布局导弹的法向力作用状况。

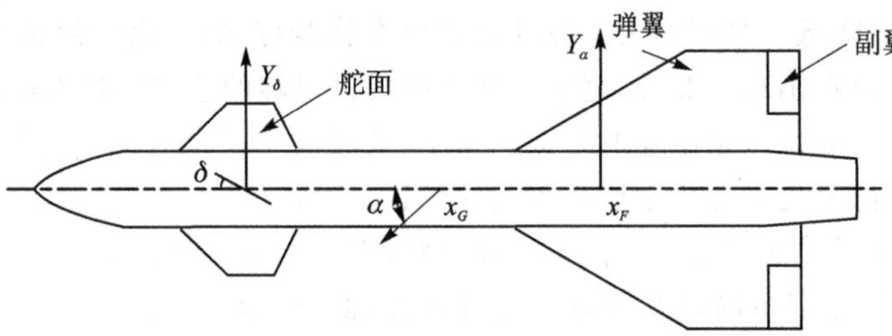

图 4.7　鸭翼控制布局导弹的法向力作用状况

鸭翼控制方法的主要缺点是:当舵面做副翼偏转对导弹进行滚转控制时,在弹翼上产生的反向诱导滚转力矩,减小甚至完全抵消了鸭翼舵的滚转控制力矩,使得舵面难以进行滚转控制。因此,鸭式布局的战术导弹,或者采用旋转飞行方式无须进行滚转控制;或者采用辅助措施进行滚转控制,如在弹翼后设计副翼;或者设法减小诱导滚转力矩,使鸭翼舵能够进行滚转控制。

采用旋转飞行方式的鸭式布局导弹,俯仰和偏航控制可只用一个控制通道来完成,这就简化了控制系统,为导弹的小型化创造了条件。因此,鸭式布局的旋转弹一般都是小型的战术导弹,甚至是便携式导弹,如中国的 HN5、俄罗斯的 SA7、美国的“毒刺”(Stinger)等单兵便携式防空导弹。采用其他辅助滚转控制措施的导弹有中国的 HQ7 导弹,由弹翼一对副翼产生滚转控制力矩;美国的“响尾蛇”系列空空导弹,由安装在稳定尾翼梢部的四个陀螺舵产生滚转控制力矩。

减小鸭舵诱导滚转力矩的措施如下:

① 减小弹翼翼展;

② 采用环形弹翼;

③ 采用 T 形翼片组合弹翼(见图 4.8);

④ 采用自由旋转弹翼;

⑤ 采用具有前缘“断齿”的鸭舵。

减小尾翼翼展往往难以保证纵向静稳定性;环形弹翼或 T 形弹翼会使导弹的阻力增大很多;鸭舵前缘“断齿”的位置、形状只能通过大量试验确定,而且一种“断齿”往往只适用于一种

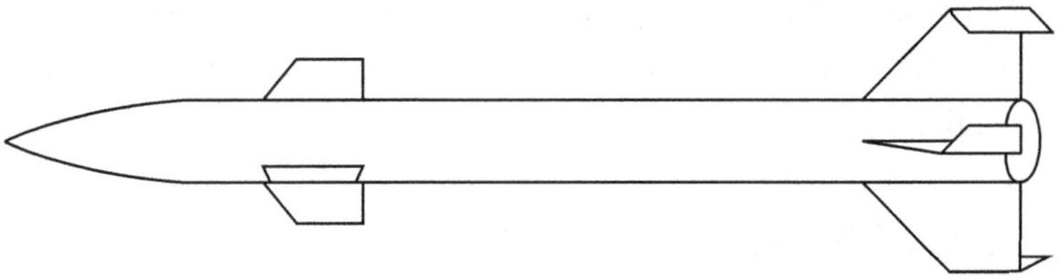

图 4.8　T 形翼片组合弹翼

导弹外形。相比较而言，旋转弹翼结构既简单，控制效果又好，因此在一些战术导弹上已被采用，如俄罗斯的 SA-8 "Gecko"地空导弹、法国的 R550 "Magic"空空导弹等，都是通过采用旋转弹翼来消除反向诱导滚转力矩，从而使鸭翼舵可以对导弹进行滚转控制的。

3. 旋转弹翼控制方法

图 4.9 给出了全动弹翼式布局导弹的法向力作用状况。由图可见，当全动弹翼偏转 δ 角时，产生正的（当全弹等效升力 Y_W 作用点位于质心之前时）或负的（当 Y_W 作用点位于质心之后时）俯仰力矩。若忽略尾翼升力，由静平衡可得

$$m_z = m_z^\alpha \alpha_b + m_z^\delta \delta = 0 \quad (\text{在线性范围内}) \tag{4-3}$$

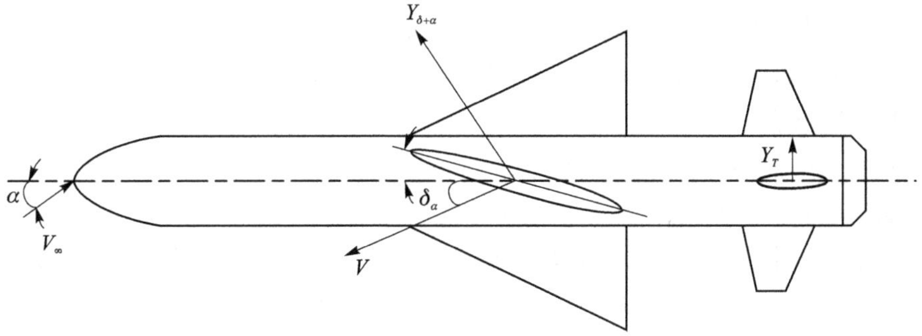

图 4.9　全动弹翼式布局导弹的法向力作用状况

于是平衡迎角为

$$\alpha_b = -\frac{m_z^\delta \cdot \delta}{m_z^\alpha} \tag{4-4}$$

或

$$\left(\frac{\alpha}{\delta}\right)_b = -\frac{m_z^\delta}{m_z^\alpha} \tag{4-5}$$

对于静稳定气动布局来说，$m_z^\alpha<0$，所以当 $m_z^\delta>0$ 时，$\left(\frac{\alpha}{\delta}\right)_b>0$；当 $m_z^\delta<0$ 时，$\left(\frac{\alpha}{\delta}\right)_b<0$；当 $m_z^\delta=0$ 时，$\left(\frac{\alpha}{\delta}\right)_b=0$。

全动弹翼式布局的主要优点如下：

① 由于导弹依靠弹翼偏转及迎角两个因素产生法向力，且弹翼偏转产生的法向力所占比例大，因此导弹飞行时不需要多大的迎角。对带有进气道的冲压发动机和涡喷发动机来说，其工作是有利的。

② 对指令的反应速度最快。只要弹翼偏转，马上就会产生机动飞行所需要的法向力。这

是因为弹翼偏转本身就能产生过载 n_y，而不像正常式布局，操纵面偏转的方向并不对应于过载 n_y 的方向，操纵面偏转后需再依靠迎角才能产生需用过载，导弹从舵面偏转至某一迎角下平衡，需要一个时间较长的过渡过程。而全动弹翼式布局的过渡过程时间要短得多，控制力的波动也比正常式布局的波动要小。

③ 对质心变化的敏感程度比其他气动布局要小。在飞行过程中，质心的改变将引起静稳定性的变化，稳定性的变化要引起平衡迎角 α_b 的改变，这就改变了平衡升力($C_{Lb}=C_L^\alpha\alpha_b+C_L^\delta\delta$)。平衡升力 C_{Lb} 改变太大会产生不允许的过载，对于正常式或鸭式布局，$C_L^\alpha\alpha_b$ 远大于 $C_L^\delta\delta$，α_b 对 C_{Lb} 的影响很大；对于全动弹翼式布局，$C_L^\alpha\alpha_b$ 与 $C_L^\delta\delta$ 接近，α_b 的变化对 C_{Lb} 的影响不太大，不会产生大的过载变化。

④ 质心位置可以在弹翼压力中心之前，也可以在弹翼压力中心之后，降低了对气动部件位置的限制，便于合理安排。

全动弹翼式布局的主要缺点如下：

① 其弹翼面积较大，气动载荷很大，使得气动铰链力矩相当大，要求舵机的功率比其他布局时大得多，将使得舵机的质量和体积有较大的增加。

② 由于控制翼布置在质心附近，因此全动弹翼的控制效率通常是很低的。此外，当弹翼转到一定角度时，弹翼与弹身之间的缝隙加大，将使升力损失增加，控制效率进一步降低。

③ 迎角和弹翼偏转角的组合影响使尾翼产生诱导滚转力矩，该诱导滚转力矩与弹翼上的滚转控制力矩方向相反，从而降低了全动弹翼的滚转控制能力。

4. 无翼控制方法

下面是需要特别说明的无翼式导弹的控制方法和特点：

① 尾翼主要起稳定作用，不能提供高机动飞行所需的过载，因此尾翼式布局的导弹一般要采用推力矢量控制，如法、德、英三国联合研制的中程“崔格特”反坦克导弹，美国的“掠夺者”近程反坦克导弹，法国的“艾利克斯”近程反坦克导弹和以色列的“哨兵”反坦克导弹等。无翼式布局的导弹也有采用脉冲发动机直接力控制，如美国 M47“龙式”轻型反坦克导弹、超高速动能导弹，俄罗斯的“旋风”火箭弹等。

② 具有较小的质量和较小的气动阻力。由于取消了主翼面，结构质量有所降低，零升阻力和诱导阻力也有所减小。

③ 无控飞行时有较大的静稳定度，提高了抗干扰能力。

④ 值得说明的是，有些防空导弹也采用无翼式布局。随着空中威胁的增大，要求防空导弹具有很高的机动性，即要求导弹能提供大的过载和控制力矩，这些要求可由提高使用迎角来实现。具有细长弹身和 X 形尾翼的无翼式布局可使最大使用迎角由 10°～15°增加到 30°；最大使用舵偏角可由 20°增加到 30°。这样既可以达到降低结构质量和减小阻力的目的，又可以解决高、低空过载要求的矛盾。美国的“爱国者”、中国的 HQ－9 防空导弹采用的就是无翼式布局。

4.2　推力矢量控制技术

4.2.1　推力矢量控制技术概述

1. 推力矢量控制的概念及特点

根据指令要求，改变从推力发动机排出的气流方向，从而对导弹速度矢量方向进行控制，这种方法称为推力矢量控制方法。与空气动力控制方法相比，推力矢量控制的优点是：推力矢量控制不依赖于大气的气动压力，只要导弹的发动机处于工作阶段，无论导弹处于高空飞行还是低速飞行状态，都可以对导弹进行有效控制，并使其获得较高的机动性能。

2. 推力矢量控制的性能

推力矢量控制系统的性能大体上可分为 4 个方面：

① 喷流偏转角，即喷流可能偏转的角度；

② 侧向力系数，即侧向力与未被扰动时的轴向推力之比；

③ 轴向推力损失，即系统工作时所引起的推力损失；

④ 驱动力，即为达到预期响应须加在这个装置上的总的力特性。

喷流偏转角和侧向力系数用以描述各种推力矢量控制系统产生侧向力的能力。对于靠形成冲击波进行工作的推力矢量控制系统来说，通常用侧向力系数和等效气流偏转角来描述产生侧向力的能力。当确定驱动机构尺寸时，驱动力是一个必不可少的参数。另外，当进行系统研究时，用它可以方便地描述整个伺服系统和推力矢量控制装置可能达到的最大闭环带宽。

3. 推力矢量控制的应用

至今，推力矢量控制导弹主要在以下场合得到了应用：

① 进行近距格斗、离轴发射的空空导弹，典型型号为俄罗斯的 R－73。

② 目标横越速度可能很高，初始弹道需要快速修正的地空导弹，典型型号为俄罗斯的 S－300 武器系统中的 48N6E 导弹。

③ 机动性要求很高的高速导弹，典型型号为美国的 HVM。

④ 气动控制显得过于笨重的低速导弹，特别是手动控制的反坦克导弹，典型型号为美国的“龙”式导弹。

⑤ 无需精密发射对准，垂直发射后紧接着就快速转弯的导弹。因为垂直发射的导弹必须在低速下以最短的时间进行方位对准，并在射击平面内进行转弯控制。此时导弹速度低，操纵效率也低，因此不能用一般的空气舵进行操纵。为达到快速对准和转弯控制的目的，必须使用推力矢量控制。新一代舰空导弹和一些地空导弹为改善射界、提高快速反应能力，采用了该项技术。典型型号有美国的标准－3。

⑥ 在各种海情下出水，需要姿态修正的潜艇发射导弹，如法国的潜射导弹“飞鱼”。

⑦ 发射架和跟踪器相距较远的导弹，独立助推、散布问题比较突出的导弹，如中国的 HJ－73。

以上列举的各种应用几乎包含了适用于固体火箭发动机的所有战术导弹。通过控制固体火箭发动机喷流的方向，可使导弹获得足够的机动能力以满足应用要求。

4.2.2 推力矢量控制技术的实现方式及工作原理

对于采用固体火箭发动机的推力矢量控制系统，根据实现方法可以将其分为三类，下面分别加以介绍。

1. 摆动喷管

这一类包括所有形式的摆动喷管及摆动出口锥的装置。在这类装置中，整个喷流偏转主要有以下两种。

(1) 柔性喷管

图 4.10 给出了柔性喷管的基本结构。它实际上就是通过层压柔性接头直接装在火箭发

动机后封头上的一个喷管。层压接头由许多同心球形截面的弹性胶层和薄金属板组成，弯曲形成柔性的夹层结构。这个接头轴向刚度很大，而在侧向却很容易偏转。用它可以实现传统的发动机封头与优化喷管的对接。

(2) 球窝喷管

图 4.11 给出了球窝喷管的一般结构形式。其收敛段和扩散段被支撑在万向环上，该装置可以围绕喷管中心线上的某个中心点转动。延伸管或者后封头上装有一套球窝的筒形夹具，使收敛段和扩散段可以在其中活动。球面间装有特制的密封圈，以防高温、高压燃气泄漏。舵机通过方向环进行控制，以提供俯仰力矩和偏航力矩。

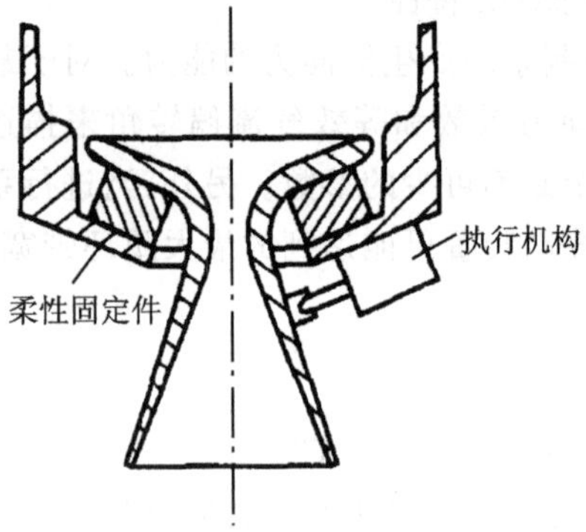

图 4.10　柔性喷管的基本结构

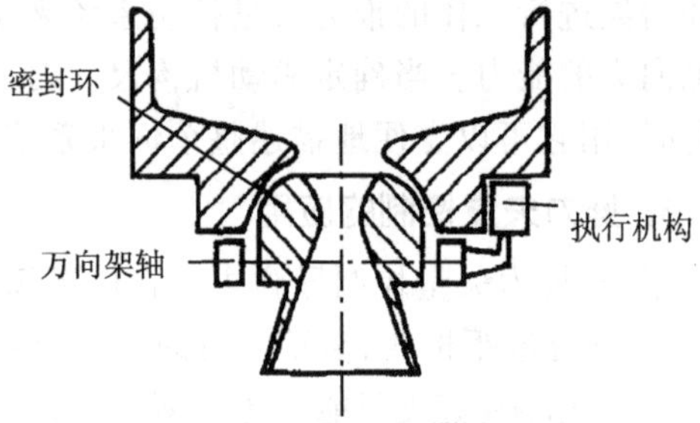

图 4.11　球窝喷管的基本结构

2. 流体二次喷射

在这类系统中，流体通过吸管扩散段被注入发动机喷流。注入的流体在超声速的喷管气流中产生一个斜激波，引起压力分布不平衡，从而使气流斜偏。流体二次喷射主要有以下两种。

(1) 液体二次喷射

高压液体喷入火箭发动机的扩散段，产生斜激波，从而引起喷流偏转。惰性液体系统的喷流最大偏转角为 4°，液体喷射点周围形成的激波引起推力损失，但是二次喷射液体增加了喷流和质量，使净力略有增加。与惰性液体相比，采用活性液体能够略微改善侧向比冲性能，但是在喷流偏转角大于 4°时，两种系统的效率都急速下降。液体二次喷射推力矢量控制系统的主要优势在于，其工作时所需的控制系统质量小，结构简单。因此在不需要很大喷流偏转角的场合，液体二次喷射具有很强的竞争力。

(2) 热燃气二次喷射

在这种推力矢量控制系统中，燃气直接取自发动机燃烧室或者燃气发生器，然后注入扩散段，由装在发动机喷管上的阀门实现控制。图 4.12 所示为流体二次喷射的基本结构。

3. 喷流偏转

在火箭发动机的喷流中设置阻碍物的系统归为这一类，主要有以下几种。

(1) 燃气舵

燃气舵的基本结构是在火箭发动机的喷管尾部对称地放置 4 个舵片。4 个舵片的组合偏转可以产生要求的俯仰、偏航和滚转操纵力矩和侧向力。燃气舵具有结构简单、致偏能力强、响应速度快的优点，但其在舵偏角为零时仍存在较大的推力损失。另外，由于燃气舵的工作环境比较恶劣，存在严重的冲刷烧蚀问题，不宜用于要求长时间工作的场合。图 4.13 所示为燃气舵的基本结构。

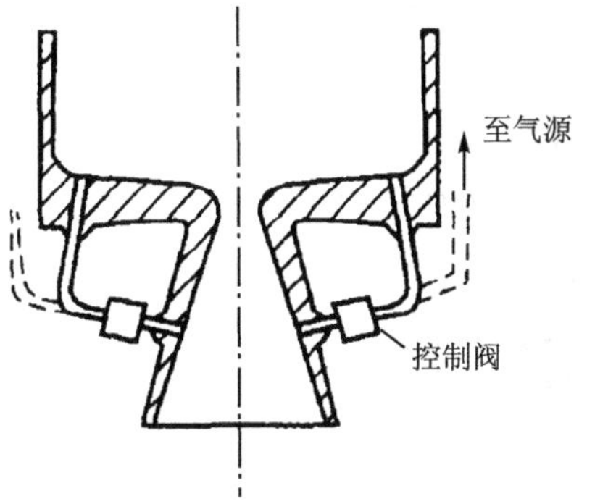

图 4.12　流体二次喷射的基本结构

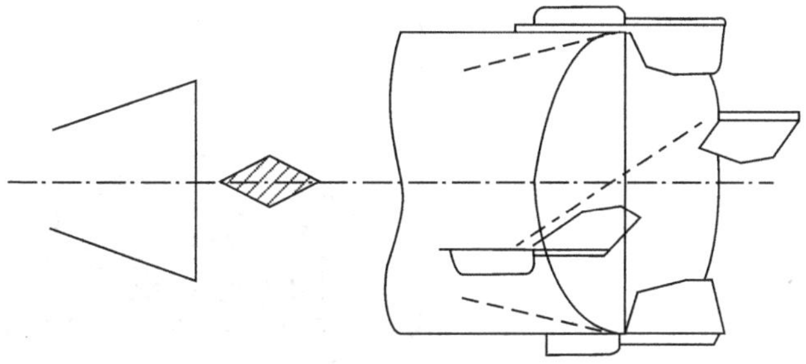

(a) 燃气舵　　(b) 燃气舵布置

图 4.13　燃气舵的基本结构

(2) 偏流环喷流偏转器

图 4.14 所示为偏流环喷流偏转器的基本结构。偏流环喷流偏转器基本上是发动机喷管的管状延长，可绕出口平面附近喷管轴线上的一点转动。偏流环偏转时扰动燃气，引起气流偏转。这个管状延伸件或称偏流环，通常支撑在一个万向架上。伺服机构提供俯仰和偏航平面内的运动。

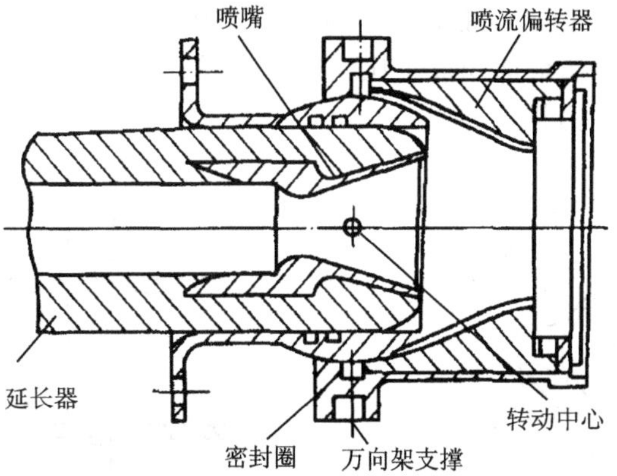

图 4.14　偏流环喷流偏转器的基本结构

(3) 轴向喷流偏转器

图 4.15 所示为轴向喷流偏转器的基本结构。在欠膨胀喷管的周围安置了 4 个偏流叶片，叶片可沿轴向运动以插入或退出发动机尾喷流，形成激波而使喷流偏转。叶片受线性作动筒控制，靠滚球导轨支持在外套筒上。该方法最大可以获得 7°的偏转角。

(4) 臂式扰流片

图 4.16 所示为典型的臂式扰流片系统的基本结构。在火箭发动机喷管出口平面上设置 4 个叶片，工作时可阻塞部分出口面积，最大偏转可达 20°。该系统可以应用于任何正常的发动机喷管，只有当桨叶插入时才产生推力损失，而且基本上是线性的，喷流每偏转 1°，大约损

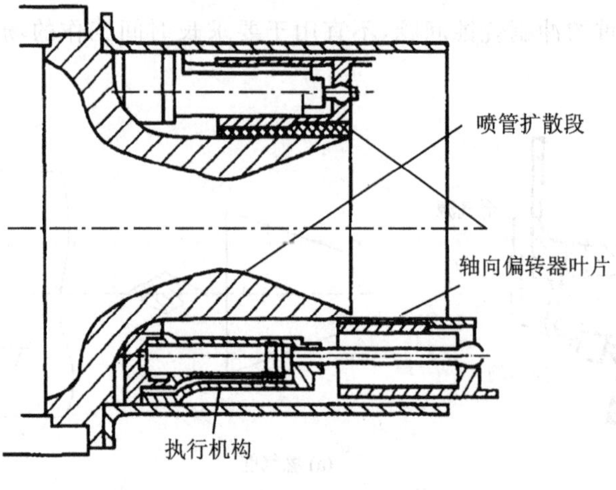

图 4.15　轴向喷流偏转器的基本结构

失 1%的推力。这种系统体积小，质量轻，因而只需要较小的伺服机构，对近距离战术导弹很有吸引力。对于燃烧时间较长的导弹，由于高温、高速的尾喷流会对扰流片造成烧蚀，因此使用这种系统是不合适的。

图 4.17 所示的导流罩式致偏器基本上就是一个带圆孔的半球形拱帽，圆孔大小与喷管出口直径相等且位于喷管的出口平面上。拱帽可绕喷管轴线上的某一点转动，该点通常位于喉部上游。这种装置的功能和扰流片类似。当致偏器切入燃气流时，超声速气流形成主激波，从而引起喷流偏斜。与扰流片相比，能显著地减少推力损失。对于导流罩式致偏器，喷流偏角和轴向推力损失大体与喷口遮盖面积成正比。一般来说，喷口每遮挡 1%，将会产生 0.52°的喷流偏转和 0.26%的轴向推力损失。

图 4.16　臂式扰流片系统的基本结构

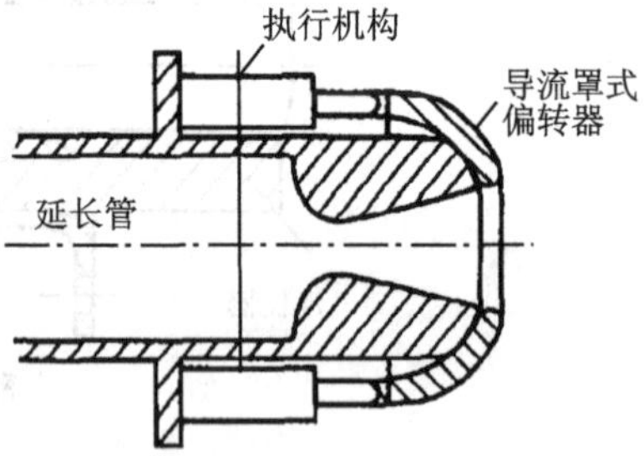

图 4.17　导流罩式致偏器的基本结构

4.2.3　推力矢量控制系统的应用方法

推力矢量控制系统在战术导弹上有两种应用方法，即全程推力矢量控制和气动力/推力矢量组合控制。因为全程推力矢量控制和普通的空气舵控制的设计过程是相近的，所以，在此主要讨论气动力/推力矢量组合控制的设计方法。

导弹空气舵/推力矢量组合控制系统设计有许多优点，主要表现如下：

① 增加了有效作战包络。在高空目标截击、近射界、大离轴和全向攻击方面，性能都有很大提高。

② 显著减少了导弹自动驾驶仪的时间常数。研究结果表明，采用推力矢量控制系统，无论气动舵尺寸多大，飞行高度如何，法向过载控制系统一阶等效时间常数均可以做到小于 0.2 s。这是导弹拦截高机动目标所必需的。

③ 可以有效地减小导弹的舵面翼展。因为当发动机工作时，推力矢量控制系统提供主要的机动控制，特别是在导弹的低速段和高空飞行时，减少舵面翼展意味着飞机可以装载更多的导弹。

当然，导弹空气舵/推力矢量组合控制系统在设计上也存在着一些难题，主要表现如下：

① 在导弹的低速飞行段和高空飞行段使用推力矢量控制，大迎角将不可避免，非线性气动力和力矩特性十分明显，常规设计的自动驾驶仪结构可能无法适应。

② 在大迎角飞行时，导弹的俯仰-偏航-滚动通道之间存在明显的交叉耦合，这会破坏导弹的稳定性和其他性能。

③ 大迎角飞行的导弹，其弹体动力学特性受飞行条件的影响，在很大范围内变化。

④ 空气舵/推力矢量组合控制系统是一种冗余控制系统，确定什么形式的控制器结构和选择怎样的舵混合原则使导弹具有最佳的性能是有待进一步研究的问题。

⑤ 迎角和过载限制问题：使用推力矢量控制的导弹，总体设计不能保证对导弹迎角的限制，必须引入专门的迎角限制机构。

对同时具有空气舵和推力矢量舵的导弹，其控制信号的舵混合从理论上讲存在着无穷多解。在工程中需要研究舵混合的基本原则，确保给出一种符合工程实际的、性能优异的舵混合方法。

舵混合通常应遵循以下三个基本原则：

① 满足舵的使用条件。对于推力矢量舵，它只是在发动机工作时使用；对于鸭式导弹的空气舵，其大迎角操纵特性很差，气动交叉耦合效应明显，因此只能在中小迎角的范围内使用；而对于正常式布局的导弹，特别是使用格栅舵，其大迎角操纵特性仍是很好的。推力矢量舵在导弹大迎角飞行时仍有很好的操纵性，也不会引入操纵耦合效应。

② 使导弹具有最大的可用过载或转弯角速率。通过对两套舵系统的合理使用（单独或同时使用），产生最大的操纵能力，由此导弹可具有最大的可用过载或转弯角速率。

③ 使导弹舵面升阻比最大。舵面升阻比最大的意义是舵面诱导阻力的极小化和舵面操纵力矩的极大化，当然这也是通过合理组合两套舵系统来实现的。

对于具有两套控制舵面的导弹，舵面使用的方法主要有两种：串联控制方式和并联控制方式。串联控制方式在导弹的任何飞行状态下，同时都只有一套舵系统在工作。通常的做法是在导弹飞行的主动段使用推力矢量舵，被动段使用空气舵。并联控制方式是指在导弹的任何飞行状态同时有两套或一套舵系统工作。根据舵混合的第一个原则，在下述情况下导弹只能用一套舵系统：

① 导弹飞行的被动段，只能使用空气舵；

② 当迎角大于一定值时，空气舵基本不起作用，只能使用推力矢量舵。

除此之外的其他情况都可以同时使用两套舵系统。

4.3 直接力控制技术

4.3.1 直接力控制技术概述

直接控制又叫横向喷流控制，是一种利用弹上火箭发动机在横向上直接喷射燃气流，以燃气流的反作用力作为控制力，从而直接或间接改变导弹弹道的控制方法。

依据操纵原理的不同，直接力控制可分为力矩操纵方式和力操纵方式，如图 4.18 所示。

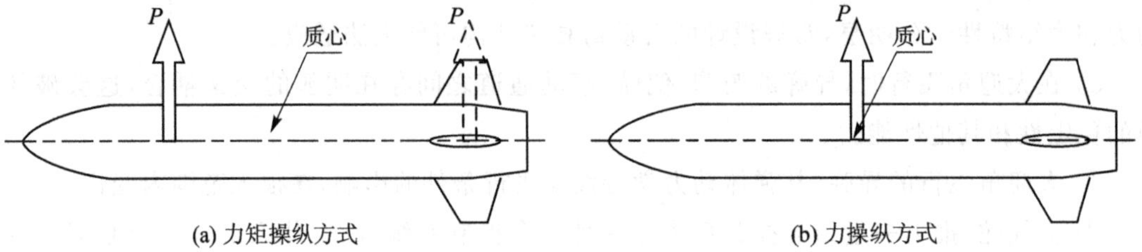

图 4.18 横向喷流装置安装位置示意图

4.3.2 直接力控制技术的实现方式及工作原理

1. 力矩操纵方式

力矩操纵方式是指横向喷流装置纵向配置在远离导弹质心的位置，因此横向喷流装置产生的控制力迅速改变导弹姿态，从而改变导弹迎角（或侧滑角），改变气动升力（或气动侧向力），最终改变法向力和导弹的弹道。力矩操纵方式直接力控制与推力矢量控制在控制原理上相似，因此具有与推力矢量控制一样的响应速度快的特点，区别在于：

① 力矩操纵的执行机构既可以放置在导弹的后段构成正常式气动布局，又可以放置在导弹的前段构成鸭式气动布局。

② 力矩操纵的控制作用不会因为发动机停止而受影响，这在导弹飞行末段具有特别的意义。美国的爱国者三型(PAC-3)地空导弹武器系统的增程拦截弹(Extended-Range Interceptor，ERINT)就采用了力矩操纵方式直接力控制与空气动力控制的复合控制技术，在导弹的前段轴对称配置了多达 180 个固体脉冲发动机，用于导弹的快速姿态控制。

2. 力操纵方式

力操纵方式是指横向喷流装置纵向配置在导弹质心位置或质心位置附近，且喷口轴对称配置，因此横向喷流装置产生的控制力（即为法向力）直接改变导弹的弹道。由牛顿定律和导弹制导基本原理，有

$$mV\dot{\theta}=F \tag{4-6}$$

即

$$\dot{\theta}=\frac{F}{mV} \tag{4-7}$$

式中：F 为横向喷流装置产生的控制力。

可见，在力操纵方式下，导弹的机动性与质量、速度成反比，而与直接力成正比。在下述几种情况下可以优先采用力操纵方式直接力控制方法。

(1) 低初速导弹初始段的情况

“四微发射”是指减少导弹发射时产生的声、光、尾喷火焰及烟雾的发射方式，它能适应封闭空间发射和降低发射时被发现的概率，是当前和未来反坦克导弹追求的目标之一。这种导弹在设计时发射药量取得很小，结果使导弹的发射初速很低，一般只有十几米/秒。

对直接力控制和空气动力控制的机动性进行对比可知，前者弹道倾角变化率与速度是成反比关系，低速时控制效率反而更高；而后者却是成正比关系，低速时控制效率下降，因此前者更适合四微发射导弹的控制。法国 600 m 射程的近程反坦克导弹艾利克斯(Eryx)和法德英联合研制的 2 km 射程的中程反坦克导弹崔格特(Trigat - MR)都采用了这种技术。

(2) 简易制导弹药的情况

为简化结构和降低成本，简易制导弹药也常采用力操纵方式直接力控制进行弹道修正。例如，俄罗斯的 152 mm 激光末修炮弹厘米(Centimeter)、120 mm 激光末修炮弹 BETA 就采用了这种技术。

(3) 需要导弹快速响应的情况

无论是空气动力控制、推力矢量控制还是力矩操纵方式的直接力控制，从制导的基本原理上来说，都是首先产生控制力矩，使弹体转动并生成迎角，当迎角对应的恢复力矩与控制力矩平衡时，弹体在转动方向达到稳态，此时对应的迎角即为平衡迎角。此平衡迎角产生的气动升力与推力的法向分量、重力在法向上的分量的合力，将使导弹速度矢量转动，从而实现对弹道的控制。而力操纵方式直接力控制则完全没有姿态转动的动态控制过程，当横向喷流装置喷射时，弹体过载将会迅速响应。图 4.19 对比了同一弹体在单位阶跃输入下，正常式空气动力控制与力操纵方式直接力控制法向过载生成过渡过程的对比。

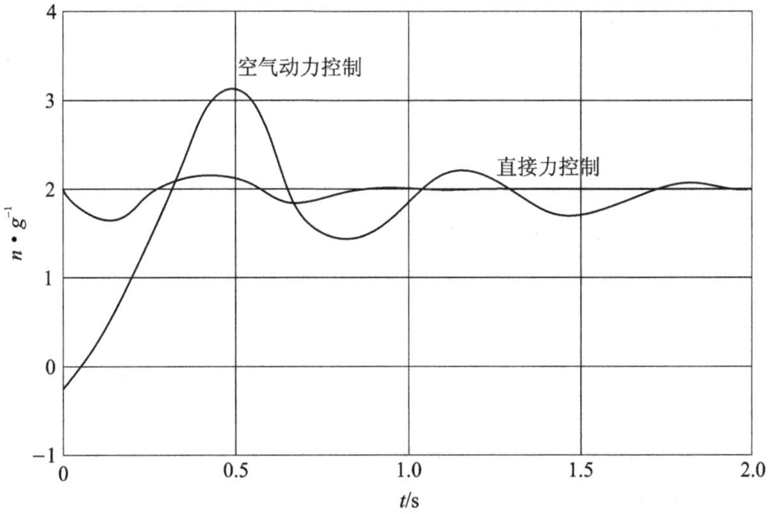

图 4.19　正常式空气动力控制和直接力控制两种输入下弹体的法向过载变化

从图 4.19 中可见，前者的响应是瞬时的(实际响应的时间常数一般为 5～20 ms)，后者则由于弹体(无自动驾驶仪时)或自动驾驶仪的惯性，响应有明显的滞后(时间常数一般为 150～350 ms，比前者大 1～2 个数量级)。

随着空中威胁越来越严重，空袭目标的速度越来越快、机动性越来越强，必然要求反空袭的导弹动态响应时间常数足够小，可用过载足够大，因此力操纵方式直接力控制技术获得了越来越多的应用。图 4.20 对比了空气舵控制和空气舵/直接力复合控制在对付高速高机动目标时的不同结果。前者因为控制系统反应过慢而脱靶，后者则利用直接力控制快速机动命中目标。欧洲多国联合研制的面空导弹系统的"紫苑"Aster15 和 Aster30 导弹，导弹质心附近有四个横向喷嘴，俄罗斯 C－300 防空导弹系统的 9M96E 和 9M96E2 导弹，导弹质心附近有 24 个横向喷嘴，据称可附加产生 20～22g 的过载。

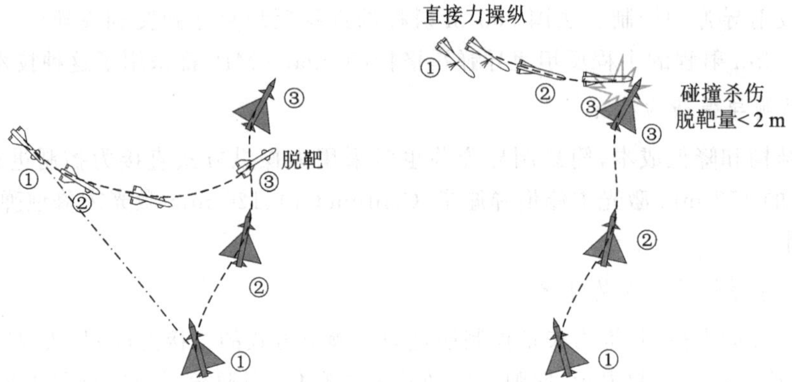

图 4.20　直接力控制导弹拦截机动目标示意图

力操纵方式的缺点：一是由于横向喷流与导弹飞行气流的相互干扰非常复杂，单独的力操纵方式控制效率和精度需要解决的难题较多；二是受弹上体积、质量的限制，横向喷流工作时间一般较短，产生的控制力相比导弹所受的气动力要小，实际工程中只能应用于较小的导弹，或与其他控制方法共用形成复合控制方式，而且力操纵方式只工作于关键的弹道末段。

3. 直接力控制设计方案

通过对直接力飞行控制机理的研究，得出以下 4 个设计原则：

① 设计应符合 ENDGAME 最优制导律提出的要求；

② 飞控系统动态滞后极小化原则；

③ 飞控系统可用法向过载极大化原则；

④ 有、无直接力控制条件下飞行控制系统结构的相容性。

下面提出的控制方案主要基于后三条原则给出。

(1) 控制指令误差型控制器

控制指令误差型控制器的设计思路是在原来的反馈控制器的基础上，利用原来的控制器控制指令误差来形成直接力控制信号。控制指令误差型线性复合控制器如图 4.21 所示。很显然，这是一个双反馈方案，可以说，该方案将具有很好的控制性能，但该方案的缺点是与原来的空气舵反馈控制系统不相容。

(2) 第Ⅰ类控制指令型控制器

第Ⅰ类控制指令型控制器的设计思路是在原来的反馈控制器的基础上，利用控制指令来形成直接力控制信号。第Ⅰ类控制指令型线性复合控制器如图 4.22 所示。很显然，这是一个前馈-反馈控制方案。该方案的设计有三个明显的优点：

① 因为是前馈-反馈控制方案，前馈控制不影响系统稳定性，所以原来设计的反馈控制系统不需要重新整定参数，在控制方案上有很好的继承性。

② 直接力控制装置控制信号作为前馈信号，当其操纵力矩系数有误差时，并不影响原来反馈控制方案的稳定性，只会改变系统的动态品质。因此特别适用于大气层内飞行的导弹上。

③ 在直接力前馈作用下，该控制器具有更快速的响应能力。

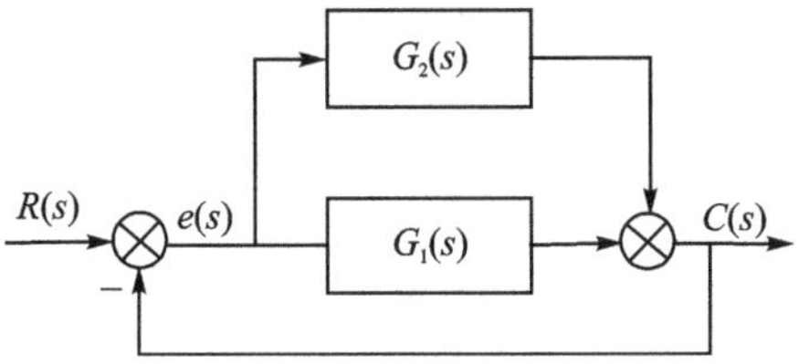

图 4.21　控制指令误差型线性复合控制器

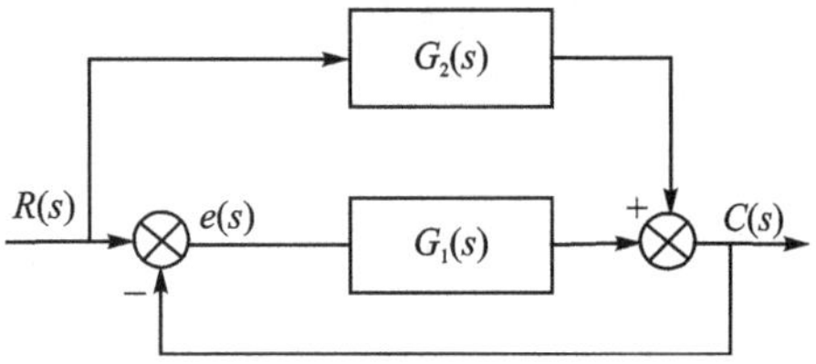

图 4.22　第Ⅰ类控制指令型线性复合控制器

(3) 第Ⅱ类控制指令型复合控制器

第Ⅱ类控制指令型控制器的设计思路是，利用气动舵控制构建迎角反馈飞行控制系统，利用控制指令来形成迎角指令，利用控制指令误差来形成直接力控制信号，如图 4.23 所示。很显然，这也是一个前馈-反馈控制方案，其中以气动舵面控制为基础的迎角反馈飞行控制系统作为前馈，以直接力控制为基础构造法向过载反馈控制系统。该方案的设计具有两个特点：

① 以迎角反馈信号构造空气舵控制系统，可以有效地将气动舵面控制与直接力控制效应区分开来，因此可以单独完成迎角反馈控制系统的综合工作。事实上，该控制系统与法向过载控制系统的设计过程几乎是完全相同的。因为输入迎角反馈控制系统的指令是法向过载指令，所以需要进行指令形式的转换。这个转换工作在导弹引入捷联惯导系统后是可以解决的，只是由于气动参数误差的影响，存在一定的转换误差。由于将迎角反馈控制系统作为复合控制系统的前馈通路，所以这种转换误差不会带来复合控制系统传递增益误差。

② 直接力反馈控制系统必须具有较大的稳定裕度，主要是为了适应喷流装置放大因子随飞行条件的变化。

(4) 第Ⅲ类控制指令型复合控制器

提高导弹的最大可用过载是改善导弹制导精度的另外一个技术途径。直接叠加导弹直接力和气动力的控制作用，可以有效地提高导弹的可用过载。图 4.24 所示为第Ⅲ类控制指令型复合控制器。图中，K_0 为归一化增益，K_1 为气动力控制信号混合比，K_2 为直接力控制信号混合比。通过合理优化控制信号混合比，可以得到最佳的控制性能。该方案的问题是如何解决两个独立支路的解耦，因为传感器(如法向过载传感器)无法分清这两路输出对总的输出的贡献。

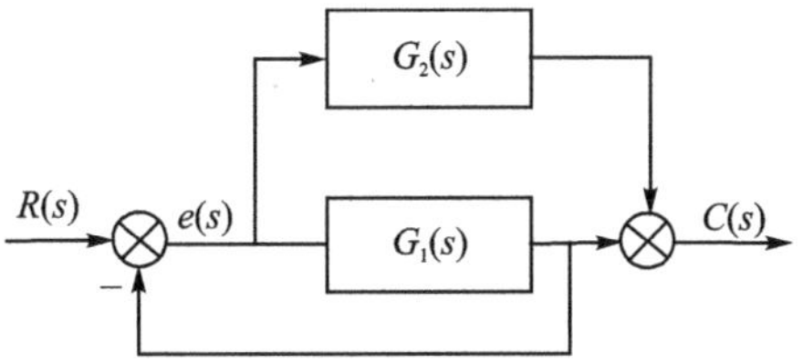

图 4.23　第Ⅱ类控制指令型线性复合控制器

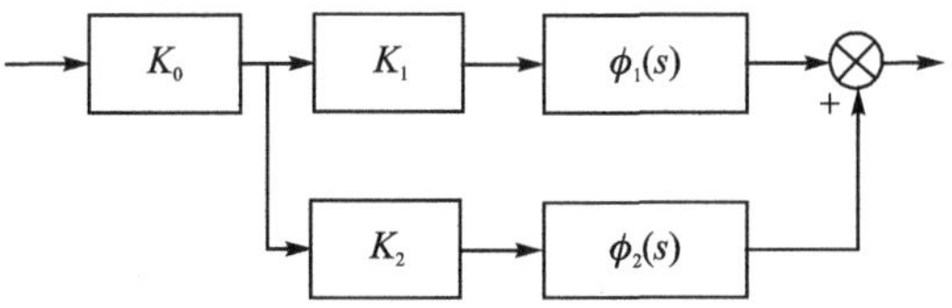

图 4.24　第Ⅲ类控制指令型复合控制器

假设直接力控制特性已知，利用法向过载测量信号，通过解算可以间接计算出气动力控制产生的法向过载。当然，这种方法肯定会带来误差，因为在工程上直接力控制特性并不能精确已知。比较特殊的情况是,在高空或稀薄大气条件下,直接力控制特性相对简单,这种方法不会带来多大的技术问题;而在低空或稠密的大气条件下,直接力控制特性将十分复杂,需要研究直接力控制特性建模误差对控制系统性能的影响。

为了尽量减少直接力控制特性的不确定性对控制系统稳定性的影响,提出了一种前馈-反馈控制方案,其控制器结构类似于第Ⅰ类控制指令型控制器,即采用直接力前馈、空气舵反馈的方案(见图 4.25)。这种方案的优点是,直接力控制的不确定性不会影响系统的稳定性,只会影响闭环系统的传递增益。

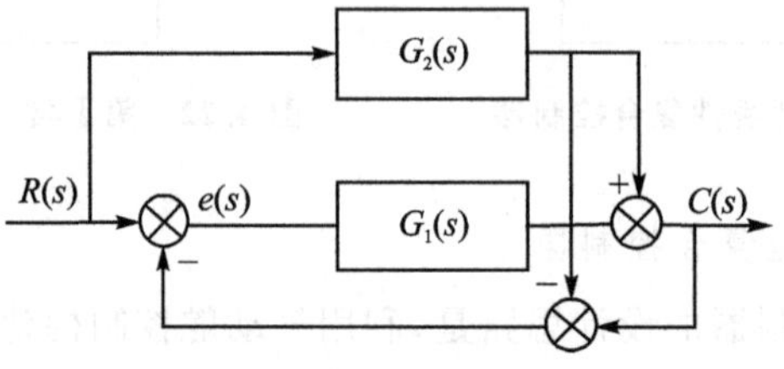

图 4.25 基于前馈-反馈控制结构的第Ⅲ类控制指令型复合控制器

思考题

1. 试述导弹空气动力控制的工作原理及其与推力矢量控制及直接力控制的主要区别。
2. 试述导弹尾翼空气动力控制实现方式的特点。
3. 试述导弹鸭翼空气动力控制实现方式的特点。
4. 试述推力矢量控制的主要优点及不足之处。
5. 试述直接力控制的力操纵方式的主要应用场合及其存在的主要问题。

第5章 测量传感器及弹上执行机构

闭环系统对导弹的稳定控制,需要测量导弹在空间运动的加速度、速度、位移、角度与角速度等运动变量,因此需要加速度计、速率陀螺、自由陀螺、高度表等运动传感器,并以此为基础构建各类导航装置,以确定导弹当前运动状态(姿态、位置等)与理想运动状态的偏差,并由系统输出基于偏差的控制信号驱动舵机等执行机构,产生控制力及力矩,以改变导弹的运动状态。

本章首先介绍几种弹上稳定控制系统中常用运动传感器的构成、工作原理及描述其动态特性的数学模型;其次,讲述几种常见的导航装置及方法;最后,介绍舵机的分类、组成及工作原理,并对其特性进行深入分析。

5.1 惯性测量传感器

5.1.1 线性加速度传感器

线性加速度传感器用来测量飞行器质心的加速度。传感器的敏感轴位于弹体的三个轴向,因此可以感受和测量飞行器三个轴向的加速度。若敏感轴与弹体坐标系中的 x_1 轴重合,则线性加速度传感器测量导弹的切向加速度 a_x。若敏感轴与弹体的 y_1 轴及 z_1 轴重合,则分别测量飞行器的纵向加速度 a_y 和侧向加速度 a_z。显然,这三个传感器的组成、工作原理和传递函数相同,只是测量范围不同。线性加速度传感器也可替代迎角及侧滑角传感器,以近似测量飞行器的迎角及侧滑角。

1. 线性加速度传感器的结构与工作原理

(1) 简单式线性加速度传感器

图5.1给出了一种简单式线性加速度传感器工作原理图。

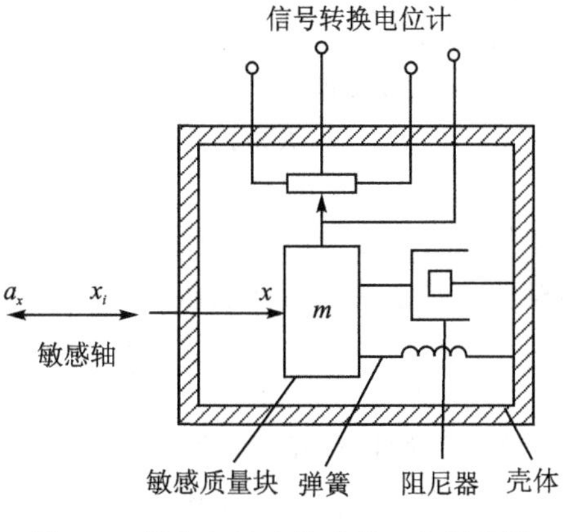

图5.1 线性加速度传感器工作原理图

简单式线性加速度传感器主要由弹簧、弹簧所支承的可动质量块 m、信号转换电位计和阻尼器组成。

将线性加速度传感器装在飞行器质心处，移动质量块能感受到飞行器质心的线性加速度，故称其为敏感质量块。

假定飞行器在惯性空间中运动，其位移为 x_i，相应的线加速度为 $a_x=\dfrac{d^2x_i}{dt^2}$。由于线性加速度传感器通过仪表壳体与飞行器固联，因此飞行器的位移量即仪表壳体的位移量，而其线加速度就是线性加速度传感器的输入量。仪表中的敏感质量块具有惯性，相对惯性空间有运动，其位移量为 z；电刷固联于质量块（包括惯性阻尼器的活塞）上，其在仪表壳体内相对电位计骨架（仪表壳体）的位移量为 x，所以线性加速度传感器的输出量 $x=z-x_i$。

忽略弹簧质量和电刷与电位计间的摩擦力，质量块 m 的惯性力为 $m\dfrac{d^2z}{dt^2}$，阻尼力为 $K_g\dfrac{dx}{dt}$（K_g 为阻尼系数），弹簧力为 Kx（K 为弹性系数），则相应的运动方程为

$$m\frac{d^2z}{dt^2}+K_g\frac{dx}{dt}+Kx=0 \tag{5-1}$$

将 $x=z-x_i$ 代入式(5-1)，可得

$$\frac{d^2x}{dt^2}+\frac{K_g}{m}\frac{dx}{dt}+\frac{K}{m}x=-\frac{d^2x_i}{dt^2} \tag{5-2}$$

将 $a_x=\dfrac{d^2x_i}{dt^2}$ 代入式(5-2)，可得相应的传递函数为

$$\frac{x(s)}{a_x(s)}=\frac{1}{s^2+2\xi\omega_0 s+\omega_0^2} \tag{5-3}$$

式中：$\xi=\dfrac{K_g}{2\sqrt{mk}}$ 为相对阻尼系数，$\omega_0=\sqrt{\dfrac{K}{m}}$ 为固有频率。

在稳态时，有

$$x=\frac{m}{K}a_x \tag{5-4}$$

式(5-4)表示当飞行器作等加速度运动时，敏感质量块的惯性力 ma_x 与由弹簧变形引起的弹簧力 Kx 的大小相等、方向相反，从而使质量块处于平衡位置 x。将输出电压 $U=K_Ux$（K_U 为电位计传递系数）代入式(5-4)，可得

$$U=\frac{K_Um}{K}a_x \tag{5-5}$$

式(5-5)表示线性加速度传感器的输出电压正比于飞行器的线加速度，相差 180°。

单位加速度所产生的相对位移量定义为线性加速度传感器的分辨率，即

$$\frac{dx}{da_x}x=-\frac{m}{K}=-\frac{1}{\omega_0^2} \tag{5-6}$$

由此可见，线性加速度传感器的构造简单、价格较低，广泛应用于飞行器自动驾驶仪中。但简单的线性加速度传感器具有电刷及电位计的摩擦力，而且质量块易受振动等因素的影响，弹簧易受温度的影响，线性特性较差，灵敏度较低，这种线性加速度传感器的精度一般为 1%～0.5%，难以满足高精度的要求。为解决上述问题，可采用力矩系统代替弹簧，并增加浮

子式阻尼器，这就是常用的浮子摆式加速度传感器。

(2) 浮子摆式加速度传感器

图 5.2 所示即为浮子摆式加速度传感器。由图可知，浮子摆式加速度传感器由浮子摆组合、力矩器、信号传感器、放大器和充满黏性液体（如聚三氟乙烯）的密封壳体组成。其中浮子组合由单摆、浮筒、信号传感器的转子及力矩器的转子组成。浮筒两端伸出的小轴由安装在壳体上的宝石轴承支撑，其两端的力矩器和传感器都是“无接触式”的。浮筒中单摆相当于简单式线性加速度传感器的移动质量块，其工作原理与简单式线性加速度传感器相同，只是参数不同。

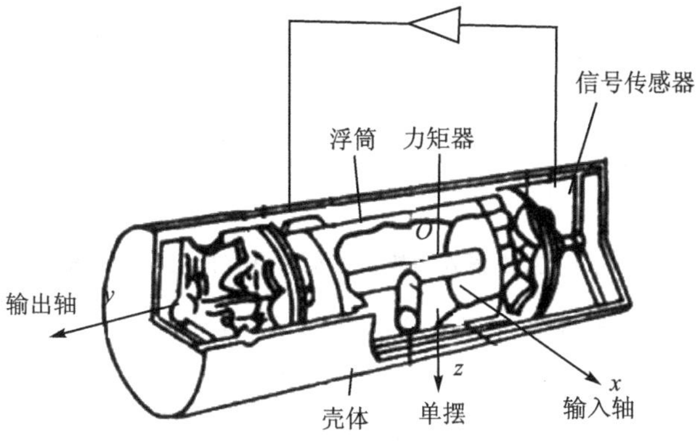

图 5.2　浮子摆式加速度传感器

设单摆的质量为 m，其与输出轴的距离为 l。当飞行器有瞬间加速度 a_x 时，在惯性力作用下，单摆产生绕输出轴的力矩 $M_a = mla_x$，使浮子摆和其轴上的信号传感器（即微动同位器）转子相对定子转过角度 β，产生正比于 β 的电压 $U = K_U\beta$。经放大器放大，输出与 U 成正比的电流 $I = K_I U$（K_I 为放大系数）。放大后的电流输入力矩器产生反馈力矩，其大小为 $K_M K_I K_U \beta$（K_M 为比例系数），并与由加速度 a_x 产生的力矩 M_a 大小相等，所以有

$$mla_x = K_M K_I K_U \beta \tag{5-7}$$

由式(5-7)可得

$$\beta = \frac{ml}{K_M K_I K_U} a_x \tag{5-8}$$

所以加速度传感器输出电压为

$$U = K_U \beta = \frac{ml}{K_M K_I} a_x = K_a a_x \tag{5-9}$$

由式(5-9)可得浮子摆式加速度传感器的传递函数 $G(s) = \dfrac{U(s)}{a(s)} = K_a$，为一个比例环节。

(3) 挠性摆式力矩反馈加速度传感器

挠性摆式力矩反馈加速度传感器由挠性支撑、摆组件、角位移传感器、力矩器及反馈电子组件（放大器和校正网络等）组成。图 5.3 所示为挠性摆式力矩反馈加速度传感器的结构示意图。

当沿加速度输入方向有加速度 a 输入时，摆组件的质量将产生惯性力，该惯性力的作用方向与加速度的方向相反，并对挠性轴产生惯性力矩。力矩 M 使摆组件绕输出轴转动，产生

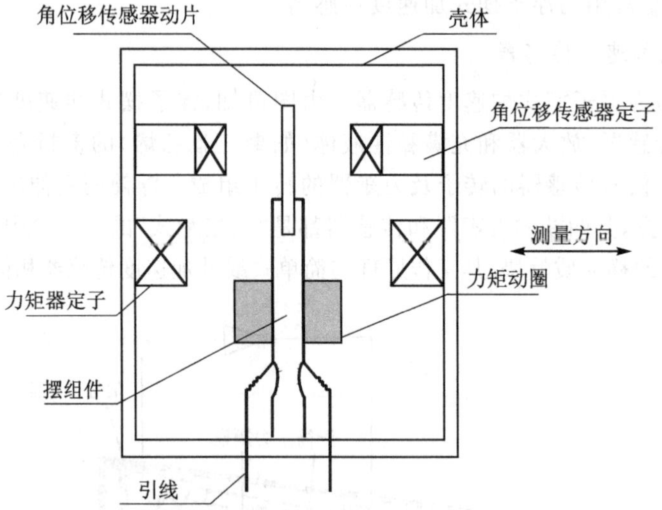

图 5.3 挠性摆式力矩反馈加速度传感器结构示意图

角位移。角位移传感器将该角度位移转变为电信号，并经放大、解调、校正，变为直流信号输出。力矩器线圈中输入相应的电流，与永磁场相互作用产生电磁力，该力对挠性轴产生相应的恢复力矩，使摆组件最终达到平衡状态。这时

$$K_M I = mla \tag{5-10}$$

即

$$I = \frac{ml}{K_M} a \tag{5-11}$$

式中：m 为摆组件的质量；l 为摆长；I 为输出电流。由式(5-11)可知，输出电流与输入加速度成正比。

上述挠性摆式力矩反馈加速度传感器的原理可用图 5.4 所示的闭环系统原理图表示。图中 $a(s)$ 为加速度，K_P 为摆转换系数，$W(s)$ 为挠性摆传递函数，K_U 为电流与电压的转换系数，$G(s)$ 为伺服电路传递函数，$K_M(s)$ 为力矩器传递函数，M 为力矩，θ 为角位移传感器输出，U 为电压，$I(s)$ 为电流。

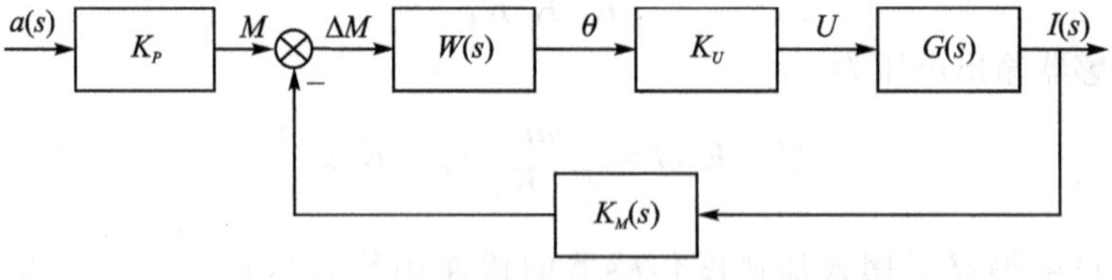

图 5.4 挠性摆式力矩反馈加速度传感器闭环系统原理图

挠性摆式力矩反馈加速度传感器具有较高的精度和可靠性，目前已作为主要的导航级加速度计在惯性技术领域中得到广泛应用。

5.1.2 陀螺仪

为了实现飞行自动控制，精确测量飞行器的姿态角、航向角和角速度等飞行参数是首先需要解决的问题，陀螺仪(gyroscope)即为测量这类参数的敏感装置。下面将讨论飞行控制系统

中常用的角度和角速度陀螺的工作原理及应用。

以经典力学为基础的陀螺仪包括刚体转子陀螺仪、流体转子陀螺仪和振动陀螺仪等。刚体转子陀螺仪是把高速旋转的刚体转子支撑起来，使之获得转动自由度的一种装置，可用来测量角位移或角速度。流体转子陀螺仪的转子不是固体材料，而是在特殊容器内按一定速度旋转的流体，它也可用来测量角位移和角速度。振动陀螺仪是利用振动音叉在旋转时的哥氏加速度效应而研制的测量角速度的装置。

以非经典力学为基础的陀螺仪包括：激光陀螺仪、光导纤维陀螺仪、压电晶体陀螺仪、粒子陀螺仪和核磁共振陀螺仪等。在这些陀螺仪中，没有高速旋转的转子或振动构件，但它们具有感测旋转的功能。例如，激光陀螺仪实际上是一种环形激光器，在其中有正、反两束光的频率差与基座旋转角速度成正比，故可用来测量角速度。这种陀螺仪没有旋转部件，工作原理亦不同于同一家族的角动量陀螺仪，其不基于角动量原理而是基于哥氏效应或萨格纳克(Sagnac)效应而工作。又如，压电晶体陀螺仪实际上是利用晶体压电效应做成的测量角速度的装置，粒子陀螺仪实际上是利用基本粒子的陀螺磁效应做成的测量角速度的装置。

目前，新型陀螺仪不断出现和发展，液浮陀螺仪和静电陀螺仪在战略导弹和远程轰炸机的导航系统中逐步得到了应用。在先进的现代客机、中程飞机、大型水面舰艇的导航系统以及中程导弹、巡航导弹的制导系统中，曾作为主流产品的机械式陀螺仪正在被激光陀螺仪所替代。在当今的惯性仪表技术中，激光陀螺仪的应用已占据了主导地位。目前，陀螺仪表技术发展的主流已转到光学陀螺上。但是，就陀螺仪的基本原理的分析而言，曾经广泛应用的刚体转子陀螺仪仍是目前学习陀螺仪基本理论的基础，因此首先介绍这类陀螺仪。

高速旋转的物体即为陀螺，为了测量运动物体的角速度或角位移，用支架把高速旋转的陀螺转子支撑起来即构成了陀螺仪。这种陀螺仪的核心部分是绕自转轴(又称陀螺主轴或转子轴)高速旋转的刚体转子，而安装转子框架或特殊支撑使转子相对于基座有两个或一个转动自由度，或者说使自转轴相对于基座有两个或一个转动自由度，这样，就构成了陀螺仪的两种类型，即二自由度陀螺仪和单自由度陀螺仪。

1. 二自由度陀螺仪

(1) 二自由度陀螺仪的基本结构和组成

二自由度陀螺仪是指自转轴具有两个转动自由度的陀螺仪，其基本结构如图 5.5 所示。

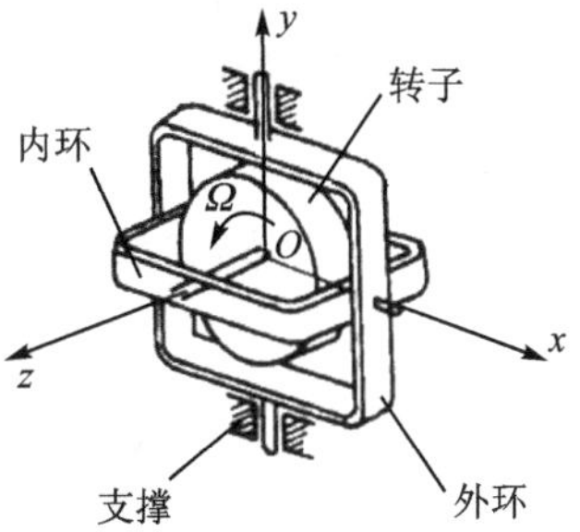

图 5.5　二自由度陀螺仪结构

转子借助自转轴上的一对轴承安装在内环(又称内框架)中，内环借助于外环上的一对轴承(又称外框架轴)安装在基座(及仪表壳体)上。由内环和外环组成的框架装置通常称为万向支架。在这种框架式二自由度陀螺中，自转轴与内环轴垂直且相交，内环轴与外环轴垂直且相交；当这三根轴线相交于一点时，该交点称为万向交点，它实际上就是陀螺仪的支撑中心。转子由电动或气动装置驱动且绕自转轴高速旋转，转子连同内环可绕内环轴转动，转子连同内环和外环又可绕外环轴转动。对转子而言，具有绕其自转轴、内环轴和外环轴这三根轴的三个转动自由度。而对自转轴而言，仅具有绕内环轴和外环轴这两根轴的两个自由度。陀螺仪框架上的支撑，采用的是滚珠轴承。采用滚珠轴承的陀螺仪俗称常规陀螺仪，目前，在航空领域的许多场合中，仍然被广泛使用。

(2) 二自由度陀螺仪的特性

1) 陀螺仪的进动性

当二自由度陀螺仪受外力矩 M 作用时，若外力矩绕内环轴作用，则陀螺仪绕外环轴转动(见图 5.6)；若外力矩绕外环轴作用，则陀螺仪绕内环轴转动(见图 5.7)。陀螺仪的转动方向与外力矩的作用方向不一致，具有垂直的特性，称为陀螺仪的进动性。进动性也是二自由度陀螺仪的基本特性。

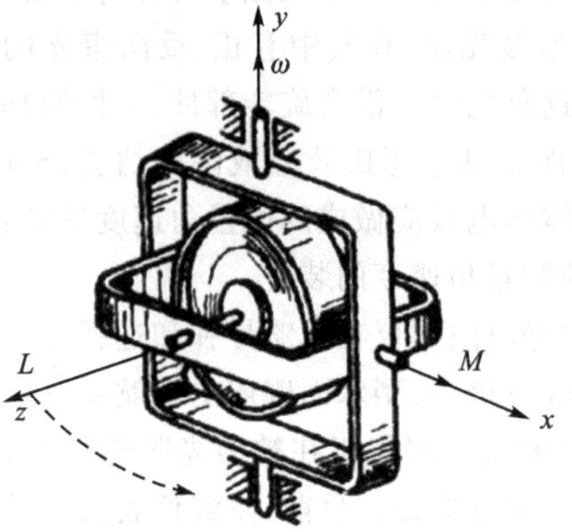

图 5.6　外力矩沿内框作用

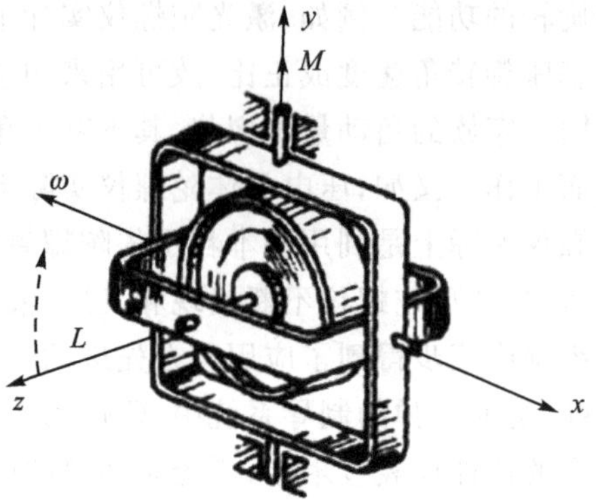

图 5.7　外力矩沿外框作用

为了与一般刚体的转动相区分，把陀螺仪这种绕外力矩方向相垂直方向的转动称为进动，转动角速度称为进动角速度，进动所绕轴称为进动轴。

陀螺进动角速度方向取决于角动量方向和外力矩方向，其规律如图 5.8 所示。陀螺进动角速度的大小取决于角动量的大小和外力矩的大小，其计算公式为

$$\omega = \frac{M}{L} = \frac{M}{I_Z \Omega} \tag{5-12}$$

式中：L 为陀螺的角动量；I_Z 为转子的转动惯量；Ω 为自转角速度。

2) 陀螺力矩

当外界对陀螺仪施加力矩使它进动时，陀螺仪也必然产生反作用力矩，其大小与外力矩的大小相等、方向相反，且作用在给陀螺仪施加力矩的物体上。陀螺仪进动的反作用力矩通常简称为“陀螺力矩”。如图 5.9 所示，陀螺力矩 M_G 与外力矩 M 之间的关系为

$$M_G = -M \tag{5-13}$$

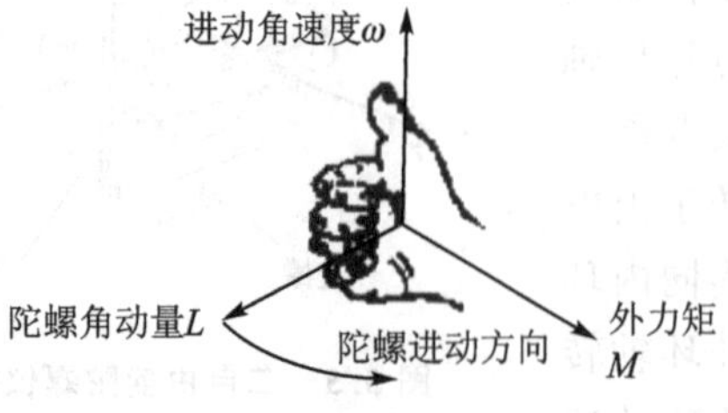

图 5.8　陀螺进动方向

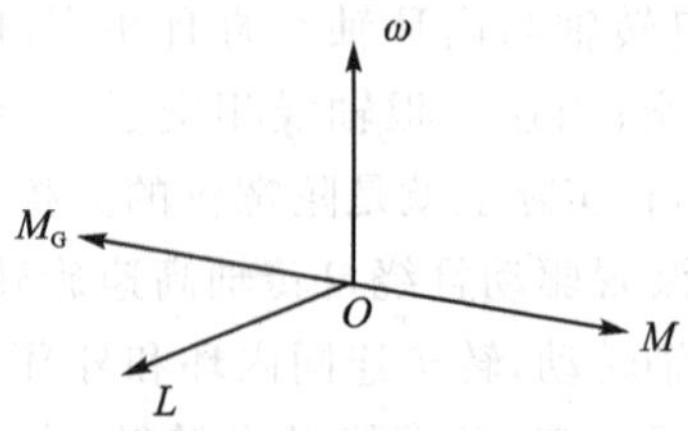

图 5.9　陀螺力矩向量图

将式(5-12)代入式(5-13)中，则陀螺力矩与角动量、进动角速度之间的关系为

$$M_G = L\omega \tag{5-14}$$

作用在陀螺仪上的外力矩与陀螺力矩平衡，所以转子轴不会沿外力矩方向倾倒。必须强调的是，陀螺力矩并不作用于转子本身，而是作用于给陀螺仪施加力矩的物体上。

3）陀螺的定轴性

二自由度陀螺仪的转子绕转轴高速旋转（即具有角动量）时，如果不受外力矩作用，将力图保持其自转轴相对惯性空间方位稳定的特性，称为陀螺仪的稳定性，也常称为定轴性。稳定性或定轴性是二自由度陀螺仪的一个基本特性。

在干扰力矩的作用下，陀螺仪以进动形式做缓慢漂移，这是陀螺稳定性的一种表现。陀螺角动量越大，则漂移越缓慢，稳定性就越高。如果陀螺仪漂移率足够小，如达到 0.1(°)/h 或更小的量级，则陀螺自转轴相对于惯性空间的方位变化微小；与地球自转所引起的地球相对惯性空间的方位变化相比，可近似认为陀螺自转轴相对惯性空间的方位不变化。

(3) 二自由度陀螺仪的运动方程

为研究陀螺仪的基本特性，采用微分方程来表达陀螺仪的运动规律。首先，应用牛顿定律及陀螺进动性来建立各种力矩关系，然后根据力矩平衡原理，即"动静法"直接写出陀螺仪的运动方程式。采用这种方法写出的运动方程式虽不太准确，但在工程上是可用的。

图 5.10 所示为二自由度陀螺仪运动坐标系，转子轴与内、外环轴交于一点，在初始位置时三轴互相垂直。假设陀螺仪在惯性基座上，则坐标系包括：固联于基座的坐标体系 $Oxyz$，也就是惯性坐标系，z，x，y 分别为转子轴、内环轴和外环轴；固联于外环的坐标系为 $Ox_\alpha y_\alpha z_\alpha$；固联于内环的坐标系为 $Ox_\beta y_\beta z_\beta$。

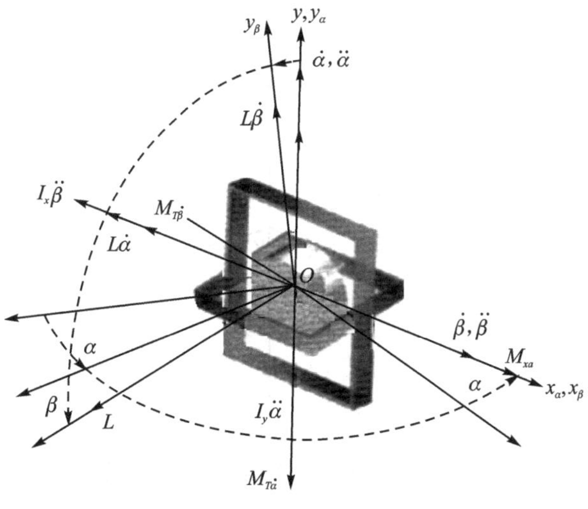

图 5.10　二自由度陀螺仪运动坐标系

起始时，各对应的坐标轴均重合。当陀螺仪绕外环轴转动时，转动角加速度及角速度分别为 $\ddot{\alpha}$ 和 $\dot{\alpha}$，外环坐标系为 $Ox_\alpha y_\alpha z_\alpha$，并与坐标系 $Oxyz$ 形成偏角 α。同样，当内环绕内环轴转动时，转动角加速度及角速度分别为 $\ddot{\beta}$ 和 $\dot{\beta}$，内环坐标系为 $Ox_\beta y_\beta z_\beta$，并与坐标系 $Ox_\alpha y_\alpha z_\alpha$ 形成偏角。转角 α 和 β 称为欧拉角。

陀螺转子的角动量为 L，陀螺仪对内、外环轴的转动惯量分别为 I_x 和 I_y，假设绕内环轴的外力矩为 $M_{x\alpha}$，沿 x_α 轴正向；绕外环轴的外力矩为 M_y，沿 y 轴正向。在外力矩的作用下，陀螺仪绕内、外环转动，出现角加速度 $\ddot{\alpha}$ 和 $\ddot{\beta}$ 及角速度 $\dot{\alpha}$ 和 $\dot{\beta}$，这样就产生了普通定轴转动刚体轴的惯性力矩，其方向与角加速度方向相反。此外，存在摩擦力矩分别为 $M_{T\dot{\beta}}$ 和 $M_{T\dot{\alpha}}$，其方向与转动角速度方向相反。

由于陀螺仪具有角动量 L，当陀螺仪绕内环轴和外环轴产生角速度 $\dot{\alpha}$ 和 $\dot{\beta}$ 时，生成哥氏惯性力矩，即陀螺力矩，其方向按角动量 L 转向角速度方向的右手定则确定。设 α 和 β 角是小量，则陀螺力矩 $L\dot{\alpha}$ 沿 x_α 轴负向，$L\dot{\beta}$ 沿 y 轴正向。

由于 x_α 轴和 y 轴的力矩是平衡的(见图 5.11)，则有

$$\sum \overline{M}_x = 0 \tag{5-15}$$

$$\sum \overline{M}_y = 0 \tag{5-16}$$

即

$$\left.\begin{aligned} M_{x\alpha} - L\dot{\alpha} - I_x\ddot{\beta} - M_{T\dot{\beta}} &= 0 \\ I_y\ddot{\alpha} + M_{T\dot{\alpha}} - L\dot{\beta} - M_y &= 0 \end{aligned}\right\} \tag{5-17}$$

假设摩擦力矩很小可忽略，则式(5-17)可简化为

$$\left.\begin{aligned} M_{x\alpha} - L\dot{\alpha} - I_x\ddot{\beta} &= 0 \\ I_y\ddot{\alpha} - L\dot{\beta} - M_y &= 0 \end{aligned}\right\} \tag{5-18}$$

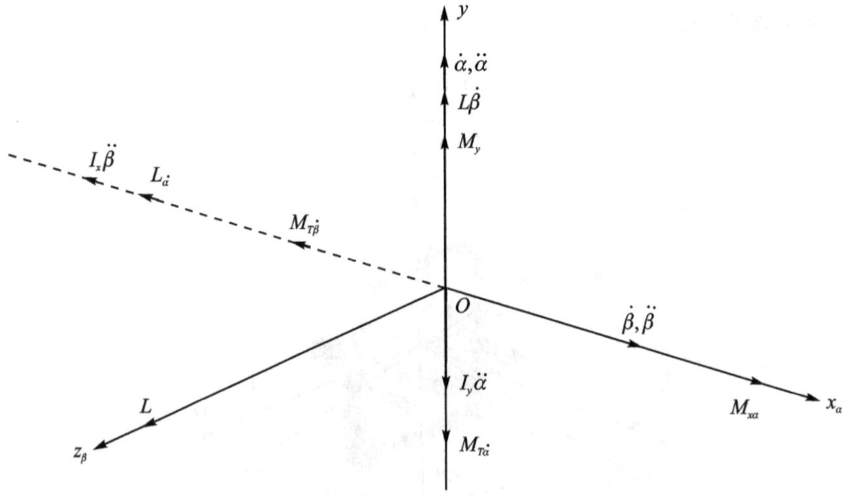

图 5.11 二自由度陀螺仪力矩平衡图

2. 单自由度陀螺仪

(1) 单自由度陀螺仪的组成及特性

单自由度陀螺仪的结构组成与二自由度陀螺仪的区别是，它只有一个框架，所以相对于基座而言，少一个转动自由度。因此，单自由度陀螺的特性与二自由度陀螺仪有所不同。

二自由度陀螺仪的基本特性之一是进动性，这种进动仅仅与作用在陀螺仪上的外力矩有关。基座转动运动不会直接带动转子一起转动，所以不会直接影响转子的进动运动。也可以说，由内、外环组成的框架装置在运动方面起着隔离的作用，将基座的运动与转子的转动隔离

开来。这样,如果陀螺自转轴稳定在惯性空间的某个方位上,那么当基座转动时,它仍然稳定在原来的方位上。

图 5.12 给出了单自由度陀螺在基座转动时的运动情况。当基座绕陀螺自转轴 z 或框架轴 x 转动时,不会带动转子一起转动。也就是说,当基座绕这两个方向转动时,框架仍然起到隔离运动的作用。但是,当基座绕 y 轴以角速度 ω_y 转动时,由于陀螺仪没有转动自由度,所以在基座强迫陀螺仪绕 y 轴进动的同时,还强迫陀螺仪绕框架轴进动并出现进动转角,自转轴 z 将趋向于与 y 轴重合。这里,y 轴为单自由度陀螺仪的输入轴,而框架轴(即 x 轴)为单自由度陀螺仪的输出轴。相应的,绕 y 轴的转动角速度称为输入角速度,绕框架轴的转角称为输出转角。由此可以说,单自由度陀螺仪具有感受绕其输入轴转动的特性。

(2) 单自由度陀螺仪的工作原理

单自由度陀螺仪可测量飞行器的转动角速度,称为角速度陀螺,也称为速率陀螺。图 5.13 为框架式角速度陀螺的基本结构。图中 x 轴为内环轴,是信号输出轴,轴上装有平衡弹簧、阻尼器和信号输出电位计;z 轴为转子轴;y 轴为测量轴。

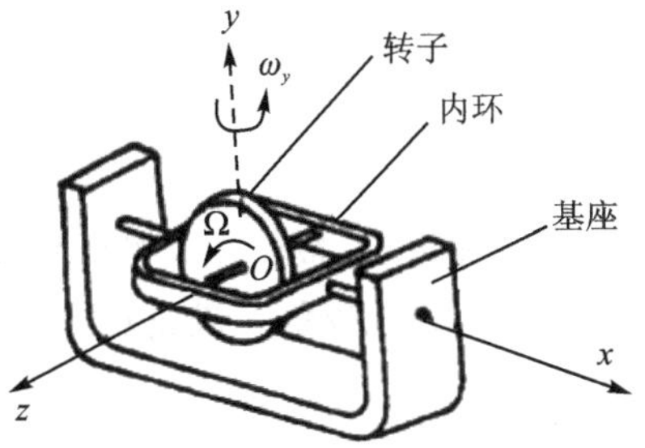

图 5.12 单自由度陀螺仪在基座转动时的运动情况

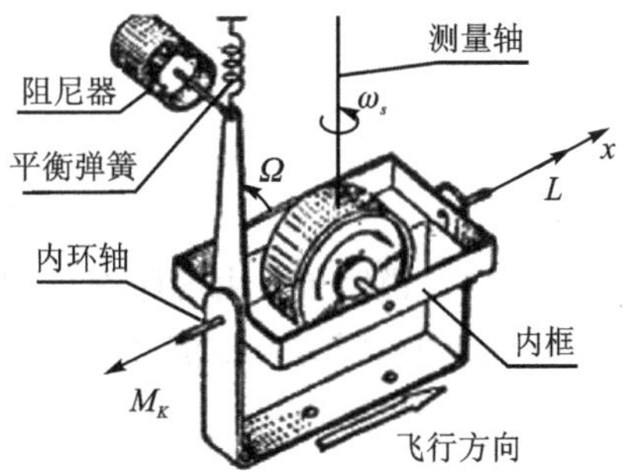

图 5.13 框架式角速度陀螺的基本结构

单自由度陀螺仪由陀螺电机的内框组成。陀螺电机多采用磁滞电机,内环做成方框形或陀螺房的形式,内环轴采用高精度的滚珠轴承或宝石轴承支撑在壳体上。平衡弹簧的作用是当内环绕内环轴相对壳体出现转角时产生弹性力矩,并度量输入角度的大小。阻尼器的作用是阻尼陀螺仪绕内环轴的振荡。在框架角速度陀螺中,一般采用空气阻尼器。信号输出传感器的作用是将输出转角转换为电压信号。它安装在内环轴方向,一般采用信号电位计或微动同步器。

角速度陀螺的工作原理如图 5.14 所示,当基座绕 y 轴以角速度 ω_y 转动时,由于陀螺仪绕该轴没有转动自由度,所以当基座转动时,将通过框架轴上的一对支承带动框架连同转子一起转动,并强迫陀螺仪绕 y 轴进动。而此时陀螺仪自转轴仍力图保持原来空间方位稳定,于是当基座转动时,框架上的一对支承就有推力作用在框架轴的两端,并形成推力矩 M_L 作用在陀螺仪上,其方向沿 y 轴正向。由于陀螺仪绕框架轴(x 轴)仍然存在转动自由度,所以这个推力矩就强迫陀螺仪产生绕框架轴(x 轴)的进动,同时出现进动角速度,并强迫进动角速度 $\dot{\beta}$ 沿框架轴(x 轴)趋向于与 y 轴重合,陀螺仪相对基座出现转角 β。

转角 β 出现后,弹簧产生力矩 $M_{K\beta}$,其值为 $M_{K\beta}=K\beta$(K 为弹簧刚性系数),方向沿 x 轴正向。在弹簧力矩的作用下,陀螺将绕 y 轴做正向进动,进动角速度为 ω_s 并与 ω_y 同向。当 $\omega_s=\omega_y$ 时,陀螺达到平衡状态,进动角速度 $\dot{\beta}=0$,这时框架轴上的一对支承不再对陀螺仪施

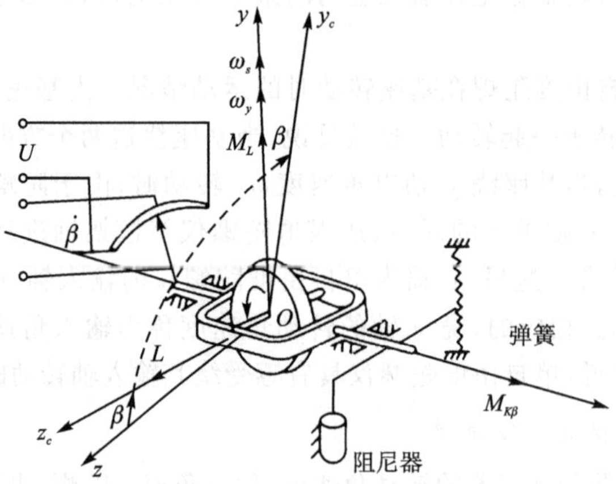

图 5.14　角速度陀螺工作原理

加推力作用，所以基座转动也不再引起陀螺仪绕框架转动。这时，陀螺仪将保持相对基座出现的转角 β，且有

$$\left.\begin{aligned}\omega_s &= M_{K\beta}/L = \omega_y \\ \beta &= \frac{L}{K}\omega_y\end{aligned}\right\} \tag{5-19}$$

式(5-19)说明单自由度陀螺仪的输出转角 β 与输入角速度 ω_y 成正比。陀螺仪在相对于基座出现转动时，同时带动信号输出电位计的电刷运动，并输出与转角 β 成正比的电压信号。测量该电压信号即可得出导弹绕某一弹体轴转动的角速度。

(3) 单自由度陀螺仪的运动方程

可采用"动静法"来建立单自由度陀螺仪的微分方程。如图 5.15 所示，$Oxyz$ 为基座坐标系，Oxy_cz_c 为内环坐标系。对单自由度陀螺仪来说，其输入为基座(即壳体)相对惯性空间的转动，而输出为陀螺仪绕框架轴相对基座的转角。因此，所关心的是陀螺仪绕框架轴相对于基座的运动情况，亦即坐标系 Oxy_cz_c 相对基座坐标系 $Oxyz$ 的运动情况。

假设陀螺仪绕框架轴相对基座转动的角加速度、角速度和转角分别为 $\ddot{\beta}$，$\dot{\beta}$，β，又假设基座绕基座坐标系各轴相对惯性空间转动的角加速度分别为 $\dot{\omega}_x$，$\dot{\omega}_y$，$\dot{\omega}_z$；角速度分别为 ω_x，ω_y，ω_z；I_x 为陀螺仪绕框架轴转动的转动惯量。

当基座绕测量轴 y 有转速 ω_y 时，陀螺绕 x 轴产生进动，出现 $\ddot{\beta}$ 和 $\dot{\beta}$，同时在 x 轴正向出现弹簧力矩 $M_{K\beta}=K\beta$、阻尼力矩 $M_D=K_g\dot{\beta}$(K_g 为阻尼系数)、摩擦力矩和惯性力矩 $I_x\ddot{\beta}$。由于出现了 β 角，这时基座还有相对惯性空间的角速度 ω_y 和 ω_x，则沿 x 轴形成陀螺力矩的分量为 $L\omega_y\cos\beta$ 和 $L\omega_z\sin\beta$。根据力矩平衡原理 $\sum M_x=0$，则有

$$I_x\ddot{\beta}+K_g\dot{\beta}+K\beta+M_{Tx}=L\omega_y\cos\beta-L\omega_z\sin\beta+I_x\omega_x \tag{5-20}$$

在稳定时，$\ddot{\beta}=\dot{\beta}=0$，则稳态角为

$$\beta^*=\frac{L}{K}(\omega_y\cos\beta-\omega_z\sin\beta)+\frac{I_x}{K}\dot{\omega}_x-\frac{M_{Tx}}{K} \tag{5-21}$$

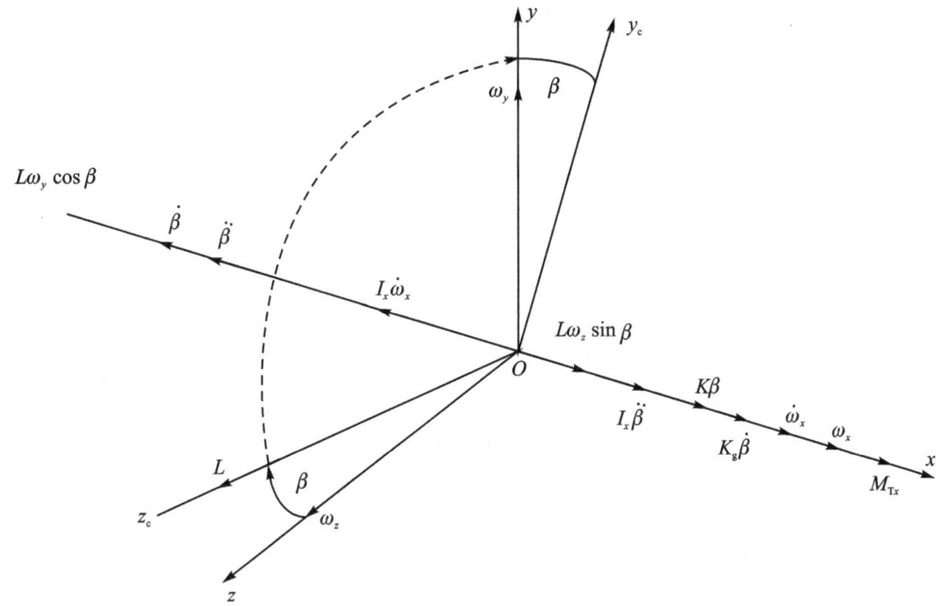

图 5.15　角速度陀螺输出轴上的力矩

在理想情况下 β 角很小，设 $\cos\beta\approx1,\sin\beta\approx0$，若 $\dot\omega_x\approx0$、$\omega_z\approx0$，$M_{Tx}\approx0$，则式(5-21)简化为

$$I_x\ddot\beta+K_g\dot\beta+K\beta=L\omega_y \tag{5-22}$$

在稳定时，$\ddot\beta=\dot\beta=0$，则理想稳态角为

$$\beta=\frac{L}{K}\omega_y=K_1\omega_y \tag{5-23}$$

式中：$K_1=\dfrac{L}{K}\omega_y$ 为常数，称为速率陀螺的灵敏度或静态传递系数。

将式(5-21)减去式(5-23)可得误差角

$$\Delta\beta=\beta^*-\beta=-K_1\frac{L}{K}\omega_y\left(1-\cos\beta-\frac{\omega_z}{\omega_y}\sin\beta\right)+\frac{I_x}{K}\dot\omega_x-\frac{M_{Tx}}{K} \tag{5-24}$$

由式(5-24)可以看出，静态误差分为三部分，第一项对应部分是陀螺仪相对基座出现转角 β 产生的，若 $\beta=0$，则该项为零。作为角速度传感器使用的速率陀螺，其信号转换器输出的电信号对应于转角 β，所以精度较高的角速率陀螺均采用灵敏度较高的角位移传感器，转角不超过 $\pm3°$。第二项是围绕基座绕 x 轴存在的角加速度形成的，若要减小这部分误差，则需减少绕 x 轴的转动惯量和增大弹簧的刚度。第三项是由 x 轴的不平衡力矩及其支承间的摩擦力矩引起的，为减少这部分的误差，应增大弹簧刚度和减小摩擦。

若 $\cos\beta\approx1,\sin\beta\approx0$，且 $\dot\omega_x\approx0$，代入式(5-20)可得

$$I_x\ddot\beta+K_g\dot\beta+K\beta=L\omega_y-M_{Tx} \tag{5-25}$$

考虑初始状态，即 $\ddot\beta=\dot\beta=0$，则式(5-25)变为 $L\omega_y-M_{Tx}=0$，即有

$$\omega_{y\min}=\frac{M_{Tx}}{L} \tag{5-26}$$

式中：$\omega_{y\min}$ 为角速度陀螺的最小角速度，即非零敏区。可以看出，增大角动量 L 和减少摩擦，

可提高灵敏度。由此相继出现了液浮陀螺和挠性陀螺等新型陀螺。

(4) 单自由度陀螺仪的动态特性

将式(5-25)写成形式

$$\ddot{\beta}+\frac{K_g}{I_x}\dot{\beta}+\frac{K}{I_x}\beta=\frac{L}{I_x}\omega_y \tag{5-27}$$

将式(5-27)进行拉氏变换，并且写成传递函数的形式

$$G(s)=\frac{\beta(s)}{\omega_y(s)}=\frac{K_1\omega_0^2}{s^2+2\xi\omega_0 s+\omega_0^2} \tag{5-28}$$

式中，$\omega_0=\sqrt{\frac{K}{I_x}}$为固有频率，$\xi=\frac{K_g}{2\sqrt{I_x K}}$为相对阻尼系数；$K_1=\frac{L}{K}$为静态传递系数。

若信号输出传感器输出电压与内环绕 x 轴的转角成正比，则有

$$\beta(s)=\frac{U(s)}{K_\beta} \tag{5-29}$$

将式(5-29)代入式(5-28)，可得

$$\frac{U(s)}{\omega_y(s)}=\frac{K_1 K_\beta\omega_0^2}{s^2+2\xi\omega_0 s+\omega_0^2} \tag{5-30}$$

静特性为

$$\frac{U}{\omega_y}=K_1K_\beta \tag{5-31}$$

$$U=K_1K_\beta\omega_y=\frac{L}{K}K_\beta\omega_y \tag{5-32}$$

由式(5-30)可知，角速度陀螺是典型的二阶系统，动特性取决于固有频率 $\omega_0=\sqrt{\frac{K}{I_x}}$ 和相对阻尼系数 $\xi=\frac{K_g}{2\sqrt{I_x K}}$，静特性取决于 L,K,K_β。当陀螺一定时，K 和 K_β 为常数，则输出的角速度信号是线性的。

3. 现代陀螺仪

现代陀螺仪是基于哥氏效应或萨格纳克(Sagnac)效应工作的一类陀螺仪。这类陀螺仪主要包括激光陀螺仪和光纤陀螺仪等。

(1) 激光陀螺仪

激光陀螺仪(laser gyroscope)是一种应用激光技术测量物体相对惯性空间的转动角速度的新型陀螺仪，它没有机械转子，是一个光学器件，但是具有类似陀螺测量角速度的功能，所以称为陀螺。

激光陀螺具有很多优点，诸如结构简单，没有活动的机械转子，不存在摩擦，也不受重力加速度影响；角速度测量范围宽，可以为 0.01～1 000(°)/s；测量精度高，可达 0.001(°)/h；启动快、工作可靠、寿命长等。更重要的是，激光陀螺仪可以直接提供数字信号，可方便与计算机连接，代表了信息数字化与综合化的方向。

自 20 世纪 70 年代中期出现激光陀螺至今，激光陀螺已在一些惯导系统中得到了广泛的应用，例如在一些精确制导武器上装备了以激光陀螺为惯性敏感元件的激光惯性基准系统。

在介绍激光陀螺的工作原理之前，首先介绍利用光学原理测量物体相对惯性坐标系的转动角速度的基本原理。

1）利用光学原理测量物体转动角速度

在激光技术出现之前，人们已利用光学原理测量物体相对惯性坐标系的转动角速度，这就是萨格纳克干涉仪，如图 5.16 所示。

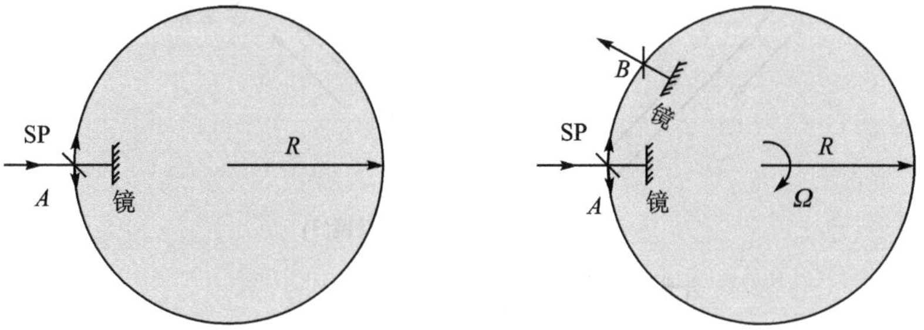

图 5.16　利用光学原理测量物体的相对转速

外部光源从 A 点入射，并被半透半反镜 SP 分为两束。设法使反射光沿半径为 R 的圆形路径逆时针传播，透射光沿相同路径顺时针传播。传播一圈后，两束相反方向传播的光在 SP 处会合。当干涉仪不动时，两束光传播一圈的时间相等；当干涉仪以角速度 Ω 相对于惯性坐标系顺时针转动时，对于随干涉仪一起转动的反射镜来说，对称性将被破坏，顺、逆光的光程产生差异。两束光传播一周的时间不等，因为这段时间中半透半反镜已从 A 点移到了 B 点，当顺时针传播的光束再次到达该镜时，多走了 AB 段路程，所需时间增加；而逆时针传播的光束，其路程缩短，所需时间减少，从而出现时间差 Δt 和光程差 Δl。可以证明光程差与干涉仪的转速成正比，即

$$\Delta l = \frac{4S}{kc}\Omega \tag{5-33}$$

式中：c 为光速；S 为环形路径所包围的圆的面积；k 为常系数，Ω 为角速度。

式(5－33)说明，两束光的光程差与干涉仪相对惯性坐标系的转动角速度成正比，只要测出光程差，即可得到转动角速度 Ω。

2）有源谐振腔激光陀螺仪的结构与工作原理

激光陀螺仪分为两类。一类为干涉式激光陀螺仪。它是在环形干涉仪的基础上发展起来的，直接继承了干涉仪的理论，通过测量正、反两束光的光程差以得到基座相对于惯性坐标系的角速度。这种原始的测量方法曾经被证明很难实现，后来随着检测相位差技术的发展(将光程差的测量转换成为相位差的测量)以及多匝光纤的采用，才赋予其新的生命，使之进入可及应用范围。

另一类为谐振腔式激光陀螺仪，即将光路设计成闭合的谐振腔，做成激光振荡器，使正、反光束在谐振状态下工作，通过测量其频差以求得基座角速度。谐振腔式激光陀螺仪又可分为有源和无源两种。激光源在谐振腔之外的激光陀螺称为无源谐振腔(或外腔)式激光陀螺，激光源在谐振腔内的激光陀螺称为有源谐振腔(或内腔)式激光陀螺。

在此主要介绍有源谐振腔式激光陀螺仪的结构组成和基本工作原理。

图 5.17 所示为有源谐振腔式激光陀螺仪的结构组成。该激光陀螺仪主要由传感器和测量电路两部分组成。传感器部分包括谐振腔，谐振腔有多种形状，图中所示为三角形谐振腔，

主要包括激光管、供电电源、两个具有高反射率的多层介质反射镜、一个半透半反镜和合光棱镜。测量电路部分由光电检测器、频率计、可逆计数器和显示装置组成。

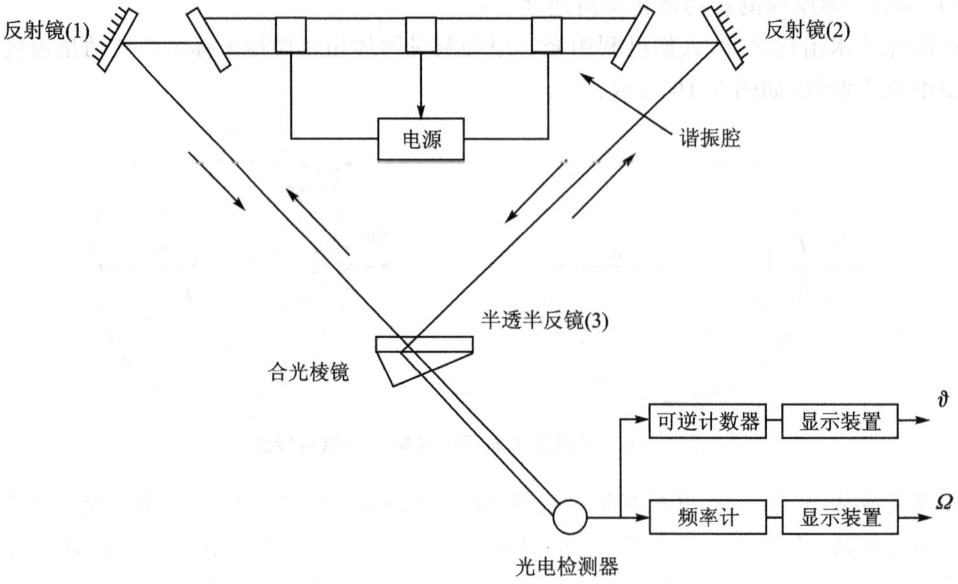

图 5.17　有源谐振腔式激光陀螺仪的结构组成

传感器中的激光器是用来产生激光的器件，激光管内充有氦、氖气体作为活性物质。当在激光管的阳极和阴极加有高压直流电时，活性物质被激发而产生激光。激光陀螺中的全反射镜是一种高反射率的多层介质膜片，几乎可以做到全反射。半透半反镜允许少量的光透过，反射系数比全反镜略低一些。合光棱镜是使两束不同方向传播的光混合到一起的光学元件。在测量电路部分中，光电检测器采用光电二极管或三极管，将光信号转换成为电信号输出；频率计、计数器和显示器是用来记录、处理和显示光电元件的信号。激光陀螺仪可以测量飞行器的转动角速度，经过数据处理，也可以得出角位移信号。

在环形谐振腔中，光路为三个反射镜组成的闭环回路。激光管中沿光轴传播的光子通过闭合回路从另一端反射回来。由此在腔内就会形成沿环路传播但方向相反(顺时针方向和逆时针方向)的两束光。对于每一束光来说，只有那些绕一周后回到原处时相位差恰好为 2π 整数倍的光子所诱发的次代光子才能与第一代同相位，因而逐代叠加使光强的增益大大叠加，进而产生激光；反之，那些各周相位不同的光子在叠加过程中难免相互抵消，损失很大，最终因损耗过大而被淘汰。因此，在谐振腔中产生了方向相反且以同一频率沿环路传播的两束激光。

激光陀螺仪静止时，在谐振腔中，激光沿环路传播一周的振荡频率为

$$\nu = q\frac{c}{l} \tag{5-34}$$

式中：q 为常值系数；c 为光速；l 为激光沿环路传播一周的光程。

两束光反向传播，光程相等，谐振频率相等，则频差 $\Delta\nu=0$。当激光陀螺以角速度 Ω 转动时，两束反向传播的激光光程不相等，振荡频率分别为

$$\nu_1 = q\frac{c}{l_1} \tag{5-35}$$

$$\nu_2 = q\frac{c}{l_2} \tag{5-36}$$

式中：l_1 和 l_2 分别为正、反向光束沿环路一周的光程。

这样，两束激光的频差为

$$\Delta\nu = |\nu_1 - \nu_2| = qc\ \frac{\Delta l}{l_1 l_2} \tag{5-37}$$

式中：$\Delta l = l_1 - l_2$，为两束激光在谐振腔中传播一周的光程差，$l_1 = l + \frac{\Delta l}{2}$，$l_2 = l - \frac{\Delta l}{2}$。

将式(5-37)两边除以 ν，再将式(5-34)及 l_1 和 l_2 代入其中，则可得

$$\frac{\Delta\nu}{\nu} = l\ \frac{\Delta l}{l^2 - \frac{(\Delta l)^2}{4}} \tag{5-38}$$

由于 $l^2 \gg \frac{(\Delta l)^2}{4}$，所以式(5-38)可简化为

$$\frac{\Delta\nu}{\nu} = \frac{\Delta l}{l} \tag{5-39}$$

因为 $\Delta l = \frac{4S}{kc}\Omega = \frac{4S}{k\nu\lambda}\Omega$，所以代入式(5-39)可得

$$\Delta\nu = \frac{4S}{l\lambda k}\Omega = K\Omega \tag{5-40}$$

式中：$K = \frac{4S}{l\lambda k}$ 为激光陀螺灵敏度；S 为环形腔包围的面积；k 为常系数；λ 为激光的波长；Ω 为陀螺所测角速度。

由此可知，激光陀螺将测量飞行器的转动角速度转换为测量谐振频率的频差，从而大大提高了测量的灵敏度。

测出频差后即可算出角速度。对于有源谐振腔，频差就是两束激光之间的拍频。对式(5-40)两边积分，可得拍频的振荡周期 N，它与转角成正比，即

$$N = \int_0^t \Delta\nu\,\mathrm{d}t = \int_0^t K\Omega\,\mathrm{d}t = K\theta \tag{5-41}$$

通过测量电路将每个振荡周期都变为输出脉冲，再通过检测 N 即可得到角度。

(2) 光纤陀螺仪

光纤陀螺仪是继激光陀螺仪之后发展起来的一种新陀螺仪。自 1976 年提出至今，光纤陀螺仪已在多个领域中获得了应用，精度可达 0.1～1(°)/h。

与激光陀螺仪的工作原理一样，光纤陀螺仪的基本工作原理仍然是 Sagnac 效应；所不同的是，它采用光纤缠绕成一个光路来代替在石英玻璃上加工的三角形谐振腔。与激光陀螺仪相比，光纤陀螺仪结构简单、成本低、可靠性高并易于小型化。

5.1.3 陀螺仪的应用

1. 单自由度陀螺仪的应用

(1) 角速度测量

单自由度陀螺仪用来测量导弹绕弹体轴转动的角速度，作为角速度传感器，输出与角速度成比例的电信号，送至需要角速度信息的地方。

在导弹自动驾驶仪中，常引入弹体轴角速度信号，速率陀螺仪可提供飞行控制系统中的微分信号，提高系统阻尼，改善系统动态性能。

(2) 稳定陀螺平台的敏感元件

随着惯性导航和惯性制导系统的迅速发展及其在各种飞机、导弹及舰艇上的应用，角速率陀螺作为平台式惯性导航核心敏感元件也得到了广泛应用。

在单自由度陀螺仪基础上增设阻尼器和角度传感器，并取消弹性元件便构成了速率积分陀螺仪。实际的速率积分陀螺仪均为液浮机构。由于液浮式速率积分陀螺仪具有较高的灵敏度，所以陀螺平台一般多采用液浮式速率积分陀螺作为敏感元件，并与平台电子线路和伺服电机共同构成闭合回路，以较高的精度使平台稳定在空间方位。图 5.18 为单轴陀螺稳定平台示意图。单轴陀螺稳定平台由平台、速率积分陀螺仪、放大器、伺服电机和减速器组成。

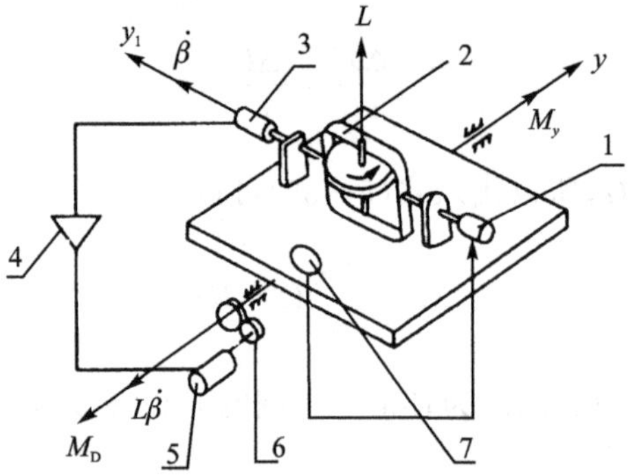

1—力矩器；2—速率积分陀螺仪；3—传感器；4—放大器；5—伺服电机；6—减速器；7—加速度计

图 5.18　单轴陀螺稳定平台示意图

速率积分陀螺仪的输入轴与平台轴（或称稳定轴）重合或平行安装，伺服电机经减速器可带动平台绕其轴转动。若伺服电机采用永磁式力矩电机，则无需减速器。当平台受到某种干扰力矩绕平台轴转动，平台偏离原空间方位时，速率积分陀螺仪将感受到这个转动，于是陀螺仪绕内框轴转动，出现转角 β，信号传感器输出与该角成比例的电压信号，信号经放大器放大、变换后控制伺服电机，伺服电机产生转矩并经减速器传递到平台上，转矩将克服平台上的干扰力矩，使平台绕着平台轴相对于惯性空间保持方位稳定，即使平台恢复到初始方位。

2. 二自由度陀螺仪应用

垂直陀螺仪是测量飞行器俯仰角和滚动角的装置，作为飞行控制系统的敏感元件输出与姿态角成比例的电信号。

图 5.19 为垂直陀螺仪的结构原理图，其中内环和外环称为万向支架，陀螺转子安装在万向支架内，转子轴向上，内环下面安装有液体开关，在 x 轴和 y 轴上分别安装有力矩电机 Ⅱ 和 Ⅰ。

要想准确测量飞行器的俯仰角和倾斜角，首先要将陀螺仪正确安装在飞行器上，采用纵向安装方式，如图 5.19 所示，即将陀螺的外环轴平行于飞行器纵轴，转子轴（L 方向）与地垂线重合，方向向上。

当飞行器出现俯仰时，外框跟随弹体一起转动。由于陀螺仪具有定轴性，所以内环绕外环轴保持稳定，外环绕内环转过角度，即飞行器的俯仰角。垂直陀螺的机电转换元件电位计安装在外环上，电刷安装在内环上，因此反映外环与内环相对运动的电位计和电刷即可输出与俯仰角成比例的电信号；当飞行器倾斜时，壳体随弹体一起转动，并且由于陀螺的定轴性，外环绕外环轴保持稳定，壳体绕外环轴转动的角度就等于飞行器绕纵轴转动的角度，即飞行器的倾斜角。由于电位计安装在壳体上，电刷安装在外环轴上，所以反映壳体与外环相对运动的电位计及电刷，即可输出与倾斜成比例的电信号。

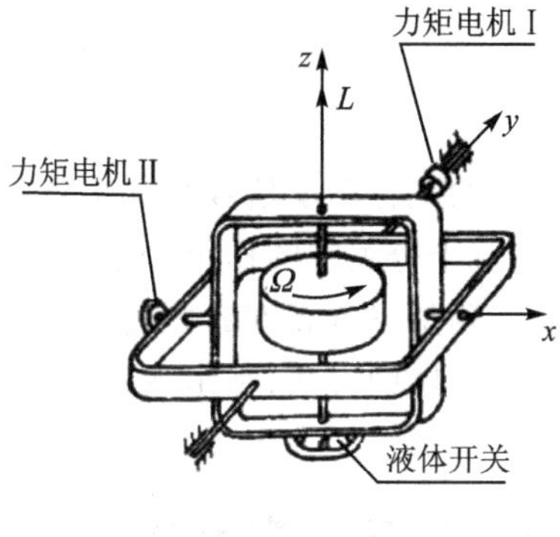

图 5.19　垂直陀螺仪结构原理图

为了准确测量飞行器的姿态，必须保证测量基准的准确，即要始终保持陀螺转子轴与地垂线的重合，这样与该垂线相垂直的平面即为所需要的地平面基准。由于陀螺的表观运动现象和各种干扰力矩所引起的进动漂移会使最初的地垂线基准倾斜，所以必须对这些偏转进行修正，对陀螺转子的修正由修正装置来完成，修正装置由液体开关和力矩电机组成。

液体开关是一个单摆，结构原理如图 5.20 所示。液体开关一般由玻璃管制成，它与力矩电机两相绕组接成电桥，相应的极点与中间极点的电阻为桥臂，图中的 W1 和 W2 为力矩马达线圈。图 5.21 为双向液体开关结构原理图，图中的 W1、W2、W3 和 W4 为力矩马达线圈。当陀螺转子轴偏离地垂线时，液体开关两极点的电阻不相等，破坏了液体开关间的电阻与力矩线圈电阻所构成的电桥平衡，于是力矩电机两线圈所产生的力矩不相等，从而产生力矩，利用陀螺的进动特性修正陀螺，使自转轴朝着地垂线方向进动，直到液体开关的气泡回到中央位置为止，从而使转子轴最终稳定在地垂线上。

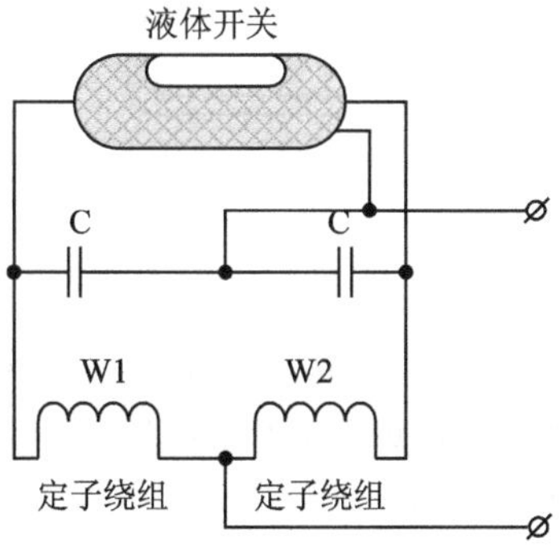

图 5.20　液体开关结构原理图

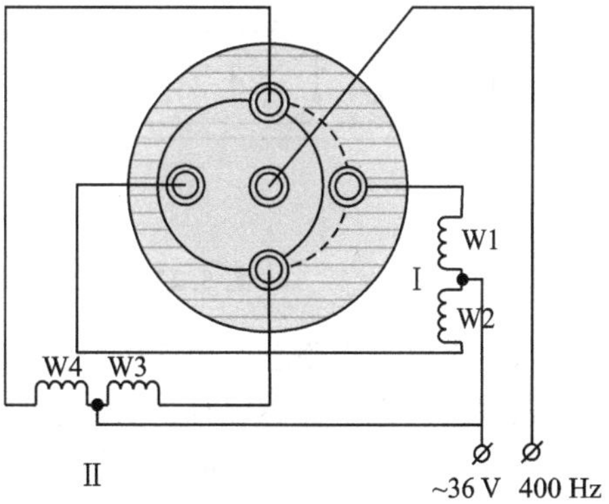

图 5.21　双向液体开关结构原理图

由于液体开关是一个单摆，所以当飞行器加速飞行时受惯性加速度和离心加速度的影响会产生修正错误。设飞行器的加速度为 a，当 $a=0$ 时，液体开关的水泡在中间位置，水泡两极点间的电阻平衡；当 $a\neq 0$ 时，即飞行器加速飞行时，水泡朝着加速度方向移动，水泡两极点间的电阻不相等，力矩电机就会产生力矩以修正错误。为避免上述修正错误的出现，当飞行器加速飞行时要断开陀螺纵向修正，当飞行器恢复等速飞行时，再恢复其修正作用，这样可使陀螺保持跟踪地垂线。

5.2　高度测量传感器

导弹的飞行高度信号在其爬升、巡航、地形跟随与回避以及超低空掠海飞行的稳定控制过程中,具有十分关键的作用。随着飞行器飞行包线的扩大,对飞行高度与速度的测量就显得愈加重要。测量飞行高度的方法很多,例如根据大气压力(常称静压)随高度升高而减小的规律测量飞行高度的方法,利用飞行器垂直方向的加速度积分测量飞行高度的方法,以及无线电测高的方法等。

5.2.1　气压式高度传感器

气压式高度传感器是重要的大气数据仪表之一。气压式高度表通过感受气压来测量飞行高度。飞行高度是导弹在空气中与某一基准面的垂直距离。测量基准不同,测出的高度也不同。气压式高度传感器根据大气压力(常称为静压)随高度升高而减小的规律测量飞行高度,并输出与之相对应的电压信号。图 5.22 所示为气压式高度传感器的原理图。

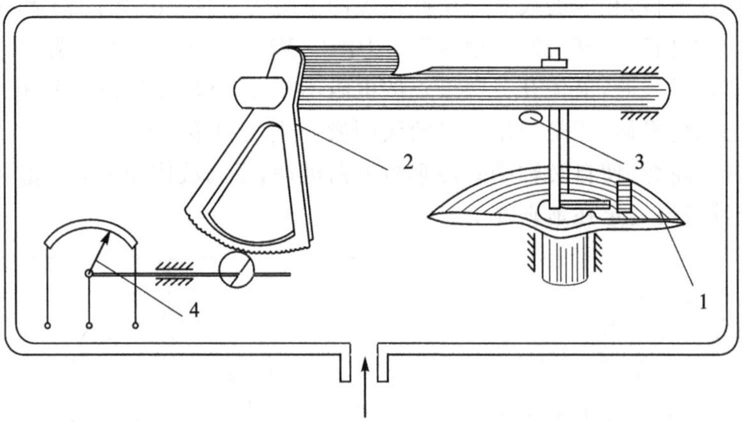

图 5.22　气压式高度传感器的原理图

气压式高度表由真空膜盒 1、传动放大器 2、补偿装置 3 和信号转换器 4 组成,它们安装在密封的仪表壳体内。作为敏感元件的真空膜盒由两个波纹膜片焊接而成,膜盒内部抽成真空,可以认为压力等于零,膜盒外部的压力等于飞行器周围的大气压力。当作用于真空膜盒上的气压为零时,其处于自然状态。当高度升高,作用于膜盒上的大气压力逐渐减小时,膜盒将逐步膨胀。膜盒中心的位移与作用于膜盒上的大气压力之间呈线性关系。在低空时,改变单位气压,膜盒的位移量较小,这样膜盒的位移量正好对应不同高度上的单位气压高度差。随着高度的改变,膜盒变形产生位移,该位移通过相应的传动机构带动信号转换器,从而获得与高度成比例的电压信号。

传动机构有连杆式和齿轮式两种。两个双金属片制成的温度补偿装置,用来补偿膜盒的弹性系数随温度变化所引起的弹性温度误差。信号转换器为一电位计,当温度变化时膜盒膨胀或收缩产生位移,经过传动机构带动电刷转动,电位计输出与高度相应的电信号。

在图 5.22 所示高度表的基础上增设调零机构,使传感器在对某一基准气压面的高度为零时输出也为零。选择相应的基准气压面,传感器可输出相应于相对高度的电压信号。

上述利用膜盒一类弹性元件的形变和位移来测量大气压力,然后再将压力转变为电信号的方法，称为传统的压力测量方法。这类传感器的体积大，灵敏度低，可靠性差，非线性严重。随着微电子技术的发展，固体半导体压力传感器已得到广泛应用，并且这类传感器具有体积小、质量轻、灵敏度高，易于集成化和微型化等优点，已成为气压式高度传感器的有效替代方式，相关工作原理此处不再赘述。

5.2.2 无线电高度表

无线电测高和雷达测高的基本原理是相同的，都是利用无线电波的反射特性来测量飞行高度。电磁波在空气中以光速 c 传播，碰到地面后能够反射。飞行器上装有无线电发射机和接收机，发射天线 A 与接收天线 B 相距 l，无线电发射机发射无线电波，如图 5.23 所示。

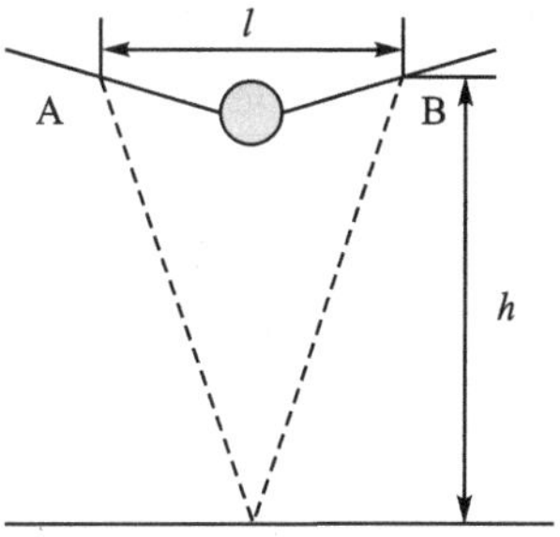

图 5.23　无线电测高原理图

所发射的无线电波，一部分由发射天线直接传输到接收天线，所需时间为

$$t_1 = \frac{l}{c} \tag{5-42}$$

另一部分由发射天线发射，并经地面反射到接收天线，所需时间为

$$t_2 = \frac{\sqrt{4h^2 + l^2}}{c} \tag{5-43}$$

接收天线接收到上述两个无线电波的时间间隔为

$$\tau = t_2 - t_1 = \frac{\sqrt{4h^2 + l^2}}{c} - \frac{l}{c} \tag{5-44}$$

故飞行高度为

$$h = \frac{1}{2}\sqrt{c\tau(c\tau + 2l)} \tag{5-45}$$

因为发射天线与接收天线之间的距离 l 很小，可忽略，所以飞行高度为

$$h = \frac{1}{2}c\tau \tag{5-46}$$

利用无线电波的反射特性来测量飞行高度的方法，是将飞行高度的测量转换为对时间的测量。由于该方法所要求的无线电发射机的功率与被测高度的 4 次方成正比，因此在飞行器上大多用于小高度的测量，且所能测量的最小高度取决于所能测量的最小时间间隔。例如当所能测量的最小时间间隔为 10^{-9} s 时，所能测量的最小飞行高度为 0.15 m。为了测量传播时间，雷达高度表采用的是雷达脉冲，它可用于较小高度的测量，其测量精度为 1 m，或为测量高度的 2%。

5.3 导航系统

导航（navigation）是引导载体到达目的地的过程，根据应用范围不同，可分为航空导航、航海导航及陆地导航等。以航空导航为例，确定飞行器的位置并引导其按预定航线飞行的整套设备（包括飞行器上的设备和地面上的设备）称为飞行器导航系统。根据工作原理的不同，飞行器导航系统又可分为惯性导航系统、卫星导航系统及组合导航系统。

5.3.1 惯性导航系统

惯性导航是重要的弹载导航设备。惯性导航是通过测量飞行器的惯性加速度，并自动进行积分运算，以获得飞行器的即时速度和即时位置数据的综合性技术。组成惯性导航系统(Inertial Navigation System，INS)的设备都安装在飞行器内，工作时不依赖于外界信息，也不向外界辐射能量，是一种自主式的导航系统。

导航系统的力学基础是牛顿第二定律。该定律叙述了物体的加速度、质量和所受作用力三者之间的关系：当用线加速度计测量出飞行器(物体)的运动加速度后，飞行器的即时加速度、即时速度和即时位移可由下式获得

$$a=\frac{\mathrm{d}v}{\mathrm{d}t}=\frac{\mathrm{d}^2S}{\mathrm{d}t^2} \tag{5-47}$$

$$V=V_0+\int_0^t a\,\mathrm{d}t \tag{5-48}$$

$$S=V_0\int_0^t \mathrm{d}t+\frac{1}{2}a\int_0^t\int_0^t \mathrm{d}t^2 \tag{5-49}$$

无论初始值 V_0 是否为零，应用速度公式(5-48)和位移公式(5-49)均可计算出任何时刻的速度和任一时间段内飞行器所飞过的路程。t 代表飞行器经过的时间；V 是这一时间终了时的即时速度；S 是这一时间终了时的即时位移。

设想飞行器在一个平面内飞行，且飞行时间不长，故可以认为地球不转。在图 5.24 所示的飞行器上有平台，平台始终平行于飞行器所在的水平面。在平台上沿北-南方向放置一个加速度计 A_y，在东-西方向放置一个加速度计 A_x。飞行器的飞行起点为直角坐标系的原点。当飞行器起飞后，两个加速度计可随时测出飞行器沿北-南和东-西方向的线加速度，对加速度按式(5-48)和式(5-49)积分，可得飞行器沿 x 轴和沿 y 轴方向的即时速度和路程，其积分过程可用图 5.25 表示，图中的 x_0、y_0，$\dot{x}_0$、$\dot{y}_0$ 分别为起始位置和速度值。在实际飞行中，飞行器惯

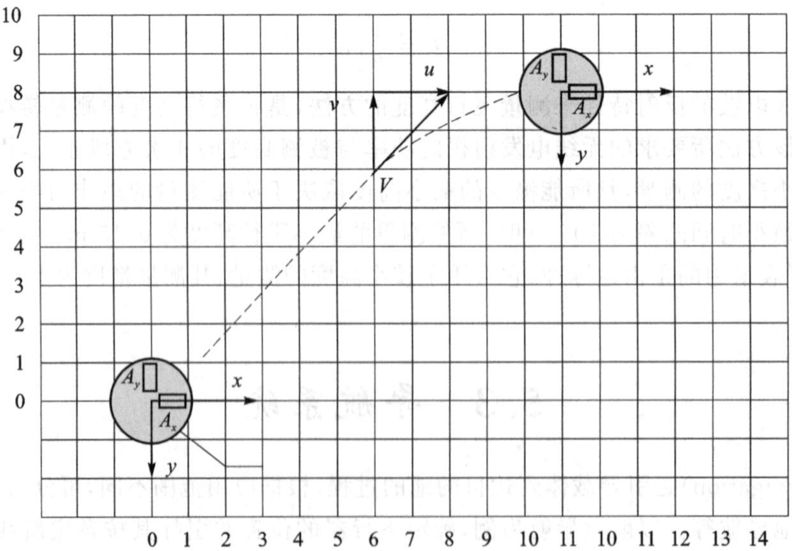

图 5.24 二自由度简化惯性导航系统示意图

性系统是以经度和纬度定位的。

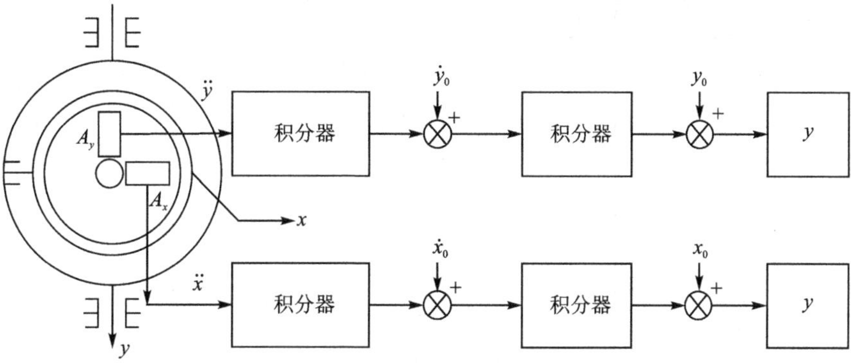

图 5.25 导航系统积分过程示意图

为了实现上述导航原理，要求在飞行器航向改变时，加速度计 A_y 的输入轴始终沿北-南方向，加速度计 A_x 的输入轴始终沿东-西方向。为此图 5.24 中飞行器上的平台应相对于飞行器壳体转动。

弹上惯性导航系统通常由惯性测量元件、计算机组成。惯性测量元件包括加速度计和陀螺惯性元件，三个陀螺仪用来测量飞行器沿三个轴的转动角速度，三个加速度计用来测量飞行器质心运动的加速度。计算机根据加速度信号进行积分计算，并进行系统标定和对准，以及进行机内检测与管理。

按照惯性测量元件在飞行器上的安装方式，惯性导航系统(INS)可分为平台式惯性导航系统和捷联式惯性导航系统。

1. 平台式惯性导航系统

平台式惯性导航系统是将惯性测量元件安装在惯性平台台体上，由平台建立导航坐标系，三个正交安装的加速度计输入轴分别与导航坐标系的相应轴重合，且位于飞行器所在点的水平面内。对三个加速度测量值进行处理和积分后，便可得到所需要的导航参数。飞行器的姿态角可直接利用惯性导航平台获得。

在平台式惯性导航系统中，惯性导航平台能够隔离飞行器的角运动，以保证加速度计和陀螺仪的工作条件良好，但是，惯性导航平台结构复杂且尺寸较大。

平台式惯性导航系统的精度为 1～2 km/h，速度精度为 0.8～1 m/s。由于平台式惯性导航系统中的惯性测量元件通过平台与飞行器相连，因而动态环境对惯性元件的影响较小，系统精度较高。因此，在需要高精度导航的场合，一般采用平台式惯性导航系统。

2. 捷联式惯性导航系统

捷联式惯性导航系统将惯性元件直接安装在飞行器上，没有机电装置组成的惯性导航平台，捷联式惯性导航系统原理如图 5.26 所示。

捷联式惯性导航系统测量弹体运动的陀螺仪输入轴和加速度计输入轴都置于与弹体轴方向一致的位置，它们测量的是飞行器绕各轴转动角速度和惯性加速度。加速度计和陀螺仪输出信息经过误差补偿处理后获得测量值，再经过计算机进行坐标变换和姿态矩阵计算等处理后转换成为导航坐标系中的参数，然后进行地表导航参数计算。

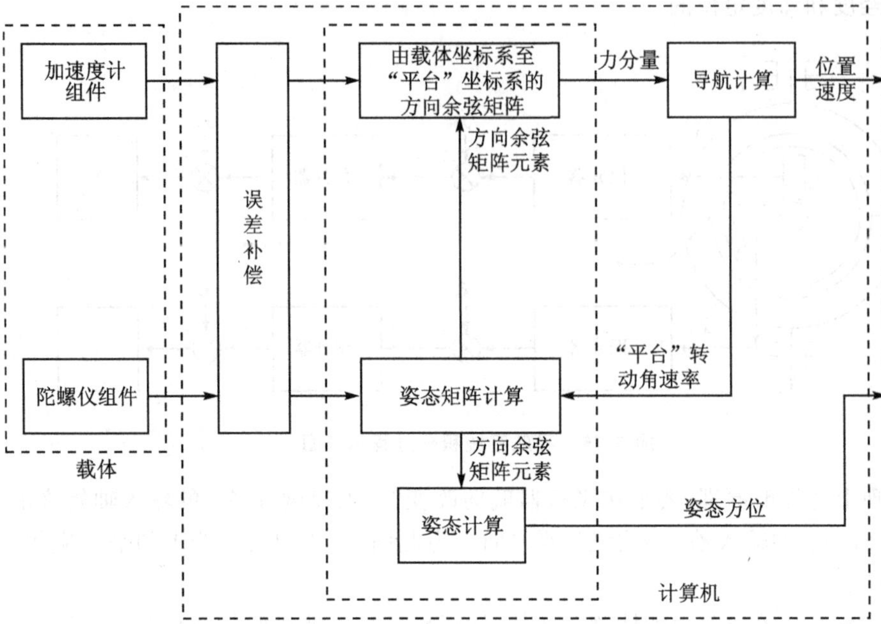

图 5.26　捷联式惯性导航系统原理框图

捷联式惯性导航系统由于没有惯性导航平台，所以结构简单、体积小、成本低；但是由于陀螺仪和加速度计直接安装在弹体上，所以工作条件不佳。因此，对仪表的要求较高。目前在导航级平台应用中，除大型飞机和舰艇仍采用平台系统以外，其他运载体和导弹大多采用捷联式惯性导航系统，包括欧洲及日本的大型运载火箭，也由平台式惯导改为捷联式惯导。

5.3.2　卫星导航系统

卫星导航系统是以人造卫星作为导航台的星际无线电导航系统，能为全球陆、海、空、天各类军、民载体，全天候 24 h 连续提供高精度的三维位置、速度和精密时间信息。当前使用较多的包括美国的 GPS 系统、俄罗斯的 GLONASS 系统和我国的北斗系统。

随着微电子技术、计算机软/硬件技术、通信网络技术和电子数字地图技术的发展，作为卫星导航用户设备的用户终端，正在向微小型化、硬件软化、多功能组合化方向迅猛发展，各公司正加速在各类卫星导航系统用户终端专用芯片、核心部件（OEM 板）、各类接收机和应用系统，以及开发工具方面展开激烈的市场竞争，新兴的卫星导航产业已经形成。卫星导航在导弹制导、情报搜集、战场指挥、军事测绘、车船（舰）导航、时间同步、陆海空交通管理等方面的应用方兴未艾，并展现出广阔的应用前景。

1. GPS 卫星导航定位系统

GPS(Global Positioning System)是由美国国防部负责研制，主要是满足军事需求，用于地面及近地空间用户（载体）的精确定位、测速和作为一种公共时间基准的全天候星际无线电导航定位系统。定位系统包括三大部分：空间卫星部分、地面监控部分和用户接收设备等。

(1) GPS 卫星导航定位系统的组成

1) 空间卫星部分

空间卫星部分包括多颗卫星组成的星座。GPS 系统组建完成后，可在全天侯任何时间为全球任何地方提供 4～8 颗仰角在 15°以上的、可同时观测的卫星。到 1993 年 7 月，星座中已布满了 24 颗 GPS 卫星供导航使用，这些卫星分布在 6 条倾角为 55°的轨道上。轨道近似于圆形，最大偏心率为 0.01，轨道长半径是 26 560 km，卫星的高度为 20 200 km，运行周期约为 12 h，即每天绕地球运行两周。另外，还有 4 颗有源备份卫星在轨道上运行。这些卫星正常运行而且经过军事实践验证后，1995 年 4 月 27 日美国国防部宣布 GPS 达到了全运行能力。

GPS 卫星为无线电信号收发机、原子钟、计算机及各种辅助装置提供了一个平台。

GPS 卫星的作用有三点：

① 接收地面注入站发送的导航电文和其他信号；

② 接收地面主控站的命令，修正其在轨运行偏差及启用备件等；

③ 连续向用户发送 GPS 导航定位信号，并以电文的形式提供卫星自身即时位置与其他在轨卫星的概略位置，以便用户使用。

由此可见，GPS 卫星定位是以被动定位原理进行工作的。

2）地面监控部分

GPS 工作卫星的地面监控部分由 1 个主控站、3 个注入站和 5 个监测站组成。主控站早期设在美国范登堡空军基地，现在已迁到位于科罗拉多州的空间联合工作中心（CSOC）。

其中主控站的作用是数据收集，数据处理，监测、协调和控制卫星。监控站的位置经过精密测定，每个监控站设有四个通道的用户接收机、环境数据传感器、原子钟、计算机信息处理机等。监控站根据其接收到的卫星扩频信号，求出相对于其原子钟的伪距和伪距差，检测出所测卫星的导航定位数据。利用环境传感器测出当地的气象数据，然后将算得的伪距、导航数据、气象数据及卫星状态数据传送给主控站，供主控站使用。注入站设有 3.66 m 的抛物面天线、固定 C 波段发射机以及能进行转换存储的 HP－21MX 计算机。其主要作用是将主控站需传输给卫星的资料以既定的方式注入到卫星存储器中，供卫星向用户发送。

3）用户接收设备

GPS 用户设备即卫星接收机，其功能是接收 GPS 卫星发送的导航信号，恢复载波信号频率和卫星钟，解调出卫星星历、卫星钟校正参数等数据；通过测量本地时钟与恢复的卫星钟之间的时间延迟，来测量接收机天线到卫星的距离（伪距）；通过测量恢复的载波频率变化（多普勒频率），来测量伪距的变化率；根据获得的这些数据，计算出用户所在的地理经度、纬度、高度、速度和准确的时间等导航信息，然后将这些信息显示在屏幕上或通过输出端口输出。GPS 卫星接收机的组成框图如图 5.27 所示。

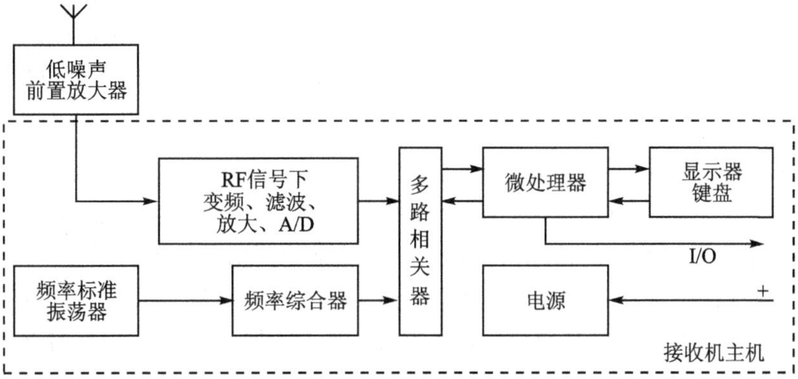

图 5.27　GPS 接收机组成框图

目前,GPS 提供两种定位服务:C/A 码标准定位服务(SPS)和 P 码(Y 码)精密定位服务(PPS)。未选择可用性(SA)时,SPS 服务的水平定位精度 2δ 达到 20～40 m,垂直定位精度 2δ 达到 45 m。有选择可用性(SA)时,SPS 服务的水平定位精度 2δ 达到 100 m,垂直定位精度 2δ 达到 156 m。利用其他技术还可以大大提高其定位精度,比如利用伪距测距可使定位精度达到米级;利用差分定位可使定位精度达到厘米级;利用载波相位可使定位精度达到毫米级。

(2) GPS 卫星导航定位系统的定位原理

GPS 系统的定位过程:围绕地球运转的人造卫星连续向地球表面发射经过编码调制的连续无线电波信号,信号中含有卫星信号准确的发射时间,以及不同时间卫星在空间中的准确位置(由卫星运动的星历参数和历书来描述);用户接收机接收卫星发射的无线电信号,测量信号的到达时间,计算卫星和用户之间的距离,用导航算法(最小二乘法或滤波估计算法)解算得到用户的位置。

由此可见,如何准确描述卫星位置、测量卫星与用户之间的距离和解算用户的位置是 GPS 导航定位系统的关键。用户接收机与卫星之间的距离为

$$R=\sqrt{(x_1-x)^2+(y_1-y)^2+(z_1-z)^2} \tag{5-50}$$

式中:R 为卫星与接收机之间的距离;x_1,y_1,z_1 为卫星的空间三维坐标;x,y,z 表示用户接收机的三维坐标。其中 x_1,y_1,z_1 为已知量(主要通过导航电文解算获得);R 值可以通过接收机解算获得;x,y,z 为未知量。至少观测三颗卫星,便有三个这样的方程,将这三个方程式联立求解就可定出用户接收机的位置。

实际上,用户接收机一般不可能有十分准确的时钟,它们也不与卫星钟同步,因此接收机测得的卫星信号在空间的传播时间是不准确的,计算得到的距离也不是用户接收机到卫星之间的真实距离,这种距离叫伪距。假设用户接收机在接收卫星信号的瞬间,接收机的时钟与卫星导航系统所用时钟的时间差为 Δt,则式(5-50)将改写为

$$R=\sqrt{(x_1-x)^2+(y_1-y)^2+(z_1-z)^2}+c\Delta t \tag{5-51}$$

式中:c 为电磁波传播的速度(光速);Δt 为未知数。只要接收机接收和解算出距 4 颗卫星的伪距,便有 4 个这样的方程,把它们联立起来,即能求出接收机的位置和准确的时间。

当用户不运动时,由于卫星在运动,在接收到的卫星信号中会有多普勒频移。这个频移的大小和正负可以根据卫星的星历和时间以及用户接收机本身位置算出来。如果用户本身也在运动,则这个多普勒频移便要发生变化,其大小和正负取决于用户的运动速度与方向。根据这个变化,用户便可以算出自己的三维运动速度。这就是 GPS 测速的基本原理。另一种求解用户速度的方法是,知道用户在不同时间的准确三维位置,用三维位置的差除以所经过的时间,即可求解出用户的三维运动速度。

(3) GPS 卫星导航定位系统用户接收机工作过程

① 选择卫星。从可见卫星(4～9 颗)中选择几何配置关系最好的 4 颗卫星。

② 搜捕和跟踪被选卫星的信号。信号的搜捕就是检测伪随机码自相关输出的极大值,通常是采用相关试探的方法进行搜捕。一般搜捕 C/A 码的时间最多为 90 s,P 码的码组较长,搜索时间较长。一旦卫星信号被捕获并进入跟踪,即可解出卫星星历、卫星时钟校正参量和大气校正参量等数据。

③ 测量伪距并进行修正。利用时间标记和子帧计数测量出用户及卫星之间的伪距离,并

用两个载频信号 f_{L1} 和 f_{L2} 测得伪距差然后对其进行大气延时修正。只用 C/A 码的接收机无法进行此项大气附加延时的修正。

④ 定位计算。计算机根据卫星星历、卫星时钟校正参量、修正后的伪距及初始装定数据，采用经典导航算法或卡尔曼滤波定位算法，由 4 颗卫星的信息计算出用户的位置、速度等导航信息。

(4) GPS 卫星导航定位系统用户接收机的主要性能指标

虽然 GPS 接收机种类繁多，技术差别很大，但是，一般 GPS 接收机具有下述主要技术指标：

① 接收机的跟踪通道数。通常是 1～12 个跟踪通道。它表示 GPS 接收机可以同时并行接收 GPS 卫星颗数的能力。

② 接收跟踪信号的种类。如仅仅接收 L1 和 C/A 码；接收跟踪 L1 和 C/A 码、P 码，L2 码和 Y 码。

③ 测量定位精度。如 GPS 标准定位服务的 GPS 接收机的定位精度为水平位置精度 2δ 为 100 m，垂直高度精度 δ 为 156 m。

④ 时间同步精度。表示 GPS 接收机通过测量定位后，输出的时间同步秒脉冲信号与 GPS 时或协调时(UTC)的同步精度。如 GPS 标准定位服务的 GPS 接收机的时间同步精度为 340 ns。

⑤ 位置数据更新率。一般每秒 1～10 次，通常高动态 GPS 接收机的更新率更高。

⑥ 首次定位时间。首次定位时间指 GPS 接收机从开始加电到首次得到满足定位精度要求的定位结果的过程所占时间。分为冷启动时间(指接收机上没有保存正确的星历数据时)、热启动时间(指接收机上保存正确的星历数据时)和信号中断后再捕获时间。它们的典型值分别为小于15 min、小于 5 min 和小于 2 min。

⑦ 接收机灵敏度。接收机灵敏度分为捕获灵敏度和信号锁定灵敏度。接收机的捕获灵敏度是指当输入 GPS 接收机的卫星信号(L1 和 C/A 码)功率为－130 dBm 时，设备应能够捕获卫星信号；接收机的信号锁定灵敏度是指当设备捕获到卫星信号后，设备应能连续工作，直到卫星信号功率降到－133 dBm 以下时，设备失锁。

⑧ 输入或输出接口。接收机应具有一个或两个串行数据输入/输出接口。

另外，还有电源、环境、可靠性和维修性等方面的技术指标要求。

(5) GPS 卫星导航定位系统的应用

GPS 是一种卫星导航系统，它广泛应用于导弹导航、飞机飞行导航和着陆、航海及车辆自动定位系统等许多领域。

新一代防空导弹采用该系统实施中段制导，解决了惯性导航系统存在的远距离飞行时积累误差较大的问题，从而大大减小了圆概率误差 CEP，也为增大射程创造了条件；同时，也克服了光学制导(激光制导、电视制导、红外成像制导等)受天气条件影响、不能全天候使用的缺陷。目前已研制成功和正在研制中的系统，中制导段采用 GPS 与 INS(SINS)组合的组合导航体制，在此基础上末段采用寻的制导(雷达、激光、毫米波、红外成像导引头)，实现了“发射后不管”，命中精度(圆概率误差 CEP)可达 3～6 m，并大大降低了生产成本。可以这样说，随着 GPS 系统的应用，使导弹武器发生了全新的变革，实现了精确制导、远程发射，同时也降低了成本。不但是防空导弹，而且空地导弹、反辐射导弹(ARM)、机载巡航导弹、单弹头制导炸弹和子母炸弹(布撒器)等均采用了GPS定位系统导航。

美国Honeywell公司生产的H－764G嵌入式GPS/INS组合系统,已经装备在空军的F－15 A/B/C/D、海军F/A－18以及C130J等各类飞机上;美空军决定采用定位精度为0.2 n mile/h(0.894×10^{-10} m/s)的H－423INS与GPS组合系统,用于改装F－117隐身战斗机。

美国的AGM－154型联合防区外发射武器(JSOW),是20世纪80年代末制定的空军/海军防区外发射武器计划中三项重点项目之一,其他两项为联合直接攻击弹药(JDAM)和三军防区外攻击导弹(TSSAM)。JSOW中,第一种型号是AGM－154A,属无动力滑翔布撒器,质量为477 kg,该布撒器弹体有高置折叠平面翼和6个尾翼,内装154枚BLU－97综合效应子弹药,采用低成本的INS/GPS组合导航,1994年进行了首次实弹试验,射程为14～27 km,马赫数为0.75,圆概率误差CEP<10 m,具有发射后不管的能力。第二种型号是反装甲型的AGM－154B,制导方式与AGM－154A相似,也属无动力滑翔布撒器,它能携带6枚BLU－108/B型敏感(末敏)引信弹药(SFW),每枚带有4个称为“活动靶攻击者”的柱形敏感引信弹头,每个布撒器共带24个弹头,大多数是GPS用于中段制导,而末段采用红外成像(或毫米波)导引头自动寻的(如AGM－154C)。以GPS为主的全程GPS导航,如德国的金牛座/KEPD－350型滑翔布撒器,其子弹散布范围很宽(达999 m×349 m)。

2. 北斗卫星导航系统

目前正在运行的GPS、GLONASS,以及欧洲在建的CALILEO卫星导航系统,均为无源定位导航系统。它们有两个突出优点:第一,用户不发射信号仅接收卫星信号,这样用户处于隐蔽状态,特别适合于军事用户;第二,用户数不受限制,从理论上讲,可以为无穷多个用户提供导航服务。其缺点是用户与用户之间,用户与地面系统之间无法进行通信,地面系统不知道系统中的任何用户的位置和状态。

北斗卫星导航系统是利用地球同步卫星对目标实施快速定位,同时兼有报文通信和授时定时功能的一种新型、全天候、高精度、区域性的卫星导航定位系统。

北斗卫星导航系统是一种有源系统,属于双静止卫星定位通信系统,地面中心掌握了全部用户的位置和状态信息,可以通过地面中心实现地面中心与用户,用户与用户之间的双向通信。

(1) 北斗卫星导航系统的功能

1) 快速定位

地面中心发出的C波段测距信号含有时间信息,信号流程为:地面中心—卫星—用户—卫星—地面中心,由出入站信号的时间差可计算出距离。因为卫星位置是已知的,用户(测站)到两个卫星之间的距离很容易计算。有了两个卫星的观测边和用户(测站)的大地高,便可求出用户坐标。一般定位可在1 s内完成,属于快速定位。

2) 实时导航

系统地面中心有庞大的数字化地图数据库和各类数字化信息资源,地面中心根据用户定位信息,参考地图数据库可迅速计算出用户距目标的距离和方位,进而对用户发出防撞和救援信息。另外,用户通过自己获得的信息,利用系统引导达到目的地。

3) 简短通信

系统询问信号和响应信号的帧格式中都有通信信息段,当中心站需要同某个用户通信时,便可以实现,而其他用户则得不到这个通信信息。

4) 精准授时

系统的授时与定位、通信是在同一信道内完成的,地面中心站的原子钟产生的标准时间和标准频率通过询问信号将时标的时间码送给用户。

(2) 北斗卫星导航系统的组成

北斗卫星导航系统由空间卫星部分、地面系统部分和用户设备组成,如图 5.28 所示。

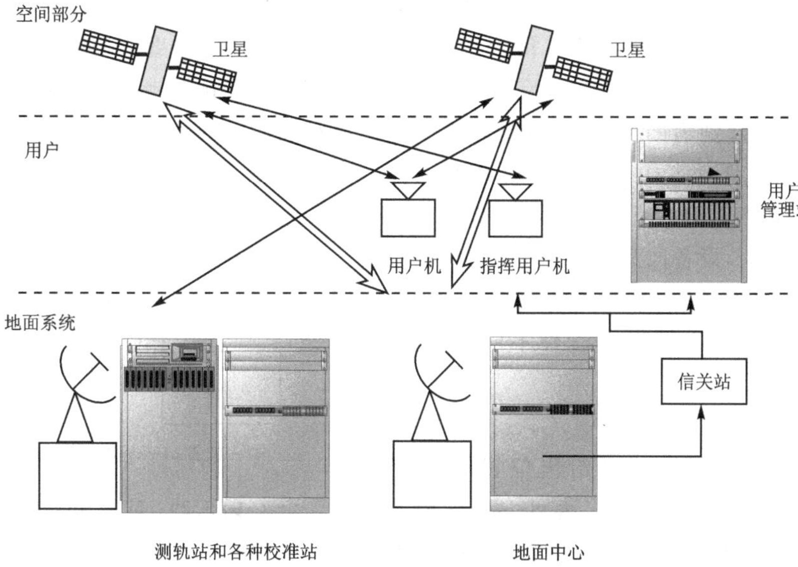

图 5.28　北斗卫星导航系统组成

1) 空间卫星部分

由 2～3 颗地球静止卫星组成,其主要任务是执行地面中心与用户终端之间的双向无线电信号中继任务。每颗卫星上的主要载荷是变频转发器,以及覆盖定位通信区域的全球波束或区域波束。卫星上设置两套转发器,一套构成是由地面中心到用户的通信链,另一套构成是由用户到地面中心的通信链。

2) 地面系统部分

地面系统部分由主控站和计算中心(两者组合简称地面中心)、测轨站、测高站和校准站等部分组成。地面中心连续产生和发射无线电测距信号,接收并快速捕获用户终端发来的相应信号,完成全部用户定位数据的处理工作和通信数据的交换工作,把地面中心计算得到的用户位置和经过交换的信息内容分别送给用户。

3) 用户设备

用户设备带有全向收发天线的接收、转发器,可以分为定位通信终端、校时终端、集团用户管理终端等,用于接收卫星发射信号,提取地面中心送给用户的信息,向卫星发射应答信号。用户设备本身无定位解算功能,其位置信息是由地面中心解算后,通过卫星发送至用户的。

5.3.3　组合导航系统

惯性导航系统(INS)的优点在于其自主性,但是其定位误差随时间而积累,系统长时间工作后会产生积累误差。所以纯惯性导航系统不能满足远程、长时间飞行的导航精度要求。为了提高惯性导航的精度，可以采用组合导航技术，发展以惯性导航系统为主，辅以其他导航系统，以实现互补，提高导航精度，这是导航技术发展的方向。组合导航的形式有多种，其中全球定位系统(GPS)与惯性导航系统(INS)组合以及惯性导航系统与图像匹配组合是具有一定代表性的新型导航技术。未来的惯性导航系统将向着数字化和智能化的多功能惯性基准系统发展。

1. GPS/INS组合导航系统的组合方式

如果把GPS的长期高精度性能和INS的短期高精度性能有机地结合起来，组合后的导航系统将在性能上比单独导航系统有很大的提高。GPS对INS的辅助，可使惯导在运动中(如在导弹上)完成初始对准，提高快速反应能力。当由于机动、干扰和遮蔽使GPS信号丢失时，INS能够对GPS起到辅助作用，帮助接收机快捷地重新捕获GPS信号。另外，GPS还可以在INS漂移较大时，对INS的漂移量进行修正。

根据GPS/INS组合系统所要达到的性能，GPS接收机和INS设备改动的程度以及两系统之间信息交换的深度，组合系统可以有多种组合方式。图5.29～图5.31给出了三种不同的组合系统功能结构。

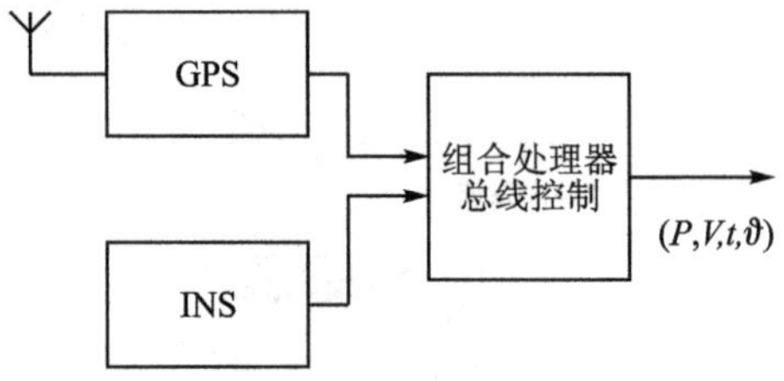

P—位置；V—速度；t—时间；ϑ—姿态

图5.29 非耦合组合方式

在图5.29和图5.30结构中，GPS接收机和惯导均为独立的导航系统，GPS给出位置、速度、时间等导航解，INS给出位置、速度、姿态信息。图5.31的结构则不同，在组合系统中，GPS接收机和惯导不是独立的导航系统，而仅仅作为传感器使用，它们分别给出伪距、伪距率和、速度及角速度信息。这三种分别称为非耦合方式、松耦合方式和紧耦合方式。

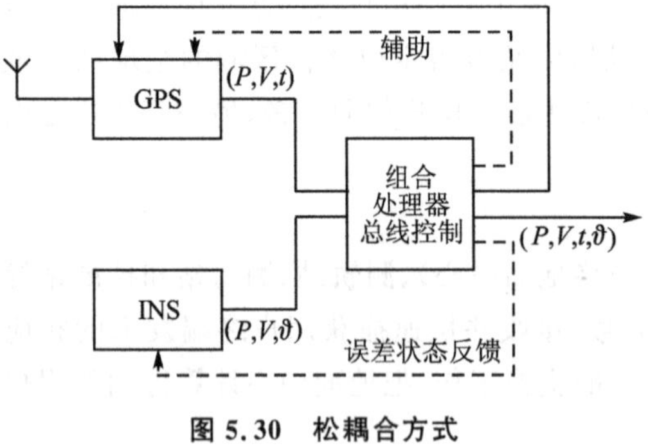

图5.30 松耦合方式

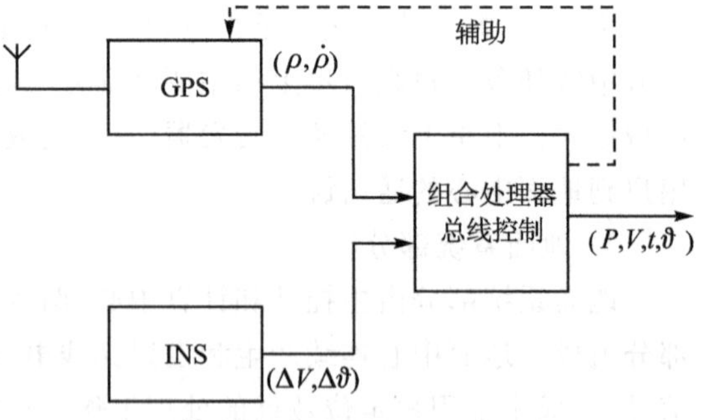

图5.31 紧耦合方式

(1) 非耦合方式

在这种耦合模式中，GPS系统和INS系统各自输出相互独立的导航解，两系统独立工作，功能互不耦合，数据单向流动，没有反馈，组合导航解由外部组合处理器产生。外部处理器可以像一个选择开关那样简单，也可以用多工作模式卡尔曼滤波器来实现。一般情况下，在GPS停止工作时，INS数据在原GPS输出数据基础上进行推算，即将GPS停止工作瞬时的位置和速度信息作为INS系统的初始值。这种模式的特点是基于GPS与INS功能的独立性。这种组合方式在INS和GPS均可用时，是最易实现、最快捷经济的组合方式；由于有系统的冗余度，对故障有一定的承受能力；采用简单选择算法实现的处理器，能在航路导航中提供不低于惯导的精度。

(2) 松耦合方式

与非耦合方式不同，松耦合方式中组合处理器与 GPS 及 INS 设备之间存在着多种反馈：系统导航解至 GPS 设备的反馈。直接将组合系统导航解反馈至 GPS 接收机，可以给出更精确的基准导航解。基于这个反馈，GPS 接收机内的导航滤波器能够用 GPS 测量值来校正系统导航解。

对 GPS 跟踪环路的惯性辅助。这种惯性辅助能够减小用户设备的码环和载波环所跟踪的载体动态，大大提高了 GPS 导航解的可用性。此时，允许码环及载波环的带宽取得较窄，以保证有足够动态特性下的抗干扰能力。

INS 的误差状态反馈。一般情况下，惯性导航系统均可以接受外部输入，用以重调其位置和速度解以及对稳定平台进行对准调整。在捷联式惯导系统中，这种调整利用数学校正方式完成。

(3) 紧耦合方式

与松耦合不同之处在于，GPS 接收机和 INS 不是以独立的导航系统实现的，而是仅仅作为一个传感器，它们分别提供伪距和伪距率以及加速度和角速度信息。两种传感器的输出是在由高阶组合滤波器构成的导航处理器内进行组合的。这种组合方式中，只有从导航处理器向 GPS 跟踪环路进行速率辅助这一种反馈。松耦合结构中出现的其余的反馈在此并不需要，原因是涉及导航处理的所有计算都已在处理器内部完成。

紧耦合方式具有结构紧凑的特点，GPS 和 INS 可共用一个机箱，从结构上看，特别适合在导弹上使用。

2. GPS/INS 组合导航系统的组合算法

基本的组合算法包括选择算法和滤波算法两种。在采用选择算法的情况下，只要 GPS 用户设备得出的导航解在可接受的精度范围内，就选取 GPS 的输出作为导航解。当要求的输出数据率高于 GPS 用户设备所能提供的数据率时，可在 GPS 两次数据更新之间，以 INS 的输出作为其插值，进行内插。在 GPS 信号中断期间，INS 的解自 GPS 最近一次有效解起始，进行外推。

滤波算法一般采用的是卡尔曼滤波，即利用上一时刻的估计及实时得到的测量值进行实时估计，它以线性递推的方式估计组合导航系统的状态，便于计算机实现。

状态通常不能直接测得，但可以从有关可测得的量值中推算出来。这些测量值可以在一串离散时间点上连续得到，也可以由时序得到，滤波器对测量的统计特性进行综合。最常用的修正算法是线性滤波器，在这种滤波器中，修正的状态是当前的测量值和先前状态值的线性加权和。位置和速度是滤波器中常选的状态，通常称为全值滤波状态，也可以选择惯导输出的位置和速度误差作为状态(称误差状态)。

5.4 弹上执行机构

5.4.1 舵机的功能及组成

舵机是导弹稳定控制系统的重要组成部分，它根据导弹制导控制信号或测量元件输出的稳定信号，操纵导弹的舵面或弹翼偏转，以控制和稳定导弹的飞行。

舵机主要由综合放大元件、伺服控制元件、执行元件和反馈元件等组成，如图 5.32 所示。

综合放大元件将输入信号和舵反馈信号进行综合放大，由伺服控制元件变换成驱动控制信号，操纵舵面(弹翼)偏转。反馈元件的作用是将执行元件的输出量反馈至输入端，构成闭环回路，以改善调节舵机的动态响应特性。

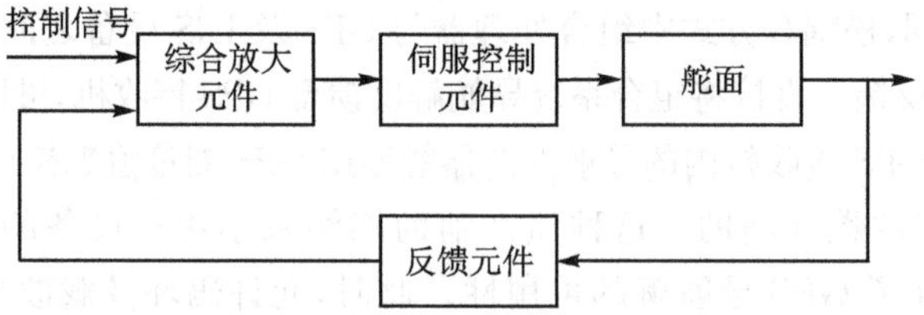

图 5.32　舵机原理框图

5.4.2　对舵机的基本要求

舵机是导弹控制系统的主要组成部分，它设计的好坏将会影响整个导弹制导系统的性能。下面介绍导弹舵机的一般设计要求。

1. 舵机能够产生足够大的输出力矩

舵机是用来操纵导弹舵面的，它产生的力矩必须能够克服作用在舵面上的气动铰链力矩、摩擦力矩和惯性力矩，即舵机的输出力矩应满足

$$M \geqslant M_j + M_f + M_i \tag{5-52}$$

式中：M_j 为舵面上空气动力或燃气动力产生的铰链力矩；M_f 为传动部分的摩擦力矩；M_i 为舵面及传动部分惯性产生的力矩。

2. 能使舵面产生足够的偏转角和角速度

不同的导弹对舵面偏转角(简称舵偏角)的要求不同，舵偏角的大小应当根据足够实现所需的飞行轨迹以及补偿所有外部干扰力矩来确定。例如，弹道导弹舵偏角约为 30°，某些防空导弹舵偏角要求不超过 5°，一般战术导弹的舵偏角以 15°～20°为宜。导弹的舵偏角偏转范围不宜过大，也不宜过小，过大会增加阻力，过小则不能产生所需的控制力。

为了满足控制性能方面的要求，舵面要有足够的角速度，舵面对指令跟踪速度越高，则控制系统工作就越精确。舵面偏转的角速度越大，则要求舵机的功率越大。例如，弹道导弹舵面偏转角速度约为 300(°)/s，地空导弹为 150～200(°)/s。

3. 舵回路应有足够的快速性

快速性是动态过程的一个指标，它是以过渡过程时间来衡量的，也就是当舵回路输入阶跃信号时，舵回路由一个稳定状态过渡到另一个稳定状态所需的时间。舵机的快速性和其惯性大小对舵回路时间常数有很大影响，舵回路时间常数越大，过渡时间也越长，过渡时间太长会降低控制系统的调节质量。

4. 舵回路的特性应尽量呈线性特性

在操纵导弹时，一般希望输出量与输入量呈线性关系，但实际上由于舵回路中存在着一些非线性因素，如摩擦、磁滞、能源功率的限制等，因此在舵回路中总存在死区、饱和等非线性情况，在设计舵机时，应尽量增大舵机的线性范围。

5. 其他要求

如外形尺寸小，质量轻，经济可靠等。

5.4.3　舵机的基本类型及工作原理

1. 舵机分类

(1) 按工作原理分类

比例式舵机：又称线性舵机，一般是指其输出受到输入信号连续成比例控制。

继电式舵机：又称非线性舵机，对应于开/关输入信号，输出也是二位置的控制方式，舵面的工作状态是在舵偏角的两个极限位置做往复运动，其在两个极限位置所停留时间由指令信号控制，从而产生平均控制力以操纵导弹运动。

脉宽调制舵机：将输入模拟信号由脉宽调制器转换为宽度与输入量成正比的脉冲信号，使舵机的伺服机构工作在脉冲调宽状态，最后由一个低通滤波器将脉宽调制信号还原为模拟信号去控制舵面。

(2) 按采用能源分类

电动舵机：采用电能作为能源的舵机。按伺服控制元件类型，可分为电磁式和电动机式两种。电磁式舵机实际上就是一个电磁机构，其特点是外形尺寸小、结构简单、快速性能好，但这种舵机的功率小，一般用于小型导弹上；电动机式舵机以交、直流电动机作为动力源，可以输出较大的功率，具有结构简单、制造方便的优点，但其快速性差，适合于中小功率、对快速性要求不高的低速导弹。

气动舵机：采用压缩气体或热燃气作为能源的舵机。按伺服控制元件类型，可分为滑阀式、喷嘴-挡板式和射流管式三种。按气源种类，可分为冷气式和燃气式两种。冷气式采用高压冷气瓶中储藏的高压空气或氦气作为气源，来操纵舵面的运动；燃气式采用固体燃料燃烧后所产生的气体作为气源，来操纵舵面的运动。气动舵机的结构简单、质量轻、力矩惯量比大、响应速度快，但效率低、工作时间短，多用于短时工作的中、近程导弹。

液压舵机：采用高压液体作为能源的舵机，具有体积小、质量轻、功率大、响应速度快等优点，但加工精度要求高、能源复杂、成本较高，常用于中远程导弹。

2. 舵机工作原理

(1) 电动舵机

1) 电磁式舵机

电磁式舵机实际上是一个电磁机构，通常只工作在继电状态，用以驱动扰流片或控制发动机喷流偏转器。

图 5.33 为一种扰流片的电磁式舵机，这种舵机有两个电磁铁线圈 1 和 2，电磁铁线圈的开关由继电器 3 控制。继电器有两组线圈 W_c 和 W_o，从控制线路来的信号 U_c 加到线圈 W_c 上，锯齿波形的电压 U_o 加到线圈 W_o 上。每当总的安匝数 $AW=AW_c+AW_o$ 改变符号时，继电器的触点就转换。

如图 5.34(a)所示，在 $U_c=0(AW_c=0)$ 的情况下，继电器的触点在上、下位置停留的时间相同，从而流经电磁铁线圈 1 和 2 的电流脉冲 I_1 和 I_2 的持续时间相等。电磁铁 1 工作时，扰流片 4 偏向上方，电磁铁 2 工作时，扰流片 4 偏向下方。由于扰流片在上、下位置的时间一样，故扰流偏转所产生的操纵力矩平均值等于零。

如图 5.34(b)所示，当存在信号电压 U_c 时，表示触点的转换不是发生在点 1 而是在点 2，扰流片在上部停留的时间为 t_2，在下部停留的时间为 t_1，且 $t_1 > t_2$。这样，扰流片的平均力矩是向下的力矩。如果 U_c 的符号改变，有 $t_1 < t_2$，则扰流片的作用效果相反。

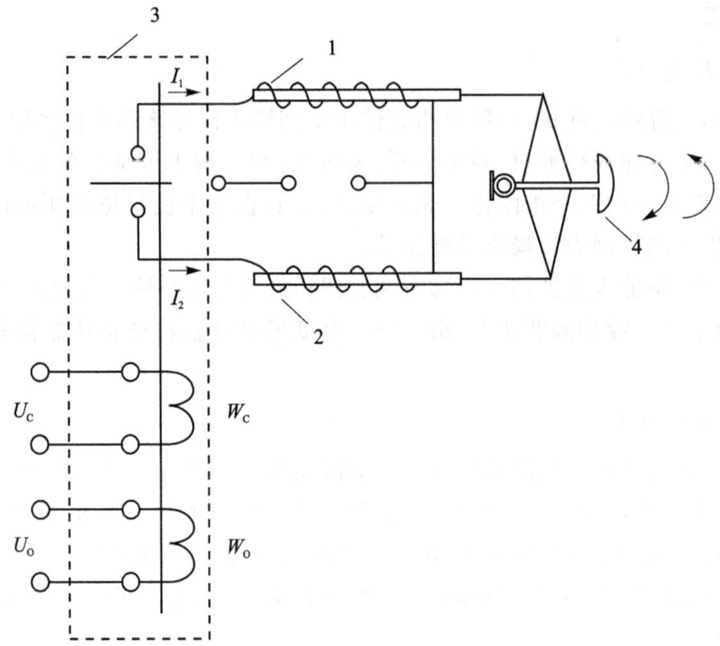

图 5.33 电磁式舵机原理示意图

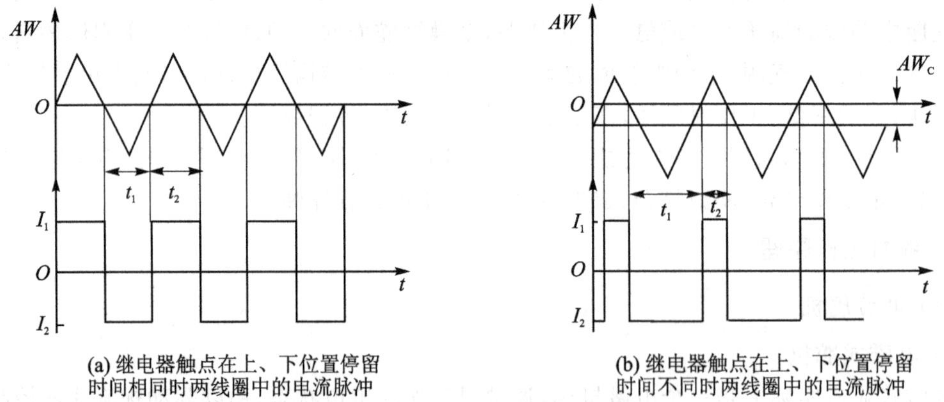

图 5.34 电磁铁线圈中的电流变化

2）电动机式舵机

电动机式舵机可分为直接控制式和间接控制式两种。直接控制式是应用最早的一种，如图 5.35 所示。由于采用了蜗轮、蜗杆，具有自锁特性，所以又称为自制式舵机，一般采用电枢控制。由于普通直流伺服电动机存在电枢铁芯和齿槽，故使其转动惯量和启动时间常数大，启动灵敏度差，换向火花严重。为了克服上述缺点，近年来出现了电枢中采用印刷绕组的无槽直流伺服电动机，后来又出现了转动惯量非常低的空心杯式直流电动机。根据伺服电动机的种类，直接控制式又可分为电磁式和永磁式两种。永磁式直流伺服电动机与同功率的电磁式直流伺服电动机相比，具有尺寸小、结构简单、使用方便、线性度好等优点。

间接控制式电动舵机如图 5.36 所示，电动机只起拖动作用，用以恒速驱动电磁离合器的

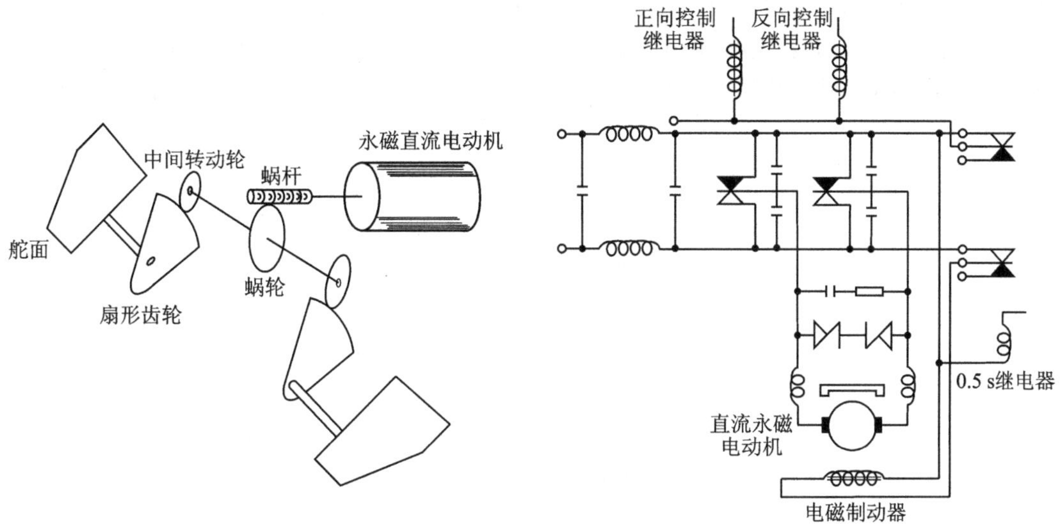

(a) 传动图　　(b) 电路图

图 5.35　直接控制式电动舵机

主动端，电磁离合器作为控制元件。图中的离合器为螺旋弹簧摩擦离合器，也称弹性离合器。这种离合器在磁轭中装有线圈，当线圈不通电时，主动盘通过扭簧带动衔铁一起在轴套上空转。线圈激磁后，衔铁被吸动，并和轴套上的凸缘盘相联结，使扭簧一端被制动，接着主动盘即带动扭簧使之受扭收缩，并箍紧在轴套上，最后使轴套随主动盘一起转动以传递转矩。这种离合器只适用于继电式工作方式。采用磁粉离合器的舵机可用于线性工作方式。

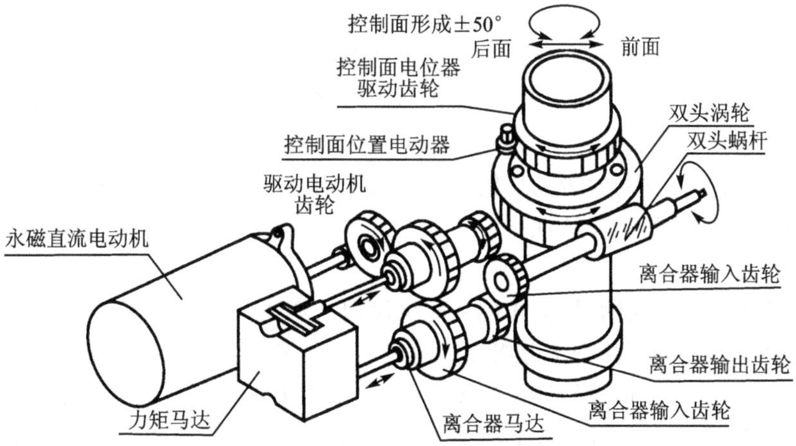

图 5.36　间接控制式电动舵机

(2) 气动舵机

1) 冷气式舵机

图 5.37 所示是一个射流管式的冷气式舵机原理示意图，主要由电磁控制器、喷嘴、接收器、作动筒、反馈电位器等组成。电磁控制器、喷嘴和接收器组成射流管。电磁控制器是一个双臂的转动式极化电磁铁，它的山字形铁芯上绕有激磁线圈，由直流电压供电。可转动的衔铁

上绕有一对控制线圈，衔铁的轴与喷嘴固连，喷嘴随衔铁一起转动。接收器固定在作动器上，接收器的两个接收孔对着喷嘴，两个输出孔分别通过管路与作动筒的两个腔相连。舵机的活塞杆一端连接舵轴，另一端与反馈电位器的电刷相连，控制信号与反馈电位器输出的电压都输入到磁放大器中。

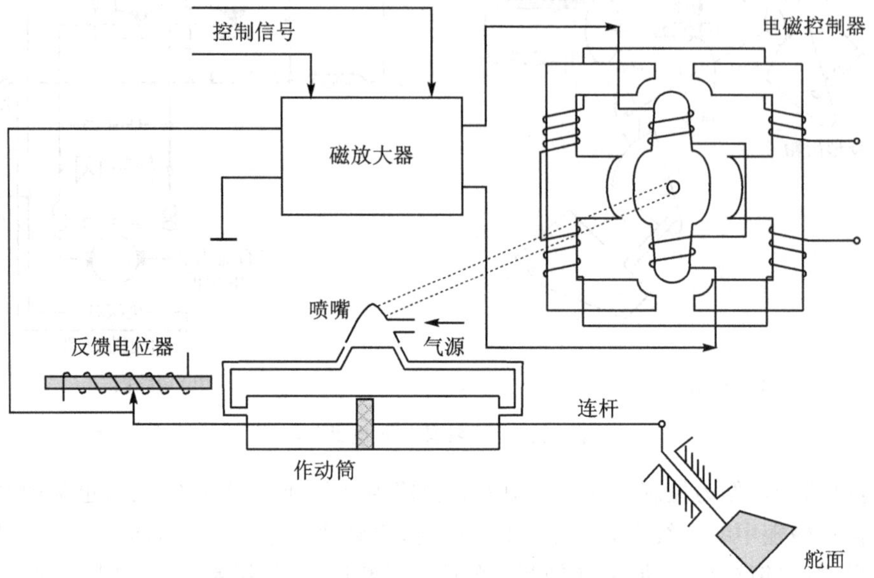

图 5.37　冷气式舵机原理示意图

当没有校正控制信号时，电磁控制器的衔铁位于两个磁极的中间，喷嘴的喷口遮盖两个接收孔的面积相同，经喷嘴进入作动器的两个腔内的气流量相同，活塞处于中间位置不动。如果有校正控制信号，该信号经磁放大器放大加到控制绕组上，产生一个控制力矩，使电磁控制器的衔铁带动喷嘴偏转。偏转角与校正控制信号的强度成正比。喷嘴偏转后，进入作动器两个腔内的气流量不等，因而产生压力差，使舵机的活塞移动。活塞移动的方向由喷嘴偏转的方向决定，其移动的速度与喷嘴偏转角的大小有关。活塞移动时带动舵面偏转，从而产生操纵导弹飞行的控制力。活塞杆移动时带动反馈电位器的电刷，反馈电位器向磁放大器输送反馈电压，反馈电压用来改善舵机的工作特性。

2）燃气式舵机

图 5.38 所示是一个喷嘴-挡板式燃气舵机原理示意图，它主要由燃气发生器、电气转换装置、传动装置及反馈装置等几个部分组成。电气转换装置包括活塞中的电磁线圈、喷嘴、挡板等。将综合放大器输出的信号转换成气压信号，改变挡板与喷嘴之间的间隙，就可以改变经过喷嘴的燃气量，从而改变作用在两个活塞上的压力。传动装置由两个单向作用的作动筒、活塞、活塞杆、摇臂组成，活塞杆与摇臂相连，摇臂转动时舵面偏转。

导弹发射后，点火器点燃燃气发生器内的燃料，产生高温高压的燃气。燃气经气动分配腔、节流孔作用在两个活塞的底面上，再通过活塞铁芯孔、喷嘴、挡板及铁芯间的空隙以及活塞排气孔，排到大气中去。控制信号经综合放大器放大后，输出控制电流 I_1 和 I_2 分别加到两个活塞铁芯的线圈中，使其产生对挡板的电磁吸引力。当没有控制信号时，两个挡板与喷嘴的间隙相同，从两个间隙中排出的燃气流量相等，这样两作动筒内的燃气压力相等，两个活塞处于平衡位置，舵面不转动。当有控制信号时，由于电磁力作用，两个挡板与喷嘴的间隙发生变化，

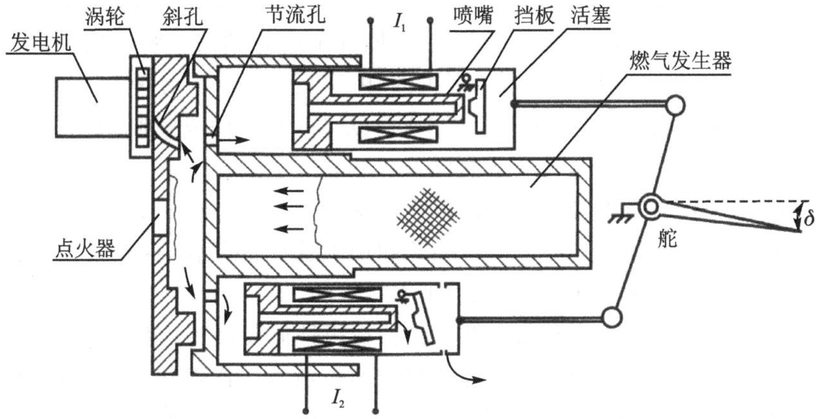

图 5.38　燃气式舵机原理示意图

间隙小的燃气流量减小,间隙增大的燃气流量增大。这样,两个作动筒内的燃气压力一个上升一个下降,使两个活塞作用在摇臂上的力矩失去平衡,舵面就随摇臂转动。舵面逐渐发生偏转后,位置反馈装置输出的反馈信号增大。在位置信号作用下,输入电磁控制绕组的电流逐渐减小,作动筒内的压力就发生相应的变化;当两个作动筒内的燃气压力使舵的转动力矩与铰链力矩重新恢复平衡时,舵面停止转动。

(3) 液压舵机

液压舵机主要由电液伺服阀、作动筒和反馈装置等部分组成,如图 5.39 所示。电液伺服阀主要由力矩电动机和液压放大器两部分组成,将控制系统的电信号转换为液压信号。作动筒(油缸)是舵机的施力机构,由筒体和运动活塞、活塞杆、密封圈等组成,活塞杆与舵面的摇臂相连。反馈装置用来感受活塞的位置或速度的变化,并转换成相应的电信号,送至综合放大器。

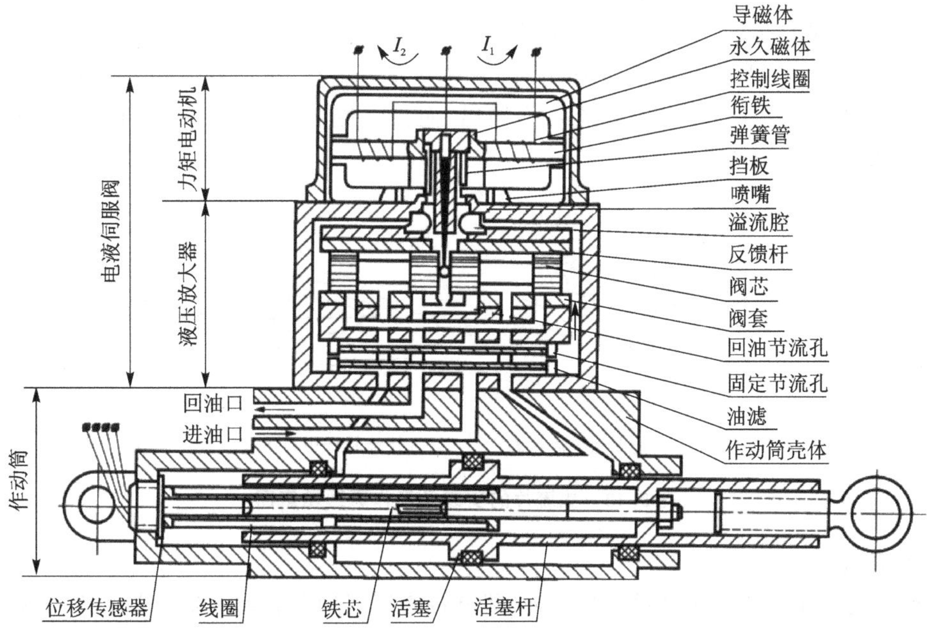

图 5.39　液压舵机原理示意图

液压放大器由两级组成:第一级是喷嘴-挡板式液压放大器;第二级是滑阀式液压放大器。喷嘴-挡板放大器由喷嘴、挡板、两个固定节流孔、回油节流孔和两个喷嘴前腔组成,挡板与力矩电动机的衔铁和反馈杆一起构成衔铁挡板组件,由弹簧管支承。滑阀放大器由阀芯、阀套和通油管路组成,阀芯多为圆柱形,上面加工有不同数量的凸肩,用以控制通油口面积的大小和液压油的流向,阀套上开有一定数量的通油口。

当没有控制信号时,力矩电动机的衔铁位于平衡位置,挡板处在两喷嘴中间,阀芯保持中立位置不动,它的四个凸肩刚好把阀套的进油孔和回油孔全部盖住,高压油不能流进作动筒,活塞两边压力相等,活塞处于静止状态,舵面不发生偏转。

当有校正控制信号时,力矩电动机衔铁带动挡板组件偏转,致使阀芯偏离中间位置。挡板的偏转角越大,阀芯两腔的压力差越大,阀芯移动速度越快。阀芯移动将带动反馈杆一起运动,反馈杆产生形变,致使管形弹簧产生变形力矩,此力矩与控制力矩方向相反,当控制力与这个变形力矩达到平衡时,挡板偏转角也达到一个平衡位置,阀芯也不再移动。如果衔铁带动挡板组件向右偏转,会使挡板与喷嘴间右边的间隙减小,左边的间隙加大,结果右喷嘴前腔的压力增大,左喷嘴前腔的压力减小,形成压力差,使滑阀阀芯向左移动,滑阀左腔与进油口相通,右腔与回油口接通。高压油经滑阀左腔进入作动筒左腔,活塞就会向右运动,推动作动筒右腔内的油回流到油箱。如果衔铁带动挡板组件向左偏转,情况正好与此相反。活塞的左右移动,就带动舵面向不同的方向偏转。

(4) 几种特殊的操纵元件

1) 空气扰流片

空气扰流片是弹翼或尾翼上的可作上、下伸出动作的薄板,如图 5.40 所示。当扰流片伸出在上翼面时,气流经扰流片时受到阻滞,过扰流片后与上翼面分离。由空气动力学知识可知,上翼面的气流压力增大,因而翼面产生向下的力,如图 5.40(a)所示;当扰流片伸出下翼面时,下翼面的气流压力增大,产生向上的力,如图 5.40(b)所示。此力对导弹重心产生操纵力矩,从而改变导弹的迎角。如果呈“×”形安装的 4 个弹翼上都装有扰流片,当两对角上(如 1、3 弹翼或 2、4 弹翼)的扰流片作反向伸出时,使导弹左右偏转,从而改变导弹的侧滑角。当一侧上(如 1、4 弹翼或 2、3 弹翼)的扰流片不伸出,而另一侧上的扰流片伸出时,导弹作滚转运动,从而改变导弹的倾斜角。

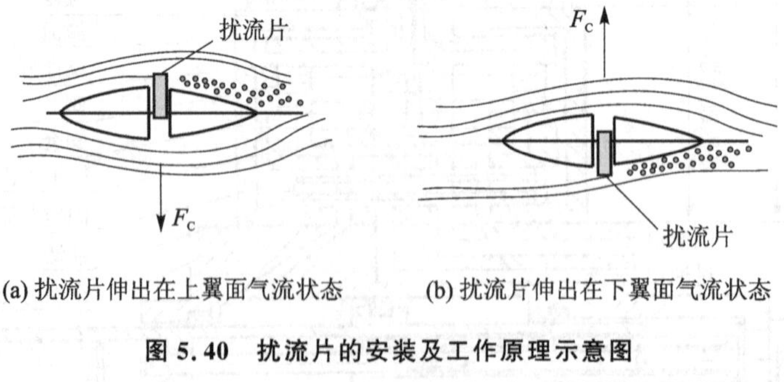

(a) 扰流片伸出在上翼面气流状态　　(b) 扰流片伸出在下翼面气流状态

图 5.40　扰流片的安装及工作原理示意图

2) 陀螺舵

陀螺舵是装在弹翼上用来对导弹纵轴(即滚转通道)进行角稳定的一种装置,多对称安装在鸭翼控制导弹的尾翼上,如图 5.41 所示。

图 5.41 中,由于陀螺舵转子的一侧突出,因此导弹以速度 V 飞行过程中,转子将因气流

推动而高速转动，且陀螺 1 和陀螺 2 的转动方向相反。如果导弹绕纵轴以角速度 ω_x 滚转时，对称的两个陀螺舵会产生方向相反的陀螺进动力矩，从而迫使陀螺反向偏转一定的角度，起到副翼的作用，且作用趋势总是去阻碍导弹的滚转。

陀螺舵的组成结构及工作原理示意图如图 5.42 所示，翼端的陀片同时兼作陀螺外环，可以绕外环轴转动。当导弹绕纵轴转动时，将通过陀片给转子施加力矩 M_t，该力矩使陀螺转子进动，进动角速度可达 ω。根据进动规律及图示结构，左边与右边弹翼上的陀螺舵总是朝不同的方向偏转，从而产生滚转力矩阻止导弹滚转。与一般副翼相比，陀螺舵具有结构简单，不需要滚转控制系统的优点。

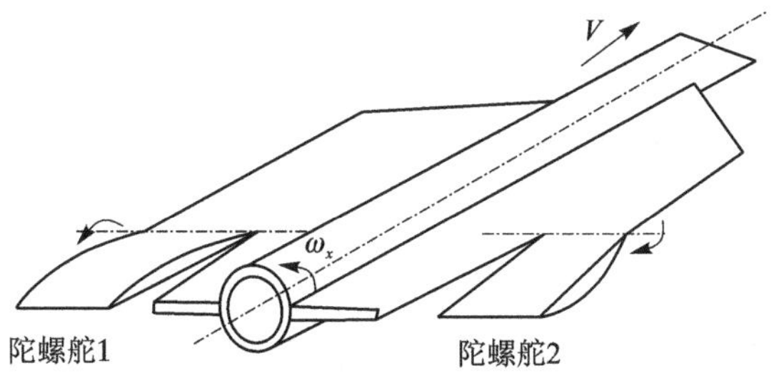

图 5.41　气动陀螺在弹上的安装

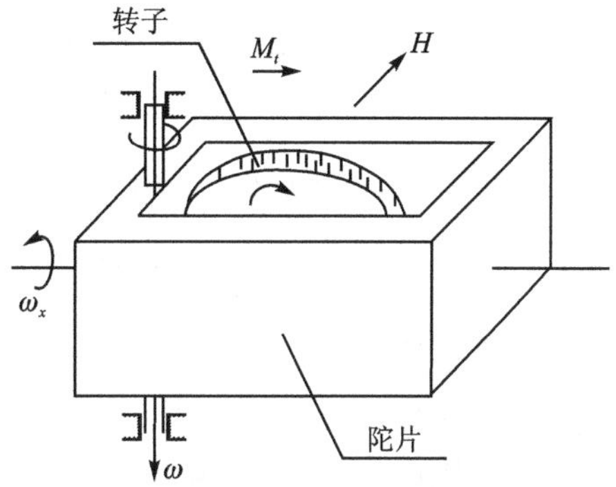

图 5.42　陀螺舵组成结构及工作原理示意图

5.4.4　舵机特性分析

舵机是导弹稳定控制系统的执行机构，因而系统性能在很大程度上决于舵机的性能。在分析研究导弹稳定控制系统时，必须确定描述舵机的动特性。本节以电动舵机为例，从舵机的负载入手分析舵面的负载特性，研究舵机的动特性以及舵面负载对舵机工作的影响。

1. 舵面的负载特性

导弹上的各操纵舵面由舵机操纵。舵机在操纵舵面时，需克服空气动力所造成的气动负载。舵面的负载即铰链力矩 M_{j}，是作用在舵面上的气动力相对于舵面铰链轴的力矩。其值取决于舵面的类型与几何形状、导弹飞行马赫数、仰角或侧滑角以及舵面的偏转，其中以舵面偏转所产生的铰链力矩为主。因此，铰链力矩 M_{j} 的表达式可近似写为

$$M_{\mathrm{j}}=C_{h\mathrm{j}}^{\delta}qS_{\delta}c_{\delta}\delta_{\mathrm{j}}=M_{\mathrm{j}}^{\delta}\delta_{\mathrm{j}} \tag{5-53}$$

式中：M_{j}^{δ} 表示单位舵偏角产生的铰链力矩；$C_{h\mathrm{j}}^{\delta}$ 为铰链力矩导数；S_{δ} 为舵参考面积；c_{δ} 为舵平均几何弦长；δ_{j} 为舵偏角。

铰链力矩不同于一般的负载。由式(5－53)可见，在舵面类型与几何形状一定的情况下，相同舵偏角产生的铰链力矩随飞行状态而改变，动压 q 越大，铰链力矩就越大，而且铰链力矩的方向(即系数 M_{j}^{δ} 的符号)也随之改变。系数 M_{j}^{δ} 的符号取决于舵面转轴 O_{δ} 相对于舵面气动力(R_{δ})压力中心的位置。通常舵面转轴的位置设置在压力中心之前，如图 5.43(a)所示，所以 $M_{\mathrm{j}}^{\delta}<0$。

当动压 q 增大时，铰链力矩 M_{j} 急剧增加，在超声速飞行时，甚至可达 10^4 N · m 的数量级。因此，为了减小铰链力矩，有时把舵面转轴的位置设置在压力中心变化范围的中间。这样

在相同舵面偏转角情况下，压力中心随马赫数 Ma 的增加由前向后移动，铰链力矩的方向也随之改变，如图 5.43 所示。当压力中心位于转轴 O_δ 后面时，$M_j^\delta < 0$，铰链力矩的方向力图使舵面恢复到中立位置；当压力中心位于 O_δ 前面时，$M_j^\delta > 0$，铰链力矩的方向力图使舵面继续偏转，出现所谓铰链力矩反操纵现象。

铰链力矩的大小和方向随飞行状态而变化，因此对舵机的工作有很大影响。

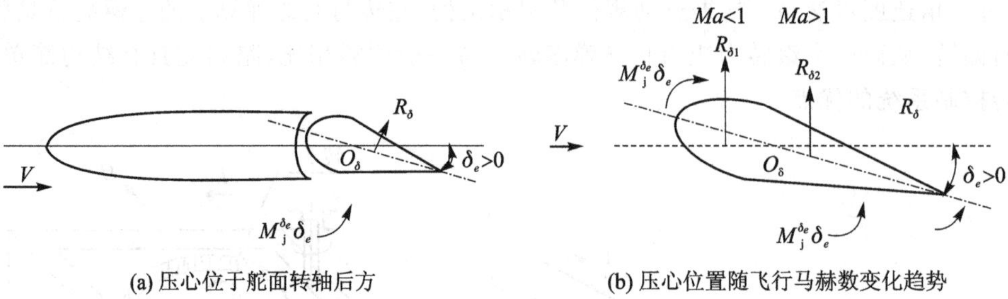

图 5.43 舵面转轴与压力中心位置的关系

2. 舵机的动特性

以电动舵机为例，其电动机（两相异步电动机）的机械特性（包括磁粉离合器的机械特性）可用一组非线性曲线表示，如图 5.44 所示，这使得电动舵机的动特性很难描述与分析。在工程实践中，往往采用线性化的方法研究某一平衡状态附近的增量运动，把非线性机械特性曲线近似为斜率为 B 的线性机械特性曲线。B 的物理含义是，当输入电压为常数时，输出力矩 M 对角速度 ω 的偏导数，即

$$\tan\beta = -\frac{\partial M}{\partial \omega}\bigg|_{U=\text{常数}} = -B$$

式中：β 为机械特性曲线与横坐标 ω 的夹角。

同样，也把电动舵机中电动机的力矩特性（包括磁粉离合器的力矩特性）近似为斜率为 A 的线性力矩特性（见图 5.45），即

$$\tan\alpha = -\frac{\partial M}{\partial I}\bigg|_{\omega=\text{常数}} = A$$

式中：α 为线性力矩特性曲线与横坐标 I 的夹角。

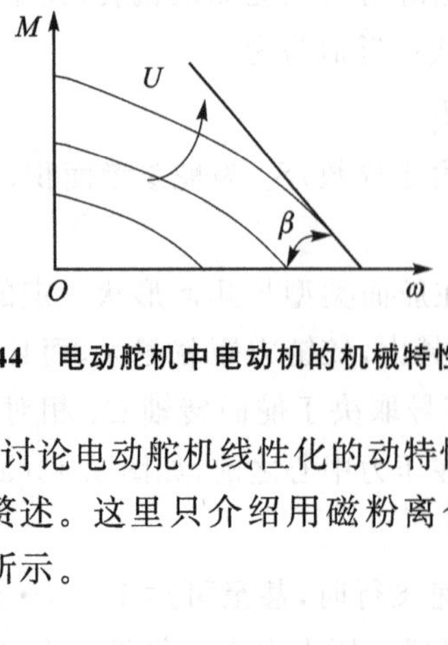

图 5.44 电动舵机中电动机的机械特性曲线

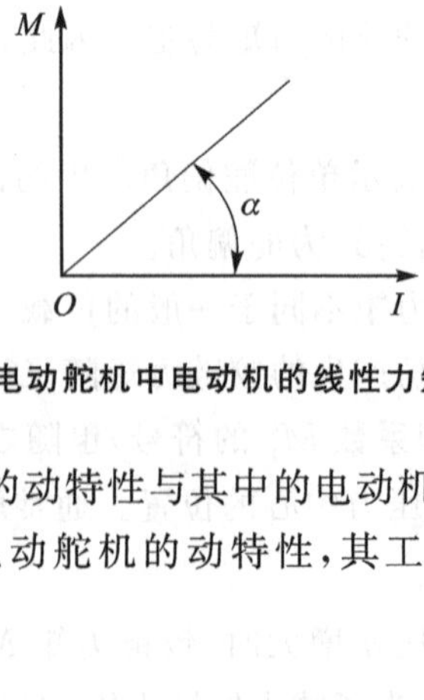

图 5.45 电动舵机中电动机的线性力矩特性曲线

下面讨论电动舵机线性化的动特性。直接式电动舵机的动特性与其中的电动机的特性相似，不再赘述。这里只介绍用磁粉离合器控制的间接式电动舵机的动特性，其工作原理如图 5.46 所示。

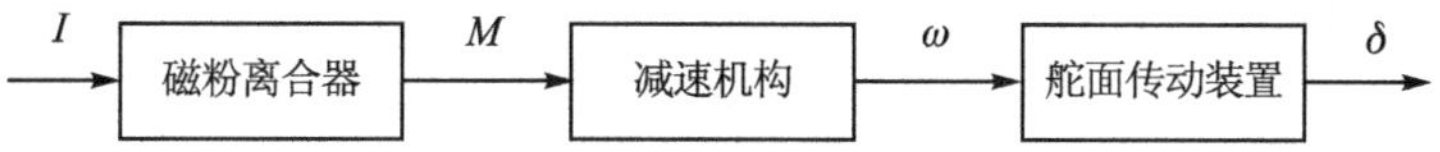

图 5.46　用磁粉离合器控制的间接式电动舵机的工作原理图

设鼓轮到舵面传动机构的速率比为 i，磁粉离合器、齿轮转动装置、舵面及其传动机构和电动机转子折算到鼓轮(包括鼓轮)的总转动惯量为 J，磁粉离合器传递到鼓轮上的力矩为 M，磁粉离合器控制绕组的输入电压为 U、电流为 I、电感量和电阻值分别为 L 和 R，鼓轮角速度和转角分别为 ω 和 δ_k，舵偏角为 δ。忽略摩擦力矩的影响，则电动舵机的运动方程可描述为

$$\left.\begin{aligned}
&\Delta U = L\ \frac{\mathrm{d}\Delta I}{\mathrm{d}\Delta t} + \Delta IR \\
&\Delta M = A\,\Delta I \\
&\Delta M = J\ \frac{\mathrm{d}\Delta\omega}{\mathrm{d}t} + B\,\Delta\omega + \frac{\Delta M}{i} \\
&\Delta M_i = M_{\mathrm{j}}^{\delta}\,\Delta\delta \\
&\Delta\delta = -\frac{\Delta\delta_k}{i}
\end{aligned}\right\} \tag{5-54}$$

式中：Δ 表示增量，负号表示舵面偏转的方向与鼓轮转动方向相反。将式(5-54)经拉氏变换后，其相应的电动舵机工作原理图如图 5.47 所示。

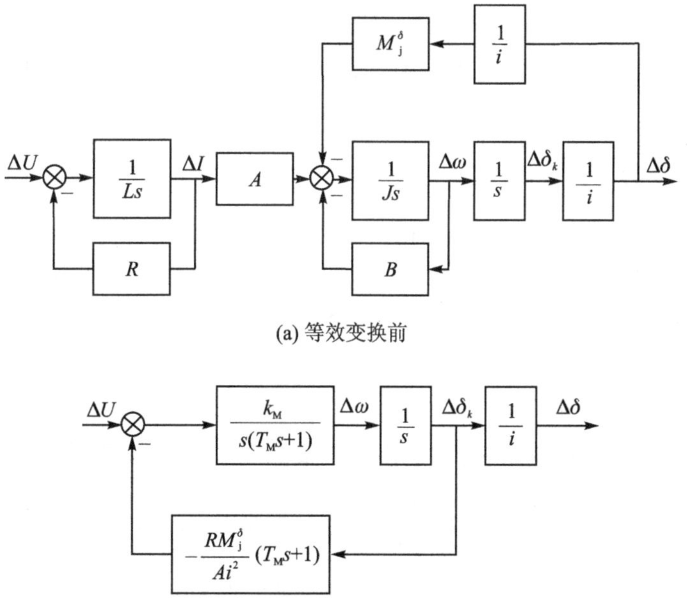

(a) 等效变换前

(b) 等效变换后

图 5.47　电动舵机工作原理图

磁粉离合器的机械特性曲线的斜率 $B\approx 0$，当舵面负载为零($\Delta M_{\mathrm{j}}=0$)时，由图 5.47(a)可得空载时电动舵机输入电压 $\Delta U(s)$ 对鼓轮输出转角 $\Delta\delta_k(s)$ 的传递函数

$$G_{\mathrm{M}}(s) = \frac{\Delta\delta_k(s)}{\Delta U(s)} = \frac{k_{\mathrm{M}}}{s^2(T_{\mathrm{M}}s+1)} \tag{5-55}$$

式中：$T_{\mathrm{M}}=L/R$ 为电动舵机的电气时间常数；$k_{\mathrm{M}}=A/JR$ 为电动舵机的静态增益。一般来

说，时间常数 T_M 值较小，在近似分析中可忽略，因而电动舵机的传递函数又可写为

$$G_M(s)=\frac{\Delta\delta_k(s)}{\Delta U(s)}=\frac{k_M}{s^2} \tag{5-56}$$

当舵面负载不为零($\Delta M_j\neq 0$)时，将原理图 5.47(a)转换为(b)的形式，根据此图，可得负载情况的电动舵机传递函数为

$$G_M(s)=\frac{\Delta\delta_k(s)}{\Delta U(s)}=\frac{Ai^2/M_j^\delta R}{(T_M s+1)\left[(Ji^2/M_j^\delta)s^2-1\right]} \tag{5-57}$$

忽略时间常数 T_M 后，传递函数可写为

$$G_M(s)=\frac{\Delta\delta_k(s)}{\Delta U(s)}=\frac{Ai^2/M_j^\delta R}{(Ji^2/M_j^\delta)s^2-1} \tag{5-58}$$

3. 铰链力矩对舵机动特性的影响

由以上分析可知，电动舵机的传递函数均包括铰链力矩系数 M_j^δ，显然负载铰链力矩的变化会改变舵机的原有特性。下面以电动舵机为例，分析随飞行状态而变化的铰链力矩对舵机动特性的影响。

假设电动舵机的机械特性斜率 B 不为零，由图 5.47(a)可写出电动舵机负载的传递函数为

$$G_M(s)=\frac{\Delta\delta_k(s)}{\Delta U(s)}=\frac{A}{(Ls+R)(Js^2+Bs-M_j^\delta/i^2)} \tag{5-59}$$

式(5-59)表明，在铰链力矩作用下，舵机的传递函数中含有系数 M_j^δ。M_j^δ 随飞行状态的变化致使舵机的动特性随之变化。如果 M_j^δ 的符号发生变化，变为 $M_j^\delta>0$(即出现铰链反操纵)，那么舵机的传递函数中将包含一个不稳定的二阶振荡环节，舵机的工作也将不稳定。

5.4.5 舵回路分析与设计

舵面的铰链力矩对舵机的工作影响较大。为了削弱铰链力矩对舵机的工作影响，并满足控制规律的要求，在飞行控制系统中多采用舵回路代替单个舵机操纵舵面的偏转。下面以磁粉离合器间接控制的电动舵机为例，介绍舵回路的组成原理、基本类型及特点，并进行舵回路的分析。

1. 舵回路的构成与基本类型

磁粉离合器间接控制的电动舵机，是由恒速旋转的磁滞电动机带动磁粉离合器工作的。这种舵机的特性主要由磁粉离合器的特性决定，而磁滞电动机只起恒速动力源的作用。

飞行中铰链力矩的存在，相当于在舵机内部引入了一个反馈，如图 5.47 所示，因而对舵机的工作产生很大影响，依据自动控制的原理，可以在舵机内部人为引入其他反馈，以抵消铰链力矩的影响。

首先是在图 5.47(a)中引入舵机鼓轮输出转角反馈系数 k_δ，如图 5.48 所示。

根据图 5.48 可写出引入 k_δ 后的电动舵机传递函数为

$$G_M(s)=\frac{\Delta\delta_k(s)}{\Delta U(s)}=\frac{A/R}{Js^2+Bs+A/R(k_\delta-M_j^\delta R/Ai^2)} \tag{5-60}$$

对于各种飞行状态，如果取 $k_\delta>0$，并且满足 $k_\delta\gg M_j^\delta R/Ai^2$，则式(5-60)可近似写为

$$G_M(s)=\frac{\Delta\delta_k(s)}{\Delta U(s)}=\frac{A/R}{Js^2+Bs+k_\delta A/R} \tag{5-61}$$

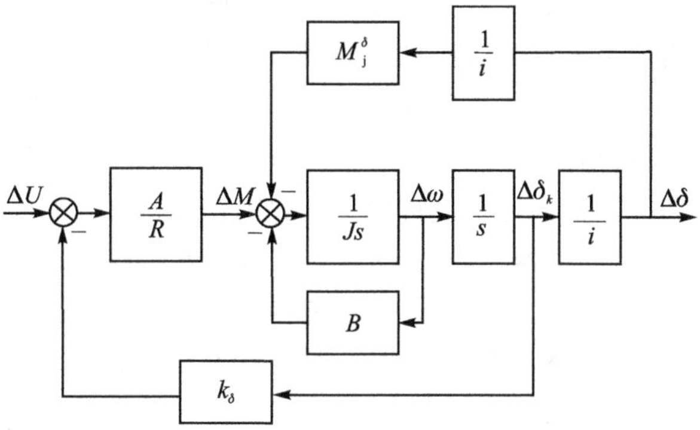

图 5.48　引入反馈系数 k_δ 的电动舵机工作原理图

根据式(5-61)可写出在常值电压作用下的鼓轮输出转角稳态值为

$$\Delta\delta_k(\infty)=\Delta U/k_\delta \tag{5-62}$$

可见,由于引入了反馈系数 k_δ,舵机的传递函数在各种飞行状态下都是一个稳定的二阶振荡环节(忽略电感 L),且传递函数中的各系数值仅取决于舵机自身的结构参数和反馈系数 k_δ 的大小 ,而与飞行状态无关。稳态时的鼓轮输出转角 $\Delta\delta_k(\infty)$ 正比于输入电压,反比于反馈系数 k_δ,而与飞行状态无关。

在图 5.47(a)中引入舵机输出角速度反馈系数 $k_{\dot\delta}$,如图 5.49 所示。

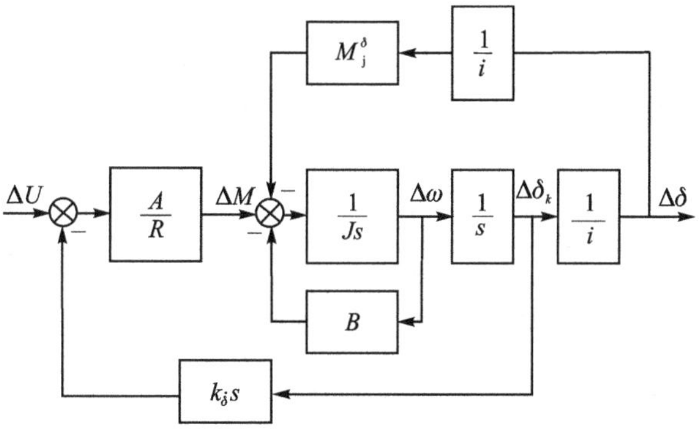

图 5.49　引入反馈系数 $k_{\dot\delta}$ 的电动舵机工作原理图

根据图 5.49 可写出引入 $k_{\dot\delta}$ 后电动舵机的传递函数

$$G_M(s)=\frac{\Delta\delta_k(s)}{\Delta U(s)}=\frac{A/R}{Js^2+(B+k_{\dot\delta}A/R)s-M_j^\delta/i^2} \tag{5-63}$$

假设反馈系数在各种飞行状态下均大于零,且满足条件 $(B+k_{\dot\delta}A/R)^2\gg|4M_j^\delta/i^2|$,则式(5-63)可近似写为

$$G_M(s)=\frac{\Delta\delta_k(s)}{\Delta U(s)}=\frac{A/R}{[Js+(B+k_{\dot\delta}A/R)]s} \tag{5-64}$$

根据式(5-64)可写出在常值电压作用下的鼓轮输出角速度稳态值为

$$\Delta\omega_k(\infty)=\frac{A/R}{B+Ak_{\dot\delta}/R} \tag{5-65}$$

与引入 k_δ 类似,当反馈系数 $k_{\dot\delta}$ 相当大时,同样可削弱铰链力矩对舵机的影响,而与飞行

状态无关。这样构成的舵回路,其稳态的鼓轮输出角速度 $\Delta\omega_k(\infty)$ 正比于输入电压。

综上所述,在舵机内部引入反馈后所构成的闭合回路,可以大大削弱铰链力矩对舵机工作的影响,并能控制舵机输出轴的转角或角速度,而与飞行状态基本无关。

前述的 k_δ 为舵机输出位置量(角度或线位移)的反馈系数,称为位置反馈;$k_{\dot\delta}$ 为输出速度反馈系数,称为速度反馈。反馈通路与舵机所构成的闭合回路称为舵回路。

在通常情况下,电位计、同位器、线性旋转变压器或线性位移传感器用来实现位置反馈,并输出正比于位置的电压;而测速发电机等速度传感器则用来实现速度反馈,输出正比于速度的电压。舵回路的输入电压与反馈电压相比较后,通过放大器实现电压(或电流)的放大或变换,并输出一定功率的信号来控制舵机。

按照被控物理量来划分,常用的舵回路有三种基本类型,即软反馈式、硬反馈式和弹性反馈式三种基本类型。如前所述,在舵机内部引入位置反馈的闭合回路称为位置反馈(又称硬反馈)舵回路;引入速度反馈的闭合回路称为速度反馈(又称软反馈)舵回路;同时引入弹性反馈环节而构成的闭合回路称为弹性反馈(又称均衡反馈)舵回路。

(1) 软反馈式(速度反馈)舵回路

图 5.50 为软反馈式舵回路原理图,这里速度反馈系数为 $k_{\dot\delta}$。

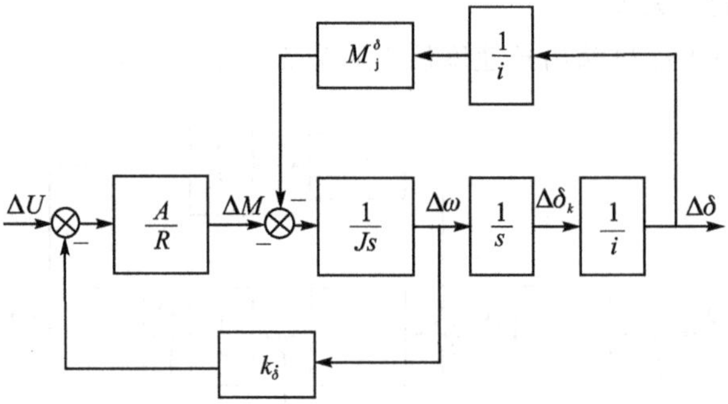

图 5.50　软反馈式舵回路原理图

忽略铰链力矩的影响,图 5.50 简化为图 5.51。

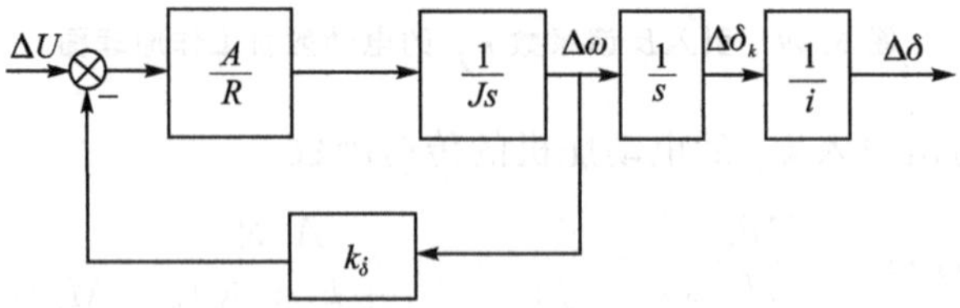

图 5.51　软反馈式舵回路简化原理图

根据图 5.51 可得舵回路的传递函数为

$$G(s)=\frac{\Delta\delta_k(s)}{\Delta U(s)}=\frac{A/R}{(Js+k_{\dot\delta}A/R)s}=\frac{K}{T_{\dot\delta}s+1}\cdot\frac{1}{s} \tag{5-66}$$

式中:$K=1/k_{\dot\delta}$,$T_{\dot\delta}=JR/Ak_{\dot\delta}$。

如果忽略时间常数 $T_{\dot\delta}$,则式(5-66)可简化为

$$G(s)=\frac{\Delta\delta_k(s)}{\Delta U(s)}=\frac{K}{s} \tag{5-67}$$

由此可见，软反馈舵回路的传递函数近似为一个积分环节，其输出的舵偏角正比于输入电压的积分。也就是说，输出舵面的偏转角速度正比于输入电压，并近似与速度反馈系数 $k_{\dot{\delta}}$ 成反比。因而，飞行自动控制系统的指令可按比例控制舵面偏转角速度。

(2) 硬反馈式（位置反馈）舵回路

图 5.52 所示为硬反馈式舵回路原理图，这里位置反馈系数是 k_δ。忽略铰链力影响，图 5.52 简化为图 5.53。

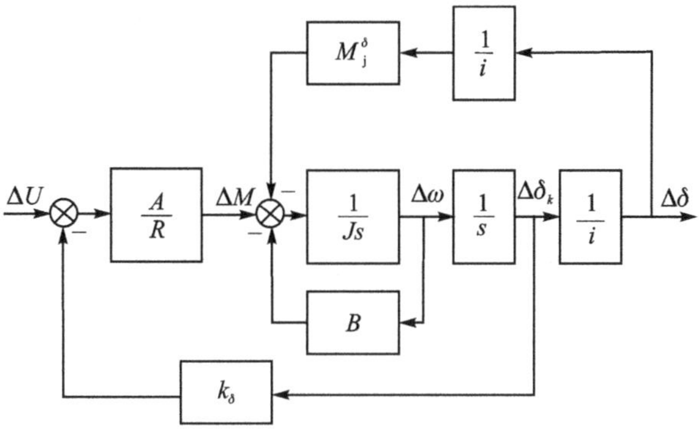

图 5.52　硬反馈式舵回路原理图

根据图 5.53 可得舵回路的传递函数为

$$G(s)=\frac{\Delta\delta_k(s)}{\Delta U(s)}=\frac{A}{JRs^2+BRs+Ak_\delta}=\frac{1/k_\delta}{\dfrac{JR}{Ak_\delta}s^2+\dfrac{RB}{Ak_\delta}+1} \tag{5-68}$$

调整 k_δ，当 $\dfrac{JR}{Ak_\delta}\leqslant\dfrac{RB}{Ak_\delta}$ 时，式(5-68)可以简化为

$$G(s)=\frac{\Delta\delta_k(s)}{\Delta U(s)}=\frac{1/k_\delta}{\dfrac{RB}{Ak_\delta}s+1}=\frac{K}{T_\delta s+1} \tag{5-69}$$

式中：$T_\delta=\dfrac{RB}{Ak_\delta}$，$K=\dfrac{1}{k_\delta}$。由此可以得出 $\Delta\delta_k(s)=\dfrac{K}{T_\delta s+1}\Delta U(s)$。

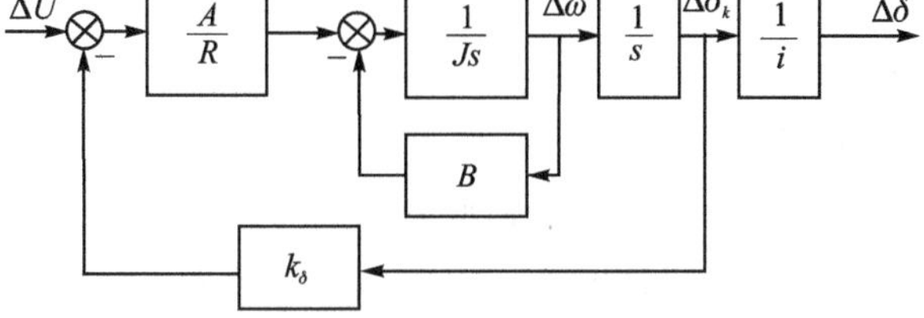

图 5.53　硬反馈式舵回路简化原理图

在这种情况下，硬反馈式舵回路的传递函数近似为一个惯性环节，其中系数 T_δ，K 的值均与反馈系数成反比。这种硬反馈式舵回路的稳态输出舵偏角正比于输入电压，并近似与反馈系数 k_δ 成反比。飞行自动控制系统的指令可按比例控制舵偏角的大小。

(3) 弹性反馈式（均衡反馈）舵回路

第三种舵回路为弹性反馈式舵回路。弹性反馈环节可由位置反馈环节串联一个均衡环节

来实现，其传递函数为

$$G_f(s)=k_\delta \frac{T_e s}{T_e s+1} \tag{5-70}$$

式中：k_δ 为位置反馈系数；T_e 为均衡环节的时间常数。

弹性反馈式舵回路的原理图如图 5.54 所示。

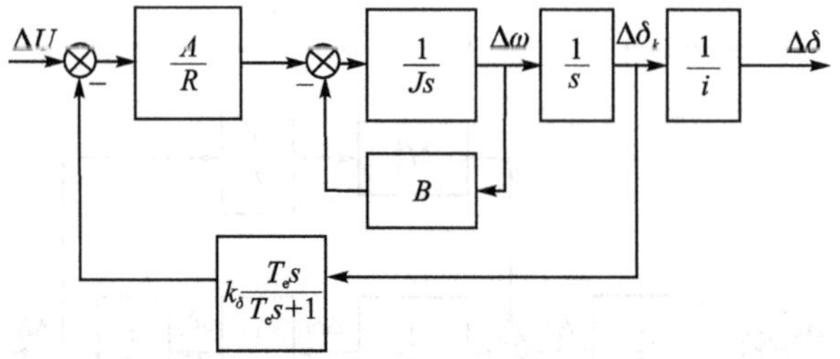

图 5.54　弹性反馈式舵回路原理图

根据图 5.54 可得弹性反馈式舵回路的传递函数为

$$G(s)=\frac{\Delta\delta_k(s)}{\Delta U(s)}=\frac{\dfrac{1}{k_\delta T_e}(T_e s+1)}{s\left[\dfrac{R}{Ak_\delta T_e}(Js+B)(T_e s+1)+1\right]} \tag{5-71}$$

简化为

$$G(s)=\frac{\Delta\delta_k(s)}{\Delta U(s)}=\frac{1}{k_\delta}+\frac{1}{k_\delta T_e s} \tag{5-72}$$

可见，若弹性反馈式舵回路工作在低频段，则舵回路的传递函数式(5-72)近似为一个积分环节；若其工作在高频段，则式(5-72)近似为一个比例环节。也就是说，弹性反馈式舵回路低频特性接近于软反馈式舵回路的特性，而高频特性则接近于硬反馈式舵回路的特性。这种舵回路的鼓轮输出既正比于输入，又正比于输入的积分，是一种兼有硬反馈式舵回路特性和软反馈式舵回路特性的舵回路。

综上所述，引入不同形式的反馈可以构成特性不同的舵回路，它们的性能在很大程度上取决于反馈的性质和大小。三种不同特性的舵回路也为飞行控制系统提供了三种不同的控制规律。

2. 舵回路系统的设计

(1) 舵回路系统的设计要求

舵回路的类型和结构布局种类很多，其控制对象和使用条件也多有不同，因此技术要求也就有所不同。尽管对不同舵回路系统的要求差别较大，但作为一种控制系统来说，在设计准则和设计方法上却是相同的。舵回路系统的设计要求包括：静、动态特性，接口要求和可靠性，以及可维护和使用环境的要求等。一般情况下，导弹稳定控制系统对舵回路系统具有以下技术要求：

① 舵机要有足够的功率输出；

② 各种飞行状态下舵机都能稳定地工作；

③ 舵回路的静、动态性能应满足系统提出的输入/输出关系的要求；

④ 舵回路要有较宽的频带，一般来讲，舵回路的通频带要大于导弹通频带 3～5 倍；

⑤ 舵回路要有良好的动态响应和较大的阻尼,并且相位滞后要小。

(2) 舵回路系统的设计实例

对于舵回路系统,多采用经典的控制理论进行分析和设计。舵回路系统设计的关键在于闭环回路中反馈量的配置。图 5.55 给出了一个实际的电动舵回路原理图。

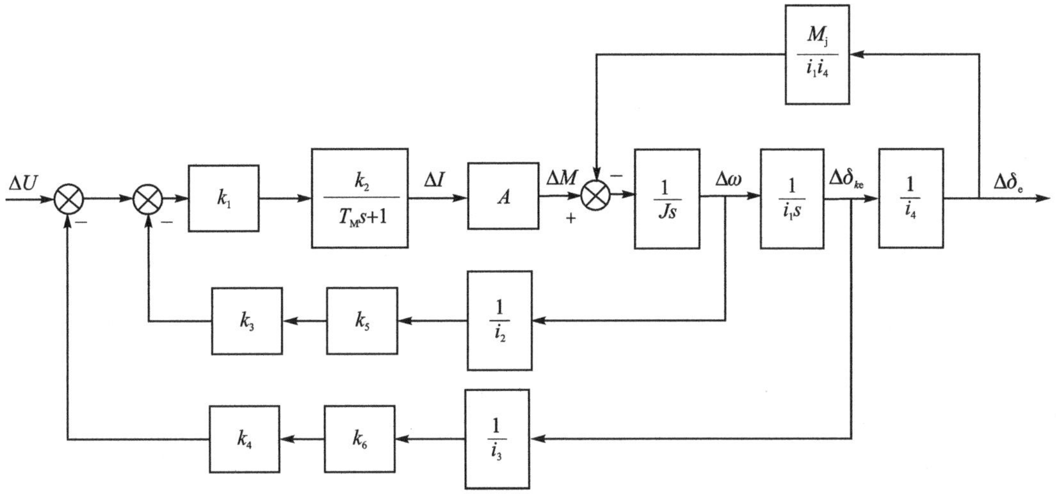

图 5.55　实际的电动舵回路原理图

由于引入了反馈使得铰链力矩对舵回路的影响大大减弱,所以为了研究问题简单起见,分析中将忽略铰链力矩的影响。舵回路的位置反馈系数为 $k_\delta = k_4 k_6 / i_3$,速度反馈系数为 $k_{\dot\delta} = i_1 k_3 k_5 / i_2$。

首先研究位置反馈系数的影响,已知速度反馈系数 $k_{\dot\delta} = 5.886 \times 10^{-2}$ V · s/rad,根据图 5.53 可得舵回路的闭环多项式,并求出以 k_δ 为参量的等效开环传递函数

$$G(s) = \frac{\Delta\delta_k(s)}{\Delta U(s)} = \frac{3.444 \times 10^5 k_\delta}{s(s + 16.67 + \mathrm{j}141.35)(s + 16.67 - \mathrm{j}141.35)}$$

当 k_δ 变化时,特征方程的根轨迹如图 5.56 所示。

由图 5.56 可见,根轨迹与虚轴的交点为 $\omega_j = 142.3$ rad/s,相应的,k_δ 的临界值 $k_{\delta m} = 1.96$ V/rad。当 k_δ 很小时,实数主导极点的模值很小,所以通频带很窄,过渡过程进行得很慢。随着 k_δ 的增大,实数主导极点的模值增大(复根的模变化很小),通频带加宽,过渡过程加快。但是,当 $k_\delta > k_{\delta m}$ 时,系统变为不稳定。

由此可见,当速度反馈一定时,舵回路的位置反馈将影响舵回路的通频带、快速性和静态性能。当 k_δ 值在一定范围内变化时,舵回路的通频带和快速性随 k_δ 的增大而增加。在同一输入电压作用下,稳态输出值随 k_δ 的增加而减小。但是,当 k_δ 超过临界值后,舵回路将不稳定。下面来分析速度反馈系数的影响。

已知位置反馈系数 $k_\delta = 1.545$ V/rad,根据图 5.56 可得舵回路的闭环多项式,并求出以 $k_{\dot\delta}$ 为参量的等效开环传递函数

$$G(s) = \frac{\Delta\delta_k(s)}{\Delta U(s)} = \frac{3.444 \times 10^5 k_{\dot\delta} s}{(s + 93.85)(s - 30.26 + \mathrm{j}69)(s - 30.26 - \mathrm{j}69)}$$

当 $k_{\dot\delta}$ 变化时,舵回路的根轨迹如图 5.57 所示。

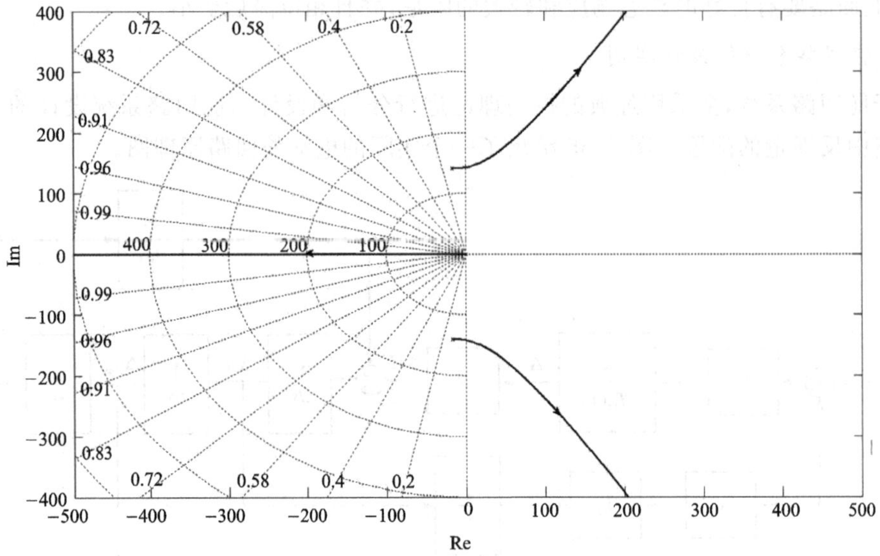

图 5.56　以 k_δ 为参量的舵回路根轨迹图

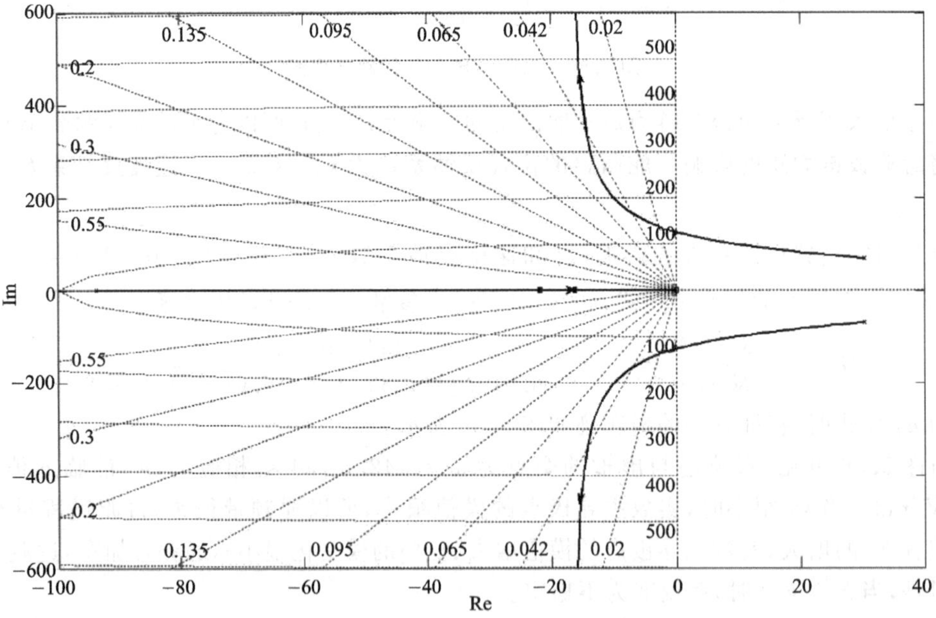

图 5.57　以 $k_{\dot{\delta}}$ 为参量的舵回路根轨迹图

由图 5.57 可见，根轨迹与虚轴的交点为 $\omega_j=126$ rad/s，相应的，$k_{\dot{\delta}}$ 的临界值 $k_{\dot{\delta}m}=9.91\times10^{-4}$ V·s/rad。当 $k_{\dot{\delta}}<k_{\dot{\delta}m}$ 时，舵回路的极点仅在右半 S 平面内移动，舵回路不稳定。当 $k_{\dot{\delta}}>k_{\dot{\delta}m}$ 时，随着 $k_{\dot{\delta}}$ 的增大，实数主导极点的模值越来越小，通频带变窄，快速性降低。

由以上分析可知，当位置反馈一定时，如果速度反馈过小（$k_{\dot{\delta}}<k_{\dot{\delta}m}$），则舵回路是不稳定的；但是如果速度反馈过大，则会使舵回路的通频带变窄，快速性降低。

在实际工程中，由于受舵回路中小时间常数及非线性因素的限制，速度反馈 $k_{\dot{\delta}}$ 不能太大，否则容易引起速度回路的自振。

当在舵回路中同时引入位置和速度反馈时，必须配合得当，这样舵回路才会具有好的性能。对液压舵回路来说，由于自身已有很强的速度反馈，所以只引入位置反馈就可以获得理想性能。如果再引入速度反馈，则相当于 $k_{\dot{\delta}}$ 值过大，反而使回路的通频带变窄，快速性降低。

3. 舵机特性对舵回路的影响

实际舵回路中的舵机功率有限，并有间隙、饱和等非线性因素，本节将分析舵机特性对舵回路工作的影响。

(1) 舵机功率对舵回路的影响

图 5.58 为在舵机功率有限情况下的舵回路工作原理图。图中 A 是带有限幅的非线性环节，它表示磁粉离合器传递力矩的限制。其中限幅值 M_{max} 表示最大传递力矩值。图中其他参数同图 5.55。

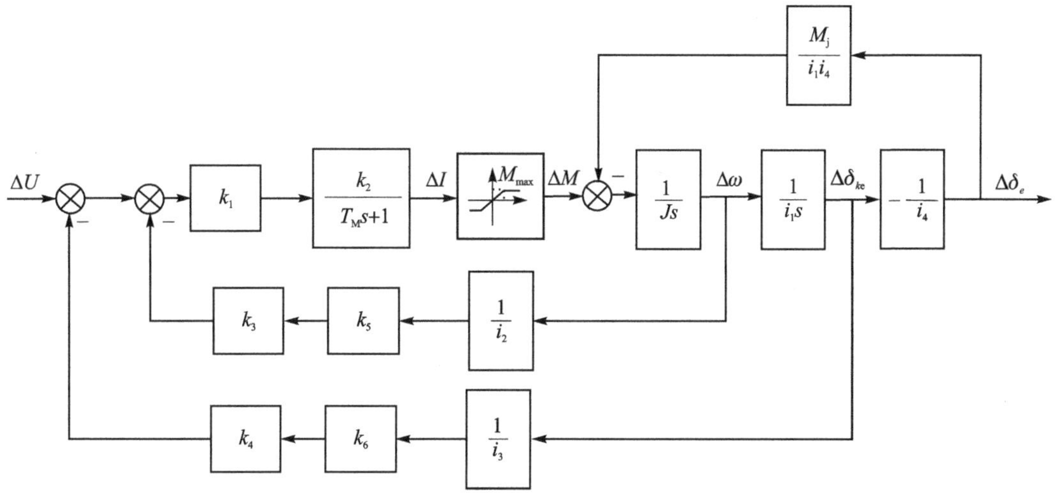

图 5.58 舵机功率有限情况下的舵回路工作原理图

舵机功率有限意味着其输出力矩(或力)和速度都受到限制。考虑到舵机所承受的铰链力矩，则由图 5.28 可得出舵回路的最大稳态输出舵偏角 $\delta_{e,max}$ 为

$$\delta_{e,max} = i_1 i_4 M_{max} / M_j^{\delta_e} \tag{5-73}$$

即在一定飞行状态下，最大舵偏角正比于舵机的最大输出力矩，与舵回路的输入无关。在负载情况下，舵机的功率将影响舵回路的静特性，其线性范围随舵机功率的减小而变窄。舵机功率有限情况下的通频带比舵机功率无限(线性舵机)时要窄。当舵机功率一定时，输入电压越大，舵回路的动态响应越慢；而当输入电压一定时，舵机功率越大，动态响应越快。

综上所述，舵机功率对舵回路的工作有很大影响。在有负载的情况下，舵回路静特性的线性范围随舵机功率的增加而增大；在输入一定的情况下，舵回路的通频带随舵机功率的增大，动态响应加快。因此，在选用舵机时，应考虑其功率对舵回路的影响。

(2) 舵机传动机构间隙对舵回路的影响

舵机机械传动机构中的间隙具有非线性特性。在舵机设计中，虽然总是力图使连接件紧密配合，但间隙不可能完全消除，因而对舵回路影响很大，严重时舵回路将不能正常工作。

间隙对舵回路的影响，随着间隙所在位置的不同而不同。反馈回路中传动间隙的影响尤为重要，其会增大舵回路的延迟时间和静差，降低舵回路的稳定性，引起舵回路输出在零值附近持续振荡(极限环),严重时舵回路将无法正常工作。为了减小反馈回路中的传动间隙,避免舵回路振荡,在电动机内的传动装置中均采用双片齿轮。

思考题

1. 试述二自由度陀螺的进动性和定轴性的概念。
2. 试述单自由度陀螺(阻尼陀螺)的工作原理。
3. 试述气压高度表及无线电高度表的简单工作原理及应用过程中体现出的各自特点。
4. 比较平台惯导与捷联惯导的各自特性。
5. 试述北斗卫星导航系统的主要组成部分及各自功用。
6. 试述卫星/惯性组合导航系统几种组合方式各自的特点。
7. 试述舵机设计的主要要求。
8. 试述电动舵机的主要特点。
9. 试述陀螺舵的基本工作原理。
10. 试述铰链力矩的概念及其对舵机工作的影响。
11. 试述舵回路的基本形式及其主要特点。

第 6 章　飞航式导弹控制系统分析与设计

飞航式导弹是一种依靠气动升力支持自身重量，在大气层内飞行且大部分航迹处于巡航状态（即接近恒速等高飞行）的无人驾驶飞行器，它包括巡航导弹、反舰导弹、反辐射导弹等。飞航式导弹的特点是推进剂效率高，飞行航程远、高度低，突防能力强，制导精度高，所攻击目标的机动性一般较低。

飞航式导弹在通常情况下能满足以下三个条件：一是，存在一个纵向对称平面；二是，具有一个良好的倾斜稳定回路；三是，纵向和横向运动扰动量很小。基于此可以把整个被控对象分解成三个独立通道进行研究。采用小机动、高稳定度的自镇定系统，其设计结果尽可能使导弹的飞行满足或接近三通道去耦条件，达到各通道独立控制的目的。当然，飞航式导弹处于大机动飞行状态时，弹体的非线性、多通道耦合特性明显突出，基于小扰动的线性化及通道解耦假设条件难以保持，则需针对上述现象采用更为复杂的现代控制理论进行分析设计。

6.1　概　述

6.1.1　飞航式导弹控制系统的功能和组成

飞航式导弹自动控制系统，无论采用自动驾驶仪，还是惯导系统，其目的都是要对导弹实现控制。当导弹受到干扰偏离预定弹道时，系统立即测出偏差，并输出与偏差成比例的信号，使舵面偏转，对导弹进行稳定，从而消除弹道偏差；系统根据程序控制信号的作用，使导弹实现爬高、下滑或改变航向；在自导飞行段，系统接受来自导引头的制导信号，通过稳定控制系统使舵面相应偏转，操纵导弹跟踪目标，最终击毁目标。

为了完成上述任务，导弹控制系统由两部分组成：一是控制对象；二是控制器。控制对象是导弹，控制器是自动驾驶仪或惯性控制装置。不同型号的飞航式导弹，对控制系统要求不同，组成系统的元件也不同，但共同的任务决定了它们具有类似的结构。一般来说，飞航式导弹自动控制系统由以下基本元件组成，如图 6.1 所示。

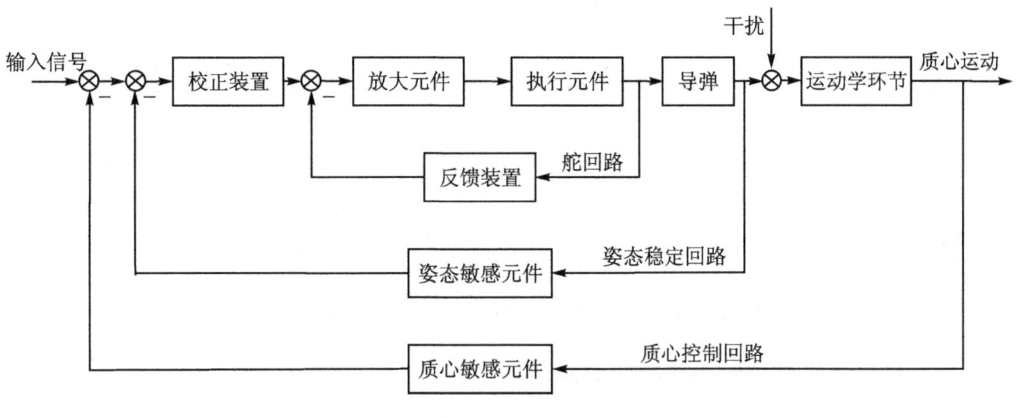

图 6.1　飞航式导弹自动控制系统组成框图

图 6.1 中,由反馈装置包围的回路称为舵伺服系统回路,简称舵回路;由姿态敏感元件包围的回路称为姿态稳定回路。姿态稳定回路是自动驾驶仪的基础,其主要作用是:稳定弹体轴在空间的角位置;增大弹体绕质心角运动的相对阻尼系数,改善整个控制系统过渡过程品质;稳定导弹的静态传递系数及动态特性;保证姿态稳定回路有较宽的通频带。由质心敏感元件包围的回路称为质心控制回路,它是惯性控制系统的基础。

飞航式导弹控制系统主要由以下组件构成:

① 校正装置:由调节控制规律决定的微分、积分、放大等元件组成,通称为 PID 控制组件,用于改善系统的动、静特性。导弹控制系统数字化后校正装置由控制算法程序替代。

② 放大元件:常用的有继电放大器、集成电路放大器等,用于综合、放大、变换控制信号。

③ 执行机构:常用的有电动舵伺服系统、液压舵伺服系统等,用于操纵舵面,稳定与控制导弹飞行。

④ 弹体:是被控对象,输出各种被控量。

⑤ 反馈装置:常用的有电位计、测速电机等。电位计用来实现硬反馈,使舵面输出与控制信号输入成比例,测速电机用来实现软反馈,以改善舵伺服系统回路的动态性能。

⑥ 姿态敏感元件:常用的有惯导平台或陀螺仪,用来测量弹体的姿态运动参数。

⑦ 质心敏感元件:常用的有加速度计、无线电高度表等,用来测量弹体质心运动参数。

6.1.2　飞航式导弹控制系统的基本工作原理

飞航式导弹运动包括六个自由度,在导弹巡航飞行时,可以忽略交联耦合影响,将自动驾驶仪分成三个独立的通道进行分析和设计。其中:倾斜通道最简单,可用微分器的输出信号改善倾斜运动的动态性能,用积分器输出的信号克服常值干扰下造成的稳态误差,是典型的 PID 控制回路;侧向控制系统除了完成偏航姿态角的稳定控制外,还要满足自导段导引规律对自动驾驶仪提出的要求,如提供前置角信号、航向基准信号等;纵向控制系统由俯仰角稳定回路和高度控制回路组成,除了完成俯仰姿态角稳定控制外,还需要提供高度表信号、垂直速度信号及自导段基准积分信号等。

机动飞行时航向运动与倾斜运动相关联。倾斜回路配合航向回路,实现最少航程转弯,称为协调转弯。

飞航式导弹自动控制系统的输入信号有两种:一种是控制输入,另一种是干扰输入。控制输入是有用输入,控制系统的输出按控制规律实现对控制输入的响应,这种响应应该满足系统性能指标要求。干扰输入是有害输入,它破坏有用输入信号对系统输出的控制。

6.2　飞航式导弹纵向控制系统分析与设计

飞航式导弹在空间中的运动较为复杂,在工程实践中为使问题简化,总是将导弹的空间运动分解为铅垂平面内的纵向运动和水平面内的侧向运动。导弹纵向控制系统的主要功能是对导弹的俯仰姿态角和飞行高度施加控制,使其在铅垂平面内按照预定弹道飞行。

6.2.1　飞航式导弹纵向控制系统的组成及结构图

1. 飞航式导弹纵向控制系统的组成及功能

工程上通常选用自由陀螺仪和高度表作为导弹纵向控制系统误差信号的主要测量元件,

其中，自由陀螺仪测量弹体的俯仰姿态角；无线电高度表、气压高度表等测量导弹的飞行高度。测量导弹姿态角的陀螺仪，其输出信号不能直接驱动舵机，需要经过变换和功率放大等处理。

对陀螺仪输出信号进行综合处理的部件称为校正装置(解算装置)。为了改善系统的动态性能，在校正装置的输入端还应该有俯仰角速率信号和垂直速度信号。角速率信号可以由速率陀螺仪给出，也可由电子微分器提供；同样，垂直速度信号可由垂直速度传感器提供，也可由电子微分器给出。为了使导弹的高度控制系统成为一阶无静差系统，即在常值干扰力矩作用下，导弹的稳态高度偏差值为零，必须在系统中引入积分环节。这是因为，当积分环节的输入信号为零时，它仍可以保持一个常值输出。校正装置可用电子线路实现，也可由计算机程序实现。

当需要改变导弹的飞行高度时，必须改变导弹的弹道倾角，以改变作用在导弹上的升力。改变弹道倾角，要转动导弹的升降舵面以改变导弹的俯仰姿态。因此，作为纵向控制系统执行机构的舵机是必不可少的，上述部件与弹体组成导弹的纵向控制系统。其原理框图如图 6.2 所示。

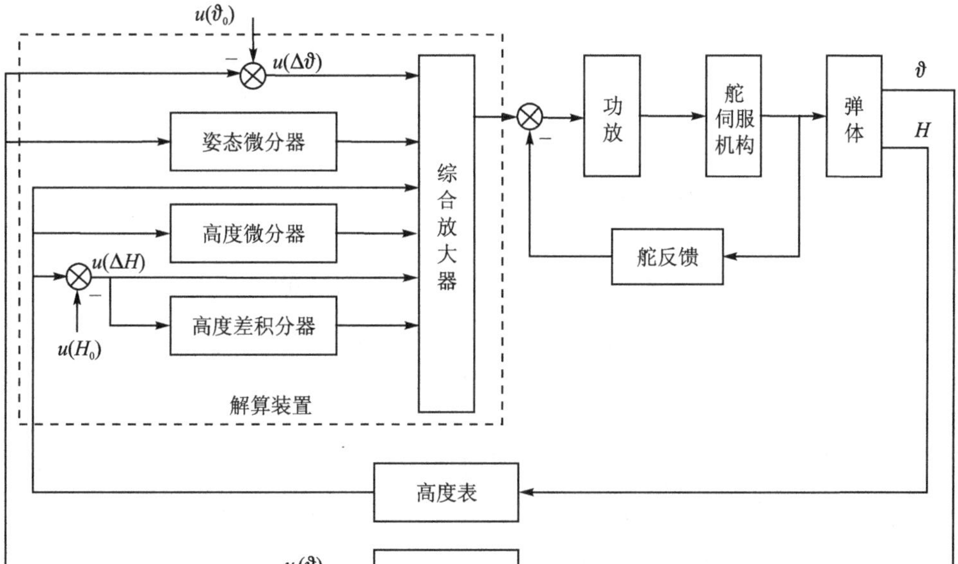

图 6.2　飞航式导弹纵向控制系统组成框图

2. 飞航式导弹纵向控制系统的结构图及传递函数

有关弹体纵向传递函数、执行机构传递函数及传感器传递函数可参照本书有关章节。在此直接给出纵向控制系统结构图，如图 6.3 所示。

系统中舵回路闭环传递函数为

$$\Phi_{\delta}(s)=\frac{K_{\delta}}{T_{\delta}^{2}s^{2}+2\xi_{\delta}s+1} \tag{6-1}$$

式中：$K_{\delta}=\dfrac{1}{K_{OC}}$ 为舵回路传递系数；$T_{\delta}=\sqrt{\dfrac{T_{PM}}{K_{OC}K_{P}K_{PM}}}$ 为舵回路的时间常数；$\xi_{\delta}=\dfrac{1}{2\sqrt{K_{OC}K_{P}K_{PM}}}$ 为舵回路的阻尼常数。

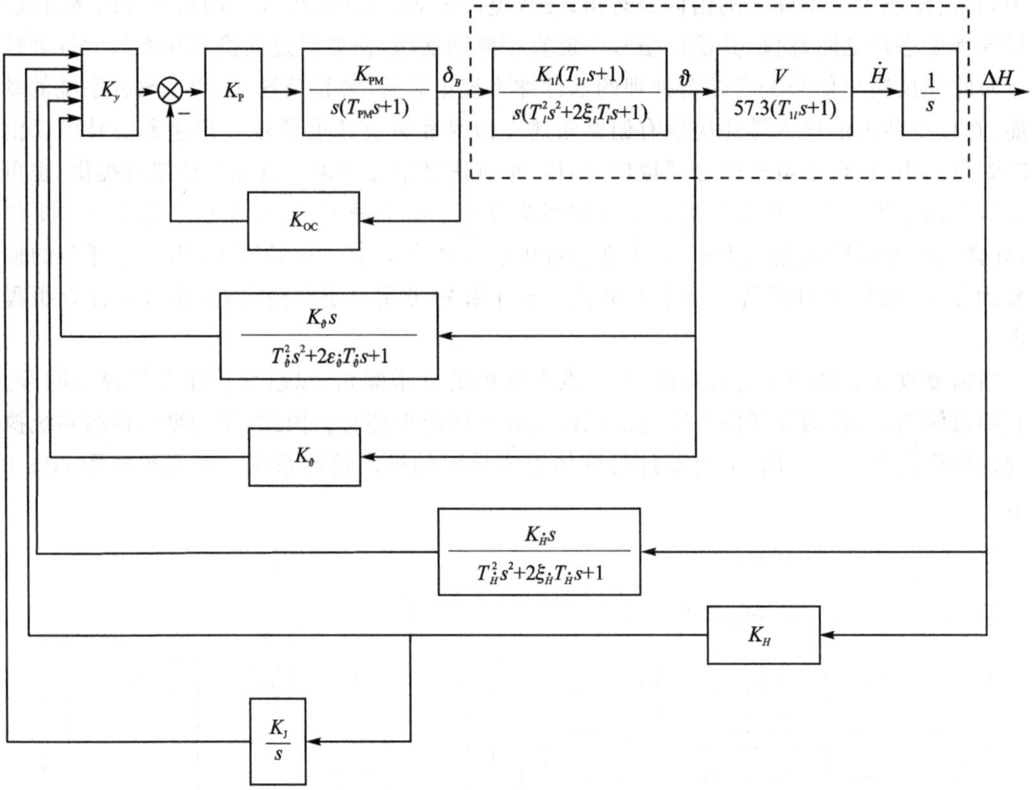

图 6.3　飞航式导弹纵向控制系统结构图

舵机电机的时间常数 T_{PM} 一般为 20～30 ms，舵回路开环放大倍数 $K_{\mathrm{OC}}K_{\mathrm{P}}K_{\mathrm{PM}}$ 一般在 50～100 之间，故当舵回路工作于线性区时，舵回路的时间常数 T_{δ} 不会超过 10 ms。在对纵向控制系统初步分析时，可忽略舵回路的惯性，即令 $T_{\delta}=0$。此外，两个微分器的时间常数 $T_{\dot{\vartheta}}$ 和 $T_{\dot{H}}$ 均比弹体时间常数 T_l 小很多，从时间特性看，只影响过渡过程初始段，忽略上述时间常数的影响对稳定性和稳态精度的分析影响不大，于是其简化结果如图 6.4 所示。

6.2.2　俯仰角稳定控制回路分析

1. 俯仰角稳定控制回路参数的频域设计

由于弹道倾角的变化滞后于导弹姿态角的变化，也就是导弹质心运动的惯性比姿态运动的惯性大。因此，在分析俯仰角稳定回路时，可暂不考虑高度稳定回路的影响。俯仰角稳定回路结构如图 6.5 所示。

图 6.5 中俯仰角稳定回路开环传递函数为

$$G_{\vartheta}(s)=\frac{K_{1l}K_{\vartheta}}{K_{\mathrm{OC}}}\,\frac{(T_{1l}s+1)\left(\dfrac{K_{\dot{\vartheta}}}{K_{\vartheta}}+1\right)}{s(T_l^2s^2+2\xi_lT_ls+1)}=\frac{K_{\mathrm{W}}(T_{1l}s+1)(T_{\mathrm{W}}+1)}{s(T_l^2s^2+2\xi_lT_ls+1)}\qquad(6-2)$$

式中：$K_{\mathrm{W}}=\dfrac{K_{1l}K_{\vartheta}}{K_{\mathrm{OC}}}$；$T_{\mathrm{W}}=\dfrac{K_{\dot{\vartheta}}}{K_{\vartheta}}$；$\delta_f$ 为干扰等效舵偏角。

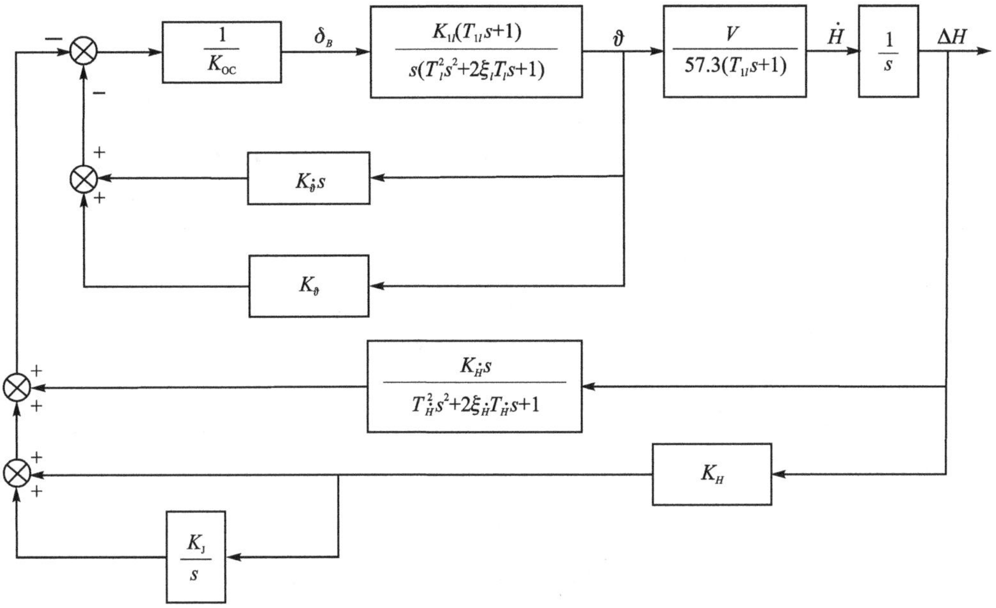

图 6.4　纵向控制系统简化结构图

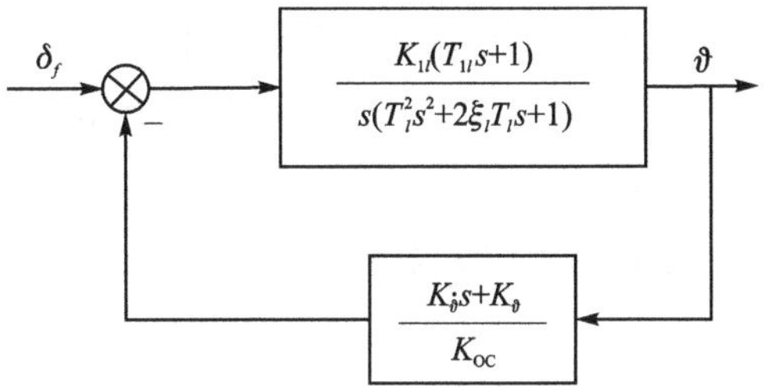

图 6.5　俯仰角稳定回路结构图

代入某型号弹体在 $t=82$ s 时的参数值，并给定 $K_{OC}=0.5$ V/(°)，$K_{\vartheta}=0.75$ V/(°)、$K_{\dot{\vartheta}}=0.175$ V·s/(°)。需要指出，K_{ϑ} 和 $K_{\dot{\vartheta}}$ 为角度回路校正环节的参数，在初步分析时，需根据经验或参考同类控制系统给出大致范围，在系统设计中再逐步加以调整。根据上述参数值可得系统开环频率特性

$$G_{\vartheta}(j\omega)=\frac{K_W(j\omega T_{1l}+1)(j\omega T_W+1)}{j\omega[(j\omega)^2T_l^2+2j\omega\xi_lT_l+1]}$$

$$=\frac{1.07[1.5(j\omega)+1][0.23(j\omega)+1]}{j\omega[0.16^2(j\omega)^2+2\times0.084\times0.16(j\omega)+1]} \tag{6-3}$$

调整式(6-3)中的参数 T_W，作出俯仰角稳定回路的开环对数频率特性，如图 6.6 所示，其中的弹体参数为某型号弹体在 $t=82$ s 时的特征参数。由图 6.6 可见：

① 上述参数下，系统有足够的幅值裕度，且相角裕度 $\gamma>70°$。工程实践证明，对于最小相位系统，如果相角裕度大于 $\gamma>70°$，幅值裕度大于 6 dB，即使系统的参数在一定范围内变化，也能保证系统的正常工作。因此，在 $T_l<T_W<T_{1l}$ 的情况下，系统有足够的稳定性储备。

② 当 $T_l<T_{1l}<T_W$ 时，开环系统的幅频特性将被抬高，使开环系统频带加宽很多，虽然不会破坏系统的稳定性，但会使系统的抗干扰能力下降。同样道理，系统的开环放大倍数 K_W

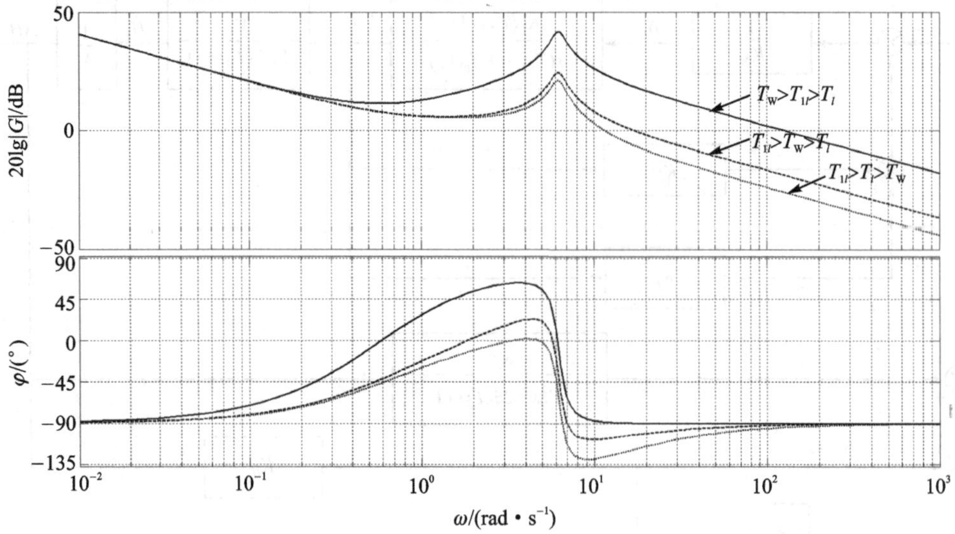

图 6.6　俯仰角稳定回路开环对数频率特性

也不能取得太大，否则将会使系统稳定性储备减小，抗干扰能力下降。

③ 当 $T_W < T_{1l} < T_l$ 时，如果参数选配不当，幅频特性有可能以 −40 dB/dec 的斜率穿越零分贝线，即使系统稳定，其相对稳定性与动态品质也是很差的。

总之，利用开环对数频率特性，我们可以从系统的稳定性和动态品质出发选择 K_W、T_W，也就是校正环节的参数 K_ϑ、$K_{\dot{\vartheta}}$。

2. 俯仰角稳定控制回路闭环传递函数的确定

为了做出系统的根轨迹，在此给出系统根轨迹传递函数，将式(6-2)变换为

$$G_\vartheta(s) = \frac{K(s+\omega_{1l})(s+\omega_W)}{s(s^2+2\xi_l\omega_l s+\omega_l^2)} \tag{6-4}$$

对应上述特征点及给定参数，有 $\omega_{1l}=0.67\ s^{-1}$，$\omega_l=6.25\ s^{-1}$，$\omega_W=4.35\ s^{-1}$，$K=\dfrac{K_W T_{1l} T_W}{T_l^2}=14.2$。

以 K 为参量绘制系统的根轨迹，由式(6-4)可知，开环系统有三个极点，两个实零点：

$$s_1=0,\quad s_2=-0.52+j6.2,\quad s_3=-0.52-j6.2,\quad z_1=-0.67,\quad z_2=-4.35$$

俯仰角稳定回路的根轨迹如图 6.7 所示。

对图 6.7 作如下说明：

① 在给定的开环零、极点下，根轨迹增益 K 由 0 至∞变化时系统始终稳定，与频率法得出的结论一致。

② 当 $K>23.6$ 时，系统有三个不同的闭环实极点。此时，系统闭环传递函数由三个不同的惯性环节串联而成。当 $K<23.6$ 时，系统有一个闭环实极点和两个共轭的闭环复极点。因此，系统的闭环传递函数将由一个惯性环节和一个二阶振荡环节串联而成。

③ 当 $K=14.2$ 时，闭环系统的三个极点为

$$s_1=-0.4,\quad s_2=-7.6+7.7j,\quad s_3=-7.6-7.7j$$

可见，$\mathrm{Re}\,s_2/\mathrm{Re}\,s_1=(-7.6)/(-0.4)=19$，工程上只要这个比值大于 5，就可将距虚轴远

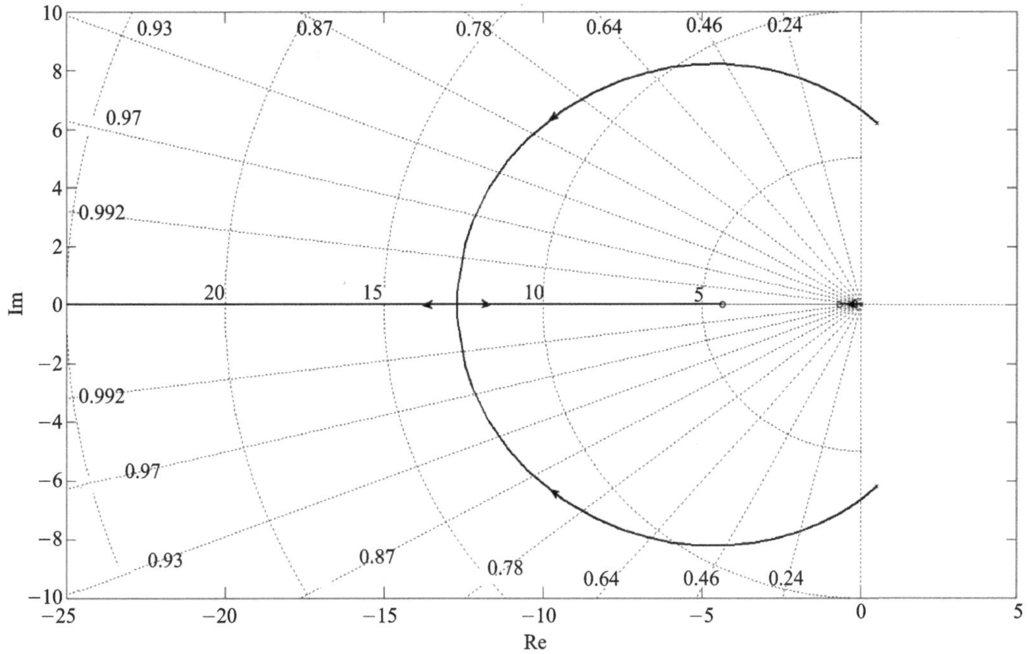

图 6.7　俯仰角稳定回路根轨迹图

的极点忽略不计。而取距虚轴近的极点 $s_1=-0.4$ 作为系统的闭环主导极点。

④ 系统的闭环零点包括前向通道的全部零点和反馈通道的全部极点。由图 6.7 可知，该系统只有一个负的闭环零点$\left(即-\dfrac{1}{T_{1l}}\right)$。

至此，可直接根据系统根轨迹图写出俯仰角稳定回路的闭环传递函数

$$\phi_{\vartheta}(s)=\frac{\vartheta(s)}{\delta_Z(s)}=\frac{K_{\phi}(T_{1l}s+1)}{T_{\phi}s+1}=\frac{0.67(1.5s+1)}{2.5s+1} \tag{6-5}$$

式中：

$$K_{\phi}=\frac{K_{OC}}{K_{\vartheta}}=\frac{0.5}{0.75}=0.67$$

6.2.3　高度稳定控制回路分析与设计

根据导弹质心运动的运动学方程，得到非垂直发射的导弹质心的变化率为

$$\dot{H}=\dot{Y}_0=V\sin\theta \tag{6-6}$$

对非垂直发射的导弹，若要求导弹稳定在某一高度上飞行，只采用姿态角稳定装置时，弹道倾角存在误差。当弹道倾角不大，飞行速度为常值时，式(6-6)线性化后变为 $\dot{H}=V\theta$，因而飞行高度随时间成比例变化，变化的快慢取决于飞行速度和弹道倾角的大小。

要把导弹的飞行高度控制在给定值，必须按给定高度或敏感处高度的变化对导弹的实际飞行高度进行控制。高度控制系统中包含高度表、俯仰角稳定装置、弹体及运动学环节，为了改善控制系统的动态品质，还需要引用高度变化率的反馈信息，或者在高度传感器后加串联校正装置。由图 6.4 及式(6-6)可以得到简化后高度稳定控制回路的结构图，如图 6.8 所示。

由图 6.8 可知，高度稳定控制回路开环传递函数为

$$G_g(s)=\frac{K_\phi V}{57.3K_{\mathrm{OC}}}\,\frac{K_{\dot H}s^2+K_Hs+K_HK_j}{s^2(T_\phi s+1)} \tag{6-7}$$

对上述特征点 $K_\phi=0.67$，$T_\phi=2.5$ s，$V=306$ m/s，给定

$K_H=0.2$ V/m，　$K_{\dot H}=0.25$ V·s/m，　$K_j=0.25\ \mathrm{s}^{-1}$

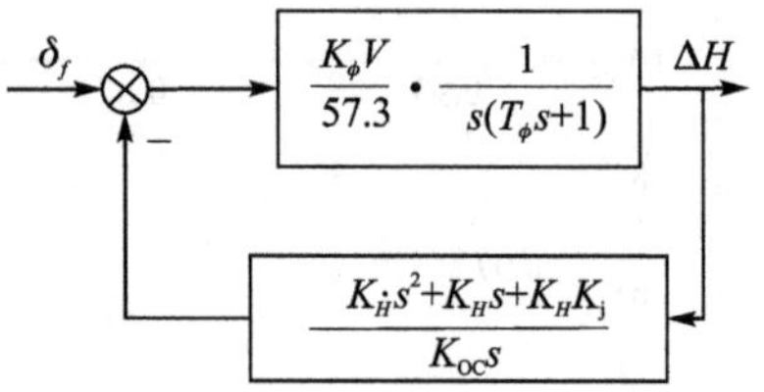

图 6.8　高度稳定控制回路结构图

将式(6-7)变换成如下形式：

$$G_g(s)=\frac{K_g(s^2+2\xi_g\omega_gs+\omega_g^2)}{s^2(s+\omega_\phi)}$$

$$=\frac{0.71(s^2+2\times0.63\times0.63s+0.63^2)}{s^2(s+0.4)} \tag{6-8}$$

由式(6-8)可知，给定参数下的系统根轨迹如图 6.9 所示。

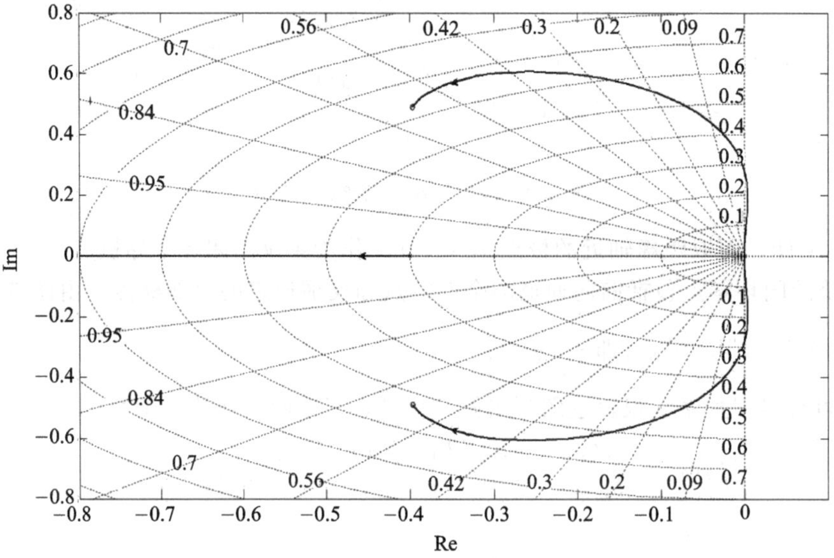

图 6.9　高度稳定控制回路根轨迹图

根据根轨迹的幅值条件，可知对应于 $K_g=0.71$ 的三个闭环极点为 $s_1=-0.14+0.57\mathrm{j}$，$s_2=-0.14-0.57\mathrm{j}$，$s_3=-0.84$。可见，系统主导极点是一对共轭复极点 s_1 和 s_2，故系统的闭环特性近似为一个二阶振荡环节，其相对阻尼比为 0.2。可见系统的阻尼特性较差。由于闭环极点 s_1 和 s_2 靠近虚轴较近，系统虽稳定，但振荡趋势严重。此外，由图可计算出系统的极限阻尼比为

$$\xi_{\max}=\cos 50^\circ=0.64$$

若不改变校正环节的结构形式，那就只有调整其参数，从而改变系统零、极点在复平面上的位置，以达到改善系统动态品质的目的，调整以后的系统参数如下：

$$K_H=0.5\ \mathrm{V/m},\quad K_{\dot H}=0.5\ \mathrm{V\cdot s/m},\quad K_j=0.25\ \mathrm{s^{-1}}$$

根据新的开环零、极点绘制的系统根轨迹如图 6.10 所示。

参数调整之后，根轨迹上述对应于 $K_g=1.42$ 的三个闭环极点为 $s_1=-0.7+0.59\mathrm{j}$，$s_2=-0.7-0.59\mathrm{j}$，$s_3=-0.43$。由于 s_1、s_2 的实部与实极点 s_3 的值之比仅为 1.6，因此三个极点

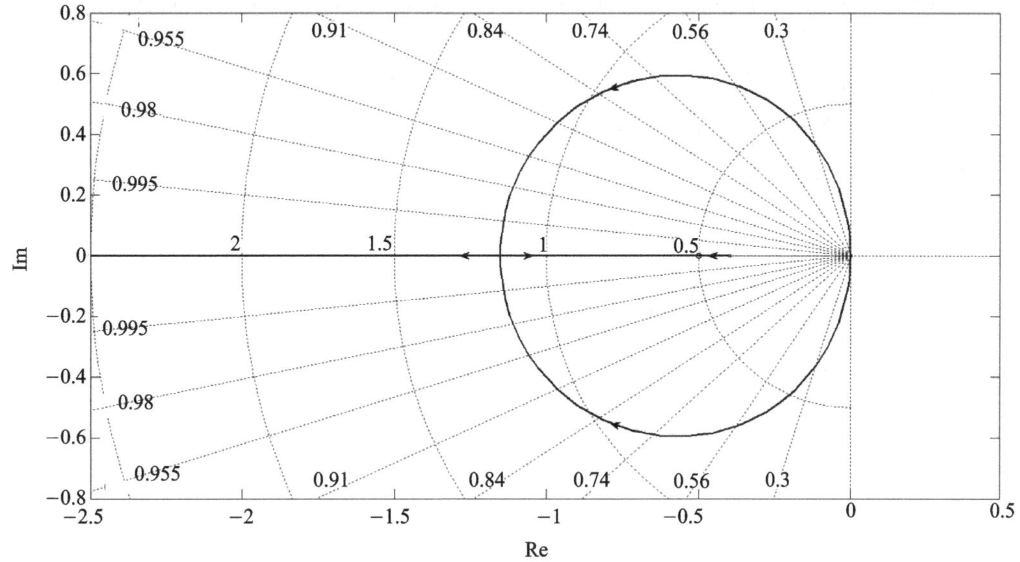

图 6.10　参数调整后高度稳定控制回路根轨迹图

同等重要。由上述分析可知，系统的动态过程可以分解为两个动态过程的合成：一个是指数衰减型过程，其时间常数 $T=\dfrac{1}{|s_3|}=2.3\ \text{s}$，工程上认为 $t>4T$ 时过渡过程已经结束，所以该过程对应的过渡过程时间 $t=4T=9.2\ \text{s}$；另一个是二阶振荡型过程，其无阻尼振荡频率 $\omega_n=|s_1|=\sqrt{(-0.7)^2+(0.59)^2}=0.92$，该过程的相对阻尼系数 $\xi=\cos 40°=0.76$。

图 6.11 给出了参数调整前后系统的动态响应过程，比对两个响应过程可知，参数调整过后系统阻尼增大，振荡趋势减弱且响应时间缩短。

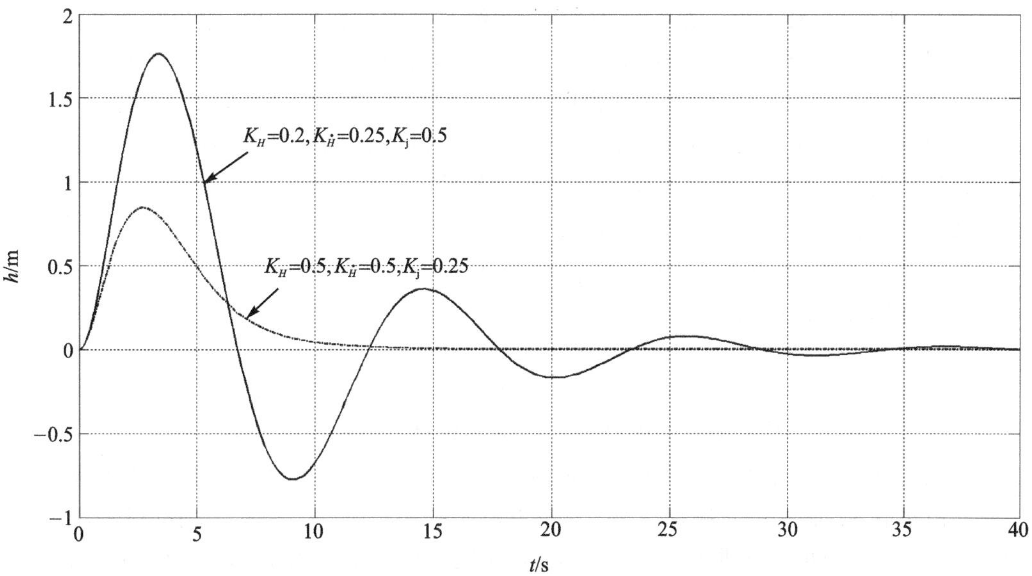

图 6.11　高度稳定控制回路参数调整前后动态响应过程

由于在复平面的右半部没有根轨迹，所以当可变参数 K_g 由 0 至∞变化时，高度稳定控制回路始终是稳定的。下面由给定的两组高度稳定控制回路参数分别给出它们的开环对数频率特性,以便对其进行对比分析。

高度稳定控制回路的第一组参数为

$$K_H=0.2\ \mathrm{V/m},\quad K_{\dot H}=0.25\ \mathrm{V\cdot s/m},\quad K_j=0.5\ \mathrm{s^{-1}}$$

对应的开环传递函数为

$$G_g(s)=\frac{0.71(1.58^2s^2+2\times0.63\times1.58s+1)}{s^2(2.5s+1)} \tag{6-9}$$

第一组参数对应的开环对数频率特性如图 6.12 所示。

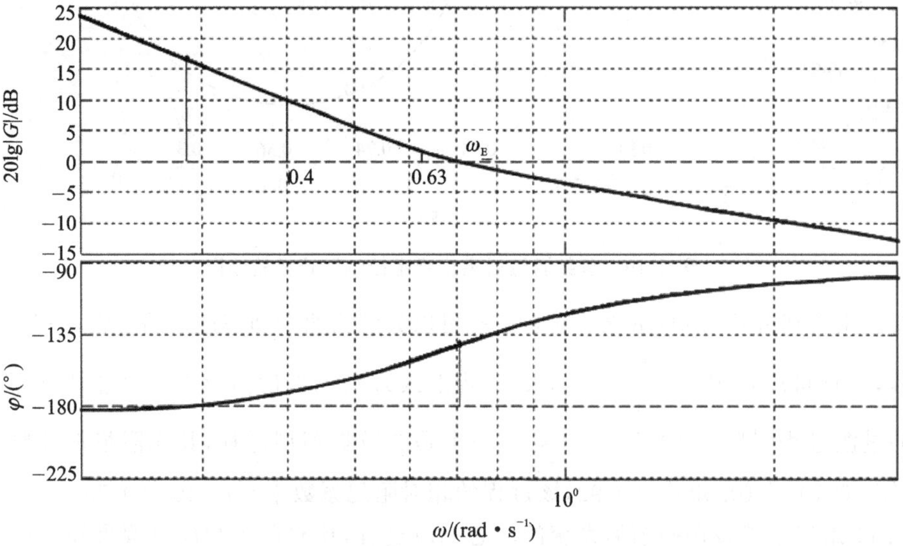

图 6.12　第一组参数对应的开环对数频率特性

由图 6.12 可知,对于第一组给定的参数,系统有足够的幅值裕度,相角裕度也大于 30°。但是,截止频率 ω_E 与第二个交接频率 ω_2 靠得非常近,而在交接频率之前,对数幅频特性渐近线的斜率为 −60 dB/dec。由自动控制原理可知,系统的振荡趋势严重,即系统的阻尼特性很差。这是因为系统的动态品质主要是由截止频率两侧的一段频率特性所决定的。可见,由频率法得到的结论与根轨迹法得出的结论是基本一致的。

高度稳定控制回路的第二组参数如下:

$$K_H=0.5\ \mathrm{V/m},\quad K_{\dot H}=0.5\ \mathrm{V\cdot s/m},\quad K_j=0.25\ \mathrm{s^{-1}}$$

对应的开环传递函数为

$$G_g(s)=\frac{0.89(2^2s^2+2\times1.0\times2.0s+1)}{s^2(2.5s+1)} \tag{6-10}$$

由此可以绘制第二组参数对应的开环对数频率特性,如图 6.13 所示。

由图 6.13 可知,这种情况下系统的相角储备大于 60°,跟第一组参数相比有很大提高,幅值裕度两者相差不多。但是截止频率与第二个交接频率相距较远,$\omega_E=3\omega_2$。前面已经说过,系统的动态品质主要由截止频率两侧的一段频率特性决定,由于 ω_E 远离 ω_2,即斜率 −60 dB/dec 的对数幅频特性段远离截止频率,所以它对系统动态品质的影响减小,使系统相对阻尼大幅增加。因此,截止频率应尽可能远离其两侧的交接频率,而且在截止频率处,开环对数幅频特性的斜率最好取 −20 dB/dec。关于这一点,工程上称之为"错开原理"。

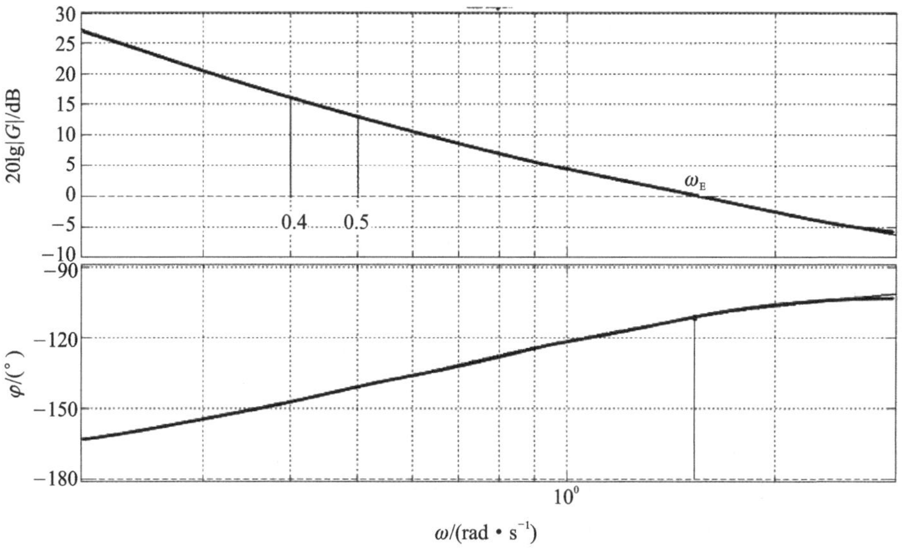

图 6.13　第二组参数对应的开环对数频率特性

6.3　飞航式导弹侧向控制系统分析与设计

飞航式导弹的侧向运动包括航向、倾斜和侧向偏移运动，而航向和倾斜运动彼此紧密交连。在工程上通常把航向、倾斜和侧向偏移作为彼此独立的运动进行分析与设计，最后再考虑相互间的影响。这种简化方法已在几种型号导弹控制系统设计时应用，且实践证明是有效的。当导弹处于大机动飞行状态时，上述简化条件不成立，需采用有针对性的方法进行系统设计，以解决多通道耦合特性带来的问题。

6.3.1　航向角稳定控制回路分析

航向角稳定控制回路的功能是：保证导弹在干扰的作用下，回路稳定可靠工作，偏航角的误差在规定的范围内，并按预定的要求改变基准运动。

1. 航向角稳定控制回路的组成

航向角稳定控制回路的设计通常采用 PID 调节规律，即舵偏角 $\delta_y = K_1\psi + K_2\dot{\psi} + K_3\int\psi \mathrm{d}t$，因此航向角稳定控制回路的构成框图如图 6.14 所示。

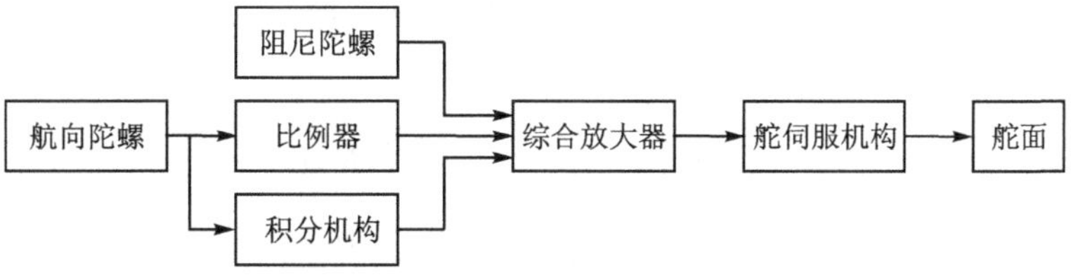

图 6.14　航向角稳定控制回路构成框图

由第 3 章中相关内容可得导弹航向角运动的传递函数

$$G_{\delta_y}^{\psi}(s)=\frac{K_\beta(T_{1\beta}s+1)}{s\ (T_\beta^2 s^2+2\xi_\beta T_\beta s+1)}\tag{6-11}$$

$$G_{F_{yd}}^{\psi}(s)=\frac{K_{F_{yd}}^{\dot{\psi}}}{s\,(T_\beta^2 s^2+2\xi_\beta T_\beta s+1)}\tag{6-12}$$

$$G_{M_{yd}}^{\psi}(s)=\frac{K_{M_{yd}}^{\dot{\psi}}(T_{1c}s+1)}{s\,(T_\beta^2 s^2+2\xi_\beta T_\beta s+1)}\tag{6-13}$$

通过分析,可以得到航向角稳定控制回路结构图,如图 6.15 所示。

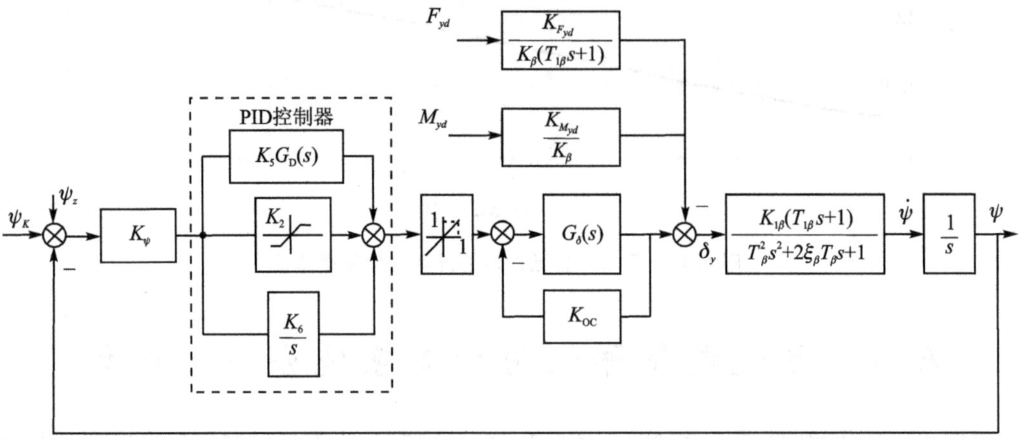

K_ψ—陀螺仪的传递系数;K_2—比例放大器的放大系数;K_5—微分器的放大系数;
K_6—积分器的放大系数;K_{OC}—舵伺服系统位置反馈系数;$G_D(s)$—微分机构传递函数;
$G_\delta(s)$—舵伺服系统传递函数;ψ_z—陀螺仪的漂移

图 6.15　航向角稳定控制回路结构图

2. 航向角稳定控制回路静态分析

航向角稳定控制回路,当受到干扰力矩的作用时,要保证系统稳定、可靠地工作,而且所产生的静差应在所要求的规定范围内。

由图 6.15 可知,航向陀螺仪的漂移 ψ_z 是一个随机量,一般无法保证导弹在自控段始终在规定的范围内做到补偿,漂移将造成导弹偏离航向,这只能通过提高陀螺仪精度来解决。如果只采用比例式调节规律,那么导弹在常值干扰力矩的作用下,将导致偏航角出现稳态偏差。由式(6-12)和式(6-13)给出在干扰力 F_{yd} 及干扰力矩 M_{yd} 作用下航向角的静态误差表达式:

$$\psi_{F_{yd}}(\infty)=\frac{K_{F_{yd}}^{\dot{\psi}}}{K_2K_\psi K_{\delta_0}K_\delta^{\dot{\psi}}}F_{yd}=\frac{M_y^\beta}{K_2K_\psi K_{\delta_0}M_y^{\delta_y}(P-Z_z^\beta)}F_{yd}\tag{6-14}$$

$$\psi_{M_{yd}}(\infty)=\frac{K_{M_{yd}}^{\dot{\psi}}}{K_2K_\psi K_{\delta_0}K_\delta^{\dot{\psi}}}M_{yd}=\frac{1}{K_2K_\psi K_{\delta_0}M_y^{\delta_y}}M_{yd}\tag{6-15}$$

式中:$K_{\delta_0}=\dfrac{1}{K_{OC}}$;$\psi_{F_{yd}}(\infty)$,$\psi_{M_{yd}}(\infty)$为系统的一阶静态误差;$P-Z_z^\beta$ 为侧力系数。

在此首先分析式(6-14)的物理意义,在正干扰力 F_{yd} 的作用下,对静安定的尾控弹,弹体应产生正的侧滑角 β,从而产生负方向的侧力与干扰力平衡。侧力系数($P-Z_z^\beta$)越大,则产生侧力所需的 β 角越小。有正向 β 角时,会产生负方向的安定力矩,而此安定力矩由控制面偏转产生正向控制力矩来平衡。因而在 β 一定时，控制面的偏转角与安定力矩导数 $M_{y_1}^{\beta}$ 成正比，而与控制力矩导数 $M_{y_1}^{\delta_{y_1}}$ 成反比。当干扰力 Z_f、空气动力和力矩导数一定时，控制面的偏转角也就确定了。要维持此偏转角的存在，必须依靠定位陀螺输出信号作为舵机的输入，因此导弹偏航角存在静态误差。稳定装置的放大系数 $K_2K_{\psi}K_{\delta_0}$ 越大，则维持同样大小的控制面偏转角所需要的静态误差值越小。

对于式(6－15)，当干扰力矩 M_{yd} 为正时，由控制面偏转产生负的控制力矩来平衡。控制力矩导数 $M_{y_1}^{\delta_{y_1}}$ 越大，则所需要的控制面偏转角越小。在要求同样大小的控制面偏转角时，稳定装置的放大系数 $K_2K_{\psi}K_{\delta_0}$ 越大则静态误差越小。

对不同型号的导弹，弹体方程中力和力矩系数是不同的，形成的静态误差也不同，而各个环节的放大系数越大，静态误差越小。但放大系数不宜过大，否则将导致系统的动态特性恶化甚至不稳定。为了清除静态误差，在定位陀螺输出端中引入积分环节，如图 6.15 中的 K_6 环节，定位陀螺的信号除直接输出外，还加载到了积分机构中。由于积分机构的电路特性，即使定位陀螺无输出信号，由常值干扰力或干扰力矩引起的舵面偏转角依然可由积分机构积累的信号维持，因此不会产生偏航角的静态误差。将积分机构的传递函数 $\dfrac{K_6}{s}$ 代入系统传递函数中，重新使用终值定理，当 $t\to\infty$ 时，同样可以获得上述结果：干扰造成的偏航角静态误差为零，即 $\psi_{F_{yd}}(\infty)=0$、$\psi_{M_{yd}}(\infty)=0$。

通过上述分析可知，当导弹受干扰力和力矩作用时，系统是有静态误差的。这是因为必然会出现一个与偏航角对应的舵偏角，以形成相应的操纵力矩，用来平衡由干扰力形成的横向安定力矩，或平衡相应的干扰力矩。为了减小静态误差，可采取两种办法：一是增大自动驾驶仪的放大系数；二是在自动驾驶仪中增加一个积分环节。前者只能减小静态误差，后者可以消除静态误差。

可见要想消除静态误差，就得在系统中引入一个积分环节，线性积分器能把系统变成无静态误差系统。但它的传递系数 K_6 的大小将影响系统的动态品质，若导弹发射时就引入积分器，虽然能消除系统的静态误差，但是增长了系统的动态响应过程，甚至造成系统不能稳定。而 K_6 越大，系统动态品质越差，K_6 过大时，可能造成系统的不稳定。因此，需要考虑积分器的引入时间。一般在导弹刚处于稳定飞行时刻，把积分器接入系统是适宜的。选择 K_6 的原则是把系统的动态品质放在第一位，并与要求消除静态误差的时间相对应，消除静态误差的时间越短，系统响应过程也越快。当 K_6 较小时，消除静态误差的时间就会增长，对航向角稳定控制回路动态品质的影响较小。在这里应特别提出：除应适当选择 K_6 外，积分器的灵敏度对系统的品质也是有影响的，灵敏度过小将会造成系统的不稳定。因此，在积分器的输入端加入一个失灵区，对系统将是有益的，只有这样才能消除系统的静态误差，并获得系统满意的动态响应品质。

3. 航向角稳定控制回路动态特性分析

如前所述，导弹航向角运动的传递函数为

$$G_{\delta_y}^{\psi}(s)=\frac{K_{1\beta}(T_{1\beta}s+1)}{s(T_{\beta}^2s^2+2\xi_{\beta}T_{\beta}s+1)} \tag{6-16}$$

由式(6－16)可知，系统有三个极点和一个零点，在短周期运动结束后，是一个积分过程，并且二阶振荡环节的阻尼系数比较小，一般在 0.1 左右，所以振荡比较明显，而 T_{β} 相对自动驾驶仪的时间常数是比较大的。如某型导弹的 $\xi_j=0.1, T_\beta=0.2$ s，因此系统处于欠阻尼状态，需要增加人工阻尼。

为了使系统稳定可靠地工作，选择的自动驾驶仪参数可以达到预期的目的，必须对系统进行全面分析。首先，需要推导出舵伺服系统的传递函数。舵伺服系统是一个非线性元件，为了分析方便，只考虑线性工作状态，其回路结构图如图 6.16 所示。

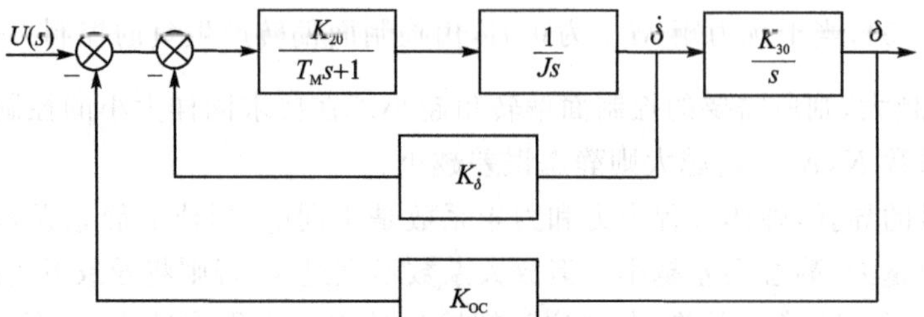

图 6.16　舵伺服系统回路结构图

在对系统进行初步分析时，可以把舵伺服系统看成一个惯性环节。

$$G_\delta(s)=\frac{1/K_{OC}}{2\xi_\delta T_\delta s+1}=\frac{K_{\delta_0}}{T'_\delta s+1} \tag{6-17}$$

式中：$K_{\delta_0}=\dfrac{1}{K_{OC}}$，$T'_\delta=2\xi_\delta T_\delta$。

如果自动驾驶仪中只有航向陀螺仪，那么将系统回路简化为如图 6.17 所示。

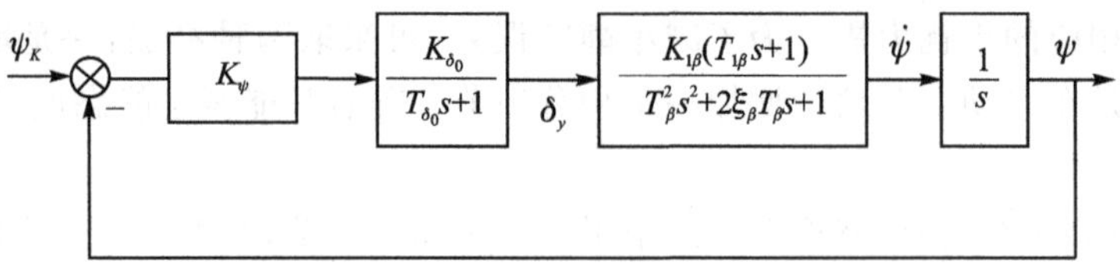

图 6.17　航向角稳定控制系统简化结构图

下面给出系统的开环传递函数

$$G_0(s)=\frac{K_2K_\varphi K_{\delta_0}K_{1\beta}(T_{1\beta}s+1)}{s(T_{\delta_0}s+1)(T_\beta^2s^2+2\xi_\beta T_\beta s+1)} \tag{6-18}$$

式中取 $K_\varphi=0.25$ V/(°)，$K_2=2$ V/V，$K_{\delta_0}=2$ (°)/V，$T_{\delta_0}=0.02$ s。导弹在某一弹道特征点的弹体参数为 $K_{1\beta}=0.93$，$T_{1\beta}=1.8$，$T_\beta=0.2$，$\xi_\beta=0.1$，则在该弹道特征点上系统开环传递函数为

$$G_0(s)=\frac{0.93(1.8s+1)}{s(0.02s+1)(0.04s^2+0.04s+1)} \tag{6-19}$$

绘制系统开环根轨迹如图 6.18 所示。航向角稳定控制回路有四个极点、一个零点。其中一个极点在原点，这样的系统通常不稳定或阻尼小、稳定性很差。

为了使系统稳定，在自动驾驶仪中引入阻尼陀螺仪（或微分机构），在系统中增加人工阻尼，以补偿弹体阻尼的不足，以形成一种可用的 PID 调节规律。采用电子微分器或阻尼陀螺作为微分机构，则角度稳定控制回路框图如图 6.19 所示。

不考虑微分机构的时间常数（$T_5=0$），系统控制器的传递函数近似如下：

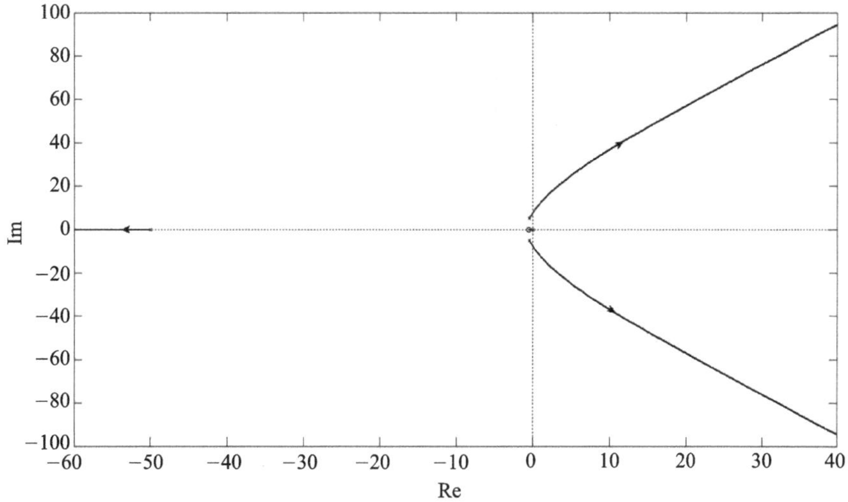

图 6.18　航向角稳定控制系统开环根轨迹

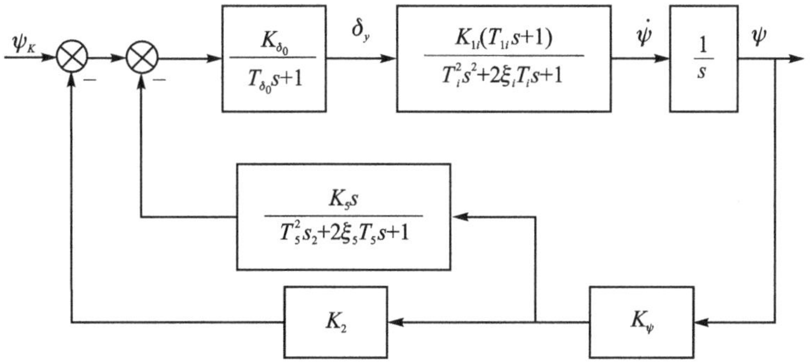

K_5—微分器放大系数;T_5—微分器时间系数;ξ_5—微分器阻尼系数

图 6.19　带有微分机构的航向角稳定控制回路结构图

$$G_C(s)=K_2+K_5s \tag{6-20}$$

此时系统开环传递函数为

$$G_0(s)=\frac{K_\varphi(K_2+K_5s)K_{\delta_0}K_{1\beta}(T_{1\beta}s+1)}{s(T_{\delta_0}s+1)(T_\beta^2s^2+2\xi_\beta T_\beta s+1)} \tag{6-21}$$

令 $K_5=0.3$,其他参数值如前所述,系统开环传递函数为

$$G_0(s)=\frac{0.25\times(2+0.3s)\times2\times0.93\times(1.8s+1)}{s(0.02s+1)(0.04s^2+2\times0.2\times0.1s+1)} \tag{6-22}$$

绘制系统开环根轨迹如图 6.20 所示。

由图 6.20 可知,在控制规律中反映姿态角和姿态角速度时,无论放大系数如何增大,系统都是稳定的。系统的阻尼比有较大提升,相较没有微分机构的回路,其动态特性有明显的改善。在实际工程应用过程中,任何形式的微分机构均有相应的惯性,即微分机构的时间常数不为零。当考虑微分机构的惯性时,即 $T_5=0.01$ s 时,系统的开环传递函数为

$$G_0(s)=\frac{0.25\times(2\times0.01^2s^2+4\times0.01\times0.5s+2+0.3s)\times2\times0.93\times(1.8s+1)}{s(0.02s+1)(0.04s^2+2\times0.2\times0.1s+1)(0.01^2s^2+2\times0.01\times0.5s+1)} \tag{6-23}$$

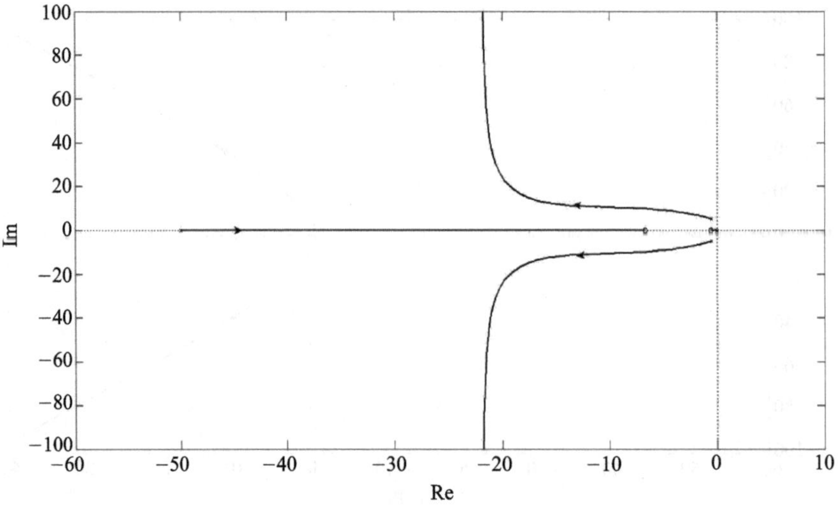

图 6.20　带有微分机构的航向角稳定控制回路开环根轨迹(不考虑微分机构时间常数)

绘制系统开环根轨迹如图 6.21 所示。由图 6.21 可知,当考虑微分机构的惯性时,系统由绝对稳定转化为相对稳定;当开环增益在一定范围内增大时,系统的阻尼随之增加,但当开环增益增大到一定程度时,系统阻尼开始下降。

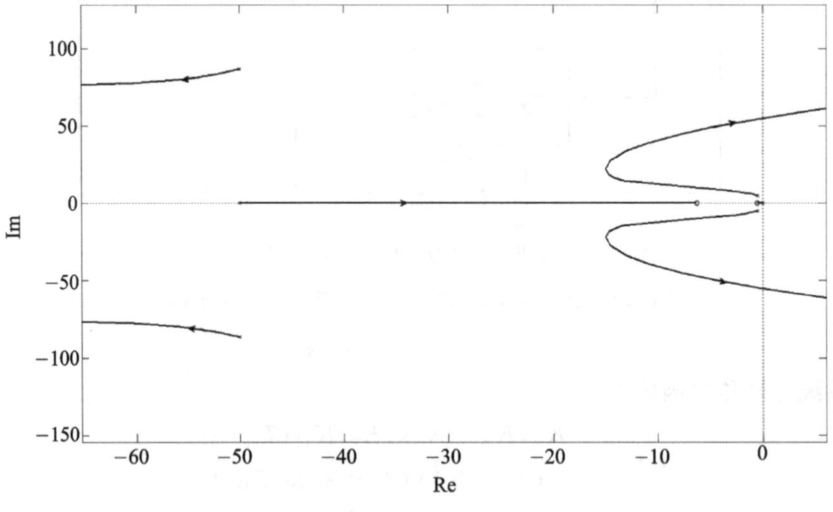

图 6.21　带有微分机构的航向角稳定控制回路开环根轨迹(考虑微分机构时间常数)

6.3.2　倾斜角稳定回路的分析与设计

导弹的倾斜运动方程为

$$\ddot{\gamma}+b_{11}\dot{\gamma}=-b_{18}\delta_x \tag{6-24}$$

相应的传递函数为

$$G_{\delta_x}^{\gamma}(s)=\frac{K_x}{s(T_x s+1)} \tag{6-25}$$

式中:

$$T_x=\frac{1}{b_{11}},\quad K_x=\frac{b_{18}}{b_{11}}$$

由式(6-24)可知,倾斜角稳定回路的分析和设计要比俯仰角、航向角稳定控制回路简单,因此前面论述的根轨迹法、频率法都是适用的,系统也是采用 PID 的调节规律,故在此不再论述。一般飞航式导弹倾斜稳定回路驾驶仪均采用角度、角速度信号反馈的调节规律,以提供弹体一个固定的滚动基准。选择这两个信号的传动比,通常是根据经验固定一个,从分析线性三阶系统的动特性着手选择另一个,然后再反复验证,比较繁琐。对于导弹弹体特性较为简单的倾斜回路,有可能寻求一种工程上适用的、快速选择参数的方法。

1. 角度反馈信号的作用

忽略非线性时,导弹倾斜稳定回路结构图如图 6.22 所示。

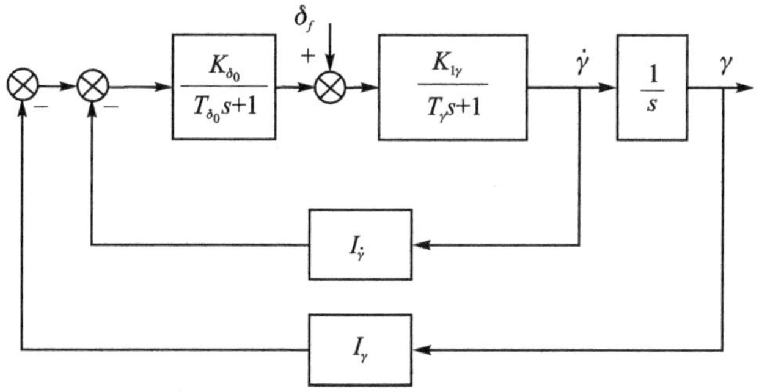

图 6.22　导弹倾斜稳定回路结构图

(1) 限制角度静差

由图 6.22 可知,当 δ_f 为阶跃函数且系统达到稳态平衡时,由于弹体积分环节的存在,必有稳态 $\dot{\gamma}=0$,则 $\gamma_\infty=\dfrac{\delta_f}{I_\gamma}$。可见,在阶跃干扰作用下,角度反馈信号决定了滚动角的稳态值。当滚动角稳态值要求较高(如小于 1°)时,需将 I_γ 选择得很大,致使回路振荡加剧甚至不稳定。为此,引用积分信号反馈,使系统对角度而言成为一阶无静差系统,常值干扰作用下的 $\gamma_\infty=0$。

(2) 影响回路的稳定性

由图 6.22 可得系统开环传递函数为

$$G(s)=\frac{K_{1\gamma}I_\gamma(\tau s+1)}{(T_\delta s+1)(T_\gamma s+1)} \tag{6-26}$$

式中:$\tau=I_{\dot{\gamma}}/I_\gamma$。可见,当角速度传动比一定时,$I_\gamma$ 的数值直接影响回路稳定裕度的大小。

(3) 决定系统的快速性

由于舵机的时间常数比弹体时间常数小一个数量级,粗略分析时可将舵机简化为一个放大环节,故仅考虑角度反馈时,滚动回路是个二阶系统。其开环传递函数是

$$G(s)=\frac{K_{1\gamma}I_\gamma}{(T_\delta s+1)(T_\gamma s+1)} \tag{6-27}$$

在开环系统截止频率 ω_c 处有 $|G(\mathrm{j}\omega_c)|=1$,即

$$\frac{K_{1\gamma}I_\gamma}{\omega_c\sqrt{(T_\gamma\omega_c)^2+1}}=1 \tag{6-28}$$

式(6-28)说明,I_γ 决定 ω_c 的大小,而开环截止频率 ω_c 与系统快速性有对应关系,ω_c 越大,系统过渡过程进行得越快。

2. 倾斜稳定回路参数选择

由以上分析可见,角度反馈决定了系统的主要特性,角速度反馈则仅仅起到进一步改善动态品质及提高稳定性的作用。因此,只要建立系统性能指标与角度反馈系数的关系,并确定该项指标的选取原则,就可以很快选定这些参数。

二阶振荡系统的标准闭环传递函数为

$$\phi(s)=\frac{\omega_n^2}{s^2+2\xi\omega_n s+\omega_n^2} \tag{6-29}$$

系统稳定时间(误差带为 2%)的近似值表达式为

$$t_s=4.5/\xi\omega_n \tag{6-30}$$

若仅考虑角度反馈,则倾斜稳定回路闭环传递函数为

$$\phi(s)=\frac{K_{1\gamma}}{T_\gamma s^2+s+K_{1\gamma}I_\gamma}=\frac{1}{I_\gamma}\frac{K_{1\gamma}I_\gamma/T_\gamma}{s^2+\dfrac{s}{T_\gamma}+\dfrac{K_{1\gamma}I_\gamma}{T_\gamma}} \tag{6-31}$$

其动特性与典型的二阶振荡系统式(6-29)相仿,经系数比较可得

$$I_\gamma=\omega_n^2 T_\gamma/K_{1\gamma} \tag{6-32}$$

由此可见,由式(6-30)、式(6-32)可确定 t_s,原因是:

① 弹体对干扰的调节时间为 $3T_\gamma$,据倾斜回路对干扰的响应应比弹体快的要求,$3T_\gamma$ 可作为倾斜回路调节时间的上限,即 $t_s<3T_\gamma$。

② 倾斜回路调节时间 t_s 不能过小,否则会影响回路的稳定性。攻击慢速目标的飞航式导弹,快速性要求不高,可取 $t_s=3T_{\gamma\min}$。

设 $\xi=0.5$,则由式(6-30)得 $\omega_n=\dfrac{3}{T_{\gamma\min}}$,代入式(6-32),即可得 I_γ 的计算公式:

$$I_\gamma=\frac{9T_\gamma}{T_{\gamma\min}^2 K_{1\gamma}} \tag{6-33}$$

选好角度传动比以后,可根据系统的动态品质要求进一步选择角速度传动比,最后校验系统的稳定性。

6.3.3 侧向质心稳定系统分析与设计

1. 概　述

导弹飞行过程中,由于发动机推力偏心、阵风干扰等因素的影响,会使导弹侧向偏离理想弹道。对于自控段终点侧向散布要求较高、射程较远的导弹,或在飞行过程中需按航路规划进行侧向机动,则必须增设侧向质心稳定控制系统,以稳定和控制导弹的侧向质心运动。侧向质心稳定控制与高度稳定控制相类似,高度稳定控制系统以俯仰角稳定控制系统为内回路,侧向偏离则以偏航角及倾斜角的稳定控制系统为内回路,并且通过不同转弯方式自动进行修正。

侧向质心稳定控制可采取多种方案,归结起来有两大类:一类是靠协调转弯(BTT)修正侧向偏离,即通过副翼控制导弹协调转弯,或通过副翼与方向舵控制导弹协调转弯。大部分飞航式导弹的侧向质心控制采用这种方法,这样可以获得较快的过渡过程。另一类是单纯靠侧滑或仅由方向舵控制导弹平面转弯(STT)来修正侧向偏离。一般情况下,这种过渡过程十分缓慢,弹道导弹和快速性要求不高的飞航式导弹横偏校正系统采用这种方案。

2. 侧向质心稳定控制的物理过程

(1) 控制对象运动方程

侧向偏离控制对象方程，除侧向角运动方程外，应加上侧向偏离方程式，即

$$\left.\begin{aligned}&(s+b_{11})s\gamma+b_{12}s\psi+b_{14}\beta=-b_{18}\delta_x+M_{xd}\\&(s+b_{22})s\psi+b_{24}\beta+b_{21}s\gamma=-b_{27}\delta_y+M_{yd}\\&s\psi_c-b_{34}\beta-(b_{36}s+b_{35})\gamma=b_{37}\delta_y+F_{zd}\\&\psi=\psi_c+\beta\\&sz=-V\psi_c/57.3\end{aligned}\right\}\tag{6-34}$$

(2) 副翼控制导弹协调转弯的物理过程

由于方向舵控制导弹转弯基本上是协调的，因此，可以假定 $\beta=0$；而倾斜角运动的稳定比质心控制的过程要快得多，故可略去倾斜回路过渡过程的时间，即认为 γ 的过渡过程是瞬间完成的。略去偏航力矩方程，不计干扰，则导弹转弯运动的方程变为

$$\left.\begin{aligned}&b_{12}s\psi=-b_{18}\delta_x\\&s\psi=b'_4\gamma\\&sz=-V\psi_c/57.3\end{aligned}\right\}\tag{6-35}$$

略去舵伺服系统惯性时，副翼控制规律有如下形式：

$$\delta_x=I_{\dot\gamma}\dot\gamma+I_\gamma\gamma-I_\psi\psi-I_{cz}z\tag{6-36}$$

式中：$I_{\dot\gamma}$、I_γ、I_ψ、I_{cz} 分别为倾斜角速度、倾斜角、偏航角、侧偏的传动比。由式(6-36)可知，除 I_{cz} 以外的各项在过渡过程中起加强稳定作用，通过两组方程来分析侧向偏离自动稳定的物理过程。当导弹向左偏离预定弹道时，$z>0$，导弹向右倾斜，向右转弯，ψ 逐渐变为负，信号 $-I_\psi\psi$ 逐渐增大，当 $-I_\psi\psi-I_{cz}z=0$ 时，弹体持平。当侧向偏离进一步减小时，有 $-I_\psi\psi-I_{cz}z>0$，导弹向左倾斜，最后使侧向偏离 z、偏航角 ψ 及倾斜角 γ 都回到零，协调转弯的过程如图 6.23 所示。

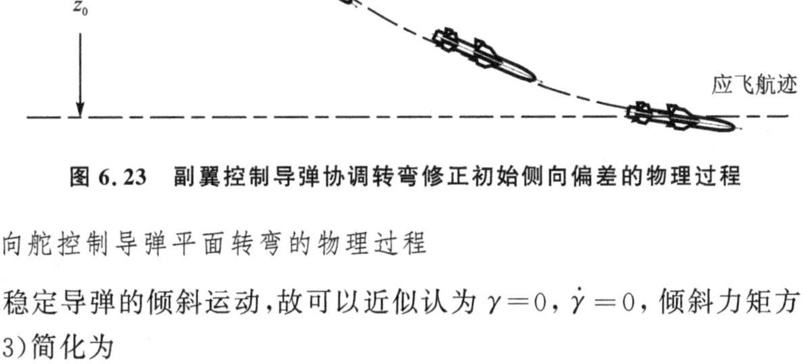

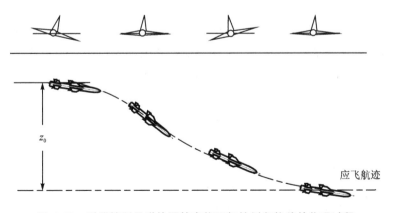

图 6.23 副翼控制导弹协调转弯修正初始侧向偏差的物理过程

(3) 由方向舵控制导弹平面转弯的物理过程

通过副翼稳定导弹的倾斜运动，故可以近似认为 $\gamma=0$，$\dot\gamma=0$，倾斜力矩方程可以不作考虑，则式(6-33)简化为

$$\left.\begin{aligned}&(s+b_{22})s\psi+b_{24}\beta=-b_{27}\delta_y\\&s\psi_c-b_{34}\beta=b_{37}\delta_y\\&\psi=\psi_c+\beta\\&sz=-V\psi_c/57.3\end{aligned}\right\}\tag{6-37}$$

方向舵控制规律：

$$\delta_y=I_{\dot\psi}\dot\psi+I_\psi\psi+I_{cz}z\tag{6-38}$$

当 $z>0$ 时，产生正的 δ_y，则有一对应的右偏航的力矩，促使导弹向右转动，便产生负的 ψ，且 $\psi_0=-I_{cz}z/I_\psi$。由于导弹的惯性，速度矢量仍保持原方向，因此有，产生“$-z$”及侧向力 $b_4\beta$。由于 $b_4\beta>b_5\delta_y$，则 $s\psi_c<0$，使速度矢量右转，z 逐渐减小，因而 ψ 也逐渐减小。β 逐渐减小，$|\dot\psi_c|$ 也逐渐减小，直至 z 趋于零，ψ、β 也回到零。协调转弯的过程如图 6.24 所示。显然，当 I_{cz} 较小时侧向质心稳定为单调的过渡过程，而 I_{cz} 增大时有可能出现振荡。

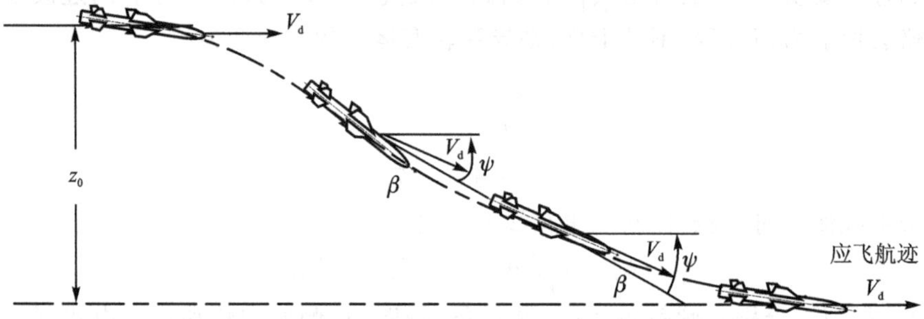

图 6.24　方向舵控制导弹平面转弯修正初始 z_0 的物理过程

3. 侧向质心稳定系统的调节规律

(1) 侧向质心偏离的测取

侧向质心偏离可以用测量质心横向加速度的方法间接测取。采用线加速度计来测量导弹质心的横向加速度时，要求加速度计的测量轴在空间的方向不变，将加速度计装在陀螺稳定平台或装在定位陀螺的外环轴上，可以达到此目的。如果把加速度计直接固定在弹体上，则在有姿态角时，加速度计的测量轴方向改变，从而感受到其他方向加速度的分量而产生测量误差，必须采取补偿措施。下面仅就加速度计装于稳定平台的情况进行分析。

(2) 调节规律的选取

选取侧向质心稳定系统调节规律的原则是：在保证必要的动、静态特性的条件下，采用尽可能简单的调节规律，以保证实现的可能性。

1) 横偏速度反馈的作用

无横偏速度反馈时，导弹的横偏速度是通过导弹的姿态角 ψ 来改变的，因为角度过渡过程较质心快得多，可设角度回路为 1，则结构图如图 6.25 所示。

由图 6.25 可知，

$$\dot z(s)=G^{\dot z}_{\psi}(s)\delta(s)$$

设 δ 为常值，则

$$\mathrm{d}\dot z(s)=\frac{\dot z(s)}{G^{\dot z}_{\psi}(s)}\mathrm{d}G^{\dot z}_{\psi}(s)\tag{6-39}$$

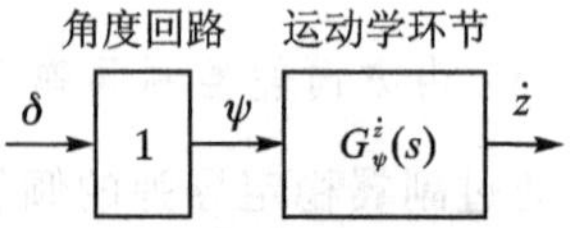

图 6.25　无横偏速度反馈时导弹的横偏结构图

式中：$G_{\psi}^{\dot{z}}(s)=\dfrac{V}{57.3}\dfrac{1}{T_{1c}s+1}$ 为弹体运动学环节传递函数。

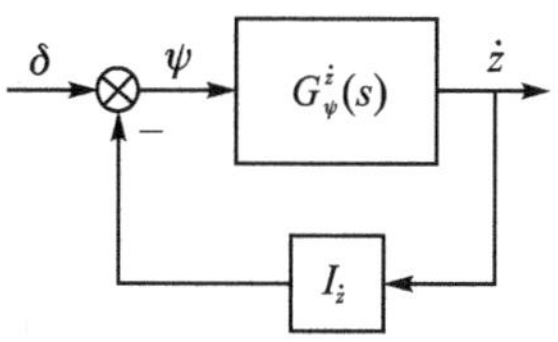

图 6.26 有速度反馈的侧向质心控制

由式(6-39)，横偏速度的变化与 $G_{\psi}^{\dot{z}}(s)$ 的变化主要是与 V 的变化成正比。在助推段，导弹的速度变化很大，则 $\dot{z}$ 变化很大，故导弹将沿曲线偏离预定轨道。

引入横偏速度反馈，结构如图 6.26 所示。

由图 6.26 可知

$$\dot{z}(s)=\frac{G_{\psi}^{\dot{z}}(s)}{1+G_{\psi}^{\dot{z}}(s)}\delta(s) \tag{6-40}$$

同样有

$$\mathrm{d}\dot{z}(s)=\frac{\dot{z}(s)}{1+G_{\psi}^{\dot{z}}(s)}\frac{\mathrm{d}G_{\psi}^{\dot{z}}(s)}{G_{\psi}^{\dot{z}}(s)} \tag{6-41}$$

比较式(6-38)与式(6-40)，引入横偏速度反馈后，横偏速度的变化缩小至较前的 $\dfrac{1}{1+G_{\psi}^{\dot{z}}(s)}$，当 $I_{\dot{z}}$ 很大时，$\mathrm{d}\dot{z}(s)=0$。此时横偏速度得到稳定，侧向弹道较为平直。

2）增大横偏变化的阻尼，减小侧偏静态误差

由于侧向偏差控制以姿态角自动驾驶仪为基础，所以设导弹仅通过方向舵控制其平面转弯来进行横偏校正，为了分析横偏回路，可以先对航向角稳定控制回路进行简化。其简化结构图如图 6.27 所示。

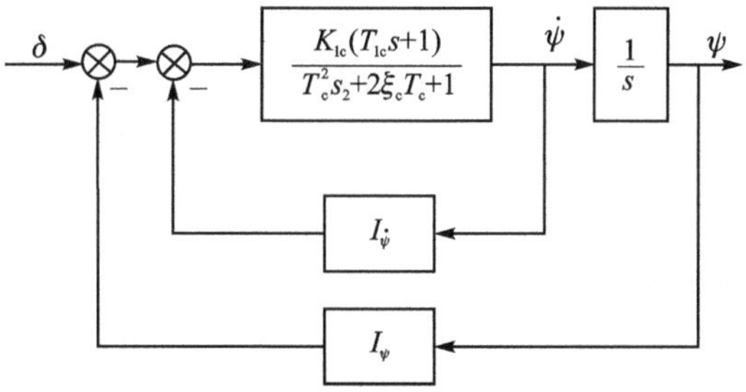

图 6.27 航向角稳定心路简化结构图

由于系统经常工作在中低频段，所以可略去高频的影响，而将角稳定回路开环传递函数简化为

$$G_{\delta}^{\psi}(s)=K_0(T_{1c}s+1)/(Ts+1) \tag{6-42}$$

式中：

$$T=(T_{1c}+1)/K,\quad K_0=1/I_{\psi}$$

设系统工作在中低频段，则横偏校正系统简化结构图如图 6.28 所示。

比较两种情况的闭环传递函数：

$$\phi_z(s)=\frac{1/I_z}{\dfrac{T}{K_0V_cI_z}s^2+\dfrac{1}{K_0V_cI_z}s+1} \tag{6-43}$$

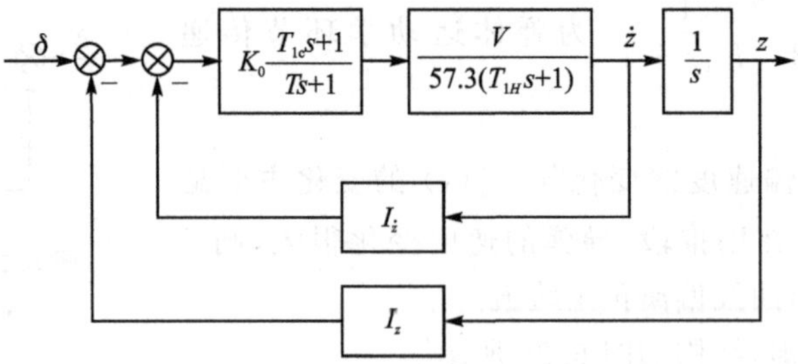

图 6.28　横偏校正系统简化结构图

$$\phi_z(s)=\frac{1/I_z}{\dfrac{T}{K_0V_cI_z}s^2+\dfrac{1+K_0V_cI_{\dot z}}{K_0V_cI_z}s+1} \tag{6-44}$$

式中：$V_c=V/57.3$。

由此可知，当 I_z 一定时，引入速度反馈使横偏变化的阻尼增大了 $K_0V_cI_{\dot z}$ 倍。

3）减小角运动的惯性

如上所述，当角稳定回路简化为一阶环节时，横偏速度回路为惯性环节，其时间常数为

$$T_{\dot z}=\frac{T}{1+K_0V_cI_{\dot z}} \tag{6-45}$$

式中：

$$T=(1+KT_{1c})/K=T_{1c}+(1+K_{1c}I_{\dot\psi})/K_{1c}I_\psi$$

由此可见，引入横偏速度反馈减小了角运动的惯性，在保持角运动的惯性基本不变的情况下，可适当减小导弹姿态角信号的反馈。

由以上分析可知，为使侧向质心稳定系统获得较好的品质，应当引入横偏速度的反馈，但为保证自控段终点侧向静态有足够的精度，引入横偏位置反馈后，系统成为常值干扰作用下对 $\dot z$ 的一阶无静差系统，即系统稳态时，$\dot z=0$，$z=\text{const}$。但经加速度二次积分后，结构误差很大，故位置反馈系数不能取得过大。

4. 侧向质心稳定系统的静态分析

(1) 系统结构图

由方向舵控制导弹平面转弯的侧向质心稳定系统结构图如图 6.29 所示。

图 6.29 中，弹体的运动方程为

$$\left.\begin{aligned}&(s+b_{22})s\psi+b_{24}\beta=-b_{27}\delta_y+M_{yd}\\&s\psi_c-b_{34}\beta=b_{37}\delta_y+F_{zd}\\&\psi=\psi_c+\beta\\&sz=-\frac{V}{57.3}\psi_c\end{aligned}\right\} \tag{6-46}$$

质心调节规律：

$$G_a(s)=\frac{K_z(T_as+1)}{s^2}$$

式中：K_z 为横偏传递系数；$T_a=\dfrac{K_{\dot z}}{K_z}$。

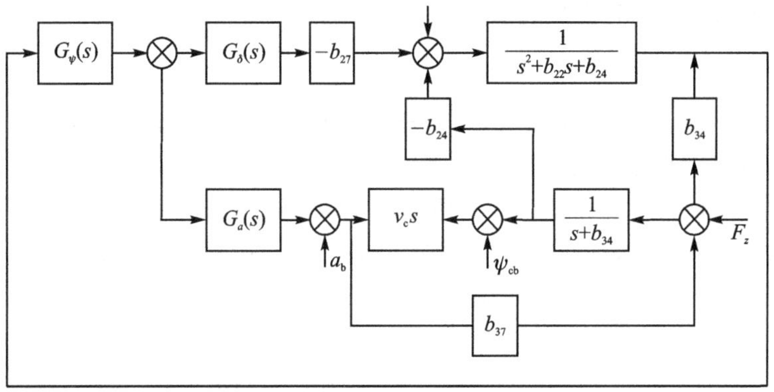

ψ_{cb}—平台零位漂移；a_b—加速度计测量误差，包括零位漂移与非线性

图 6.29　侧向质心稳定系统结构图

姿态调节规律：

$$G_\psi(s)=K_\psi+K_{\dot{\psi}}s$$

式中：K_ψ 为航向角传递系数。

舵机传递函数：

$$W_\delta(s)=\frac{1}{K_{OC}}=K'_\delta$$

式中：K_{OC} 为舵伺服系统反馈系数；M_{yd}，F_z 分别为侧向干扰力矩、干扰力。

在静态时，弹道偏角积分的稳态值为

$$\psi_{cs}=\frac{b_{24}+K_\psi K_{OC}b_{27}}{b_{27}b_{34}K_{OC}K_z v_c}\times\left[F_z+\frac{1}{b_{24}+K_{OC}K_\psi b_3}\left(M_{yd}-b_3K_zK_{OC}a_b-b_{27}b_{34}K_{OC}K_z v_c\frac{1}{s}\psi_{cb}\right)\right]\quad(6-47)$$

(2) 考虑干扰力及干扰力矩作用时的稳态精度

由式(6－46)、式(6－47)可以得到稳态侧偏

$$z(\infty)=\frac{b_{24}+K_\psi K_{OC}b_{27}}{b_{27}b_{34}K_{OC}K_z}\times\left[F_z+\frac{b_{34}}{b_{24}+K_{OC}K_\psi b_{27}}(M_{yd}-b_{27}K_zK_{OC})\right]\quad(6-48)$$

应当指出，上述干扰力主要是由侧风引起的，常均匀侧风产生的侧向力矩可视为零，干扰力矩主要是由发动机推力不平衡造成的。

(3) 考虑平台零位漂移和加速度计测量误差时的稳态精度

设 a_b 为常量且 $a_b=10^{-3}g$，$t=200$ s，则

$$z(\infty)=\frac{1}{2}a_b t^2=200\ \text{m}$$

设平台漂移速度为 0.5(°)/h，$V=300$ m/s，则

$$z(\infty)=V\frac{1}{2}\psi_{cb}t^2=14.54\ \text{m}$$

由此可见，输入干扰基本等于误差输出，这是因为 ψ_{cb} 与 ψ_c 加在同一综合点上，不论加速度积分仪如何精确，系统效率如何高，只要平台漂移大，终将引起很大的侧偏误差，因此应当限制 $\dot{\psi}_{cb}$ 值。

5. 侧向质心稳定系统的参数选择

(1) 用频率法选择系统参数

侧向质心稳定系统是多回路系统，用频率法设计系统时，应依次从最内部的一个回路开始，对每一个回路的性能指标提出要求，最后才能对整个系统选出合适的参数。如前所述，侧向偏离是以姿态角自动稳定为基础的，且角稳定系统的过渡过程比质心稳定系统的过渡过程快得多，故可以在已选好参数的角稳定回路的基础上来选择侧向质心稳定系统的参数。

对方向舵控制导弹平面转弯修正侧向偏离的方案，当调节规律选定后，质心稳定系统结构如图 6.30 所示。

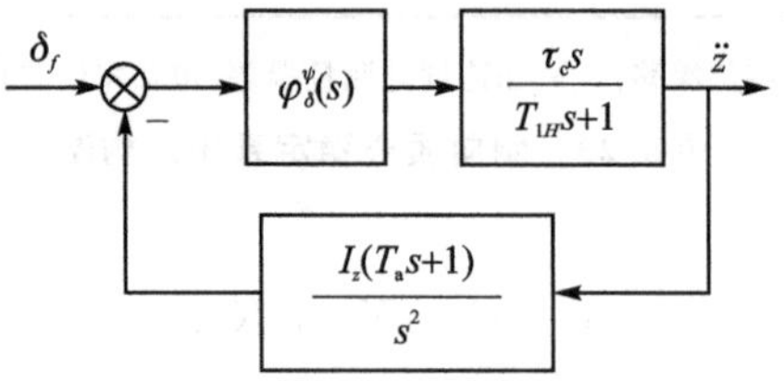

图 6.30　侧向质心稳定系统结构图

图 6.30 中，δ_f 为干扰力矩等效舵偏，K_δ^ψ 为航向角稳态回路传递系数，T_{1H} 为弹体微分时间常数，$\varphi_\delta^\psi(s)$为角稳定回路传递函数，即

$$\varphi_\delta^\psi(s)=\frac{K_\delta^\psi(T_{1c}s+1)}{T_c^2 s^3+(2\xi_c T_c+K_\delta^\psi I_\psi T_{1c})s^2+(1+K_\delta^\psi I_{\dot\psi}+K_\delta^\psi T_{1c})s+K_\delta^\psi I_\psi} \tag{6-49}$$

质心稳定系统开环传递函数为

$$G(s)=\frac{K_\delta^\psi V I_z(T_a s+1)}{s\left[T_c^2 s^3+(2\xi_c T_c+K_\delta^\psi I_\psi T_{1c})s^2+(1+K_\delta^\psi I_{\dot\psi}+K_\delta^\psi T_{1c})s+K_\delta^\psi I_\psi\right]}$$

$$=\frac{K_1 I_z(T_a s+1)}{s(T_1 s+1)(T_2^2 s^2+2T_2\xi_2 s+1)} \tag{6-50}$$

式中：$K_1=K_\delta^\psi V$。

令 $I_z=1$ 作出其开环对数频率特性图，可知 I_z 取不同值时，幅频特性零分贝线上、下平移，T_a 取不同值时微分环节转折频率$\dfrac{1}{T_a}$将左、右移动。可以根据以下两点定出 I_z 与 T_a：

① 考虑两次积分的结构误差，位置反馈系数不宜过大；

② 希望获得近于非振荡性的过渡过程，稳定裕度要大些。一般要取相位稳定裕度 $\theta\approx 60°$，幅值稳定裕度 $L=20$ dB。

(2) 用标准系数法选择系统参数

同样在选择好角稳定回路参数的基础上选择质心稳定系统的参数。对于方向舵控制导弹平面转弯的关系，由式(6-37)，侧向质心稳定系统的特征方程为

$$\Delta s=A_4 s^4+A_3 s^3+A_2 s^2+A_1 s+A_0=0 \tag{6-51}$$

式中：

$$A_4=T_c^2,\quad A_3=2T_c\xi_c+K_\delta^\psi T_{\dot\psi}T_{1c},\quad A_2=1+K_\delta^\psi I_{\dot\psi}+K_\delta^\psi T_\psi T_{1c}$$

$$A_1=K_\delta^\psi I_\psi+K_\delta^\psi V I_z T_a=K_\delta^\psi I_\psi+K_\delta^\psi V I_{\dot z},\quad A_0=K_\delta^\psi V I_z$$

如果把特征方程的根配置成两个重实根和一对复根，实根和复根的实部相等，则

$$\Delta s = A_4 (s+\alpha)^2 [s+(\alpha+\mathrm{j}\beta)][s+(\alpha-\mathrm{j}\beta)] = 0 \tag{6-52}$$

比较式(6－51)、式(6－52)的系数，可得

$$6\alpha^2+\beta^2 = \frac{A_2}{A_4} = \frac{1+K_\delta^\psi I_{\dot{\psi}} + K_\delta^\psi T_\psi T_{1c}}{T_c^2} \tag{6-53}$$

$$4\alpha^3+2\alpha\beta^2 = \frac{A_1}{A_4} = \frac{K_\delta^\psi I_\psi + K_\delta^\psi V I_{\dot{z}}}{T_c^2} \tag{6-54}$$

$$\alpha^4+\alpha^2\beta^2 = \frac{A_0}{A_4} = \frac{K_\delta^\psi V I_z}{T_c^2} \tag{6-55}$$

根据式(6－53)～式(6－55)，可由已知的稳定回路参数求得按等根分配的根值，代入上式即可求得 I_z 和 $I_{\dot{z}}$。当然，也可按别的根分布(如等差)来分布根，但这种方法只能在角稳定回路的基础上用 I_z 和 $I_{\dot{z}}$ 来保证要求的根分布，而不能改变根的值。因此系统响应的快慢将只受角稳定回路参数的影响。

对于副翼倾斜控制导弹转弯的控制侧向质心稳定系统，同样可以用上述的标准系数法来选择侧向质心稳定系统的参数。只是要在侧向偏离的变化范围内，倾斜角不超过给定的极限值。此外，由于 $I_{\dot{z}}$ 与 I_ψ 都起阻尼的作用，实际应用时只要其中一个就可以了。当直接测得侧偏时，用 I_ψ 信号较好。通过线加速度计测得加速度控制侧偏时，用 $I_{\dot{z}}$ 信号较好。还可以用其他方式来设计侧向质心稳定系统。但不论哪种方式，所选参数都必须在各元件允许的合理工作范围内考虑，比如控制机构的功率、积分器的时间常数，等等，否则系统的动态品质将不能达到预期的要求。

6.4　巡航导弹飞行控制方案及弹道设计

巡航导弹的飞行是一种受控的有规律运动。飞行弹道设计就是选择一条导弹自发射点到目标的理想飞行轨迹，它由导弹控制系统保证实现。飞行弹道设计的好坏，将会直接影响导弹的性能指标、飞行品质、命中概率及工程实现的难易程度。

6.4.1　飞行控制阶段划分

根据飞行控制的特点，巡航导弹飞行控制主要划分为发射转平、巡航飞行、地形跟踪和攻击目标等阶段。各主要控制阶段的定义如下：

① 发射转平段：指从发射点开始，直到第一次转平后、高度积分的接入点。

② 巡航飞行段：根据所规划航迹装定的航迹控制参数，实时计算出程序信号，控制导弹平稳飞行，包括纵、侧向机动(转弯)，地形匹配、景像匹配、侧向位置修正、气压高度修正等工作的阶段。

③ 地形跟踪段：这种地形跟踪算法根据所规划航迹装定的航迹控制参数，实时计算出纵向控制程序信号，使导弹稳定跟踪地形剖面飞行。

④ 攻击目标段：根据目标和战斗部特点，实施有效攻击目标的阶段。

根据导航方式的特点，将导弹飞行全程分为初段、中段和末段。各段定义如下：

① 飞行初段：指从发射点到第一个地形匹配区瞄准点的飞行段。飞行初段纵向弹道主要由爬高、转平和平飞等阶段构成，侧向弹道主要为直线飞行。

② 飞行中段：指从第一个地形匹配区瞄准点到第一个景像匹配区瞄准点的飞行段。飞行中段纵向弹道主要由爬升、下滑、平飞和地形跟踪飞行构成，在地形匹配区中控制导弹等高直线飞行；侧向弹道主要由直线飞行、转弯和航线修正飞行构成。

③ 飞行末段：指从第一个景像匹配区瞄准点到目标的飞行段。末段飞行包含若干景像匹配区。导弹飞离最后一个下视景像匹配区后进行攻击目标控制。

在陆地飞行时，采用气压高度和惯导组合的组合高度信号，水面飞行时用雷达高度表和惯导组合的组合高度信号。导弹飞行轨迹用导航点控制，采用经纬度描述方案。由于飞行的距离远，地球的曲率影响显著，因此"直线"飞行实际上是"大圆航线"飞行。另外，由于选择地型匹配区等特殊需要，导弹航向机动要求比较大，已不是一条直线弹道，必须把全程分成一些直线段和机动转弯段进行航偏位置控制，各段的分段点用经纬度描述。段点间的飞行可以通过段点的经纬度实时计算导弹要飞行的大圆航线，并利用导弹飞行经纬度计算出导弹与大圆航线的距离以进行控制。

6.4.2 各飞行阶段控制方案及弹道设计

1. 发射转平段

导弹出箱后按发射段纵向飞行控制方案，完成爬升、下滑和转平等程序飞行。发射点高度和平飞高度可以根据地形装定。

助推器"脱落信号"作为一/二级控制转换信号。

一级控制为姿态稳定控制，其中俯仰程序角保持规定值，航向程序角为惯导对准时的航向角，滚转程序角为0°。

收到助推器脱落信号后，纵向立即转二级控制。首先俯仰程序角开始变化，导弹先是进行俯仰角调节，满足高度接入条件后加入纵向质心控制（高度和垂直速度程序信号），并在接近平飞高度时加入高度积分控制。

为减小纵、侧向同时调整可能出现的交链影响，侧向质心控制在纵向转二级控制数秒后再接入，并控制导弹按规划的初始航向直线飞行。侧向直线飞行是指在两导航点确定的大圆航线上飞行。

发射段需要装定的飞行参数是：发射点的海拔高度、平飞海拔高度、所规划的初始航向以及期望的飞行马赫数。

(1) 发射段纵向控制

发射段纵向控制方程如下：

$$E_{\mathrm{f}}=\begin{cases}0 & t\leqslant t_0\\ k_\vartheta\cdot\Delta\vartheta+k_{\dot\vartheta}\cdot\dot\vartheta & t_0<t\leqslant t_4\\ k_\vartheta\cdot\Delta\vartheta+k_{\dot\vartheta}\cdot\dot\vartheta+k_H\cdot\Delta H+k_{\dot H}\cdot\Delta\dot H & t_4<t\leqslant t_5\\ k_\vartheta\cdot\Delta\vartheta+k_{\dot\vartheta}\cdot\dot\vartheta+k_H\cdot\Delta H+k_{\dot H}\cdot\Delta\dot H+\int\Delta H\,\mathrm{d}t & t>t_5\end{cases}\tag{6-56}$$

式中：$\Delta\vartheta=\vartheta-\vartheta_{\mathrm{pr}}$，$\Delta H=H-H_{\mathrm{pr}}$。

程序信号按时间分段给出，方程如下：

$$\vartheta_{pr}=\begin{cases}\vartheta_{gd1} & 0\leqslant t\leqslant t_1\\ \vartheta_{gd1}-1.5(t-t_1) & \vartheta_{pr}>\vartheta_{gd2}\text{ 且 }t_0<t\leqslant t_4\\ \vartheta_{gd2} & \vartheta_{pr}\leqslant\vartheta_{gd2}\text{ 且 }t_1<t\leqslant t_2\\ \vartheta_2-1.5(t-t_2) & t_2\leqslant t<t_3\\ \vartheta_{gd3} & t_3\leqslant t<t_4\\ (\vartheta_4-\vartheta_{p0})e^{k_2(t-t_4)}+\vartheta_{p0} & t_4\leqslant t<t_5\\ \vartheta_{p0} & t_5\leqslant t\end{cases}\tag{6-57}$$

$$H_{pr}=\begin{cases}H_p+(H_4-H_p)e^{k_2(t-t_4)} & t_4\leqslant t<t_5\\ H_p & t>t_5\end{cases}\tag{6-58}$$

$$H_{\dot{pr}}=\begin{cases}k_2(H_4-H_p)e^{k_2(t-t_4)} & t_4\leqslant t<t_5\\ 0 & t>t_5\end{cases}\tag{6-59}$$

式中：下标 gd 表示给定值缩写；下标 pr 表示程序信号缩写；t_0 为舵机启控时刻；t_1 为一级结束时刻，即助推器脱落时刻；t_2 为 $t\geqslant t_1$ 后首次达到 $H>H_p$ 的时刻；H_p 为装定的平飞高度；ϑ_2 为 $t=t_2$ 时的程序姿态角；t_3 为首次达到 $\vartheta_{pr}=\vartheta_{gd3}$ 的时刻；t_3 为首次达到 $V_{z\,gd1}<-10$ m/s 的时刻；t_4 为 $t\geqslant t_3$ 后首次达到 $(H-H_p)\leqslant\Delta H_{pgd1}$ 的时刻；$k_2=V_{z4}/(H_4-H_p)$；V_{z4} 为 $t=t_4$ 时的垂直速度；H_4 为 $t=t_4$ 时的飞行高度；ϑ_4 为 $t=t_4$ 时的程序姿态角；$t_k=\left|\ln\left(\frac{H_4-H_p}{3}\right)\Big/k_2\right|$；$t_5=t_4+t_k$。

(2) 发射段侧向控制

发射段侧向一级只进行姿态稳定控制，不加质心控制；转入二级延迟 2 s 后加入质心控制，进行直线飞行。发射段侧向控制方程如下：

$$E_h=\begin{cases}0 & t\leqslant t_0\\ k_{\dot{\psi}}\dot{\psi}+k_\beta\beta & t>t_0\end{cases}\tag{6-60}$$

$$E_g=\begin{cases}0 & t\leqslant t_0\\ k_\gamma\cdot\gamma+k_{\dot{\gamma}}\cdot\dot{\gamma} & t_0<t\leqslant t_1+\Delta t_{gd1}\\ k_\gamma\cdot\gamma+k_{\dot{\gamma}}\cdot\dot{\gamma}+k_z\Delta z+k_{\dot{z}}\Delta\dot{z}+k_{\int z}\int\Delta z\,dt & t_1+\Delta t_{gd1}<t\end{cases}\tag{6-61}$$

2. 巡航飞行段

(1) 纵向飞行控制

纵向飞行控制涉及四种状态：发射转平（如前述）、定高平飞、爬升飞行和下滑飞行。

1) 基本控制规律

$$E_f=k_\vartheta(\vartheta-\vartheta_{pr})+k_{\dot{\vartheta}}\cdot\dot{\vartheta}+k_H(H-H_{pr})+k_{\dot{H}}(\dot{H}-\dot{H}_{pr})+k_{\int H}\int\Delta H\,dt\tag{6-62}$$

2) 定高平飞控制

$$E_f=k_\vartheta(\vartheta-\vartheta_{pr})+k_{\dot{\vartheta}}\cdot\dot{\vartheta}+k_H(H-H_{pr})+k_{\int H}\int\Delta H\,dt\tag{6-63}$$

式中：$\Delta H=H-H_p$，H_p 为装定的平飞高度。

3）爬升和下滑飞行控制

纵向机动飞行，根据预先装定的任务属性和高度变化点的数据，按照纵向爬升或下滑飞行控制方案进行爬升或下滑程序飞行。爬升和下滑控制方案采用按指数函数变化的高度程序信号，这种程序高度信号的特点是接入和退出都是连续的，没有突变。

爬升和下滑高度变化示意图如图 6.31 所示。纵向爬升和下滑装定点统称为高度变化点，发射前需要预先装定高度变化点的经纬度、爬升或下滑后的平飞高度以及此高度下的期望马赫数。

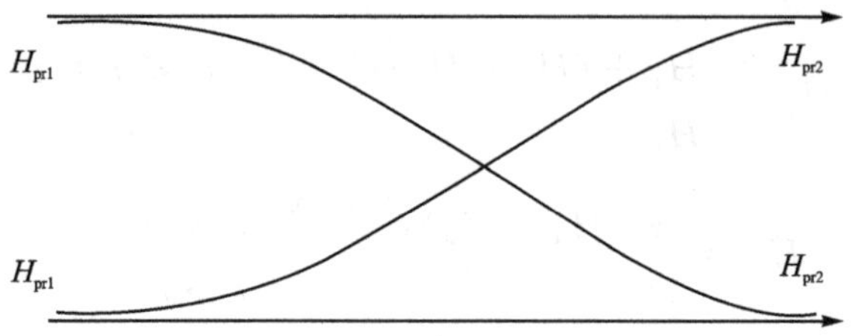

图 6.31 爬升和下滑高度变化示意图

① 开始爬升或下滑的判断条件。

当导航点的属性为高度变化点时，制导计算机判断以下条件满足则开始爬升或下滑程序控制。首先根据所装定高度变化点的经纬度，计算导弹飞行当前位置与高度变化点的距离 S_i。当 S_i 小于规定值时，再连续判断计算值 $S_i - S_{i-1}$ 的变化情况。如果 $S_i - S_{i-1}$ 已由小于 0 变为大于 0，则认为导弹飞行到达了高度变化控制点。其中，S_{i-1} 为前一步的距离，S_i 为当前计算的距离。S 是导弹飞行当前位置与高度变化点之间大地弧线距离。

② 爬升或下滑结束的判断条件。

以时间判断为依据，当 $t \geqslant t_1$ 时，爬升或下滑结束，并转为平飞控制，接入高度积分控制项。其中 t_1 为高度程序信号与装定的平飞高度相差规定值 ΔH_{gd2} 的时刻。

③ 控制方程：

$$E_f = k_\vartheta(\vartheta - \vartheta_{pr}) + k_{\dot{\vartheta}} \cdot \dot{\vartheta} + k_H(H - H_{pr}) + k_{\dot{H}}(\dot{H} - \dot{H}_{pr}) + k_{\int H}\int \Delta H \, dt \tag{6-64}$$

程序信号方程：

$$\vartheta_{pr} = a + k \cdot H_p \tag{6-65}$$

爬升方程：

$$H_{pr} = H_p + (H_0 - H_p)\exp[-A_c(t - t_0)^2] \tag{6-66}$$

$$\left.\begin{aligned} \dot{H}_{pr} &= -2A_c(t - t_0)(H_0 - H_p) \\ A_c &= 0.5\left[V_{zm}e^{0.5}/(H_0 - H_p)\right]^2 \\ t &= t_0 + \Delta t \\ \Delta t &= \sqrt{\frac{\ln(H_0 - H_p) - \ln(\Delta H_{gd2})}{A_g}} \end{aligned}\right\} \tag{6-67}$$

式中：a、k 为规定常系数；t_0 为爬升/下滑开始时刻；H_0 为爬升/下滑开始时刻的飞行高度；$\int \Delta H \, dt$ 为爬升/下滑开始时刻的高度差积分，即爬升/下滑过程中高度差积分保持；H_p 为装定的平飞高度；V_{zm} 为期望的最大爬升速度，爬升前设定；t_1 为爬升/下滑结束时刻，在 t_1 后接入高度积分控制。

(2) 侧向飞行控制

侧向飞行控制涉及三种动作模式：直线飞行、正常转弯（指按航路点实施的倾斜转弯）、组合修正。

1) 基本控制规律

以滚动通道作为侧向控制的主通道（BTT 转弯控制），航向通道保证无侧滑飞行，控制方程形式如下：

$$E_g = k_\gamma(\gamma - \gamma_{pr}) + k_{\dot{\gamma}} \cdot \dot{\gamma} + k_z(\Delta z - \Delta z_{pr}) + k_{\dot{z}}(\Delta\dot{z} - \Delta\dot{z}_{pr}) + k_{\int z}\int \Delta z \, dt \tag{6-68}$$

$$E_h = k_{\dot{\psi}}(\dot{\psi} - \dot{\psi}_{pr}) + k_\beta \cdot \beta \tag{6-69}$$

2) 正常转弯控制

侧向转弯是指导弹根据转弯点装定数据进行程序转弯飞行。当判断转弯开始时，理想航线由原理想航线切换到下一新的理想航线，航偏为导弹距新的理想航线的距离。转弯飞行航迹设计为一段圆弧。

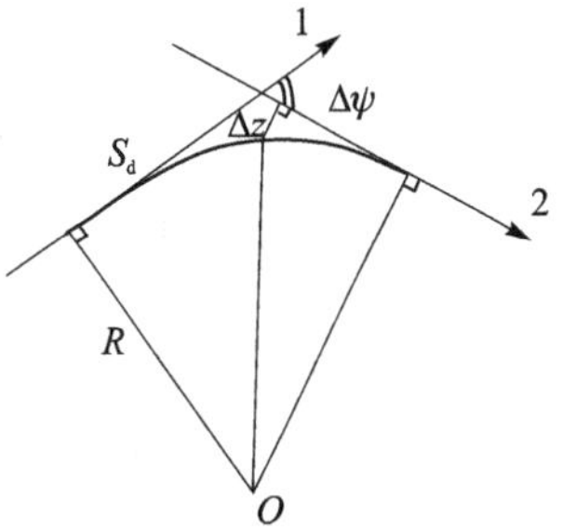

图 6.32　转弯飞行示意图

由于开始转弯时，导弹飞行距新航线的距离，即航偏会出现很大的偏差值，因此需要通过适当的程序信号进行无突跳的纠偏控制，使航偏量逐渐减小，以使导弹飞行平稳地转换到新的航线上来，如图 6.32 所示。

转弯任务需要预先装定转弯点的经纬度、转过的角度 $\Delta\psi$（左转为正转，右转为反转）、转弯半径 R 和转弯提前距离 S_d。

$\Delta\psi$ 为转弯后航向角与转弯前航向角之差。如果 $\Delta\psi > 180°$，将 $\Delta\psi$ 减去 360°作为新的 $\Delta\psi$；如果 $\Delta\psi < -180°$，将 $\Delta\psi$ 加上 360°作为新的 $\Delta\psi$。这样处理保证 $\Delta\psi \in [-180°, +180°]$。转弯提前距离为 $S_d = R \cdot \tan(|\Delta\psi|/2)$。

① 转弯开始条件。

转弯开始条件：当判断导航点的属性为转弯点时，如果满足判断条件则开始转弯。

判断条件：当前导弹直线飞行位置距下一转弯点的距离 $S \leqslant S_d$。

② 转弯结束条件。

转弯结束条件：根据时间判断结束条件，当 $t \geqslant t_2$ 时转弯结束，并转为直线飞行控制。t_2 为导弹的航向角程序信号转过 $\Delta\psi$ 角的时刻。

③ 控制方程。

转弯控制方程如下：

$$E_g = k_\gamma(\gamma - \gamma_{pr}) + k_{\dot{\gamma}} \cdot \dot{\gamma} + k_z(\Delta z - \Delta z_{pr}) + k_{\dot{z}}(\Delta\dot{z} - \Delta\dot{z}_{pr}) + k_{\int z}\int \Delta z \, dt \tag{6-70}$$

$$E_h = k_{\dot{\psi}}(\dot{\psi} - \dot{\psi}_{pr}) + k_\beta \cdot \beta \tag{6-71}$$

方程中的程序信号如下：

$$\dot{\psi}_{pr} = \begin{cases} \mathrm{sign}(\Delta\psi)\,(t - t_0) & t_0 < t \leqslant t_1 \\ \mathrm{sign}(\Delta\psi)\,\omega_{y0} & t_1 < t \leqslant t_2 - t_1 + t_0 \\ -\mathrm{sign}(\Delta\psi)\,(t - t_2) & t_2 - t_1 + t_0 < t \leqslant t_2 \end{cases} \tag{6-72}$$

$$\Delta\psi_{pr}(t)=\int_{t_0}^{t}\dot{\psi}_{pr}dt,\quad \Delta\psi_{pr}(t_0)=0 \tag{6-73}$$

$$\Delta\dot{z}_{pr}(t)=V_{ep0}\sin(\Delta\psi-\Delta\psi_{pr}) \tag{6-74}$$

$$\Delta z_{pr}(t)=\int_{t_0}^{t}\Delta\dot{z}_{pr}dt,\quad \Delta z_{pr}(t_0)=\Delta z_0 \tag{6-75}$$

$$\gamma_{pr}=-\arctan(V_{ep0}\cdot\dot{\psi}_{pr}/57.3g) \tag{6-76}$$

$$t_1=t_0+\omega_{y0} \tag{6-77}$$

$$t_2=t_0+\Delta t \tag{6-78}$$

$$\Delta t=|\Delta\psi|/\omega_{y0}+\omega_{y0} \tag{6-79}$$

$$\omega_{y0}=\left|\frac{\Delta z_0}{V_{ep0}\cdot\sin(\Delta\psi)}\right|-\sqrt{\left[\frac{\Delta z_0}{V_{ep0}\cdot\sin(\Delta\psi)}\right]^2-2\cdot|\tan(\Delta\psi/2)|\cdot 57.3} \tag{6-80}$$

式中：ω_{y0} 为转弯角速率；Δz_0 为转弯开始时距新航线的侧向偏差值；$\int_{t_0}^{t}\Delta z\,dt$ 为转弯开始时的侧偏积分值，即转弯过程中侧偏积分保持；V_{ep0} 为转弯开始时的地速；$\Delta\psi$ 为转弯前后的航向角差；t_0 为倾斜转弯开始时刻。

(3) 组合修正控制

1) 航迹修正使用条件

当导弹在直线飞行过程中，且不在地形匹配区、地形跟踪区和图像匹配区内，如果组合导航系统经纬度计算输出的侧偏过大，则需要对导弹飞行侧向进行程序航迹修正，修正过程按航迹修正飞行控制方案进行；如果侧偏不大，则保持直线飞行，直接进行理想航线上的纠偏控制，不进行程序修偏。

2) 航迹修正结束条件

结束条件以时间判断，当 $t\geqslant t_3$ 时航迹修正结束，并转为直线飞行控制。t_3 为航迹角程序信号重新回到原航向的时刻，此时航偏程序信号由航迹修正开始时的 Δz_0 减小到 0。

3) 控制方程

转弯控制方程如下：

$$E_g=k_\gamma(\gamma-\gamma_{pr})+k_{\dot{\gamma}}\cdot\dot{\gamma}+k_z(\Delta z-\Delta z_{pr})+k_{\dot{z}}(\Delta\dot{z}-\Delta\dot{z}_{pr})+k_{\int z}\int\Delta z\,dt \tag{6-81}$$

$$E_h=k_{\dot{\psi}}(\dot{\psi}-\dot{\psi}_{pr})+k_\beta\cdot\beta \tag{6-82}$$

程序信号如下：

$$\dot{\psi}_{pr}=\begin{cases}\mathrm{sign}(\Delta z_0)(t-t_0) & t_0<t\leqslant t_1\\ \mathrm{sign}(\Delta z_0)\omega_{y0} & t_1<t\leqslant t_2-t_1+t_0\\ -\mathrm{sign}(\Delta z_0)(t-t_2) & t_2-t_1+t_0<t\leqslant t_2+t_1-t_0\\ -\mathrm{sign}(\Delta z_0)\omega_{y0} & t_2+t_1-t_0<t\leqslant t_3-t_1+t_0\\ \mathrm{sign}(\Delta z_0)(t-t_3) & t_3-t_1+t_0<t\leqslant t_3\end{cases} \tag{6-83}$$

$$\Delta\psi_{pr}(t)=\int_{t_0}^{t}\dot{\psi}_{pr}dt,\quad \Delta\psi_{pr}(t_0)=0 \tag{6-84}$$

$$\Delta\dot{z}_{pr}(t)=-V_{ep0}\sin(\Delta\psi_{pr}) \tag{6-85}$$

$$\Delta z_{pr}(t)=\int_{t_0}^{t}\Delta\dot{z}_{pr}\mathrm{d}t,\quad \Delta z_{pr}(t_0)=\Delta z_0 \tag{6-86}$$

$$\gamma_{pr}=-\arctan(V_{ep0}\cdot\dot{\psi}_{pr}/57.3g) \tag{6-87}$$

$$t_1=t_0+\omega_{y0} \tag{6-88}$$

$$t_2=t_0+\Delta t \tag{6-89}$$

$$t_3=t_0+2\Delta t \tag{6-90}$$

$$\Delta t=\arccos[1-0.5|\Delta z_0|\omega_{y0}/(57.3V_{ep0})]\cdot\frac{57.3}{\omega_{y0}}+0.5\omega_{y0} \tag{6-91}$$

式中：ω_{y0} 为航向修正角速率，修正前设定；Δz_0 为航线修正开始时的侧向偏差值；$\int_{t_0}^{t}\Delta z\mathrm{d}t$ 为航线修正开始时的侧偏积分值，即修正过程中侧偏积分保持；V_{ep0} 为航线修正开始时的地速；t_0 为航线修正开始时刻。

3. 末段攻击控制

(1) 侧向飞行控制

飞出最后一个景像匹配修正区时，距离目标已经很近，纵向需要下滑飞行，侧向也有较大的机动，纵向及侧向飞行控制耦合较大。若仍沿用巡航飞行段的侧向修正方法修正航向，则时间非常紧张。考虑到本次位置修正量不大，直接从当前点瞄准目标飞行，对入射角的影响很小，因此，可以直接在当前点与目标点间建立理想航线。具体步骤是：首先利用滚动控制，使导弹飞行的航迹角与由导弹当前位置和目标点连线确定的飞行方向相同，并保持无侧滑飞行；然后使导弹按新的理想航线飞向目标。

(2) 纵向飞行控制

导弹纵向攻击方式分为两种：俯冲攻击和水平空爆。这两种攻击方式都要求导弹飞行到目标时高度控制在规定值以下，入射角尽量保持水平。因此，末段攻击纵向飞行主要是下滑转平飞行。末段攻击纵向飞行控制方程与巡航段下滑控制方程一致，要求控制精度高、超调小。

(3) 控制方程

控制方程如下：

$$E_g=\begin{cases}k_\gamma(\gamma-\gamma_{pr})+k_{\dot{\gamma}}\dot{\gamma} & t_0<t\leqslant t_1\\ k_\gamma\gamma+k_{\dot{\gamma}}\dot{\gamma}+k_z\Delta z+k_{\dot{z}}\Delta\dot{z}+k_{\int z}\int\Delta z\mathrm{d}t & t>t_1\end{cases} \tag{6-92}$$

$$E_h=\begin{cases}k_{\dot{\psi}}(\dot{\psi}-\dot{\psi}_{pr})+k_\beta\beta & t_0<t\leqslant t_1\\ k_{\dot{\psi}}\dot{\psi}+k_\beta\beta & t>t_1\end{cases} \tag{6-93}$$

$$\gamma_{pr}=-\arctan[V_{ep}\cdot\dot{\psi}_{pr}/(57.3g)]\cdot 57.3 \tag{6-94}$$

式中：t_0 为末段攻击开始时刻；t_1 为首次满足 $|\psi_c-\psi_{cpt}|<\Delta\psi_{gd1}$ 的时刻；Δz_0 为末段攻击开始时，导弹初始航偏；ψ_c 为导弹的航迹角；ψ_{cpt} 为导弹的实时位置和目标点确定的期望航迹角。

当目标点经纬度坐标为(λ_e，B_e)时，导弹实时经纬度坐标为(λ，B)的计算方法如下：

$$\psi_{yt} = \arccos(\boldsymbol{I}_{HT} \cdot \boldsymbol{I}_N) \tag{6-95}$$

$$\boldsymbol{I}_{HT} = \frac{\boldsymbol{I}_V \times (\boldsymbol{I}_{VE} \times \boldsymbol{I}_V)}{|\boldsymbol{I}_{VE} \times \boldsymbol{I}_V|} \tag{6-96}$$

$$\boldsymbol{I}_{VE} = [\cos B_e \cos \lambda_e, \cos B_e \sin \lambda_e, \sin B]^{T} \tag{6-97}$$

$$\boldsymbol{I}_V = [\cos B \cos \lambda, \cos B \sin \lambda, \sin B]^{T} \tag{6-98}$$

$$\boldsymbol{I}_N = [-\sin B \cos \lambda, -\sin B \sin \lambda, \cos B]^{T} \tag{6-99}$$

ψ_{cpt} 的真值与 ψ_{yt} 有关：若 $B_e > B, \lambda_e < \lambda$，则 $\psi_{cpt} = 90° - \psi_{yt}$；若 $B_e > B, \lambda_e > \lambda$，则 $\psi_{cpt} = 90° - \psi_{yt}$；若 $B_e < B, \lambda_e < \lambda$，则 $\psi_{cpt} = 90° + \psi_{yt}$；若 $B_e < B, \lambda_e > \lambda$，则 $\psi_{cpt} = 90° + \psi_{yt} - 360°$。

在 t_1 时刻，由该时刻的导弹位置 (λ_1, B_1) 和目标 (λ_e, B_e) 之间重新确定理想航线，Δz 和 $\Delta \dot{z}$ 的计算以此航线为基准，计算方法和初、中段飞行相同。

6.4.3 地形跟踪控制

地形跟踪设计的基本思想是根据突防的需求和导弹机动能力，最大限度控制导弹飞行跟踪地形的包络线。地形跟踪的方式是使导弹飞行与地形保持一定的离地高度，单独依靠姿态运动控制即可完成该任务。根据导弹飞行当前离地高度和飞行状态信息，实时计算出姿态程序控制信号，控制导弹飞行姿态，达到地形跟踪飞行的目的。另外，根据不同的地形条件，也可以采用高度信号直接进行控制。

根据雷达高度和导弹飞行状态可解算出程序控制信号。该信号引入了地形变化和雷达高度表的测量噪声。其中，地形的低频变化是导弹飞行要求跟踪的轮廓线，而高频变化与雷达高度表的测量噪声有关，可以认为是对控制回路的干扰。

高度稳定回路中，有高度差积分控制，其作用在于消除常值干扰或缓变干扰的影响。在一定时间内，其控制作用基本保持不变；在开始进行地形跟踪飞行时，要保持原有积分项的输出值。地形跟踪的控制律方程为

$$E_g = K_{\dot{\vartheta}} \dot{\vartheta} + K_{\vartheta} y_F + K_{\dot{H}} \dot{H} + K_i \int \Delta H \mathrm{d}t$$

式中：$\int \Delta H \mathrm{d}t$ 为高度稳定回路高度差积分项的值；K_i 为高度稳定回路高度积分项的放大增益；$K_i \int \Delta H \mathrm{d}t$ 为平飞段的保留值；$K_{\dot{H}} \dot{H}$ 项的控制作用是，通过垂直速度反馈增加回路的阻尼；y_F 为地形跟踪导引算法根据装定数据和弹上传感器测量信号计算得到的程序信号，经过限幅和数字滤波后的输出。

由于地形跟踪采用独立的纵向控制方法，因此在进入地形跟踪区时，需从平飞方式切换为地形跟踪方式；离开地形跟踪区时，需从地形跟踪方式切换成正常平飞方式。

6.4.4 飞行速度控制

飞行速度控制是根据导弹的飞行状态，通过改变发动机的油门控制电压，从而使导弹按照期望马赫数/地速进行飞行的控制系统。一个性能良好的速度控制系统具有对导弹飞行时间进行精确控制、确保控制系统的稳定性、提高控制精度、增加航程、减小推力偏差对导弹飞行的影响、确保发动机的工作稳定性等多种优点。

速度控制回路需要两个装定值：各调整阶段的期望速度 V_{qw}（或马赫数）和该速度下对应的期望油门电压 U_0。确定期望速度的基本原则是使导弹飞行达到最远动力航程，该值的确定

在弹道规划阶段完成。导弹飞行要跟踪期望的速度，这意味着在速度控制系统设计时，应该以速度作为控制量。

速度控制系统的实现如图 6.33 所示。

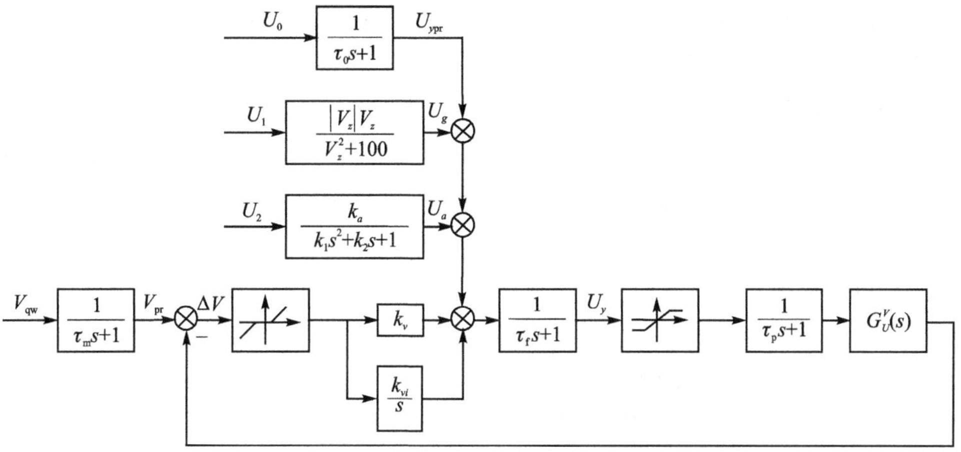

图 6.33 速度控制系统的实现

时间常数为 τ_p 的惯性环节表示发动机的工作特性；弹体传递函数（飞行速度对油门的响应特性）为 $G_U^V(s)$。

时间常数为 τ_p 的惯性环节可对离散的期望速度 V_{qw} 进行平滑处理，以得到连续的信号 V_{pr}；U_0 指预先装定的发动机控制电压，与飞行高度上的期望巡航速度对应；时间常数为 τ_0 的惯性环节可对离散的电压 U_0 进行平滑处理，以得到连续的信号 U_{ypr}；U_1 与导弹飞行的垂直速度构成函数关系以得到 U_g，用于补偿因导弹高度变化而造成的速度损失；U_2 是一个脉冲信号，通过激励二阶指令模型形成控制电压 U_a，在导弹加速/减速段起作用（如果没有 U_a 信号的调节作用，则只有在导弹飞行速度出现明显变化时，控制回路才能起作用；而导弹飞行的速度变化是比较缓慢的，这样会使导弹的速度调节很慢；所以，引入 U_a 信号后，可以改善这种状况）。

引入死区环节是为了在实现速度控制时，降低控制系统对马赫数的灵敏度。这是因为，动力系统希望在导弹飞行马赫数与期望马赫数之间的偏差较小时应停止对发动机的连续调节。

导弹飞行速度 V 是通过一定算法，对来自于惯导和空速系统的速度测量值综合计算得到的。惯导能够提供地速，它不受阵风等气象因素的影响，但这种速度测量值将会随时间漂移。空速系统能够提供导弹相对气流的运动速度，它不随时间漂移，但很容易受阵风的影响。这两种信号之间存在一定的互补特性，综合应用可以为速度控制系统提供平滑稳定的速度信号。

时间常数为 τ_f 的惯性环节是对解算的控制信号进行平滑处理，使得控制电压 U_y 的变化速度满足要求，除此之外还要将 U_y 的电压限制在发动机的有效输入范围内。

控制器采用 PI 调节，速度误差的积分信号起消除稳态误差的作用。在设计控制器各参数时，首先假定 U_{ypr}，U_g，U_a 信号为 0，以 V_{pr} 作为输入，V 为输出，选择 k_v 和 k_{vi} 的值，使系统稳定。然后假定 V_{pr} 为 0，以 V_{pr} 支路为输入，V 为输出，检验系统的稳定性。

速度控制系统正常工作时，根据弹道特征分为启动工作模态、加/减速模态、势能补偿模态和速度保持模态。

1. 启动工作模态

启动工作模态主要完成从开环控制到闭环控制的过渡。闭环控制回路在开始启动时刻，将 U_0 和 V_{qw} 设为期望的油门控制电压和期望飞行速度。闭环控制启动后的前 120 s 内，速度差 ΔV 积分器停止积分，但保持原有的输出值。之后，积分器开始工作，启动工作模态结束。在启动阶段，加/减速模态和势能补偿模态不工作。

2. 加/减速模态

加/减速模态的作用是，在导弹需要大幅度爬升或俯冲时，使导弹飞行提前进行加速或减速控制。此时，如果仅靠改变 V_{qw} 使系统加速/减速，则过程过于缓慢；为了加快加/减速的过程，在图 6.33 中，设计了 U_a 信号。

3. 势能补偿模态

在导弹爬升/俯冲飞行过程中，造成导弹飞行速度变化的一个重要因素是势能的变化。为了减小导弹飞行速度变化，发动机应提供推力来补偿导弹飞行速度损失。势能补偿模态除了在导弹巡航高度改变时发挥作用外，最重要的是要在地形跟踪飞行时发挥作用。

4. 速度保持模态

启动模态和加/减速模态都停止工作后，即转入速度保持模态。在该模态中，比例和积分通道都参与控制，主要任务是控制导弹按装定的飞行速度匀速飞行，此时导弹飞行处于平飞状态。

6.4.5 低空突防 TF/TA^2 弹道设计

随着现代防空武器系统的日益完善，常规的中高空突防的成功概率越来越低，从而促使飞行器的低空突防 TF/TA^2 技术快速发展起来。所谓的 TF/TA^2 技术就是 Terrain Following（地形跟随）/Terrain Avoidance（地形回避）/Threat Avoidance（威胁回避）技术，是借助于先进的数字地图技术和多传感器信息融合技术，集地形跟随、地形回避、威胁回避为一体，迅速发起来的新一代低空突防技术。

1. TF/TA^2 技术的特点

① 充分考虑了飞行器自身的性能约束，确保了规划航路的可行性；

② 考虑了敌情信息和地理信息，规划的航路能够最大限度地借助地形掩护，并避开地形障碍和敌方的防空火力，因而具有更好的隐蔽性和更高的生存能力；

③ 考虑了作战任务要求及攻击的火力配备和梯次，能为各种飞行器规划合适的攻击航路，达到协同作战的目的，从而提高了任务的成功率；

④ 可以成组规划飞行器的航路，以进行饱和攻击，高密度飞行器的同时突防可以有效地分散防御系统的攻击能力，提高突防概率；

⑤ 考虑了燃料的限制、禁飞区的限制和操作人员的工作环境和工作负荷等因素，因而完成任务的代价小，可靠性高。

应用低空突防 TF/TA^2 技术，可使飞行器进行超低空机动飞行，有效回避山峰、障碍物以及各种威胁，能够有效提高飞行器的飞行安全和执能任务能力。

2. 低空突防 TF/TA² 的关键技术

(1) 飞行任务规划技术

包括大范围的航线规划、威胁点的处理和 TF/TA² 优化过程性能指标的建立。

(2) 航路优化技术

在已知参考航线的基础上，实时进行飞行轨迹的优化，需要解决地形跟随与地形回避之间的相互关系问题，处理在任务规划过程中没有预测到的威胁和障碍、航路的动态刷新技术及与地形纵侧向间距的约束方法等问题。

(3) 传感器综合/控制技术

在低空突防飞行过程中，需要精确确定飞行器的位置、速度等飞行状态量，还要了解飞行器所处的地形信息，因此存在着多个传感器的综合/控制问题。现代飞行器一般都装备有惯性导航系统、卫星导航系统、无线电高度表、前视地形雷达、激光测距仪以及数字地图等一系列设备。因此需要一种有效的方法来控制这些设备，并对它们的输出信息进行综合处理，同时要求这种方法对传感器的故障具有容错能力。

传感器综合/控制与综合 TF/TA² 飞行控制系统原理图如图 6.34 所示。

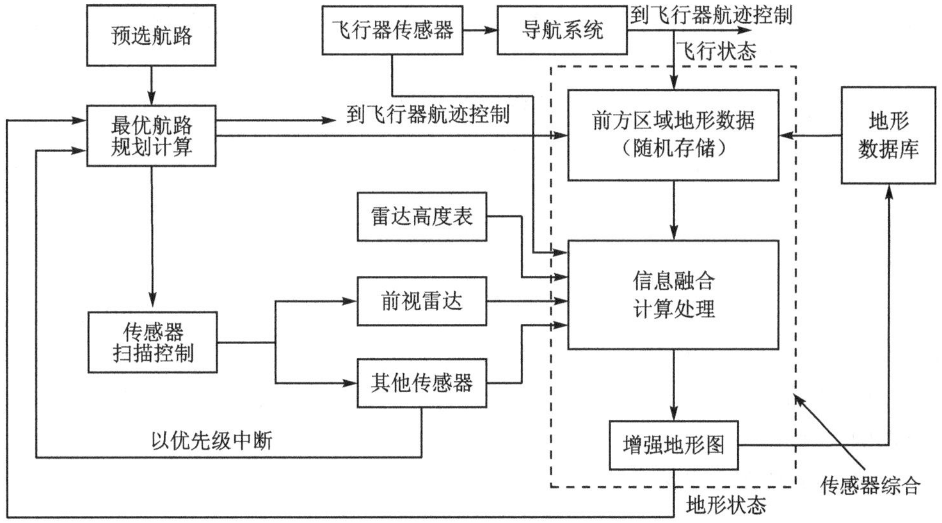

图 6.34　传感器综合/控制与综合 TF/TA² 飞行控制系统原理图

(4) 制导方法

在得到优化后的飞行航路的基础上，如何得到制导指令，使飞行器沿着最优航路完成突防任务，需要从最优航路解算出飞行器的飞行控制指令。

(5) 飞行控制系统设计

需要针对非线性的飞行器运动模型，设计出高品质的鲁棒飞行控制系统。

(6) 多任务综合控制技术

在低空突防飞行过程中，需要实现集成的导引/飞行/推进系统的综合控制，有效完成目标的搜索和跟踪，并在保持高精度跟踪的同时，能够显著提高对敌防御的生存能力。

(7) 抑制大气扰动的影响

在进行超低空突防飞行过程中，地面风场的影响会非常大，所以应对切变风和阵风进行建模，并提出抑制对策。

3. 低空突防航路规划的约束条件

(1) 离地间隙

为了安全起见，飞行器离地面的垂直距离和水平距离应不小于规定的值。一般情况下离地间隙选为 $h_g=30\sim50$ m。

(2) 最大横向偏差

为了防止飞行器偏离参考航线不太远，需要设定一个容许飞行器偏离参考航线的最大距离。

(3) 飞行器机动性能约束条件

约束条件包括：

① 法向加速度。根据飞行器的使用条件，应对最大法向加速度进行约束。

② 航迹倾斜角。根据飞行器的纵向机动能力，飞行航迹倾斜角应受到限制。

③ 滚动角和滚动角加速度。根据飞行器侧向的机动能力，滚动角和滚动角加速度应受到限制。

④ 根据转弯曲率 ρ_1 的公式来计算转弯曲率的限制值，即

$$\rho_1=\frac{\tan\gamma(g+n_y\sin\gamma)+n_y\cos\gamma}{V^2} \tag{6-100}$$

根据在垂直平面内的运动轨迹曲率 ρ_V 的公式计算其限制值，即

$$\rho_V=\frac{n_z-g}{V^2} \tag{6-101}$$

式中：V 为空速；g 为重力加速度。根据曲率限制关系式(6-100)和式(6-101)，当空速 V 一定时，一旦对转弯曲率 ρ_1 和垂直轨迹的曲率 ρ_V 进行限制后，最大侧向和法向过载 n_z 和 n_y 就会得到合理的限制。

⑤ 最大航迹方位角增量公式为

$$\Delta\psi_c=\psi_{c1}+\psi_{c2} \tag{6-102}$$

式中：$\tan\psi_{c1}=\dfrac{P_1}{R}$，$\tan\psi_{c2}=\dfrac{P_2}{R}$，$P_1$ 和 P_2 分别为航线两切点到地形分区边缘的距离，$R=1/\rho_1$ 为飞行器的转弯半径，如图 6.35 所示。

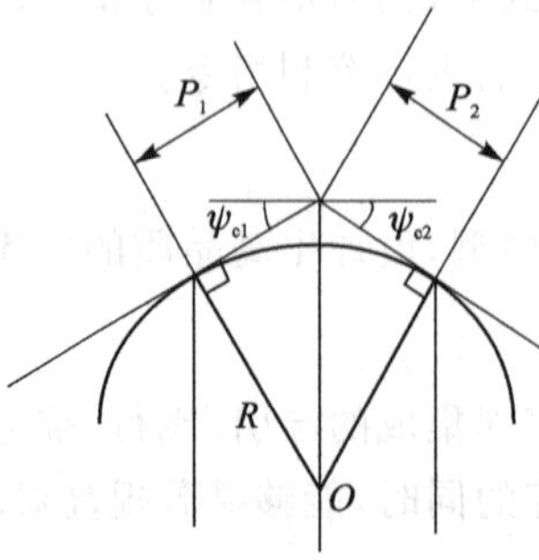

图 6.35　飞行器的转弯俯视轨迹

最优航路与参考航线和最小间隙轮廓线之间的关系在图 6.36 中给出。

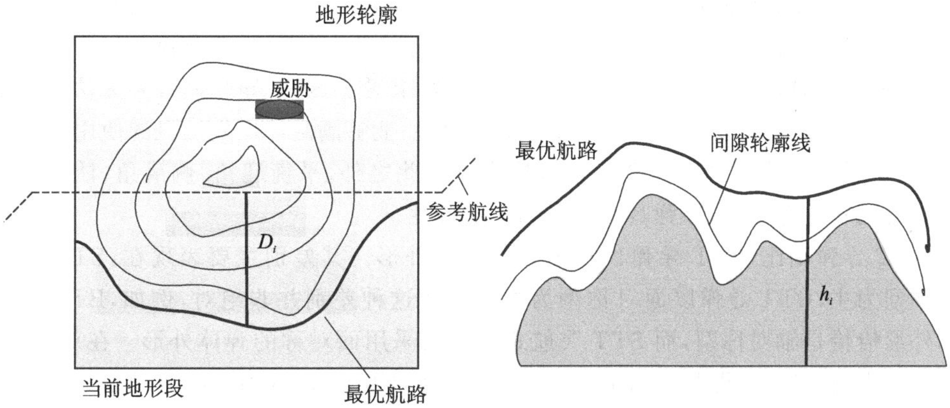

(a) 俯视图　(b) 侧视图

图 6.36　最优航路与参考航线和最小间隙轮廓线之间的关系图

6.5　飞航式导弹倾斜转弯(BTT)控制技术

6.5.1　倾斜转弯控制技术的概念

所谓倾斜转弯控制方式是指导弹在侧向转弯过程中，受控绕纵轴转动，使其理想的法向过载矢量总是落在导弹的对称面上(见图 6.37，面对称导弹)或中间对称面(最大升力面)上(见图 6.38，轴对称导弹)。国外把这种控制方式称为 BTT 控制，即 Bank - To - Turn，倾斜转弯的意思。与之对应的另一种转弯控制方式是：导弹在侧向转弯过程中，保持弹体相对纵轴稳定不动，控制导弹在俯仰与偏航两平面上产生相应的法向过载，其合成法向力指向控制规律所要求的方向，称这种控制为 STT，即 Skid - To - Turn，侧滑转弯的意思。显然，对于 STT 导弹，所要求的法向过载矢量相对导弹弹体而言，其空间位置是任意的；而 BTT 导弹则由于滚动控制的结果，所要求的法向过载，最终总会落在导弹的有效升力面内。

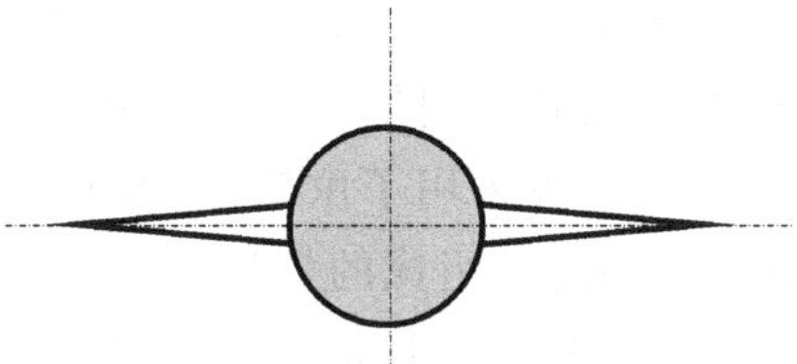

图 6.37　面对称导弹剖面图

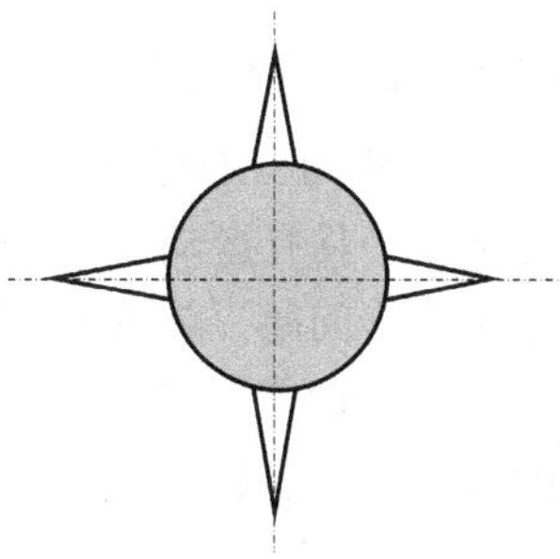

图 6.38　轴对称导弹剖面图

BTT 技术的出现和发展与改善战术导弹的机动性、准确度、速度、射程等性能指标紧密相关，BTT 控制具有以下优点：

① BTT 控制为弹体提供了使用最佳气动特性的可能，从而可以满足机动性与精度的要求，而常规的 STT 导弹的气动效率较低，不能满足对战术导弹日益增强的大机动性、高准确度

的要求。

② 为了满足战术导弹高速度、远射程的要求,除了远程超声速飞航式导弹外,远程地空导弹或地域性反导项目,也开始配置了冲压发动机。这种动力装置要求导弹在飞行过程中侧滑角很小,且只允许导弹有正攻角或正向升力,这种要求对于 STT 导弹而言是无法满足的。而 BTT 技术与冲压发动机进气口设计有良好的兼容性,能够满足冲压发动机的使用条件限制。

③ BTT 控制导弹的升阻比会有显著提高。除此之外,平衡迎角、侧滑角、诱导滚动力矩和控制面的偏转角都较小,导弹具有良好的稳定特性。

与 STT 导弹相比,BTT 导弹具有不同的结构外形。其差别主要表现在:STT 导弹通常以轴对称型为主,BTT 导弹以面对称型为主。然而这种差别并非绝对,例如,BTT－45 导弹的气动外形恰恰是轴对称型,而 STT 飞航式导弹又采用面对称的弹体外形。在对 BTT 导弹性能的论证中,任务之一即是探讨 BTT 导弹性能对弹体外形的敏感性,目的是寻求导弹总体结构外形与 BTT 控制方案的最佳结合,使导弹性能得到最大程度的改善。

由于导弹总体结构的不同,例如,导弹气动外形及配置的动力装置的不同,BTT 控制可以是如下三种类型:BTT－45°、BTT－90°及 BTT－180°。它们三者的区别是,在制导过程中,控制导弹可能滚动的角范围分别为 45°、90°及 180°。其中,BTT－45°控制型适用于轴对称型(十字形弹翼)的导弹。BTT 系统控制导弹滚动,从而使得所要求的法向过载落在它的有效升力面上,由于轴对称导弹具有两个互相垂直的对称面或俯仰平面,所以在制导过程的任一瞬间,只要控制导弹滚动小于或等于 45°,即可实现所要求的法向过载与有效升力面重合的要求。这种控制方式又被称为 RDT,即 Roll－During－Turn,滚转转弯的意思;BTT－90°和 BTT－180°两类控制均是用在面对称导弹上的,这种导弹只有一个有效升力面,欲使要求的法向过载方向落在该平面上,所要控制导弹滚动的最大角度范围为 90°或 180°。其中,BTT－90°导弹具有产生正、负迎角,或正、负升力的能力;BTT－180°导弹仅能提供正迎角或正升力,这一特性与导弹配置了颚下进气冲压发动机有关。

6.5.2 倾斜转弯控制面临的几个技术问题

尽管 BTT 技术可能提供上述优点,然而作为一个可行的、有活力的控制方案要想取代现行的控制方案,还必须解决好以下几个问题。

1. 适合 BTT 控制系统的综合方法

STT 导弹上采用的三通道独立控制系统及其综合(设计)方法已经不再适用于 BTT 导弹。代替它的是一个具有运动学耦合、惯性耦合以及控制作用耦合的多自由度(6－DOF 或 5－DOF)的系统综合问题。就其控制作用来说,STT 导弹采用了由俯仰、偏航双通道组成的直角坐标控制方式,而 BTT 导弹则采用了由偏航、滚动通道组成的极坐标控制方式。综合具有上述特点的 BTT 控制系统,保证 BTT 导弹的良好控制性与稳定性,是研究 BTT 技术所面临的问题之一。

2. 协调控制问题

要求 BTT 导弹在飞行中保持侧滑角近似为零,这并非自然满足,要靠一个具有协调控制功用的系统,即 CBTT 控制系统(Coordinated－BTT Control System)来实现。该系统保证 BTT 的偏航通道与滚动通道协调动作,从而实现侧滑角为零的限制。所以,设计 CBTT 系统则是 BTT 技术研究中的另一大课题。

3. 抑制旋转运动对导引回路稳定性的不利影响

足够大的滚动角速率是保证 BTT 导弹性能(导引精度以及控制系统的快速反应)所必需的,而对雷达自动导引制导回路的稳定性却是个不利的影响,抑制或削弱滚动耦合作用对导弹制导回路的稳定性影响,是 BTT 研制中必须解决的又一问题。然而,这个问题对于红外制导的 BTT 导弹则不必过分顾虑。

此外,BTT 导弹在目标瞄准线旋转角度较小的情况下,控制转动角的非确定性问题也是 BTT 技术论证中需要解决的问题。

6.5.3 倾斜转弯控制系统的组成及功用

BTT 与 STT 导弹控制系统比较,其共同点是两者都是由俯仰、偏航、滚动三个回路组成,但对不同的导弹(BTT 或 STT),各回路具有的功用不同。表 6.1 列出了 STT 与三种 BTT 导弹控制系统的组成与各个回路的功用。

表 6.1 导弹控制系统的组成及功用

类　别	俯仰通道	偏航通道	滚动通道	备　注
STT	产生法向过载,具有提供正、负迎角的能力	产生法向过载,具有提供正、负侧滑角的能力	保持倾斜稳定	适用于轴对称或面对称的不同弹体结构
BTT - 45°	产生法向过载,具有提供正、负迎角的能力	欲使侧滑角为零,偏航必须与倾斜协调	控制导弹滚动,使导弹的合成法向过载落在最大升力面上	仅适用于轴对称型导弹
BTT - 90°	产生法向过载,具有提供正、负迎角的能力	欲使侧滑角为零,偏航必须与倾斜协调	控制导弹滚动,使合成过载落在弹体对称面上	仅适用于面对称型导弹
BTT - 180°	产生单向法向过载,仅具有提供正迎角的能力	欲使侧滑角为零,偏航必须与倾斜协调	控制导弹滚动,使合成过载落在弹体对称面上	仅适用于面对称型导弹

6.5.4 倾斜转弯控制系统古典频域设计方法

1. 被控对象的特点及特性

在如下气动布局特点和动力学与运动学特性下,设计 BTT - 180°稳定控制系统。如被控 BTT 导弹具有固定水平弹翼和尾控舵的非轴对称外形,且具有一个纵向对称面。上面两个尾控舵担负俯仰和滚动控制,下面两个尾控舵提供偏航控制。为了保证偏航控制效率和稳定性,获得负俯仰方向机动过载,要求导弹做 180°滚动机动。由 BTT 控制原理决定了导弹运动存在较强的运动、惯性及气动交叉耦合。

2. 利用小扰动线性化理论解耦获得三通道独立的线性模型

在小扰动线性化假设条件下,经工程简化后得到的 BTT 弹体三通道独立线性模型如图 6.39 所示。

3. 三通道独立的 BTT 稳定控制系统设计

三通道独立的 BTT 稳定控制系统与前述一般导弹稳定控制系统经典设计方法和过程相同。所得到的系统简化结构框图如图 6.40 所示。

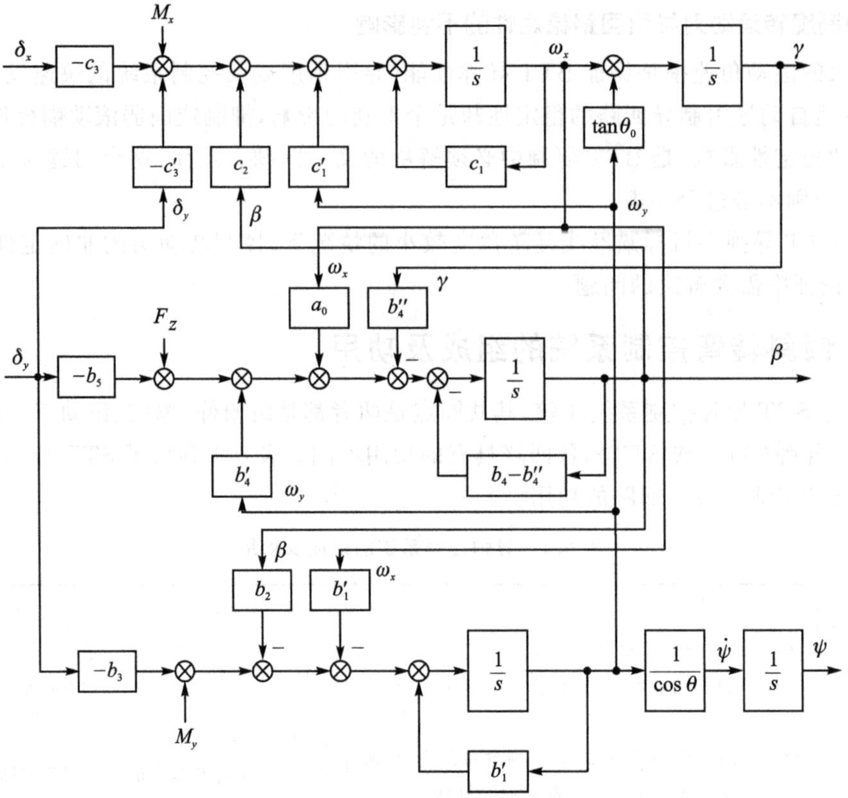

图 6.39　BTT 导弹侧向通道线性模型结构图

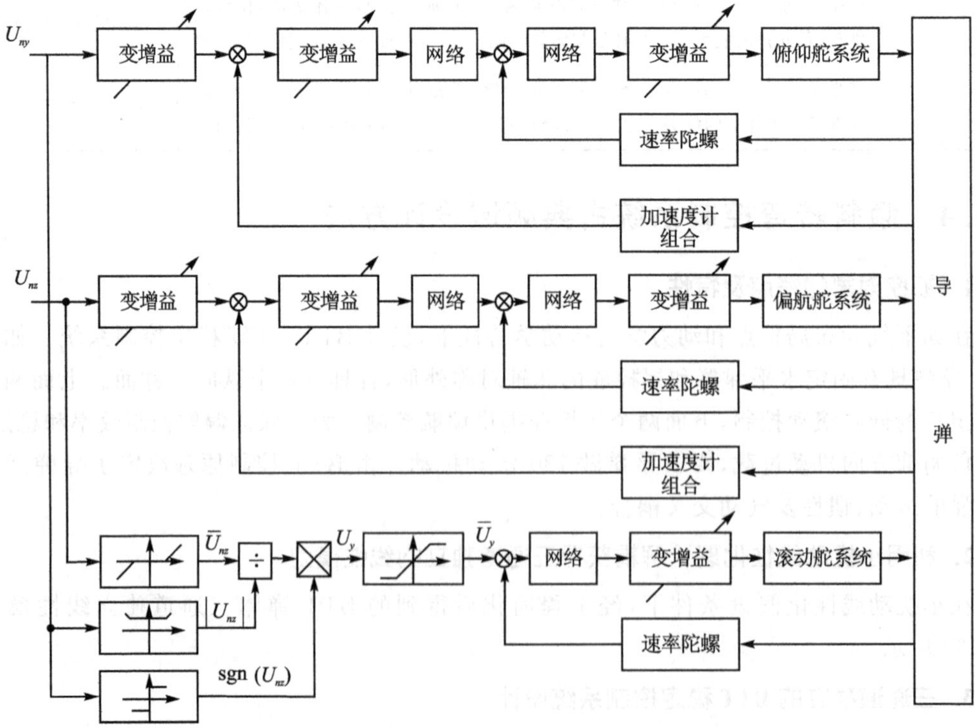

图 6.40　三通道独立的 BTT 稳定控制系统简化结构框图

由图 6.40 可见,系统按 BTT 方式和制导律形成的俯仰、偏航指令与线加速度计和速率陀螺输出信号综合后产生舵系统的控制指令。

应该指出,对于 BTT 导弹,设计中通常选择俯仰、滚动控制通道具有相近的响应速度。而偏航通道选取更快的响应速度,据此来设计各通道的校正网络。另外,从稳定性方面考虑,对俯仰控制指令 u_{ny} 和偏航控制指令 u_{nz} 设置了非线性门限值;为了适应导弹在全空域飞行中的参数变化,在系统中设置了变增益环节。

4. BTT 稳定控制系统的协调设计

在上述三通道独立设计的基础上,为保证实际滚动和偏航通道间的协调运动,并减小运动学耦合对俯仰运动的影响,必须引入交叉指令支路(见图 6.41),即附加两条从滚动速率指令到俯仰和偏航通道的交叉指令支路。通过仿真验证可知,上述系统可以保证侧向指令为零条件下侧滑最小,从而实现无侧滑和侧向加速度的协调转弯。

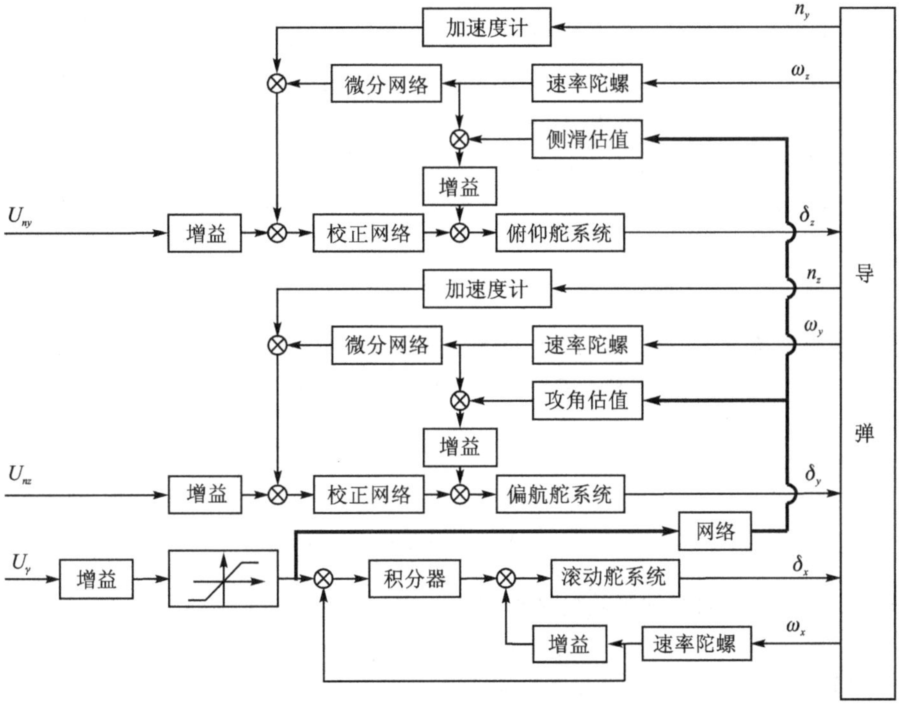

图 6.41　经协调设计后的 BTT 导弹稳定控制系统简化结构框图

6.5.5　倾斜转弯现代控制设计方法

若弹道的特征点参数已知,以 H_∞ 混合灵敏度稳定控制系统为例讨论现代控制设计方法。

1. 侧向稳定控制系统设计

对于 BTT 导弹,其系统存在未建模动态特性不确定性;大空域作战飞行参数不断变化导致模型系数变化很大;随机外干扰来自大气扰动、传感器噪声等影响因素。

假设导弹标准状态方程为

$$\dot{\boldsymbol{X}} = \boldsymbol{AX} + \boldsymbol{Bu} \tag{6-103}$$

依据上述控制对象特点和 BTT 导弹的稳定控制要求，其系统设计目标应该是：得到一个满足闭环系统鲁棒稳定性和对外干扰的灵敏性要求的稳定控制系统。由 H_∞ 控制理论及应用可知，它可同时设计系统的鲁棒稳定性和抗干扰能力。因此，这里将采用 H_∞ 混合灵敏度方法设计 BTT 导弹稳定控制系统。所选取的系统结构方案如图 6.42 所示。

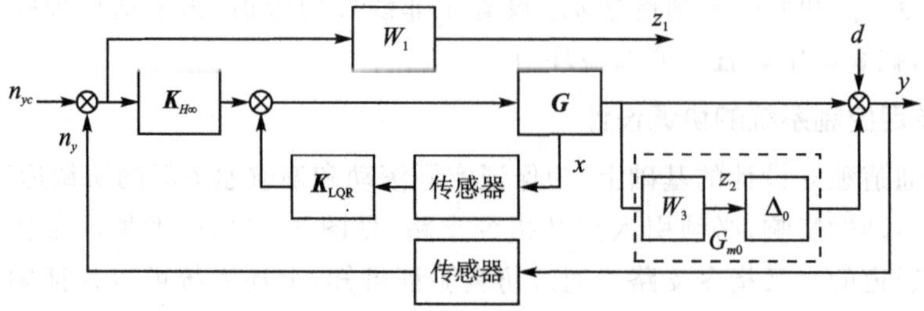

图 6.42　BTT 导弹稳定控制系统结构图

由图 6.42 可见，该系统由内、外两个回路构成。其中，内回路由传感器和反馈控制器 $\boldsymbol{K}_{\mathrm{LQR}}$ 组成，而 $\boldsymbol{K}_{\mathrm{LQR}}$ 是一个 2×6 的状态反馈增益矩阵，用以限制摄动系统与标称系统等效模型误差在 H_∞ 控制器可允许范围内，即降低模型的等效不确定性（即未建模特性）；外回路控制器 $\boldsymbol{K}_{H_\infty}$ 用以控制导弹沿多条弹道稳定准确飞行。$\boldsymbol{K}_{H_\infty}$ 是采用 H_∞ 混合灵敏度方法设计的，满足一定的性能指标要求。由上述结构方案可以看出，方案实现关键在于 $\boldsymbol{K}_{\mathrm{LQR}}$ 和 $\boldsymbol{K}_{H_\infty}$ 两个控制器的设计。

(1) $\boldsymbol{K}_{\mathrm{LQR}}$ 设计

对于被控制对象状态方程(6-103)，求解黎卡堤(Riccati)方程

$$\boldsymbol{A}^{\mathrm{T}}\boldsymbol{\Gamma}+\boldsymbol{\Gamma A}-\rho^{-2}\boldsymbol{\Gamma B B}^{\mathrm{T}}\boldsymbol{\Gamma}+\boldsymbol{H}^{\mathrm{T}}\boldsymbol{H}=\boldsymbol{0} \tag{6-104}$$

的稳态解 $\boldsymbol{\Gamma}$，并得到 LQR 反馈增益 $\boldsymbol{K}_{\mathrm{LQR}}=-\rho^{-2}\boldsymbol{B}^{\mathrm{T}}\boldsymbol{\Gamma}$。

极小化代价函数为

$$J=\lim_{t\to 0}E\left\{\int_0^{\tau}(\boldsymbol{X}^{\mathrm{T}}\boldsymbol{H}^{\mathrm{T}}\boldsymbol{H}\boldsymbol{X}+\rho^2\boldsymbol{u}^{\mathrm{T}}\boldsymbol{u})\,\mathrm{d}t\right\} \tag{6-105}$$

由图 6.42 可知，内回路的等效名义模型为

$$\boldsymbol{G}_{\mathrm{C}}=\boldsymbol{G}\left[\boldsymbol{I}+\boldsymbol{G}\boldsymbol{K}_{\mathrm{LQR}}\right]^{-1} \tag{6-106}$$

于是，标准弹道上其他特征点的等效模型为

$$\boldsymbol{G}_{\mathrm{C}i}=\boldsymbol{G}_i\left[\boldsymbol{I}+\boldsymbol{G}_i\boldsymbol{K}_{\mathrm{LQR}}\right]^{-1} \tag{6-107}$$

若以等效输出端模型不确定性 $\boldsymbol{G}_{\mathrm{mo}i}$ 表示模型不确定性，则有

$$\boldsymbol{G}_{\mathrm{mo}i}=(\boldsymbol{G}_{\mathrm{C}i}-\boldsymbol{G}_{\mathrm{C}})\boldsymbol{G}_{\mathrm{C}}^{-1} \tag{6-108}$$

通过调节 $\boldsymbol{K}_{\mathrm{LQR}}$，可使

$$\bar{\sigma}(\boldsymbol{G}_{\mathrm{C}i}-\boldsymbol{G}_{\mathrm{C}})<\underline{\sigma}\boldsymbol{G}_{\mathrm{C}} \tag{6-109}$$

即 $\bar{\sigma}(\boldsymbol{G}_{\mathrm{mo}i})<1$，则对所有的 $\boldsymbol{G}_{\mathrm{C}i}$，控制器 $\boldsymbol{K}_{\mathrm{LQR}}$ 都能保证系统鲁棒稳定性且满足希望的性能要求。

通过频率法分析可知，可用一次线性多项式拟合俯仰-偏航通道耦合项，从而得到内反馈控制器 $\boldsymbol{K}_{\mathrm{LQR}}$。

$$\boldsymbol{K}_{\mathrm{LQR}}=\begin{bmatrix}0.002\,8\omega_x & -0.79 & 10.5 & 0.13\omega_x & -38.7 & 0.056\omega_x\\ 0.84 & 0.02\omega_x & -0.17\omega_x & 11.3 & 0.23\omega_x & -57.2\end{bmatrix} \tag{6-110}$$

(2) $\boldsymbol{K}_{H_\infty}$ 设计

根据 $\boldsymbol{K}_{H_\infty}$ 控制理论，合理地选取性能权函数 $W_1(s)$ 和模型不确定性界函数 $W_3(s)$。只有折中才能做到合理，因为前者反映了对系统灵敏度函数 S 的形状要求。后者由被控对象的模型不确定性决定。而系统的灵敏度函数 S 和补灵敏度函数 T 又与对输入指令的跟踪误差直接相关。如果 S 较小，系统将有很好的跟踪能力和较强的抗外干扰能力；如果 T 较小，系统则有较强的鲁棒性，但 $S+T=1$。因此。系统设计必须采取折中的方法，即

$$\left\| \begin{matrix} W_1(s) \\ W_3(s) \end{matrix} \right\| < 1 \tag{6-111}$$

这就是所谓 H_∞ 混合灵敏度设计方法的实质。

经分析，可取

$$W_1(s) = 0.1r_1(s+60)/(s+0.001)\boldsymbol{I}_{2\times 2} \tag{6-112}$$

式中：r_1 为调节系数。这样，$W_3(s)$ 可由式(6-112)决定。

将混合灵敏度设计问题转化为标准 H_∞ 控制问题，利用求解黎卡堤方程得到 $\boldsymbol{K}_{H_\infty}$，最后设计出的侧向回路 H_∞ 控制器 $\boldsymbol{K}_{H_\infty}$ 是一个 2 输入 2 输出 8 状态的控制器。

2. 倾斜稳定控制系统设计

倾斜稳定控制系统设计方法同侧向稳定控制系统，此处不再重述，这里仅给出 BTT 导弹滚动通道的权函数和设计结果：

$$\left.\begin{aligned} \omega_1(s) &= 0.1r_1(s+45)/(s+0.001) \\ \omega_2(s) &= s^3/15^3 \end{aligned}\right\} \tag{6-113}$$

$$\boldsymbol{K}_{\mathrm{LQR}} = [1.44 \quad 1.4 \quad -59.8] \tag{6-114}$$

且 H_∞ 控制器 $\boldsymbol{K}_{H_\infty}$ 为单输入单输出 4 状态的控制器。

6.6 超声速反舰导弹控制系统随机鲁棒设计

6.6.1 超声速反舰导弹概述

作为飞航式导弹中的一个大类，反舰导弹发展至今已有 50 多年的历史，并在历次海战中都有出色的表现。但是，随着现代舰载反导拦截器系统的发展，区域防空和近程点防御等系统组成了对空多层防御体系，使得反舰导弹的突防能力和攻击效果大大下降，这促使各国竞相研发新一代具有突防能力的反舰导弹。

新一代反舰导弹的显著特点是采用灵活的大空域飞行弹道(低—高—低)，其最大飞行高度达十几公里，最低高度仅为几米；在所有飞行阶段均以超声速飞行，在寻的阶段采用低空飞行，其机动能力达十几个 g 的法向过载，能够进行复杂的突防机动(如蛇形机动和跃升俯冲等)，以避免被先进的防御系统发现和跟踪。例如，已经装备俄罗斯海军的超声速反舰导弹“白蛉”和有“航母克星”之称的 П-700“花岗岩”超声速反舰导弹，以色列的“迦伯列”超声速反舰导弹，法、德合作研制的 ANNG 下一代超声速反舰导弹等。新一代反舰导弹超声速大空域机动飞行的特点，使得气动耦合和参数的变化更加剧烈，随机不确定性因素也变得更复杂，这使导弹飞行控制系统的设计面临着更大的挑战。因此，寻求更适合于这类导弹的控制模型和鲁棒飞行控制器的设计方法成为迫切需要解决的关键任务。

6.6.2　超声速反舰导弹弹道及推力特性

1. 气动布局和方案弹道

俄罗斯最新一代超声速反舰导弹的气动布局如图 6.43 所示。它的发射装置为发射筒或发射器，助推器为固体火箭发动机，主发动机为使用煤油燃料的冲压喷气发动机，煤油在发动机油箱中可储存 3 年。弹体为轴对称结构，侧向通道与纵向通道的气动特性一致。导弹的主要性能数据为长 8.9 m、直径 0. 67 m，发射筒长 9 m，发射筒直径 0.71 m。导弹的初始质量为 m_0=1 500 kg(不含助推器)，冲压发动机的燃油质量 m_{cy}=460 kg，射程为 120～300 km，最大飞行马赫数 Ma_{max}=3.0。

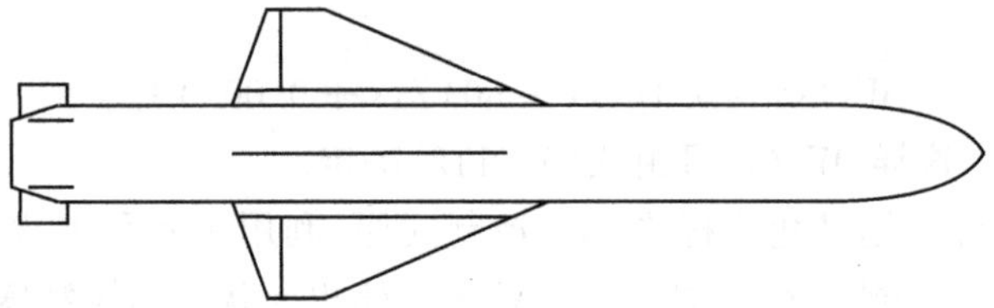

图 6.43　某型导弹的气动布局图

导弹具备舰载平台和机载平台两种发射能力。当导弹由舰载平台发射时，发射仰角 η_{launch}=15°。在助推段，导弹由助推器从静止状态加速到接力马赫数后分离，工作时间为 $T_{booster}$=4.5 s；在加速段，冲压发动机将导弹从接力马赫数加速到巡航马赫数 Ma_{ha}=3.0；此后导弹在巡航高度 h_{ha}=15 km 处进行高空巡航段飞行；当导弹质量降到 m_{glide}=1 000 kg 后，转入降高下滑段；大约经过 T_{glide}=50～60 s 进入巡航高度 h_{la}=15 m 和马赫数 Ma_{la}=2.0 的低空巡航飞行。

当导弹由机载平台发射时，发射高度 h_{launch}=7～12 km，发射后导弹以 $Ma_{booster}$=2.2 进行等速等高飞行，飞行时间为 $T_{booster}$=4.0 s；随后主发动机工作，导弹开始爬高后转入以马赫数 Ma_{ha}=2.0、高度 h_{ha}=15 km 进行高空巡航段飞行；导弹质量降到 m_{glide}=1 000 kg 后，转入降高下滑段，经过 T_{glide}=50～60 s 进入巡航高度 h_{la}=15 m 和马赫数 Ma_{la}=2.0 m 的低空巡航飞行。

导弹的舰载平台和机载平台两种发射方式的理论弹道剖面如图 6.44 所示。

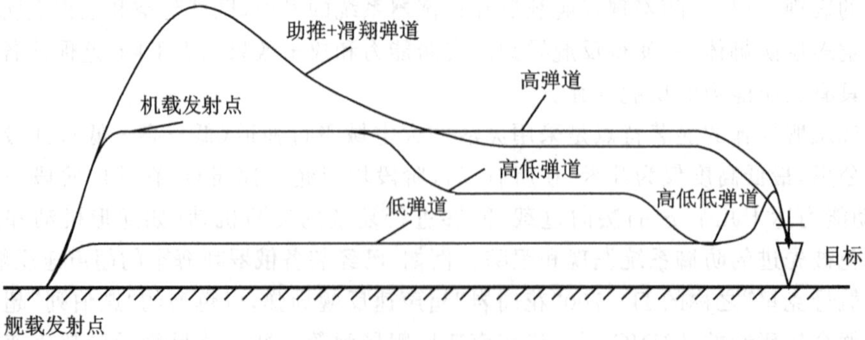

图 6.44　舰载平台和机载平台两种发射方式的理论弹道剖面图

2. 发动机模型

发动机推力为

$$T = C_T Q S_w \tag{6-115}$$

$$m_c(t) = T / I_{ST} \tag{6-116}$$

式中：C_T 为推力系数；I_{ST} 为比冲。两者分别根据导弹飞行马赫数 Ma 和余气系数 a 插值得到。$m_c(t)$为燃料的质量秒消耗量，并满足导弹质量变化规律的微分方程。在加速段和下滑段，发动机按照下列等余气系数 a 的调节规律供油，即加速段：$a=a_1$；下滑段：$a=a_2$。

在高空或低空巡航段，燃油调节器采用等马赫数的调节规律供油，则余气系数 a 的调节规律为

$$a = a_0 + k_a (Ma - Ma_{zd}) \tag{6-117}$$

式中：a_0 为平衡余气系数，在高空巡航段，$a_0 = a_h$，在低空巡航段，$a_0 = a_1$；k_a 为比例系数；Ma_{zd} 为装定的巡航马赫数。

6.6.3 超声速反舰导弹过载控制系统随机鲁棒设计

由于超声速导弹大空域、高机动飞行的特点，使得气动耦合和参数变化更加剧烈，随机的不确定性因素也变得复杂，寻求更适合于这类导弹的控制模型和鲁棒飞行控制器的设计方法成为迫切需要解决的关键任务。在此将根据系统的鲁棒稳定性和鲁棒性能设计要求，使用随机鲁棒分析与设计方法（SRAD），建立随机鲁棒代价函数，应用由蒙特卡罗估计（Monte Carlo Evaluation，MCE）和遗传算法（Genetic Algorithm）构成的随机鲁棒设计方法，设计一种实用、有效的随机鲁棒过载控制方法。

1. 随机鲁棒分析与设计方法

随机鲁棒分析与设计方法（Stochastic Robustness Analysis and Design，SRAD）通过概率 P 来量化控制器 G 的鲁棒性能的欠缺。概率 P 是对由于系统性能参数的摄动变化而导致闭环系统出现不可允许性能品质的描述，用期望的参数摄动变化空间上的一个指标函数的积分来定义：

$$P = \int_V I(H(v), G)\, pr(v) \mathrm{d}v \tag{6-118}$$

上述积分值表示了对于系统指标不满足情况的一个概率统计，该值越低则满足情况越好。这里 $H(v)$为性能指标描述函数，V 是参数摄动变化空间，$v \in V$。$pr(v)$是 v 的概率密度函数。$I(\cdot)$是多值指示函数，其函数值为 0 或 1。当系统参数摄动时，如果闭环系统的某项性能指标满足要求，则 $I(\cdot)$的值为 0；如果不满足要求，则 $I(\cdot)$的值为 1。

由上述可见，控制系统的随机鲁棒性控制分析设计方法是一种基于数理统计的方法，因此能够广泛适用于线性、非线性、时变或时不变控制系统的分析设计。

在实际工程应用背景下，式（6-118）通常难以求得解析解。本方法中采用蒙特卡罗估计进行求解，用不确定参数 v 的随机抽样试验逼近概率密度函数 $pr(v)$，即用 v_i 表示每次独立抽样试验，并按照式（6-118）在每个 v_i 处检验系统闭环特征的可接受性，即

$$I(g(v_i)) = \begin{cases} 0 & g(v_i) \in \Omega \\ 1 & g(v_i) \notin \Omega \end{cases}, \quad v_i \in Q (i = 1, 2, 3, \cdots, N) \tag{6-119}$$

也就是说，在采用蒙特卡罗估计时，在参数变化空间 Q 中重复试验 N 次，其概率估计可

表述为：$\hat{P}=\frac{1}{N}\sum_{k=1}^{N}I\left[H(v_k),G(d)\right]$，当 $N\to\infty$时，估计值 $\hat{P}$ 趋向于精确值 $\bar{P}$。

在工程设计应用中，在参数摄动变化空间内，通过多次实验统计系统稳定性和性能指标不满足要求的概率，并对系统的稳定性和性能指标设计不同的权值，综合检验系统闭环特性的不可接受度，然后对该不可接受度进行优化，使之达到最小，从而获得最优控制器。因此，基于式(6－119)建立面向于工程设计的随机鲁棒代价函数如下：

$$J(d)=\sum_{i=1}^{M}\left[w_i\hat{P}_i^2(d)\right] \tag{6-120}$$

这里 d 为设计向量，M 是系统稳定性和性能指标度量值的数量，$\hat{P}_i(d)$ 是第 i 个度量值的概率，w_i 是第 i 个度量值的权值。通常通过蒙特卡罗估计方法来确定 $\hat{P}_i(d)$，并在每个样本 v_k 处检验系统闭环特性的接受度。由于每个概率分布的度量值均有各自的权值，所以可以通过随机鲁棒代价函数 $J(d)$来对系统稳定性和性能指标间不均衡度量值进行协调。由于控制器 G 是以设计向量 d 为参数的，因此应用遗传算法可获得 $J(d)$的最小值，进而获得最优控制器 G。

2. 最优二次型(LQR)状态调节器

已知能控的线性定常系统：

$$\dot{\boldsymbol{x}}(t)=\boldsymbol{A}\boldsymbol{x}(t)+\boldsymbol{B}\boldsymbol{u}(t) \tag{6-121}$$

定义目标函数：

$$I=\frac{1}{2}\int_0^{\infty}\left[\boldsymbol{x}^{\mathrm{T}}\boldsymbol{Q}\boldsymbol{x}+\boldsymbol{u}^{\mathrm{T}}\boldsymbol{R}\boldsymbol{u}\right]\mathrm{d}t \tag{6-122}$$

欲使 I 获得最小值，此处 $\boldsymbol{u}(t)$ 不受约束，$\boldsymbol{Q}$ 和 $\boldsymbol{R}$ 都是非负定对称矩阵。则最优函数存在且唯一，并由下式确定：

$$\boldsymbol{u}(t)=-\boldsymbol{R}^{-1}\boldsymbol{B}^{\mathrm{T}}\hat{\boldsymbol{K}}\boldsymbol{x}(t) \tag{6-123}$$

此处 $\hat{\boldsymbol{K}}$ 为 $n\times n$ 阶矩阵，是黎卡提代数方程

$$-\hat{\boldsymbol{K}}\boldsymbol{A}-\boldsymbol{A}^{\mathrm{T}}\hat{\boldsymbol{K}}+\hat{\boldsymbol{K}}\boldsymbol{B}\boldsymbol{R}^{-1}\boldsymbol{B}^{\mathrm{T}}\hat{\boldsymbol{K}}-\boldsymbol{Q}=\boldsymbol{0} \tag{6-124}$$

的解，如此可确定线性系统最优二次型状态调节器：

$$\left.\begin{aligned}\boldsymbol{K}&=\boldsymbol{R}^{-1}\boldsymbol{B}^{\mathrm{T}}\hat{\boldsymbol{K}}\\ \boldsymbol{u}(t)&=-\boldsymbol{K}\boldsymbol{x}(t)\end{aligned}\right\} \tag{6-125}$$

3. 过载控制数学模型

为了提高导弹的纵向和侧向短周期运动的快速性，需要提高闭环控制系统的固有频率，随着固有频率的提高，必然会使系统的阻尼比下降，从而导致系统的振荡加剧，使得运动稳性变差；反之，如果增大系统的阻尼比，又会使固有频率下降，导致运动的快速性下降。为了解决固有频率与阻尼比不能兼顾的矛盾，通常在反馈导弹的姿态角速率信号的基础上，通过在控制律中引入气流角或者过载信号的反馈，来兼顾增大固有频率和阻尼比，以达到导弹的纵向和侧向短周期运动性能的目的。一般情况下，由于对过载的测量比对气流测量更方便，且测量的信号精度更高，因此多数采用过载信号的反馈方式。

根据所期望导弹的战术技术指标要求、气动布局和主要性能特点，考虑大空域超声速机动飞行的需要，经过对制导控制系统工程实现等方面主要因素综合分析结果的证实，建立全状态

可测量的过载控制数学模型，作为进行飞行控制规律随机鲁棒分析与设计（SRAD）的模型是一个较为适当的设计方案。

首先，依据过载向量在弹体坐标系上的投影关系，采用积分补偿消除指令响应的稳态误差方法，定义弹体轴上的法向过载 n_z 和侧向过载 n_y，与其过载指令 n_z^* 和 n_y^* 之间的关系变量分别为

$$\varepsilon = g\int_0^t [n_y(\tau) - n_y^*]\,d\tau \tag{6-126}$$

$$\xi = \int_0^t [n_z(\tau) - n_z^*]\,d\tau \tag{6-127}$$

同理，飞行高度 h 和滚动角 γ 与其指令 h^* 和 γ^* 之间的关系变量分别为

$$\eta = \int_0^t [h(\tau) - h^*]\,d\tau \tag{6-128}$$

$$\lambda = \int_0^t [\gamma(\tau) - \gamma^*]\,d\tau \tag{6-129}$$

同理，通过 n 在弹体坐标系上的投影与操纵舵之间的关系，建立以下导弹过载控制数学模型。

(1) 俯仰通道

根据导弹纵向运动特点，选取法向过载 n_z、俯仰角速度 ω_z、法向过载的误差积分 ε、飞行高度 h、飞行高度的误差积分 η 和升降舵偏转角 δ_e 为俯仰通道的运动状态向量，即 $[n_z \quad \omega_z \quad \varepsilon \quad h \quad \eta \quad \delta_e]$，选取升降舵偏转角指令 δ_{ec} 为控制输入量，由此构成以绕质心旋转为内回路，以质心升降运动为外回路的俯仰控制通道。导弹俯仰通道的数学模型为

$$\left.\begin{aligned}
\dot{n}_z &= a_{14}\omega_z - a_1 n_z + \left(a_1 a_{15} - a_2 a_{14} - \frac{a_{15}}{T_\delta}\right)\delta_e + \frac{k_\delta a_{15}}{T_\delta}\delta_{ec} \\
\dot{\omega}_z &= \frac{a_{11}}{a_{14}} n_z + a_{12}\omega_z + \left(a_{13} - \frac{a_{11}a_{15}}{a_{14}}\right)\delta_e \\
\dot{\varepsilon} &= g(n_z - n_z^*) \\
\dot{h} &= \xi = \int_0^t [n_z(\tau) - n_z^*]\,d\tau \\
\dot{\eta} &= h - h^* \\
\dot{\delta}_e &= -\frac{1}{T_\delta}\delta_e + \frac{k_\delta}{T_\delta}\delta_{ec}
\end{aligned}\right\} \tag{6-130}$$

当导弹进行定高、定速巡航飞行时，方程组(6－130)中各方程接入系统计算。

(2) 偏航通道

选取导弹的侧向过载 n_y、偏航角速度 ω_y、侧向过载的误差积分 ε 和方向舵 δ_r 为运动状态向量，即 $[n_y \quad \omega_y \quad \xi \quad \delta_r]$，以方向舵偏转角指令 δ_{rc} 为控制输入量。偏航通道数学模型为

$$\left.\begin{aligned}
\dot{n}_y &= a_3 n_y + a_{16}\omega_y + \left(a_4 a_{16} - a_3 a_{17} - \frac{a_{17}}{T_\delta}\right)\delta_r + \frac{k_\delta a_{17}}{T_\delta}\delta_{rc} \\
\dot{\omega}_y &= \frac{a_8}{a_{16}} n_y + a_9 \omega_y + \left(a_{10} - \frac{a_8 a_{17}}{a_{16}}\right)\delta_r \\
\dot{\xi} &= n_y - n_y^* \\
\dot{\delta}_r &= -\frac{1}{T_\delta}\delta_r + \frac{k_\delta}{T_\delta}\delta_{rc}
\end{aligned}\right\} \tag{6-131}$$

(3) 滚动通道

选取导弹的滚动角速度 ω_x、滚动角 γ、滚动角的误差积分 λ 和副翼偏转角 δ_a 为运动状态向量，即 $[\omega_x \quad \gamma \quad \lambda \quad \delta_a]$，以副翼偏转角指令 δ_{ac} 为控制输入量。滚动通道的数学模型为

$$\left.\begin{aligned}
\dot{\omega}_x &= a_9 \omega_x + a_7 \delta_a \\
\dot{\gamma} &= \omega_x \\
\dot{\lambda} &= \gamma - \gamma^* \\
\dot{\delta}_a &= -\frac{1}{T_\delta}\delta_a + \frac{k_\delta}{T_\delta}\delta_{ac}
\end{aligned}\right\} \tag{6-132}$$

4. 过载控制律随机鲁棒设计

(1) 导弹过载控制系统的设计要求

① 保证基于某特征设计点的飞行控制系统在指定空域($h=0\sim15\ 000$ m)内，当所有模型参数发生20%的随机变化时，能够控制导弹沿全弹道稳定且准确飞行。

② 保证导弹俯仰、偏航和滚动三个通道稳定，且其时域指标满足设计要求。

③ 考虑导弹冲压发动机正常工作以及导弹结构强度的限制要求，气流角和过载应有相应的限制要求，即 $|\alpha| \leqslant \alpha_{max}=6°$，$|\beta| \leqslant \beta_{max}=6°$，$|n_y| \leqslant n_{ymax}=10g$，$|n_z| \leqslant n_{zmax}=10g$。

④ 满足对升降舵、方向舵和副翼三个通道的最大舵偏角的限制要求，即 $|\delta_e|$ 、$|\delta_e|$ 及 $|\delta_r| \leqslant \delta_{max}=20°$。

(2) 系统不确定性参数的选择

影响超声速反舰导弹飞行性能的因素是多方面的，既有风速和海浪等飞行环境因素的影响，又有推力脉动和推力线偏斜造成推力不确定因素的影响，还有弹体不同轴度和翼/舵面安装误差等结构误差造成的影响，更有导弹的质量、转动惯量和空气动力学参数等的不确定性带来的影响。为了更好地反映上述不确定因素的影响，根据前面给出的超声速反舰导弹的过载控制数学模型，定义导弹的质量、惯量和推力以及空气动力学参数等的不确定性参数向量为 $\boldsymbol{\nu}=[\nu_1 \quad \nu_2 \quad \cdots \quad \nu_{27}]^{\mathrm{T}}$。这里，假定 $\boldsymbol{\nu}$ 的每个分量服从均值为1.0、标准方差为0.2的正态分布。各分量的具体定义如表6-2所列。

表 6-2　系统不确定性参数向量 $\boldsymbol{v}$ 的各元素关系式

关系式	关系式	关系式	关系式
$m=\nu_1 m_0$	$C_T=\nu_8 C_{T0}$	$C_{l_\beta}=\nu_{15}C_{l_\beta 0}$	$C_{mq}=\nu_{22}C_{mq0}$
$I_x=\nu_2 I_{x0}$	$I_{ST}=\nu_9 I_{ST0}$	$C_{l_p}=\nu_{16}C_{l_p 0}$	$C_{m\delta_e}=\nu_{23}C_{m\delta_e 0}$
$I_y=\nu_3 I_{y0}$	$\rho=\nu_{10}\rho_0$	$C_{\delta_a}=\nu_{17}C_{\delta_a 0}$	$C_{D_0}=\nu_{24}C_{D_0 0}$
$I_z=\nu_4 I_{z0}$	$C_{L_\alpha}=\nu_{11}C_{L_\alpha 0}$	$C_{n_\beta}=\nu_{18}C_{n_\beta 0}$	$C_{D_i}=\nu_{25}C_{D_i 0}$
$S_w=\nu_5 S_{w0}$	$C_{L_{\delta_e}}=\nu_{12}C_{L_{\delta_e}0}$	$C_{n_r}=\nu_{19}C_{n_r 0}$	$T_\delta=\nu_{26}T_{\delta 0}$
$L=\nu_6 L_0$	$C_{Y_\beta}=\nu_{13}C_{Y_\beta 0}$	$C_{n\delta_r}=\nu_{20}C_{n\delta_r 0}$	$k_\delta=\nu_{27}k_{\delta 0}$
$a=\nu_7 a_0$	$C_{Y_{\delta_r}}=\nu_{14}C_{Y_{\delta_r}0}$	$C_{ma}=\nu_{21}C_{ma0}$	

(3) 控制规律及特征设计点的选择

理想弹道的特征设计点的合理选择，对于提高鲁棒飞行控制器在全飞行包线内的控制品质具有重要的意义。遵循特征设计点的选取原则，选择导弹的理想飞行弹道剖面上的起控点($V_e=876$ m/s，$h_e=450$ m，$\alpha_e=0.015\ 8°$，$\beta_e=0.0°$)为特征设计点。

(4) 俯仰通道随机鲁棒 PID 控制律的设计

考虑到飞行控制系统与中制导及末制导系统的信号输入/输出关系的工程实现，选用 PID 控制器的结构进行飞行控制器的随机鲁棒设计。选择二次型目标函数为

$$\boldsymbol{I}_p=\frac{1}{2}\int_0^\infty(\boldsymbol{x}_p^{\mathrm{T}}\boldsymbol{Q}_p\boldsymbol{x}_p+\boldsymbol{u}_{pn}^{\mathrm{T}}\boldsymbol{R}_p\boldsymbol{u}_{pn})\,\mathrm{d}t \tag{6-133}$$

则传统的 PID 控制器结构为

$$\boldsymbol{u}_{pn}=-\boldsymbol{K}_p\boldsymbol{x}_p \tag{6-134}$$

选择随机鲁棒 PID 控制器的结构为 $\boldsymbol{u}_p=-k_{pc}\boldsymbol{K}_p\boldsymbol{x}_p$，设计向量为

$$\boldsymbol{d}_p=[Q_{p1}\quad Q_{p2}\quad Q_{p3}\quad Q_{p4}\quad Q_{p5}\quad Q_{p6}\quad R_{p1}\quad k_{pc}]^{\mathrm{T}} \tag{6-135}$$

根据反舰导弹的过载控制数学模型，定义导弹的质量、惯量和推力以及空气动力学参数等的不确定性参数向量为 $\boldsymbol{v}=[\nu_1\quad \nu_2\quad \cdots\quad \nu_{27}]^{\mathrm{T}}$，选择包含 26 个不满足设计要求概率的加权平方的随机鲁棒代价函数

$$J(\boldsymbol{d}_p)=\sum_{j=1}^{26}w_j\hat{P}_j^2 \tag{6-136}$$

根据所期望的导弹的战术技术指标要求，综合给出相关的俯仰通道稳定性和性能指标量，如表 6-3 所列。

表 6-3　俯仰通道稳定性和性能指标量

编号 i	权值 w_i	指示函数	设计要求
1	10	I_{i1}	系统稳定
2(3)	0.1(1.0)	$I_{h,Ts1}(I_{h,Ts2})$	10%调节时间小于 1 s(2 s)
4(5)	0.1(1.0)	$I_{h,R1}(I_{h,R2})$	90%上升时间小于 1 s(2 s)
6	0.1	$I_{h,\mathrm{Re}\nu}$	在 h 达到峰值之前没有逆反
7(8)	0.1(1.0)	$I_{h,D0.25}(I_{h,D0.5})$	10%延迟时间小于 0.25 s(0.5 s)
9(10)	0.1(1.0)	$I_{h,OS1}(I_{h,OS2})$	超调量小于 1%(2%)

续表 6-3

编号 i	权值 w_i	指示函数	设计要求
11(12)	0.1(1.0)	$I_{h,\delta_e 18}(I_{h,\delta_e 20})$	δ_e 的最大变化量小于 18°(20°)
13(14)	0.1(1.0)	$I_{h,n_z 8}(I_{h,n_z 10})$	过载小于 8(10)
15	10	I_{i2}	系统稳定
16(17)	0.1(1.0)	$I_{n_z,T_s 0.5}(I_{n_z,T_s 1.0})$	10%调节时间小于 0.5 s(1 s)
18(19)	0.1(1.0)	$I_{n_z,R 0.5}(I_{n_z,R 1.0})$	90%上升时间小于 0.5 s(1 s)
20	0.1	$I_{n_z,\mathrm{Re}\,\nu}$	在 n_z 达到峰值之前没有逆反
21(22)	0.1(1.0)	$I_{n_z,D 0.1}(I_{n_z,D 0.2})$	10%延迟时间小于 0.1 s(0.2 s)
23(24)	0.1(1.0)	$I_{n_z,\mathrm{OS} 1}(I_{n_z,\mathrm{OS} 2})$	超调量小于 1%(2%)
25(26)	0.1(1.0)	$I_{n_z,\delta_e 18}(I_{n_z,\delta_e 20})$	δ_e 的最大变化量小于 18°(20°)

根据随机鲁棒分析与设计(SRAD)原理，应用蒙特卡罗估计与遗传算法对随机鲁棒代价函数 $J(\boldsymbol{d}_p)$ 进行优化计算。经过仿真次数为 100、种群个体数为 30、遗传代数为 20 和响应时间为 120 s 的优化后，设计向量为相应的随机鲁棒增益

$$\boldsymbol{d}_p = [869\,996 \quad 134\,211 \quad 213\,510 \quad 129\,529 \quad 49\,767 \quad 762\,429 \quad 193\,685 \quad 0.64]^{\mathrm{T}} \tag{6-137}$$

经优化设计得到俯仰通道的随机鲁棒 PID 控制规律为

$$\delta_e = k_{n_z} n_z + k_{\omega_y}\omega_y + k_\varepsilon g\int_0^t [n_z(\tau) - n_z^*]\,\mathrm{d}\tau + k_h h + k_\eta\int_0^t [h(\tau) - h_z^*]\,\mathrm{d}\tau \tag{6-138}$$

式中：

$$k_{pc}\boldsymbol{K}_p = [k_{n_z} \quad k_{\omega_y} \quad k_\varepsilon \quad k_h \quad k_\eta \quad k_{\delta_e}]$$

$$= [-1.212\,4 \quad -8.596\,5 \quad -0.895\,2 \quad -0.926\,9 \quad -0.325\,7 \quad 39.308\,9]$$

俯仰通道的随机鲁棒控制器的结构如图 6.45 所示。

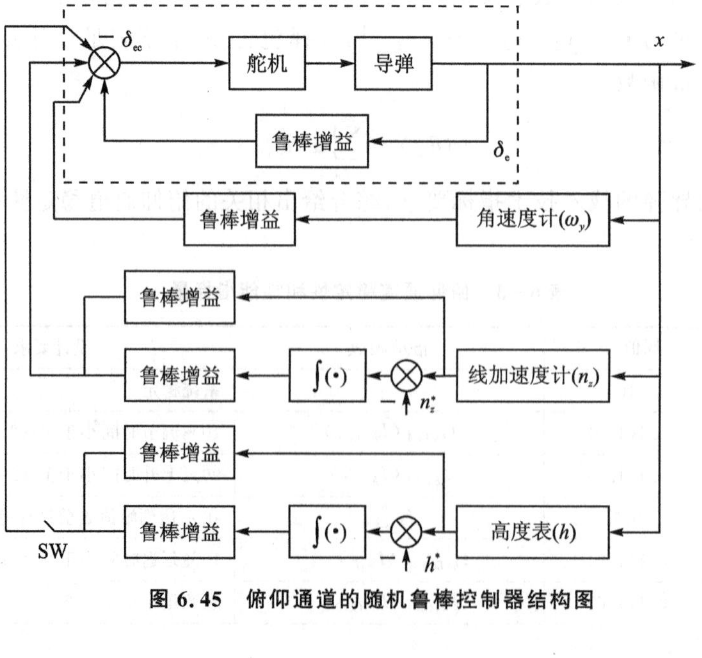

图 6.45　俯仰通道的随机鲁棒控制器结构图

(5) 俯仰通道随机鲁棒 PID 控制系统的性能分析

1) 对高度指令的阶跃响应($h^*=200$ m)

俯仰通道对高度指令阶跃响应的仿真结果如图 6.46～图 6.49 所示。

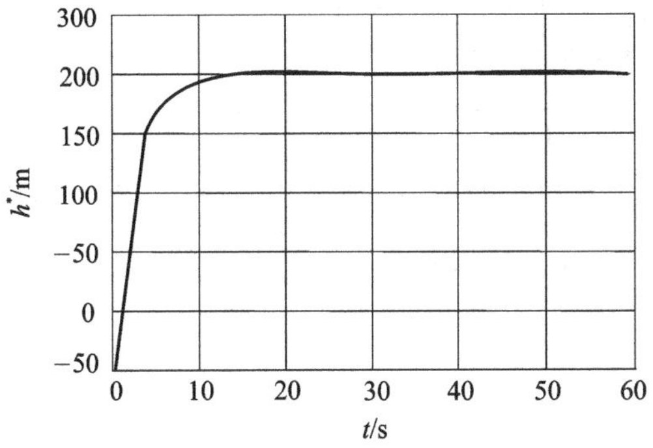

图 6.46　高度响应曲线($h^*=200$ m)

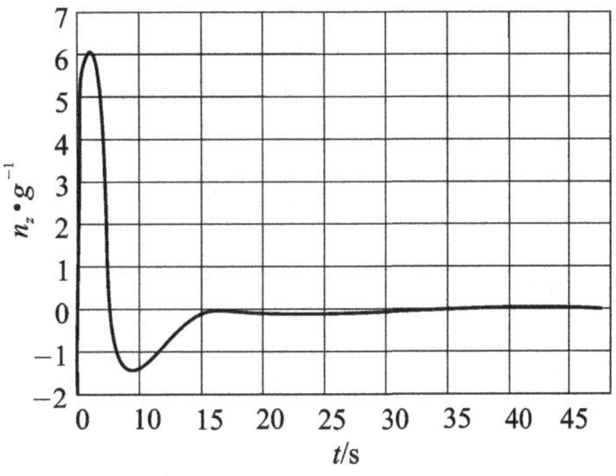

图 6.47　法向过载响应曲线($h^*=200$ m)

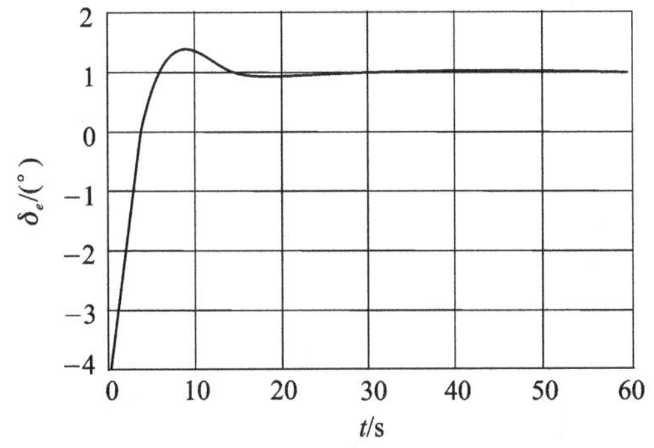

图 6.48　升降舵偏转角响应曲线($h^*=200$ m)

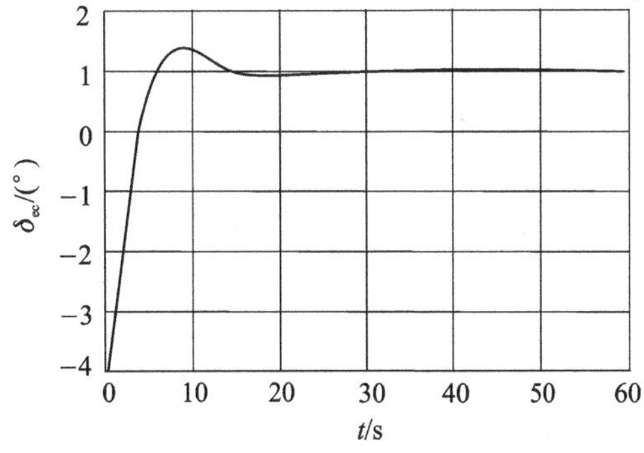

图 6.49　升降舵偏转角指令变化曲线($h^*=200$ m)

由仿真结果可见,系统对高度指令 $h^*=200$ m 的阶跃响应在 7 s 之前即可稳定,且法向过载均在设计要求范围内($|n_z|\leqslant n_{z\max}=10g$),所需要的升降舵偏转角指令也在限制范围内($|\delta_{ec}|\leqslant\delta_{ec\max}=20°$),且升降舵偏转角对控制指令的实际响应($|\delta_e|\leqslant\delta_{e\max}=20°$)满足设计要求。

2) 对最大法向过载指令的阶跃响应($n_z^*=10g$)

俯仰通道对最大法向过载指令阶跃响应的仿真结果如图 6.50～图 6.53 所示。

3) 对最大正弦法向过载指令的响应($n_z^*=10\sin(1.0t)g$)

俯仰通道对最大正弦法向过载指令响应的仿真结果如图 6.54～图 6.57 所示。

由仿真结果可见,系统对最大法向过载的阶跃响应($n_z^*=10g$)和对最大正弦法向过载指令的响应($n_z^*=10\sin(1.0t)g$)是满足设计要求的,且所需要的升降舵偏转角指令均在$|\delta_{ec}|\leqslant 8°$范围内,符合对升降舵偏转角指令的限制要求,且升降舵偏转角对控制指令的实际响应($|\delta_e|\leqslant 8°$)也满足设计要求。

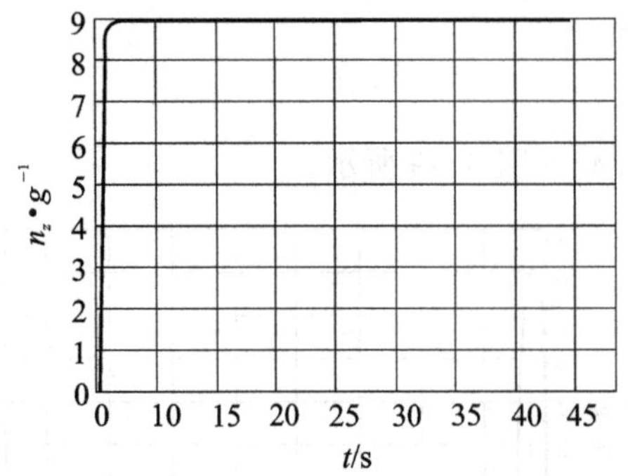

图 6.50　法向过载响应曲线($n_z^* = 10g$)

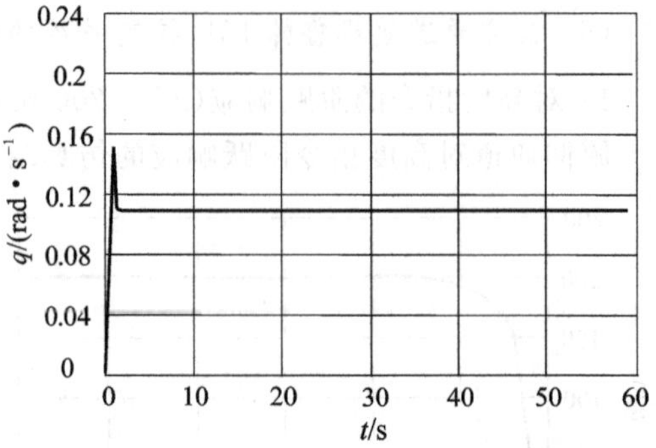

图 6.51　俯仰角速度响应曲线($n_z^* = 10g$)

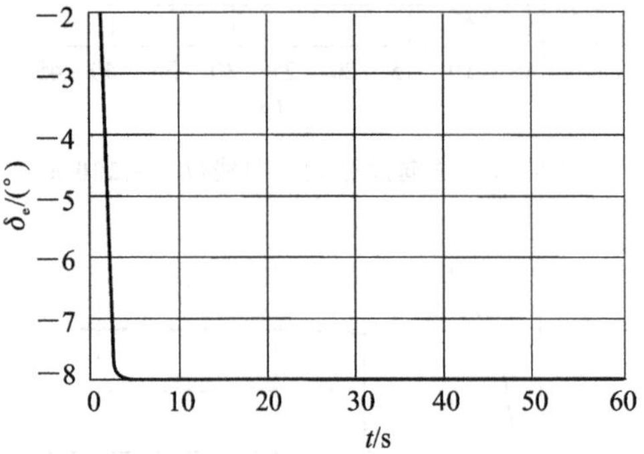

图 6.52　升降舵偏转角响应曲线($n_z^* = 10g$)

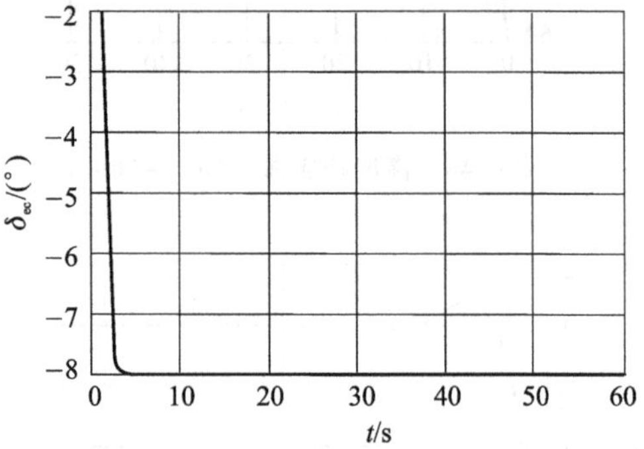

图 6.53　升降舵偏转角指令变化曲线($n_z^* = 10g$)

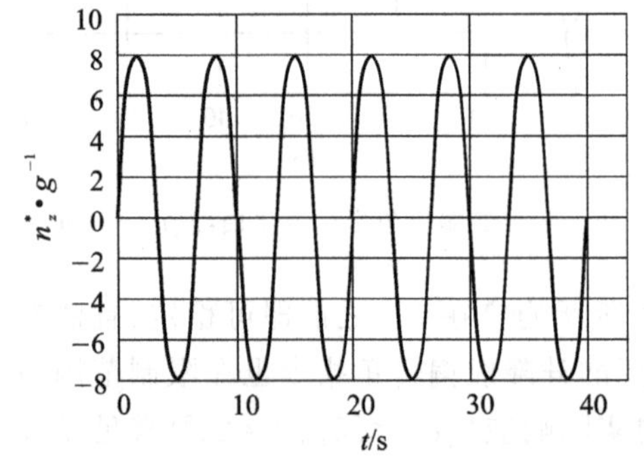

图 6.54　法向过载响应曲线($n_z^* = 10\sin(1.0t)g$)

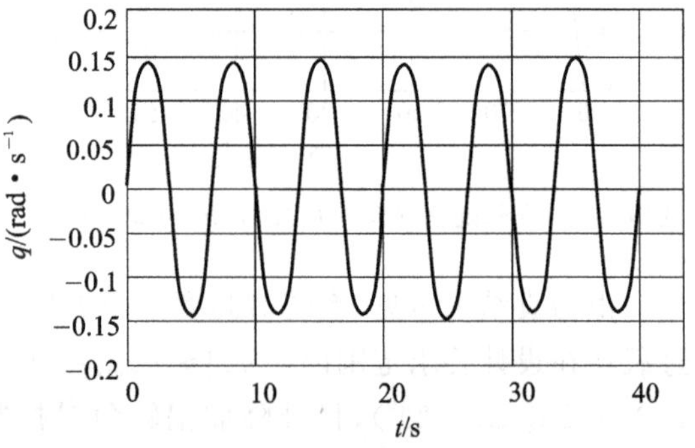

图 6.55　俯仰角速度响应曲线($n_z^* = 10\sin(1.0t)g$)

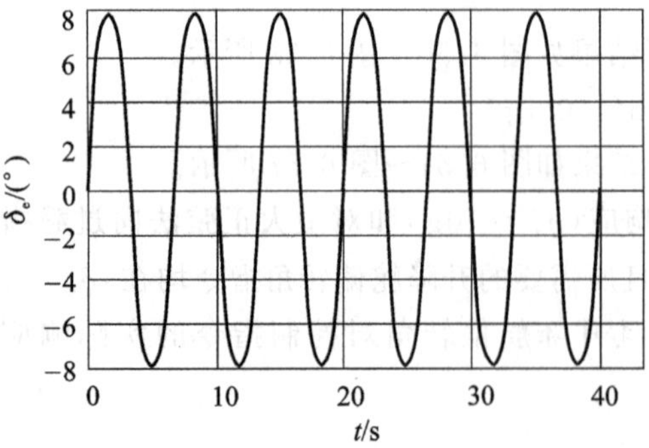

图 6.56　升降舵偏转角响应曲线
($n_z^* = 10\sin(1.0t)g$)

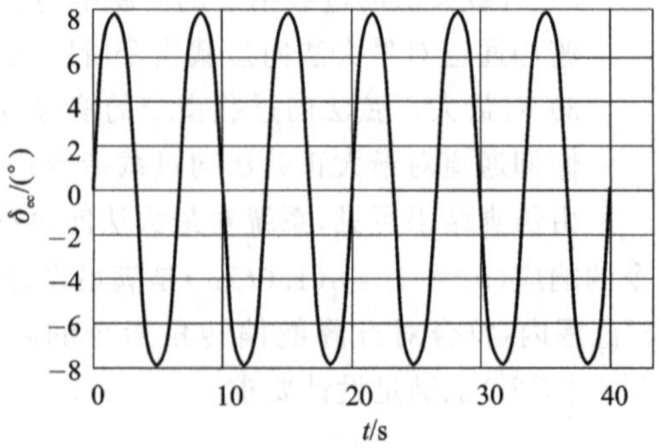

图 6.57　升降舵偏转角指令变化曲线
($n_z^* = 10\sin(1.0t)g$)

(6) 偏航通道随机鲁棒 PID 控制律的设计

选择二次型目标函数为

$$I_y=\frac{1}{2}\int_0^{\infty}(x_y^{\mathrm{T}}Q_yx_y+u_{yn}^{\mathrm{T}}R_yu_{yn})\,\mathrm{d}t \tag{6-139}$$

则传统的 PID 控制器结构为

$$u_{yn}=-K_yx_y \tag{6-140}$$

选择随机鲁棒 PID 控制器的结构为 $u_y=-k_{yc}K_yx_y$，设计向量为

$$d_y=[Q_{y1}\quad Q_{y2}\quad Q_{y3}\quad Q_{y4}\quad R_{y1}\quad k_{yc}]^{\mathrm{T}} \tag{6-141}$$

根据反舰导弹的过载控制数学模型，定义导弹的质量、转动惯量、推力以及空气动力学参数等的不确定性参数向量为 $\nu=[\nu_1\quad \nu_2\quad \cdots\quad \nu_{27}]^{\mathrm{T}}$，选择包含 12 个不满足设计要求概率的加权平方的随机鲁棒代价函数

$$J(d_{\mathrm{r}})=\sum_{j=1}^{12}w_j\hat{P}_j^2 \tag{6-142}$$

根据所期望的导弹战术技术指标要求，综合给出相关的偏航通道稳定性和性能指标量，如表 6-4 所列。

表 6-4　偏航通道稳定性和性能指标

编号 i	权值 w_i	指示函数	设计要求
1	10	I_{i2}	系统稳定
2(3)	0.1(1.0)	$I_{n_y,Ts\,0.5}(I_{n_y,Ts\,1})$	10%调节时间小于 0.5 s(1 s)
4(5)	0.1(1.0)	$I_{n_y,R\,0.5}(I_{n_y,R\,1})$	90%上升时间小于 0.5 s(1 s)
6	0.1	$I_{n_y,\mathrm{Re}\,\nu}$	在 n_y 达到峰值之前没有逆反
7(8)	0.1(1.0)	$I_{n_y,D\,0.1}(I_{n_y,D\,0.2})$	10%延迟时间小于 0.1 s(0.2 s)
9(10)	0.1(1.0)	$I_{n_y,\mathrm{OS}\,1}(I_{n_y,\mathrm{OS}\,2})$	超调量小于 1%(2%)
11(12)	0.1(1.0)	$I_{n_y,\delta_r 18}(I_{\gamma,\delta_r 20})$	δ_{r} 的最大变化量小于 18°(20°)

根据随机鲁棒分析与设计(SRAD)原理，应用蒙特卡罗估计与遗传算法对随机鲁棒代价函数 $J(d_y)$ 进行优化计算。经过仿真次数为 100、种群个体数为 30、遗传代数为 20 和响应时间为 120 s 的优化后，设计向量为

$$d_y=[30\,410\quad 251\,561\quad 848\,289\quad 559\,355\quad 942\,992\quad 1.99]^{\mathrm{T}} \tag{6-143}$$

相应的随机鲁棒增益为

$$\begin{aligned}k_{yc}K_y&=[k_{n_y}\quad k_{\omega_y}\quad k_{\zeta}\quad k_y\quad k_{\xi}\quad k_{\delta_r}]\\&=[0.277\quad -2.724\quad 1\quad 1.886\quad 8\quad 12.141\ 2]\end{aligned} \tag{6-144}$$

由此得到所设计的偏航通道随机鲁棒 PID 控制律为

$$\delta_{\mathrm{rc}}=k_{n_y}n_y+k_{\omega_y}\omega_y+k_{\xi}\int_0^t[n_y(\tau)-n_y^*]\,\mathrm{d}\tau \tag{6-145}$$

其偏航通道的随机鲁棒控制器的结构如图 6.58 所示。

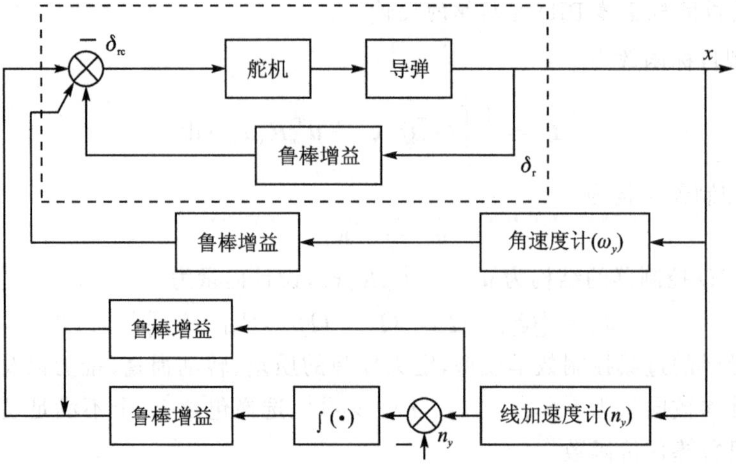

图 6.58　偏航通道的随机鲁棒控制器的结构图

(7) 偏航通道随机鲁棒 PID 控制系统的性能分析

1) 对最大侧向过载指令的阶跃响应($n_y^*=10g$)

偏航通道最大侧向过载指令阶跃响应的仿真结果如图 6.59～图 6.62 所示。

2) 对最大正弦侧向过载指令的响应($n_y^*=10\sin(1.0t)g$)

偏航通道对最大正弦侧向过载指令响应的仿真结果如图 6.63～图 6.66 所示。

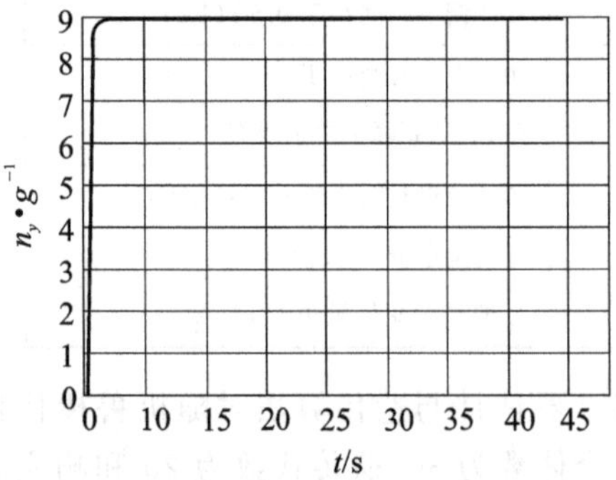

图 6.59　侧向过载响应曲线($n_y^*=10g$)

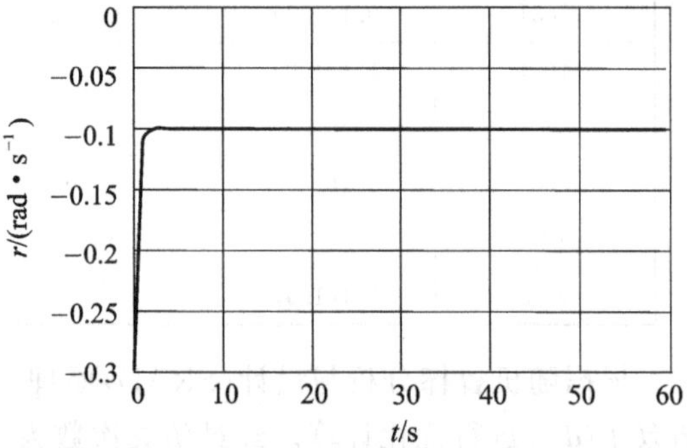

图 6.60　偏航角速度响应曲线($n_y^*=10g$)

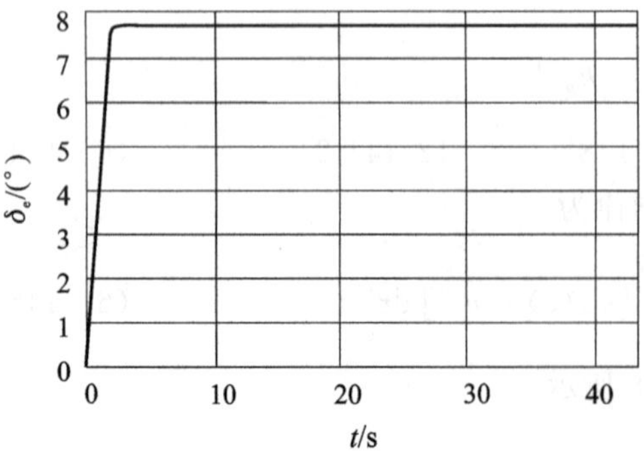

图 6.61　方向舵偏转角响应曲线($n_y^*=10g$)

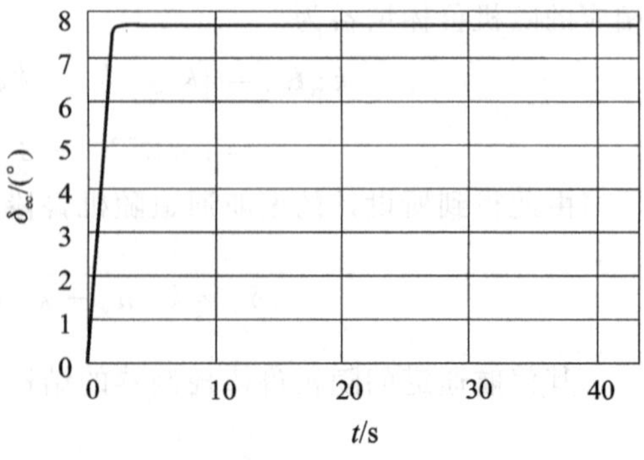

图 6.62　方向舵偏转角指令变化曲线($n_y^*=10g$)

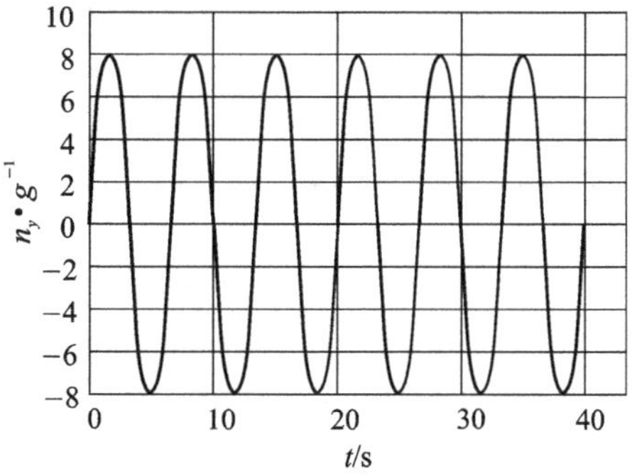

图 6.63　侧向过载响应曲线

($n_y^* = 10\sin(1.0t)g$)

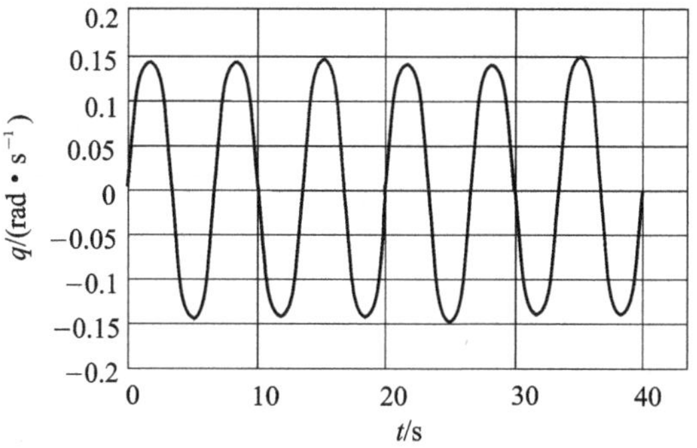

图 6.64　偏航角速度响应曲线

($n_y^* = 10\sin(1.0t)g$)

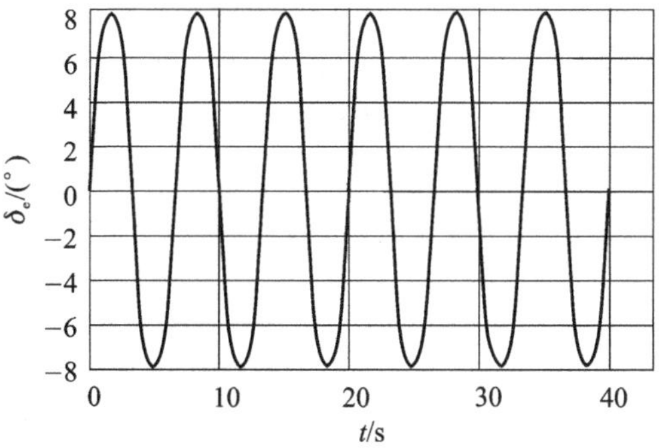

图 6.65　方向舵偏转角响应曲线

($n_y^* = 10\sin(1.0t)g$)

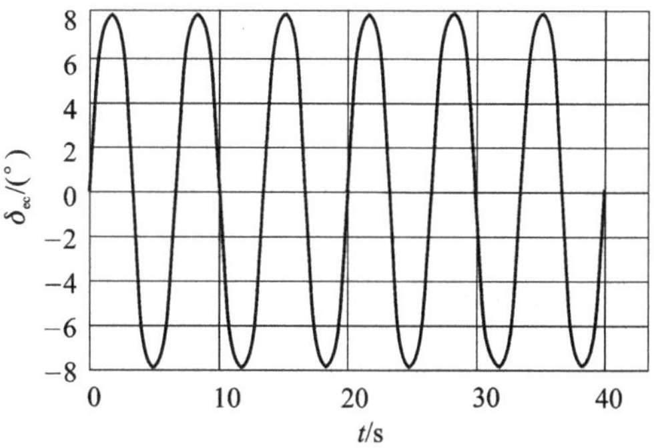

图 6.66　方向舵偏转角指令变化曲线

($n_y^* = 10\sin(1.0t)g$)

仿真结果证实，系统对最大侧向过载指令的阶跃响应($n_y^* = 10g$)和对最大正弦侧向过载指令的响应($n_y^* = 10\sin(1.0t)g$)是满足设计要求的，且所需要的方向舵偏转角指令均在$|\delta_{rc}| \leqslant 7.5°$范围内，符合对方向舵偏转角指令的限制要求，且方向舵偏转角对控制指令的实际响应满足设计要求。

(8) 滚动通道随机鲁棒 PID 控制律的设计

选择二次型目标函数为

$$\boldsymbol{I}_r = \frac{1}{2}\int_0^\infty (\boldsymbol{x}_r^T \boldsymbol{Q}_r \boldsymbol{x}_r + \boldsymbol{u}_{rn}^T \boldsymbol{R}_r \boldsymbol{u}_{rn})\,dt \tag{6-146}$$

则传统的 PID 控制器结构为

$$\boldsymbol{u}_{rn} = -\boldsymbol{K}_r \boldsymbol{x}_r \tag{6-147}$$

选择随机鲁棒 PID 控制器的结构为 $\boldsymbol{u}_r = -k_{rc}\boldsymbol{K}_r\boldsymbol{x}_r$，设计向量为

$$\boldsymbol{d}_r = [Q_{r1} \quad Q_{r2} \quad Q_{r3} \quad Q_{r4} \quad R_{r1} \quad k_{rc}]^T \tag{6-148}$$

根据反舰导弹的过载控制数学模型，定义导弹的质量、转动惯量和推力以及空气动力学参数的不确定性参数向量为 $\boldsymbol{\nu} = [\nu_1 \quad \nu_2 \quad \cdots \quad \nu_{27}]^T$，选择包含 12 个不满足设计要求概率的加权平方的随机鲁棒代价函数

$$J(\boldsymbol{d}_r) = \sum_{j=1}^{12} w_j \hat{P}_j^2 \tag{6-149}$$

根据所期望的导弹的战术技术指标要求，综合给出相关的滚动通道稳定性和性能指标量，如表 6-5 所列。

表 6-5　滚动通道稳定性和性能指标量

编号 i	权值 w_i	指示函数	设计要求
1	10	I_{i1}	系统稳定
2(3)	0.1(1.0)	$I_{\gamma,Ts\,1}$ ($I_{\gamma,Ts\,2}$)	10%调节时间小于 1 s(2 s)
4(5)	0.1(1.0)	$I_{\gamma,R\,1}$ ($I_{\gamma,R\,2}$)	90%上升时间小于 1 s(2 s)
6	0.1	$I_{\gamma,\mathrm{Re}\,\nu}$	在 γ 达到峰值之前没有逆反
7(8)	0.1(1.0)	$I_{\gamma,D\,0.25}$ ($I_{\gamma,D\,0.5}$)	10%延迟时间小于 0.25 s(0.5 s)
9(10)	0.1(1.0)	$I_{\gamma,\mathrm{OS}\,1}$ ($I_{\gamma,\mathrm{OS}\,2}$)	超调量小于 1%(2%)
11(12)	0.1(1.0)	$I_{\gamma,\delta_a 18}$ ($I_{\gamma,\delta_a 20}$)	δ_a 的最大变化量小于 18°(20°)

根据随机鲁棒分析与设计(SRAD)原理，应用蒙特卡罗估计与遗传算法对随机鲁棒代价函数 $J(\boldsymbol{d}_r)$ 进行优化计算。经过仿真次数为 100、种群个体数为 30、遗传代数为 20 和响应时间为 120 s 的优化后，设计向量为

$$\boldsymbol{d}_r=[439\,480\quad 804\,484\quad 520\,602\quad 226\,347\quad 637\,884\quad 1.32]^{\mathrm{T}} \tag{6-150}$$

相应的随机鲁棒增益为

$$k_{pc}\boldsymbol{K}_p=\begin{bmatrix}k_{n_z} & k_{\omega_y} & k_\varepsilon & k_h\end{bmatrix}=[-1.028\,7\quad -2.200\,5\quad -1.916\quad 10.487\,2] \tag{6-151}$$

由此得到所设计的滚动通道随机鲁棒 PID 控制律为

$$\delta_{ac}=k_\gamma\gamma+k_{\omega_y}\omega_y+k_\lambda\int_0^t[\gamma(\tau)-\gamma^*]\,\mathrm{d}\tau \tag{6-152}$$

其滚动通道的随机鲁棒控制器结构如图 6.67 所示。

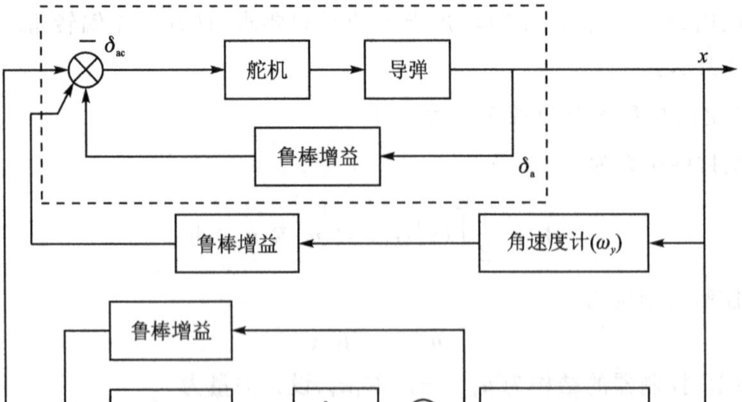

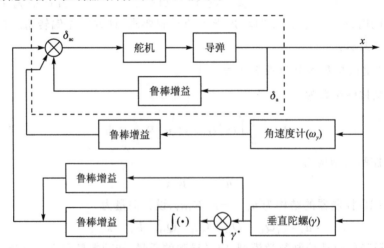

图 6.67　滚动通道的随机鲁棒控制器结构图

6.6.4　超声速反舰导弹大角度俯冲运动耦合分析

飞航式导弹末段高精度的制导控制技术是提高作战效能的关键技术之一，而针对不同类

型目标实施有效的终端打击角度和命中点的精确导引技术，又是提高导弹毁伤效果的重要手段。基于末段突防和毁伤效果的需要，现代反舰导弹在弹道终端力争实现“灌顶式”垂直俯冲打击。高品质的垂直打击控制技术，可以使末段弹道最大限度地实现超低空进入和$-90°$的俯冲打击，以充分兼顾末段突防和毁伤效果的要求。例如针对大型水面目标、桥梁、机场跑道和地下重要军事设施等目标，需要采用垂直打击技术实现钻地深层爆炸的毁伤效果，美国的战斧巡航导弹和 JASSM 联合防区外导弹系列，以及俄罗斯有“航母克星”之称的 Π－700 花岗岩超声速反舰导弹是其典型的代表。能够实施满足任意指定终端打击角度和命中点要求的高效能打击方式，是未来末段高精度导引技术发展的主要方向。这种方式对于打击那些具有特殊防护能力和外形的高军事价值目标尤其具有重要意义。无论是实现高品质的“灌顶式”垂直打击，还是任意可变角度的打击方式，都不仅涉及末段导引规律的设计，而且与飞行控制系统、中制导终点散布和导引头的性能紧密相关。

1. 由速度倾斜角引起的气动耦合分析

利用速度坐标系 $Ox_vy_vz_v$ 与弹道坐标系 $Ox_2y_2z_2$ 之间的转换关系，可得到总空气动力 R_Σ 在弹道坐标系上的各个分量

$$\left.\begin{aligned} R_{xp} &= -D \\ R_{yp} &= Z\cos\gamma_c + L\sin\gamma_c \\ R_{zp} &= Z\sin\gamma_c - L\cos\gamma_c \end{aligned}\right\} \tag{6-153}$$

式中：D 为阻力；L 为升力；Z 为侧力；γ_c 为速度倾斜角。

由弹体几何关系方程组可以得到关于速度倾斜角 γ_c 的关系式：

$$\sin\gamma_c = (\cos\alpha\sin\beta\sin\vartheta - \sin\alpha\sin\beta\cos\gamma\cos\vartheta + \cos\beta\sin\gamma\cos\vartheta)/\cos\theta \tag{6-154}$$

设 $\alpha\approx 0$，则式(6－154)可简化为

$$\sin\gamma_c = (\sin\beta\sin\vartheta + \cos\beta\sin\gamma\cos\vartheta)/\cos\theta \tag{6-155}$$

下面利用式(6－153)和式(6－155)对飞航式导弹在不同状态下的转弯情况进行分析。

(1) 俯冲前的平飞段，升力为正，$\alpha\approx 0$ 时转弯飞行的情况

若采用侧滑转弯(STT)，即 $\gamma=0$，$\gamma_c=0$，则 $R_{zp}=-L$，即弹道坐标系内的升力未产生侧向分力，导弹完全靠由侧滑角产生的侧力进行转弯，当 $\beta>0$ 时，侧力 $Z<0$，导弹向左机动(沿弹体 x 轴向前看)。

若采用倾斜转弯(BTT)，即 $\beta\approx 0$，则 $Z=0$，$R_{yp}=L\sin\gamma_c=L\sin\gamma$，导弹完全靠由滚动产生的升力分量在横侧方向上进行转弯机动。当滚动角为正时，$R_{yp}>0$，导弹向右转弯机动；反之，当滚动角为负时，$R_{yp}<0$，导弹向左转弯机动。

(2) 下滑俯冲时且 $\vartheta<0$ 的情况

在末段下滑俯冲时，导弹不宜采用倾斜转弯，因为在下滑过程中升力的方向不确定，设计俯冲倾斜转弯有一定难度，在极限情况下当升力为零时，不能进行倾斜转弯。因此，在飞航式导弹进行大角度俯冲过程中同时进行侧向转弯机动时，采用侧滑转弯较为适宜。

如图 6.68 所示，当采用侧滑转弯时，由于 $\gamma=0$，所以 $\sin\gamma_c=\sin\beta\sin\vartheta/\cos\theta$。不妨设 $\beta>0$，因为俯冲时 $\vartheta<0$，$\cos\theta>0$，所以 $\gamma_c<0$ 且 $Z\cos\gamma_c<0$。当 $|\vartheta|$ 较小时，$|\gamma_c|$ 较小，因此 $|L\sin\gamma_c|<|Z\cos\gamma_c|$，此时 $R_{yp}<0$，导弹仍能向左机动转弯；当升力 $L<0$ 时，$L\sin\gamma_c>0$，与侧力方向相反(即 $R_{yp}<0$)，也就是说，升力的分量抵消掉一部分侧力，使得转弯速度较慢(见图中 b 弹道曲线)；当升力 $L<0$ 时，$L\sin\gamma_c<0$，与侧力方向相同，使得转弯速度略快(见图

中 a 弹道曲线）。当 $|\vartheta|$ 较大时，$|\gamma_c|$ 也较大，从而使得 $|L\sin\gamma_c|>|Z\cos\gamma_c|$。当升力 $L<0$ 时，$L\sin\gamma_c>0$，此时 $R_{yp}>0$，导弹向右机动转弯，显然这与平飞时机动转弯的方向相反。此时，如果仍然采用基于平飞时推导的制导指令进行控制，必然会导致侧向脱靶量增大（见图中 c 弹道曲线）。

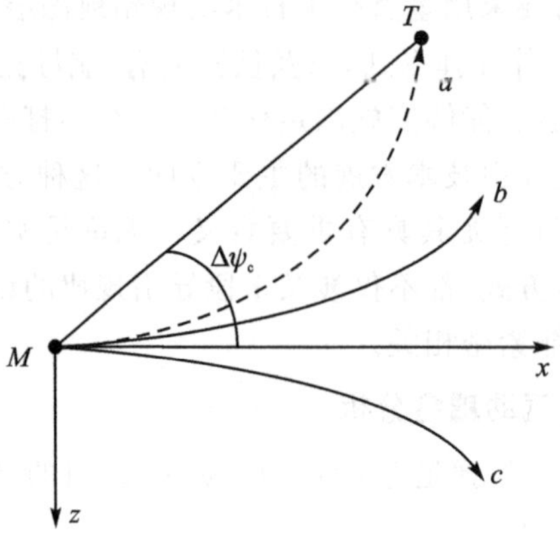

图 6.68　导弹与目标的关系示意图（俯视）

综上所述，飞航式导弹在进行大落角打击时，由速度倾斜角 γ_c 引起的纵向和侧向上的耦合，使得导弹在俯冲时在侧向上的机动能力比平飞时弱，如果仍采用基于平飞段推导的控制指令进行转弯飞行，则必然出现转弯速度慢的现象，甚至导致导弹脱靶。即使导弹在俯冲前在侧向上已经对准目标，但若在下滑过程中不进行转弯机动，且存在风等因素的干扰，也将导致脱靶。

为了抑制此项耦合带来的不利影响，应使速度倾斜角 $|\gamma_c|$ 减小。由于俯冲时 $\vartheta<0$，由式(6－138)可知，为了使 $|\gamma_c|$ 减小，需要有一定的滚动角，并且保证 β 和 γ 同号。也就是说，当导弹在进行左转弯飞行时，需要向右滚动($\gamma>0$)，此时产生侧滑角 $\beta>0$。虽然在俯冲过程中进行侧向转弯时给出了滚动角指令，但这与通常意义上的倾斜转弯是有区别的，因为在侧方向上转弯所需的力仍是由侧滑角产生的侧力，而滚动所起的作用却是为了削弱升力分量在侧方向上的耦合影响，因此滚动角也不宜过大。

下面给出当导弹攻击的终端落角为－60°且在下滑俯冲过程中侧向转弯 10 m 的条件下，在有滚动控制指令和无滚动控制指令两种情况下对末段弹道的仿真结果，如图 6.69～图 6.74 所示。图中，无滚动控制指令的情况用实线表示，有滚动控制指令的情况用虚线表示。

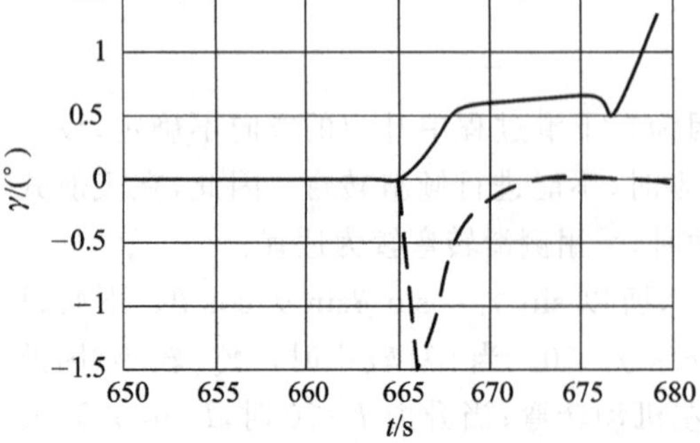

图 6.69　导弹的滚动角曲线（终端落角为－60°）

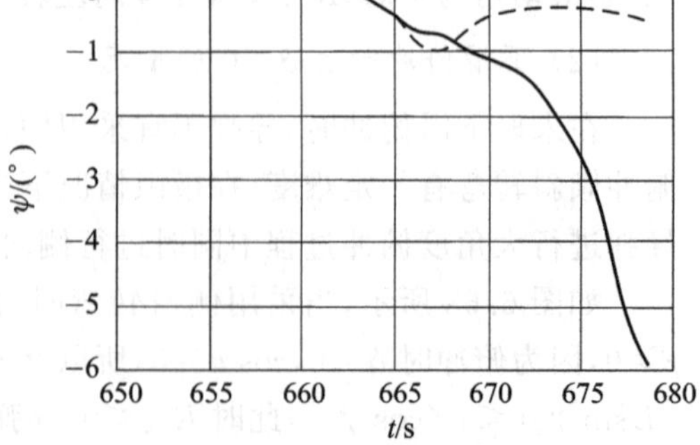

图 6.70　导弹的偏航角曲线（终端落角为－60°）

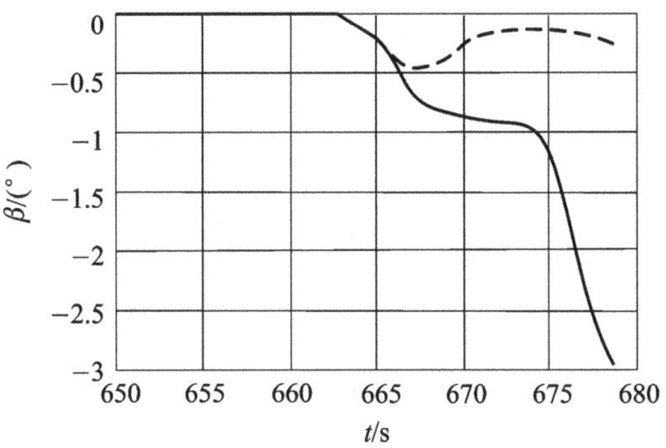

图 6.71　导弹的侧滑角曲线(终端落角为－60°)

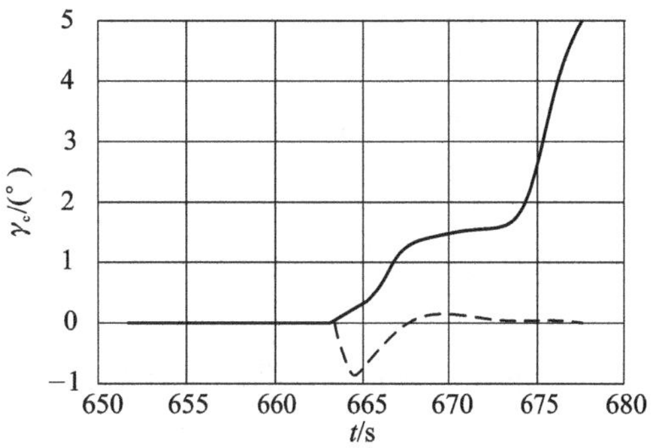

图 6.72　导弹的速度倾斜角曲线(终端落角为－60°)

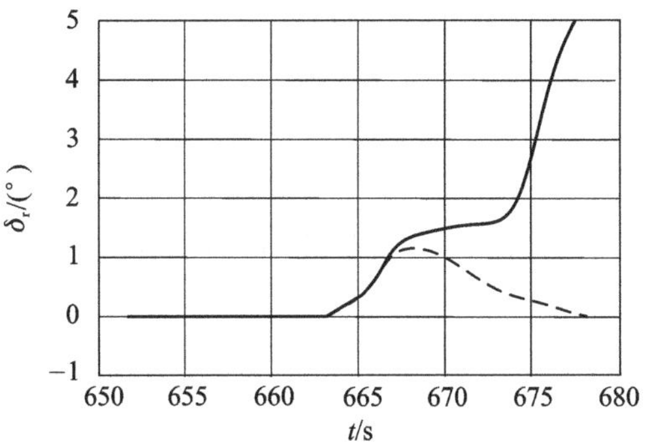

图 6.73　导弹的方向舵偏转角曲线(终端落角为－60°)

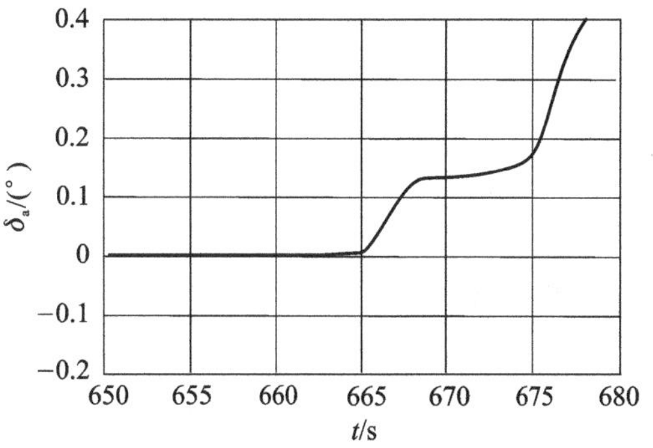

图 6.74　导弹的副翼偏转角曲线(终端落角为－60°)

由仿真结果可以看出，在两种情况下导弹均能击中目标，且脱靶量很小。但是，在无滚动指令的情况下，当导弹向右侧转弯时，由图 6.69 和图 6.72 中的实线可见 $\gamma>0$，从而使 γ_c 较大，转弯速率慢，所需过载变大，侧滑角较大(图 6.71 中实线)，使得侧向的机动能力降低。

当俯仰角较大(例如 $\vartheta=-80°$)时，若在下滑俯冲过程中仍采用滚动指令 $\gamma^*=0°$，即无滚动，则会出现很大的速度倾斜角 γ_c，使得升力在侧向上的分量大于可用过载所能提供的侧力，导致导弹向相反的侧向转弯，从而造成脱靶。

在采用了滚动控制指令的情况(例如，采用 $\gamma^*=-k_\gamma\arctan n_y^*$)下，在下滑俯冲过程中通过反向滚动控制，较好地抑制了速度倾斜角的耦合影响，减弱了纵向和侧向的耦合、偏航及滚动通道的耦合，因此所需过载小，转弯速率快。

2. 由俯仰角引起的运动学耦合分析

根据第 2 章中弹体坐标系相对于地面坐标系的转动角速度在弹体坐标系各轴上的分量的定义，滚动角速度分量 ω_x、ω_z、ω_y 与滚动角变化率 $\dot{\gamma}$、俯仰角变化率 $\dot{\vartheta}$、偏航角变化率 $\dot{\psi}$ 之间存在着相互关系，即

$$\left.\begin{aligned}\omega_x&=\dot{\gamma}+\dot{\psi}\sin\vartheta\\\omega_y&=\dot{\psi}\sin\vartheta\cos\gamma+\dot{\vartheta}\sin\gamma\\\omega_z&=\dot{\vartheta}\cos\gamma-\dot{\psi}\cos\vartheta\sin\gamma\end{aligned}\right\}\tag{6-156}$$

而导弹绕质心运动的动力学方程组为

$$\left.\begin{aligned}
&J_x\frac{d\omega_x}{dt}-(J_y-J_z)\omega_y\omega_z=M_x^{\beta}\beta+M_x^{\delta_x}\delta_x+M_x^{\delta_y}\delta_y+M_x^{\omega_x}\omega_x+M_x^{\omega_y}\omega_y\\
&J_y\frac{d\omega_y}{dt}-(J_x-J_z)\omega_x\omega_z=M_y^{\beta}\beta+M_y^{\delta_y}\delta_y+M_y^{\dot{\delta}_y}\dot{\delta}_y+M_y^{\dot{\beta}}\dot{\beta}+M_y^{\omega_y}\omega_y+M_y^{\omega_x}\omega_x\\
&J_z\frac{d\omega_z}{dt}-(J_x-J_y)\omega_x\omega_y=M_z^{\alpha}\alpha+M_z^{\delta_z}\delta_z+M_z^{\dot{\delta}_z}\dot{\delta}_z+M_y^{\dot{\alpha}}\dot{\alpha}+M_z^{\omega_z}\omega_z+M_y^{\omega_x}\omega_x
\end{aligned}\right\}\tag{6-157}$$

考虑到飞航式导弹纵向面对称布局的特点，对以上两个方程组进行线性化，有

$$\left.\begin{aligned}
&\dot{\vartheta}=a_1\omega_z+a_2\omega_y+a_3\gamma\\
&\dot{\psi}=a_4\omega_z+a_5\omega_y+a_6\gamma+a_7\vartheta\\
&\dot{\gamma}=a_8\omega_x+a_9\omega_z+a_{10}\omega_y+a_{11}\gamma+a_{12}\vartheta\\
&\dot{\omega}_x=a_{13}\omega_z+a_{14}\omega_y+a_{15}\delta_y+a_{16}\delta_x\\
&\dot{\omega}_z=a_{17}\omega_z+a_{18}\delta_z\\
&\dot{\omega}_z=a_{19}\omega_x+a_{20}\omega_y+a_{21}\delta_y+a_{22}\delta_x
\end{aligned}\right\}\tag{6-158}$$

取 $\boldsymbol{x}=[\vartheta\quad\psi\quad\gamma\quad\omega_x\quad\omega_z\quad\omega_y]^{\mathrm{T}}$，$\boldsymbol{u}=[\delta_x\quad\delta_y\quad\delta_z]^{\mathrm{T}}$，则可将上述线性化后的方程组写成状态方程形式

$$\dot{\boldsymbol{x}}=\boldsymbol{A}\boldsymbol{x}+\boldsymbol{B}\boldsymbol{u}\tag{6-159}$$

式中

$$\boldsymbol{A}=\begin{bmatrix}0&0&a_3&0&a_1&a_2\\a_7&0&a_6&0&a_4&a_5\\a_{12}&0&a_{11}&a_8&a_9&a_{10}\\0&0&0&a_{13}&0&a_{14}\\0&0&0&0&a_{17}&0\\0&0&0&a_{19}&0&a_{20}\end{bmatrix},\quad \boldsymbol{B}=\begin{bmatrix}0&0&0\\0&0&0\\0&0&0\\a_{15}&a_{16}&0\\0&0&a_{18}\\a_{21}&a_{20}&0\end{bmatrix}\tag{6-160}$$

对应状态方程(6－159)的传递函数为

$$\boldsymbol{G}(s)=\begin{bmatrix}\dfrac{\Delta_8}{\Delta_2\Delta_3}&\dfrac{a_3a_{16}(s-a_{20})}{\Delta_2\Delta_3}&\dfrac{a_{18}(a_1s+a_3a_9-a_1a_{11})}{\Delta_2\Delta_3}\\[2ex]
\dfrac{\Delta_4}{s\Delta_2\Delta_3}&\dfrac{\Delta_5}{s\Delta_2\Delta_3}&\dfrac{\Delta_6}{s\Delta_2\Delta_3}\\[2ex]
\dfrac{\Delta_7}{\Delta_2\Delta_3}&\dfrac{a_{16}s(s-a_{20})}{\Delta_2\Delta_3}&\dfrac{a_{18}(a_9s+a_1a_{12})}{\Delta_2\Delta_3}\\[2ex]
0&\dfrac{a_{16}}{s-a_{13}}&0\\[2ex]
0&0&\dfrac{a_{18}}{s-a_{17}}\\[2ex]
\dfrac{a_{21}}{s-a_{20}}&0&0\end{bmatrix}\tag{6-161}$$

当 $\gamma\neq0$ 时，传递函数 $\boldsymbol{G}(s)$ 的增益矩阵 $\boldsymbol{K}$ 为

$$
\boldsymbol{K}=\begin{bmatrix} a_2 a_{21} & a_3 a_{16} & a_{18} a_1 \\ a_5 a_{21} & a_6 a_{16} & a_{18} a_4 \\ a_{10} a_{21} & a_{16} & a_{18} a_9 \\ 0 & a_{16} & 0 \\ 0 & 0 & a_{18} \\ a_{21} & 0 & 0 \end{bmatrix}=\begin{bmatrix} a_{21}\sin\gamma & a_{16}\dot{\psi}\cos\vartheta & a_{18}\cos\gamma \\ a_{21}\dfrac{\cos\gamma}{\cos\vartheta} & -a_{16}\dfrac{\dot{\vartheta}}{\cos\vartheta} & -a_{18}\dfrac{\sin\gamma}{\cos\vartheta} \\ -a_{21}\tan\vartheta\cos\gamma & a_{16} & a_{18}\tan\vartheta\sin\gamma \\ 0 & a_{16} & 0 \\ 0 & 0 & a_{18} \\ a_{21} & 0 & 0 \end{bmatrix} \tag{6-162}
$$

若只进行水平无侧滑飞行，$\vartheta\approx 0$，$\gamma=0$，则增益矩阵 $\boldsymbol{K}$ 可简化为

$$
\boldsymbol{K}=\begin{bmatrix} 0 & 0 & a_{18} \\ a_{21} & 0 & 0 \\ 0 & a_{16} & 0 \\ 0 & a_{16} & 0 \\ 0 & 0 & a_{18} \\ a_{21} & 0 & 0 \end{bmatrix} \tag{6-163}
$$

由式(6-163)可以看出，在平飞段，俯仰、偏航和滚动这三个通道是完全解耦的。如果 $\vartheta\neq 0$，则由式(6-162)可见，导弹的俯仰、偏航和滚动这三个通道之间是耦合的；当 $|\vartheta|$ 较大时，俯仰、偏航和滚动这三个通道之间的耦合更为严重。由式(6-162)可以得出下列结论：

① 在滚动角绝对值不大的情况下，侧向的舵面操纵对俯仰姿态的影响不大，即副翼偏转角 δ_a、方向舵偏转角 δ_r 和升降舵偏转角 δ_e 的偏转对俯仰角 ϑ 的影响很小，可以近似为零。

② 升降舵偏转角 δ_e 的偏转对滚动角 γ 和偏航角 ψ 的影响与 γ 的大小有关。滚动角绝对值 $|\gamma|$ 越大，纵向的舵面操纵对侧向通道姿态角的影响就越大。因此，在下滑俯冲过程中不宜采用较大的倾斜滚动姿态。

③ 在俯仰角绝对值较大的情况下，偏航通道和滚动通道之间存在着严重的气动耦合关系，偏航角 ψ 和滚动角 γ 的运动受副翼偏转角 δ_a、方向舵偏转角 δ_r 和升降舵偏转角 δ_e 的共同作用，尤其在滚动通道上，滚动角 γ 对方向舵偏转角 δ_r 的增益 $\boldsymbol{K}$ 的影响显著增大。

由上述分析可以看出，侧向的舵面操纵对俯仰姿态的影响不大，偏航通道和滚动通道之间存在的严重气动耦合对滚动通道的影响较大，其受影响的程度与俯仰角和滚动角的大小有关。

下面给出当导弹的攻击终端落角为 $-86°$ 时，在忽略和考虑由俯仰角引起的运动学耦合的两种情况下对末段弹道的仿真结果，如图 6.75～图 6.80 所示。图中，忽略了耦合的情况用虚线表示，考虑了耦合的情况用实线表示。

由图 6.75～图 6.80 的仿真结果可以看出，由俯仰角引起的运动学耦合的影响不大，只是在终端大落角约束的情况下，当出现滚动角速度 $\omega_x>0$ 时，滚动角速率 $\dot{\gamma}<0$，当偏航角速度 $\omega_y>0$ 时，偏航角速率 $\dot{\psi}<0$，这是因为在俯仰角 ϑ 较大时，偏航角 ψ 和滚动角 γ 受副翼偏转角 δ_a、方向舵偏转角 δ_r 和升降舵偏转角 δ_e 的共同作用。与由速度倾斜角 γ_c 引起的动力学耦合相比，运动学耦合的影响较小，不会对脱靶量造成大的影响。

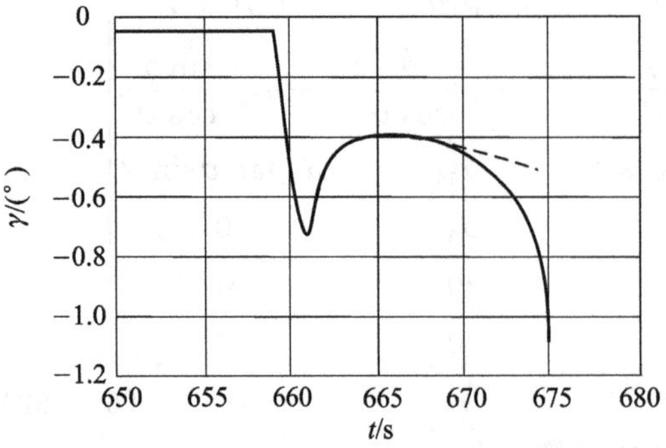

图 6.75　导弹的滚动角曲线(终端落角为−86°)

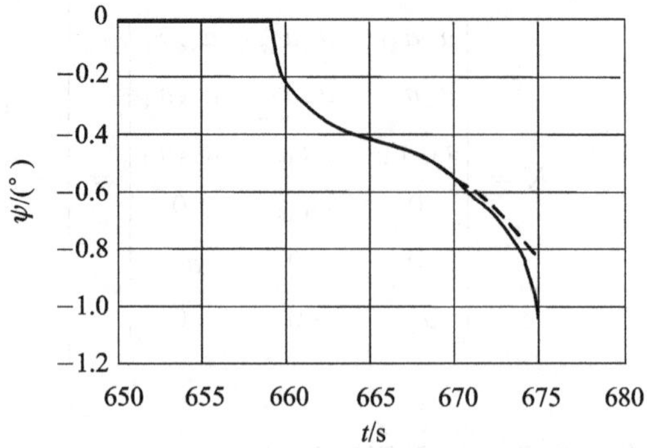

图 6.76　导弹的偏航角曲线(终端落角为−86°)

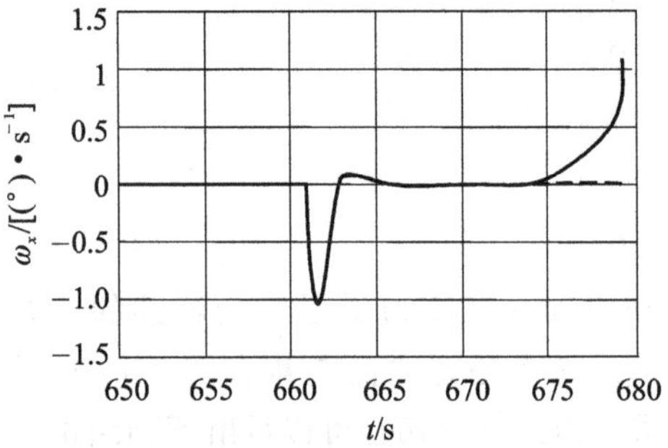

图 6.77　导弹的滚动角速度曲线(终端落角为−86°)

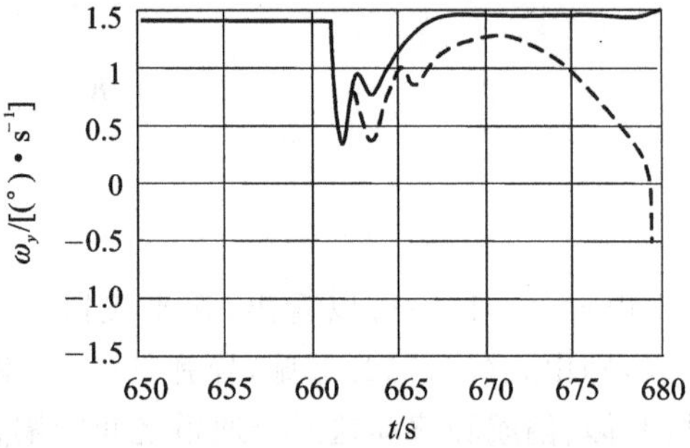

图 6.78　导弹的偏航角速度曲线（终端落角为−86°)

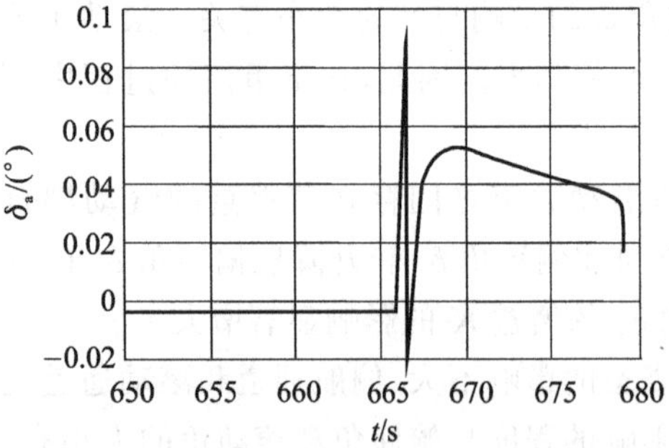

图 6.79　导弹的副翼偏转角曲线(终端落角为−86°)

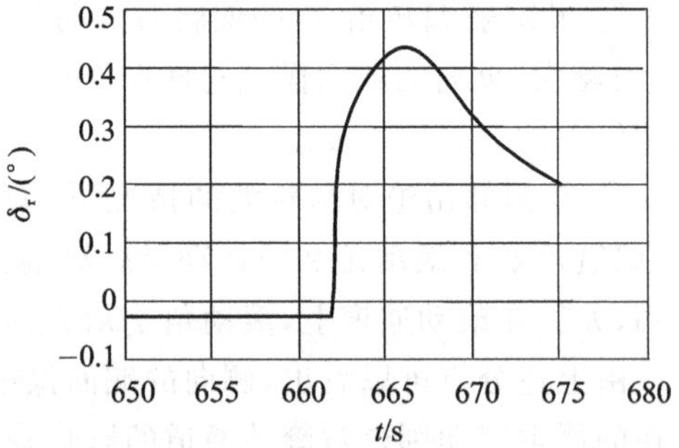

图 6.80　导弹的方向舵偏转角曲线(终端落角为−86°)

思考题

1. 试述飞航式导弹控制系统的主要设计特点及其基本控制回路的组成。
2. 试说明高度控制回路中采用 PID 控制规律的主要原因。
3. 试述纵向控制系统中俯仰姿态稳定回路的作用。
4. 分析姿态角稳定控制回路中角度静差的形成原因及消除原理。
5. 试述 STT 与 BTT 转弯控制方法的主要特点及区别。

第7章 防空(空空)导弹稳定控制系统分析与设计

防空(空空)导弹属于多变量、交叉耦合的非线性时变控制对象,其动力学特性随导弹的飞行速度、高度、质心和压力中心等多种因素的变化而变化。由于其大空域、大机动的飞行特点,所以导弹的动力学参数的变化范围可达几十倍到上百倍;由于导弹用于拦截空中高速机动目标,其动力学参数变化较快且无法预知,所以造成了制导控制系统设计的特殊性。

防空(空空)导弹稳定控制系统的主要功能是在导弹的作战空域中,存在干扰力、干扰力矩、弹体弹性振动及模型不确定等情况下,约束导弹的运动参数,按照制导控制指令和姿态控制指令,进行导弹过载和姿态的稳定控制,并对导弹进行倾斜或滚动稳定控制。

7.1 防空(空空)导弹控制方式

为完成防空(空空)导弹空间的运动控制,原理上可以通过导弹的俯仰、偏航和滚动三个通道的姿态控制,实现对导弹质心运动的控制。如果以控制通道的选择作为分类原则,控制方式可分为三类,即单通道控制方式、双通道控制方式和三通道控制方式。

7.1.1 单通道控制方式

导弹以较大角速度绕纵轴自旋的情况下,可用一个控制通道控制导弹的空间运动,称这种控制方式为单通道控制方式。单通道控制方式的优点是弹上设备较少,结构简单,重量轻,可靠性高。但由于导弹自旋,因此将产生由陀螺力矩引起的旋转惯性交联项,使导弹在相互垂直的两个平面内的运动存在耦合;此外,为了能用一对舵面将导弹正确导向目标,必须把导弹与目标间的偏差信号调制成以导弹自旋频率为角频率的交变信号,这样所产生的等效控制力仅为瞬时控制力的60%～70%,控制效率较低,所以做大机动飞行的导弹不宜采用单通道控制。

7.1.2 双通道控制方式

通常制导控制系统对防空(空空)导弹实施横向机动控制,可将其分解在相互垂直的俯仰和偏航两个通道内进行,对于滚动通道仅进行稳定而不控制,称这种控制方式为双通道控制方式。

对于双通道控制的防空导弹,若弹体为轴对称气动外形,则导弹的滚动运动和偏航运动可分开建立模型。例如,可将导弹在空中的运动分解在俯仰、偏航和滚动三个通道中进行描述,且稳定控制系统设计中俯仰、偏航两个通道可取相同的设计参数,以大大简化设计工作量;在建立姿态基准的条件下,由测量坐标系得到控制信号,仅对俯仰、偏航两个通道进行控制。

双通道控制方式制导控制系统组成及原理如图7.1所示。

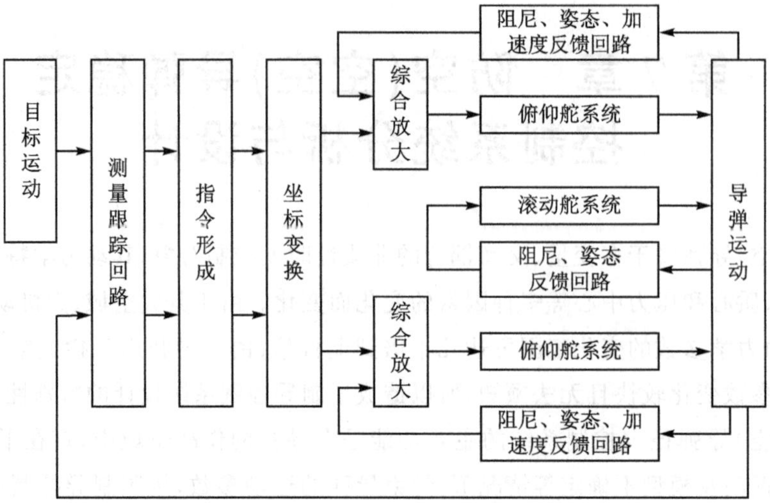

图 7.1　双通道控制方式制导控制系统组成及原理

7.1.3　三通道控制方式

制导控制系统对防空(空空)导弹实施控制时,对俯仰、偏航和滚动三个通道均进行控制。这种控制方式称为三通道控制方式。由于不同的制导控制系统采用三通道控制的目的不同,所以三通道的功能亦不相同。

采用三通道控制时,一般情况下会出现弹体以较大速率绕纵轴滚动某一角度,造成三通道之间的气动、运动、惯性及控制作用出现较强耦合。因此在稳定控制系统设计时采用多通道解耦控制算法,并通过控制回路结构与参数选择等方法,尽可能降低通道间的耦合作用。三通道控制方式制导控制系统组成及原理如图 7.2 所示。

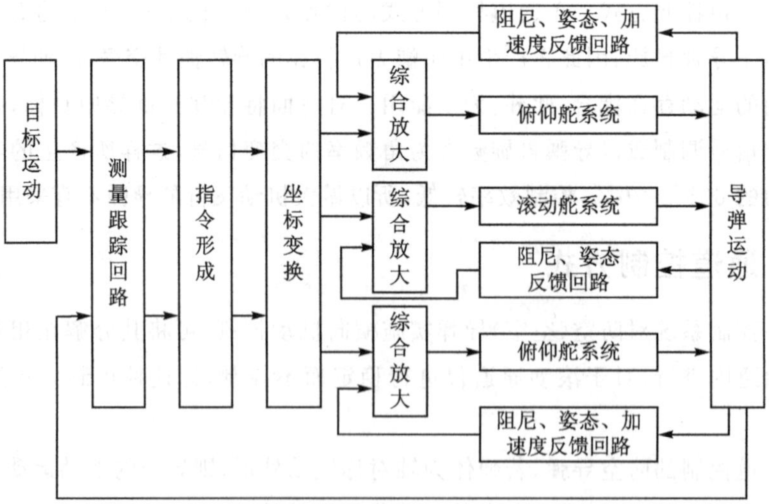

图 7.2　三通道控制方式制导控制系统组成及原理

7.2　防空(空空)导弹侧向稳定控制回路分析与设计

一般情况下,对于"十"字形气动布局的防空(空空)导弹,稳定控制系统由三个独立的回路组成,即偏航回路、俯仰回路和滚动回路,通常把偏航回路与俯仰回路称为侧向稳定控制回路。对于"×"形气动布局的导弹来说,没有偏航与俯仰回路之分,因为无论是导弹的偏航运动还是俯仰运动,都是由两个相同回路(通常称为Ⅰ回路和Ⅱ回路)的合成控制实现。因此,习惯上将Ⅰ回路和Ⅱ回路也称为侧向稳定控制回路。典型的侧向稳定控制回路包括过载回路和阻尼回路。其中阻尼回路为内回路,主要用于改善弹体动态特性;过载回路为外回路,用于稳定指令到过载的传递系数及改善系统的控制特性。典型侧向稳定控制回路的原理结构如图 7.3 所示。

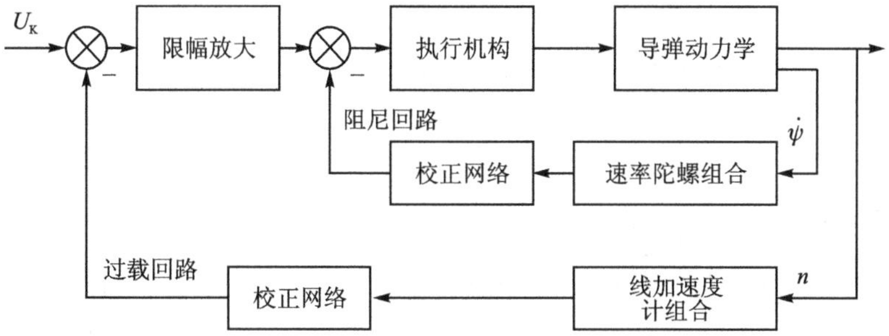

图 7.3　防空导弹侧向稳定控制回路原理结构图

7.2.1　侧向稳定控制回路的组成及设计要求

制导系统对自动驾驶仪侧向稳定控制回路的要求简述如下:

① 回路应具有足够的稳定裕度;

② 当最大指令和最大干扰(用等效舵偏角表示)同时出现时,侧向运动角速度应小于要求值;

③ 从控制指令 u_c 到侧向过载 n 的闭环传递系数 $K_{u_c}^n$ 应满足要求值,并在导弹飞行的整个空域内尽量保持不变;

④ 系统的调整时间(通常指过载的调整时间)应小于要求值;

⑤ 回路应保证零位舵偏小于要求值;

⑥ 应具有抑制弹性振动的能力,以防止弹体遭到破坏或失去控制;

⑦ 当制导雷达的波束很窄或当导弹超低空(掠海或掠地)飞行时,要求侧向过载的动态过程无超调或尽可能小,以防止导弹触水或触地;

⑧ 在最大指令及最大干扰同时出现时,导弹侧向过载不得大于给定值。

7.2.2　阻尼回路分析与设计

1. 阻尼回路的功能及作用

从图 7.3 中可以看出,侧向稳定控制回路是一个多回路系统,阻尼回路在控制回路中是内回路,主要用于改善弹体的动态特性。阻尼回路的功能主要体现在以下两个方面。

(1) 改善弹体阻尼特性

通常,侧向稳定控制回路的频带比阻尼回路的频带窄得多,这就有条件把两个回路分开设计。首先把弹体看作理想的刚体进行设计,然后再考虑弹性振动的抑制,为方便起见,将弹体俯仰运动(以下的讨论均以俯仰回路为例)的传递函数 $G_\delta^{\dot{\vartheta}}(s)$ 和 $G_\delta^{n}(s)$ 重写于下:

$$\left.\begin{aligned} G_\delta^{\dot{\vartheta}}(s) &= \frac{K_D(T_{qD}s+1)}{T_D^2 s^2 + 2\xi_D T_D s + 1} \\ G_\delta^{n}(s) &= \frac{K_D V}{(T_D^2 s^2 + 2\xi_D T_D s + 1)57.3g} \end{aligned}\right\} \tag{7-1}$$

将系统中的阻尼回路分离出来,如图 7.4(a)所示。进一步简化后,阻尼回路的结构如图 7.4(b)所示。

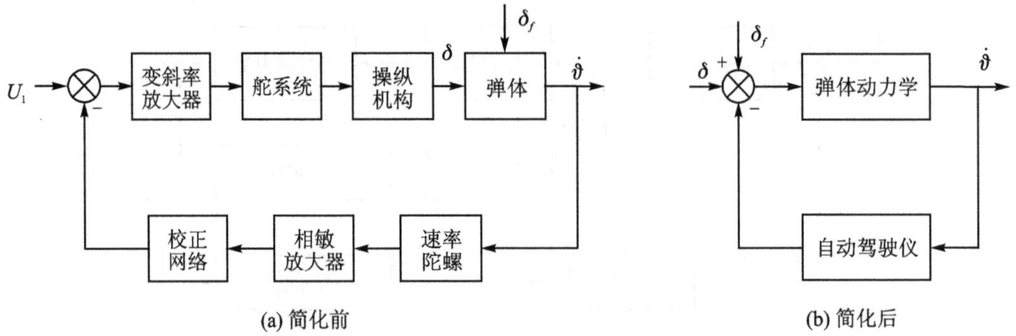

图 7.4 阻尼回路结构图

弹体动力学传递函数为 $G_\delta^{\dot{\vartheta}}(s)$,自动驾驶仪用其传递系数 $K_{\dot{\vartheta}}^{\delta}$ 表示,则回路的闭环传递函数为

$$G_\delta^{\dot{\vartheta}}(s) = \frac{\dfrac{K_D}{1+K_{\dot{\vartheta}}^{\delta}K_D}(T_{qD}s+1)}{\dfrac{T_D^2}{1+K_{\dot{\vartheta}}^{\delta}K_D}s^2 + \dfrac{2\xi_D T_D + K_{\dot{\vartheta}}^{\delta}K_D K_{qD}}{1+K_{\dot{\vartheta}}^{\delta}K_D}s + 1} \tag{7-2}$$

上式可以写为

$$G_\delta^{\dot{\vartheta}}(s) = \frac{\overline{K}_D(T_{qD}s+1)}{\overline{T}_D^2 s^2 + 2\overline{\xi}_D \overline{T}_D s + 1} \tag{7-3}$$

式中:$\overline{K}_D = \dfrac{K_D}{1+K_{\dot{\vartheta}}^{\delta}K_D}$,$\overline{T}_D = \dfrac{T_D}{\sqrt{1+K_{\dot{\vartheta}}^{\delta}K_D}}$,$\overline{\xi}_D = \dfrac{\xi_D + K_{\dot{\vartheta}}^{\delta}K_D T_{qD}/(2T_D)}{\sqrt{1+K_{\dot{\vartheta}}^{\delta}K_D}}$,分别代表经阻尼回路补偿后弹体俯仰运动传递系数、时间常数和相对阻尼比。可以看出,当 $K_{\dot{\vartheta}}^{\delta}K_D \ll 1$ 时有 $\overline{K}_D \approx K_D$、$\overline{T}_D \approx T_D$,即阻尼回路的引入对弹体俯仰运动传递系数及时间常数的影响不大。其作用主要体现在对相对阻尼比的影响:

$$\overline{\xi}_D \approx \xi_D + \frac{K_{\dot{\vartheta}}^{\delta}K_D T_{qD}}{2T_D} \tag{7-4}$$

由上式可知,由于引入阻尼回路,使补偿后弹体阻尼系数增加,且随 $K_{\dot{\vartheta}}^{\delta}$ 的增大而增大。

因此阻尼回路的一个主要功能为改善弹体侧向运动阻尼特性。

(2) 对静不稳定导弹进行稳定

由于导弹设计过程中对机动性的追求,允许导弹为中立稳定,甚至是静不稳定的,此时导弹在飞行中的稳定性主要靠自动驾驶仪保证。为了改善弹体的阻尼特性,引入由俯仰角速度 $\dot{\vartheta}$ 构成的负反馈,只要适当地选择由弹体姿态角速度 ω_z 到舵偏角的反馈增益 $K_{\omega_z}^{\delta}$,不仅使静稳定导弹的阻尼特性得到改善,而且还能使静不稳定导弹得到稳定。

由导弹纵向力矩平衡方程 $m_z^{\delta}\delta_f + m_z^{\alpha}\alpha + m_z^{\bar{\omega}_z}\omega_z = 0$ 可知,对于静稳定导弹而言,当外界出现干扰力矩 $m_z^{\delta}\delta_f$ 时,导弹产生迎角引起的俯仰安定力矩 $m_z^{\alpha}\alpha$ 与干扰力矩方向相反,因此,它起着稳定力矩的作用,此时的迎角为

$$\alpha = -\frac{m_z^{\delta}\delta_f + m_z^{\bar{\omega}_z}\omega_z}{m_z^{\alpha}} \approx -\frac{m_z^{\delta}}{m_z^{\alpha}}\delta_f \tag{7-5}$$

对静不稳定导弹来说,由于其质心在压心之后,当外界出现干扰力矩时,由迎角 α 引起静不稳定力矩 $m_z^{\alpha}\alpha$ 的方向与干扰力矩 $m_z^{\delta}\delta_f$ 的方向相同,加剧了干扰作用的影响,且通常弹体的阻尼力矩很小,所以将无法保持纵向力矩平衡,则弹体失控。如果能够生成一稳定力矩,使其不仅能够抵消已出现的干扰力矩,而且还可以克服新产生的静不稳定力矩,那么弹体将重新获得平衡。

自动驾驶仪阻尼回路的功能不仅对弹体运动起到阻尼作用,还对静不稳定导弹起到稳定作用。这时弹体的纵向力矩平衡方程为

$$m_z^{\delta}\delta_f + m_z^{\alpha}\alpha + m_z^{\bar{\omega}_z}\omega_z + m_z^{\delta}\delta = 0 \tag{7-6}$$

由此可得

$$\delta = -\frac{m_z^{\delta}\delta_f + m_z^{\alpha}\alpha + m_z^{\bar{\omega}_z}\omega_z}{m_z^{\delta}} \approx -\frac{m_z^{\delta}\delta_f + m_z^{\alpha}\alpha}{m_z^{\delta}} \tag{7-7}$$

考虑到 $K_{\omega_z}^{\delta} = \dfrac{\delta}{\omega_z}$,则

$$K_{\omega_z}^{\delta} = -\frac{m_z^{\delta}\delta_f + m_z^{\alpha}\alpha}{m_z^{\delta}\omega_z} \tag{7-8}$$

由此可见,只要适当选择 $K_{\omega_z}^{\delta}$ ($K_{\omega_z}^{\delta} \approx K_{\dot{\vartheta}}^{\delta}$),形成足够大的 $m_z^{\delta}\delta$,即可达成静不稳定导弹的纵向力矩平衡,也就实现了接入自动驾驶仪后静不稳定导弹的稳定。对于静不稳定导弹而言,从舵偏角 δ 到俯仰角速度 $\dot{\vartheta}$ 之间的传递函数为

$$G_{\delta}^{\dot{\vartheta}} = \frac{K_{\mathrm{D}}(T_{\mathrm{qD}}s + 1)}{T_{\mathrm{D}}^2 s^2 + 2\xi_{\mathrm{D}} T_{\mathrm{D}} s - 1} \tag{7-9}$$

其特征方程为

$$T_{\mathrm{D}}^2 s^2 + 2\xi_{\mathrm{D}} T_{\mathrm{D}} s - 1 = 0 \tag{7-10}$$

相应的特征根为

$$\lambda_{1,2} = \left(-\xi_{\mathrm{D}} \pm \sqrt{\xi_{\mathrm{D}}^2 + 1}\right)/T_{\mathrm{D}} \tag{7-11}$$

由式(7-11)可以看出,有一个正实根,体现了弹体的静不稳定性。

自动驾驶仪设计的任务就是通过如图 7.5 所示的阻尼回路,引入角速度 $\dot{\vartheta}$ 反馈补偿来消除正实根。引入角速度反馈后,从 δ 到 $\dot{\vartheta}$ 的闭环传递函数为

$$\bar{G}_{\delta}^{\dot{\vartheta}}=\frac{K_{\mathrm{D}}(T_{\mathrm{qD}}s+1)}{T_{\mathrm{D}}^{2}s^{2}+(2\xi_{\mathrm{D}}T_{\mathrm{D}}+K_{\mathrm{D}}K_{\dot{\vartheta}}^{\delta}T_{\mathrm{qD}})s+(K_{\mathrm{D}}K_{\dot{\vartheta}}^{\delta}-1)} \tag{7-12}$$

其特征方程为

$$T_{\mathrm{D}}^{2}s^{2}+(2\xi_{\mathrm{D}}T_{\mathrm{D}}+K_{\mathrm{D}}K_{\dot{\vartheta}}^{\delta}T_{\mathrm{qD}})s+(K_{\mathrm{D}}K_{\dot{\vartheta}}^{\delta}-1)=0 \tag{7-13}$$

从上式看出，只要选取足够大的 $K_{\dot{\vartheta}}^{\delta}$，使得 $K_{\mathrm{D}}K_{\dot{\vartheta}}^{\delta}-1>0$ 成立，就能使静不稳定弹体成为静稳定的。更确切地说，要使补偿后的弹体稳定，需 $K_{\dot{\vartheta}}^{\delta}>1/K_{\mathrm{D}}$。这表明要使静不稳定导弹在全空域都稳定，$K_{\dot{\vartheta}}^{\delta}$ 就得随 K_{D} 而变化。但实际上，$K_{\dot{\vartheta}}^{\delta}$ 也不能选得过大，因此光靠增益补偿会受到很大的限制，通常是选择合适的校正网络加以补偿。

2. 阻尼回路的设计

阻尼回路的设计原则：在导弹飞行的全空域内，力求保持最优等效阻尼系数。对于作战空域广、飞行速度高、空气动力参数变化剧烈的导弹来说，要在全部飞行空域内保持最优等效阻尼系数并非易事。

(1) 阻尼回路的组成

一般来说，阻尼回路的组成如图 7.6 所示。

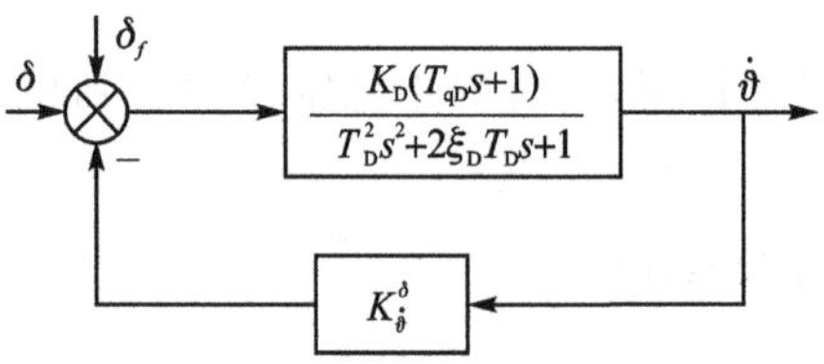

图 7.5　静不稳定导弹稳定原理图

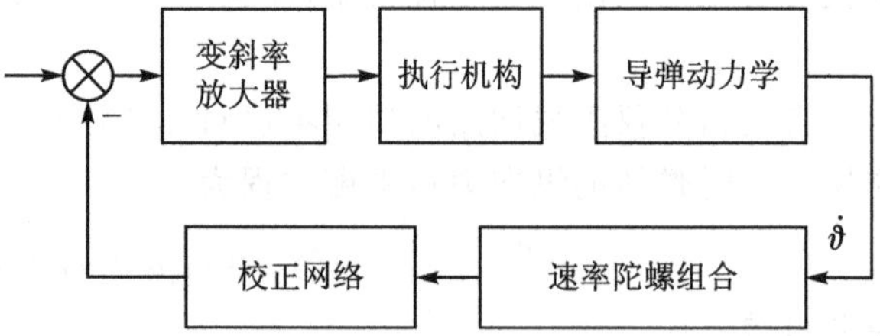

图 7.6　阻尼回路的组成

在阻尼回路的正向通道中，引入变斜率放大器是为了实现对阻尼回路开环增益的调整。调整的方式有两种：一种是将导弹飞行空域划分成区段，然后根据导弹飞行弹道，在发射前装定分段调整；另一种是按照导弹飞行中反映气动参数变化的某一信息（如副翼效率系数 C_3 或速压 $\frac{1}{2}\rho V^{2}$）变化自动调整增益，即自适应参数调整。

阻尼回路中的校正网络用来对刚性弹体阻尼回路进行校正，主要为提高系统的稳定裕度和改善弹体的动态品质而设置。若弹体的弹性振动不可忽略，还需对弹性弹体阻尼回路进行校正，以抑制弹性振动对系统控制特性的影响。

(2) 阻尼回路的静态特性分析

阻尼回路静态设计的主要任务是计算并初步确定从俯仰角速度 $\dot{\vartheta}$ 到舵偏角 δ 之间的开环传递系数 $K_{\dot{\vartheta}}^{\delta}$，并进行各环节传递系数的选择。

选择 $K_{\dot{\vartheta}}^{\delta}$ 的原则是：寻求一个适当的 $K_{\dot{\vartheta}}^{\delta}$，使阻尼回路闭环传递函数近似于一个振荡环节，且期望阻尼系数在 0.5 左右。为此，对式(7-4)进行变换，求得 $K_{\dot{\vartheta}}^{\delta}$ 的表达式：

$$K_{\dot{\vartheta}}^{\delta}\approx\frac{2T_{\mathrm{D}}(\bar{\xi}_{\mathrm{D}}-\xi_{\mathrm{D}})}{K_{\mathrm{D}}T_{\mathrm{qD}}} \tag{7-14}$$

从上式可以看出，$K_{\dot{\vartheta}}^{\delta}$ 取决于弹体气动参数 K_{D}、T_{D}、T_{qD} 和等效弹体阻尼系数 $\bar{\xi}_{\mathrm{D}}$，由于导

弹飞行过程中气动参数不断变化，所以，要想通过一个固定的 $K_{\dot{\vartheta}}^{\delta}$ 得到阻尼回路闭环传递函数的阻尼系数 $\bar{\xi}_D=0.5$ 是不可能的。这也说明了增益调整型的自适应自动驾驶仪的必要性。在初步设计时，可以从给定的特征弹道中选取弹体阻尼 ξ_D 为最小和最大的两个气动点进行设计，使其等效阻尼系数满足期望值。例如，在某型导弹的设计中选取高度 $H_M=30$ km、斜距 $R_M=34.6$ km、时间 $t=31.5$ s 的一个气动点，该点对应的 ξ_D 为最小，其他参数为

$$K_D=0.034\,8\ \text{s}^{-1},\quad \xi_D=0.017\,5,\quad T_D=0.308\ \text{s},\quad T_{qD}=17.66\ \text{s}$$

该气动点弹体的阻尼系数最小，若不加以补偿，则很难使系统得到期望的动态品质。若期望补偿后的等效阻尼系数达到 0.5，则可计算出相应的 $K_{\dot{\vartheta}}^{\delta}$ 值。计算式如下：

$$K_{\dot{\vartheta}}^{\delta}\approx\frac{2T_D(\bar{\xi}_D-\xi_D)}{K_D T_{qD}}=0.48$$

同时，为兼顾到低空弹体阻尼特性，还得计算出在低空弹道上 ξ_D 最大的点所对应的 $K_{\dot{\vartheta}}^{\delta}$ 值。为此，选取远界弹道中的一个气动点，即高度 $H_M=10$ km、斜距 $R_M=70$ km、时间 $t=16$ s 的一个气动点，该点对应的 ξ_D 为最大，其他参数为

$$K_D=0.763\,7\ \text{s}^{-1},\quad \xi_D=0.094\,13,\quad T_D=0.054\,79\ \text{s},\quad T_{qD}=0.939\ \text{s}$$

根据式(7-14)计算出相应的 $K_{\dot{\vartheta}}^{\delta}$ 值：

$$K_{\dot{\vartheta}}^{\delta}\approx\frac{2T_D(\bar{\xi}_D-\xi_D)}{K_D T_{qD}}=0.062$$

从计算结果看出，导弹在低空或高空飞行时，若要使弹体保持理想的阻尼特性($\bar{\xi}_D$)，自动驾驶仪阻尼回路的开环传递系数 $K_{\dot{\vartheta}}^{\delta}$ 就不能是一个常值，而要随着飞行状态的变化而变化。在上例中 $K_{\dot{\vartheta}}^{\delta}$ 应满足 $0.062\leqslant K_{\dot{\vartheta}}^{\delta}\leqslant 0.48$。因此，阻尼回路的正向通道中，应设置一个随飞行状态变化而变化的斜率放大器。

阻尼回路的静态设计只是初步计算 $K_{\dot{\vartheta}}^{\delta}$ 和各环节的传递系数，最后确定其值应在动态设计、仿真试验之后，并根据元件可能实现的范围来加以修正。

(3) 刚性弹体阻尼回路的动态特性分析

阻尼回路的动态设计主要是解决两个问题：其一，保证阻尼回路稳定并具有足够的稳定度。一般要求相位稳定裕度≥30°，幅值稳定裕度≥6 dB；其二，保证阻尼回路有满意的动态品质，阻尼回路在阶跃干扰作用下，动态过程的半振荡次数应不大于 3～4 次。

对阻尼回路进行静态设计时，可把弹体看作刚体；进行动态设计时，要考虑弹性弹体的属性，即弹体的刚性动力学特性和弹性动力学特性(一般情况下只考虑弹体弹性振动的一阶振型)。动态设计分两步完成：第一步针对弹体的刚性动力学进行设计；第二步是在此基础上考虑对弹体弹性振动的抑制。

刚性弹体阻尼回路的动态设计主要是利用开环对数频率特性综合系统，以确定校正网络特性。回路中校正网络的主要作用是补偿执行机构引入的相位滞后，同时保证弹性振型有效的衰减，因此一般采用超前-滞后网络和双 T 形凹陷滤波。阻尼回路校正原理方框图如图 7.7 所示。

此处首先讨论对执行机构相位滞后的补偿。为了使回路具有满意的频率特性，可选用如下校正网络：

$$G_c(s)=\frac{T_{j1}^2 s^2+2T_{j1}\xi_{j1}s+1}{(T_{j2}s+1)(T_{j3}s+1)}$$

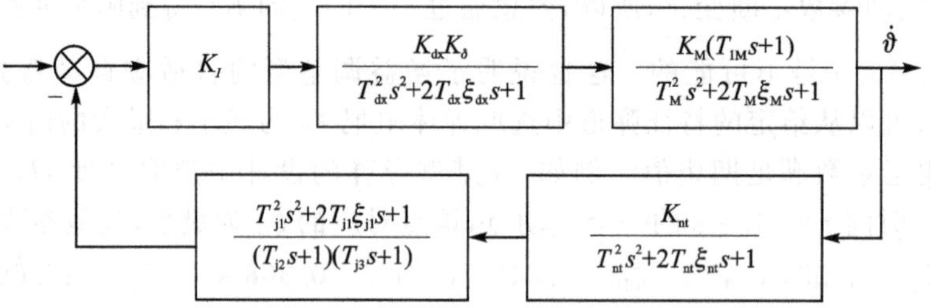

图 7.7　阻尼回路校正原理方框图

式中：取 $T_{j1}\approx T_{dx}$，$\xi_{j1}\approx\xi_{dx}$。调整 T_{j2}、T_{j3} 可以使校正后的频率特性具有满意的幅值、相位稳定裕度。

综上所述，由速率陀螺构成的阻尼回路，只能在一定程度上改善自然弹体的阻尼特性，并不能根本改善由于飞行条件变化所引起的弹体参数大范围变化，导致阻尼特性的恶化；而且计算表明，往往是低空弹道末端的稳定裕度不足，甚至不稳定。校正装置和可变传动比机构的引入，对阻尼回路的稳定性及快速性都会起到较为显著的改善作用。在此给出合理设计阻尼回路的方法及步骤：

① 根据 $\bar{\xi}_D$ 要求选择开环传递系数 K_0；

② 根据 K_0 对弹道特征点上的阻尼回路进行稳定性分析，按照稳定裕度要求确定校正网络传递函数；

③ 同限制低空过载的可变传动比机构的设计相协调，确定速率陀螺放大系数和舵传动比，必要时与舵放大系数重新协调分配。

7.2.3　过载控制回路分析与设计

1. 过载回路的组成

过载控制回路是由导弹侧向线加速度负反馈组成的指令控制回路。通常，控制回路是在阻尼回路的基础上，再增加一个由线加速度负反馈组成的通道，其组成部分除了阻尼回路外，还有线加速度计、校正网络和限幅放大器。其中，线加速度计用来测量导弹的侧向线加速度；校正网络除了对回路本身起补偿的作用外，还有对指令补偿的作用；限幅放大器和过载限幅回路用于对指令进行限幅。过载回路的原理结构图如图 7.8 所示。

2. 过载回路的功能

① 稳定指令到过载的传递系数，实现指令到过载的线性传输，并通过对导弹侧向过载的控制以实现对导弹过载的指令控制。阻尼回路设计中，回路闭环传递系数在导弹的整个飞行空域中变化较大，因此在相同的指令和不同的飞行条件下，导弹所产生的过载将随弹体放大系数的变化而变化。为进一步改善导弹控制系统性能，在全飞行空域中稳定指令到过载的传递系数，需引入过载反馈，形成过载回路。过载反馈回路要保证指令到过载之间的传递系数在整个飞行空域中基本不变，该回路的增益应足够大。

② 改善制导系统的稳定性和动态品质。过载反馈回路中应加入合适的校正网络，以满足制导系统的稳定性和动态品质的要求。

3. 过载回路的静态设计

由图 7.9 可得出过载回路闭环静态传递系数

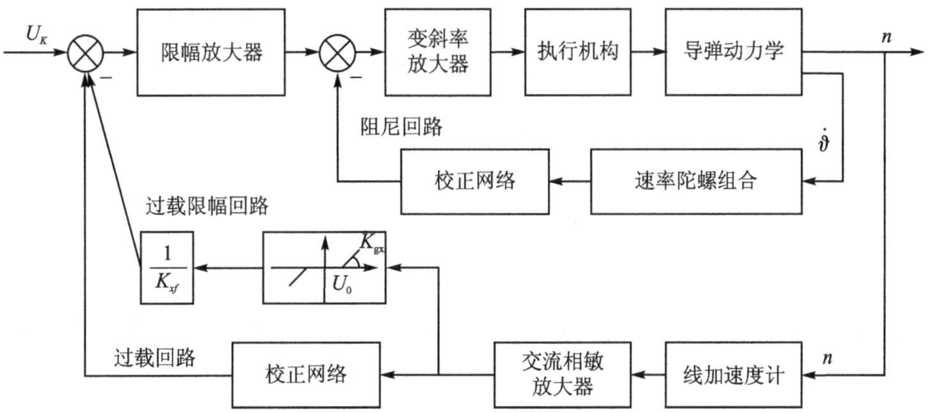

图 7.8　过载回路原理结构图

$$K_{U_K}^{n}=[(V_M/57.3g)K_aK_Z]/(1+K_{on}) \tag{7-15}$$

式中：$K_{on}=K_aK_ZV_MK_L/57.3g$，为过载回路开环放大系数。

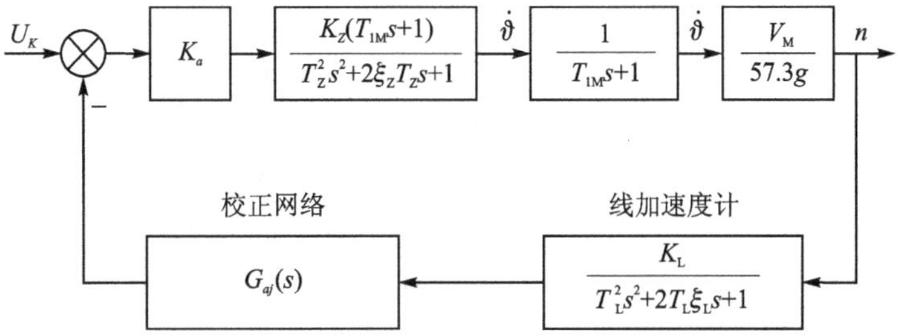

图 7.9　过载回路简化结构图

当过载回路开环放大系数 $K_{on}\gg1$ 时，过载回路闭环静态传递系数 $K_{U_K}^{n}\approx\frac{1}{K_L}$（$K_L$ 为线加速度计的放大系数）。可见当 K_{on} 选得足够大时，过载回路静态传递系数基本上与飞行条件无关，保证了静态传递系数稳定；但是，K_{on} 选择过大，势必会影响过载回路的稳定性，所以 K_{on} 的选择还受到稳定性要求的限制。

4. 过载控制回路的动态设计

过载控制回路的动态设计仍采用频率法进行，通过动态设计以便对静态设计中所确定的参数加以适当调整，使之满足静态、动态的要求。经过动态设计综合出校正网络的形式及其参数，校正网络的形式和主要参数是由制导系统的设计要求确定的。因为只从自动驾驶仪控制回路来看，有时不需要校正就能满足性能要求。

往往在过载回路反馈通路中引入积分校正网络，使过载回路闭环传递函数中出现相位超前项，在制导控制回路中起微分校正作用，有利于提高制导控制回路的稳定性。

忽略加速度计的惯性，积分校正网络采用的传递函数形式为

$$G_{aj}(s)=\frac{1}{T_{aj}s+1} \tag{7-16}$$

则过载回路的闭环传递函数为

$$\Phi_n(s)=\frac{n(s)}{U_K(s)}=\frac{K_{U_K}^{n}(T_{aj}s+1)}{As^3+Bs^2+Cs+1} \tag{7-17}$$

式中

$$A=\frac{T_{\mathrm{M}}^{2}T_{\mathrm{aj}}}{1+K_{\mathrm{on}}}$$

$$B=\frac{T_{\mathrm{M}}^{2}+2T_{\mathrm{M}}\xi_{\mathrm{M}}T_{\mathrm{aj}}}{1+K_{\mathrm{on}}}$$

$$C=\frac{2T_{\mathrm{M}}\xi_{\mathrm{M}}T_{\mathrm{aj}}+T_{\mathrm{aj}}}{1+K_{\mathrm{on}}}$$

由式(7－17)可知,并联的积分校正网络在过载回路闭环传递函数中起串联微分校正的作用,改善了制导控制回路的稳定性。另外,从过载回路的开环频率特性中可以看出,积分校正网络又影响了过载回路的稳定裕度。因此,综合起来就是合理选择开环放大系数和校正网络参数。

至此,对于一般的控制回路,初步设计工作基本完成。但对有额外要求的控制回路,初步设计工作尚未完成,比如:低空限制过载的问题,高空充分利用过载的问题,以及过载过渡过程中不允许超调出现等问题。

5. 限制过载的设计

指令制导的防空导弹飞行中,当指令和干扰同时存在时,导弹的机动过载可能超过结构强度允许的范围。因此,将过载限制在一定范围内很有必要,这就是低空过载限制问题。但对过载进行限制的同时,还必须考虑到高空对过载的充分利用,如果只考虑到低空时对过载进行限制,而忽略了高空对过载的充分利用,必然造成导弹高空飞行过载不足的现象。

在控制回路正向通道中引入限幅放大器,可对指令引起的过载起限制作用,但它对干扰引起的过载无限制作用。为了对指令过载和干扰过载都能限制,在控制回路中又增加了一条限制过载支路,该支路从线加速度反馈通道交流相敏整流放大器的输出端出发,路经过载限制器与滤波网络后再进入变斜率放大器输出端(见图 7.10)。在指令和干扰同时存在的情况下,一旦过载幅值超过过载限制器失灵区对应的过载值时,限制过载支路接通,加深了回路的负反馈,使指令得到进一步的削弱,过载便受到限制。

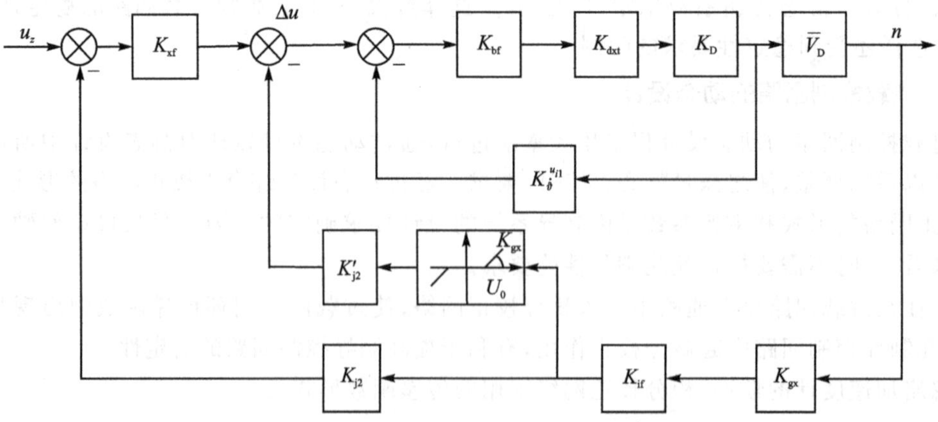

图 7.10　具有限制过载功能的控制回路静态结构图

根据图 7.10 可得出过载稳态值与指令之间的关系,即

$$n = \frac{K_{xf}K_{\Delta u}^{\dot{\vartheta}}\bar{V}_D}{1 + K_{\Delta u}^{\dot{\vartheta}}K_{if}K_{gx}K_{xf}\bar{V}_D(K_{gx}K'_{j2}/K_{xf} + K_{j2})}u_z \tag{7-18}$$

式中：K_{gx} 为过载限制器斜率；K'_{j2} 为过载限制器支路滤波网络传递系数；$K_{\Delta u}^{\dot{\vartheta}}$ 为从 Δu 到 $\dot{\vartheta}$ 的闭环传递系数，

$$K_{\Delta u}^{\dot{\vartheta}} = \frac{K_{bf}K_{dxt}K_D}{1 + K_{bf}K_{dxt}K_D K_{\dot{\vartheta}}^{u_{i1}}} \tag{7-19}$$

从式(7-18)可以看出，当限制过载支路接通时，式(7-18)的分母中增加了一个分量 $K_{\Delta u}^{\dot{\vartheta}}K_{if}K_{gx}K'_{j2}\bar{V}_D$，使得过载得到了一定的限制。

7.2.4　倾斜稳定回路分析与设计

对于轴对称的非旋转防空导弹，如果采用了双通道控制方式，为了正确实施制导控制，需对导弹倾斜角进行稳定。倾斜角为导弹相对于初始发射状态的滚动角，在整个飞行过程中，使导弹保持于发射时的初始位置上，则倾斜角为零，即倾斜稳定。从而避免俯仰和偏航指令发生混乱，此时回路是倾斜角稳定回路，功能是克服干扰、保持倾斜稳定。如果是三通道控制方式，回路除了具有倾斜稳定功能外，还必须有倾斜角控制功能。

倾斜角稳定回路的基本功能是：消除干扰作用下引起的倾斜角，保持倾斜角为零或尽可能小。稳定后的倾斜角大小和干扰力矩大小直接相关。因此，在设计分析倾斜角回路时，首先要了解作用于导弹上的滚动干扰力矩特性。倾斜角稳定回路的设计要求为：首先，在整个飞行过程中倾斜角小于某个给定值；其次是响应速度，为减少制导控制中的交联影响，一般要求倾斜回路的通带应比阻尼回路的通带宽；再次，回路幅值稳定裕度 $\Delta L \geqslant 8 \sim 12$ dB，相角裕度 $\Delta\varphi > 45°$。

倾斜角稳定回路有倾斜角反馈回路和倾斜角速度反馈回路两种形式。倾斜角稳定回路的一般结构如图 7.11 所示。图中 $\delta_B = M_x^B/(C_3 J_x)$ 为等效干扰副翼偏角。

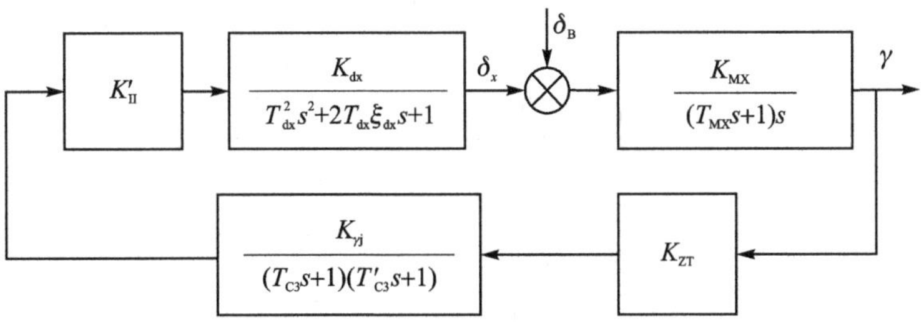

图 7.11　倾斜角稳定回路结构图

回路设计可在选择的特征点上进行，首先，根据静态精度确定倾斜稳定回路放大系数；然后确定校正网络，以满足通带和幅相稳定裕度的要求。

1. 倾斜稳定回路静态分析

倾斜稳定回路静态分析即根据理论弹道特征点上的参数及静态精度要求，确定出回路开环放大系数的下限值。

设静态精度要求为 γ_0，开环放大系数为

$$K_{OMX} = K_{MX}K_{ZT}K_{\gamma j}K'_{II}K_{dx} = K_{MX}K_A \tag{7-20}$$

式中：$K_A = K_{ZT}K_{\gamma j}K'_{II}K_{dx}$。

按静态精度要求可得：$K_A \geqslant \delta_B/\gamma_0$，即 $K_{OMX} \geqslant K_{MX}\delta_B/\gamma_0$。

2. 倾斜稳定回路动态分析

根据通带和幅相稳定裕度，可以确定校正网络和开环放大系数。通常采用微分校正网络的传递函数

$$G_{\gamma j}(s) = \frac{K_{\gamma j}(T_{C3}s+1)}{T'_{C3}s+1} \tag{7-21}$$

式(7-21)可满足要求的幅相稳定裕度。式中参数选择满足 $T'_{C3} \leqslant T_{C3} \approx T_X$。全空域综合后，得出满足全空域幅相稳定裕度和通带要求的校正网络参数，以及回路的开环放大系数 K_{OMX} 的值。但当 K_{OMX} 值不能满足 $K_{OMX} \geqslant K_{MX}\delta_B/\gamma_0$ 要求而需增大时，低频段可引入积分校正装置以提高开环增益，且对中频段幅相特性影响不大。这样既满足了稳定性要求，又提高了稳态精度。因此要获得高精度和良好动态特性的倾斜稳定系数，可采用的校正环节网络为

$$G_{\gamma j}(s) = \frac{K_{\gamma j}(T_{C1}s+1)(T_{C3}s+1)}{(T'_{C1}s+1)(T'_{C3}s+1)} \tag{7-22}$$

且要求 $T'_{C1} > T_{C1} > T_{C3} \approx T_X > T'_{C3}$。

一般要求 $\dfrac{T_{C1}s+1}{T'_{C1}s+1}$ 在交接频率处的相位滞后小于5°。这种低通带高增益方法，在回路设计中经常采用。

7.3　考虑弹体弹性的稳定控制回路分析与设计

为改善防空(空空)导弹的性能，设计过程中会尽量减小结构重量相对燃料重量的比值，造成弹体的长细比较大，弹体刚度较小。导弹在飞行中，由于弹体弹性而引起较大的振动，造成导弹扭转振动频率比刚体控制频率高。在实际分析设计工作中，应主要考虑弹体横向弹性振动对稳定控制回路的影响。考虑弹体弹性稳定控制回路的组成可由图7.12表示。

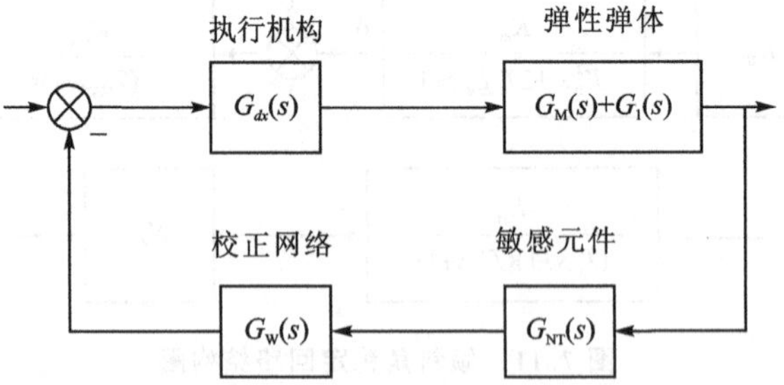

图7.12　考虑弹体弹性的稳定控制回路的组成

7.3.1　弹体弹性振动对导弹稳定控制回路的影响

弹体的弹性振动，一方面影响弹上载荷分布，同时伴有压力中心和法向力的变化，即正向回路耦合；另一方面，通过弹体动力学与稳定控制通道形成弹性振动反馈，即反馈回路耦合。

弹体存在弹性振动的情况下，敏感元件测量的弹体角运动和线运动，是弹体刚性运动和敏感元件所在位置弹体弹性振动的合成，于是弹体的弹性振动信息通过敏感元件形成反馈信号，

并通过执行机构形成操纵力，操纵力再以各种频率将能量反馈于弹体结构。由于弹体结构逸散力比较小，相应于弹性振动的反馈信号产生的操纵力，在一定的相位下，可以使弹体结构来不及吸收弹性振动能量的情况下，又增加了振动能量，造成使稳定控制回路不稳定的弹性振动。

采用捷联惯性测量组合的防空导弹系统，弹性振动将使惯性导航的测量误差显著增大，当弹性振动角速度过大，甚至超过惯性测量组合的允许范围时，将导致惯性测量组合故障。此外，弹体的弹性振动将使诱导阻力增大，影响导弹速度特性，进而影响制导精度，特别是不稳定的弹性振动信号进入稳定控制回路后，影响有用信号的正常进入，造成正常信号的阻塞，破坏回路的正常工作；同时，强烈的弹性振动将使弹上设备工作环境变差，当设备的固有频率接近弹性频率时，将引起共振使设备失灵甚至破坏；而且，弹性振动通过敏感元件反馈形成的操纵力馈给结构能量的速度比结构耗散能量速度快，将进一步造成结构弯曲，而超过一定限度的结构破坏将使弹体解体。

显然考虑弹体弹性特性的导弹稳定控制系统要保证完成预定飞行任务，必须研究可能激起弹体弹性振动的各种因素，及消除和抑制结构弹性振动的方法，以保证导弹飞行中不出现不允许的弹性振动。

7.3.2　稳定控制回路设计中应考虑的弹性振动类型

弹体结构弹性主要通过敏感元件作用于稳定控制系统，引起结构弹性与稳定控制回路的耦合，因此稳定控制回路设计，主要考虑敏感元件感受到的结构弹性振动。

1. 全弹结构振动

全弹结构振动，在敏感元件安装处引起的结构变形，将通过敏感元件引起结构弹性与稳定控制回路的耦合。这个问题只能通过稳定控制回路设计解决，如通过适当选取敏感元件安装位置，或者在回路中设置结构滤波器堵塞；或者滤掉结构弹性频率的信号，防止控制系统在结构弹性频率处提供能量；或者采取操纵力相移的办法，把控制能量从弹性振型频率处移开。

2. 局部弯曲

敏感元件在仪器舱中的安装支架，因仪器舱壁在外部动压及弯矩作用下变形，产生局部弯曲振动。为消除这种弯曲变形与稳定控制回路的耦合作用，除采用前述设置结构滤波器的方法外，还可将敏感元件安装在中性轴上，以避免这种弯曲变形的反馈。采用捷联惯性导航系统，惯性测量组合(IMU)安装支架的振动不仅影响耦合作用，而且还影响导航精度，因此必须特别注意。

3. 稳定控制系统执行元件与弹体弹性的谐振效应

这种谐振效应将会产生非常严重的后果，尤其是执行元件有自振时，将引起稳定控制系统的发散振动，导致飞行失败。对于这种情况，可在稳定控制回路中附加适当的滤波器，或者降低执行元件的反馈，或者增大作动器的力臂，也可用增加执行元件刚度的方法解决。

4. 采样频率选取

对数字控制系统来说，采样频率选取不当将引起频率折叠效应，即使在敏感元件有预先滤波的情况下，也会产生振动模态反馈，造成回路不稳定。

7.3.3 考虑弹体弹性的稳定控制回路设计

1. 稳定控制回路分析和设计的主要内容

(1) 弹体结构弹性振动分析

首先，依据弹性弹体结构分析得到的全弹刚度分布、质量分布及边界条件，计算弹体各阶弹性振型、振型斜率、广义质量及固有频率，也可以按其受力分析，计算受载最大时的弹性形变；其次，参照已有类似导弹或试验，确定弹体结构阻尼；最终，通过全弹振动试验和飞行试验，校准弹体弹性振动参数。

(2) 弹体弹性动力学分析

首先，建立弹性弹体数学模型，并对各典型弹道特征点的弹性广义动力系数进行计算；然后进行弹体弹性频谱分析。

(3) 考虑弹体弹性的稳定控制回路设计

在弹体弹性条件下，应考虑对稳定控制回路的稳定性和动态过程进行分析，选择稳定弹性振动的方案；设计出的稳定控制回路仿真试验，进行飞行试验并分析试验结果。

2. 弹性弹体的传递函数

稳定控制回路设计中常用到传递函数，根据弹性弹体运动的叠加假设，认为它是刚性运动传递函数和弹性振动传递函数的叠加。通常弹性变形引起的气动力可以忽略，这样弹体刚性运动的传递函数与 3.1.1 小节中的弹体传递函数完全相同，在此不做详述。第 2 章中第 i 阶弹体弹性振动的动力学方程式(2-153)中略去弹性变形引起的气动力之后，变成

$$\ddot{q}_i(t)+2\xi_i\omega_i\dot{q}_i(t)+\omega_i^2q_i(t)=\frac{1}{M_i}\left[E_i^{\alpha}\alpha(t)-\frac{1}{V}F_i^{\omega}\dot{\vartheta}(t)+B_i^{\delta}\delta\right] \tag{7-23}$$

对上式进行拉氏变换，得到

$$q_i(s)=\frac{1}{M_i}\frac{E_i^{\alpha}\alpha(s)-\dfrac{1}{V}F_i^{\omega}\dot{\vartheta}(s)+B_i^{\delta}\delta(s)}{s^2+2\xi_i\omega_i s+\omega_i{}^2} \tag{7-24}$$

由 3.1.1 小节的式(3-10)得到

$$\alpha(s)=\frac{-K_MT_{1M}}{T_M^2s^2+2\xi_MT_Ms+1}\delta(s) \tag{7-25}$$

$$\dot{\vartheta}(s)=\frac{-K_M(T_{1M}+1)}{T_M^2s^2+2\xi_MT_Ms+1}\delta(s) \tag{7-26}$$

将式(7-25)和式(7-26)代入式(7-24)，经整理得到

$$q_i(s)=\left[\frac{-K_MT_{1M}}{T_M^2s^2+2\xi_MT_Ms+1}\times\frac{K_{iA}(T_{iA}+1)}{T_i^2s^2+2\xi_iT_is+1}+\frac{K_{iR}}{T_i^2s^2+2\xi_iT_is+1}\right]\delta(s) \tag{7-27}$$

式中

$$K_{iA}=\frac{F_i^{\omega}+T_{1M}E_i^{\alpha}V}{M_i\omega_i^2V},\quad T_{iA}=\frac{-F_i^{\omega}T_{1M}}{-F_i^{\omega}+T_{1M}E_i^{\alpha}V},\quad K_{iR}=\frac{B_i^{\delta}}{M_i\omega_i^2}$$

为得到与刚性运动传递函数对应的弹性运动传递函数，对式(7-24)进行变换，由弹性振动产生的姿态角速度增量为

$$\dot{\vartheta}(x_e,t)=\frac{\partial^2 y(x_e,t)}{\partial x_e \partial t}=\sum_{i=1}^{n}-\dot{q}_i(t)\frac{\partial \varphi_i(x_e)}{\partial x_e} \tag{7-28}$$

则弹性弹体的总姿态角速度为

$$\dot{\vartheta}_\Sigma=\dot{\vartheta}(t)+\sum_{i=1}^{n}\left[-\dot{q}_i(t)\frac{\partial \varphi_i(x_e)}{\partial x_e}\right] \tag{7-29}$$

由弹性振动引起的横向过载增量为

$$n_1(x_e,t)=\frac{\partial y(x_e,t)}{\partial t^2}\cdot\frac{1}{g}=\frac{1}{g}\sum_{i=1}^{n}-\ddot{q}_i(t)\varphi_i(x_e) \tag{7-30}$$

则弹性弹体的总横向过载为

$$n_\Sigma=n(t)+\frac{1}{g}\sum_{i=1}^{n}-\ddot{q}_i(t)\varphi_i(x_e) \tag{7-31}$$

由式(7-27)即可得到与刚性运动传递函数对应的弹性运动传递函数：

$$G_\delta^{\dot{\vartheta}_e}(s)=\frac{\dot{\vartheta}_e(s)}{\delta(s)}=\frac{-K_M T_{1M}}{T_M^2 s^2+2\xi_M T_M s+1}\times\sum_{i=1}^{n}\frac{K'_{iA}(T_{iA}s+1)s}{T_i^2 s^2+2\xi_i T_i s+1}+\sum_{i=1}^{n}\frac{K'_{iR}}{T_i^2 s^2+2\xi_i T_i s+1} \tag{7-32}$$

$$G_\delta^{n_e}(s)=\frac{n_e(s)}{\delta(s)}=\frac{1}{g}\left[\frac{-K_M}{T_M^2 s^2+2\xi_M T_M s+1}\times\sum_{i=1}^{n}\frac{K''_{iA}(T_{iA}s+1)s^2}{T_i^2 s^2+2\xi_i T_i s+1}+\sum_{i=1}^{n}\frac{K''_{iR}s^2}{T_i^2 s^2+2\xi_i T_i s+1}\right] \tag{7-33}$$

式中：　$K'_{iA}=-K_{iA}\varphi'_i(x_e)\times 57.3\big|_{x_e=x_A}$，　$K'_{iR}=-K_{iR}\varphi'_i(x_e)\times 57.3\big|_{x_e=x_A}$

$$K''_{iA}=-\frac{K'_{iA}\varphi_i(x_e)}{57.3\varphi'_i(x_e)}\bigg|_{x_e=x_A},\quad K''_{iR}=-\frac{K'_{iR}\varphi_i(x_e)}{57.3\varphi'_i(x_e)}\bigg|_{x_e=x_A}$$

$\varphi'_i(x_e)=\dfrac{\partial \varphi_i(x_e)}{\partial x_e}$，$x_A$ 为敏感元件安装位置在 Ox_e 轴上的坐标。

图 7.13 所示为仅考虑一阶弯曲振型时弹性弹体的传递函数方框图。

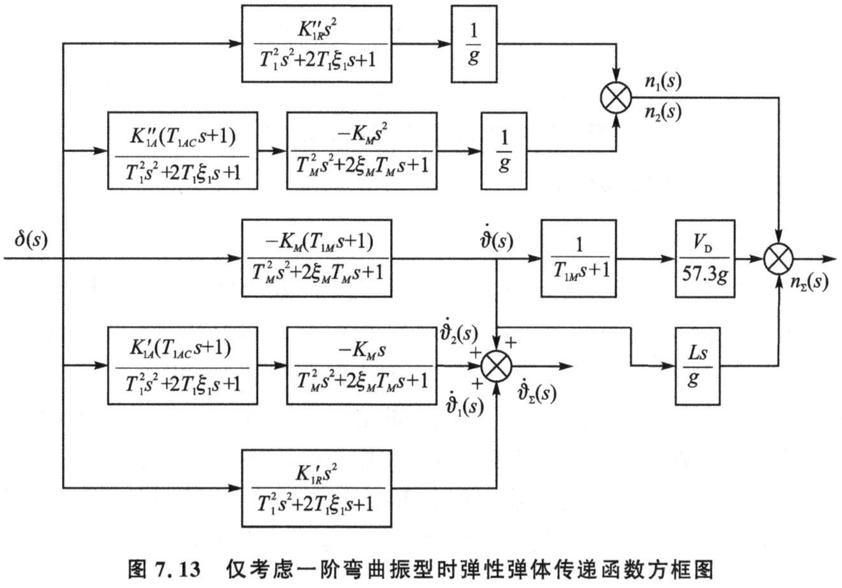

图 7.13　仅考虑一阶弯曲振型时弹性弹体传递函数方框图

对于防空导弹，一般最多考虑二阶弹性振型即可，故有

$$G_1(s)=sK'_{1R}/(T_1^2s^2+2\xi_1T_1s+1) \tag{7-34}$$

式中：

$$K'_{1R}=[-\varphi(x_\delta)/(M_1\omega_1^2)]F_n^\delta[\partial\varphi_1(x)/\partial x_1]|_{x_1=x_A} \tag{7-35}$$

舵系统以一阶传递函数表示，即

$$G_{DX}(s)=K_{DX}/(T_{DX}s+1) \tag{7-36}$$

敏感元件为速率陀螺，变换放大部分近似为

$$G_{NT}(s)=K_T/(T_T^2s^2+2\xi_TT_Ts+1) \tag{7-37}$$

则闭环回路特征方程为

$$(T_1^2s^2+2\xi_1T_1s+1)(T_T^2s^2+2\xi_TT_Ts+1)(T_{DX}s+1)-K'_{1R}K_{DX}K_T=0 \tag{7-38}$$

弹体一阶弹性振型由图7.14表示，由闭环特性方程(7-38)和式(7-35)知 $\varphi_1(x_\delta)>0$，若速率陀螺置于 A_1 点后，即 $\left.\frac{\partial\varphi_1(x)}{\partial x_1}\right|_{x_1=x_A}>0$，则有利于系统稳定；若将速率陀螺置于 A_1 点处，则 $\left.\frac{\partial\varphi_1(x)}{\partial x_1}\right|_{x_1=x_A}=0$，此时速率陀螺不敏感弹性振动，弹体弹性动力学不能通过敏感元件构成回路。由式(7-35)可以看出，越远离 A_1 点，$|\partial\varphi_1(x)/\partial x_1|$ 越大，角振动环境也越差，显然对弹性稳定不利。

同理，采用线加速度传感器的稳定控制回路，当线加速度传感器置于波节附近时，敏感到的线振动过载很少，对减少弹体弹性振动过载的反馈及增大刚性运动的稳定性有利。显然，波节附近对速率陀螺的工作和振动角速度的反馈都不利。当将加速度传感器置于 A_1 点附近时，即敏感弹性振动过载，很可能导致弹体结构破坏。

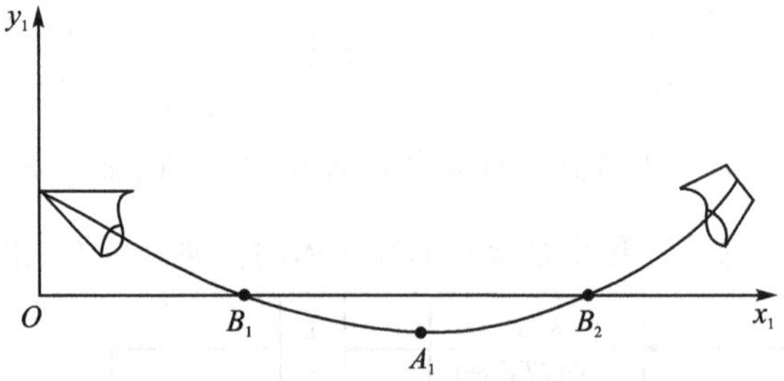

Ox_1y_1—弹体弹性坐标系；A_1—波腹点；B_1、B_2—波节点

图7.14 弹体的一阶弹性振型示意图

3. 弹体弹性稳定控制回路分析和设计

(1) 一阶振型的典型弹性弹体频率特性

考虑弹体弹性稳定控制回路设计时，一方面由于各阶振型之间均有较大的频率间隔，且它们是正交的，因此各阶振型可单独考虑；另一方面，考虑到回路本身具有高频衰减特性和固有的结构阻尼，因此防空(空空)导弹一般仅计一阶弹体弹性振型就可以了。

实际上，不计弹体弹性振动引起气动力改变的情况下，导弹的结构弯曲振动与作为刚体的振动是没有联系的。因此，弹体作为刚体的运动和作为弹性体的结构弯曲运动可以分别考虑，即将稳定控制回路按弹体刚性动力学稳定控制系统及弹体弹性动力学稳定控制系统分别进行考虑，于是可以得到图7.15所示的简化弹性弹体动力学稳定控制回路。

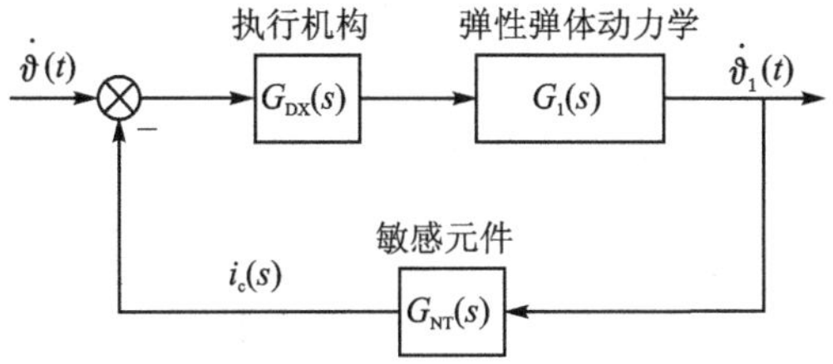

图 7.15　简化后的弹性弹体动力学稳定控制回路

弹性导弹稳定控制回路设计的主要问题，是解决仅包含弹体弹性动力学稳定控制回路的稳定性。弹体的结构振动角速度和加速度，由稳定控制回路的敏感元件感受而形成结构振动反馈。因此，在设计稳定控制回路时，考虑弹性特性的弹体模型采用图 7.13 的形式。

仅计一阶弹性振型时，弹体的传递函数为

$$G(s)=G_1(s)+G_2(s)+G_3(s) \tag{7-39}$$

式中：$G(s)$为考虑弹体弹性变形影响的弹体传递函数；

$G_1(s)=\dfrac{K_M(T_{1M}s+1)}{T_M^2S^2+2\xi_M T_M s+1}$为弹体为刚性时的弹体传递函数；

$G_2(s)=\dfrac{K'_{1A}K_M(T_{1A}s+1)s}{(T_1^2s^2+2\xi_1 T_1 s+1)(T_M^2s^2+2\xi_M T_M s+1)}$为气动力引起弹体弹性变形部分的弹体传递函数；

$G_3(s)=\dfrac{sK'_{1R}}{T_1^2s^2+2\xi_1 T_1 s+1}$为舵面操纵力引起弹体弹性变形部分的弹体传递函数。

经运算有

$$\begin{aligned} G(s) &= \frac{K_M(A_3s^3+A_2s^2+A_1s+1)}{(T_1^2s^2+2\xi_1 T_1 s+1)(T_M^2s^2+2\xi_M T_M s+1)} \\ &= \frac{K_M(T'_{1M}s+1)}{T_M^2s^2+2\xi_M T_M s+1}\cdot\frac{T_0^2s^2+2\xi_0 T_0 s+1}{T_1^2s^2+2\xi_1 T_1 s+1} \end{aligned} \tag{7-40}$$

式中：

$$A_3=T_{1M}T_1-K'_{1R}T_M^2/K_M$$
$$A_2=(2\xi_1 T_1 T_{1M}+T_1^2+K'_{1A}T_{1A})-2K'_{1R}T_M\xi_M/K_M$$
$$A_1=(T_{1M}+2\xi_1 T_{1A}+K'_{1A})-K'_{1R}/K_M$$
$$T'_{1M}\approx T_{1M}$$

显然式(7-40)中，前一项仅与刚性弹体参数有关，表征弹体刚性动力学。还可以看出，考虑弹体一阶弹性振型后将增加一对零点和一对极点，通常分母的角频率 $\omega_1=1/T_1$，比分子的角频率 $\omega_0=1/T_0$ 大，且 ξ_0 和 ξ_1 都比较小。例如某型防空导弹低空点 $\omega_0/\omega_1=0.637$，$\xi_0=0.017$，$\xi_1=0.007$。由于低阻尼比在 $\omega_1=1/T_1$ 处引起零分贝以上很高的谐振峰，这样的弹体特性将给稳定控制回路的设计带来困难。

(2) 弹体弹性稳定控制回路结构滤波器设计

设稳定控制回路中各组成部分的传递函数为

$$G_{DX}(s)=\frac{3.85}{(0.024s+1)(0.006\,9^2s^2+0.013\,8\times0.2s+1)(0.007\,2^2s^2+0.014\,4\times0.5s+1)} \tag{7-41}$$

$$G_W(s)=\frac{0.056\,4s+1}{(0.012s+1)(0.006\,3s+1)} \tag{7-42}$$

$$G_M(s)=\frac{0.228(1.954s+1)}{0.116^2s^2+2\times 0.066\times 0.116s+1} \tag{7-43}$$

$$G_1(s)=\frac{0.002\,3s}{0.008\,8^2s^2+2\times 0.009\,2\times 0.008\,8s+1} \tag{7-44}$$

式中：$G_W(s)$为按照刚性弹体设计的校正网络。

图 7.16 中给出了弹体弹性校正前后稳定控制回路的开环对数频率特性。其中虚线为校正前稳定控制回路的开环对数频率特性，表明 $\omega_1=113.6$ rad/s 处由于弹体一阶振型的低阻尼比而出现很高的谐振峰值，且该处相位低于$-180°$。这种频率特性表明系统将出现不稳定的弹性振动。图中 $\omega_c=8.6$ rad/s 处也有一个谐振峰，它对应于刚性弹体的谐振频率。

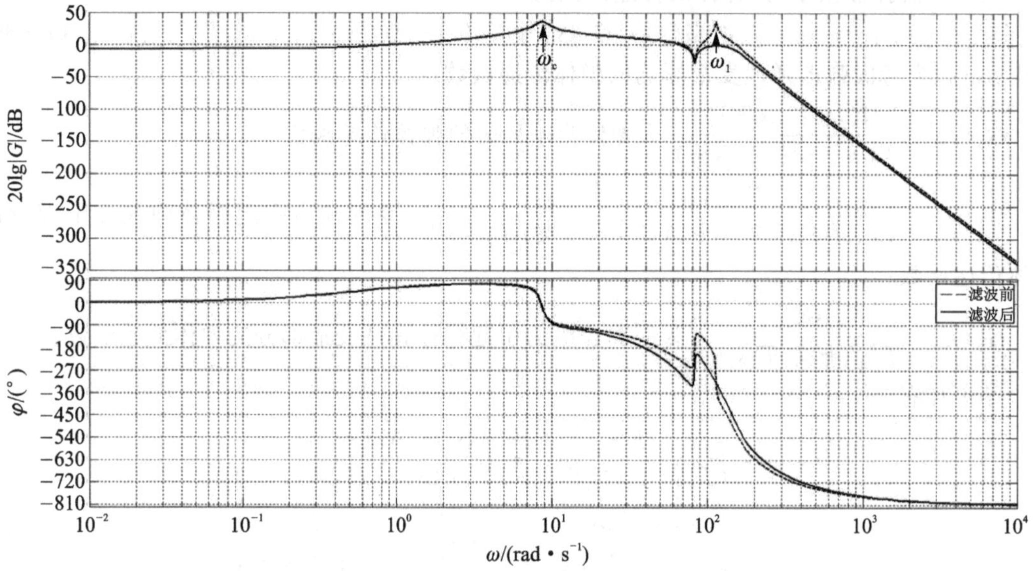

图 7.16　弹体弹性校正前后稳定控制回路开环对数频率特性

考虑 $\omega_1/\omega_c>13$，采用幅值稳定对消除弹体弹性振动的影响较有效，即设计凹陷滤波器使其与弹体一阶弹性振型相协调，可消去 ω_1 处的谐振峰值。设计的一般原则是，取滤波器分子的时间常数接近 $1/\omega_1$，阻尼系数接近弹性结构阻尼，分母参数的选取应在保证其低频部分相位滞后允许的前提下，使滤波器凹陷部分有足够的宽度和足够的高频衰减。

图 7.17 所示为引入凹陷滤波器的稳定控制回路结构框图。

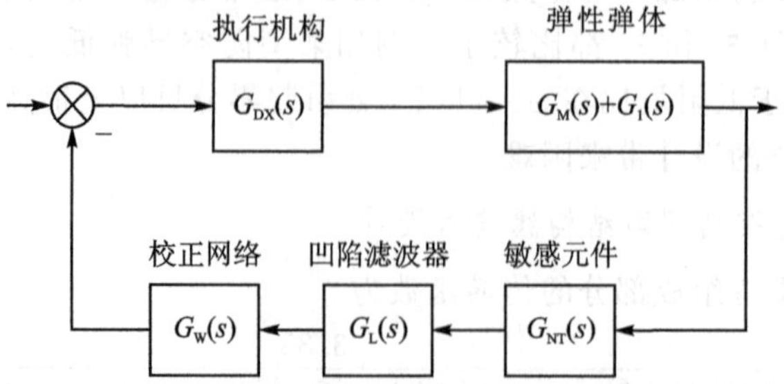

图 7.17　引入凹陷滤波器的稳定控制回路结构框图

凹陷滤波器的传递函数为

$$G_L(s)=\frac{0.008\ 8^2 s^2+2\times 0.009\ 2\times 0.008\ 8s+1}{0.011^2 s^2+2\times 0.45\times 0.011s+1} \tag{7-45}$$

于是在引入 $G_L(s)$ 以后有

$$\begin{aligned}G_0(s)G_L(s)&=[G_M(s)+G_1(s)]\,G_L(s)\\&=\frac{K_M(T'_{1M}s+1)(T_0^2 s^2+2\xi_0 T_0 s+1)}{(T_M^2 s^2+2\xi_M T_M s+1)(T_L^2 s^2+2\xi_L T_L s+1)}\end{aligned} \tag{7-46}$$

式中：$T_L=0.011$，$\xi_L=0.45$，则式(7-40)中，$\xi_1=0.009\ 2$ 的二项式变为 $\xi_L=0.45$ 的二项式。此时稳定控制回路 Bode 图变为图 7.16 中的实线，$\omega_1=113.6$ rad/s 处的谐振峰衰减至 -2 dB 以下，系统获得了较好的弹性幅值稳定。

实际上，飞行中随着弹体质量分布的变化，弹体一阶振型频率 ω_1 也随之变化。因此理想的凹陷滤波器是凹陷部分随 ω_1 而变(即自适应凹陷滤波器)，或使其凹陷部分宽度增大，以保证整个飞行过程中 ω_1 的变化始终在范围内，弹性谐振峰都有令人满意的衰减。

7.4　滚转导弹单通道控制原理

对于某些小型近程防空导弹，由于弹内空间有限，如果能够在控制系统中省去一套或两套控制机构，将非常有利。为了采用一套控制机构实现导弹在空间运动中的控制，弹体必须以较大的角速度围绕弹体纵轴高速旋转，如果导弹不绕纵轴旋转，一套控制机构只能控制导弹在某一平面内运动。单通道控制也是防空导弹控制系统设计的一大特色。

强制使导弹绕弹体纵轴旋转，虽然会给导弹控制带来困难，但其优点也较为显著：弹上控制系统的设备较为简单；导弹获取一定的初始转动角速度，可以减小初始偏差，提高射击精度。不利因素是由于自旋，必然存在马格努斯效应，使得导弹俯仰、偏航通道之间的运动产生相互交联；必须把制导信号调制成以弹自旋频率为角频率的交变信号，这降低了控制效率。

7.4.1　滚转导弹控制原理

如图 7.18 所示，单通道控制的滚转导弹为末端防御型舰空导弹，在其主发动机的喷管座上面有四个小喷管，其轴线相对弹体纵轴偏转一个小角度。主发动机的火药柱燃烧后，产生的燃气从四个小喷管喷出，产生轴向推力，使导弹离开发射筒；同时还产生切向力，使导弹绕其纵轴旋转。如果从弹尾向弹头看，导弹沿顺时针方向旋转。在主发动机的喷管座上固定着四片尾翼，每片尾翼都有一定的安装角，导弹在发射筒内时尾翼保持折叠状态，导弹出筒后尾翼展开。在导弹飞行的过程中，靠迎面气流作用在具有一定安装角的尾翼上，产生使导弹绕纵轴旋转的力矩，保证导弹按一定的转速旋转。

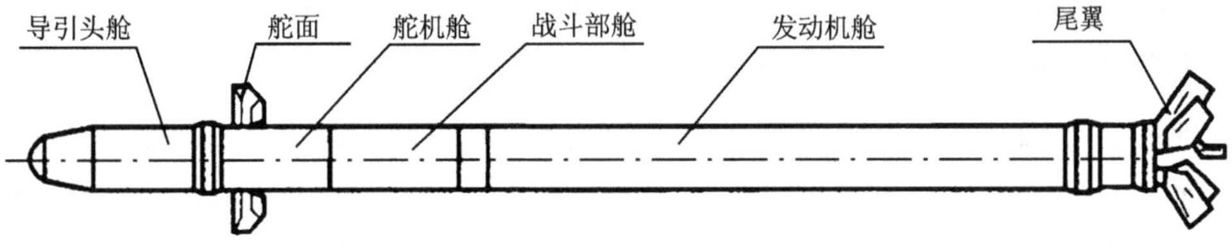

图 7.18　单通道控制的滚转导弹

该型导弹采用自寻的制导体制，导引头采用活动跟踪式红外导引头。导引头输出与目标视线角速度成比例的信号。弹上控制系统利用一对舵面控制导弹的空间运动。舵机为脉冲调宽式燃气舵机，具有继电特性：当输入信号为正时，舵偏角为 δ_m；当输入信号为负时，舵偏角为 $-\delta_m$，没有中间状态。当输入信号改变符号时，舵面立即从一个极限位置转变到另一个极限位置，延迟时间非常短，只有几毫秒。

从弹尾向弹头方向看去，导引头中陀螺转子以 $f_T r/s$ 的速度逆时针方向旋转，弹体以 $f_{x_1} r/s$ 的速度顺时针方向旋转。

当目标视线以 $\dot{q}$ 的角速度转动时，导引头输出信号为

$$u = K_1 \dot{q} \sin(\omega_T t - \varphi) \tag{7-47}$$

式中：$\omega_T = 2\pi f_T$，φ 为目标偏离导引头光轴的方位。

由于导弹以 $f_{x_1} r/s$ 的转速旋转，必须把导引头输出的 f_T 信号转换成 f_{x_1} 信号，来控制舵面偏转，因此采用混频比相器，把导引头输出信号和两个基准信号线圈产生的 $(f_T + f_{x_1})$ 的基准信号相混合，经过混频比相得出 f_{x_1} 的差频信号

$$u_k = K_2 \dot{q} \sin(\omega_{x_1} t - \varphi) \tag{7-48}$$

式中：$\omega_{x_1} = 2\pi f_{x_1}$。

将控制信号 u_k 送给自动驾驶仪电路，经放大和整形后，驾驶仪电路输出方波电压，控制舵面偏转。

7.4.2 滚转导弹周期平均控制力的产生

由于此导弹制导系统只有一对舵面，导弹以 $f_{x_1} r/s$ 的速度绕弹体纵轴旋转。下面探讨导弹在旋转的情况下，一对舵面所产生的控制力的情况。

如图 7.19(a)所示，O 为导弹质心，Ox_1 为弹体纵轴，直角坐标系 $Ox_1y_1z_1$ 为弹体坐标系，舵轴与 Oz_1 平行，因为弹体坐标系与弹体是固连的，它同样以角速度 ω_{x_1} 绕导弹纵轴 Ox_1 旋转。直角坐标系 $Ox_4y_4z_4$ 为准弹体坐标系，舵面偏转时的两个极限舵偏角如图 7.19(b)所示。由于此导弹是鸭式的，当舵偏角为 $+\delta_m$ 时，导弹控制力 Y 的方向是沿 Oy_1 方向，当舵偏角为 $-\delta_m$ 时，控制力 Y 的方向与 Oy_1 的方向相反。以 Oy_4 轴作为计算角度的起始轴，当 $\omega_{x_1} t = 0$ 时，Oy_1 轴与 Oy_4 轴重合，Oy_1 轴跟着弹体旋转。下面讨论导弹控制力是怎样产生的。为了便于理解，讨论自动驾驶仪的输入信号 u_k 为不同形式信号的情况。

1. 控制信号 $u_k = u_0$

如图 7.20(a)所示，当 $u_k = u_0$ 为直流电压时，自动驾驶仪输出为正的直流电压，舵偏角为 $+\delta_m$ 保持不变，控制力的方向为 Oy_1 轴方向。由于舵偏角为 δ_m 且保持不变，因此导弹旋转一周，从图 7.20(b)中可以看出，控制力的平均合力等于零。因此控制电压为直流时，对导弹不起控制作用。为了控制导弹的运动，控制信号必须是交变的。

2. 控制信号 $u_k = K_2 \dot{q} \sin(\omega_{x_1} t - \varphi)$

先讨论 $\varphi = 0°$ 即 $u_k = K_2 \dot{q} \sin(\omega_{x_1} t)$ 时，控制力的变化情况。u_k 和自动驾驶仪输出的方波电压如图 7.21(a)所示，0°～180°为正方波，舵偏角为 $+\delta_m$；180°～360°为负方波，舵偏角为 $-\delta_m$。导弹弹体从 0°转到 180°，控制力的变化如图 7.21(b)右半面所示，在 180°时，舵偏角突然地从 $+\delta_m$ 转变到 $-\delta_m$，因此控制力也突然地改变方向。导弹弹体从 180°转到 360°，控制力的

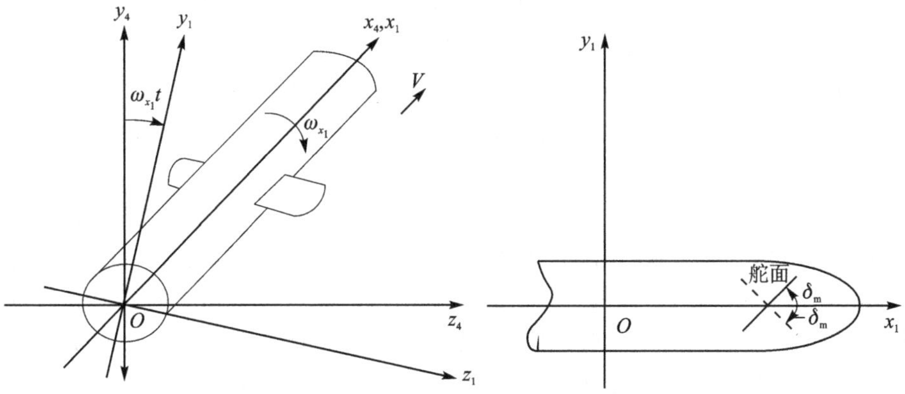

(a) 弹体坐标系　　(b) 舵偏角表示图

图 7.19　导弹坐标系

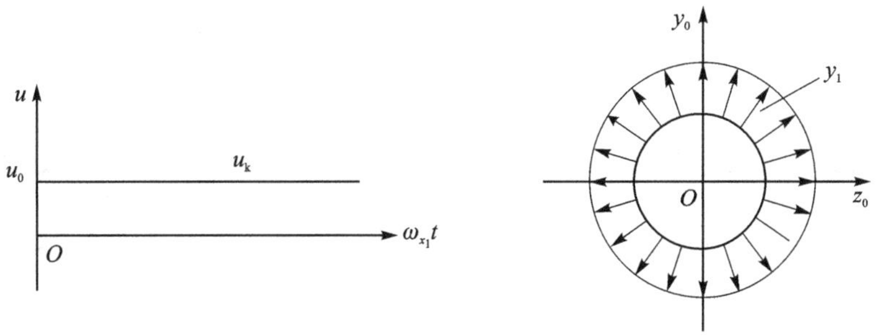

(a) 控制信号图　　(b) 控制力图

图 7.20　控制信号 $u_k = u_0$ 时的控制力图

变化如图 7.21(b)左半面所示。从 0°到 180°，平均合成控制力 Y_{av} 方向为 Oz_4 方向；从 180°到 360°，平均合成控制力方向也为 Oz_4 方向。因此导弹旋转一周的平均合成控制力方向为 Oz_4 方向，即 90°方向。从图中可以看出，平均合成控制力 Y_{av} 的数值与 u_k 的大小无关，因此平均合成控制力 Y_{av} 与控制信号不是线性关系。

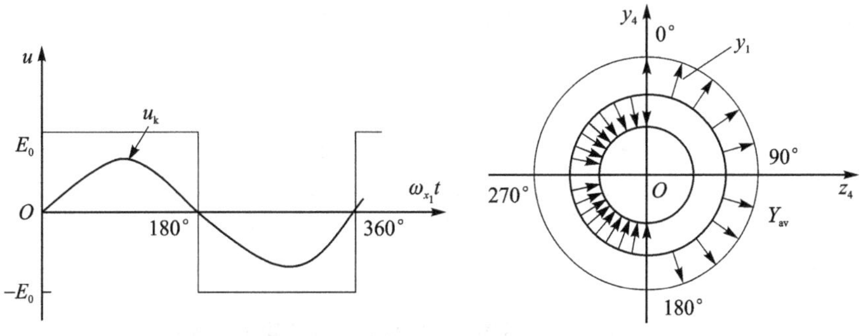

(a) 控制信号图　　(b) 控制力图

图 7.21　控制信号 $u_k = K_2\dot{q}\sin(\omega_{x_1}t)$ 时的控制力图

下面讨论 $\varphi \neq 0°$，即控制信号 $u_k = K_2\dot{q}\sin(\omega_{x_1}t - \varphi)$。$u_k$ 和自动驾驶仪输出的方波电压如图 7.22(a)所示。从 φ 转到 $180° + \varphi$ 为正方波，舵偏角为 δ_m；从 $180° + \varphi$ 转到 $360° + \varphi$(即

φ)为负方波，舵偏角为$-\delta_m$，导弹旋转一周，控制力的变化如图 7.22(b)所示。一周平均合成控制力 Y_{av} 的方向为 $90°+\varphi$。从图 7.21 和图 7.22 可以看出，平均合成控制力的方向与控制信号的相位有关，但 Y_{av} 的大小不变，即与控制信号的幅值无关。如图 7.22(a)所示，当 u_k 变为 u_k'时，Y_{av} 的大小不变，所以平均合成控制力 Y_{av} 与控制信号 u_k 不是线性关系，而是继电特性关系。

为了使 Y_{av} 与控制信号 u_k 成线性关系，在驾驶仪电路中引入线性化振荡信号。线性化振荡信号发生器输出信号为正弦信号，其频率为控制信号频率的 2 倍左右。线性化振荡信号与控制信号 u_k 没有任何联系，因此两个信号的频率和相位都是互不相关的。控制信号 u_k 与线性化振荡信号 u_s 一起输给自动驾驶电路，因此自动驾驶仪的输入信号为 u_k+u_s。由于 u_k 和 u_s 频率和相位变化都是互不相关的，因此合成信号 u_k+u_s 非常复杂，很难用解析的方法来分析平均合成控制力 Y_{av} 与控制信号 u_k 的关系，只能依靠计算机的计算。下面对几个特殊情况进行分析，从分析中可得到 Y_{av} 与 u_k 的大致关系。

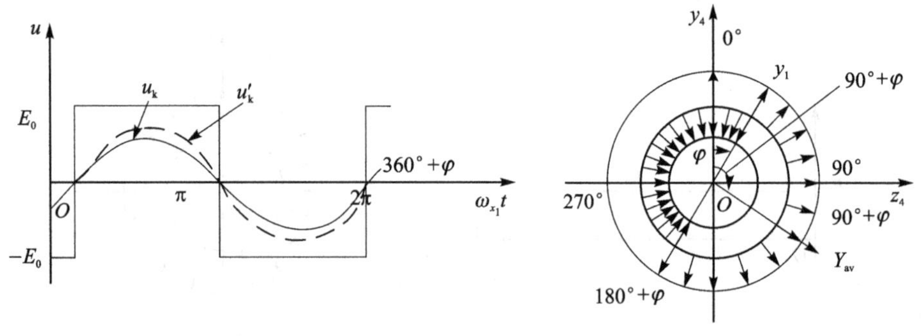

(a) 控制信号图　　　　　　(b) 控制力图

图 7.22　控制信号 $u_k=K_2\dot{q}\sin(\omega_{x_1}t-\varphi)$ 时的控制力图

为了分析方便起见，假定线性化振荡信号频率为控制信号频率的 2 倍，即 $2f_{x_1}$。如果两信号的初始相位相同，则可写成

$$\left.\begin{aligned} u_k &= u_{km}\dot{q}\sin(\omega_{x_1}t) \\ u_s &= u_{km}\dot{q}\sin(2\omega_{x_1}t) \end{aligned}\right\} \tag{7-49}$$

u_k 和 u_s 及自动驾驶仪输出的方波电压如图 7.23 所示。

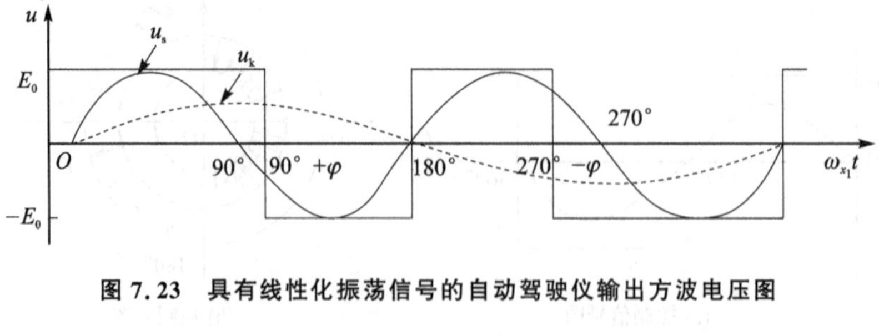

图 7.23　具有线性化振荡信号的自动驾驶仪输出方波电压图

当 $u_s+u_k>0$ 时，自动驾驶仪输出正方波，舵偏角为 δ_m；当 $u_s+u_k<0$ 时，自动驾驶仪输出负方波，舵偏角为$-\delta_m$。

如果控制信号 $u_k=0$，则方波电压波形如图 7.24 所示。

- 0°～90°，$u_s>0$，方波电压为正，舵偏角为 δ_m；

- 90°～180°，$u_s<0$，方波电压为负，舵偏角为$-\delta_m$；
- 180°～270°，$u_s>0$，方波电压为正，舵偏角为δ_m；
- 270°～360°，$u_s<0$，方波电压为负，舵偏角为$-\delta_m$。

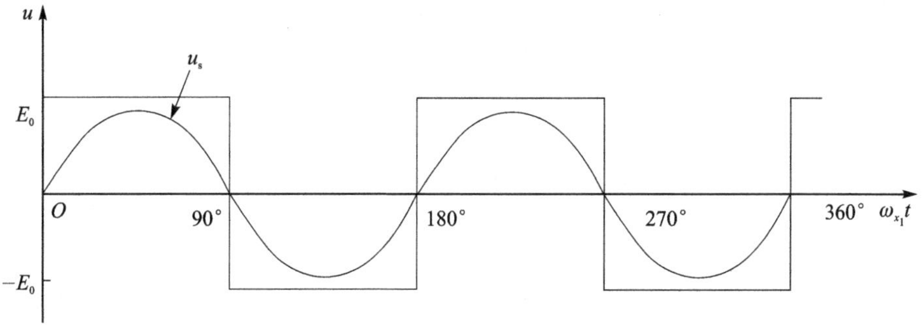

图 7.24　$u_k=0$ 时的驾驶仪输出方波电压图

导弹旋转一周，控制力的变化如图 7.25 所示。从图上可以看出，对控制力进行周期(此周期为弹体旋转周期)平均时，第一象限的力与第三象限的力大小相等、方向相反，互相抵消，第二象限的力与第四象限的力也大小相等、方向相反，互相抵消。因此导弹旋转一周，平均合成控制力为零。所以控制信号 $u_k=0$ 时，平均合成控制力 $Y_{av}=0$。

当控制信号 u_k 不为零时，如图 7.23 所示。从图中可以看出：

- 0°～(90°+φ)，$u_k+u_s>0$，方波电压为正，舵偏角为δ_m；
- (90°+φ)～180°，$u_k+u_s<0$，方波电压为负，舵偏角为$-\delta_m$；
- 180°～(270°$-\varphi$)，$u_k+u_s>0$，方波电压为正，舵偏角为δ_m；
- (270°$-\varphi$)～360°，$u_k+u_s<0$，方波电压为负，舵偏角为$-\delta_m$。

导弹旋转一周，控制力的变化如图 7.26 所示，对控制力进行周期平均时，扇形区 DOC' 与 BOC 互相抵消，扇形区 AOB 与 $A'OD$ 相互抵消，扇形区 $C'OA$ 与 COA' 互相叠加，平均合成控制力 Y_{av} 的方向沿 Oz_4 轴方向。周期平均控制力 Y_{av} 的大小与 φ 角有关，而 φ 角的大小与控制信号 u_k 的大小有关。u_k 大，则 φ 角大，Y_{av} 也大；u_k 小，则 φ 角小，Y_{av} 也小。下面来求平均控制力 Y_{av} 与控制信号 u_k 的关系。

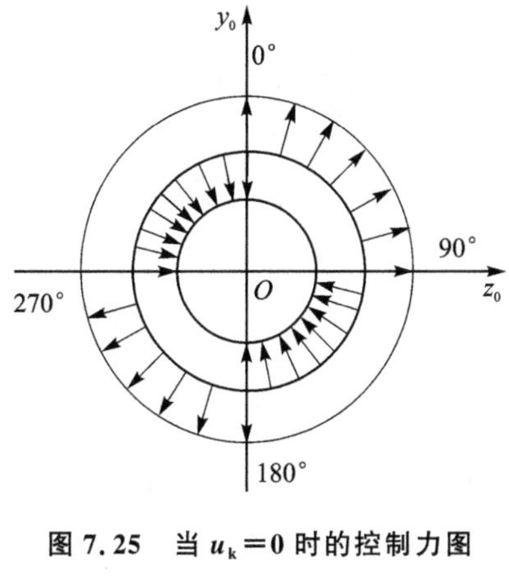

图 7.25　当 $u_k=0$ 时的控制力图

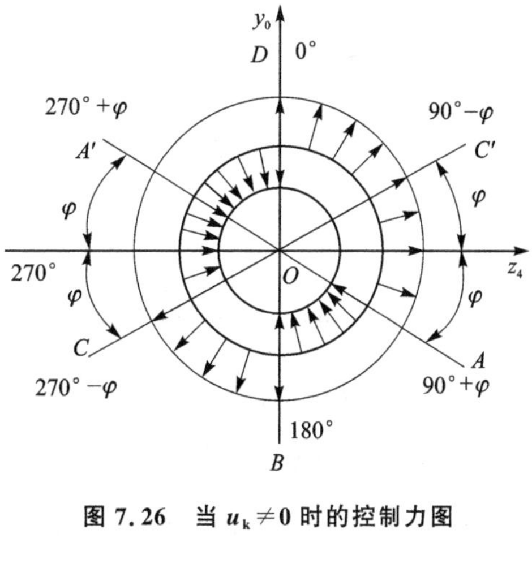

图 7.26　当 $u_k\neq0$ 时的控制力图

设 u_{km} 为 u_{k} 的幅值，u_{sm} 为 u_{s} 的幅值，则

$$u_{\mathrm{k}}+u_{\mathrm{s}}=u_{\mathrm{km}}\sin(\omega_{x_1}t)+u_{\mathrm{sm}}\sin(2\omega_{x_1}t) \tag{7-50}$$

当 $u_{\mathrm{km}}\sin(\omega_{x_1}t)+u_{\mathrm{sm}}\sin(2\omega_{x_1}t)>0$ 时，为正方波，$\delta=\delta_{\mathrm{m}}$；当 $u_{\mathrm{km}}\sin\omega_{x_1}t+u_{\mathrm{sm}}\sin(2\omega_{x_1}t)<0$ 时，为负方波，$\delta=-\delta_{\mathrm{m}}$。舵机工作状态转换时刻可根据下式确定：

$$u_{\mathrm{km}}\sin(\omega_{x_1}t)+u_{\mathrm{sm}}\sin(2\omega_{x_1}t)=0$$

若 $\omega_{x_1}t=90^\circ+\varphi$ 为舵机工作状态转换时刻，则

$$u_{\mathrm{km}}\sin(90^\circ+\varphi)=-u_{\mathrm{sm}}\sin[2(90^\circ+\varphi)]=-u_{\mathrm{sm}}\sin(180^\circ+2\varphi)$$

$$u_{\mathrm{km}}\cos\varphi=u_{\mathrm{sm}}\sin2\varphi=2u_{\mathrm{sm}}\cos\varphi\sin\varphi$$

$$\sin\varphi=\frac{u_{\mathrm{km}}}{2u_{\mathrm{sm}}},\quad \varphi=\mathrm{acrsin}\frac{u_{\mathrm{km}}}{2u_{\mathrm{sm}}}$$

$u_{\mathrm{km}}=2u_{\mathrm{sm}}$，$\sin\varphi=1$，$\varphi=90^\circ$，当 $u_{\mathrm{km}}>2u_{\mathrm{sm}}$ 时，$\omega_{x_1}t$ 在 0°～180°范围内，方波电压总是正的，所以 φ 角仍为 90°，不可能再增加。因扇形区 $C'OA$ 与扇形区 COA' 对称，故只要计算 0°～180°的平均合成控制力 Y_{av}。设 Y_t 为瞬时控制力，则

$$Y_{\mathrm{av}}=\frac{1}{180^\circ}\int_{90^\circ-\varphi}^{90^\circ+\varphi}Y_t\sin(\omega_{x_1}t)\mathrm{d}(\omega_{x_1}t)=-\frac{Y_t}{180^\circ}\cos(\omega_{x_1}t)\bigg|_{90^\circ-\varphi}^{90^\circ+\varphi}$$

$$=-\frac{Y_t}{180^\circ}[\cos(90^\circ+\varphi)-\cos(90^\circ-\varphi)]=-\frac{Y_t}{180^\circ}(-\sin\varphi-\sin\varphi)$$

$$=\frac{Y_t}{180^\circ}2\sin\varphi=\frac{Y_t}{180^\circ}\frac{u_{\mathrm{km}}}{u_{\mathrm{sm}}}$$

所以当 $u_{\mathrm{km}}\leqslant2u_{\mathrm{sm}}$ 时，Y_{av} 与 $\dfrac{u_{\mathrm{km}}}{u_{\mathrm{sm}}}$ 呈线性关系，由于 u_{sm} 为定值，故 Y_{av} 与 u_{km} 呈线性关系。当 $u_{\mathrm{km}}=2u_{\mathrm{sm}}$ 时，$\varphi=90^\circ$，$\sin\varphi=1$，$Y_{\mathrm{av}}=\dfrac{2Y_t}{180^\circ}$。

当 $u_{\mathrm{km}}\geqslant2u_{\mathrm{sm}}$ 时，自动驾驶仪输出方波电压如图 7.27 所示。导弹滚转一周，控制力方向的变化如图 7.28 所示。可知当 $u_{\mathrm{km}}=2u_{\mathrm{sm}}$ 时，$\varphi=90^\circ$，Y_{av} 达到最大值。

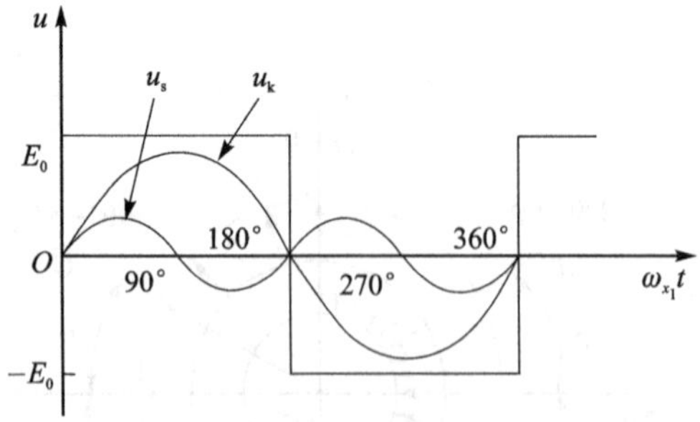

图 7.27　当 $u_{\mathrm{km}}\geqslant2u_{\mathrm{sm}}$ 时的驾驶仪输出方波电压图

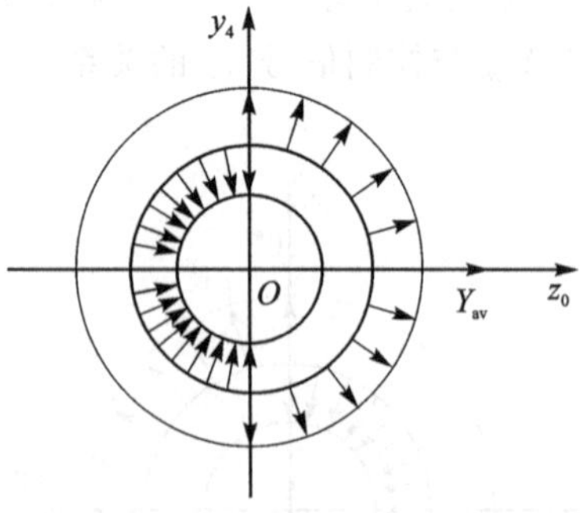

图 7.28　当 $u_{\mathrm{km}}\geqslant2u_{\mathrm{sm}}$ 时的控制力图

当 u_{km} 继续增大时，控制力方向的变化情况仍如图 7.28 所示，因此 Y_{av} 不再增大。根据上面的计算公式，可得 Y_{av} 与 $\dfrac{u_{\mathrm{km}}}{u_{\mathrm{sm}}}$ 的关系曲线如图 7.29 所示。当 $\dfrac{u_{\mathrm{km}}}{u_{\mathrm{sm}}}\leqslant2$ 时，Y_{av} 与 u_{km} 呈线性关系。当 Y_{av} 达到最大值后，控制信号幅值再增大，Y_{av} 的值保持不变。所以加了线性化振荡信号之后，平均合成控制力 Y_{av} 与控制信号 u_{km} 的幅值成正比。当 $u_{\mathrm{km}}\geqslant2u_{\mathrm{sm}}$ 时，平均控制

力 Y_{av} 达到饱和。

上面计算的是较简单的情况。实际的线性化振荡信号的频率可能要比弹体旋转频率高 不只 2 倍,平均合成控制力 Y_{av} 与 $\frac{u_{km}}{u_{sm}}$ 的关系曲线也要复杂一些,呈近似的线性关系。由于平均合成控制力 Y_{av} 的最大值为

$$Y_{av\,max}=\frac{2Y_t}{180°}=0.64Y_t$$

即 Y_{av} 的最大值为瞬时控制力 Y_t 的 64%。

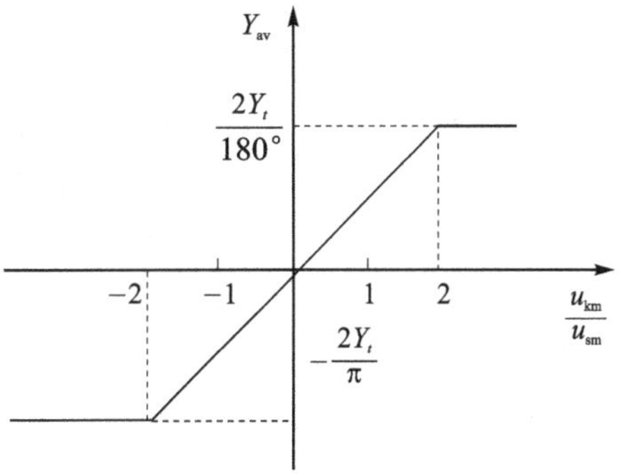

图 7.29　简化情况的平均控制力 $\frac{u_{km}}{u_{sm}}$ 的关系图

由此可知,单通道控制系统只用一个舵机和一对舵面就可控制导弹的空间运动,控制系统的结构比较简单,但是控制效果比较差一些,最大的平均合成控制力 Y_{av} 只有瞬时控制力的 64%,所以只有机动性比较小的导弹才能用单通道控制,机动性比较大的导弹应当采用双通道控制。

7.5　垂直发射导弹控制系统分析与设计

7.5.1　概　述

防空导弹和某些战术导弹的传统倾斜发射方式有着一系列缺点:首先是设备复杂,武器系统反应时间长;其次是受地形、地物影响和遮挡,不可避免地存在发射死区;再次,由于发射架笨重而影响导弹编配数量并降低了火力强度。

随着突防技术和空袭兵器的迅速发展,严峻的现代作战环境对导弹武器系统提出了作战反应时间短、发射速率高、全方位作战、载弹量多、隐蔽性好、可靠性高等新的要求。依靠倾斜发射方式很难满足这些要求,垂直发射技术就是在这种需求牵引下应运而生,并快速发展起来的。由于垂直发射导弹不需要高低方向跟踪,甚至也可以不做方位跟踪,从而提高了发射速率,缩短了反应时间;垂直发射因不存在地形地物遮挡造成死区,故而具有全方位作战的能力;此外,垂直发射系统结构简单、工作可靠、隐蔽性好、生存能力强、载弹量大、成本低,且全寿命周期费用低。因此,垂直发射是一种极具发展前途的发射方式。目前,很多国家的导弹已采用这种发射技术。如俄罗斯的道尔、S-300 V 、S-400 导弹,英、美、以色列等国的“海狼”导弹、“海麻雀”导弹、“巴拉克”导弹、“战斧”巡航导弹等。但应指出,垂直发射方式也有缺点的一面,这就是技术难度大,导弹平均速度减小,作战近界有一定损失等。

垂直发射方案设计包括方位对准、俯仰转弯、转弯动力等。其关键技术为推力矢量控制技术、捷联惯导技术、亚声速大迎角气动耦合技术、自推力发射排焰技术等。所有这些技术都同垂直发射控制系统的设计紧密相关。

7.5.2　系统工作过程与设计技术要求

1. 系统工作过程

垂直发射控制系统工作可分为三个阶段,即导弹垂直上升段、俯仰转弯段和自动导引段。

垂直上升段和俯仰转弯段被统称为姿控段。姿控段中，通常系统用捷联平台(一般采用四框架数字平台)作为敏感元件，借助燃气舵操纵，在程序指令作用下通过俯仰、偏航和滚动三个角姿态通道同时实现姿态角稳定和控制，这时要求系统有全方位控制能力。所谓全方位控制是指导弹在任何方位上，都能以对称面对准射击平面，并在该平面内进行俯仰转弯，同时导弹以对称的姿态飞行，故而气动耦合最小，形成指令最简单。

自动导引段，在导弹程序转弯结束后，抛掉推力矢量控制的燃气舵舱，转换使用空气舵，系统在控制指令作用下操纵导弹。这时，导弹速度矢量散布角满足一定要求，导引头已捕获目标。

2. 系统设计技术要求

为了实现快速参考姿态对准、全方位控制、快速转弯并充分发挥垂直发射的优势，通常对系统提出如下要求：

① 速率陀螺仪测量范围为 0.01～400(°)/s。

② 完成程序转弯时间一般为 2～3 s。

③ 程序转弯结束时，要求导弹速度散布角限制在某个值以内，且导弹滚动角应小于某个值，这些限定值根据导引头极化扭角和照射雷达天线极化形式确定。应该指出，当导引头或照射雷达天线采用圆极化时，对滚动角无要求。

④ 程序指令选择和调节规律形成须考虑系统的快速性和阻尼特性。

⑤ 采用快速转弯、大迎角和大过载控制等。

7.5.3 系统组成及原理

垂直发射导弹控制系统原理框图如图 7.30 所示。

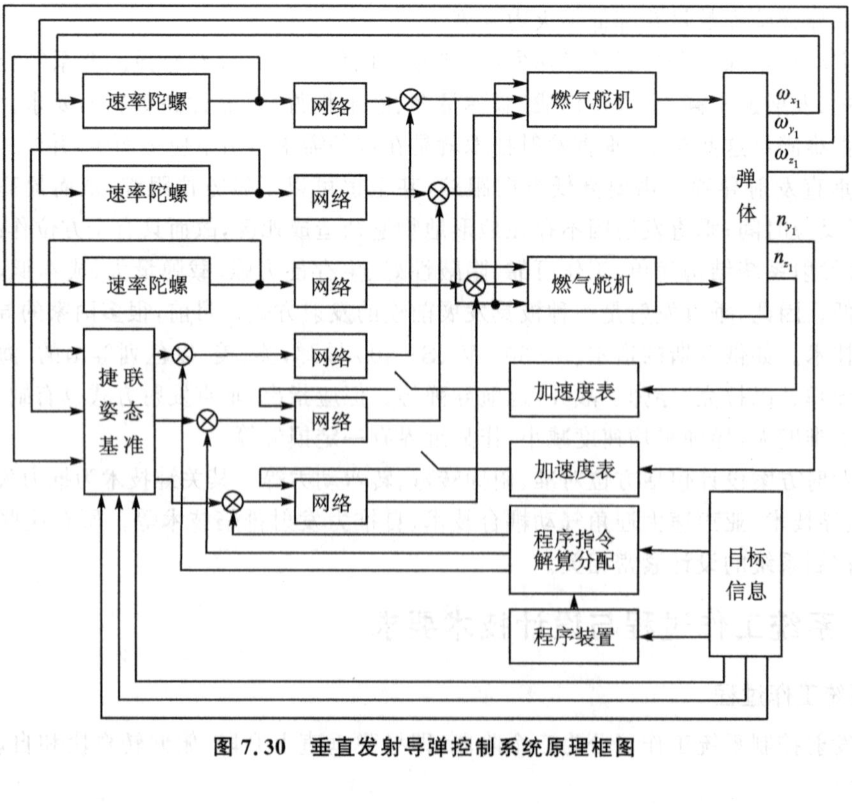

图 7.30 垂直发射导弹控制系统原理框图

由图 7.30 可知，捷联姿态平台将三个速率陀螺在飞行中测得的弹体角速度 ω_{x_1}、ω_{y_1}、ω_{z_1} 信号提供给弹上计算机。通过坐标变换和计算，得到惯性空间的三个相应滚动、俯仰、偏航角姿态信号；程序装置用于储存预先拟定的转弯指令，从中调用指令可由地面计算机根据目标信息选取；程序指令解算和分配装置，用于导弹在非对称平面内飞行时，根据目标方位信息，将程序指令按极性和幅值分配给俯仰、偏航回路，以控制导弹迅速转弯；目标信息是经地面计算机处理后提供的。n_{y_1} 和 n_{y_2} 分别为沿弹体 Oy_1、Oz_1 轴的加速度在自动导引段作为系统的反馈信息。

7.5.4 控制系统分析与设计

控制系统的基本功能是对三个方向的角位置进行稳定与控制。根据上述特点。垂直发射导弹的控制系统的分析与设计主要包括方位对准、俯仰转弯和垂直发射控制力等几个方面。

1. 方位对准

方位对准指导弹滚动稳定控制基准对准。方位对准通常可采用发射前方位对准或飞行中方位对准方案。前者是由发射装置实现的，这种方案可减轻导弹程序转弯段的负担，对提高导弹性能有利。但发射装置增加了方位对准随动系统，且发射前需要一定的调转时间。后者则根据目标实际方位，由弹上滚动稳定控制系统不断地调整导弹滚动方位，实现方位对准。究竟选择哪种对准方案，应依据导弹气动特性、控制特性及弹道特性而定。

2. 俯仰转弯

垂直发射导弹的俯仰转弯，一般采用程序控制。程序控制设计的主要内容是合理选择俯仰转弯过程中的有关参数，满足转弯终点参数控制要求。所选择的参数是：转弯段过载、转弯开始时间、转弯速率控制极限及燃气舵最大偏转角等。可用作转弯终点控制的参数有导弹姿态参数和导弹弹道参数。

如果所要求的俯仰角、偏航角、滚动角分别为 ϑ^*，ψ^*，γ^*，则导弹转弯控制方程可写为

$$\left.\begin{aligned}\delta_p &= K_{p1}(\vartheta-\vartheta^*)+K_{p2}\dot{\vartheta}\\ \delta_y &= K_{y1}(\psi-\psi^*)+K_{y2}\dot{\psi}\\ \delta_r &= K_{r1}(\gamma-\gamma^*)+K_{r2}\dot{\gamma}\end{aligned}\right\} \tag{7-51}$$

提出要求的导弹弹道参数通常是转弯结束时的飞行高度和弹道倾角等。对于采用比例导引规律 $\dot{\theta}=k\dot{q}$ 的某全程寻的制导导弹，为了实现 $\dot{q}=0$，使导弹沿直线飞行与目标遭遇需保证：

$$V_{\mathrm{m}}\sin(\theta-q)=V\sin\eta \tag{7-52}$$

可见导弹转弯结束时，若弹道倾角 θ 满足式(7-52)，则为最佳交班条件。

转弯开始时间、转弯段过载、转弯速率控制极限、燃气舵最大偏转角对导弹转弯特性均有显著影响。经分析可确定出俯仰转弯设计中各参数的选取范围：(控制)转弯开始时间 0.1～0.3 s；转弯段过载 20～30g；转弯速率控制极限 100～350(°)/s；燃气舵最大偏转角 8°～25°。

3. 垂直发射控制力

为了满足垂直发射导弹发射在最短时间内以最小转弯半径完成程序转弯要求(通常要求弹体能以每秒数百度的角速度运动，实现快速程序转弯)，较多采用燃气舵生成转弯控制力，且

四个燃气舵既可同向运动又可差动，以实现转弯过程中的俯仰、偏航和滚动控制要求。这时，燃气舵的面积可近似求出：

$$S = \frac{2J_y \dot{\vartheta}}{C_L^{\delta} \rho_g V_g^2 \delta_m L_g} \tag{7-53}$$

式中：J_y 为导弹绕弹体 Oy_1 的转动惯量；$\dot{\vartheta}$ 为由转弯程序要求的弹体角速度；C_L^{δ} 为燃气舵效率；ρ_g 为燃气密度；V_g 为燃气速度；δ_m 为燃气舵最大偏转角；L_g 为燃气舵压心至导弹质心的距离。

综上所述，可给出垂直发射导弹程序转弯段控制系统设计方案(见图 7.31)。

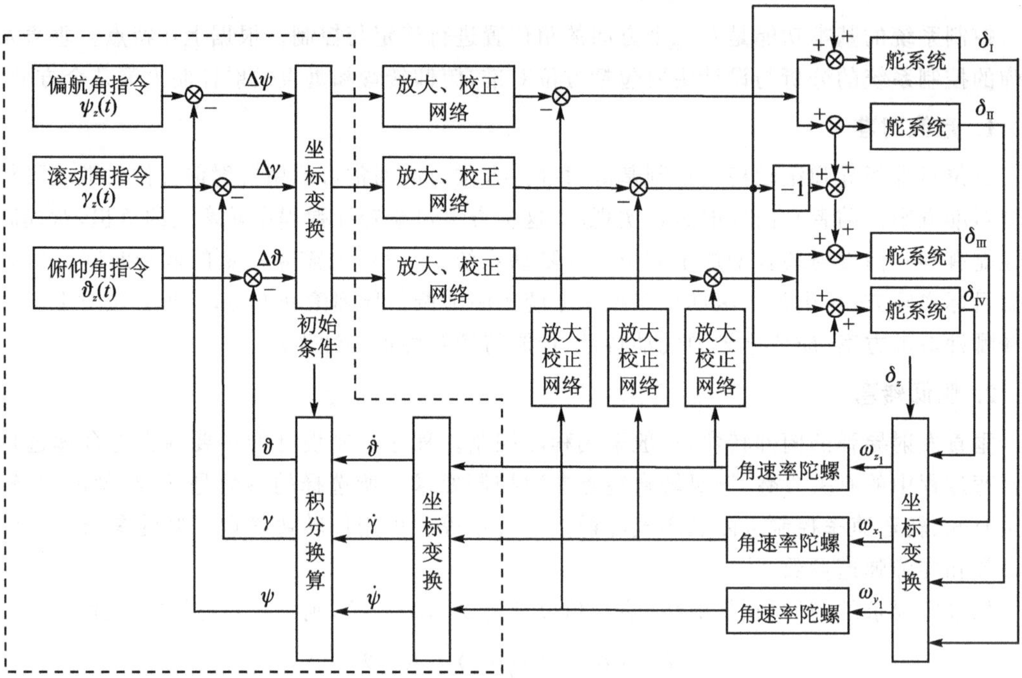

图 7.31 垂直发射导弹程序转弯段控制系统方案设计结构图

7.5.5 垂直发射最优控制律设计

1. 系统数学模型的建立

要进行最优控制律设计，必须首先建立被控系统的数学模型。为此做如下假定和简化：

① 弹体转弯过程中，纵向运动和航向运动交联很小，仅讨论导弹在纵向平面内运动；

② 整个转弯过程的飞行时间很短，故可略去地球自转运动影响；

③ 不考虑飞行过程中干扰的影响。

若选取发射点惯性坐标系 $Oxyz$、弹体坐标系 $Ox_1y_1z_1$ 和速度坐标系 $Ox_vy_vz_v$ 为参照系，对于图 7.31 所示的垂直发射稳定控制系统，有弹体运动方程及控制网络方程：

$$
\left.\begin{aligned}
&\dot{X}=V_{x_1}\cos\theta-V_{y_1}\sin\theta\\
&\dot{Y}=V_{x_1}\sin\theta+V_{y_1}\cos\theta\\
&m=m_0-\frac{P}{I_{sp}}\\
&\dot{\vartheta}=\omega_{z_1}\\
&\dot{V}_{x_1}=\frac{P-D(\delta_y)}{m}-\frac{qS}{m}C_A(\alpha)-g\sin\theta+\omega_{z_1}V_{y_1}\\
&\dot{V}_{y_1}=\frac{L(\delta_y)}{m}+\frac{qS}{m}C_N(\alpha)-g\cos\theta-\omega_{z_1}V_{x_1}\\
&\dot{\omega}_{z_1}=\frac{qS}{I_{z_1}}M_z^{\bar{\omega}_z}(\alpha)\omega_{z_1}\frac{l^2}{V}-\frac{qS}{I_{z_1}}C_N(\alpha)l_0-\frac{L(\delta_y)}{I_{z_1}}l_0\\
&\dot{\delta}_y=\frac{1}{T}\{k_1[f(k_2(\vartheta_D-\vartheta))-k'_1\omega_{z_1}]-\delta_y\}
\end{aligned}\right\}\tag{7-54}
$$

式中:S 为弹体截面面积;$L(\delta_y)$为控制力在 Oy 轴(或 Oz 轴)上的分量;m_0 为转弯开始时刻的弹体质量;I_{sp} 为比冲;$D(\delta_y)$为控制力在 Ox 轴上的分量;$C_N(\alpha)$为法向气动力系数;δ_y 为燃气舵舵偏角。

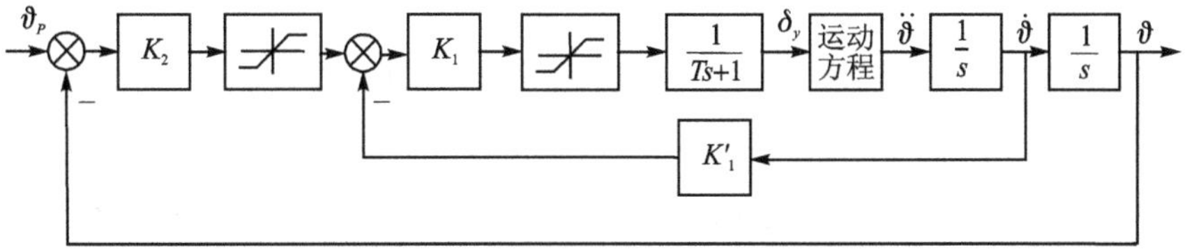

图 7.32　垂直发射导弹稳定控制系统结构图

令系统状态变量为

$$
\boldsymbol{X}=[x_1\quad x_2\quad\cdots\quad x_7]^{\mathrm{T}}=[V_{x_1}\quad V_{y_1}\quad \omega_{z_1}\quad x\quad y\quad \vartheta\quad \delta_y]^{\mathrm{T}}\tag{7-55}
$$

控制变量为

$$
u(t)=\vartheta_D(t)\tag{7-56}
$$

则由式(7-54)得系统状态方程为

$$
\begin{bmatrix}\dot{x}_1\\ \dot{x}_2\\ \dot{x}_3\\ \dot{x}_4\\ \dot{x}_5\\ \dot{x}_6\\ \dot{x}_7\end{bmatrix}=
\begin{bmatrix}
\frac{P-D(\delta_y)}{m}-\frac{qS}{m}C_A(\alpha)-g\sin\theta+x_2x_3\\
\frac{L(\delta_y)}{m}+\frac{qS}{m}C_N(\alpha)-g\cos\theta-x_1x_3\\
\frac{qS}{I_{z_1}}M_z^{\bar{\omega}_z}(\alpha)x_3\frac{l^2}{V}-\frac{qS}{I_{z_1}}C_N(\alpha)l_0-\frac{L(\delta_y)}{I_{z_1}}l_0\\
x_1\cos\theta-x_2\sin\theta\\
x_1\sin\theta+x_2\cos\theta\\
x_3\\
\frac{1}{T}\{k_1[f(k_2(\vartheta_D-\vartheta))-k'_1x_3]-\delta_y\}
\end{bmatrix}\tag{7-57}
$$

$$
x(t_0)=x_0
$$

2. 约束条件描述

(1) 终端约束条件

根据对垂直发射导弹转弯控制段结束时的要求，可写出终端约束条件：

$$\left.\begin{aligned}\theta(t_f)=C_1\\ \vartheta(t_f)=C_2\end{aligned}\right\} \tag{7-58}$$

式中：t_f 为终端时刻。

(2) 控制约束与状态约束条件

根据工程实现性对转弯控制过程中燃气舵舵偏角、姿态角速度和最大迎角的限制，可写出系统的控制约束与状态约束条件：

$$|k_2[u(t)-x_6(t)]|\leqslant\omega_{\max} \tag{7-59}$$

$$|k_2u(t)-k_2x_6(t)-k_1k'_1x_3(t)|\leqslant\delta_{\max} \tag{7-60}$$

$$|\arctan[-x_2(t)/x_1(t)]|\leqslant\alpha_{\max} \tag{7-61}$$

3. 目标函数的建立

根据对转弯结束时刻和转弯过程的要求，可建立基本的目标函数：

$$J_0=\theta_1x_3^2(t_f)+\theta_2[x_1^2(t_f)+x_2^2(t_f)-c_3^2]^2+\theta_3\int_0^{t_f}x_7^2(\tau)\mathrm{d}\tau \tag{7-62}$$

式中：θ_1、θ_2、θ_3 为大于零的权系数；c_3 为终端时刻导弹速度期望值。

4. 最优算法

为了获得最优控制律，可针对上述系统模型、约束条件和目标函数选择合适的数值算法，以求得最优解。通常采用的数值算法为梯度投影法和亏函数方法等。

应用普勒森(B. L. Plerson)所改进的共轭梯度投影方法，解决终端约束的控制条件。具体步骤如下：

① 修正初始控制向量，将其修正到终端约束表面；

② 计算负梯度向量，然后利用投影法，求得负梯度向量在终端约束表面正切超平面上的投影；

③ 选取步长参数，并将得到的控制向量修正回终端约束表面；

④ 返回到②，直至达到最优值。

应用罚函数方法解决控制约束和状态约束条件，罚函数如下：

$$\begin{aligned}J_1=&\int_0^{t_f}h_1\{[k_2u(t)-k_2x_6(t)]^2-\omega_{\max}^2\}\,\mathrm{d}t+\\&\int_0^{t_f}h_2\{[k_1k_2u(t)-k_1k_2x_6(t)-k'_1x_3(t)]^2-\delta_{\max}^2\}\,\mathrm{d}t+\\&\int_0^{t_f}h_3\{[\arctan(-x_2(t)/x_1(t))]^2-\alpha_{\max}^2\}\,\mathrm{d}t\end{aligned} \tag{7-63}$$

式中

$$h_1=\begin{cases}0 & |k_2\mu(t)-k_2x_6(t)|\leqslant\omega_{z\max}\\1 & |k_2\mu(t)-k_2x_6(t)|>\omega_{z\max}\end{cases}$$

$$h_2=\begin{cases}0 & |k_1k_2\mu(t)-k_1k_2x_6(t)-k'_1x_3(t)|\leqslant\delta_{\max}\\1 & |k_1k_2\mu(t)-k_1k_2x_6(t)-k'_1x_3(t)|>\delta_{\max}\end{cases}$$

$$h_3=\begin{cases}0 & |\arctan[-x_2(t)/x_1(t)]|\leqslant\alpha_{\max}\\1 & |\arctan[-x_2(t)/x_1(t)]|>\alpha_{\max}\end{cases}$$

J_1 与 J_0 构成综合目标函数 $J=MJ_1+J_0$，M 为罚因子，根据算式的具体情况进行选取。

7.6　直接力/气动力复合控制技术

复合控制技术是提高导弹机动能力和精确打击能力的关键技术之一，现代精确制导拦截导弹多采用直接侧向力和气动力相结合的复合控制系统。这也是目前超声速/高超声速导弹新采用的机动控制响应最快、控制系统最简单、实现精确制导效果最好的控制方式。直接侧向力控制，即是在弹体表面轴向或轴向特定位置布置一系列微型推力器(通常为脉冲固体火箭发动机或燃气发动机)，通过喷口垂直或偏转一定角度向外喷射声速燃气流，凭借喷流自身反作用力以及与外流作用产生的附加气动力和力矩，改变导弹位置和飞行姿态，从而修正弹道完成机动指令。采用直接力/气动力复合控制导弹系统将面临一系列问题：当进行大迎角机动飞行时，气动力所呈现的非线性和不确定更加严重，而且当迎角超过一定值时，还会引起严重的气流不对称。即使是零侧滑角也形成非常复杂的左右不对称背涡系，诱导产生出一个很大的侧向力，同时伴有偏航力矩和滚转力矩；且侧向力大小和方向变化的规律不确定，导致导弹控制通道的严重耦合。本节提出一种直接力/气动力复合控制的优化分配方法及脉冲点火策略，并对复合控制导弹控制通道耦合效应进行分析，以最大限度地减小控制耦合。

直接力控制属于非常规控制方法，根据发动机安装的位置不同，直接力控制可分为姿控和轨控两种方式(见 5.2.3 小节)。空空导弹的体积一般都比较小，对导弹质量有严格的限制，所以发动机的质量和占用空间都不能太大；而且为了获得较大机动能力，采用姿控方式比较合适。另外，采用不滚转飞行方案，可简化复合控制系统的设计。

姿控方式是通过直接力形成的推力矩来改变导弹姿态，往往单个发动机的推力不可控，即推力矩不可控，这样就会带来稳态控制误差，有时还会比较大。为了尽可能地减小控制误差，在导弹俯仰方向的上下两侧和偏航方向的左右两侧各纵向并列 3 个发动机，共有 12 个。如图 7.33 所示，每个方向的发动机编号从前至后，一侧为 J1、J2、J3，另一侧为 J4、J5、J6。这样，在推力相同的情况下，由于发动机距离质心的位置不同，通过控制其组合点火可得到不同的推力矩。通过增加发动机的数目，可进一步提高控制精度。

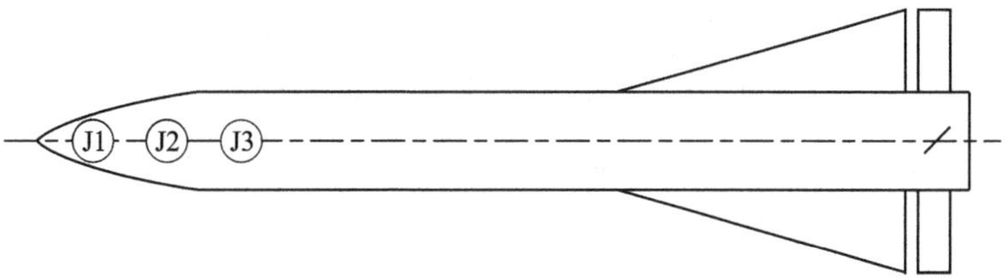

图 7.33　直接力控制布局示意图

7.6.1　姿控发动机工作时导弹的动态特性

姿控发动机产生的推力矩是一个具有一定脉宽 h 和幅值的脉动函数，但其脉宽往往远小于系统的时间常数 T_2(即 $h<0.1T_2$)，可认为是脉冲输入函数。不同于传统气动舵的阶跃控

制，所以有必要分析发动机工作时的导弹动态特性。

1. 短周期扰动运动方程

采用小扰动线性化方法，可得导弹纵向运动的短周期扰动方程组：

$$\left.\begin{aligned}&\dot{\omega}_z+a_{22}\omega_z+a_{24}\alpha+a'_{24}\dot{\alpha}=-a_{25}\delta_z+M_{zd}+M(T_{zy})\\&\dot{\theta}+a_{31}V+a_{33}\theta-a_{34}\alpha=a_{35}\delta_z+F_{yd}\\&\vartheta=\theta+\alpha\end{aligned}\right\}\tag{7-64}$$

在弹体坐标系下，直接力力矩与气动参数无关，这里把它作为“干扰力矩”来处理，与常规气动控制相对比，表示由迎角偏量引起的法向控制力对弹道倾角角速度的影响系数 $a_{34}=\dfrac{P+Y_\alpha-T_{zy}\alpha}{mV}$ 多了 $\dfrac{-T_{zy}\alpha}{mV}$ 项。

为了使导弹运动稳定，就必须保证扰动运动特征方程的所有实根或复根的实部都为负。分析可知，导弹自由扰动运动的稳定条件如下：

条件 1：$a_{34}>0$。

条件 2：$a_{24}+a_{34}a_{22}<0$。

常规气动力控制时，动力系数 a_{34} 恒为正，但采用复合控制时不能保证 a_{34} 恒为正，所以相对常规控制，复合控制导弹扰动运动的稳定条件多了一个条件 1。若条件 1 成立，同时导弹具有静稳定性，则条件 2 一定成立，导弹扰动运动就一定稳定，即使导弹具有一定的静不稳定性，只要满足条件 2，导弹运动还是稳定的。

2. 发动机产生脉冲偏转时的过渡过程分析

为了分析导弹的操纵性，用弹体传递函数来表示发动机点火和运动参数之间的变化关系，忽略导弹重力和气动力矩中下洗延迟的影响，即 $a'_{24}\dot{\alpha}=0$，$a_{33}\theta=0$。同时，舵面保持不变，得到干扰力矩作用下纵向扰动运动方程组

$$\left.\begin{aligned}&\dot{\omega}_z+a_{22}\omega_z+a_{24}\alpha-M(T_{zy})=0\\&\dot{\theta}-a_{34}\alpha=0\\&\vartheta=\theta+\alpha\end{aligned}\right\}\tag{7-65}$$

对式(7-65)进行拉普拉斯变换，利用克莱姆法则，可求得运动参数 $\omega_z(s)$、$\dot{\theta}(s)$、$\alpha(s)$，与干扰力矩 $M_{T_{zy}}(s)$之间的传递函数，用一个通式表示如下：

$$G_{M_{T_{zy}}}^{\Delta X}(s)=\frac{K_x}{T_c^2s^2+2\xi_cT_cs+1}\tag{7-66}$$

式中：T_c 为导弹扰动运动的时间常数；ξ_c 为导弹扰动运动的相对阻尼系数；ΔX 分别对应 $\omega_z(s)$、$\dot{\theta}(s)$、$\alpha(s)$；K_x 分别为 K、KT_1 和 KV/g，其中 $K=\dfrac{a_{34}}{a_{24}+a_{34}a_{22}}$，$T_1=\dfrac{1}{a_{34}}$。

通过式(7-67)来分析导弹脉冲扰动作用下的过渡过程品质，主要指标有：过渡过程时间、过渡过程中输出量的等效偏量等。

(1) 过渡过程函数

姿控发动机输出形式为脉冲函数，其拉氏表达式为 $M_{T_{zy}}(s)=A_1$，代入式(7-66)可得

$$\Delta X(s)=\frac{A_1K_x}{T_c^2s^2+2\xi_cT_cs+1}\tag{7-67}$$

当相对阻尼系数 $\xi_c \neq 1$ 时，对式(7-67)进行拉氏逆变换求得过渡过程如下：

$$\Delta X(t)=\frac{A_1 K_x}{\lambda_1-\lambda_2}(\mathrm{e}^{\lambda_1 t}-\mathrm{e}^{\lambda_2 t}) \tag{7-68}$$

式中：λ_1、λ_2 是特征方程 $T_c^2 s^2+2\xi_c T_c s+1=0$ 的根。若 $\xi_c<1$，λ_1、λ_2 是一对共轭复根，将其代入式(7-68)并整理，可得

$$\Delta X(t)=\frac{A_1 K_x T_c \exp\left(-\dfrac{\xi_c}{T_c}t\right)}{\sqrt{1-\xi_c^2}}\sin\left(\frac{\sqrt{1-\xi_c^2}}{T_c}t\right) \tag{7-69}$$

此时，过渡过程具有振荡运动的性质，只要满足自由扰动运动稳定的条件 1，则两个复根的实部 $-\xi_c/T_c<0$，导弹振荡运动的过渡过程是衰减的。

若 $\xi_c<1$，λ_1、λ_2 是两个负实根，将其代入式(7-68)并整理得

$$\Delta X(t)=\frac{A_1 K_x T_c \exp\left(-\dfrac{\xi_c}{T_c}t\right)}{2\sqrt{1-\xi_c^2}}\left[\exp\left(\frac{\sqrt{1-\xi_c^2}}{T_c}t\right)-\exp\left(\frac{-\sqrt{1-\xi_c^2}}{T_c}t\right)\right] \tag{7-70}$$

过渡过程具有非周期性质，导弹扰动运动由两个衰减的非周期运动组成，当动力系数 a_{24} 变大时，过渡过程的一个非周期运动的衰减加快，另一个衰减变慢。

当相对阻尼系数 $\xi_c=1$ 时，特征方程的根 λ_1、λ_2 是重根，对式(7-67)再进行拉氏逆变换求得过渡过程如下：

$$\Delta X(t)=A_1 K_x \mathrm{e}^{\lambda t} t \tag{7-71}$$

这种情况下，过渡过程具有衰减非周期运动的性质。

(2) 过渡过程时间 t_s

对于脉冲响应，过渡过程时间定义为：从过渡过程开始到运动参数衰减到其初始值的 5% 所需的时间。

对于过渡过程(7-69)，根据过渡过程时间定义可得

$$t_s=\frac{3T_c}{\xi_c}=\frac{3}{\xi_c \omega_c} \tag{7-72}$$

式中：ω_c 为导弹弹体自振频率，$\omega_c \approx 1/T_c \approx \sqrt{-a_{13}}$。

对于过渡过程(7-70)，可知 $\Delta X(t)$ 是两个衰减指数的叠加，其过渡过程时间主要取决于衰减速度慢的指数函数

$$\Delta X(t)=\frac{A_1 K_x T_c}{2\sqrt{1-\xi_c^2}}\exp\left(\frac{-\xi_c+\sqrt{1-\xi_c^2}}{T_c}t\right)$$

所以有

$$t_s \approx \frac{3T_c}{\xi_c-\sqrt{\xi_c^2-1}} \tag{7-73}$$

对于过渡过程(7-70)同样可得

$$t_s \approx 3T_c$$

从式(7-72)、式(7-73)可以看出，相对阻尼系数 ξ_c 的大小直接影响姿控发动机点火产生脉冲偏转时导弹弹体的过渡过程时间，ξ_c 太小或太大都不能使输出量 $\Delta X(t)$ 尽快地接近稳态值。当给定 ξ_c 值时，过渡过程时间 t_s 与导弹弹体的时间常数成正比，为了减小过渡过程时

间，应尽可能地减小弹体时间常数。

(3) 输出量的等效偏量

在姿控发动机作用下，导弹各输出量都是振荡衰减或指数衰减的曲线变化量，为了实际计算控制的方便，需要知道各输出量在过渡过程中的等效偏量 ΔX_{dx}，作如下定义：

$$\Delta X_{\mathrm{dx}}=\frac{\int_{t_0}^{t_{\mathrm{p}}}\Delta X(t)\mathrm{d}t}{t_{\mathrm{p}}-t_0} \tag{7-74}$$

实际应用中，更多关注 $\xi_{\mathrm{c}}<1$ 时发动机脉冲点火产生的等效迎角和法向过载偏量，所以有

$$\Delta\alpha_{\mathrm{dx}}=\frac{\int_{t_0}^{t_{\mathrm{p}}}\left[\frac{A_1KT_1T_{\mathrm{c}}\mathrm{e}^{-\frac{\xi_{\mathrm{c}}}{T_{\mathrm{c}}}t}}{\sqrt{1-\xi_{\mathrm{c}}^2}}\sin\left(\frac{\sqrt{1-\xi_{\mathrm{c}}^2}}{T_{\mathrm{c}}}t\right)\right]\mathrm{d}t}{t_{\mathrm{p}}-t_0}$$

$$\Delta n_{y\mathrm{dx}}=\frac{\int_{t_0}^{t_{\mathrm{p}}}\left[\frac{A_1KVT_{\mathrm{c}}\mathrm{e}^{-\frac{\xi_{\mathrm{c}}}{T_{\mathrm{c}}}t}}{\sqrt{1-\xi_{\mathrm{c}}^2}}\sin\left(\frac{\sqrt{1-\xi_{\mathrm{c}}^2}}{T_{\mathrm{c}}}t\right)\right]\mathrm{d}t}{t_{\mathrm{p}}-t_0}$$

可以看出，脉冲推力矩所能产生的等效迎角和法向过载主要取决于发动机自身推力的大小，同时导弹飞行速度和飞行高度也会影响等效偏量的值。

7.6.2 姿控发动机力臂对动态特性的影响

姿控发动机推力矩的力臂大小，会直接影响到响应时间常数并对发动机推力有一定要求，合理选择发动机位置，可以有效减小时间常数，同时降低对姿控发动机的要求。通常情况下，复合控制的最小时间常数 T_b 及所需最大推力 T_z 与发动机力臂 l_b 的关系如图 7.34 所示。

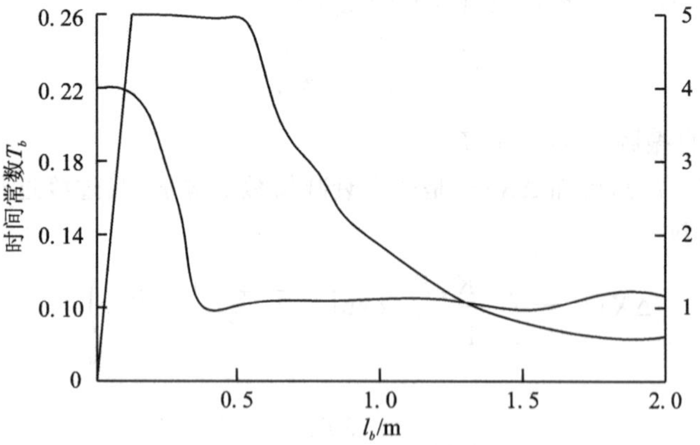

图 7.34 发动机力臂影响关系曲线

从图 7.34 可以看出，随着力臂增大，所需推力逐渐减小，时间常数也随之减小，但减小到一定程度后变化就不大了，这是由于弹体本身的固有反应时间有限。另外，就导弹的整体结构布局而言，姿控发动机不可能布置在离导弹质心过远的地方，这样不利于其他部位的安排。所以需要利用力臂的大小来调整优化导弹的响应时间常数和所需推力，达到消耗最少能量而最

大限度提高控制效率的目的。一般姿控发动机的力臂大小可取在 1.0～1.3 m 之间。

下面通过一个实例来说明上述分析过程，设导弹达到马赫数 3 时，某一特征点的参数：$H=6\ 000\ \text{m}$，$T_z=2\ 000\ \text{N}$，$a_{22}=3.5$，$a_{34}=\dfrac{P+Y^{\alpha}}{mV}-\dfrac{T_z\alpha}{mV}$，$a_{24}=5.2$，$a_{24}'=0.33$，$a_{25}=-48$，$a_{35}=0.82$，导弹本身参数：$m=250\ \text{kg}$，$J_z=248\ \text{kg}\cdot\text{m}^2$，$l_b=1.1\ \text{m}$。

经计算可知，导弹弹体是静稳定的，当 $\alpha=20°$ 时有

$$a_{34}=2.296\ 5>0$$

$$-a_{24}-a_{34}\cdot a_{22}=13.25>0$$

从而，满足导弹自由扰动运动的稳定条件，时间常数 $T_c=0.275$，相对阻尼系数 $\xi_c=0.797$。这时，以姿控发动机脉冲推力矩为输入，弹体迎角和法向过载为输出的传递函数分别为

$$W_{M_{T_{zy}}}^{\Delta\alpha}(s)=\frac{0.004}{s^2+5.8s+13.25},\quad W_{M_{T_{zy}}}^{\Delta n_y}(s)=\frac{0.92}{s^2+5.8s+13.25}$$

脉冲响应的过渡函数分别为

$$\Delta\alpha(t)=\frac{A_1KT_1T_c\mathrm{e}^{-\frac{\xi_c}{T_c}t}}{\sqrt{1-\xi_c^2}}\sin\left(\frac{\sqrt{1-\xi_c^2}}{T_c}t\right)=0.335\mathrm{e}^{-2.9t}\sin(2.2t)$$

$$\Delta n_y(t)=\frac{A_1KVT_c\mathrm{e}^{-\frac{\xi_c}{T_c}t}}{g\sqrt{1-\xi_c^2}}\sin\left(\frac{\sqrt{1-\xi_c^2}}{T_c}t\right)=76.8\mathrm{e}^{-2.9t}\sin(2.2t)$$

过渡过程时间 $t_s=1.036\ \text{s}$，产生的等效迎角和法向过载分别为

$$\Delta\alpha_{\text{dx}}=\frac{57.3\int_0^{1.036}[0.335\mathrm{e}^{-2.9t}\sin(2.2t)]\,\mathrm{d}t}{1.036}=3.0°$$

$$\Delta n_{y\text{dx}}=\frac{\int_0^{1.036}[76.8\mathrm{e}^{-2.9t}\sin(2.2t)]\,\mathrm{d}t}{1.036}=12g$$

此时，姿控发动机一个点火脉冲可产生 3.0°等效迎角和 $12g$ 等效法向过载。

7.6.3　复合控制的优化控制分配及点火策略

采用直接力/气动力复合控制是提高导弹拦截精度的有效手段，其复合控制系统的设计一般是将侧喷直接力和气动力进行解耦，同时分解控制信号，由侧喷直接力姿控系统和气动力控制系统分别执行。其中一个重要的问题就是如何将控制信号进行分解，即如何将期望的控制指令分配到受位置和速率约束的不同独立类型的操纵机构，这就是控制分配问题。不合理的控制分配将可能导致导弹的可控性和控制效益降低，而且直接力姿控系统在接收到分配指令后，如何有效控制侧喷力(力矩)产生的大小和方向，即组合点火算法的研究也是复合控制系统设计的重要问题之一。

控制分配算法主要应用在具有多操纵面执行机构的飞行器控制当中，对于复合控制导弹，本节将直接力子系统看成是一种特殊的控制执行机构，与气动力的舵面执行机构并列但又不同于舵面机构。

控制分配算法主要包括两大类：非优化分配方法(包括硬切换、直接分配等)和优化分配方法(包括线性规划、非线性规划等)。其中，非优化方法具有计算量小，易实现等优点，但没有充分利用各执行机构的控制效率，具有保守性；优化方法考虑了不同执行机构的控制效率以及约束条件，能合理分配控制指令，但其往往计算量较大。因此，对于复合控制导弹系统，有必要研究满足实时性要求的动态优化控制分配算法。

1. 控制分配的数学描述

控制分配问题就是从目标可达集内的任意向量出发，寻找可用控制集内映射为期望目标向量的控制量。数学表述为：当控制律给出期望的总控制目标 $v(t)\in R^n$ 时，设计控制分配器，求出被控系统实际的控制输入 $u(t)\in R^m$、$m>n$，满足下列映射：

$$f(u(t))=v(t) \tag{7-75}$$

式中：$f:R^m\mid\!\rightarrow R^n$ 是实际控制输入到期望控制作用的映射函数，包含位置约束和速率约束条件，即

$$\left.\begin{aligned} u_{\min}(t)\leqslant u(t)\leqslant u_{\max}(t) \\ \rho_{\min}(t)\leqslant \dot{u}(t)\leqslant \rho_{\max}(t) \end{aligned}\right\} \tag{7-76}$$

$\dot{u}(t)$ 可由时间导数来表示，即

$$\dot{u}(t)=\frac{u(t)-u(t-T)}{T} \tag{7-77}$$

T 为采样时间，将速率约束表示成位置约束形式，有

$$\left.\begin{aligned} &u_1(t)\leqslant u(t)\leqslant u_2(t) \\ &u_1(t)=\max\{u_{\min},u(t-T)+T\rho_{\min}\} \\ &u_2(t)=\min\{u_{\max},u(t-T)+T\rho_{\max}\} \end{aligned}\right\} \tag{7-78}$$

式(7-75)、式(7-78)便是具有约束的控制分配问题的数学描述。以上描述了控制分配的任务，并给出了数学表达式，下面将结合导弹模型来研究分配策略。

2. 复合控制分配策略

直接力控制具有离散特性，而气动力控制是连续的，为了能够进行控制分配，首先假设直接力控制的组合推力矩可连续线性变化，使得直接力控制和气动力控制的执行机构“并列”起来，同时假设姿控发动机可重复点火。

当获得控制分配结果后，根据发动机的组合点火算法，离散化后确定合适的点火组合，从而保证其控制误差最小。最后，再将直接力的控制误差传送给气动力控制机构，通过气动力机构来进行补偿控制。整个控制指令流程如图 7.35 所示。

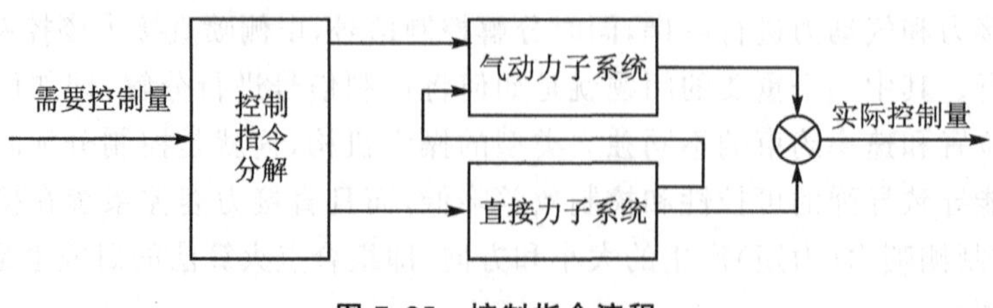

图 7.35　控制指令流程

“并列”统一了直接力控制和气动力控制的执行机构，在进行控制分配时还必须兼顾直接力执行机构的特殊性，即直接力姿控发动机的点火时机问题。由于燃料有限，发动机不可能全

程点火，只能在需要时产生大小恒定、作用时间短的离散控制力。为了充分利用资源并实现有效控制，必须优先使用气动力控制，只有在导弹需要大机动或气动效率不足时才启动直接力控制。

关于发动机的点火时机问题，目前大多数的方法是根据阈值、影响因素预先设定一个启控条件(阈值)，当达到此条件时发动机点火，主要包括：

① 在目标进入拦截弹导引头的探测范围，且导引头已捕获到目标并能准确地跟踪目标的条件下，综合考虑目标机动加速度、目标机动时刻以及目标角闪烁影响，将切换时间选为弹目遭遇前 1.0 s 左右。

② 综合考虑剩余飞行时间、弹目相对距离和视线角速度三个因素来设计直接力引入时机。

③ 根据迎角、侧滑角的误差大小设计点火时机。

④ 在导弹末制导段导引头的失效时刻引入直接力。

综合分析可知，启动直接力控制的时刻主要分布在：导弹发射的初始段，中末制导交接班时刻及末制导阶段。针对复合控制导弹，在此将姿控发动机的点火时机问题和控制分配问题合二为一，提出一种新的优化控制分配算法，综合考虑控制分配的目标条件和发动机的点火条件；在进行控制分配的同时确定发动机的点火时机，不需要预先设定点火条件，以便充分利用直接力控制的优势。

3. 新的优化分配方法

对于复合控制导弹这类非线性、强耦合系统，首先需要对其进行解耦，此问题已在第 6 章导弹 BTT 控制方法中做过研究，这里只研究解耦后的单通道控制分配问题。重写导弹俯仰通道线性动态方程如下：

$$\left.\begin{aligned}\dot{\alpha}&=\frac{1}{mV}(C_y^{\alpha}qS\alpha+C_y^{\delta_z}qS\delta_z+T_{zy})+\omega_z\\ \dot{\omega}_z&=\frac{1}{J_z}(M_Z^{\alpha}\alpha+M_Z^{\delta_z}\delta_z+M_Z^{\omega_z}\omega_z+M_Z)\end{aligned}\right\}\tag{7-79}$$

式中：J_z 为绕 Oz_1 轴的转动惯量；M_Z 为侧喷发动机的组合推力矩。

定义推力向上为正，向下为负，忽略各个发动机点火侧喷时的相互干扰，可知：

$$T_{zy}=\sum T_b\tag{7-80}$$

式中：下标 b 为开启的发动机序号；T_b 为 b 号发动机的推力，则

$$M_Z=\sum T_b l_b\tag{7-81}$$

l_b 为 b 号发动机喷口与导弹质心的间距。

导弹法向过载表达式

$$n_y=\frac{V}{g}\dot{\theta}=\frac{V}{g}(\dot{\alpha}-\omega_z)\tag{7-82}$$

假设组合推力矩 M_Z 可连续线性变化，即

$$M_Z=M_{\max}\delta_{\text{jet}},\quad |\delta_{\text{jet}}|\leqslant 1\tag{7-83}$$

式中：$M_{\max}$ 为最大可用推力矩；δ_{jet} 为侧向喷管虚拟控制量，单位是 rad。则式(7-79)变为

$$\left.\begin{aligned}\dot{\alpha}&=\frac{1}{mV}(C_y^{\alpha}qS\alpha+C_y^{\delta_z}qS\delta_z+M_{\max}\delta_{\text{jet}}/l_{\text{jet}})+\omega_z\\ \dot{\omega}_z&=\frac{1}{J_z}(M_Z^{\alpha}\alpha+M_Z^{\delta_z}\delta_z+M_Z^{\omega_z}\omega_z+M_{\max}\delta_{\text{jet}})\end{aligned}\right\}\tag{7-84}$$

由式(7－81)、式(7－83)可得复合控制指令表达式

$$n_y=\frac{V}{mg}(C_y^{\alpha}qS\alpha+C_y^{\delta_z}qS\delta_z+M_{\max}\delta_{\text{jet}}/l_{\text{jet}}) \tag{7-85}$$

取 $\boldsymbol{x}=[\alpha\quad\omega_z]^{\mathrm{T}}$，$\boldsymbol{u}=[\delta_z\quad\delta_{\text{jet}}]^{\mathrm{T}}$，有

$$\left.\begin{aligned}\dot{\boldsymbol{x}}&=\boldsymbol{Ax}+\boldsymbol{Bu}\\ \boldsymbol{n}_y&=\boldsymbol{Cx}+\boldsymbol{Du}\end{aligned}\right\} \tag{7-86}$$

式中

$$\boldsymbol{A}=\begin{bmatrix}\dfrac{C_y^{\alpha}qS}{mV} & 1\\ \dfrac{M_Z^{\alpha}}{J_z} & \dfrac{M_Z^{\omega_z}}{J_z}\end{bmatrix},\quad \boldsymbol{B}=\begin{bmatrix}\dfrac{C_y^{\delta_z}qS}{mV} & \dfrac{M_{\max}}{mVl_{\text{jet}}}\\ \dfrac{M_Z^{\delta_z}}{J_z} & \dfrac{M_{\max}}{J_z}\end{bmatrix}$$

$$\boldsymbol{C}=[C_y^{\alpha}qS\quad 0],\quad \boldsymbol{C}=\begin{bmatrix}\dfrac{C_y^{\delta_z}qS}{mg} & \dfrac{M_{\max}}{mgl_{\text{jet}}}\end{bmatrix}$$

对于导弹纵向控制系统(7－86)，制导指令 n_{y_0} 即为期望的总的控制目标，控制机构为导弹的舵面和姿控发动机，如何在具有舵面位置、速率以及发动机点火时机的约束条件下合理分配控制指令，并使得实际控制指令 n_y，无限接近 n_{y_0} 是我们研究的重点。

导弹控制过程中，常常对系统任意当前时刻 t 的最优状态感兴趣，在此定义如下代价函数：

$$\boldsymbol{Q}(\boldsymbol{n}_y,\boldsymbol{n}_{y_0},\boldsymbol{u},t)=\int_{t_0}^{t}\{[\boldsymbol{n}_y(\tau)-\boldsymbol{n}_{y_0}(\tau)]^{\mathrm{T}}\boldsymbol{W}[\boldsymbol{n}_y(\tau)-\boldsymbol{n}_{y_0}(\tau)]+\boldsymbol{u}^{\mathrm{T}}(\tau)\boldsymbol{Ru}(\tau)\}\mathrm{d}\tau \tag{7-87}$$

式中：$\boldsymbol{W}$ 为非负定确定性矩阵；$\boldsymbol{R}$ 为正定对称矩阵。

在约束条件式(7－78)下，求解最优控制向量 $\boldsymbol{u}(t)$，使其任意时刻 t 都满足

$$\max_{\boldsymbol{u}}\left\{-\frac{\mathrm{d}}{\mathrm{d}t}\boldsymbol{Q}(\boldsymbol{n}_y,\boldsymbol{n}_{y_0},\boldsymbol{u},t)\right\} \tag{7-88}$$

$\boldsymbol{u}(t)$ 即是我们所要的分配结果，可使控制误差和控制量混合最小。这样，复合控制分配问题就转化为一个带约束的局部最优控制问题。

由式(7－87)可得

$$\frac{\mathrm{d}}{\mathrm{d}t}\boldsymbol{Q}(\boldsymbol{n}_y,\boldsymbol{n}_{y_0},\boldsymbol{u},t)=[\boldsymbol{n}_y(t)-\boldsymbol{n}_{y_0}(t)]^{\mathrm{T}}\boldsymbol{W}[\boldsymbol{n}_y(t)-\boldsymbol{n}_{y_0}(t)]+\boldsymbol{u}^{\mathrm{T}}(t)\boldsymbol{Ru}(t) \tag{7-89}$$

将式(7－86)、式(7－87)代入式(7－88)，并去掉与控制向量 $\boldsymbol{u}(t)$ 无关的项，得

$$\max_{\boldsymbol{u}}\{-[\boldsymbol{x}^{\mathrm{T}}\boldsymbol{C}^{\mathrm{T}}\boldsymbol{WDu}+\boldsymbol{u}^{\mathrm{T}}\boldsymbol{D}^{\mathrm{T}}\boldsymbol{W}(\boldsymbol{Cx}+\boldsymbol{Du}-\boldsymbol{n}_{y_0})-\boldsymbol{n}_{y_0}^{\mathrm{T}}\boldsymbol{WDu}+\boldsymbol{u}^{\mathrm{T}}\boldsymbol{Ru}]\} \tag{7-90}$$

当无控制约束时，求解式(7－90)关于 $\boldsymbol{u}(t)$ 的极大值，利用无条件极值原理，得

$$\boldsymbol{D}^{\mathrm{T}}\boldsymbol{W}^{\mathrm{T}}\boldsymbol{Cx}+\boldsymbol{D}^{\mathrm{T}}\boldsymbol{W}(\boldsymbol{Cx}+\boldsymbol{Du}-\boldsymbol{n}_{y_0})-\boldsymbol{D}^{\mathrm{T}}\boldsymbol{W}^{\mathrm{T}}\boldsymbol{n}_{y_0}+\boldsymbol{Ru}=\boldsymbol{0} \tag{7-91}$$

从而有

$$\boldsymbol{u}=(\boldsymbol{D}^{\mathrm{T}}\boldsymbol{WD}+\boldsymbol{R})^{-1}\boldsymbol{D}^{\mathrm{T}}(\boldsymbol{W}+\boldsymbol{W}^{\mathrm{T}})(\boldsymbol{n}_{y_0}-\boldsymbol{Cx}) \tag{7-92}$$

当存在控制约束时，若控制向量 $\boldsymbol{u}(t)$ 在限制区域 U_0 内部变化，则其解仍为式(7－92)，若控制向量 $\boldsymbol{u}(t)$ 在区域 U_0 边界上变化，则 $\boldsymbol{u}(t)$ 取其边界值，符号与式(7－92)的相同。综合得最优控制向量为

$$
\boldsymbol{u}=\begin{cases}(\boldsymbol{D}^{\mathrm{T}}\boldsymbol{W}\boldsymbol{D}+\boldsymbol{R})^{-1}\boldsymbol{D}^{\mathrm{T}}(\boldsymbol{W}+\boldsymbol{W}^{\mathrm{T}})(\boldsymbol{n}_{y_0}-\boldsymbol{C}\boldsymbol{x}) & \boldsymbol{u}\in U_0\\ U_0\operatorname{sgn}[(\boldsymbol{D}^{\mathrm{T}}\boldsymbol{W}\boldsymbol{D}+\boldsymbol{R})^{-1}\boldsymbol{D}^{\mathrm{T}}(\boldsymbol{W}+\boldsymbol{W}^{\mathrm{T}})(\boldsymbol{n}_{y_0}-\boldsymbol{C}\boldsymbol{x})] & \boldsymbol{u}\notin U_0\end{cases}\tag{7-93}
$$

在式(7-81)的优化目标中，通过选择合适的加权矩阵 $\boldsymbol{W}$ 和 $\boldsymbol{R}$，调节控制分配，可以使得导弹在控制过程中优先选用气动力控制，直接力子系统分配获得的控制指令很小，姿控发动机不点火，只有在气动舵面接近饱和时，直接力子系统才分配获得较大控制指令，发动机点火。这样，在优化控制分配的同时即确定了发动机的点火时机。另外，根据分配策略，气动力机构要补偿直接力的控制误差，所以算法中在设置气动力执行机构的约束条件时要有预留量。

4. 复合控制优化算法

复合控制导弹是一个非线性、强耦合的复杂系统，但直接力控制和气动控制的耦合主要表现在侧向喷流与气流的相互干扰对气动力控制的影响。对导弹控制来讲，这种干扰可视为小干扰可予以忽略，直接力和气动力可直接解耦，分别针对直接力控制子系统和气动力控制子系统进行控制器设计。气动力控制子系统设计在此前已有充分论述，此处仅就直接力控制子系统进行分析设计。

直接力控制子系统的设计主要包括发动机布局以及发动机的点火策略。其中，点火策略包括点火时机和点火逻辑两个方面，选择合适的点火时机和点火组合，对于实现最佳拦截效果具有重要意义。如何有效控制侧喷力(力矩)的大小是首要问题，因为有多个姿控发动机及多种组合点火方式。通过分配获得控制指令后，如何选择合适的点火组合，使控制误差最小，需要研究姿控发动机的组合点火算法。

在前述控制分配算法中，n_{y_0} 为期望的总控制目标，在假设姿控发动机组合推力矩 M_Z 可连续性变化的条件下，直接力控制子系统分配获得控制指令，通过式(7-83)将其转换为力矩指令 M_Z，此 M_Z 即为直接力控制子系统组合点火算法控制目标指令。

根据姿控发动机在弹体上的布局形式，可知此时发动机产生的实际控制力矩为

$$
\overline{M}_Z=\sum_{b=1}^{6}T_{zy}^{b}\cdot l_b\tag{7-94}
$$

姿控发动机工作所消耗的燃料只占导弹质量的很小一部分，可以认为在姿控发动机工作过程中，导弹的质心没有受到影响，位置不变，即单个发动机的控制力臂 l_b 不变。

由于在实际工作过程中，发动机推力无法连续变化，所以对其控制只有开启和关闭两种方式。设有决策序列为

$$
\widetilde{Q}=\{x_1x_2x_3x_4x_5x_6\}\tag{7-95}
$$

则式(7-94)可以写为

$$
\overline{M}_Z=\sum_{b=1}^{6}x_bT_{zy}^{b}\cdot l_b\tag{7-96}
$$

式中：$x_b=0$ 或 $1(b=1,2,3,\cdots,6)$，分别对应发动机的开启和关闭状态。而且，姿控发动机工作时喷流与外流的干扰对推力会产生一定的影响，用推力放大因子 K_F 来表示，K_F 会随发动机的不同工作方式而改变。如在一个指令周期中需要 J1、J2 和 J3 工作，三个发动机单独顺序点火或同时点火时 K_F 是不同的，所产生的组合推力力矩也就有所不同。为进一步减小控制误差，在发动机组合点火算法中，还应考虑喷流干扰的影响。此时，式(7-96)变为

$$
\overline{M}_Z=\sum_{b=1}^{6}x_bK_F^bT_{zy}^{b}\cdot l_b\tag{7-97}
$$

选择合适的组合点火方式，使得姿控发动机产生的总力矩式(7-96)接近于期望的控制力矩 M_Z，即下式成立：

$$\min(M_Z - \overline{M}_Z) \tag{7-98}$$

这是一个优化问题。通过分析可知，满足式(7-98)的决策序列 $\tilde{Q}$ 可能不止一个，还必须从中选择一组消耗燃料最少的点火方式，即启动发动机数量最少的点火方式，可用下式表示：

$$\min\sum_{b=1}^{6} x_b \tag{7-99}$$

综合可得

$$\left.\begin{aligned} &\min\left(|M_Z - \overline{M}_Z| + \sum_{b=1}^{6} x_b\right) \\ &x_b = 0,1 \end{aligned}\right\} \tag{7-100}$$

这样，组合点火问题被最终转化成为一个以点火启动发动机个数最少和控制误差最小为目标的 0-1 规划问题。

对上述 0-1 规划问题，变量数目不是很大，可直接采用枚举法进行求解，所得决策序列 $\tilde{Q}$ 即确定了发动机关闭或开启。

因为发动机推力不可控，所以总存在力矩误差：

$$\Delta M = M_Z - \overline{M}_Z \tag{7-101}$$

即直接力子系统存在控制误差：

$$\Delta\delta_{\text{jet}} = \Delta M / M_{\max} \tag{7-102}$$

由前述分配策略可知，可通过气动力控制来补偿直接力控制误差，根据产生的力矩相等，可得

$$\Delta\delta_z = \frac{M_{\max}}{C_y^{\delta_z} q S l_z}\Delta\delta_{\text{jet}} \tag{7-103}$$

式中：l_z 为舵面到导弹质心的距离。进而得到实际控制向量：

$$\boldsymbol{u}^+ = \begin{bmatrix}\delta_z^+ \\ \delta_{\text{jet}}^+\end{bmatrix}\begin{bmatrix}\delta_z + \Delta\delta_z \\ \delta_{\text{jet}} - \Delta\delta_{\text{jet}}\end{bmatrix} \tag{7-104}$$

综合以上研究，总结得到优化控制分配算法的步骤如下：

① 将控制分配问题转化为带约束局部最优控制问题，求解得到最优控制向量 $\boldsymbol{u}(t)$。

② 根据初次分配结果，利用组合点火算法确定合适的点火方式，获得直接力系统的实际控制分量 δ_{jet}^+。

③ 根据式(7-102)确定气动力系统补偿误差。

④ 根据式(7-103)更新控制向量，得到最优分配结果 $\boldsymbol{u}^+(t)$。

7.6.4 导弹直接力/气动力复合控制方法

采用直接力辅助控制可以使防空(空空)导弹迅速实现大迎角飞行和大速率操纵，从而大大提高可用过载，增强机动能力。但是当存在侧向喷流和进行大迎角机动时，导弹的气动力和力矩将出现非线性和不确定性，控制通道间存在严重的耦合情况，这些都对控制系统提出了更高的要求。导弹控制系统设计过程中采用的基于小扰动线性化理论的线性系统设计方法已不适用，必须寻找新的控制系统设计方法，满足导弹在大迎角飞行过程中对控制系统的要求。

应用非线性解耦的方法设计大迎角机动导弹控制系统是近年来研究的重点。反馈线性化

方法广泛应用于飞行控制系统的设计中,其中微分几何方法在非线性系统的控制理论中得到大量应用。反馈线性化在实现线性化的同时实现解耦,这也正是解决上述问题所需要的。但是反馈线性化方法依赖系统精确的模型,对建模误差敏感,为了解决这一问题,可将反馈线性化方法与变结构理论、H_∞ 控制方法有效结合,设计导弹的直接力/气动力复合控制器。

1. 控制通道耦合分析

导弹控制通道间的耦合效应足以使导弹失去稳定性。因此,在设计复合控制导弹控制器时,必须先对导弹的气动交叉耦合特性进行分析。

当导弹作大迎角机动时,各控制通道间主要存在惯性和动力学耦合作用。一般情况下,经过一定的简化处理后,可将滚转通道独立出来单独进行设计。在此,首先讨论导弹俯仰和偏航两个通道的耦合情况。

为方便分析,设主发动机推力沿弹体纵轴方向,弹体惯性积为零,建立弹体姿态运动学模型如下:

$$\left.\begin{aligned}
\dot{\alpha} &= \omega_z - \omega_x \cos\alpha \tan\beta + \omega_y \sin\alpha \tan\beta - \frac{P\sin\alpha + Y - G\cos\theta\cos\gamma_c}{mV\cos\beta} \\
\dot{\beta} &= \omega_x \sin\alpha + \omega_y \cos\alpha + \frac{Z - P\cos\alpha\sin\beta + Y + G\cos\theta\sin\gamma_c}{mV} \\
\dot{\omega}_z &= \frac{M_z - (J_y - J_x)\omega_x\omega_y}{J_z} \\
\dot{\omega}_y &= \frac{M_y - (J_x - J_z)\omega_x\omega_z}{J_y}
\end{aligned}\right\} \tag{7-105}$$

采用特征点线性拟合气动导数形式如下:

$$C_y = C_y^\alpha \alpha + C_y^{\delta_z}\delta_z + T_{zy}\cos\alpha \tag{7-106}$$

$$C_z = C_z^\beta \beta + C_y^{\delta_y}\delta_y + T_{zz}\cos\beta \tag{7-107}$$

$$M_z = M_z^\alpha \alpha + M_z^{\delta_z}\delta_z + M_z^{\omega_z}\omega_z + M_z^\beta \beta + M_z^{\omega_x}\omega_x + M_z^{\delta_y}\delta_y + l\cdot T_{zy} \tag{7-108}$$

$$M_y = M_y^\beta \beta + M_y^{\delta_y}\delta_y + M_y^{\omega_y}\omega_y + M_y^\alpha \alpha + M_y^{\omega_x}\omega_x + M_y^{\delta_z}\delta_z + l\cdot T_{zz} \tag{7-109}$$

式中:T_{zy}、T_{zz} 分别是直接力沿弹体坐标系 Oy_1 轴和 Oz_1 轴方向上的分量;l 是直接力作用点与导弹质心之间的距离。由上述方程可知,这是一个四输入(俯仰及偏航方向上的舵偏和直接力)双输出(迎角和侧滑角)非线性耦合系统,在大姿态角机动时这种非线性耦合作用不容忽视。

在进行双通道耦合特性分析时,为了简化计算,采用线性耦合模型,保留主要运动参数对导弹气动力和力矩的影响,同时考虑控制系统设计及工程应用实际,定义直接力沿坐标轴方向为正,简化式(7-105)可得导弹线性耦合动力学方程:

$$\left.\begin{aligned}
\dot{\alpha} &= \frac{C_y^\alpha qS\alpha}{mV} + \omega_z + \frac{T_{zy}\cos\alpha}{mV} \\
\dot{\beta} &= \frac{C_z^\beta qS\beta}{mV} + \omega_y + \frac{T_{zz}\cos\beta}{mV} \\
\dot{\omega}_z &= \frac{1}{J}(M_z^\alpha \alpha + M_z^{\delta_z}\delta_z + M_z^{\omega_z}\omega_z + M_z^{\delta_y}\delta_y + M_z^{\omega_y}\omega_y + l\cdot T_{zy}) \\
\dot{\omega}_y &= \frac{1}{J}(M_y^\beta \beta + M_y^{\delta_y}\delta_y + M_y^{\omega_y}\omega_y + M_y^{\delta_z}\delta_z + M_y^{\omega_z}\omega_z + l\cdot T_{zz})
\end{aligned}\right\} \tag{7-110}$$

若导弹为轴对称,则有 $J = J_y = J_z$。可以看出,导弹俯仰和偏航的耦合效应有:舵面交叉

耦合项 $M_z^{\delta_y}\delta_y/J$、$M_y^{\delta_z}\delta_z/J$，以及气动力交叉耦合项 $M_z^{\omega_y}\omega_y/J$、$M_y^{\omega_z}\omega_z/J$。

2. 控制通道耦合分析

导致导弹控制通道耦合的因素主要包括：气动力、力矩的耦合，以及由大迎角本身引起的耦合。对于复合控制的导弹，还包括直接力和力矩对通道控制的耦合影响，虽然侧喷发动机工作时间很短，但其对通道耦合的贡献不容忽视，直接喷流尤其是当俯仰及偏航方向上同时有喷流时，导弹的升力系数和力矩系数所受到的影响将明显增强，产生较大的耦合干扰力矩。

仍采用7.6.3小节的假设：导弹俯仰和偏航方向的直接力控制存在虚拟控制量 δ_{zjet} 和 δ_{yjet}，其意义与气动控制舵偏角 δ_z 和 δ_y 相同。这样，可认为导弹系统是一个双输入/双输出的耦合系统。为便于分析，这里把系统的输入统一用 δ_z 和 δ_y 表述，令

$$a_1=-\frac{C_y^\alpha qS}{mV},\quad a_5=-\frac{M_{\max}\cos\alpha}{mVl},\quad b_1=\frac{M_z^\alpha}{J},\quad b_2=-\frac{M_z^{\omega_z}}{J},\quad b_4=\frac{M_z^{\omega_y}}{J}$$

$$b_5=\frac{M_z^{\delta_z}+M_{\max}}{J},\quad b_6=\frac{M_z^{\delta_y}}{J},\quad c_3=-\frac{C_z^\beta qS}{mV},\quad c_6=-\frac{M_{\max}\cos\beta}{mVl}$$

$$d_2=-\frac{M_y^{\omega_z}}{J},\quad d_3=\frac{M_y^\beta}{J},\quad d_4=-\frac{M_y^{\omega_y}}{J},\quad d_5=\frac{M_y^{\delta z}}{J},\quad d_6=\frac{M_y^{\delta_y}+M_{\max}}{J}$$

将式(7-110)表示成状态方程形式：

$$\begin{bmatrix}\dot\alpha\\ \dot\omega_z\\ \dot\beta\\ \dot\omega_y\end{bmatrix}=\begin{bmatrix}-a_1 & 1 & 0 & 0\\ b_1 & -b_2 & 0 & b_4\\ 0 & 0 & -c_3 & 1\\ 0 & d_2 & d_3 & -d_4\end{bmatrix}\begin{bmatrix}\alpha\\ \omega_z\\ \beta\\ \omega_y\end{bmatrix}+\begin{bmatrix}a_5 & 0\\ b_5 & b_6\\ 0 & c_6\\ d_3 & d_6\end{bmatrix}\begin{bmatrix}\delta_z\\ \delta_y\end{bmatrix}\tag{7-111}$$

对上式进行拉氏变换，得传递函数：

$$G_{11}(s)=\frac{\alpha(s)}{\delta_z(s)}=\frac{m_3n_1+m_2n_3}{m_1n_1-m_2n_2},\quad G_{12}(s)=\frac{\alpha(s)}{\delta_y(s)}=\frac{m_4n_1+m_2n_4}{m_1n_1-m_2n_2}$$

$$G_{21}(s)\ \frac{\beta(s)}{\delta_z(s)}=\frac{m_1n_3+m_3n_2}{m_1n_1-m_2n_2},\quad G_{22}(s)=\frac{\beta(s)}{\omega_z(s)}=\frac{m_1n_4+m_4n_2}{m_1n_1-m_2n_2}$$

$$\frac{\alpha(s)}{\omega_y(s)}=\frac{m_4n_1+m_2n_4}{(m_1n_4+m_4n_2)(s+c_3)},\quad \frac{\beta(s)}{\omega_z(s)}=\frac{m_1n_3+m_3n_2}{(m_3n_1+m_2n_3)(s+a_1)}$$

$$\frac{\alpha(s)}{\omega_z(s)}=\frac{1}{s+a_1},\quad \frac{\beta(s)}{\omega_y(s)}=\frac{1}{s+c_3}$$

式中：

$$m_1=(s+a_1)(s+b_2)-b_1,\quad n_1=(s+c_3)(s+d_4)-d_3$$

$$m_2=b_4(s+c_3),\quad n_2=d_2(s+a_1)$$

$$m_3=b_5,\quad n_3=d_5$$

$$m_4=b_6,\quad n_4=d_6$$

弹体传递函数耦合示意图如图7.36所示，虚线框1为舵面交叉控制耦合项，虚线框2为力矩交叉耦合项。

分析各耦合项单独作用时对弹体特性的影响，在高度 $H=6\ 000$ m，迎角 $\alpha=10°$，$V=680$ m/s时，取 $a_1=0.82$，$a_5=c_6=0.04$，$b_1=d_3=-100$，$b_2=d_4=2$，$b_4=d_2=-0.7$，$b_5=d_6=25$，$b_6=d_5=10$，$c_3=-0.82$。

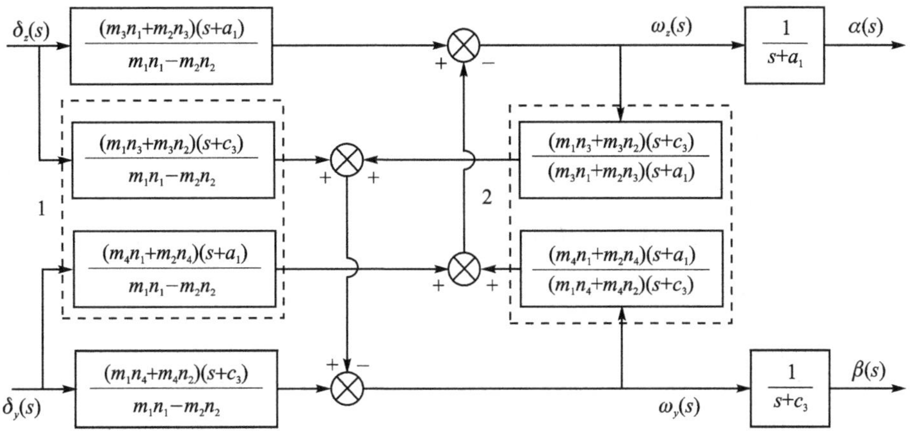

图 7.36　弹体传递函数耦合示意图

分别施加单位阶跃信号形式的俯仰舵偏、偏航舵偏,弹体迎角及侧滑角的响应如图 7.37 和图 7.38 所示。

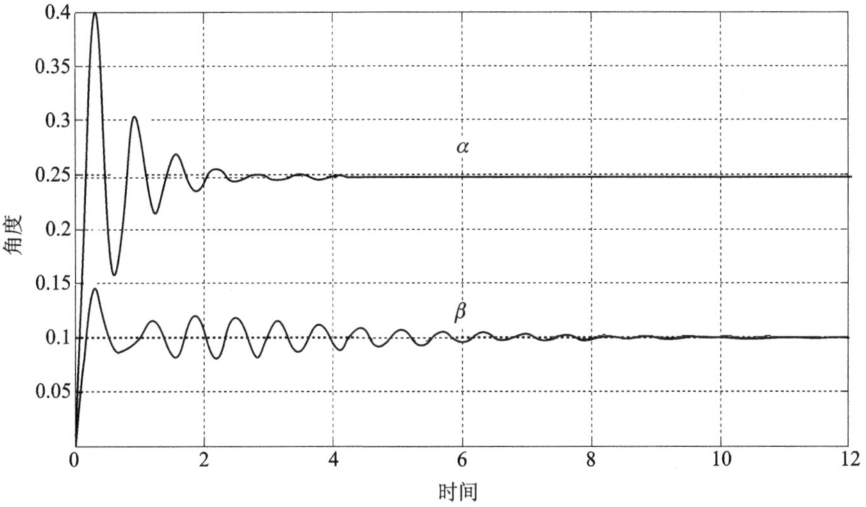

图 7.37　迎角 α 和侧滑角 β 对俯仰舵偏 $\delta_z(s)$ 的响应

由图 7.37 和图 7.38 可知,弹体迎角及侧滑角对俯仰舵偏和偏航舵偏都具有强烈的振荡响应,且存在稳态误差,振荡易引起系统不稳定,舵面控制交叉耦合影响较大。

3. 解耦控制

由上节分析可知,复合控制导弹的控制通道间存在严重的耦合现象,常规的基于小扰动线性化方法的控制系统不再适用,需要先解耦,然后进行控制器设计。目前基于线性模型的解耦方法较多,而线性模型都是在进行一定简化的基础上得到的,因此设计的系统往往控制误差较大、鲁棒性差;而基于非线性模型的解耦控制方法,虽然可以提高控制精度,但亦存在计算复杂、鲁棒性差的问题。

以下基于对线性系统(7-110)和非线性系统(7-105)进行耦合分析,提出一种鲁棒解耦控制器设计方法并进行仿真验证。

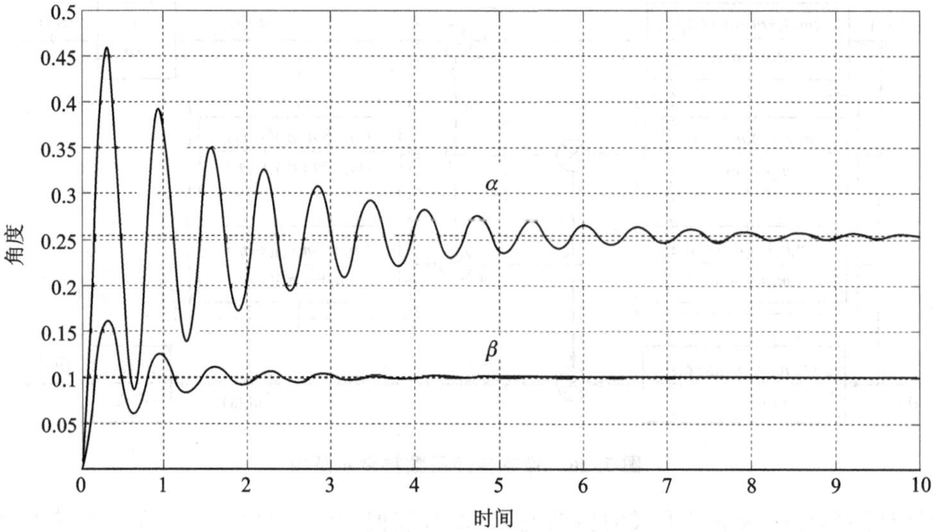

图 7.38 迎角 α 和侧滑角 β 对偏航舵偏 $\delta_y(s)$ 的响应

(1) 基于特征结构配置解耦

基于特征结构配置解耦是线性状态空间描述反馈方法中最重要的一种方法，其利用配置闭环系统的特征值与特征向量的方法进行反馈控制，实现模态内耦合，模态间解耦。其输出反馈特征结构配置法有独特优势：能够得到良好的系统响应特性，实现特殊功能且所需系统信息量较少。

已知系统状态空间表达式：

$$\left.\begin{aligned}\dot{\boldsymbol{x}} &= \boldsymbol{Ax} + \boldsymbol{Bu} \\ \boldsymbol{y} &= \boldsymbol{cx}\end{aligned}\right\} \tag{7-112}$$

式中：$\text{rank}(\boldsymbol{B})=m$，$\text{rank}(\boldsymbol{C})=r$。

引入输出反馈控制规律：

$$u = \boldsymbol{Fy} + \boldsymbol{Hw}$$

式中：$\boldsymbol{F}$ 为反馈矩阵；$\boldsymbol{w}$ 为参考输入；$\boldsymbol{H}$ 为输入变换矩阵，则系统矩阵变为 $\boldsymbol{A}+\boldsymbol{BFC}$。

输出反馈矩阵结构配置可精确配置 r 个特征值及对应的特征向量，其中每一特征向量至多可以有 m 个指定元素，当有 m 个以上元素是指定值时，则计算期望特征向量的近似值。具体过程如下：

设期望配置的特征值为 λ_i，对应理想特征向量 $\boldsymbol{v}_i$，则有关系式：

$$(\boldsymbol{A}+\boldsymbol{BFC})\boldsymbol{v}_i = \lambda_i \boldsymbol{v}_i \tag{7-113}$$

等效变换后为

$$\boldsymbol{v}_i = (\lambda_i \boldsymbol{I} - \boldsymbol{A})^{-1}\boldsymbol{BFC}\boldsymbol{v}_i \tag{7-114}$$

实际特征向量位于$(\lambda_i\boldsymbol{I}-\boldsymbol{A})^{-1}\boldsymbol{B}$ 各列张成的子空间内。一般情况下，理想特征向量并不在此子空间内，我们实际获得的特征向量为理想特征向量在此子空间的投影。设第 i 个理想特征向量为 $\boldsymbol{v}_i^d$，对它进行重新排序，使得指定元素和未指定元素分开：

$$(\boldsymbol{v}_i^d)^{\mathrm{R}} = \begin{bmatrix}\boldsymbol{l}_i \\ \boldsymbol{d}_i\end{bmatrix} \tag{7-115}$$

式中：$\boldsymbol{l}_i$ 为指定元素；$\boldsymbol{d}_i$ 为未指定元素。同样，对于$(\lambda_i\boldsymbol{I}-\boldsymbol{A})^{-1}\boldsymbol{B}$，有

$$[(\lambda_i\boldsymbol{I}-\boldsymbol{A})^{-1}\boldsymbol{B}]^{\mathrm{R}}=\begin{bmatrix}\boldsymbol{L}_i\\ \boldsymbol{D}_i\end{bmatrix} \tag{7-116}$$

则实际获得的特征向量为

$$\boldsymbol{v}_i^a=(\lambda_i\boldsymbol{I}-\boldsymbol{A})^{-1}\boldsymbol{B}(\boldsymbol{L}_i^{\mathrm{T}}\boldsymbol{L}_i)^{-1}\boldsymbol{L}_i^{\mathrm{T}}\boldsymbol{l}_i \tag{7-117}$$

然后再计算出反馈矩阵 $\boldsymbol{F}$ 和输入转换矩阵 $\boldsymbol{H}$。对原系统进行线性变换：$\boldsymbol{x}=\boldsymbol{T}\tilde{\boldsymbol{x}}$，其中 $\boldsymbol{T}=[\boldsymbol{B}\,|\,\boldsymbol{P}]$，$\boldsymbol{P}$ 为使得 $\mathrm{rank}(\boldsymbol{T})=n$ 的任意矩阵，这样就有

$$\tilde{\boldsymbol{A}}=\boldsymbol{T}^{-1}\boldsymbol{A}\boldsymbol{T},\quad \tilde{\boldsymbol{B}}=\boldsymbol{T}^{-1}\boldsymbol{B}=[\boldsymbol{I}_m\quad \boldsymbol{0}]^{\mathrm{T}},\quad \tilde{\boldsymbol{C}}=\boldsymbol{C}\boldsymbol{T},\quad \tilde{\boldsymbol{v}}_i=\boldsymbol{T}^{-1}\boldsymbol{v}_i^a$$

则式(7-117)变为

$$(\lambda_i\boldsymbol{I}-\tilde{\boldsymbol{A}})\tilde{\boldsymbol{v}}_i=\tilde{\boldsymbol{B}}\boldsymbol{F}\tilde{\boldsymbol{C}}\tilde{\boldsymbol{v}}_i \tag{7-118}$$

对式(7-118)两端矩阵进行分块：

$$\begin{bmatrix}\lambda_i\boldsymbol{I}_m-\tilde{\boldsymbol{A}}_{11} & -\tilde{\boldsymbol{A}}_{12}\\ -\tilde{\boldsymbol{A}}_{21} & \lambda_i\boldsymbol{I}_{n-m}-\tilde{\boldsymbol{A}}_{22}\end{bmatrix}\begin{bmatrix}\boldsymbol{z}_i\\ \boldsymbol{w}_i\end{bmatrix}=\begin{bmatrix}\boldsymbol{I}_m\\ \boldsymbol{0}\end{bmatrix}\boldsymbol{F}\tilde{\boldsymbol{C}}\begin{bmatrix}\boldsymbol{z}_i\\ \boldsymbol{w}_i\end{bmatrix} \tag{7-119}$$

式中：

$$\tilde{\boldsymbol{v}}_i=\begin{bmatrix}\boldsymbol{z}_i\\ \boldsymbol{w}_i\end{bmatrix},\quad \tilde{\boldsymbol{A}}=\begin{bmatrix}\tilde{\boldsymbol{A}}_{11} & \tilde{\boldsymbol{A}}_{12}\\ \tilde{\boldsymbol{A}}_{21} & \tilde{\boldsymbol{A}}_{22}\end{bmatrix}$$

令 $\boldsymbol{Z}=[\lambda_1\boldsymbol{z}_1\quad \lambda_2\boldsymbol{z}_2\quad \cdots\quad \lambda_r\boldsymbol{z}_r]$，$\boldsymbol{V}=[\tilde{\boldsymbol{v}}_1\quad \tilde{\boldsymbol{v}}_2\quad \cdots\quad \tilde{\boldsymbol{v}}_r]$，则反馈矩阵 $\boldsymbol{F}$ 由下式求出：

$$\boldsymbol{F}=(\boldsymbol{Z}-\tilde{\boldsymbol{A}}_1\boldsymbol{V})(\tilde{\boldsymbol{C}}\boldsymbol{V})^{-1} \tag{7-120}$$

式中：

$$\tilde{\boldsymbol{A}}_1=[\tilde{\boldsymbol{A}}_{11}\quad \tilde{\boldsymbol{A}}_{12}]$$

输入变换矩阵的作用是使控制输入实现解耦，并保证系统跟踪指令输入。设指令跟踪输出为 $\boldsymbol{y}_i$，其与状态向量 $\boldsymbol{x}$ 之间的关系表达式为

$$\boldsymbol{y}_i=\boldsymbol{D}\boldsymbol{x} \tag{7-121}$$

令 $\boldsymbol{E}=\begin{bmatrix}\boldsymbol{E}_{11} & \boldsymbol{E}_{12}\\ \boldsymbol{E}_{21} & \boldsymbol{E}_{22}\end{bmatrix}=\begin{bmatrix}\boldsymbol{A} & \boldsymbol{B}\\ \boldsymbol{D} & \boldsymbol{O}\end{bmatrix}$，则输入变换矩阵 $\boldsymbol{H}$ 为

$$\boldsymbol{H}=\boldsymbol{E}_{22}-\boldsymbol{F}\boldsymbol{C}\boldsymbol{E}_{12} \tag{7-122}$$

实例分析　对于导弹复合控制系统(7-111)，取 $a_1=0{,}82$，$a_5=c_6=0.04$，$b_1=d_3=-100$，$b_2=d_4=2$，$b_4=d_2=-0.7$，$b_5=d_6=25$，$b_6=d_5=10$，$c_3=-0.82$ 中相同的数据，此时系统矩阵如下：

$$\boldsymbol{A}=\begin{bmatrix}-0.82 & 1 & 0 & 0\\ -100 & -2 & 0 & 0.7\\ 0 & 0 & 0.82 & 1\\ 0 & -0.7 & -100 & -2\end{bmatrix},\quad \boldsymbol{B}=\begin{bmatrix}0.04 & 0\\ 25 & 10\\ 0 & 0.04\\ 10 & 25\end{bmatrix}$$

取 $\boldsymbol{y}=\boldsymbol{x}=[\alpha\quad \omega_z\quad \beta\quad \omega_y]^{\mathrm{T}}$，则 $\boldsymbol{C}=\boldsymbol{I}$，这样 $\mathrm{rank}(\boldsymbol{C})=4$，可以精确配置 4 个特征值。设期望的俯仰模态$(\alpha,\omega_z)$特征值 $\lambda_{1,2}=-2,-5$，偏航模态(β,ω_y)特征值 $\lambda_{3,4}=-4,-8$，其对应的理想特征向量为

$$向量1:\begin{bmatrix}1\\ \times\\ 0\\ 0\end{bmatrix},\quad 向量2:\begin{bmatrix}\times\\ 1\\ 0\\ 0\end{bmatrix},\quad 向量3:\begin{bmatrix}0\\ 0\\ 1\\ \times\end{bmatrix},\quad 向量4:\begin{bmatrix}0\\ 0\\ \times\\ 1\end{bmatrix}$$

其中“×”表示未指定元素，向量1、向量2对应俯仰模态，向量3、向量4对应偏航模态。

由式(7-120)、式(7-122)可分别求得反馈矩阵和输入变换矩阵为

$$\boldsymbol{F}=\begin{bmatrix}4.526\,8 & -0.212\,6 & -1.987\,3 & 0.054\,3\\ -1.810\,8 & 0.112\,9 & 4.968\,3 & -0.065\,7\end{bmatrix}$$

$$\boldsymbol{H}=\begin{bmatrix}0.477\,5 & 0.131\,8\\ -0.191\,8 & -0.317\,2\end{bmatrix}$$

则解耦后系统矩阵变为

$$\boldsymbol{A}=\begin{bmatrix}-0.638\,9 & 0.991\,5 & -0.079\,5 & 0.002\,2\\ -4.938 & -6.186 & 0 & 0\\ -0.072\,4 & 0.004\,5 & -1.018\,7 & 1\\ -0.002 & -0.003\,5 & -4.334\,5 & -3.099\,5\end{bmatrix}$$

由上式可以看出，导弹耦合控制系统已基本实现解耦。对于俯仰舵偏和偏航舵偏分别施加单位阶跃信号，弹体迎角和侧滑角的响应如图7.39和图7.40所示。

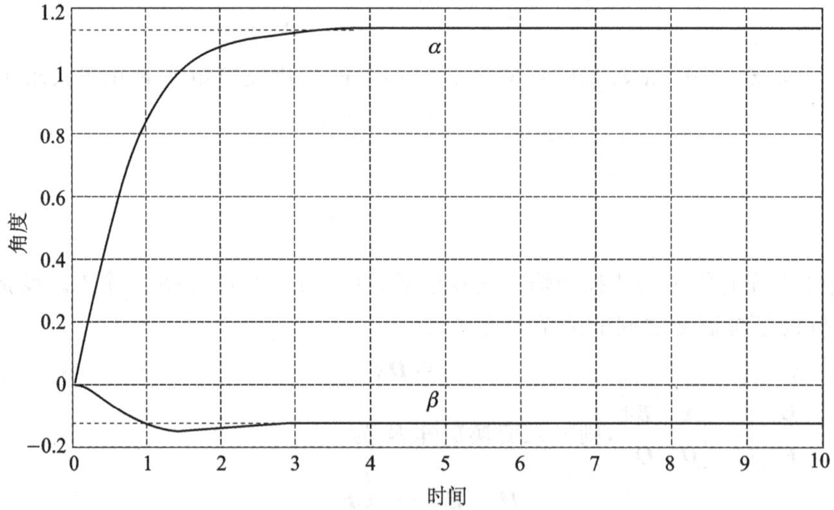

图7.39　解耦后α，β对俯仰舵偏的响应

由图7.39和图7.40可以看出，导弹俯仰通道和偏航通道之间的耦合基本消除，且系统输出能够稳态跟踪阶跃控制指令，解耦效果比较明显，但是此结果并未考虑系统参数不确定性、未建模动态特性以及相关干扰的影响。通过进一步仿真还可以看出：如果使系统参数在某一时刻随机增大或减小，虽然可以实现解耦，但系统输出仍存在一定的稳态误差，从而容易导致系统不稳定。这说明基于线性模型的解耦方法存在控制误差且鲁棒性差。

(2) 基于反馈线性化解耦

应用非线性解耦方法设计导弹非线性控制系统是近年来研究热点，其中反馈线性化方法用得较多。其基本思想是用代数方法将一个非线性系统的动态特性变换为线性的动态特性，

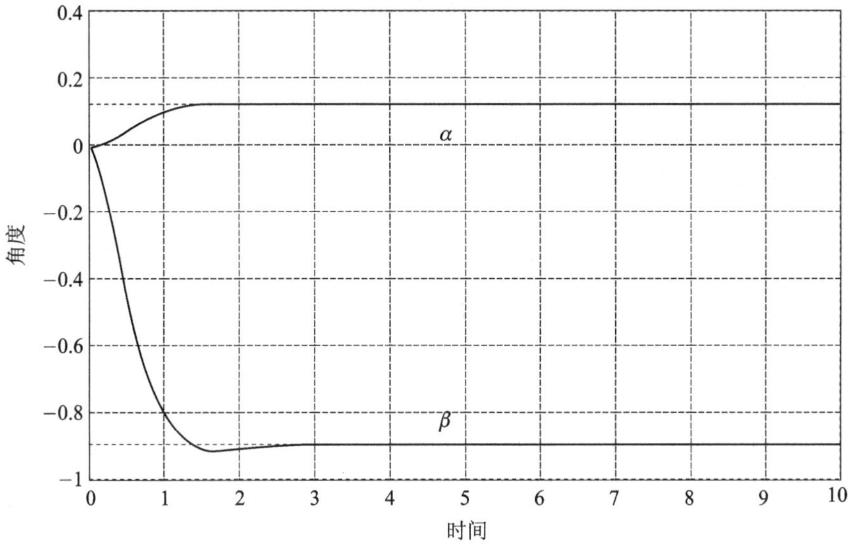

图 7.40　解耦后 **α**,**β** 对偏航舵偏的响应

微分几何方法和动态逆方法是实现反馈线性化的两条有效途径,在实现反馈线性化的同时也可实现解耦,这也是我们所需要的。

对于非线性导弹控制系统(7-105),选择输出变量 $\boldsymbol{y}=[\alpha \quad \beta]^{\mathrm{T}}$,输入控制变量 $\boldsymbol{u}=[\delta_x \quad \delta_y]^{\mathrm{T}}$,状态变量 $\boldsymbol{x}=[\alpha \quad \omega_z \quad \beta \quad \omega_y]^{\mathrm{T}}$,由于控制舵面所产生的升力和侧力属于小量,因此只考虑舵偏对力矩的影响。令 $C_y^{\delta_z}=C_z^{\delta_y}=0$,同时令 $\sin\gamma_c\approx\gamma_c$,$\cos\gamma_c\approx 1$,则控制系统的状态空间描述为

$$\left.\begin{aligned}\dot{\boldsymbol{x}}&=\boldsymbol{f}(\boldsymbol{x})+\boldsymbol{G}(\boldsymbol{x})\boldsymbol{u}+d(t,\boldsymbol{x})\\ \boldsymbol{y}&=\boldsymbol{C}\boldsymbol{x}=\boldsymbol{H}(\boldsymbol{x})\end{aligned}\right\}\tag{7-123}$$

式中:

$$\boldsymbol{f}(\boldsymbol{x})=\begin{bmatrix}\omega_z-\omega_x\cos\alpha\tan\beta+\omega_y\sin\alpha\tan\beta-\dfrac{P\sin\alpha+C_y^{\alpha}\alpha+T_{zy}\cos\alpha+G\cos\theta}{mV\cos\beta}\\ \dfrac{M_z^{\alpha}\alpha+M_z^{\beta}\beta+M_z^{\omega_z}\omega_z+M_z^{\omega_x}\omega_x-(J_y-J_x)\omega_x\omega_y}{J_z}\\ \omega_x\sin\alpha+\omega_y\cos\alpha+\dfrac{C_z^{\beta}\beta-P\cos\alpha\sin\beta+T_{zz}\cos\beta+G\gamma_c\cos\theta}{mV}\\ \dfrac{M_y^{\beta}\beta+M_y^{\omega_y}\omega_y+M_y^{\alpha}\alpha+M_y^{\omega_x}\omega_x+l\cdot T_{zz}-(J_x-J_z)\omega_x\omega_z}{J_y}\end{bmatrix}\tag{7-124}$$

$$\boldsymbol{G}(\boldsymbol{x})=[\boldsymbol{g}_1(\boldsymbol{x})\quad \boldsymbol{g}_2(\boldsymbol{x})]=\begin{bmatrix}0 & 0\\ \dfrac{M_z^{\delta_z}+M_{\max}}{J_z} & \dfrac{M_z^{\delta_y}}{J_z}\\ 0 & 0\\ \dfrac{M_y^{\delta_z}}{J_y} & \dfrac{M_y^{\delta_y}+M_{\max}}{J_y}\end{bmatrix}\tag{7-125}$$

$$\boldsymbol{H}(\boldsymbol{x})=\begin{bmatrix}h_1(\boldsymbol{x})\\h_2(\boldsymbol{x})\end{bmatrix}=\begin{bmatrix}\alpha\\\beta\end{bmatrix}\tag{7-126}$$

$\boldsymbol{f}(\boldsymbol{x})$、$\boldsymbol{G}(\boldsymbol{x})$、$\boldsymbol{H}(\boldsymbol{x})$均为光滑向量场，$d(t,\boldsymbol{x})$为系统不确定干扰或未建模部分。

对于仿射非线性系统(7-122)，应用微分几何理论，分别求标量函数 $h_1(\boldsymbol{x})$、$h_2(\boldsymbol{x})$对向量场 $\boldsymbol{g}_1(\boldsymbol{x})$、$\boldsymbol{g}_2(\boldsymbol{x})$和 $\boldsymbol{f}(\boldsymbol{x})$的李导数，有

$$L_{g_1}h_1=L_{g_2}h_1=0$$

$$L_{g_1}h_2=L_{g_2}h_2=0$$

$$L_{g_1}L_fh_1=\frac{M_z^{\delta_z}+M_{\max}}{J_z}+\frac{M_y^{\delta_z}}{J_y}\sin\alpha\tan\beta\neq 0$$

$$L_{g_2}L_fh_1=\frac{M_z^{\delta_y}}{J_z}+\frac{M_y^{\delta_y}+M_{\max}}{J_y}\sin\alpha\tan\beta\neq 0$$

$$L_{g_1}L_fh_2=\frac{M_y^{\delta_z}}{J_y}\cos\alpha\neq 0$$

$$L_{g_2}L_fh_2=\frac{M_y^{\delta_y}+M_{\max}}{J_y}\cos\alpha\neq 0$$

由上述可知，系统相对阶向量$[r_1\quad r_2]=[2\quad 2]$，且不存在零动态子系统，则系统 Falb－Wolovich 矩阵为

$$\boldsymbol{E}(\boldsymbol{x})=\begin{bmatrix}L_{g_1}L_fh_1 & L_{g_2}L_fh_1\\L_{g_1}L_fh_2 & L_{g_2}L_fh_2\end{bmatrix}$$

$$=\begin{bmatrix}\dfrac{M_z^{\delta_z}+M_{\max}}{J_z}+\dfrac{M_y^{\delta_z}}{J_y}\sin\alpha\tan\beta & \dfrac{M_z^{\delta_y}}{J_z}+\dfrac{M_y^{\delta_y}+M_{\max}}{J_y}\sin\alpha\tan\beta\\\dfrac{M_y^{\delta_z}}{J_y}\cos\alpha & \dfrac{M_y^{\delta_y}+M_{\max}}{J_y}\cos\alpha\end{bmatrix}\tag{7-127}$$

由于矩阵$\boldsymbol{E}(\boldsymbol{x})$非奇异，故可以进行非线性转换，构造如下微分同胚映射：

$$\boldsymbol{Z}=[z_1^0\quad z_1^1\quad z_2^0\quad z_2^1]=[h_1(\boldsymbol{x})\quad L_fh_1(\boldsymbol{x})\quad h_2(\boldsymbol{x})\quad L_fh_2(\boldsymbol{x})]^{\mathrm{T}}$$

取状态反馈控制律：

$$\boldsymbol{u}=\boldsymbol{E}^{-1}(\boldsymbol{x})=\begin{bmatrix}v_1-L_f^2h_1\\v_2-L_f^2h_2\end{bmatrix}\tag{7-128}$$

式中：$\boldsymbol{v}=[v_1\quad v_2]^{\mathrm{T}}$ 为输入变量，则系统的反馈线性化状态空间方程为

$$\left.\begin{aligned}\dot{\boldsymbol{Z}}&=\boldsymbol{AZ}+\boldsymbol{Bv}+\boldsymbol{d}'(t,\boldsymbol{Z})\\\boldsymbol{y}&=\boldsymbol{CZ}\end{aligned}\right\}\tag{7-129}$$

式中：

$$\boldsymbol{A}=\begin{bmatrix}0&1&0&0\\0&0&0&0\\0&0&0&1\\0&0&0&0\end{bmatrix},\quad \boldsymbol{B}=\begin{bmatrix}0&0\\1&0\\0&0\\0&1\end{bmatrix}$$

$$\boldsymbol{C}=\begin{bmatrix}1 & 0 & 0 & 0\\0 & 0 & 1 & 0\end{bmatrix},\quad \boldsymbol{d}'=\begin{bmatrix}0 & 0\\L_dL_fh_1 & 0\\0 & 0\\0 & L_dL_fh_2\end{bmatrix}$$

假设干扰 $\boldsymbol{d}'(t,\boldsymbol{Z})$满足以下匹配条件和有界条件:

$$\left.\begin{aligned}\operatorname{rank}(\boldsymbol{B},\boldsymbol{d}')=\operatorname{rank}(\boldsymbol{B})\\\|\boldsymbol{d}'(t,\boldsymbol{Z})\|\leqslant d_M\end{aligned}\right\}\tag{7-130}$$

式中:d_M 为已知;$\|\cdot\|$表示向量或矩阵的诱导范数,如 $\|(a_{ij})\|=\max\limits_i\sum\limits_j|a_{ij}|$。

至此,通过反馈线性化将非线性系统映射到线性空间,状态拓扑结构保持不变。导弹控制系统的俯仰/偏航控制已被解耦成为两个独立的线性系统,同时对系统的干扰也实现了解耦。由于上述分析可知,导弹直接力控制项对算法没有影响,直接力控制的影响主要表现在使得系统干扰更加不确定,因此有必要设计具有强鲁棒性的线性控制器。

思考题

1. 试述防空(空空)导弹控制方式及主要特点。
2. 试述防空(空空)导弹侧向稳定控制回路的主要设计要求。
3. 试述防空(空空)侧向稳定控制回路中阻尼回路的主要作用。
4. 试述防空(空空)侧向稳定控制回路中过载控制回路的组成及主要作用。
5. 试述防空导弹垂直发射段的工作过程及控制原理。
6. 试述弹性弹体的稳定控制回路分析设计的三个基本假设。

第8章　导引规律的设计与实现

导弹的导引规律又称为制导规律，是描述导弹向目标接近过程中应遵循的运动规律。它对导弹的机动过载、制导精度和杀伤概率有直接影响。导弹的导引规律和目标运动特性决定了导引弹道的特性。对应某种确定的导引规律，导引弹道的研究内容包括需用过载、导弹飞行速度、飞行时间、射程和脱靶量等，这些参数将直接影响其命中精度。

8.1　概　述

8.1.1　导引规律与制导方程

制导控制系统的任务是保证导弹击中目标。理论上讲，可以有很多条甚至无数条弹道能使导弹与目标相遇，但导弹的弹道不能是任意的，而是受一定条件的限制，具有一定的规律，这个规律就是导引规律。导引规律确定了导弹质心在空间的运动轨迹，理论上，此轨迹必定能够通过给定杀伤空域内的任一给定点。因此，导引规律的作用是确定导弹飞行并击中目标的运动学弹道。

导弹在空间的运动是受控运动，亦即它的运动受两方面的约束：其一，导弹必须在运动中击中目标，或者说，导弹质心的运动轨迹在理论上应与目标的运动轨迹在某一瞬时相交。因此，导弹质心运动特性与目标运动规律相关。其二，为了使导弹在实际飞行中能够击中目标，导弹需在制导控制系统作用下飞行。因此，导弹的运动又与制导控制系统的性能相关。所以对导弹运动的数学描述，除运动学方程和动力学方程外，还需要引入描述这些约束的方程，通常称为制导方程，其一般形式如下：

$$\left.\begin{aligned}\Delta X &= X_L - X_M\\ \Delta X &\leqslant \Delta X_0\end{aligned}\right\} \tag{8-1}$$

式中：X_L 为与目标运动相关的制导矢量；X_M 为在制导控制系统作用下，导弹飞行过程中，实时形成的与 X_L 相对应的导弹运动矢量；ΔX 为制导误差矢量；ΔX_0 为允许的误差矢量。

就制导控制系统而言，制导误差矢量 ΔX 描述了由于制导控制系统的惯性而造成的动态滞后误差（简称动态误差）。而在导引规律的研究中，通常假设制导控制系统包括被控对象是理想的（即无惯性的）。因此，可以认为 $\Delta X \equiv 0$。

目标运动的影响反映在与目标运动相关的制导矢量 X_L 的特性之中。但是，X_L 并不一定就是目标的运动矢量。因为，目标运动对导弹运动的约束主要表现在遭遇点（即目标和导弹运动轨迹的交点）上。因此，式(8-1)可分解为如下两部分：

$$\Delta X(t) \leqslant \Delta X_0(t) \tag{8-2}$$

$$\Delta X(t_z) = 0 \tag{8-3}$$

式中：t_z 为导弹与目标遭遇的时刻；$\Delta X(t_z)$ 为制导过程终端（即遭遇时刻上）的误差矢量。显然，就击中目标的要求而言，式(8-2)的约束可以省略。而式(8-3)的约束则是必需的。但是，若仅有式(8-3)的约束，则导弹在空间的运动轨迹将不能唯一确定。因为导弹和目标可视为在空间运动的两个质点，虽然目标的运动轨迹可假想是已知的，但是，与其相交的导弹运动轨迹却可以有无数条。这样，制导矢量 X_L 将无法确定，制导控制系统也就失去了制导依据。因此，式(8－2)还是必需的。

设计导引规律就是研究确定制导矢量 X_L，其具体数学表达式通常称为导引方程。从运动学的观点来看，导引规律能确定导弹飞行的理想弹道，所以选择导弹的导引规律，就是选择理想弹道，即在制导系统理想工作情况下导弹向目标运动过程中所应经历的轨迹。理想弹道表示了导引规律的特性，不同的导引规律，弹道的曲率不同，系统的动态误差不同，过载分布的特点及导弹、目标速度比的要求也不同。

8.1.2　导引规律的设计要求

对导引规律一般有以下要求：

① 保证系统有足够的制导精度和攻击区域。

② 导弹的整个飞行弹道，特别是攻击区域内，理想弹道曲率应尽量小，保证导弹需用过载尽量小。导弹可用过载和需用过载应满足条件：$n_u = n_{y2} + \Delta n_1 + \Delta n_2$，式中 n_{y2} 为导弹需用过载，Δn_1 为消除随机干扰所需过载，Δn_2 为消除系统误差所需过载。

③ 为保证飞行的稳定，导弹的运动对目标运动参数的变化不敏感，对付目标机动的机动过载要小，有较强的抗干扰能力。

④ 制导规律所需的参数具有可观测性，且制导设备尽可能简单。

制导设备根据每瞬间导弹的实际位置与理想弹道间的偏差形成导引指令，去控制导弹飞行。为研究导引规律，须先做如下假定：

① 将导弹、目标和制导站均视为几何质点，并选取各自的质量中心或几何中心作为其当前位置。

② 设定导弹和目标的飞行速度变化规律已知，有时还假设为常值，以简化分析。

③ 假设制导控制系统(包括被控对象)是理想的(无惯性的)，即任意瞬时导弹运动均符合导引规律所确定的特性要求。

④ 为简化分析，往往假设导弹与目标在同一平面内运动，并称此平面为导引平面或攻击平面，它可能是水平、垂直或倾斜平面。

在这些假设的前提下，通过运动学分析可比较简明地确定导弹的运动学弹道、飞行时间、速度矢量转动角速度(简称转弯速率)和法向过载。

8.1.3　导引规律的分类

导引规律的分类方法较多，按照运动学特性，可将其划分为位置导引规律和速度导引规律两大类，如图 8.1 所示。属于位置导引的导引规律，均是对导弹在空间的运动位置，直接给出某种特殊的约束。据此，可构想出多种不同的导引规律。但就其基本特点而言，可归纳为两种，即三点法和前置角法。属于速度导引的导引规律，均是对导弹的速度矢量给出某种特殊约束。据此，同样可形成多种具体的导引规律。但是其中具有典型意义的可归纳为三种，即追踪法、平行接近法和比例接近法。

现代战术导弹中，遥控制导导弹多采用三点法导引规律，自动寻的导弹主要采用追踪法、前置角法与比例接近法等导引规律，它们都属于古典导引规律范畴。

应该指出，基于现代控制理论和对策理论的最优导引规律已在现代导弹中应用，且有强劲

- 导引规律
  - 位置导引
    - 三点法
    - 前置角法
  - 速度导引
    - 追踪法
    - 平行接近法
    - 比例接近法

图 8.1　导引规律分类

的发展趋势。这些现代制导规律目前主要有:线性最优、自适应显式制导及微分对策导引规律。导引规律中考虑的主要性能指标包括:导弹在飞行中付出总的需用横向过载最小,终端脱靶量最小,以及导弹与目标交会角具有特定要求等。

为了提高导弹的制导精度,需要根据目标运动特性和导弹制导方式选取合理的导引规律,本章对几种常见战术导弹导引规律的基本概念、使用特点及实现方法进行分析研究。

8.2　古典导引规律分析与设计

在把导弹导向目标时,通常只考虑导弹和目标的相对位置,而不同的导引规律有不同的飞行弹道。大多数情况下应尽量减少弹道的弯曲程度,以缩短导弹的飞行时间和距离,减小导弹的过载。导引规律可分为平面的和空间的两种情况。平面导引规律中,假设导引过程的每一瞬时,导弹和目标的速度矢量位于同一静止的平面内,而空间导引规律对导弹和目标速度矢量的相互位置没有任何限制。

8.2.1　三点法

三点法又称三位置引导规律:导弹在制导飞行过程中,始终位于目标和制导站的连线上。三点法导引规律几何关系如图 8.2 所示。

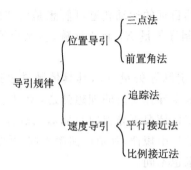

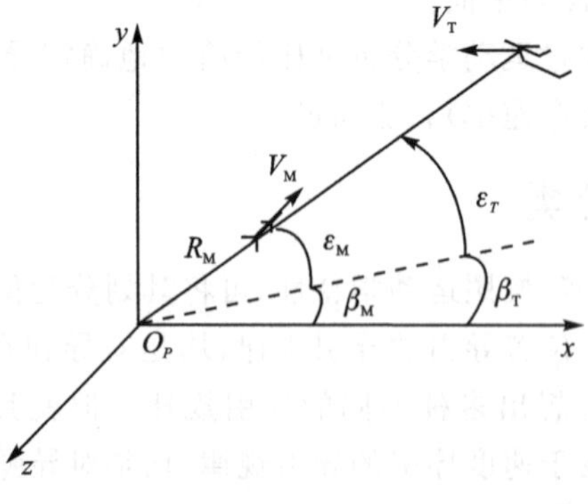

图 8.2　三点法导引规律几何关系示意图

1. 导引方程

三点法导引过程中,导弹与目标的方位角、高低角保持相等,故其导引方程为

$$\left.\begin{aligned} R_M &= R_M(t) \\ \varepsilon_T &= \varepsilon_M \\ \beta_T &= \beta_M \end{aligned}\right\} \tag{8-4}$$

式中：R_M 为导弹与制导站之间的距离；ε_M、ε_T 分别为导弹的高低角与目标的高低角；β_M、β_T 分别为导弹的方位角与目标的方位角。将导弹、目标和制导站都视为质点，已知目标运动特性(V_T，θ_T)及导弹运动特性(V_M，θ_M)，并假定制导站静止，利用图解法绘制当目标做匀速直线飞行时的理想弹道，如图 8.3 所示。

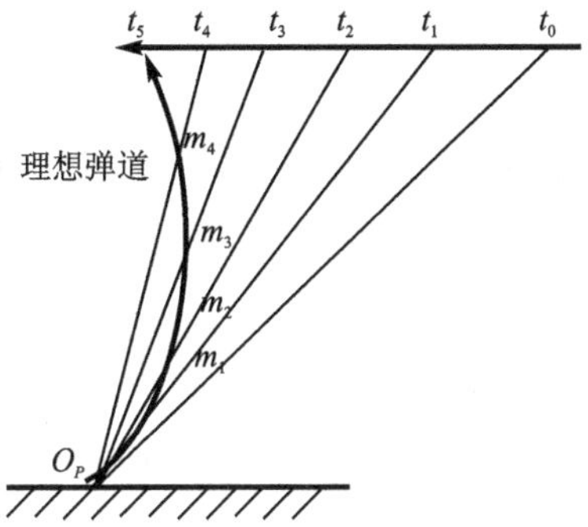

图 8.3　目标做匀速直线飞行时采用三点法导引的理想弹道

2. 导引规律的实现

当导弹偏离理想弹道时，其线偏差信号为

$$\left.\begin{aligned} h_\varepsilon &= R_M(\varepsilon_T - \varepsilon_M) = R_M \Delta\varepsilon \\ h_\beta &= R_M(\beta_T - \beta_M) = R_M \Delta\beta \end{aligned}\right\} \tag{8-5}$$

为了控制导弹消除上述偏差，可将偏差值送入指令形成装置，并在控制机构中构成 PID 调节规律，其调节指令形式为

$$\left.\begin{aligned} U_{R_\varepsilon} &= K_{P\varepsilon} h_\varepsilon(t) + T_{D\varepsilon}\frac{dh_\varepsilon(t)}{dt} + \frac{1}{T_I}\int_0^t h_\varepsilon(t)dt \\ U_{R_\beta} &= K_{P\beta} h_\beta(t) + T_{D\beta}\frac{dh_\beta(t)}{dt} + \frac{1}{T_I}\int_0^t h_\beta(t)dt \end{aligned}\right\} \tag{8-6}$$

为了减少系统动态误差，若引入补偿信号，其形式为

$$\left.\begin{aligned} h_{d\varepsilon} &= X(t)\dot{\varepsilon}_T \\ h_{d\beta} &= X(t)\beta_T \cos\varepsilon_T \end{aligned}\right\} \tag{8-7}$$

引入补偿信号后，指令形成器中产生的控制指令为

$$\left.\begin{aligned} U_{R_\varepsilon} &= K_{P\varepsilon} h_\varepsilon(t) + T_{D\varepsilon}\frac{dh_\varepsilon(t)}{dt} + \frac{1}{T_I}\int_0^t h_\varepsilon(t)dt + X(t)\dot{\varepsilon}_T \\ U_{R_\beta} &= K_{P\beta} h_\beta(t) + T_{D\beta}\frac{dh_\beta(t)}{dt} + \frac{1}{T_I}\int_0^t h_\beta(t)dt + X(t)\beta_T\cos\varepsilon_T \end{aligned}\right\} \tag{8-8}$$

该指令经坐标变换和指令限幅，由遥控指令发射装置发送至导弹上，弹上控制回路按照此指令形成舵偏以产生控制力矩，进而形成相应控制力确保导弹按三点法导引规律始终处于波束中心线，而波束中心线又始终指向目标。

3. 特点分析

三点法是一种使用较早的导引规律。这种方法的优点是技术实施简单,特别是在有线指令制导的条件下,抗干扰性能强。但导弹飞行弹道的曲率较大,目标机动带来的影响也比较严重。当目标横向机动时或迎头攻击目标时,导弹越接近目标,需用的法向过载越大,弹道越弯曲。这对于采用空气动力控制的导弹攻击高空目标十分不利,因为随着高度的升高,空气密度迅速减小,舵效率降低,由空气动力提供的法向控制力也大大下降,导弹的可用过载就可能小于需用过载而导致脱靶。

8.2.2 追踪导引规律

追踪导引也称追逐导引,简称追踪法。在理想实现追逐的情况下,导弹的速度矢量 $\boldsymbol{V}_{\mathrm{M}}$ 总是与视线 r 相重合,其几何关系如图 8.4 所示。

1. 导引方程

当目标作直线飞行时,取固定基准线与目标速度矢量平行。如果导弹的速度大于目标的速度,显然图 8.4 所示的追逐关系将会使导弹与目标相遇,利用图 8.4 可写出极坐标系内追逐法的运动方程。

导弹与目标接近的方程:

$$\frac{\mathrm{d}r}{\mathrm{d}t}=V_{\mathrm{T}}\cos q-V_{\mathrm{M}} \tag{8-9}$$

视线角速度方程:

$$\dot{q}=\frac{\mathrm{d}q}{\mathrm{d}t}=-\frac{1}{r}V_{\mathrm{T}}\sin q \tag{8-10}$$

式(8-9)与式(8-10)相除,得

$$\frac{\mathrm{d}r}{\mathrm{d}q}=r\left(\frac{\mu}{\sin q}-\cot q\right) \tag{8-11}$$

式中:$\mu=\dfrac{V_{\mathrm{M}}}{V_{\mathrm{T}}}>1$。利用作图法绘制其弹道如图 8.5 所示。

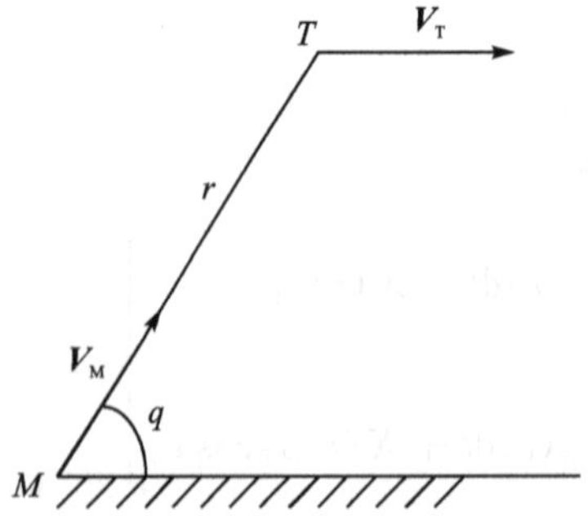

图 8.4 追踪导引规律几何关系

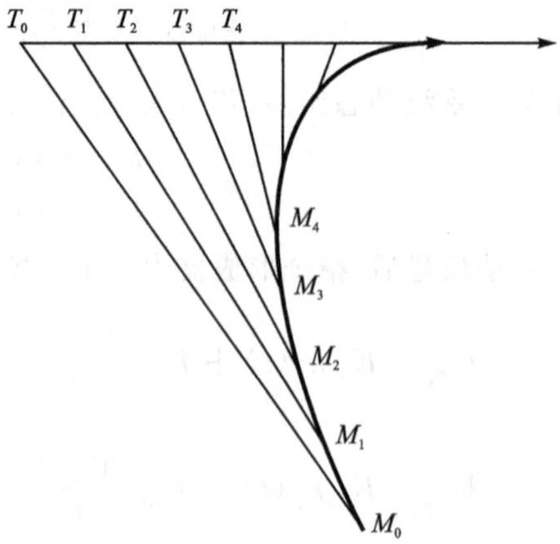

图 8.5 追踪导引弹道

从图 8.5 看出,弹道的方向以与视线相同的角速度变化,且导弹一开始就对准目标飞行,于是相切于导弹弹道的直线必须自始至终与视线重合。显然，导弹临近目标时，总要绕到目标后方去攻击，必然造成末段弹道弯曲度很大。

2. 导引规律的实现

采用追逐法导引时，导弹的整个导引过程必须保证导弹的速度矢量与视线的方位相重合。导弹的弹道角与视线角相等，因此，可得导引方程为

$$\theta_M = q \tag{8-12}$$

式中：θ_M 为导弹弹道倾角。当 $\theta_M \neq q$ 时，弹上的导引头应测出 θ_M 与 q 之间的偏差，形成控制信号给自动驾驶仪。该控制信号为

$$u = K\xi = K(\theta_M - q) = K(\vartheta - q - \alpha) \tag{8-13}$$

式中：K 为比例系数。

追踪法导引在技术上实现比较简单：只要在导弹上安装一个风标装置，再将导引头位标器安装在风标上，使其轴线与风标指向平行，由于风标的指向始终沿导弹速度矢量方向，只要目标偏离了位标器轴线，导弹速度矢量就没有指向目标，制导控制系统就会形成控制指令，以消除偏差实现追踪法导引规律。

3. 特点分析

由于追踪法导引在技术上实施较为简单，且适用于攻击静止的地面或水面目标，部分防空导弹、制导炸弹采用了此种方法。由于导弹的绝对速度始终指向目标，相对速度总是落后于弹目视线，因此不管从哪个方向发射，导弹总是要绕到目标后面完成命中。如此导致弹道较为弯曲（特别是在命中点附近），造成需用过载较大，要求导弹有很高的机动性。由于可用法向过载的限制，所以导弹无法实现全向攻击。

8.2.3　平行接近法

1. 导引方程

如图 8.6 所示，以导弹质心 M 为原点，忽略作用在导弹上的力和力矩，可列出在导引平面内的运动方程为

$$\left.\begin{aligned} \dot{R} &= V_T\cos\eta_T - V_M\cos\eta_M \\ R\dot{q} &= -V_T\sin\eta_T + V_M\sin\eta_M \end{aligned}\right\} \tag{8-14}$$

式中：η_M 为导弹的速度前置角；η_T 为目标的速度前置角。

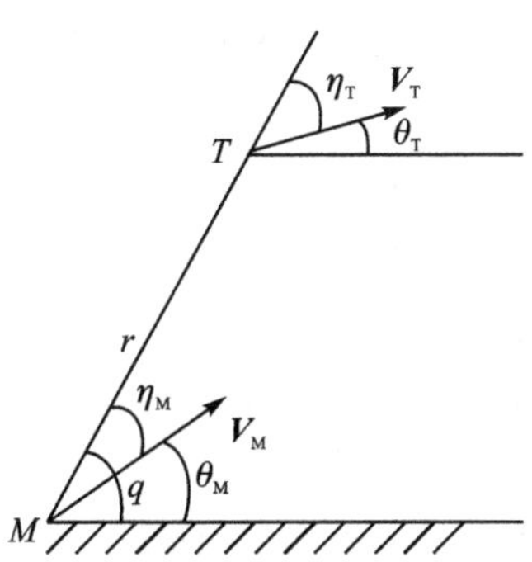

图 8.6　平行接近法几何关系示意图

平行接近导引规律要求导弹的速度和目标速度在视线垂直方向上的投影相等，也就是，式(8－14)中 $R\dot{q}=0$，故有

$$V_M \sin \eta_M = V_T \sin \eta_T \tag{8-15}$$

这就是平行接近导引规律。当目标做等速直线飞行时，平行接近法导引弹道如图 8.7(a) 所示。

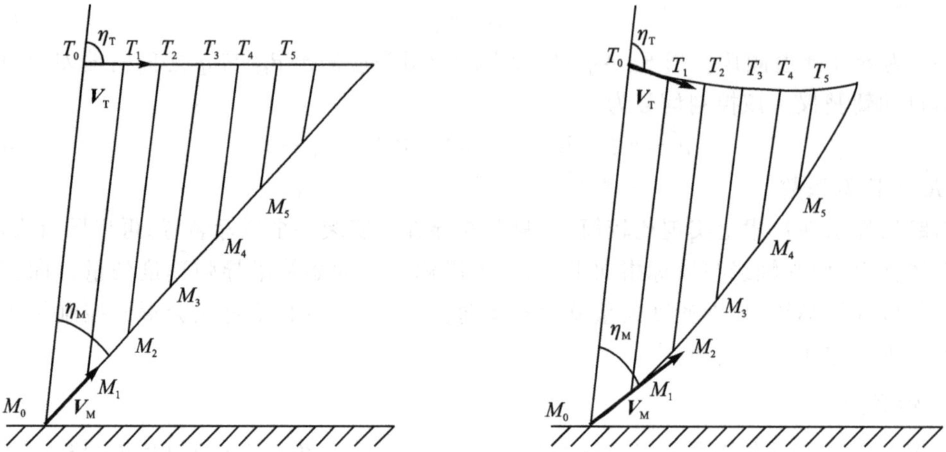

(a) 目标非机动(直线匀速)飞行　　(b) 目标机动飞行

图 8.7　平行接近法导引弹道示意图

由图 8.7 可知，视线是平移的。如果目标作机动飞行，亦有类似的结果，如图 8.7(b) 所示。

2. 导引规律的实现

实现平行接近导引规律的方案有以下几种：

(1) 导引头的测量轴指向惯性空间轴

由于平行接近法的视线总是平行的，因此导引规律为

$$\dot{q}=0 \text{ 或 } q=q_0 \tag{8-16}$$

式中：q_0 为初始视线角。因此误差信号为

$$\xi = q - q_0 \tag{8-17}$$

控制信号为

$$u = K\xi = K(q - q_0) \tag{8-18}$$

式中：K 为比例系数。

实现这种导引规律，可以采用定位陀螺、随动系统把导引头的测量轴固定在惯性空间，测出 q 与初始视线角 q_0 之差。但由于雷达跟踪的范围很小，目标机动时，此方案难以实现。

(2) 导引头的测量轴与弹体纵轴固连

导引头的测量轴与弹体纵轴固连时，导弹速度、目标速度及弹轴的几何关系如图 8.8 所示。

由于 $q=\psi+\varphi$，平行接近法的导引规律又可写成

$$q_0 = \psi + \varphi \tag{8-19}$$

式中：φ 为弹体纵轴与视线的夹角（称为导弹的方位前置角）；ψ 为导弹方位角。因此误差信

号为

$$\xi=(\psi+\varphi)-q_0 \tag{8-20}$$

控制信号为

$$u=K\xi=K\left[(\psi+\varphi)-q_0\right] \tag{8-21}$$

导引头的测量轴与弹体纵轴相固连的方法可测出导弹的方位前置角 φ，同时采用定位陀螺测量 $\psi-q_0$，就可实现这种导引规律。

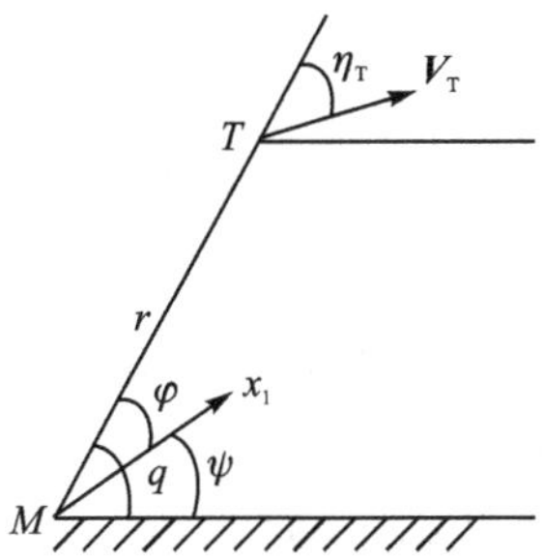

图 8.8　导弹速度、目标速度及弹轴的几何关系

3. 特点分析

进一步分析表明，相对其他导引规律平行接近导引规律所形成的导引弹道最为平直，还可以实现全向攻击。但是这种导引规律对制导系统提出的要求较为苛刻：它要求制导系统每一瞬间都要精确测量目标及导弹速度前置角，并严格保持平行接近的导引关系。而实际上，由于发射偏差或干扰存在，不可能绝对保证导弹相对速度始终指向目标，因此该方法没有得到较为广泛的应用。

8.2.4　前置角导引规律

前置角导引规律实际上是使导弹弹轴或导弹的速度矢量相对弹目视线有一个前置角存在，前置角导引规律也有两种。

1. 速度前置角导引规律

(1) 导引方程

速度前置角导引规律要求导弹的速度矢量超前视线一个固定角度，即速度前置角为一个常数。其导引规律写成

$$\eta_M=\eta_{M0} \tag{8-22}$$

这种导引规律也称为有前置角的追逐法。其误差信号为

$$\xi=\eta_M-\eta_{M0} \tag{8-23}$$

控制信号为

$$u=K\xi=K(\eta_M-\eta_{M0}) \tag{8-24}$$

(2) 导引规律的实现

要想实现这种导引方法，可采用风标装置来测量每个瞬时的速度方向，然后用随动系统保证导引头的测量轴跟随速度矢量变化测得 η_M 角，与已知的 η_{M0} 角比较即得到误差信号。也可以用导引头在惯性空间固定的办法测得视线角 q，再根据 $\eta_M=q-\theta_M$ 得到控制信号

$$u=K(q-\theta_M-\eta_{M0}) \tag{8-25}$$

2. 方位前置角导引规律

(1) 导引方程

方位前置角导引规律要求方位前置角与方位角成比例。这种方法要采用陀螺开锁时刻(实际上是导引开始时刻)为基准线，如图 8.9 所示。

方位前置角导引规律方程为

$$K_1'\varphi=K_2'\psi \tag{8-26}$$

误差信号为

$$\xi = K_1'\varphi - K_2'\psi \quad (8-27)$$

控制信号为

$$u = K\xi = K(K_1'\varphi - K_2'\psi) \quad (8-28)$$

(2) 导引规律的实现

要想实现这种导引方法，可采用导引头的测量轴与视线重合的安装方式，测出 φ，而 ψ 由前置陀螺仪测定。

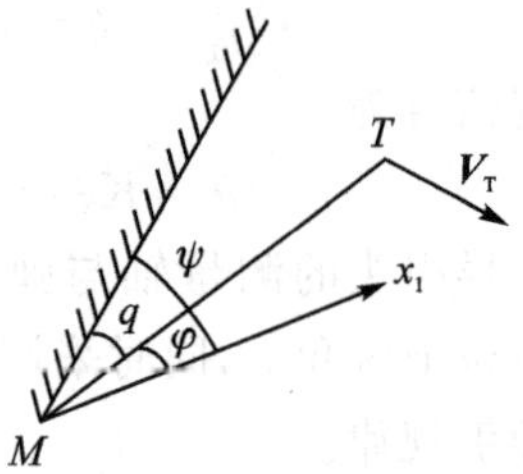

图 8.9　方位前置角导引的几何关系

3. 特点分析

采用前置角导引规律时，弹道上的过载相对较小，亦可使导引时间缩短。

8.2.5　比例导引规律

1. 导引方程

比例导引规律是指导弹飞行过程中，其速度矢量的转动角速度与弹目视线转动角速度成比例的一种导引规律。导引方程为

$$\dot{\theta}_M = K\dot{q} \quad (8-29)$$

式中：K 为比例系数，又称为导航增益。假定导航增益 K 为常数，对式(8－29)积分，可得到比例导引关系式的另一种形式：

$$(\theta_M - \theta_{M0}) - K(q - q_0) = 0 \quad (8-30)$$

由上式不难看出：如果导航增益 $K=1$，且 $q_0=\theta_{M0}$，则导弹速度前置角 $\eta_M=0$，这就是追踪法；如果导航增益 $K=1$，且 $q_0=\theta_{M0}+\eta_{M0}$，则 $\eta_M=\eta_{M0}$，这就是速度前置导引规律；当导航增益 $K\to\infty$ 时，由式(8－29)可知 $\dot{q}\to 0$，即 $q=q_0$ 为常值，则弹目视线在空间保持平行移动，这就是所谓的平行接近法。

由此不难得出结论：追踪法、速度前置法和平行接近法都可看作比例导引规律的特例。比例导引规律的弹道特性应介于追踪法和平行接近法弹道特性之间。

2. 导引规律的实现

根据比例导引规律产生的误差信号是

$$\xi = \dot{\theta}_M - K\dot{q} \quad (8-31)$$

输送给自动驾驶仪的控制信号为

$$u = K_1\xi = K_1(\dot{\theta}_M - K\dot{q}) \quad (8-32)$$

要实现这种导引规律，可采用导引头的测量轴与视线相重合的方法来测 $\dot{q}$。这样导引头测出的信号为

$$u_1 = K'\dot{q} \quad (8-33)$$

而用横向加速度计测出横向加速度 $a=V_M\dot{\theta}_M$，因此加速度表的输出信号为

$$u_2 = K''a = K''V_M\dot{\theta}_M \quad (8-34)$$

由式(8－33)和式(8－34)得总的误差信号为

$$u = u_1 - u_2 = K'\dot{q} - K''V_M\dot{\theta}_M = K''V_M\left(\frac{K'\dot{q}}{K''V_M} - \dot{\theta}_M\right) = K_1(K\dot{q} - \dot{\theta}_M) \quad (8-35)$$

这种导引规律应用比较广泛。原因是可以做到在导引的前半段是稳定的直线弹道，速度比 $\mu=\dfrac{V_{\mathrm{M}}}{V_{\mathrm{T}}}$ 可以放宽，一般选 3～6，视线角 q 较小。

当 $\dot{\theta}_{\mathrm{M}}=K\dot{q}$ 的比例系数为一常值时，导弹速度矢量旋转速率 $\dot{\theta}_{\mathrm{M}}$、目标速度 V_{T}、导弹速度 V_{M} 与目标方位有关。以图 8.10 为例说明。

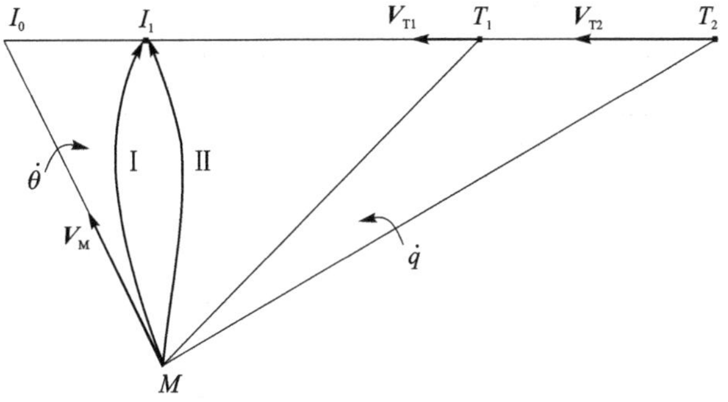

图 8.10　速度不同的两目标与导弹形成同一交会点的态势

设导弹的初始发射条件相同，与不同速度的两个目标 T_1、T_2 在同一空间点 I_1 交会，由于导弹相对目标 T_2 的视线角速度低于目标 T_1，导弹将以不同的飞行弹道到达交会点 I_1，这是导弹设计中所不希望的。从图 8.10 中可知，导弹与目标 T_2 间的相对速度大于目标 T_1 的相对速度，可以设想，如果不使导航比保持恒定，而令其与弹目相对速度 V_{r} 成正比变化，则可使Ⅰ和Ⅱ两条弹道向一起靠近；还可发现，当导弹速度 V_{M} 增大时，两条弹道的差别扩大，也可以考虑使导航比与 V_{M} 的值成反比变化，作这一修正后可使两条弹道合一。理论分析证明，使 K 值与 $\dfrac{V_{\mathrm{r}}}{V_{\mathrm{M}}}$ 成正比变化时，即 $K=N'\dfrac{V_{\mathrm{r}}}{V_{\mathrm{M}}}$，可以实现空间任意点上的弹道单值性，式中 N' 为有效导航比，它近似为常数。由式 $\dot{\theta}_{\mathrm{M}}=K\dot{q}$、$K=N'\dfrac{V_{\mathrm{r}}}{V_{\mathrm{M}}}$、$a_{\mathrm{M}}=V_{\mathrm{M}}\dot{\theta}_d$ 可得

$$a_{\mathrm{M}}=N'V_{\mathrm{r}}\dot{q} \tag{8-36}$$

这就是在工程上实现比例导引的最终表达式，又称修正比例导引规律。修正比例导引规律的工程实现原理图如图 8.11 所示。

3. 比例导引规律弹道特性讨论

(1) 比例导引规律的弹目相对运动方程

按比例导引规律，导弹目标的相对运动方程如下：

$$\left.\begin{aligned}
\dot{r}&=V_{\mathrm{T}}\cos\eta_{\mathrm{T}}-V_{\mathrm{M}}\cos\eta_{\mathrm{M}}\\
r\dot{q}&=-V_{\mathrm{T}}\sin\eta_{\mathrm{T}}+V_{\mathrm{M}}\sin\eta_{\mathrm{M}}\\
q&=\eta_{\mathrm{M}}+\theta_{\mathrm{M}}\\
q&=\eta_{\mathrm{T}}+\theta_{\mathrm{T}}\\
\dot{\theta}_{\mathrm{M}}&=K\dot{q}
\end{aligned}\right\} \tag{8-37}$$

已知 V_{M}、V_{T}、θ_{M} 的变化规律以及三个初始条件 r_0、q_0、θ_{M0}，就可以用数值积分法或图解法，计算运动方程组(8-37)，以获得导弹的运动特性。

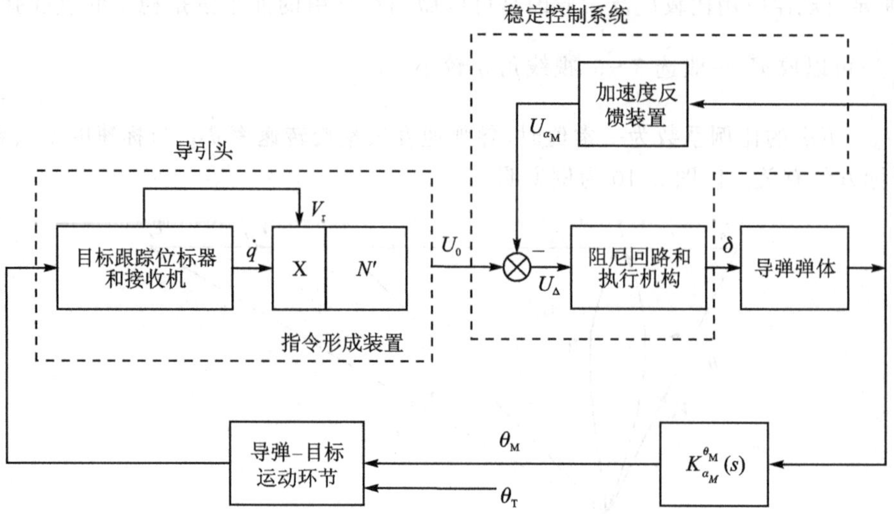

图 8.11　修正比例导引规律的工程实现原理图

(2) 有关需用法向过载

比例导引规律要求导弹转弯角速度 $\dot{\theta}_M$ 与弹目视线旋转角速度 $\dot{q}$ 成比例，因而导弹的需用法向过载也与 $\dot{q}$ 成比例，即

$$n_y=\frac{V_M}{g}\frac{d\theta_M}{dt}=\frac{V_M K}{g}\frac{dq}{dt} \tag{8-38}$$

因此，要了解弹道上各点法向过载的变化规律，只需讨论 $\dot{q}$ 的变化规律。

对相对运动方程组(8-37)的第二式两边求导，得

$$\dot{r}\dot{q}+r\ddot{q}=\dot{V}_M\sin\eta_M+V\dot{\eta}_M\cos\eta_M-\dot{V}_T\sin\eta_T-V_T\dot{\eta}_T\cos\eta_T \tag{8-39}$$

将$\begin{cases}\dot{\eta}_M=(1-K)\dot{q}\\ \dot{\eta}_T=\dot{q}\\ \dot{r}=V_T\cos\eta_T-V_M\cos\eta_M\end{cases}$代入式(8-39)，经整理后可得

$$r\ddot{q}=-(KV\cos\eta_M+2\dot{r})(\dot{q}-\dot{q}^*) \tag{8-40}$$

式中

$$\dot{q}^*=\frac{\dot{V}_M\sin\eta_M-\dot{V}_T\sin\eta_T-V_T\dot{\eta}_T\cos\eta_T}{KV\cos\eta_M+2\dot{r}}$$

在此分两种情况讨论：

假设目标等速直线飞行，导弹速度恒定。此时，由式(8-39)可知 $\dot{q}^*=0$，于是式(8-40)可改写为

$$r\ddot{q}=-(KV\cos\eta_M+2\dot{r})\dot{q} \tag{8-41}$$

由上式可知，如果 $KV\cos\eta_M+2\dot{r}>0$，那么 $\ddot{q}$ 的符号与 $\dot{q}$ 的符号相反。当 $\dot{q}>0$ 时 $\ddot{q}<0$，即 $\dot{q}$ 的值将减小；当 $\dot{q}<0$ 时 $\ddot{q}>0$，即 $\dot{q}$ 的值将增大。总之，$|\dot{q}|$ 总是不断减小，见图 8.12(a)。$\dot{q}$ 随时间的变化规律是向横坐标接近，弹道法向过载随 $|\dot{q}|$ 的不断减小而减小，弹道变得平直，这种情况称为 $\dot{q}$ 收敛。

如果 $KV\cos\eta_M+2\dot{r}<0$，那么 $\ddot{q}$ 与 $\dot{q}$ 的符号相同，$|\dot{q}|$ 将不断增大，见图 8.12(b)。弹道

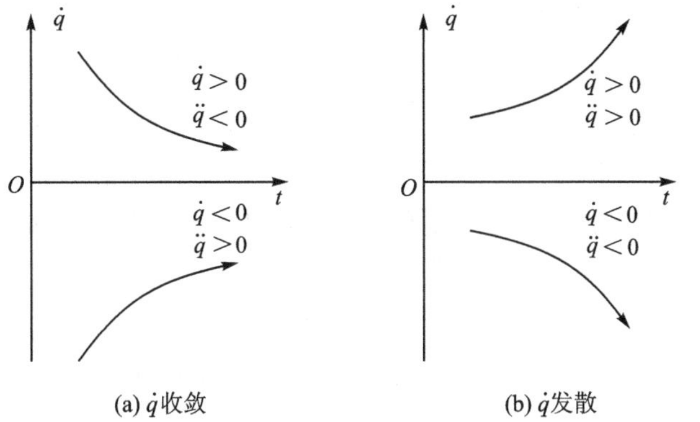

图 8.12　$\dot{q}$ 的变化趋势

法向过载随 $|\dot{q}|$ 的不断增大而增大，弹道变得弯曲，这种情况称为 $\dot{q}$ 发散。

显然要使导弹弹道相对平直，就必须使 $\dot{q}$ 收敛，即满足条件：

$$K>\frac{2|\dot{r}|}{V_{\mathrm{M}}\cos\eta_{\mathrm{M}}} \tag{8-42}$$

由此，$|\dot{q}|$ 就可以逐渐减小而趋向于零；相反，如果不能满足上述条件，则 $|\dot{q}|$ 就将逐渐增大，当接近目标时，导弹要以无穷大的速率转弯，最终将导致其脱靶。

目标机动飞行，导弹变速飞行。由式(8-40)可知：$\dot{q}^*$ 与目标切向加速度 $\dot{V}_{\mathrm{T}}$、法向加速度 $V_{\mathrm{T}}\dot{\eta}_{\mathrm{T}}$ 和导弹切向加速度 $\dot{V}_{\mathrm{M}}$ 有关，$\dot{q}^*$ 不再为零，当 $KV\cos\eta_{\mathrm{M}}+2\dot{r}\neq 0$ 时是有限值。

由式(8-39)可见：当 $KV\cos\eta_{\mathrm{M}}+2\dot{r}>0$ 时，若 $\dot{q}<\dot{q}^*$，则 $\ddot{q}>0$，这时 $\dot{q}$ 将不断增大；若 $\dot{q}>\dot{q}^*$，则 $\ddot{q}<0$，此时 $\dot{q}$ 将不断减小。总之，当 $KV\cos\eta_{\mathrm{M}}+2\dot{r}>0$ 时，$\dot{q}$ 有接近 $\dot{q}^*$ 的趋势；当 $KV\cos\eta_{\mathrm{M}}+2\dot{r}<0$ 时，$\dot{q}$ 有逐渐离开 $\dot{q}^*$ 的趋势，弹道变得弯曲。在接近目标时，导弹将以极大的速率转弯。

4. 比例系数 *K* 的选择

由上述讨论可知，比例系数 K 的大小直接影响弹道特性，影响导弹的命中精度。K 的选择不仅要考虑弹道特性，还要考虑导弹的结构强度及制导系统的稳定工作等因素。

(1) 弹目视线角速度 $\dot{q}$ 收敛的限制

$\dot{q}$ 收敛使导弹在接近目标过程中 $|\dot{q}|$ 不断减小，弹道各点需用法向过载也不断减小，$\dot{q}$ 收敛的条件式(8-42)中给出了 K 值的下限。由于导弹从不同方向攻击目标时，$|\dot{r}|$ 是不同的，因此 K 值的下限也是不同的。这就要求根据具体情况选择 K 值，兼顾导弹从不同方向的攻击性能，或者重点考虑主攻方向上的性能。

(2) 可用过载的限制

式(8-42)限制了比例系数 K 值的下限。但是，并不意味着 K 值可以取得任意大。如果 K 值取得过大，由 $n_y=\dfrac{V_{\mathrm{M}}K}{g}\dot{q}$ 可知，即使 $\dot{q}$ 值不大，也可能使需用法向过载值很大。导弹飞行过程中的可用过载受到最大舵偏角的限制，若需用过载超过可用过载，导弹将无法按照比例导引的弹道飞行。因此，可用过载限制 K 的最大值。

(3) 制导系统稳定工作的限制

如果 K 值取得过大，外界干扰信号的作用也会被放大，这将影响导弹正常飞行。此时 $|\dot{q}|$ 的微小变化将引起 $\dot{\theta}_M$ 很大的变化。从制导控制系统稳定工作的角度出发，K 值也不可能选择过大。

综合上述因素，才能选择出一个合适的 K 值：它通常可以是一个常数，也可以是一个变化值。一般情况下，K 值通常取 3～6 之间的某个值。

5. 特点分析

从上述分析可见，只要获得视线角速度信号，就可实现比例导引规律。比例导引规律可以得到较为平直的弹道；在满足 $K > 2|\dot{r}|/(V_M\cos\eta_M)$ 的条件下，$|\dot{q}|$ 逐渐减小，只要 K、η_0、q_0 等参数组合得当，可使全弹道上的需用过载均小于可用过载，从而实现全向攻击。此外，比例导引对发射瞄准时的初始条件要求不严，且实现过程中仅需要测量 $\dot{q}$、$\dot{\theta}_M$，具有较好的技术可行性。但是采用比例导引规律对于导弹的发射范围有一定的要求，更重要的是在拦截过程中要求导弹有较高的机动性。因此，对于拦截大机动目标的情况，比例导引就显得不能满足要求，并且这种导引规律的制导精度依赖于高精度的目标测量，一旦环境恶劣造成测量精度无法保证时，制导精度变得极差，同时抗干扰的能力也不强。现在已经很少采用这种传统的导引规律，而是使用由这种导引规律衍生出来的新的导引规律。经过人们的改善和修正，又出现了偏置比例导引、扩大比例导引和扩展比例导引等。

6. 其他形式的比例导引规律

为了消除这种传统的比例导引规律的缺点，改善比例导引规律的特性，多年来人们一直致力于比例导引规律的改进，对不同的应用条件提出了许多不同的改进比例导引形式。以下仅举几例说明。

(1) 广义比例导引规律

其导引关系为需用法向过载与目标视线旋转角速度成比例，即

$$n = K_1\dot{q} \tag{8-43}$$

或

$$n = K_2|\dot{r}|\dot{q} \tag{8-44}$$

式中：K_1、K_2 为比例系数。

下面讨论这两种广义比例导引规律在命中点处的需用法向过载。

关系式 $n = K_1\dot{q}$ 与上述比例导引规律 $n = \dfrac{V_M K}{g}\dot{q}$ 比较，得

$$K = \frac{K_1 g}{V_M} \tag{8-45}$$

由式(8-39)及式(8-43)可知，此时命中目标时导弹的需用法向过载为

$$n_k = \frac{1}{g}\left.\frac{\dot{V}_M\sin\eta_M - \dot{V}_T\sin\eta_T - V_T\dot{\eta}_T\cos\eta_T}{\cos\eta_M - \dfrac{2|\dot{r}|}{K_1 g}}\right|_{t=t_k} \tag{8-46}$$

由式(8-46)可见，按 $n = K_1\dot{q}$ 形式的比例导引规律导引，命中点处的需用法向过载与导弹的速度没有直接关系。

按 $n=K_2|\dot r|\dot q$ 形式导引时，在其命中点处的需用法向过载可仿照前面推导方法，此时

$$K=\frac{K_2|\dot r|g}{V_{\rm M}} \tag{8-47}$$

代入式(8-39)中，就可以得到按 $n=K_2|\dot r|\dot q$ 形式的比例导引规律导引时在命中点处的需用法向过载

$$n_k=\frac{1}{g}\left.\frac{\dot V_{\rm M}\sin\eta_{\rm M}-\dot V_{\rm T}\sin\eta_{\rm T}-V_{\rm T}\,\dot\eta_{\rm T}\cos\eta_{\rm T}}{\cos\eta_{\rm M}-\dfrac{2}{K_2 g}}\right|_{t=t_k} \tag{8-48}$$

由式(8-48)可见，按 $n=K_2|\dot r|\dot q$ 导引规律导引，命中点处的需用法向过载不仅与导弹速度无关，而且与导弹攻击方向也无关，这有利于实现全向攻击。

(2) 改进比例导引规律

根据式(8-37)，相对运动方程可以写为

$$\left.\begin{aligned}\dot r&=V_{\rm T}\cos\eta_{\rm T}-V_{\rm M}\cos\eta_{\rm M}\\ r\dot q&=-V_{\rm T}\sin\eta_{\rm T}+V_{\rm M}\sin\eta_{\rm M}\\ q&=\eta_{\rm M}+\theta_{\rm M}\\ q&=\eta_{\rm T}+\theta_{\rm T}\end{aligned}\right\} \tag{8-49}$$

对方程(8-49)第二式求导，并将第一式代入，经整理后得到

$$r\ddot q+2\dot r\dot q=\dot V_{\rm T}\sin\eta_{\rm T}-\dot V_{\rm M}\sin\eta_{\rm M}+V_{\rm T}\dot\theta_{\rm T}\cos\eta_{\rm T}-V_{\rm M}\dot\theta_{\rm M}\cos\eta_{\rm T} \tag{8-50}$$

控制系统实现比例导引时，一般是使弹道需用法向过载与弹目视线的旋转角速度成比例，即

$$n=A\dot q \tag{8-51}$$

又知

$$n=\frac{V}{g}\dot\theta_{\rm M}+\cos\theta_{\rm M} \tag{8-52}$$

将式(8-52)代入式(8-51)中，可得

$$\dot\theta_{\rm M}=\frac{V}{g}(A\dot q-\cos\theta_{\rm M}) \tag{8-53}$$

将式(8-53)代入式(8-50)中，经整理得

$$\ddot q+\frac{|\dot r|}{r}\left[\frac{Ag\cos(\sigma-q)}{|\dot r|}-2\right]\dot q=\frac{1}{r}(\dot V_{\rm T}\sin\eta_{\rm T}-\dot V_{\rm M}\sin\eta_{\rm M}+V_{\rm T}\dot\theta_{\rm T}\cos\eta_{\rm T}-g\cos\theta_{\rm M}\cos\eta_{\rm M}) \tag{8-54}$$

令 $N=Ag\cos(\sigma-q)/|\dot r|$，称为有效导航比。于是，式(8-54)可改写为

$$\ddot q+\frac{|\dot r|}{r}(N-2)\dot q=\frac{1}{r}(\dot V_{\rm T}\sin\eta_{\rm T}-\dot V_{\rm M}\sin\eta_{\rm M}+V_{\rm T}\dot\theta_{\rm T}\cos\eta_{\rm T}-g\cos\theta_{\rm M}\cos\eta_{\rm M}) \tag{8-55}$$

由上式可见，导弹按比例导引规律导引，弹目视线转动角速度（弹道需用法向过载）还受到导弹切向加速度、目标切向加速度、目标机动和重力作用的影响。

目前许多自动寻的制导的导弹，采用改进比例导引规律。改进比例导引规律对引起弹目视线转动的几个因素进行补偿，使得由它们产生的弹道需用法向过载在命中点附近尽量小。

目前采用较多的是对导弹切向加速度和重力作用进行补偿。由于目标切向加速度和目标机动是随机的，用一般方法进行补偿比较困难。

改进比例导引的形式根据设计思想的不同可有多种形式。这里根据使导弹切向加速度和重力作用引起的弹道需用法向过载在命中点处的影响为零来设计。假设改进比例导引的形式为

$$N = A\dot{q} + y \tag{8-56}$$

式中：y 为待定的修正项。于是

$$\dot{\theta}_M = \frac{V}{g}(A\dot{q} + y - \cos\theta_M) \tag{8-57}$$

将式(8-57)代入式(8-50)中，并设 $\dot{V}_T = 0, \dot{\theta}_T = 0$，则得到

$$\ddot{q} + \frac{|\dot{r}|}{r}(N-2)\dot{q} = \frac{1}{r}(-\dot{V}_M \sin\eta_M + g\cos\theta_M \cos\eta_M - g\cdot y\cos\eta_M) \tag{8-58}$$

若假设 $r = r_0 - |\dot{r}|t, T = \dfrac{r_0}{|\dot{r}|}$，则式(8-58)就成为

$$\ddot{q} + \frac{1}{T-t}(N-2)\dot{q} = \frac{1}{r}(-\dot{V}_M \sin\eta_M + g\cos\theta_M \cos\eta_M - g\cdot y\cos\eta_M) \tag{8-59}$$

式中：t 为导弹飞行时间；T 为导引段飞行时间。

对式(8-59)进行积分，可得

$$\dot{q} = \dot{q}_0\left(1-\frac{t}{T}\right)^{N-2} + \frac{1}{(N-2)|\dot{r}|}\Big(-\dot{V}_M\sin\eta_M + g\cos\theta_M\cos\eta_M - g\cdot y\cos\eta_M\Big)\left[1-\left(1-\frac{t}{T}\right)^{N-2}\right] \tag{8-60}$$

于是有

$$n = A\dot{q} + y = A\dot{q}_0\left(1-\frac{t}{T}\right)^{N-2} + \frac{A}{(N-2)|\dot{r}|}\Big(-\dot{V}_M\sin\eta_M + g\cos\theta_M\cos\eta_M - g\cdot y\cos\eta_M\Big)\left[1-\left(1-\frac{t}{T}\right)^{N-2}\right] + y \tag{8-61}$$

命中点处 $t=T$，欲使 $n=0$，必须有

$$\frac{A}{(N-2)|\dot{r}|}(-\dot{V}_M\sin\eta_M + g\cos\theta_M\cos\eta_M - g\cdot y\cos\eta_M)\left[1-\left(1-\frac{t}{T}\right)^{N-2}\right] + y = 0 \tag{8-62}$$

则

$$y = -\frac{N}{2g}\dot{V}\tan\eta_M + \frac{N}{2}\cos\theta_M \tag{8-63}$$

于是，改进比例导引规律的导引关系式为

$$n = A\dot{q} - \frac{N}{2g}\dot{V}_M\tan\eta_M + \frac{N}{2}\cos\theta_M \tag{8-64}$$

式中：等号右端第二项为导弹切向加速度补偿项，第三项为重力补偿项。

8.3 现代导引规律分析与设计

此前讨论了部分经典导引规律，一般而言，经典导引规律所需的信息量较少、结构简单、易

于实现。因此，现役的战术导弹大多数使用经典的导引规律或其改进形式。但对于高性能、大机动目标，尤其是采用了各种干扰措施的目标，经典导引规律就不太适合了。随着现代控制理论和计算机技术的发展，现代导引规律得到了迅速发展，其中包括：最优导引规律、微分对策导引规律、自适应导引规律、微分几何导引规律及神经网络导引规律等。与经典导引规律相比，现代导引规律有许多优点，如：脱靶量小，导弹命中目标时姿态角满足要求，对抗目标机动及抗干扰能力强，弹道平直，需用法向过载分布合理，作战空域增大等。当然，现代导引规律还存在结构复杂，需要测量的参数较多，给其实现带来了一些问题。随着计算机技术的不断发展，现代制导规律的使用会更加广泛。本书以最优导引规律和微分对策导引规律为例，对现代导引规律的分析和设计予以讨论。

8.3.1　最优导引规律

1. 导弹运动状态方程

视导弹、目标为质点，它们同在一个固定平面内运动。在此平面中选择固定坐标系 Oxy，导弹速度矢量 $\boldsymbol{V}_{\mathrm{M}}$ 与 Oy 轴夹角为 σ_{M}；目标速度矢量 $\boldsymbol{V}_{\mathrm{T}}$ 与 Oy 轴夹角为 σ_{T}。导弹与目标连线与 Oy 轴夹角为 q。设 σ_{M}、σ_{T} 和 q 较小，并假定导弹和目标均做等速飞行，即 V_{M}、V_{T} 为常值。导弹与目标相对运动态势如图 8.13 所示。

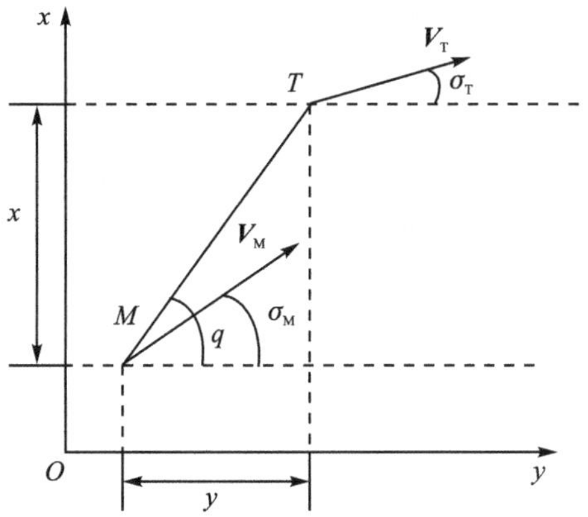

图 8.13　导弹与目标相对运动态势

根据导弹相对目标的运动关系可得

$$\left.\begin{aligned}\dot{x}&=V_{\mathrm{T}}\sin\sigma_{\mathrm{T}}-V_{\mathrm{M}}\sin\sigma_{\mathrm{M}}\\\dot{y}&=V_{\mathrm{T}}\cos\sigma_{\mathrm{T}}-V_{\mathrm{M}}\cos\sigma_{\mathrm{M}}\end{aligned}\right\}\tag{8-65}$$

假设 σ_{M}、σ_{T} 较小，故有 $\sin\sigma_{\mathrm{T}}\approx\sigma_{\mathrm{T}}$、$\sin\sigma_{\mathrm{M}}\approx\sigma_{\mathrm{M}}$，$\cos\sigma_{\mathrm{T}}\approx 1$、$\cos\sigma_{\mathrm{M}}\approx 1$，于是：$\dot{x}=V_{\mathrm{T}}\sigma_{\mathrm{T}}-V_{\mathrm{M}}\sigma_{\mathrm{M}}$，$\dot{y}=V_{\mathrm{T}}-V_{\mathrm{M}}$。

令 $x_1=x$、$x_2=\dot{x}$，则

$$\dot{x}_1=x_2\tag{8-66}$$

$$\dot{x}_2=\ddot{x}=V_{\mathrm{T}}\dot{\sigma}_{\mathrm{T}}-V_{\mathrm{M}}\dot{\sigma}_{\mathrm{M}}=a_{\mathrm{T}}-a_{\mathrm{M}}\tag{8-67}$$

式中：a_{T}、a_{M} 分别为目标的法向加速度及导弹的法向加速度。导弹的法向加速度作为控制信号加至舵机，舵面偏转后弹体产生迎角 α，而后产生法向过载。如果忽略舵机及弹体的惯性，设控制量的量纲与加速度的量纲相同，令控制量 $u=-a_{\mathrm{M}}$，于是式(8-67)变为

$$\dot{x}_2 = a_T + u \tag{8-68}$$

设目标不机动，即 $a_T = 0$，可得导弹运动状态方程

$$\dot{x}_1 = x_2$$

$$\dot{x}_2 = u$$

以矩阵形式表示为

$$\begin{bmatrix} \dot{x}_1 \\ \dot{x}_2 \end{bmatrix} = \begin{bmatrix} 0 & 1 \\ 0 & 0 \end{bmatrix} \begin{bmatrix} x_1 \\ x_2 \end{bmatrix} + \begin{bmatrix} 0 \\ 1 \end{bmatrix} u \tag{8-69}$$

令 $\boldsymbol{x} = [x_1 \quad x_2]^{\mathrm{T}}$，$\boldsymbol{A} = \begin{bmatrix} 0 & 1 \\ 0 & 0 \end{bmatrix}$，$\boldsymbol{B} = [0 \quad 1]^{\mathrm{T}}$，则系统的状态空间方程为

$$\dot{\boldsymbol{x}} = \boldsymbol{A}\boldsymbol{x} + \boldsymbol{B}u \tag{8-70}$$

2. 基于二次型的最优导引规律

现代导引规律有许多种，其中研究最为广泛的就是最优导引规律，其优点是可以考虑导弹-目标动力学问题，并可考虑起点或终点的约束条件或其他约束条件，根据给出的性能指标(泛函)寻求最优导引规律。根据具体要求性能指标可有不同的形式，战术导弹考虑的性能指标主要包括：导弹在飞行中付出总的法向过载最小，终端脱靶量最小、控制能量最小、拦截时间最短、导弹-目标交会角满足要求等。但是导引规律是一个变参数并受随机干扰的非线性问题，其求解非常困难。所以，通常只好将导弹拦截目标的过程做线性化处理，这样可以获得系统近似最优解，工程上也易于实现，并且性能上接近最优导引规律。以下介绍二次型最优导引规律。

对于自动导引系统，通常选择二次型性能指标。下面讨论基于二次型性能指标的最优导引规律。将导弹相对目标运动的关系式(8-65)的第二式改写为

$$\dot{y} = -(V_M - V_T) = -V_C \tag{8-71}$$

式中：V_C 为导弹对目标的相对接近速度。

设 t_f 为导弹与目标遭遇时刻，则在某一瞬时 t，导弹与目标在 Oy 轴向上的距离偏差为

$$y = (V_M - V_T)(t_f - t) \tag{8-72}$$

若性能指标选为二次型，它应首先含有制导误差的平方项，还要含有控制所需的能量项。对任何制导系统，最重要的是希望导弹与目标遭遇时刻 t_f 的脱靶量最小。对于二次型性能指标，应以脱靶量平方表示，即

$$[x_T(t_f) - x_M(t_f)]^2 + [y_T(t_f) - y_M(t_f)]^2 \tag{8-73}$$

为简化分析，通常选用 $y=0$ 时 x 的值作为脱靶量。于是，要求 t_f 时刻 x 的值越小越好。由于舵偏角受限，导弹的可用过载有限，导弹结构能承受的最大载荷也有限，所以控制信号 $\boldsymbol{u}$ 应受到约束。因此，选择下列形式的二次型性能指标函数：

$$J = \frac{1}{2}\boldsymbol{x}^{\mathrm{T}}(t_f)\boldsymbol{C}\boldsymbol{x}(t_f) + \frac{1}{2}\int_0^{t_f} (\boldsymbol{x}^{\mathrm{T}}\boldsymbol{Q}\boldsymbol{x} + \boldsymbol{u}^{\mathrm{T}}\boldsymbol{R}\boldsymbol{u})\,\mathrm{d}t \tag{8-74}$$

式中：$\boldsymbol{C}$、$\boldsymbol{Q}$、$\boldsymbol{R}$ 为正定对角矩阵，它保证了指标大于零，在多维情况下还保证了性能指标为二次型。例如，对于讨论的二维情况，则有

$$\boldsymbol{C} = \begin{bmatrix} c_1 & 0 \\ 0 & c_2 \end{bmatrix} \tag{8-75}$$

此时，性能指标函数中含有 $c_1 x_1^2(t_f)$ 和 $c_2 x_2^2(t_f)$。如果不考虑导弹相对运动速度项

$x_2(t_f)$，则令 $c_2=0$，$x_1^2(t_f)$ 即成为脱靶量。积分项中 $\boldsymbol{u}^{\mathrm{T}}\boldsymbol{R}\boldsymbol{u}$ 为控制能量项。对控制矢量为一维的情况，则可表示为 $\boldsymbol{R}\boldsymbol{u}^2$。$\boldsymbol{R}$ 可通过对过载限制大小来选择。最后按照导弹的最大过载恰好与可用过载相等的原则来选择 $\boldsymbol{R}$。积分项中的 $\boldsymbol{x}^{\mathrm{T}}\boldsymbol{Q}\boldsymbol{x}$ 为误差项。由于主要考虑脱靶量 $x_1(t_f)$ 和控制量 $\boldsymbol{u}$，因此该误差项可不予考虑，即 $\boldsymbol{Q}=\boldsymbol{0}$。这样，用于制导系统的二次型性能指标可简化为

$$J=\frac{1}{2}\boldsymbol{x}^{\mathrm{T}}(t_f)\boldsymbol{C}\boldsymbol{x}(t_f)+\frac{1}{2}\int_0^{t_f}\boldsymbol{R}\boldsymbol{u}^2\,\mathrm{d}t \tag{8-76}$$

当给定导弹运动的状态方程为 $\dot{\boldsymbol{x}}=\boldsymbol{A}\boldsymbol{x}+\boldsymbol{B}\boldsymbol{u}$ 时，应用最优控制理论，可得最优导引规律为

$$\boldsymbol{u}=-\boldsymbol{R}^{-1}\boldsymbol{B}^{\mathrm{T}}\boldsymbol{P}\boldsymbol{x} \tag{8-77}$$

其中，$\boldsymbol{P}$ 由 Raccati 方程

$$\boldsymbol{A}^{\mathrm{T}}\boldsymbol{P}+\boldsymbol{P}\boldsymbol{A}-\boldsymbol{P}\boldsymbol{B}\boldsymbol{R}^{-1}\boldsymbol{B}^{\mathrm{T}}\boldsymbol{P}+\boldsymbol{Q}=\dot{\boldsymbol{P}} \tag{8-78}$$

解得。终端条件为 $\boldsymbol{P}(t_f)=\boldsymbol{C}$。不考虑速度项，即 $c_2=0$，且控制矢量为一维的情况下，最优导引规律为

$$u=-\frac{(t_f-t)x_1+(t_f-t)^2x_2}{\dfrac{R}{c_1}+\dfrac{(t_f-t)^2}{3}} \tag{8-79}$$

为了使脱靶量最小，应选取 $c_1\to\infty$，则

$$u=-3\left[\frac{x_1}{(t_f-t)^2}+\frac{x_2}{t_f-t}\right] \tag{8-80}$$

由图 8.13 可得

$$\tan q=\frac{x}{y}=\frac{x_1}{V_C(t_f-t)} \tag{8-81}$$

当 q 比较小时，$\tan q\approx q$，则

$$q=\frac{x_1}{V_C(t_f-t)} \tag{8-82}$$

$$\dot{q}=\frac{x_1+(t_f-t)\dot{x}_1}{V_C(t_f-t)^2}=\frac{1}{V_C}\left[\frac{x_1}{(t_f-t)^2}+\frac{x_2}{t_f-t}\right] \tag{8-83}$$

将式(8-83)代入式(8-80)中，可得

$$u=-3V_C\dot{q} \tag{8-84}$$

考虑到 $u=-a_M=-V_M\dot{\sigma}_M$，故有 $\dot{\sigma}_M=-\dfrac{3V_C}{V_M}\dot{q}$。由此可以看出，当不考虑弹体惯性时，自动导引的最优导引规律为比例导引规律。

8.3.2　随机最优预测导引规律

对于拦截机动目标而言，比例导引规律在理论上存在缺陷，不能保证视线稳定，特别是当目标法向机动过载接近甚至高于导弹的法向过载能力时，比例导引规律性能会大大下降。为了克服比例导引规律攻击机动目标脱靶量大的缺点，提出了以线性二次型最优控制理论为基础的预测导引规律。最优预测导引规律需要众多信息，其中对剩余飞行时间精度要求十分苛刻，但实际拦截过程中，导弹的剩余飞行时间并无法先验确定，只能通过实时估计给出，但受目标机动以及测量误差影响，准确估计剩余飞行时间仍然十分困难。由于剩余飞行时间是不确

定量，滚动预测控制对终止时间不确定情形的最优控制问题有良好的适应性，因此本节利用随机预测控制原理设计导引规律。考虑到导弹可用过载的限幅特性，在此提出一种具有控制输入约束的预测导引规律。一般预测导引规律的代价函数以终端代价和控制量平方最小为性能指标，作为制导控制问题的最优解。这样做的一个优点在于可以获得解析解，但制导控制问题本质上是一个过程控制问题，因此目标函数中应考虑状态的代价。本小节基于随机离散时间预测控制问题，利用连续逼近方法获得了一种预测导引规律。

1. 随机预测最优控制理论

(1) 连续时间随机系统的均方实用稳定性

考虑如下随机微分方程描述的随机过程：

$$\left.\begin{aligned} &\mathrm{d}[x(t)]=f(t,x)\,\mathrm{d}t+g(t,x)\,\mathrm{d}[\omega(t)] \\ &x(t_0)=x_0 \end{aligned}\right\} \tag{8-85}$$

式中：$x\in R^n$ 是一个初始值为 $x(t_0)=x_0$ 的状态；$f:R^+\times R^n\to R^n$，$g:R^+\times R^n\to R^{n\times r}$ 是局部 Lipchitz 的连续函数；$\omega(t)$是一个定义于完备空间(Ω,F,P)上的标准 Brownian 运动，且带一个自然 σ-域流 $F(t)_{t\geqslant 0}$（例如 $F(t)=\sigma\{\omega(s):0\leqslant s\leqslant t\}$）。

对于初值 x_0，假定它是一个独立于 $F(t)$，$t>0$ 的任意 n 维随机向量，且 $E\|x_0\|<\infty$。

定义 8.1　称随机系统(8-85)为相对于(t_0,λ,Λ)均方实用稳定，若对于给定的$(\lambda,\Lambda)$$(0<\lambda<\Lambda)$，$E\|x_0\|^2<\Lambda$ 蕴涵 $E\|x(t,t_0,x_0)\|^2<\Lambda$，$t\geqslant t_0$ 对于某个 $t_0\in R^+$ 成立；如果对于任意 $t_0\in R^+$ 成立，则称随机系统相对于(λ,Λ)均方一致性实用稳定。

为了给出随机系统(8-85)实用稳定性判据，需要考虑如下辅助确定性系统：

$$\mathrm{d}[u(t)]=h\,[t,u(t)]\,\mathrm{d}t,\quad u(t_0)=u_0 \tag{8-86}$$

式中：$h\in C[R^+\times R^n,R^n]$。设 $u(t)=u(t,t_0,u_0)$是满足 $u(t_0)=u_0$ 的解。

对于确定性系统(8-86)同样给出实用稳定性定义。

定义 8.2　称确定性系统(8-86)为相对于(t_0,λ,Λ)均方实用稳定的，若对于给定的$(\lambda,\Lambda)$$(0<\lambda<\Lambda)$有 $\|u_0\|<\Lambda$ 蕴涵 $\|u(t,t_0,x_0)\|<\Lambda$，$t\geqslant t_0$ 对于某个 $t_0\in R^+$ 成立；如果对于任意 $t_0\in R^+$ 成立，则称随机系统相对于(λ,Λ)均方一致性实用稳定。

定理 8.1　对于随机系统(8-85)，如果下列条件得到满足：

① 给定的 λ 和 Λ，使得 $0<\lambda<\Lambda$。

② 存在 $V(t,x)\in C^{(1,2)}\,[R^+\times R^N,R^+]$，即 V 关于 t 的一阶偏导和关于 x 的二阶偏导存在且连续，并且存在正常数 c 和函数 $h(t,u)\in C(R^+\times R^+)$，其中 $h(t,u)$对于固定的 t 关于 u 是凹的，使得 $LV(t,x)\leqslant h\,[t,V(t,x)]$。

③ 存在 $a(t,\cdot)\in CK$ 和 $b(\cdot)\in VK$，并且 $a(t_0,\lambda)<b(\Lambda)$，对于任意 $t\in R^+$，$x\in R^N$，下式成立

$$b(\|x\|^2)\leqslant V(t,x)\leqslant a(t,\|x\|^2)$$

则辅助确定性系统相对$(t_0,a(t_0,\lambda),b(\Lambda))$的实用稳定性蕴涵随机系统相对于$(t_0,\lambda,\Lambda)$的均方实用稳定性。

注： 定理 8.1 表明，随机系统实用稳定性可由辅助确定性系统实用稳定性作为判据，从而转化为研究确定性系统实用稳定性问题。

乘性噪声系统的解函数不仅是系数矩阵的函数，且涉及矩阵乘法是否可交换，虽然当系数矩阵完全可交换时可以显式写出表达式，但对于一般的系数矩阵，则很难给出解析式，因此这

类系统目前无一般的解析表达式。正是以上原因，使得具有乘性、加性混合噪声的随机系统长期被忽视，下面给出有关具有加性和乘性型混合噪声随机系统的均方实用稳定性定理。

定理 8.2　具有加性和乘性混合噪声的线性随机系统：

$$\mathrm{d}[x(t)]=\boldsymbol{A}x\mathrm{d}t+\sum_{i=1}^{n}\boldsymbol{F}_i x\mathrm{d}[v_i(t)]+\sum_{j=1}^{n}\boldsymbol{E}_j\mathrm{d}[w_j(t)] \tag{8-87}$$

式中：$\boldsymbol{A}$、$\boldsymbol{F}_i$、$\boldsymbol{E}_j$ 均为适维矩阵；$\mathrm{d}w_j(j=1,2,\cdots,n)$、$\mathrm{d}v_i(i=1,2,\cdots,m)$分别为相互独立的标准维纳过程。若 $\widetilde{\boldsymbol{A}}=\boldsymbol{I}\otimes\boldsymbol{A}+\boldsymbol{A}\otimes\boldsymbol{I}+\sum_{i=1}^{n}\boldsymbol{F}_i\otimes\boldsymbol{F}_i$ 为 Hurwitz 稳定矩阵，则随机系统(8-87)均方实用稳定。

(2) 随机线性系统的状态反馈滚动预测控制

1) 随机时不变线性系统的状态反馈滚动预测控制

考虑如下随机线性系统

$$\mathrm{d}[\boldsymbol{x}(t)]=[\boldsymbol{Ax}(t)+\boldsymbol{Bu}(t)]\mathrm{d}t+\sum_{i=1}^{n}\boldsymbol{F}_i\boldsymbol{x}(t)\mathrm{d}[v_i(t)]+\sum_{j=1}^{n}\boldsymbol{E}_j\mathrm{d}[w_j(t)] \tag{8-88}$$

式中：$\boldsymbol{x}(t)$满足左连续假设，即 $\boldsymbol{x}(t^+)=\lim\limits_{h\to0^+}\boldsymbol{x}(t+h)$，$\boldsymbol{x}(t^-)=\lim\limits_{h\to0^+}\boldsymbol{x}(t+h)$，$\boldsymbol{x}(t^-)=\boldsymbol{x}(t)$；$\boldsymbol{u}(t)\in U$ 为控制输入，满足 $U=\{\boldsymbol{u},\|\boldsymbol{u}\|\leqslant U_0\}$；$v_i(t)(i=1,2,\cdots,n)$为相互独立的零均值高斯噪声且 $v_i\sim N(0,\bar{\theta}_i\delta(t))$，假设 $v_i(t)(i=1,2,\cdots,n)$和 $w_j(t)(j=1,2,\cdots,m)$也相互独立。

观测方程为

$$\boldsymbol{y}(t)=\boldsymbol{Cx}(t)+\boldsymbol{N}(t) \tag{8-89}$$

式中：$\boldsymbol{N}(t)$为零均值高斯噪声，且 $\boldsymbol{N}(t)\sim N(0,\Xi\delta(t))$。

考虑预测性能指标：

$$J_{\mathrm{T}}(t)=E\left\{\int_t^{t+T}[\boldsymbol{x}^{\mathrm{T}}(\tau)\boldsymbol{Qx}(\tau)+\boldsymbol{u}^{\mathrm{T}}(\tau)\boldsymbol{Ru}(\tau)]\mathrm{d}\tau+\boldsymbol{x}^{\mathrm{T}}(t+T)\boldsymbol{Q}^{\mathrm{T}}\boldsymbol{x}(t+T)\right\} \tag{8-90}$$

优化问题描述如下：

$$\left.\begin{aligned}&\min_{\boldsymbol{u}(s),s\in[t,t+T]}J_{\mathrm{T}}(t)=E\left\{\int_t^{t+T}[\boldsymbol{x}^{\mathrm{T}}(s)\boldsymbol{Qx}(s)+\boldsymbol{u}^{\mathrm{T}}(s)\boldsymbol{Ru}(s)]\mathrm{d}s+\boldsymbol{x}^{\mathrm{T}}(t+T)\boldsymbol{Q}^{\mathrm{T}}\boldsymbol{x}(t+T)\right\}\\&\text{s. t.}\quad \mathrm{d}[\boldsymbol{x}(s)]=[\boldsymbol{Ax}(s)+\boldsymbol{Bu}(s)]\mathrm{d}t+\sum_{i=1}^{n}\boldsymbol{F}_i\boldsymbol{x}(s)\mathrm{d}[v_i(s)]+\sum_{j=1}^{m}\boldsymbol{E}_j\mathrm{d}[w_j(s)]\end{aligned}\right\} \tag{8-91}$$

状态反馈预测控制目标是寻找状态反馈预测控制律 $\boldsymbol{u}(s)=K\tilde{x}(s)$，$s\in[t,t+T]$，满足 $U=\{\boldsymbol{u},\|\boldsymbol{u}\|\leqslant U_0\}$，使性能指标 $J_{\mathrm{T}}(t)$最小或具有最小上界，且在滚动策略下，闭环随机系统(8-88)均方实用稳定。

定理 8.3　对随机系统(8-88)，假设控制向量 $\boldsymbol{u}(t)$不受约束。若状态反馈控制增益满足以下矩阵不等式：

$$(\boldsymbol{A}+\boldsymbol{BK})^{\mathrm{T}}\boldsymbol{Q}_{\mathrm{T}}+\boldsymbol{Q}_{\mathrm{T}}(\boldsymbol{A}+\boldsymbol{BK})+\sum_{i=1}^{n}\boldsymbol{F}_i^{\mathrm{T}}\boldsymbol{Q}_{\mathrm{T}}\boldsymbol{F}_i+\boldsymbol{Q}+\boldsymbol{K}^{\mathrm{T}}\boldsymbol{RK}\leqslant\boldsymbol{0} \tag{8-92}$$

式中：$\boldsymbol{Q}_{\mathrm{T}}>\boldsymbol{0}$，则系统预测性指标存在上界，且闭环系统均方实用稳定。

注：对于控制量不受约束的情形，可以给出控制律的具体解析表达式。

定理 8.4　对于具有控制约束的随机系统(8-88)，存在满足控制约束状态反馈控制律：

$$\boldsymbol{u}(\tau)=\boldsymbol{K}(\tau)\tilde{\boldsymbol{x}}(\tau)+\boldsymbol{K}_1(\tau),\quad t\leqslant\tau\leqslant t+T$$

其中

$$\boldsymbol{K}=-\boldsymbol{N}_u\boldsymbol{R}^{-1}\boldsymbol{B}^{\mathrm{T}}\boldsymbol{P},\quad \boldsymbol{K}_1=\boldsymbol{f}_0^u-\boldsymbol{N}\boldsymbol{R}^{-1}\boldsymbol{B}^{\mathrm{T}}\boldsymbol{P}_1$$

使得系统的性能指标 $J(\boldsymbol{x}(t),t)=E[\boldsymbol{x}^{\mathrm{T}}(t)\boldsymbol{P}(t)\boldsymbol{x}(t)+2\boldsymbol{x}^{\mathrm{T}}(t)\boldsymbol{P}_1(t)]+\boldsymbol{P}_0(t)$ 达到最小。其中，$\boldsymbol{P}$、$\boldsymbol{P}_1$、$\boldsymbol{P}_0$ 分别满足以下 Riccati 方程：

$$\left.\begin{aligned}
&\dot{\boldsymbol{P}}+\boldsymbol{Q}+\boldsymbol{P}\boldsymbol{B}^{\mathrm{T}}\boldsymbol{N}_u^{\mathrm{T}}\boldsymbol{R}^{-1}(\boldsymbol{N}_u-2\boldsymbol{I})\boldsymbol{B}^{\mathrm{T}}\boldsymbol{P}+\boldsymbol{P}\boldsymbol{A}+\boldsymbol{A}^{\mathrm{T}}\boldsymbol{P}+\sum_{i=0}^{n}\boldsymbol{F}_i^{\mathrm{T}}\boldsymbol{P}\boldsymbol{F}_i=\boldsymbol{0}\\
&\dot{\boldsymbol{P}}_1+\boldsymbol{P}\boldsymbol{B}^{\mathrm{T}}\boldsymbol{f}_0^u+\boldsymbol{P}\boldsymbol{B}^{\mathrm{T}}\boldsymbol{N}_u^{\mathrm{T}}\boldsymbol{R}^{-1}\boldsymbol{N}_u\boldsymbol{B}^{\mathrm{T}}\boldsymbol{P}_1-\boldsymbol{P}\boldsymbol{B}\boldsymbol{N}_u^{\mathrm{T}}\boldsymbol{f}_0^u-2\boldsymbol{P}\boldsymbol{B}\boldsymbol{R}^{-1}\boldsymbol{N}_u\boldsymbol{B}^{\mathrm{T}}\boldsymbol{P}_1+\boldsymbol{A}^{\mathrm{T}}\boldsymbol{P}_1=\boldsymbol{0}\\
&\dot{\boldsymbol{P}}_0+(\boldsymbol{f}_0^u)^{\mathrm{T}}\boldsymbol{R}\boldsymbol{f}_0^u-2\boldsymbol{P}_1^{\mathrm{T}}\boldsymbol{B}\boldsymbol{R}^{-1}\boldsymbol{N}_u^{\mathrm{T}}\boldsymbol{R}\boldsymbol{f}_0^u+\boldsymbol{P}_1\boldsymbol{B}^{\mathrm{T}}\boldsymbol{N}_u^{\mathrm{T}}\boldsymbol{R}^{-1}\boldsymbol{N}_u\boldsymbol{B}^{\mathrm{T}}\boldsymbol{P}_1+2\boldsymbol{P}_1^{\mathrm{T}}\boldsymbol{B}\boldsymbol{f}_0^u-\\
&\quad 2\boldsymbol{P}_1^{\mathrm{T}}\boldsymbol{B}\boldsymbol{N}_u\boldsymbol{R}^{-1}\boldsymbol{B}^{\mathrm{T}}\boldsymbol{P}_1+\sum_{j=1}^{m}\boldsymbol{E}_j^{\mathrm{T}}\boldsymbol{P}\boldsymbol{E}_j=\boldsymbol{0}
\end{aligned}\right\}\tag{8-93}$$

终端条件为

$$\boldsymbol{P}(t+T)=\boldsymbol{Q}_{\mathrm{T}},\quad \boldsymbol{P}_1(t+T)=\boldsymbol{0},\quad \boldsymbol{P}_0(t+T)=\boldsymbol{0}\tag{8-94}$$

其中，$\boldsymbol{N}_u$、$\boldsymbol{f}_0^u$ 由饱和函数统计线性化得出，并与下式有关：

$$\left.\begin{aligned}
&\dot{\boldsymbol{m}}(t)=(\boldsymbol{A}+\boldsymbol{B}\boldsymbol{K})\boldsymbol{m}+\boldsymbol{B}\boldsymbol{K}_1\\
&\dot{\boldsymbol{\theta}}(t)=\boldsymbol{\theta}(t)(\boldsymbol{A}+\boldsymbol{B}\boldsymbol{K})^{\mathrm{T}}+(\boldsymbol{A}+\boldsymbol{B}\boldsymbol{K})\boldsymbol{\theta}(t)+\sum_{j=1}^{n}\boldsymbol{E}_j\boldsymbol{E}_j^{\mathrm{T}}
\end{aligned}\right\}\tag{8-95}$$

由于控制量约束，即 $U=\{\boldsymbol{u}\,|\,\boldsymbol{u}\in U,\ \|\boldsymbol{u}\|\leqslant U_0\}$，$U$ 为紧集。

引入非饱和函数 Sat：

$$\mathrm{Sat}(\boldsymbol{u}\,|\,U_0)=\begin{cases}\boldsymbol{u} & \boldsymbol{u}\in U\\ |U_0|\,\mathrm{sgn}(\boldsymbol{u}) & \boldsymbol{u}\notin U\end{cases}\tag{8-96}$$

其物理含义为：当控制量 $\boldsymbol{u}$ 在集合 U 内，则控制为其本身；当控制量 $\boldsymbol{u}$ 超越集合 U，则取相应的边界值。利用统计线性化，非线性饱和控制量通过统计线性化之后变化为

$$\boldsymbol{u}=\mathrm{Sat}(\boldsymbol{u}(s)\,|\,U_0)\approx\hat{\boldsymbol{f}}_u+\boldsymbol{N}_u(\boldsymbol{u}-\boldsymbol{m}_u)=\boldsymbol{f}_0^u+\boldsymbol{N}_u\boldsymbol{u}\tag{8-97}$$

饱和函数的统计线性化示意图如图 8.14 所示。

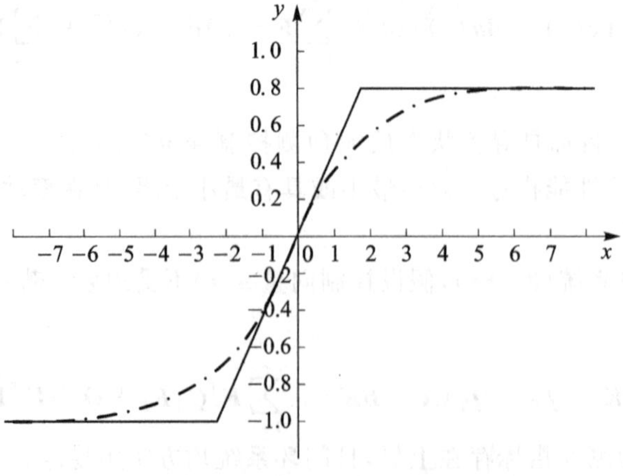

图 8.14　饱和函数统计线性化示意图

关于状态预估量 $\tilde{x}(\tau),\tau\in[t,t+T]$：

由于假设 $V_i(t)(i=1,2,\cdots,n)$、$W_j(\tau)(j=1,2,\cdots,m)$相互独立，且分别与 $x(0)$相互独立，可以证明 $x(t)$与 $V_i(t)(i=1,2,\cdots,n)$、$W_j(\tau)(j=1,2,\cdots,m)$也相互独立。从而在观测量 $y(t'),t'\in[t_0,t]$已知的情况下对方程(8－85)两边求条件数学期望可得

$$\dot{\tilde{\boldsymbol{x}}}(s)=\boldsymbol{A}\tilde{\boldsymbol{x}}(s)+\boldsymbol{Bu}(s),\quad s\in[t,t+T] \tag{8-98}$$

式中：$\tilde{\boldsymbol{x}}(s)=E[\boldsymbol{x}(s)|\boldsymbol{y}(\tau),\tau\in[t_0,t]],s\in[t,t+T]$。

从而可以获得上述方程的解为

$$\tilde{\boldsymbol{x}}(s)=\boldsymbol{\phi}(\tau,t)\hat{\boldsymbol{x}}(t)+\int_t^T\boldsymbol{\phi}(\tau,s)\boldsymbol{Bu}(s)\mathrm{d}s \tag{8-99}$$

式中：$\boldsymbol{\phi}(\tau,t)=\mathrm{e}^{\boldsymbol{A}(t-\tau)}$为系统状态转移矩阵。

式(8－99)中 $\hat{\boldsymbol{x}}(t)$ 为状态 $\boldsymbol{x}(t)$的估值，利用卡尔曼滤波算法得

$$\left.\begin{aligned}
&\dot{\hat{\boldsymbol{x}}}(t)=\left(\boldsymbol{A}+\frac{1}{2}\sum_{j=1}^{n}\boldsymbol{F}_j\boldsymbol{F}_j^{\mathrm{T}}\overline{\boldsymbol{\Theta}}_j\right)\hat{\boldsymbol{x}}+\boldsymbol{Bu}+\overline{\boldsymbol{R}}C_{\mathrm{T}}\boldsymbol{\Xi}^{-1}(\boldsymbol{y}-\boldsymbol{C}\hat{\boldsymbol{x}})\\
&\overline{\boldsymbol{R}}=\boldsymbol{A}\overline{\boldsymbol{R}}+\overline{\boldsymbol{R}}\boldsymbol{A}^{\mathrm{T}}+\sum_{i=1}^{m}\boldsymbol{E}_i\boldsymbol{\Theta}_i\boldsymbol{F}_i^{\mathrm{T}}-\overline{\boldsymbol{R}}C_{\mathrm{T}}\boldsymbol{\Xi}^{-1}\boldsymbol{C}\overline{\boldsymbol{R}}+\\
&\quad\frac{1}{2}\sum_{j=1}^{n}\boldsymbol{F}_j\boldsymbol{F}_j^{\mathrm{T}}\overline{\boldsymbol{\Theta}}_j\overline{\boldsymbol{R}}+\overline{\boldsymbol{R}}\left(\sum_{j=1}^{n}\boldsymbol{F}_j\overline{\boldsymbol{\Theta}}_j\right)^{\mathrm{T}}+\\
&\quad\sum_{j=1}^{n}\boldsymbol{F}_j\hat{\boldsymbol{x}}\overline{\boldsymbol{\Theta}}_j(\boldsymbol{F}_j\hat{\boldsymbol{x}})^{\mathrm{T}}+\sum_{j=1}^{n}\boldsymbol{F}_j\boldsymbol{F}_j^{\mathrm{T}}\mathrm{tr}(\overline{\boldsymbol{\Theta}}_j\overline{\boldsymbol{R}})\\
&\hat{\boldsymbol{x}}(t_0)=m_{x_0}
\end{aligned}\right\} \tag{8-100}$$

式中：$\overline{\boldsymbol{R}}(t)$为估计误差的协方差矩阵。

注：

① 从式(8－99)可以看出，$\hat{\boldsymbol{x}}(t)=\tilde{\boldsymbol{x}}(t)$。因此，当预测制导律在每一个预测周期 $\tau\in[t,t+T]$内将采用控制量 $\boldsymbol{u}(t)$时，控制量的状态反馈值可以使用状态估计值 $\hat{\boldsymbol{x}}(t)$代替预估值 $\tilde{\boldsymbol{x}}(t)$。

② 由于控制量受到约束情形，必须对饱和函数进行统计线性化处理。因此，只能给出控制律的解析表达式逼近形式。

2）随机时变系统的状态反馈滚动预测控制

考虑如下随机线性系统：

$$\mathrm{d}[\boldsymbol{x}(t)]=[\boldsymbol{A}(t)\boldsymbol{x}(t)+\boldsymbol{B}(t)\boldsymbol{u}(t)]\mathrm{d}t+\sum_{i=1}^{n}\boldsymbol{F}_i(t)\boldsymbol{x}(t)\mathrm{d}[\boldsymbol{v}_i(t)]+\sum_{j=1}^{n}\boldsymbol{E}_j(t)\mathrm{d}[\boldsymbol{w}_j(t)] \tag{8-101}$$

式中：$\boldsymbol{A}(t)$、$\boldsymbol{B}(t)$、$\boldsymbol{F}_i(t)$及 $\boldsymbol{E}_j(t)$均为时变适维矩阵；$\boldsymbol{x}(t)$满足左连续假设，即 $\boldsymbol{x}(t^+)=\lim\limits_{h\to0^+}x(t+h)$，$\boldsymbol{x}(t^-)=\lim\limits_{h\to0^+}\boldsymbol{x}(t+h)$，$\boldsymbol{x}(t^-)=\boldsymbol{x}(t)$；$\boldsymbol{v}_i(t)(i=1,2,\cdots,n)$为相互独立的零均值高斯噪声，且$\boldsymbol{v}_i\sim N(0,\bar{\boldsymbol{\theta}}_i\boldsymbol{\delta}(t))$，假设$\boldsymbol{v}_i(t)(i=1,2,\cdots,n)$和 $\boldsymbol{w}_j(t)(j=1,2,\cdots,m)$也相互独立。观测方程为

$$\boldsymbol{y}(t)=\boldsymbol{C}(t)\boldsymbol{x}(t)+\boldsymbol{N}(t) \tag{8-102}$$

式中：$\boldsymbol{N}(t)$为零均值高斯噪声，且 $\boldsymbol{N}(t)\sim N(0,\boldsymbol{\Xi\delta}(t))$。

优化问题描述如下：

$$
\left.\begin{aligned}
&\min_{u(s),s\in[t,t+T]} J_{\mathrm{T}}(t)=E\left\{\int_{t}^{t+T}[\boldsymbol{x}^{\mathrm{T}}(s)\boldsymbol{Q}\boldsymbol{x}(s)+\boldsymbol{u}^{\mathrm{T}}(s)\boldsymbol{R}(s)\boldsymbol{u}(s)]\,\mathrm{d}s+\right.\\
&\qquad\left.\boldsymbol{x}^{\mathrm{T}}(t+T)\boldsymbol{Q}_{\mathrm{T}}(t+T)\boldsymbol{x}(t+T)\right\}\\
&\text{s.t.}\quad \mathrm{d}[\boldsymbol{x}(s)]=[\boldsymbol{A}(s)\boldsymbol{x}(s)+\boldsymbol{B}(s)\boldsymbol{u}(s)]\,\mathrm{d}t+\\
&\qquad\sum_{i=1}^{n}\boldsymbol{F}_i(s)\boldsymbol{x}(s)\mathrm{d}[\boldsymbol{v}_i(s)]+\sum_{j=1}^{m}\boldsymbol{E}_j(s)\mathrm{d}[\boldsymbol{w}_j(s)]
\end{aligned}\right\}\tag{8-103}
$$

状态反馈预测控制的目标是，寻找状态反馈预测控制律 $\boldsymbol{u}(s)=\boldsymbol{K}(s)\tilde{\boldsymbol{x}}(s),t\leqslant s\leqslant t+T$，使性能指标 $J_{\mathrm{T}}(t)$最小或具有最小上界，且在滚动策略下，闭环随机系统均方实用稳定。

定理 8.5　记函数

$$
\boldsymbol{P}(t)=\begin{cases}\boldsymbol{P}_1(t) & t\in[t_0,t_0+\delta]\\ \boldsymbol{P}_2(t) & t\in[t_0+\delta,t_0+2\delta]\\ \qquad\vdots & \\ \boldsymbol{P}_k(t) & t\in[t_0+(k-1)\delta,t_0+k\delta]\end{cases}\tag{8-104}
$$

式中：$\boldsymbol{P}_i(t)$满足以下 Riccati 微分方程：

$$
\begin{aligned}
&\dot{\boldsymbol{P}}_i(t)+\boldsymbol{A}^{\mathrm{T}}(t)\boldsymbol{P}_i(t)+\boldsymbol{P}_i(t)\boldsymbol{A}(t)+\sum_{j=1}^{n}\boldsymbol{F}_j^{\mathrm{T}}(t)\boldsymbol{P}_i(t)\boldsymbol{F}_j(t)-\\
&\qquad\boldsymbol{P}_i(t)\boldsymbol{B}(t)\boldsymbol{R}^{-1}(t)\boldsymbol{B}(t)\boldsymbol{P}_i(t)+\boldsymbol{Q}(t)=\boldsymbol{0}
\end{aligned}\tag{8-105}
$$

若 $\boldsymbol{P}_i(t)$为单调连续递减函数，且满足 $\boldsymbol{P}_i(t_0+i\delta)\geqslant\boldsymbol{P}_{i+1}(t_0+i\delta)$，则存在状态反馈预测控制增益 $\boldsymbol{K}_i(t)=-\boldsymbol{R}^{-1}(t)\boldsymbol{B}^{\mathrm{T}}(t)\boldsymbol{P}_i(t)$，使得性能指标有界，滚动时域策略下闭环系统均方实用稳定。下面推导状态预估量 $\tilde{x}(\tau),\tau\in[t,t+T]$的表达式。

由于假设$\boldsymbol{v}_i(t)(i=1,2,\cdots,n)$和 $\boldsymbol{w}_j(t)(j=1,2,\cdots,m)$相互独立，且分别与 $\boldsymbol{x}(0)$相互独立，可以证明 $\boldsymbol{x}(t)$与$\boldsymbol{v}_i(t)(i=1,2,\cdots,n)$、$\boldsymbol{w}_j(t)(j=1,2,\cdots,m)$也相互独立。从而，在观测向量 $\boldsymbol{y}(t'),t'\in[t_0,t]$已知的情况下，对方程(8-101)求条件数学期望得

$$
\dot{\tilde{\boldsymbol{x}}}(s)=\boldsymbol{A}\tilde{\boldsymbol{x}}(s)+\boldsymbol{B}(s)\boldsymbol{u}(s),\quad s\in[t,t+T]\tag{8-106}
$$

式中：$\tilde{\boldsymbol{x}}(s)=E[\boldsymbol{x}(s)\,|\,\boldsymbol{y}(\tau),\tau\in[t_0,t]],s\in[t,t+T]$。从而可获得上述方程解为

$$
\tilde{\boldsymbol{x}}(s)=\boldsymbol{\phi}(\tau,t)\hat{\boldsymbol{x}}(t)+\int_{t}^{\mathrm{T}}\boldsymbol{\phi}(\tau,s)\boldsymbol{B}(s)\boldsymbol{u}(s)\mathrm{d}s,\quad s\in[t,t+T]\tag{8-107}
$$

式中：$\boldsymbol{\phi}(t,\tau)$为系统的状态转移矩阵。

式(8-101)中的 $\dot{\boldsymbol{x}}(t)$ 为状态 $\boldsymbol{x}(t)$的估计值，利用卡尔曼滤波算法，得

$$
\left.\begin{aligned}
&\dot{\hat{\boldsymbol{x}}}=\left(\boldsymbol{A}+\frac{1}{2}\sum_{j=1}^{n}\boldsymbol{F}_j\boldsymbol{F}_j^{\mathrm{T}}\bar{\boldsymbol{\theta}}_j\right)\hat{\boldsymbol{x}}+\boldsymbol{B}\boldsymbol{u}+\bar{\boldsymbol{R}}\boldsymbol{C}^{\mathrm{T}}\boldsymbol{\Xi}^{-1}(\boldsymbol{y}-\boldsymbol{C}\hat{\boldsymbol{x}})\\
&\bar{\boldsymbol{R}}=\boldsymbol{A}\bar{\boldsymbol{R}}+\bar{\boldsymbol{R}}\boldsymbol{A}^{\mathrm{T}}+\sum_{i=1}^{m}\boldsymbol{E}_i\boldsymbol{\theta}_i\boldsymbol{F}_i^{\mathrm{T}}-\bar{\boldsymbol{R}}\boldsymbol{C}^{\mathrm{T}}\boldsymbol{\Xi}^{-1}\boldsymbol{C}\bar{\boldsymbol{R}}+\\
&\qquad\frac{1}{2}\sum_{j=1}^{n}\boldsymbol{F}_j\boldsymbol{F}_j^{\mathrm{T}}\bar{\boldsymbol{\theta}}_j\bar{\boldsymbol{R}}+\bar{\boldsymbol{R}}\Big(\sum_{j=1}^{n}\boldsymbol{F}_j\bar{\boldsymbol{\theta}}_j\Big)^{\mathrm{T}}+\\
&\qquad\sum_{j=1}^{n}\boldsymbol{F}_j\hat{\boldsymbol{x}}\bar{\boldsymbol{\theta}}_j(\boldsymbol{F}_j\hat{\boldsymbol{x}})^{\mathrm{T}}+\sum_{j=1}^{n}\boldsymbol{F}_j\boldsymbol{F}_j^{\mathrm{T}}\mathrm{tr}(\bar{\boldsymbol{\theta}}_j\bar{\boldsymbol{R}})
\end{aligned}\right\}\tag{8-108}
$$

式中：$\bar{\boldsymbol{R}}(t)$为估计误差协方差矩阵。

(3) 仿真实例

已知一阶随机系统状态方程：

$$\dot{x}(t)=\frac{1}{4}x(t)+u(t)+\frac{1}{\sqrt{2}}x(t)v(t)+\mathrm{e}^{-\frac{1}{2}t}\omega(t)$$

式中：$v(t)$、$\omega(t)$为标准高斯噪声向量。

性能指标：

$$J(t)=E\left\{\int_t^{t+T}\left[\frac{1}{2}\mathrm{e}^{-t}x^2(s)+2\mathrm{e}^{-t}u^2(s)\right]\mathrm{d}s\right\}$$

系统 Riccati 方程：

$$-\dot{P}(s)=P(s)-\frac{1}{2}\mathrm{e}^{s}P^2(s)+\frac{1}{2}\mathrm{e}^{-s},\quad s\in[t,t+T]$$

由于上式为变系数非线性微分方程，故可进行如下等价变换。令

$$\bar{x}(s)=\mathrm{e}^{-\frac{1}{2}s}x(s),\quad \bar{u}(s)=\mathrm{e}^{-\frac{1}{2}s}u(s)$$

则有

$$\dot{\bar{x}}(s)=-\frac{1}{2}\mathrm{e}^{-\frac{1}{2}s}x(s)+\mathrm{e}^{-\frac{1}{2}s}\left[\frac{1}{4}x(s)+u(s)+\frac{1}{\sqrt{2}}x(s)v(s)+\mathrm{e}^{-\frac{1}{2}s}\omega(s)\right]$$

状态方程等价于

$$\dot{\bar{x}}(s)=\frac{1}{4}\bar{x}(s)+\bar{u}(s)+\frac{1}{\sqrt{2}}\bar{x}(s)v(s)+\mathrm{e}^{-s}\omega(s)$$

等价性能指标为

$$J(t)=E\left\{\int_t^{t+T}\left[\frac{1}{2}\bar{x}^2(s)+2\bar{u}^2(s)\right]\mathrm{d}s\right\}$$

等价系统 Riccati 方程为

$$-\dot{\bar{P}}(s)=-\frac{1}{2}\bar{P}^2(s)+\frac{1}{2},\quad \bar{P}(t+T)=0$$

解得

$$\bar{P}(t)=\bar{P}(s)\Big|_{s=t}=\frac{1-\mathrm{e}^{-T}}{1+\mathrm{e}^{-T}}$$

从而等价系统的滚动预测控制律为

$$\bar{\boldsymbol{u}}(t)=-\bar{\boldsymbol{R}}^{-1}\bar{\boldsymbol{B}}^{\mathrm{T}}(t)\bar{P}(t)\bar{\boldsymbol{x}}(t)=-\frac{1}{2}\mathrm{e}^{-\frac{1}{2}t}\bar{P}(t)\boldsymbol{x}(t)$$

原系统的滚动预测控制律为

$$\boldsymbol{u}(t)=\mathrm{e}^{\frac{1}{2}t}\bar{\boldsymbol{u}}(t)=-\frac{1}{2}\,\frac{1-\mathrm{e}^{-T}}{1+\mathrm{e}^{-T}}\boldsymbol{x}(t)$$

$$\boldsymbol{u}(t)=-\boldsymbol{R}^{-1}(t)\boldsymbol{B}^{\mathrm{T}}(t)P(t)\boldsymbol{x}(t)=-\frac{1}{2}\mathrm{e}^{t}P(t)\boldsymbol{x}(t)$$

原系统 Riccati 方程的解为

$$P(t)=\frac{1-\mathrm{e}^{-T}}{\mathrm{e}^{t}(1+\mathrm{e}^{-T})}$$

由于 $P(t)$ 为单调递减函数，由定理 8.5 可知系统在滚动预测控制规律下闭环系统均方实用稳定。

仿真条件：控制终止时刻 $t_f=5$ s，采样周期 $T_c=0.02$ s，初始时刻 $x_0=1$，预测时间取 $T=t_f-t$。系统在自治状态下和施加控制后的状态变化曲线如图 8.15、图 8.16 所示，在预测控制律的作用下，系统被镇定，控制量变化曲线如图 8.17 所示。

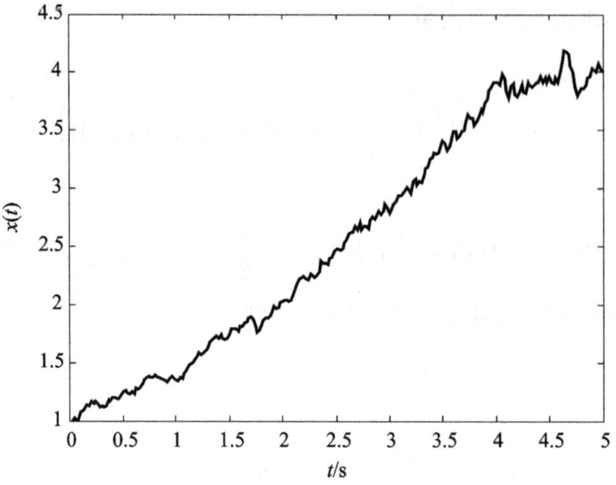

图 8.15 系统在自治状态下的状态变化曲线

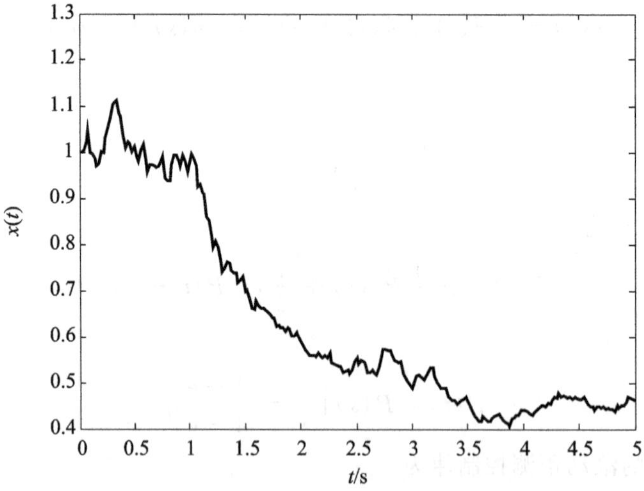

图 8.16 系统施加控制后的状态变化曲线

2. 随机非线性系统预测控制

(1) 带有加性噪声的随机非线性系统预测控制

考虑如下连续非线性随机系统：

$$\mathrm{d}[\boldsymbol{x}(t)]=[\boldsymbol{\varphi}(\boldsymbol{x}(t))+\boldsymbol{Bu}(t)]\,\mathrm{d}t+\sum_{i=1}^{n}\boldsymbol{E}_j(t)\mathrm{d}[w_j(t)],\quad x(0)=x_0 \qquad (8-109)$$

式中：$\boldsymbol{\varphi}$ 为已知非线性函数；$\mathrm{d}w_j\,(j=1,2,\cdots,n)$ 为相互独立的标准维纳过程。假设状态向量 $\boldsymbol{x}(t)$ 为完全信息状态，即它可精确测量。优化代价函数为

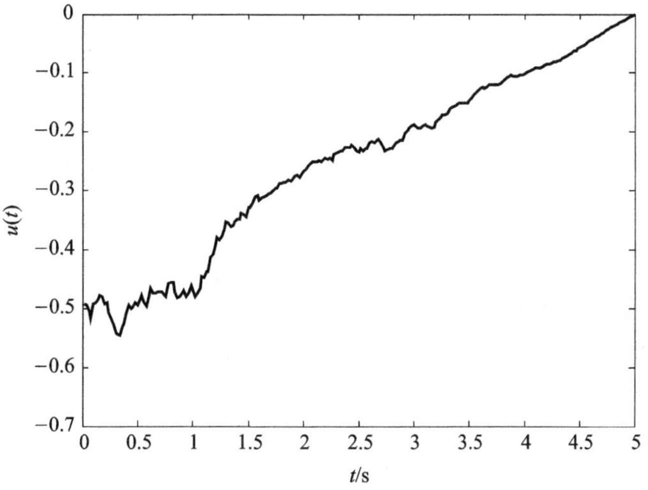

图 8.17　控制量变化曲线

$$\left.\begin{aligned}&J=E\left\{\int_t^{t+T}[\boldsymbol{x}^{\mathrm{T}}(s)\boldsymbol{Q}\boldsymbol{x}(s)+\boldsymbol{u}^{\mathrm{T}}(s)\boldsymbol{R}\boldsymbol{u}(s)]\,\mathrm{d}s+\boldsymbol{x}^{\mathrm{T}}(t+T)\boldsymbol{P}_{\mathrm{T}}\boldsymbol{x}(t+T)\right\}\\&\text{s. t.}\quad \mathrm{d}[\boldsymbol{x}(s)]=[\boldsymbol{\varphi}(\boldsymbol{x}(s))+\boldsymbol{B}(\boldsymbol{u}(s))]\,\mathrm{d}s+\sum_{j=1}^{m}\boldsymbol{E}_j\,\mathrm{d}[w_j(s)],\quad s\in[t,t+T]\end{aligned}\right\}\tag{8-110}$$

式中：$\boldsymbol{Q}$、$\boldsymbol{R}$ 分别为正定权矩阵；$\boldsymbol{P}_{\mathrm{T}}$ 为终端代价矩阵。

$\boldsymbol{P}(s)$、$\boldsymbol{P}_1(s)$应满足以下微分方程，即

$$\left.\begin{aligned}&\dot{\boldsymbol{P}}+\boldsymbol{P}\boldsymbol{K}_{\varphi}+\boldsymbol{K}_{\varphi}^{\mathrm{T}}\boldsymbol{P}+\boldsymbol{Q}-\boldsymbol{P}\boldsymbol{B}\boldsymbol{R}^{-1}\boldsymbol{B}^{\mathrm{T}}\boldsymbol{P}=\boldsymbol{0}\\&\dot{\boldsymbol{P}}_1+\boldsymbol{K}_{\varphi}^{\mathrm{T}}\boldsymbol{P}_1+\boldsymbol{P}\boldsymbol{\varphi}'_0-\boldsymbol{P}\boldsymbol{B}\boldsymbol{R}^{-1}\boldsymbol{B}^{\mathrm{T}}\boldsymbol{P}_1=\boldsymbol{0}\end{aligned}\right\}\tag{8-111}$$

终止条件为

$$\boldsymbol{P}(t+T)=\boldsymbol{P}_{\mathrm{T}},\quad \boldsymbol{P}_1(t+T)=\boldsymbol{0}$$

式中：$\boldsymbol{K}_{\varphi}$、$\boldsymbol{\varphi}'_0$与 m、θ 有关，可由系统的期望和方差传递方程获取

$$\left.\begin{aligned}&\dot{m}=\boldsymbol{\varphi}'_0-\boldsymbol{B}\boldsymbol{R}^{-1}\boldsymbol{B}^{\mathrm{T}}(\boldsymbol{P}m+\boldsymbol{P}_1)=0,\ m(t_0)=m_0\\&\dot{\theta}=(\boldsymbol{K}_{\varphi}-\boldsymbol{B}\boldsymbol{R}^{-1}\boldsymbol{B}^{\mathrm{T}}\boldsymbol{P})\boldsymbol{\theta}+\boldsymbol{\theta}(\boldsymbol{K}_{\varphi}-\boldsymbol{B}\boldsymbol{R}^{-1}\boldsymbol{B}^{\mathrm{T}}\boldsymbol{P})^{\mathrm{T}}+\sum_{j=1}^{m}\boldsymbol{E}_j\boldsymbol{E}_j^{\mathrm{T}},\ \theta(t_0)=\theta_0\end{aligned}\right\}\tag{8-112}$$

联立式(8－111)、式(8－112)求解，求解出待定矩阵

$$\boldsymbol{P}(t)=\boldsymbol{P}(s)\big|_{s=t},\quad \boldsymbol{P}_1(t)=\boldsymbol{P}_1(s)\big|_{s=t}$$

即可求得准最优预测控制量 $\boldsymbol{u}(t)=-\boldsymbol{R}^{-1}\boldsymbol{B}^{\mathrm{T}}(\boldsymbol{P}(s)\bar{\boldsymbol{x}}(s)+\boldsymbol{P}_1(s))\big|_{s=t}$。

下面给出随机非线性系统(8－109)的准最优预测控制求解算法，步骤如下：

① 设采样时间为 Δt，假设任意时刻获得 $m(t)$、$\theta(t)$，将 $m(t)$、$\theta(t)$代入获得 $\boldsymbol{K}_{\varphi}(m,\theta)$、$\boldsymbol{\varphi}'_0(m,\theta)$。

② 将 $\boldsymbol{K}_{\varphi}(m,\theta)$、$\boldsymbol{\varphi}'_0(m,\theta)$代入式(8－111)中，根据方程的终止条件，倒向求解获得 $\boldsymbol{P}(t)$，$\boldsymbol{P}_1(t)$。

$$\frac{\mathrm{d}\boldsymbol{P}}{\mathrm{d}s}+\boldsymbol{P}\boldsymbol{K}_{\varphi}(m(t),\theta(t))+\boldsymbol{K}_{\varphi}^{\mathrm{T}}(m(t),\theta(t))\boldsymbol{P}+\boldsymbol{Q}-\boldsymbol{P}\boldsymbol{B}\boldsymbol{R}^{-1}\boldsymbol{B}^{\mathrm{T}}\boldsymbol{P}=\boldsymbol{0}\tag{8-113}$$

$$\frac{\mathrm{d}\boldsymbol{P}_1}{\mathrm{d}s}+\boldsymbol{K}_{\varphi}^{\mathrm{T}}(m(t),\theta(t))\boldsymbol{P}_1+\boldsymbol{P}\boldsymbol{\varphi}'_0(m(t),\theta(t))-\boldsymbol{PBR}^{-1}\boldsymbol{B}^{\mathrm{T}}\boldsymbol{P}_1=\boldsymbol{0} \tag{8-114}$$

终止条件为：$\boldsymbol{P}(t+T)=\boldsymbol{P}_{\mathrm{T}}$，$\boldsymbol{P}_1(t+T)=\boldsymbol{0}$。

③ 将 $\boldsymbol{P}(t)$，$\boldsymbol{P}_1(t)$代入式(8-112)中，获得下一时刻的 $m(t+\Delta t)$、$\theta(t+\Delta t)$。

④ 根据 $\boldsymbol{P}(t)$，$\boldsymbol{P}_1(t)$计算当前控制量 $\boldsymbol{u}(t)$，实施于系统并返回步骤①，令 $t=t+\Delta t$ 重复上述步骤。

(2) 具有混合噪声的随机非线性预测控制

上节利用随机极大值原理以及统计线性化方法，求解了一类加性噪声的随机非线性预测控制问题，为研究随机非线性预测系统提供了一般思路及方法。但当系统含有复杂噪声情形时，利用极大值原理求解随机非线性的准最优问题就显得比较繁琐，下面利用动态规划方法求解此类问题。

考虑如下具有多元混合噪声的连续非线性随机系统：

$$\mathrm{d}[\boldsymbol{x}(t)]=[\boldsymbol{f}(\boldsymbol{x}(t))+\boldsymbol{Bu}(t)]\,\mathrm{d}t+\sum_{i=1}^{n}\boldsymbol{g}_i(\boldsymbol{x}(t))\,\mathrm{d}[v_i(t)]+\sum_{i=1}^{n}\boldsymbol{G}_j\,\mathrm{d}[w_j(t)],\quad x(0)=x_0 \tag{8-115}$$

式中：$\boldsymbol{x}\in R^n$ 为系统状态向量；$\boldsymbol{u}\in R^n$ 为系统控制输入向量；$\boldsymbol{f}(\cdot)\in R^n$ 为已知非线性状态矩阵函数；$\boldsymbol{g}(\cdot)\in R^n$ 为与状态相关的非线性函数；$\mathrm{d}v_i(i=1,2,\cdots,n)$和 $\mathrm{d}w_j(j=1,2,\cdots,m)$分别为相互独立的标准维纳过程。

考虑二次型性能指标函数：

$$J_{\mathrm{T}}(\boldsymbol{x}(t),t)=E\left\{\int_t^{t+T}[\boldsymbol{x}^{\mathrm{T}}(\tau)\boldsymbol{Q}\boldsymbol{x}(\tau)+\boldsymbol{u}^{\mathrm{T}}(\tau)\boldsymbol{R}\boldsymbol{u}(\tau)]\,\mathrm{d}\tau+\boldsymbol{x}^{\mathrm{T}}(t+T)\boldsymbol{Q}^{\mathrm{T}}\boldsymbol{x}(t+T)\right\} \tag{8-116}$$

式中：$\boldsymbol{Q}$ 为状态加权矩阵；$\boldsymbol{R}$ 为控制加权矩阵；$\boldsymbol{Q}^{\mathrm{T}}$ 为预测终端加权矩阵；T 为预测周期。在每个时刻求解优化策略 $u(\tau)\in U,t\leqslant\tau\leqslant t+T$，使得性能指标式(8-116)最小，并实施控制向量 $\boldsymbol{u}(t)=\boldsymbol{u}(\tau)\big|_{t=\tau}$，在下一优化时刻重复该过程。

定理 8.6　在全信息条件下，混合噪声非线性随机系统式(8-115)存在状态反馈控制律：

$$\boldsymbol{u}(\tau)=K(\tau)\boldsymbol{x}(\tau)+K_1(\tau),\quad t\leqslant\tau\leqslant t+T$$

使得性能指标(8-116)最小，且有

$$J_{\mathrm{T}}(\boldsymbol{x}(t),t)=\boldsymbol{x}^{\mathrm{T}}(t)\boldsymbol{P}(t)\boldsymbol{x}(t)+2\boldsymbol{x}^{\mathrm{T}}(t)\boldsymbol{P}_1(t)+\boldsymbol{P}_0(t)$$

其中，$\boldsymbol{P}$、$\boldsymbol{P}_1$、$\boldsymbol{P}_0$ 分别满足以下方程：

$$\left.\begin{aligned}&\dot{\boldsymbol{P}}+\boldsymbol{Q}+\sum_{i=0}^{n}\boldsymbol{N}_g^{\mathrm{T}}\boldsymbol{P}\boldsymbol{N}_{g_i}-\boldsymbol{PBR}^{-1}\boldsymbol{BP}+\boldsymbol{PN}_{\mathrm{f}}+\boldsymbol{N}_{\mathrm{f}}\boldsymbol{P}=\boldsymbol{0}\\&\dot{\boldsymbol{P}}_1-\boldsymbol{PBR}^{-1}\boldsymbol{BP}_1+\boldsymbol{P}_1^{\mathrm{T}}\boldsymbol{N}_{\mathrm{f}}+\boldsymbol{Pf}_0+2\sum_{i=0}^{n}\boldsymbol{g}'^{\mathrm{T}}_{i0}\boldsymbol{PN}_{g_i}=\boldsymbol{0}\\&\dot{\boldsymbol{P}}_0-\boldsymbol{P}_1^{\mathrm{T}}\boldsymbol{BR}^{-1}\boldsymbol{BP}_1+\boldsymbol{P}_1\boldsymbol{f}_0+\boldsymbol{f}_0^{\mathrm{T}}\boldsymbol{P}_1+\sum_{i=0}^{n}\boldsymbol{g}'^{\mathrm{T}}_{i0}\boldsymbol{Pg}'_{i0}+\sum_{i=0}^{n}\boldsymbol{G}_i^{\mathrm{T}}\boldsymbol{PG}_i=\boldsymbol{0}\end{aligned}\right\} \tag{8-117}$$

终止条件为

$$\boldsymbol{P}(t+T)=\boldsymbol{Q}^{\mathrm{T}},\quad \boldsymbol{P}_1(t+T)=\boldsymbol{0},\quad \boldsymbol{P}_0(t+T)=\boldsymbol{0}$$

式中：$\boldsymbol{f}_0$、$\boldsymbol{N}_{\mathrm{f}}$ 由 $f(x)$统计线性化得到，$\boldsymbol{g}'_{i0}=\boldsymbol{g}_{i0}-\boldsymbol{N}_{g_i}m$，$\boldsymbol{g}_{i0}$、$\boldsymbol{N}_{g_i}$ 可由统计线性化得到，满足

以下闭合系统的期望和方差传递方程

$$\left.\begin{aligned}&\dot{m}(t)=\boldsymbol{f}_0+\boldsymbol{B}(Km+K_1)\\&\dot{\theta}(t)=\theta(t)(\boldsymbol{N}_f+\boldsymbol{B}K)^{\mathrm{T}}+(\boldsymbol{N}_f+\boldsymbol{B}K)\theta(t)+\\&\quad\sum_{i=0}^{n}\boldsymbol{g}_{i0}\boldsymbol{g}_{i0}^{\mathrm{T}}+\sum_{i=0}^{m}\boldsymbol{G}_i\boldsymbol{G}_i^{\mathrm{T}}+\sum_{i=0}^{n}\boldsymbol{N}_{g_i}\theta(t)\boldsymbol{N}_{g_i}^{\mathrm{T}}\end{aligned}\right\}\tag{8-118}$$

3. 基于零控脱靶量的随机预测制导律

零控脱靶量(Zero Effort Miss,ZEM)的物理意义为:导弹从当前时刻到制导终止时刻不再输出控制指令,而目标仍然按以前的机动方式运动到制导结束时脱靶量的大小。它相当于对目标运动的一种预测,始终关注目标未来的位置,而不是将重点放在目标当前状态上。

(1) 零控脱靶量

Alder 提出在零控拦截面附近,三维空间中的拦截问题可解耦为两个独立平面的拦截,且相对弹道可沿初始视线方向线性化,此结论在制导问题研究中被广泛采用。在惯性坐标系下,导弹和目标的相对运动关系如图 8.18 所示,并做如下假设:

假设 1:导弹和目标的加速度控制关系具有一阶动态特性,时间常数分别为 τ_{M}、τ_{T}。

假设 2:假设通过中制导阶段的弹道调整后,末制导阶段开始于零控拦截面附近。

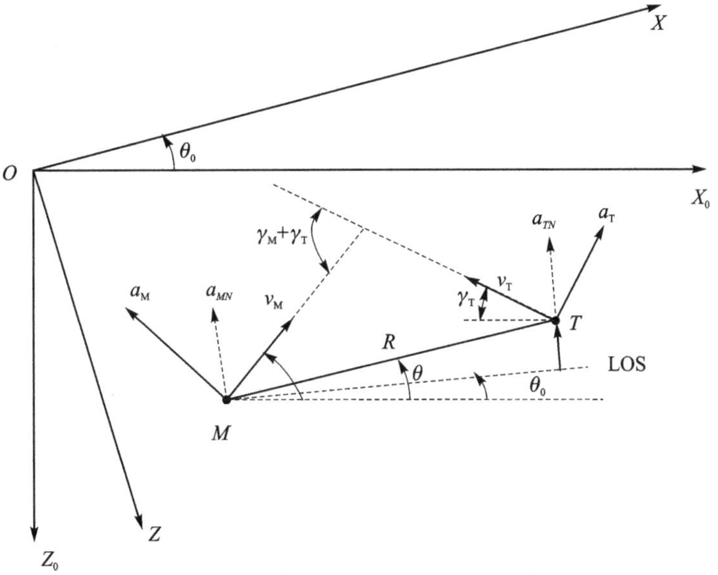

图 8.18　导弹和目标相对运动关系

考虑导弹加速度指令的一阶动态延迟特性,导弹的加速度响应模型为

$$\dot{a}_{MN}=\frac{1}{\tau_{\mathrm{M}}}(a_{MN}^{c}-a_{MN})\tag{8-119}$$

式中:a_{MN}^{c} 为导弹视线角法向控制量。

Singer 提出机动模型是相关噪声模型,而并非通常假定的白噪声,因此目标机动为一阶 Gauss - Markov 随机过程,目标加速度的一阶时间相关模型为

$$\dot{a}_{TN}=\frac{1}{\tau_{\mathrm{T}}}(a_{TN}^{\mathrm{c}}-a_{TN})+w(t)\tag{8-120}$$

式中：$w(t)$为零均值高斯白噪声，定常功率谱密度为$2\tau_T^{-1}\sigma_T^2$。

定义状态向量$\boldsymbol{X}=[z \quad \dot{z} \quad a_{MN}^c \quad a_{TN}^c]^T$，由式(8-119)和式(8-120)可得

$$\dot{\boldsymbol{X}}=\boldsymbol{AX}+\boldsymbol{B}_M a_{MN}^c+\boldsymbol{B}_T a_{TN}^c+\boldsymbol{G}w \tag{8-121}$$

式中

$$\boldsymbol{A}=\begin{bmatrix}0 & 1 & 0 & 0\\ 0 & 0 & -1 & 1\\ 0 & 0 & -\dfrac{1}{\tau_M} & 0\\ 0 & 0 & 0 & -\dfrac{1}{\tau_T}\end{bmatrix},\quad \boldsymbol{B}_M=\begin{bmatrix}0\\0\\\dfrac{1}{\tau_M}\\0\end{bmatrix},\quad \boldsymbol{B}_T=\begin{bmatrix}0\\0\\0\\\dfrac{1}{\tau_T}\end{bmatrix},\quad \boldsymbol{G}=\begin{bmatrix}0\\0\\0\\1\end{bmatrix}$$

注意：此方程是基于弹目相对坐标系推导的，而并非惯性坐标系，因此观测方程为非线性的。

在线性模型式(8-121)下推导零控脱靶量的计算方程：

根据零控脱靶量的定义，设制导时间为T，当前时刻直至制导终止时刻，令目标加速指令a_{TN}^c以及导弹制导控制指令a_{MN}^c均为零，则当前时刻的零控脱靶量$\boldsymbol{Z}_0(t)$为

$$\boldsymbol{Z}_0(t)=\boldsymbol{D\Phi}(t+T,t)\boldsymbol{X}(t) \tag{8-122}$$

式中：$\boldsymbol{D}=[1 \quad 0 \quad 0 \quad 0]$；$\boldsymbol{\Phi}(t+T,t)$为式(8-122)的状态转移矩阵，

$$\boldsymbol{\Phi}(t+T,t)=e^{\boldsymbol{A}T}=\begin{bmatrix}1 & T & -\tau_M^2\Psi\left(\dfrac{T}{\tau_M}\right) & \tau_T^2\Psi\left(\dfrac{T}{\tau_M}\right)\\ 0 & 1 & -\tau_M\left(1-e^{-\frac{T}{\tau_M}}\right) & \tau_T\left(1-e^{-\frac{T}{\tau_M}}\right)\\ 0 & 0 & e^{-\frac{T}{\tau_M}} & 0\\ 0 & 0 & 0 & e^{-\frac{T}{\tau_T}}\end{bmatrix} \tag{8-123}$$

当前时刻的 ZEM 即为

$$\boldsymbol{Z}_0(t)=z+\dot{z}T-a_{MN}\tau_M^2\Psi(T/\tau_M)+a_{TN}\tau_T^2\Psi(T/\tau_T) \tag{8-124}$$

式中：$\Psi(s)=e^{-s}+s-1$。

(2) 随机最优预测制导律

对式(8-123)求导，由于

$$\dot{\boldsymbol{\Phi}}(t+T,t)=-\boldsymbol{A\Phi}(t+T,t) \tag{8-125}$$

进而可得零控脱靶量$\boldsymbol{Z}_0(t)$的状态方程：

$$\boldsymbol{Z}_0(t)=\boldsymbol{D\Phi}(t+T,t)\boldsymbol{B}_M u+\boldsymbol{D\Phi}(t+T,t)\boldsymbol{G}w \tag{8-126}$$

预测制导性能指标为

$$J(t)=E\left[\boldsymbol{c}\boldsymbol{Z}_0^2(t+T)+\int_t^{t+T}\boldsymbol{r}^2\boldsymbol{u}(s)\mathrm{d}s\right] \tag{8-127}$$

式中：$\boldsymbol{r}$为能量加权系数；$\boldsymbol{c}$为预测终端加权系数；T为预测时间长度。

根据定理 8.5 可知，系统最优预测控制量为

$$\boldsymbol{u}(s)=-\boldsymbol{r}^{-1}\boldsymbol{D\Phi}(t+T,s)\boldsymbol{B}_M\boldsymbol{P}(s)\widetilde{\boldsymbol{Z}}_0(s),\quad s\in[t,t+T] \tag{8-128}$$

式中：$\widetilde{\boldsymbol{Z}}_0(\tau)$为基于测量值的关于零控脱靶量$\boldsymbol{Z}_0(t)$的估值。$\boldsymbol{P}(s)$满足以下 Ricatti 方程：

$$\dot{\boldsymbol{P}}(s)=\boldsymbol{r}^{-1}(s)\left[\boldsymbol{D\Phi}(t+T,s)\boldsymbol{B}_{\mathrm{M}}\right]^{2}\boldsymbol{P}^{2}(s),\quad s\in[t,t+T] \tag{8-129}$$

终端条件为 $\boldsymbol{P}(t+\tau)=\boldsymbol{c}$，此时记

$$\boldsymbol{w}'(s)=\boldsymbol{P}^{-1}(s) \tag{8-130}$$

则有

$$\boldsymbol{w}'(s)=-\boldsymbol{P}^{-2}(s)\dot{\boldsymbol{P}}(s) \tag{8-131}$$

代入后可得

$$\boldsymbol{w}'(s)=\boldsymbol{r}^{-1}(s)\left[\boldsymbol{D\Phi}(t+T,s)\boldsymbol{B}_{\mathrm{M}}\right]^{2},\quad s\in[t,t+T] \tag{8-132}$$

考虑到终端条件 $\boldsymbol{w}'(t+\tau)=\boldsymbol{c}^{-1}$，则方程的解析解为

$$\boldsymbol{w}'(s)=\boldsymbol{c}^{-1}+\int_{s}^{t+T}\boldsymbol{r}^{-1}(\tau)(\boldsymbol{D\Phi}(t_{\mathrm{f}},\tau)\boldsymbol{B}_{\mathrm{M}}]^{2}\mathrm{d}\tau \tag{8-133}$$

将式(8－133)代入式(8－128)可得预测制导律为

$$\boldsymbol{u}(s)=\boldsymbol{K}(s)\widetilde{\boldsymbol{Z}}_{0}(s),\quad s\in[t,t+T] \tag{8-134}$$

式中

$$\boldsymbol{K}(s)=\frac{-\boldsymbol{r}^{-1}\boldsymbol{D\Phi}(s+T,t)\boldsymbol{B}_{\mathrm{M}}}{\boldsymbol{c}^{-1}+\int_{s}^{s+T}\boldsymbol{r}^{-1}\left[\boldsymbol{D\Phi}(s+T,\tau)\boldsymbol{B}_{\mathrm{M}}\right]^{2}\mathrm{d}\tau}$$

$$=\frac{\tau_{\mathrm{M}}\left(\mathrm{e}^{-\frac{T}{\tau_{\mathrm{M}}}}+\frac{T}{\tau_{\mathrm{M}}}-1\right)}{\boldsymbol{c}^{-1}+\frac{\tau_{\mathrm{M}}^{3}}{6}\left[2\left(\frac{T}{\tau_{\mathrm{M}}}\right)^{3}+6\left(\frac{T}{\tau_{\mathrm{M}}}\right)+3-6\left(\frac{T}{\tau_{\mathrm{M}}}\right)^{2}-12\left(\frac{T}{\tau_{\mathrm{M}}}\right)\mathrm{e}^{-\frac{T}{\tau_{\mathrm{M}}}}-3\mathrm{e}^{-2\frac{T}{\tau_{\mathrm{M}}}}\right]} \tag{8-135}$$

(3) 状态估计

由于随机线性状态方程(8－121)满足分离定理，因此可分别设计控制器和估计器，实现式(8－134)的制导律需要获得弹目距离、接近速度、导弹自身加速度以及目标加速度的估计信息。下面基于离散时间模型研究零控脱靶量的预估值 $\widetilde{\boldsymbol{Z}}_{0}(s)$，$s\in[t,t+T]$。

由于零控脱靶量 $\boldsymbol{Z}_{0}(t)=\boldsymbol{D\Phi}(t+T,t)\boldsymbol{X}(t)$，而 $\boldsymbol{X}(t)$ 为弹目运动的状态向量，可以表示为

$$\dot{\boldsymbol{X}}=\boldsymbol{AX}+\boldsymbol{B}_{\mathrm{M}}a_{MN}^{c}+\boldsymbol{B}_{\mathrm{T}}a_{TN}^{c}+\boldsymbol{G}w \tag{8-136}$$

下面采用间接方法给出零控脱靶量 $\boldsymbol{Z}_{0}(t)$ 的预估值 $\widetilde{\boldsymbol{Z}}_{0}(s)$，$s\in[t,t+T]$ 的表达式，首先求出 $\boldsymbol{X}(t)$ 的预估值 $\widetilde{\boldsymbol{X}}(s)$，$s\in[t,t+T]$ 表达式，然后利用

$$\widetilde{\boldsymbol{Z}}_{0}(s)=\boldsymbol{D\Phi}(s+T,s)\widetilde{\boldsymbol{X}}(s),\quad s\in[t,t+T] \tag{8-137}$$

可以求出预估值 $\widetilde{\boldsymbol{Z}}_{0}(s)$，$s\in[t,t+T]$ 的表达式。

下面建立基于状态量 $\boldsymbol{X}(t)$ 的测量方程。由图 8.18 所描述的几何关系，得连续时间测量方程：

$$z=R\sin(\theta-\theta_{0})\approx R(\theta-\theta_{0}),\quad \dot{z}\approx\dot{R}\theta-R\dot{\theta} \tag{8-138}$$

末制导阶段 $\boldsymbol{X}(t)$ 的观测主要通过弹载惯性测量单元和导引头完成，假设弹目距离 R_{m}、弹目相对速度 $\dot{R}_{\mathrm{m}}=v_{\mathrm{m}}$，通过雷达导引头测量且带有随机误差；弹目视线角度 θ_{m} 和弹目视线角速度

$\dot{\theta}_m=\omega_m$，由导弹陀螺系统及位标器测量且带有随机误差。将它们代入式(8-138)并化简为

$$z_m=z+w_z,\quad \dot{z}_m\approx z_m+w_{\dot{z}} \tag{8-139}$$

式中：$z_m=R_m(\theta_m-\theta_{m0})$为脱靶量伪测量值，$\dot{z}_m=v_m\theta_m-R_m\omega_{\dot{z}}$为脱靶量变化率的伪测量值。伪测量值中噪声$w_z$，$w_{\dot{z}}$假设为服从高斯分布的白噪声，即$w_z\sim(0,\sigma_{w_z})$、$w_{\dot{z}}\sim(0,\sigma_{w_{\dot{z}}})$。另外，导弹加速度$a_{MN}^c$可通过弹上加速度计测量，测量噪声服从高斯分布$w_a\sim(0,\sigma_{w_a})$，综合式(8-139)，通过离散化得到末制导问题观测方程：

$$\boldsymbol{Y}(k+1)=\begin{bmatrix}1&0&0&0\\0&1&0&0\\0&0&1&0\end{bmatrix}\boldsymbol{X}(k+1)+\begin{bmatrix}w_z(k+1)\\w_{\dot{z}}(k+1)\\w_a(k+1)\end{bmatrix} \tag{8-140}$$

式中：$\boldsymbol{Y}(k+1)=\left[z_m(k+1)\quad z_{\dot{m}}(k+1)\quad a_{MN}^{(m)}(k+1)\right]^{\mathrm{T}}$，$a_{MN}^{(m)}(k+1)$为$a_{MN}^c(k+1)$的测量值。则目标的观测方程为

$$\boldsymbol{Y}(k+1)=\boldsymbol{H}(k+1)\boldsymbol{X}(k+1)+\boldsymbol{V}(k+1) \tag{8-141}$$

式中：$\boldsymbol{H}(k)=\begin{bmatrix}1&0&0&0\\0&1&0&0\\0&0&1&0\end{bmatrix}$；$\boldsymbol{V}(k+1)=[w_z(k+1)\quad w_{\dot{z}}(k+1)\quad w_a(k+1)]^{\mathrm{T}}$是均值为零、方差为$\boldsymbol{G}(k)$的高斯白噪声。

首先推导在时间区间$l\in[k,k+L]$内状态估计$\tilde{\boldsymbol{X}}(l)$，$l\in[k,k+L]$算法。由状态方程(8-136)，通过多次迭代，可以得到

$$\boldsymbol{X}(l)=\boldsymbol{\Phi}^*(k)\boldsymbol{X}(k)+\sum_{i=k}^{l-1}\boldsymbol{\Phi}^*(i+1)[\boldsymbol{U}_M(i)a_{MN}^c(i)+\boldsymbol{U}_T(i)a_{TN}^c(i)+\boldsymbol{W}(i)],\quad k=0,1,2,\cdots;l=k,k+1,\cdots,k+L \tag{8-142}$$

对上式关于测量值$\boldsymbol{Y}(s)(s=0,1,\cdots,k)$求条件数学期望，得

$$\begin{aligned}\tilde{\boldsymbol{X}}(l)&=E[\boldsymbol{X}(l)|\boldsymbol{Y}(s),s=0,1,\cdots,k]\\&=\boldsymbol{\Phi}^*(k)\hat{\boldsymbol{X}}(k)+\sum_{i=k}^{l-1}\boldsymbol{\Phi}^*(i+1)[\boldsymbol{U}_M(i)a_{MN}^c(i)+\\&\quad\boldsymbol{U}_T(i)a_{TN}^c(i)],\quad k=0,1,2,\cdots;l=k,k+1\cdots,k+L\end{aligned} \tag{8-143}$$

式中：$\hat{\boldsymbol{X}}(k)$为状态估计向量，可利用卡尔曼滤波求解。

$$\boldsymbol{\Phi}^*(i)=\prod_{j=i}^{l-1}\boldsymbol{\Phi}(j),\quad i=k,k+1\cdots,l-1;l=k,k+1\cdots,k+L \tag{8-144}$$

状态估计$\hat{\boldsymbol{X}}(k)$的具体算法如下：

状态一步预测为

$$\hat{\boldsymbol{X}}(k|k-1)=\boldsymbol{\Phi}(k-1)\hat{\boldsymbol{X}}(k-1|k-1)+\boldsymbol{U}_M(k)a_{MN}^c(k-1)+\boldsymbol{U}_T(k)a_{TN}^c(k-1) \tag{8-145}$$

一步预测误差为

$$\boldsymbol{P}(k|k-1)=\boldsymbol{\Phi}(k-1)\boldsymbol{P}(k-1|k-1)\boldsymbol{\Phi}^{\mathrm{T}}(k-1)+\boldsymbol{S} \tag{8-146}$$

滤波增益为

$$\boldsymbol{K}(k)=\boldsymbol{P}(k|k-1)\boldsymbol{H}^{\mathrm{T}}(k)\times[\boldsymbol{H}(k)\boldsymbol{P}(k|k-1)\boldsymbol{H}^{\mathrm{T}}(k)+\boldsymbol{G}(k)]^{-1} \tag{8-147}$$

状态估计值为

$$\hat{\boldsymbol{X}}(k|k)=\hat{\boldsymbol{X}}(k|k-1)+\boldsymbol{K}(k)[\boldsymbol{Y}(k)-\boldsymbol{H}(k)\hat{\boldsymbol{X}}(k|k-1)] \tag{8-148}$$

状态估计误差为

$$\boldsymbol{P}(k|k)=[\boldsymbol{I}-\boldsymbol{K}(k)\boldsymbol{H}(k)]\boldsymbol{P}(k|k-1) \tag{8-149}$$

注意:在状态估计中,包含目标指令加速度的值,通常用目标加速度的估计均值代替。

对式(8-137)进行离散化,将式(8-143)代入下式

$$\tilde{\boldsymbol{Z}}_0(l)=\boldsymbol{D\Phi}(l)\tilde{\boldsymbol{X}}(l),\quad l=k,k+1,\cdots,k+L$$

得到

$$\tilde{\boldsymbol{Z}}_0(l)=\boldsymbol{D\Phi}(l)\boldsymbol{\Phi}^*(k)\hat{\boldsymbol{X}}(k)+\boldsymbol{D\Phi}(l)\cdot$$

$$\sum_{i=k}^{l-1}\boldsymbol{\Phi}^*(i+1)[\boldsymbol{U}_{\mathrm{M}}(i)a_{MN}^{c}(i)+\boldsymbol{U}_{\mathrm{T}}(i)a_{TN}^{c}(i)],\quad l=k,k+1,\cdots,k+L \tag{8-150}$$

由式(8-134)得离散化的控制向量为

$$\boldsymbol{u}(l)=\boldsymbol{K}(l)\tilde{\boldsymbol{Z}}_0(l),\quad l=k,k+1,\cdots,k+L \tag{8-151}$$

注:如果预测控制每次仅取预测控制量的第一步结果,那么 $\boldsymbol{u}(k)=\boldsymbol{K}(k)\tilde{\boldsymbol{Z}}_0(k)$,$\tilde{\boldsymbol{Z}}_0(l)=\boldsymbol{D\Phi}(l)\hat{\boldsymbol{X}}(l)$,因此,仅利用卡尔曼滤波结果即可。

4. 基于视线角速度的随机预测制导律

(1) 问题描述

根据导弹和目标相对运动关系,建立以视线角速度为变量的状态模型。考虑导弹在一个平面内的寻的运动,假设导弹在铅垂平面内寻的运动,运动过程由如下微分方程组描述:

$$\left.\begin{aligned}\dot{R}&=v_{\mathrm{T}}\cos(q-\theta_{\mathrm{T}})-v_{\mathrm{M}}\cos(q-\theta_{\mathrm{M}})\\R\dot{q}&=v_{\mathrm{M}}\sin(q-\theta_{\mathrm{M}})-v_{\mathrm{T}}\sin(q-\theta_{\mathrm{T}})\end{aligned}\right\} \tag{8-152}$$

假设导弹运动、目标运动为质点运动,导弹速度、目标速度大小恒定。通过对式(8-152)简化,可获得关于角速度 $x=\dot{q}$ 的微分方程:

$$\dot{x}=-\frac{2\dot{R}}{R}x+\frac{1}{R}[a_{\mathrm{T}}\cos(q-\theta_{\mathrm{T}})-\dot{v}_{\mathrm{T}}\sin(q-\theta_{\mathrm{T}})]-\frac{1}{R}[a_{\mathrm{M}}\cos(q-\theta_{\mathrm{M}})-\dot{v}_{\mathrm{M}}\sin(q-\theta_{\mathrm{M}})] \tag{8-153}$$

分析式(8-153)可知,通常情况下认为导弹和目标运动的速率保持不变,假设目标加速度在视线法向上的投影分量为一 Gauss-Markov 随机过程,其数学期望为 0,方差为 $\sigma_{a\mathrm{T}}^2$,至此上式可转化为

$$\dot{x}=a(t)x+b(t)u+\xi(t) \tag{8-154}$$

式中:系数 $a(t)=-2\dfrac{\dot{R}}{R}$,$b(t)=-\dfrac{1}{R}$,控制变量 $u=a_{\mathrm{M}}\cos(q-\theta_{\mathrm{M}})$,为导弹加速度在视线法向上的分量;假设 $\xi(t)$ 为高斯噪声,且 $\xi(t)\in N(0,G\delta(t))$。

由于视线角速度可以通过导引头位标器获取,故观测方程可表示为

$$y(t)=x(t)+\zeta(t) \tag{8-155}$$

式中:$\zeta(t)$ 为观测噪声,且 $\zeta(t)\in N(0,Q\delta(t))$。

考虑有限终端时刻条件下二次型性能指标函数

$$J=\frac{1}{2}E\left[cx^2(t+T)+\int_t^{t+T}ru^2(s)\mathrm{d}s\right] \tag{8-156}$$

式中：T 为预测时间长度；c、r 为正数。导弹有效拦截目标的关键就是如何控制 u，使得视线角速度趋近于零，从而实现平行接近，即使得 J 取值最小。

(2) 随机最优预测制导律

根据预测控制原理，需要在每个时刻求解优化问题：

$$\left.\begin{aligned}&J=\frac{1}{2}E\left[cx^2(t+T)+\int_t^{t+T}ru^2(s)\mathrm{d}s\right]\\&\text{s.t.}\quad \dot{x}(s)=a(s)x(s)+b(s)u(s)+\xi(s),\quad s\in[t,t+T]\end{aligned}\right\} \tag{8-157}$$

并实施控制量 $u(t)$。下面进一步推导随机预测制导律。

根据随机预测控制原理，可知最优预测控制规律为

$$u(s)=-r^{-1}b(s)p(s)\tilde{x}(s),\quad s\in[t,t+T] \tag{8-158}$$

式中，$p(s)$满足 Riccati 方程：

$$\dot{p}(s)=-2a(s)p(s)+r^{-1}(s)b^2(s)p^2(s),\quad s\in[t,t+T] \tag{8-159}$$

终端条件为 $p(t+T)=c(t+T)$，此时记

$$w(s)=p^{-1}(s) \tag{8-160}$$

则有

$$\dot{w}(s)=-p^{-2}(s)\dot{p}(s) \tag{8-161}$$

将式(8-160)、式(8-161)代入式(8-159)，可得

$$\dot{w}(s)=2a(s)w(s)-r^{-1}(s)b^2(s),\quad s\in[t,t+T] \tag{8-162}$$

其解析解为

$$w(s)=\mathrm{e}^{\int_s^{t+T}2a(\tau)\mathrm{d}\tau}\left[\int_s^{t+T}\mathrm{e}^{\int_s^{t+T}2a(\tau_2)\mathrm{d}\tau_2}r^{-1}(\tau_1)b^2(\tau_1)\mathrm{d}\tau_1+C\right] \tag{8-163}$$

进一步可得

$$w(s)=\frac{1}{R^4(s)}\int_s^{t+T}r^{-1}(\tau_1)\frac{R^2(\tau_1)}{\dot{R}(\tau_1)}\mathrm{d}[R(\tau_1)]+\frac{C}{R^4(s)} \tag{8-164}$$

考虑到终端条件 $w(t+T)=c^{-1}$，则 $C=c^{-1}R^4(t+T)$。由于 $\dot{R}(t)<0$，选择 $r(s)=1-\dfrac{1}{\dot{R}(s)}$，则式(8-164)即为

$$w(s)=\frac{R^3(s)-R^3(t+T)+3c^{-1}R^4(t+T)}{3R^4(s)} \tag{8-165}$$

则最优预测控制规律为

$$u_0(t)=\frac{3R^3(t)\dot{R}(t)}{R^3(t+T)-3c^{-1}R^4(t+T)-R^3(t)}\tilde{x}(t) \tag{8-166}$$

事实上，若选择 $r(s)=1-\dfrac{1}{R^k(s)\dot{R}(s)}$，$k=0,1,2,\cdots$，则式(8-164)可化为

$$w(s)=\frac{R^{3+k}(s)-R^{3+k}(t+T)+(3+k)c^{-1}R^4(t+T)}{(3+k)R^4(s)} \tag{8-167}$$

可得最优预测控制律为

$$u_k(t)=\frac{(3+k)R^{3+k}(t)\dot{R}(t)}{R^{3+k}(t+T)-(3+k)c^{-1}R^4(t+T)-R^{3+k}(t)}\tilde{x}(t) \tag{8-168}$$

取 $c=4,k=1$ 时，最优预测制导律为比例制导律：

$$u_1(t)=-4\dot{R}(t)\tilde{x}(t) \tag{8-169}$$

将预测终端时刻的弹目相对距离 $R(t+T)$ 展开为

$$R(t+T)\approx R(t)+T\dot{R}(t)+\frac{T^2}{2\ddot{R}(t)} \tag{8-170}$$

若取 $c=(3+k)/R^4(t+T)$，考虑到 $1/R^{3+k}(t)\to 0$，则式(8-168)进一步化为

$$\begin{aligned}u(t)&=\frac{(3+k)R^{3+k}(t)\dot{R}(t)}{\left[R(t)+T\dot{R}(t)+\dfrac{T^2}{2\ddot{R}(t)}\right]^{3+k}-R^{3+k}(t)-1}\tilde{x}(t)\\&=\frac{3\dot{R}(t)}{\left\{1+\dfrac{1}{R(t)}\left[T\dot{R}(t)+\dfrac{\ddot{R}(t)T^2}{2}\right]\right\}^{3+k}-1-\dfrac{1}{R^{3+k}(t)}}\tilde{x}(t)\\&\approx\frac{3\dot{R}(t)}{\left\{1+\dfrac{1}{R(t)}\left[T\dot{R}(t)+\dfrac{R(t)T^2}{2}\right]\right\}^{3+k}-1}\tilde{x}(t)\end{aligned} \tag{8-171}$$

由式(8-171)可知，预测制导律与预测时域长度 T，以及弹目视线方向的速度、加速度有关，可以视为一种变化比例系数的比例制导律。

下面给出状态预估量 $\tilde{x}(\tau)$，$\tau\in[t,t+T]$ 的具体表达式。

对方程(8-157)第二式两边在 $\tau\in[t,t+T]$ 区间求伊藤积分，可得

$$\boldsymbol{x}(\tau)=\boldsymbol{\Phi}(\tau,t)\boldsymbol{x}(t)+\int_t^\tau\boldsymbol{\Phi}(\tau,s)\boldsymbol{b}(s)\boldsymbol{u}(s)\mathrm{d}s+\int_t^\tau\boldsymbol{\Phi}(\tau,s)\boldsymbol{\xi}(s)\mathrm{d}s \tag{8-172}$$

式中：$\boldsymbol{\Phi}(\tau,t)$ 为式(8-157)的状态转移矩阵。

对方程(8-172)两边取相对于测量向量 $\boldsymbol{y}(t')$，$t'\in[t_0,t]$ 的条件数学期望，得

$$\begin{aligned}\tilde{\boldsymbol{x}}(\tau)&=E\left[\boldsymbol{x}(\tau)\mid\boldsymbol{y}(t'),t'\in[t_0,t]\right]\\&=\boldsymbol{\Phi}(\tau,t)\hat{\boldsymbol{x}}(t)+\int_t^\tau\boldsymbol{\Phi}(\tau,s)\boldsymbol{b}(s)\boldsymbol{u}(s)\mathrm{d}s\end{aligned} \tag{8-173}$$

式中：$\hat{\boldsymbol{x}}(t)$ 为状态 $\boldsymbol{x}(t)$ 的估计值。利用卡尔曼滤波算法可得

$$\left.\begin{aligned}&\dot{\hat{\boldsymbol{x}}}=\boldsymbol{a}\hat{\boldsymbol{x}}+\boldsymbol{b}\boldsymbol{u}+\boldsymbol{B}(\boldsymbol{y}-\hat{\boldsymbol{x}})\\&\boldsymbol{B}=\boldsymbol{R}\boldsymbol{Q}^{-1}\boldsymbol{R}^2,\hat{\boldsymbol{x}}(t_0)=\boldsymbol{m}_{x_0}\\&\dot{\boldsymbol{R}}=2\boldsymbol{a}\boldsymbol{R}-\boldsymbol{Q}^{-1}\boldsymbol{R}^2+\boldsymbol{G}\end{aligned}\right\} \tag{8-174}$$

注：从式(8-174)可以看出，$\tilde{\boldsymbol{x}}(t)=\hat{\boldsymbol{x}}(t)$。因此，当预测制导律在每个预测周期 $\tau\in[t,t+T]$ 内将采用控制量 $\boldsymbol{u}(t)$ 时，控制量的状态反馈值可以使用状态估计值 $\hat{\boldsymbol{x}}(t)$ 代替预估值 $\tilde{\boldsymbol{x}}(t)$。

(3) 具有控制约束的随机最优预测制导律

目前大多数制导律的设计，通常假设导弹能够提供足够大的过载，进而考察制导律在各种

条件下的需用过载是否满足导弹的过载性能，但导弹的可用过载是有限的，对于末制导而言更是如此，在此提出一种饱和控制约束的预测制导算法。考虑基于视线角速度的状态模型和代价函数同式(8-157)。

由随机时不变线性系统的状态反馈滚动预测控制中定理 8.4 可知，具有饱和控制约束的滚动预测制导律为

$$u(t)=K(t)x(t)+C(t) \tag{8-175}$$

其中，$K=-n_u r^{-1}bP$，$C=f_0^u-n_u r^{-1}bP_1$，P、P_1 满足以下方程：

$$\dot{P}+n_u(n_u-2)r^{-1}b^2P^2+2aP=0 \tag{8-176}$$

$$\dot{P}_1+n_u(1-n_u)Pbf_0^u+({n_u}^2-2n_u)r^{-1}b^2PP_1+aP_1=0 \tag{8-177}$$

终端条件为

$$P(t+T)=c,\quad P_1(t+T)=0$$

其中 n_u、f_0^u 由饱和函数的统计线性化方法得到。与具有解析式的预测制导律(PGL)不同，饱和控制约束的滚动预测导引规律(8-175)需要实时求解微分方程(8-176)、方程(8-177)，是一种数值制导规律。

(4) 仿真分析

由于随机线性系统满足分离定律，因此在设计制导律时可不考虑噪声影响，假设弹目相对距离 R 和相对速度 $\dot{R}$ 可由雷达导引头获取，而视线角速度 $x(t)$ 的状态估计 $\hat{x}(t)$ 通过 Kalman 滤波器实现，视线角速度的观测方程

$$y(t)=x(t)+\zeta(t) \tag{8-178}$$

式中：$\zeta(t)$ 为观测噪声，且 $\zeta(t)\in N(0,Q_y\delta(t))$。

以水平面为例，假设目标、导弹的飞行高度 $H=12\ 000$ m，弹目相对距离 $R_0=9.9$ km，目标速度 $v_{\mathrm{T}}=340$ m/s，导弹平均速度 $v_{\mathrm{M}}=750$ m/s，仿真步长为 0.01，系统高斯噪声 $\xi(t)\sim N(0,0.01)$，观测噪声 $\zeta(t)\sim N(0,0.01)$，导弹开始发射时目标开始机动，其过载为 $n=9g\,\mathrm{sgn}(\sin 0.5t)$。为了比较所得制导律的性能，将最优制导律(OGL)、预测制导律(PGL)与扩展比例制导律(APN)做比较，其中预测时间设为 $T=0.2$ s。三种制导律下导弹与目标的运动轨迹如图 8.19 所示。

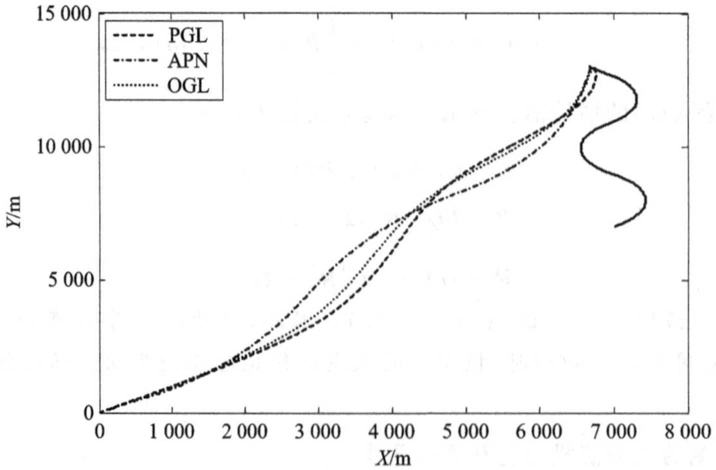

图 8.19　三种制导律下导弹与目标的运动轨迹

从图 8.19 可以看出，在追击过程前期距离目标较远时，最优制导律的弹道较为平缓，而扩展比例制导律和预测制导律的弹道较为弯曲；在制导后期距离目标 6.7 km 时，预测制导律的弹道较为平直，扩展比例制导律次之，进而脱靶量较小。导弹过载控制量如图 8.20 所示，可以看出：在最后交汇阶段，最优制导律需用过载峰值达到了 $-60\ \mathrm{m/s^2}$；扩展比例制导律需用过载峰值达到为 $-80\ \mathrm{m/s^2}$；预测制导律需用过载峰值仅为 $30\ \mathrm{m/s^2}$。其中主要原因是扩展比例制导律和预测制导律提前使用了较大过载。

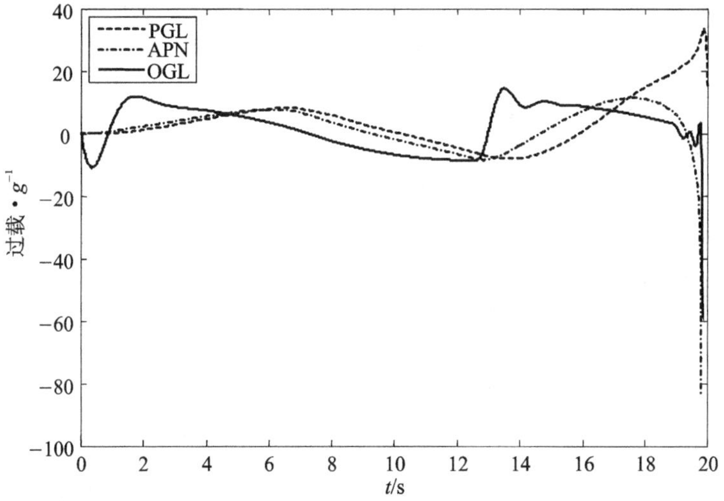

图 8.20 导弹过载控制量

8.3.3 随机微分对策导引规律

随着现代科技的发展，智能化精确制导武器及无人机等强机动目标的威胁越发突出，这给拦截弹的制导及控制带来了巨大的挑战。导弹拦截目标时，双方均机动、可控，一方追击使得脱靶量最小；另一方逃逸，努力使脱靶量最大。将此对抗拦截问题作为二人零和微分对策问题进行研究比较合理。因为微分对策控制有效融合了最优控制理论及对策论，在处理对抗问题上具有明显的优势。导弹拦截目标的动态过程实质上是微分对策理论所阐述的追逃问题，所形成的追击策略正是所要研究的导引规律。

1. 微分对策理论

20 世纪 50 年代，由于军事需求，美国数学家 Isaacs 领导的研究人员将对策论与现代控制理论相结合，将双方连续对抗问题撰写了四份研究报告，并于 1965 年出版了《微分对策》一书，标志着微分对策理论的诞生。1971 年，美国科学家 Fried - man 严格证明了微分对策值与鞍点的存在性，从而奠定了微分对策的理论基础。在此分别针对完全状态信息、非对称状态信息和对称非完全状态信息三种典型的信息模式对微分对策进行分析。

(1) 完全状态信息

考虑如下随机线性系统：

$$\left.\begin{aligned}&\dot{x}(t)=A(t)x(t)+B_1(t)u(t)+B_2(t)v(t)+g(t)\xi(t)\\&x_0\in\mathbf{R}^n\end{aligned}\right\}\tag{8-179}$$

式中：初始状态 x_0 为给定高斯分布噪声 $\xi(t)$ 定义在给定的概率空间 $\xi(\Omega,F,P)$，且其与初始

值 x_0 互不相关，满足

$$\left.\begin{aligned} &E\left[\boldsymbol{\xi}(t)\right]=0\\ &E\left[\boldsymbol{\xi}(t)\boldsymbol{\xi}(s)^{\mathrm{T}}\right]=Q(t)\delta(t-s)\\ &\operatorname{cov}\left[x_0,\xi(t)\right]=0\\ &t\geqslant 0 \end{aligned}\right\} \tag{8-180}$$

考虑如下性能指标函数：

$$J_0(\boldsymbol{u},\boldsymbol{v})=\frac{1}{2}E\left[\boldsymbol{x}^{\mathrm{T}}(t_{\mathrm{f}})\boldsymbol{Q}_{\mathrm{T}}\boldsymbol{x}(t_{\mathrm{f}})+\int_{t_0}^{t_{\mathrm{f}}}(\boldsymbol{u}^{\mathrm{T}}\boldsymbol{R}_1\boldsymbol{u}-\boldsymbol{v}^{\mathrm{T}}\boldsymbol{R}_2\boldsymbol{v})\,\mathrm{d}t\right] \tag{8-181}$$

式中：$\boldsymbol{Q}_{\mathrm{T}}$ 为非负定对称矩阵；$\boldsymbol{R}_1$、$\boldsymbol{R}_2$ 均为正定对称矩阵。

随机微分对策最优控制问题是，局中人 P 选择 $u\in U$（U 为 P 的容许策略集），使得性能指标函数式（8－181）达到极小。局中人 E 选择 $v\in V$（V 为 E 的容许策略集），使得性能指标函数式（8－181）达到极大。上述一方从性能指标式（8－181）中获取的利益，恰为另一方从性能指标式（8－181）中所付出的损失，所以通常称为随机二人零和微分对策问题。

定义 8.1 对于随机二人零和微分对策问题式（8－179）～式（8－181），对抗的双方从容许策略集 $U\times V$ 中选择策略 (u^*,v^*)，使得性能指标函数式（8－181）关于 u 取极小值，而关于 v 取极大值，满足不等式

$$J(u^*,v)\leqslant J(u^*,v^*)\leqslant J(u,v^*) \tag{8-182}$$

则称 (u^*,v^*) 为鞍点，u^* 和 v^* 分别为双方的最优策略，$J(u^*,v^*)$ 为对策值。

定理 8.7 假设系统为完全状态信息情形，即全状态信息集 $X=\{x(\tau)\,|\,0\leqslant\tau\leqslant t\,|\}$，对于给定系统式（8－179）和性能指标式（8－181），使得性能指标值满足不等式（8－182）的双方最优策略和相应对策值，分别为

$$\left.\begin{aligned} u^*(t)&=-\boldsymbol{R}_1^{-1}\boldsymbol{B}_1\boldsymbol{P}(t)x(t)\\ v^*(t)&=\boldsymbol{R}_2^{-1}\boldsymbol{B}_2\boldsymbol{P}(t)x(t) \end{aligned}\right\} \tag{8-183}$$

$$J_0(u_0,v_0)=\frac{1}{2}\boldsymbol{m}_0^{\mathrm{T}}\boldsymbol{P}(0)\boldsymbol{m}_0+\frac{1}{2}\mathrm{tr}[\boldsymbol{P}(0)\boldsymbol{R}_0]+\frac{1}{2}\int_{t_0}^{t_{\mathrm{f}}}\mathrm{tr}\left[\boldsymbol{P}(t)\boldsymbol{g}\boldsymbol{Q}(t)\boldsymbol{g}^{\mathrm{T}}\right]\mathrm{d}t \tag{8-184}$$

矩阵 $\boldsymbol{P}$ 满足如下 Riccati 微分方程

$$\left.\begin{aligned} &\dot{\boldsymbol{P}}+\boldsymbol{PA}+\boldsymbol{A}^{\mathrm{T}}\boldsymbol{P}-\boldsymbol{P}(\boldsymbol{B}_1\boldsymbol{R}_1^{-1}\boldsymbol{B}_1^{\mathrm{T}}-\boldsymbol{B}_2\boldsymbol{R}_2^{-1}\boldsymbol{B}_2^{\mathrm{T}})\boldsymbol{P}=\boldsymbol{0}\\ &\boldsymbol{P}(t_{\mathrm{f}})=\boldsymbol{Q}_{\mathrm{T}} \end{aligned}\right\} \tag{8-185}$$

（2）非对称状态信息

在对抗过程中局中人所用状态信息量往往是非对称的。这里以局中人 P 具有完全状态信息而局中人 E 具有被噪声干扰的观测信息为例进行研究，由于局中人 P 具有信息优势，其会抓住局中人 E 的弱点，并对局中人 E 估计误差加以利用以改善自己的策略。

考虑如下线性系统：

$$\left.\begin{aligned} &\dot{\boldsymbol{x}}(t)=\boldsymbol{A}(t)\boldsymbol{x}(t)+\boldsymbol{B}_1(t)\boldsymbol{u}(t)+\boldsymbol{B}_2(t)\boldsymbol{v}(t)\\ &x_0\in\mathbf{R}^n \end{aligned}\right\} \tag{8-186}$$

式中：初始状态 x_0 为给定高斯分布 $N(m_0,\boldsymbol{R}_0)$，$\boldsymbol{R}_0$ 为非负定矩阵；控制量 $\boldsymbol{u}\in\mathbf{R}^p$，$\boldsymbol{v}\in\mathbf{R}^e$，其中 $p\leqslant n$、$e\leqslant n$，$\boldsymbol{A}(t)$、$\boldsymbol{B}_1(t)$、$\boldsymbol{B}_2(t)$ 为具有一定维数的已知矩阵。

局中人 E 的信息模式可描述为

$$\boldsymbol{z} = \boldsymbol{H}\boldsymbol{x} + \boldsymbol{\omega} \tag{8-187}$$

式中：$\boldsymbol{H}$ 为观测矩阵；$\boldsymbol{\omega}$ 为零均值高斯噪声 $N(0,W)$，即局中人 E 具有被噪声干扰的观测信息，而局中人 P 具有完全状态信息。相应的性能指标函数为

$$J(\boldsymbol{u},\boldsymbol{v}) = \frac{1}{2}E[\boldsymbol{A}(t)\boldsymbol{x}(t) + \boldsymbol{B}_1(t)\boldsymbol{u}(t) + \boldsymbol{B}_2(t)\boldsymbol{v}(t)] \tag{8-188}$$

局中人 P 使得 $J(\boldsymbol{u},\boldsymbol{v})$ 取最小值，局中人 E 使得 $J(\boldsymbol{u},\boldsymbol{v})$ 取最大值，最后得到双方最优的控制策略集 $\boldsymbol{u}^*$ 和 $\boldsymbol{v}^*$，使得满足不等式：

$$J(\boldsymbol{u}^*,\boldsymbol{v}) \leqslant J(\boldsymbol{u}^*,\boldsymbol{v}^*) \leqslant J(\boldsymbol{u},\boldsymbol{v}^*) \tag{8-189}$$

定理 8.8　非对称信息情形下，对于给定系统式(8-186)和性能指标式(8-188)，使得性能指标值满足不等式(8-189)的双方最优策略和相应对策值，分别为

$$\left.\begin{aligned}
\boldsymbol{u}^* = & -\boldsymbol{R}_1^{-1}\boldsymbol{B}_1[\boldsymbol{P} + \boldsymbol{N}(\boldsymbol{B}_1\boldsymbol{R}_1^{-1}\boldsymbol{B}_1^{\mathrm{T}}\boldsymbol{N} + \boldsymbol{B}_2\boldsymbol{R}_2^{-1}\boldsymbol{B}_2^{\mathrm{T}}\boldsymbol{P})^{-1}(\boldsymbol{A} - \boldsymbol{B}_1\boldsymbol{R}_1^{-1}\boldsymbol{B}_1^{\mathrm{T}}\boldsymbol{P} + \boldsymbol{B}_2\boldsymbol{R}_2^{-1}\boldsymbol{B}_2^{\mathrm{T}}\boldsymbol{P})\}\boldsymbol{x} + \\
& \boldsymbol{R}_1^{-1}\boldsymbol{B}_1^{\mathrm{T}}\boldsymbol{N}(\boldsymbol{B}_1\boldsymbol{R}_1^{-1}\boldsymbol{B}_1^{\mathrm{T}}\boldsymbol{N} + \boldsymbol{B}_2\boldsymbol{R}_2^{-1}\boldsymbol{B}_2^{\mathrm{T}}\boldsymbol{P})^{-1}\dot{\boldsymbol{x}}(t) \\
\boldsymbol{v}^* = & \boldsymbol{R}_2^{-1}\boldsymbol{B}_2\boldsymbol{P}\hat{\boldsymbol{x}}(t)
\end{aligned}\right\} \tag{8-190}$$

其中，矩阵 $\boldsymbol{P}$ 和 $\boldsymbol{N}$ 满足如下微分方程：

$$\left.\begin{aligned}
&\dot{\boldsymbol{P}} = -\boldsymbol{P}\boldsymbol{A} - \boldsymbol{A}^{\mathrm{T}}\boldsymbol{P} - \boldsymbol{P}(\boldsymbol{B}_1\boldsymbol{R}_1^{-1}\boldsymbol{B}_1^{\mathrm{T}} - \boldsymbol{B}_2\boldsymbol{R}_2^{-1}\boldsymbol{B}_2^{\mathrm{T}})\boldsymbol{P} \\
&\boldsymbol{P}(t_{\mathrm{f}}) = \boldsymbol{Q}_{\mathrm{T}}
\end{aligned}\right\} \tag{8-191}$$

$$\left.\begin{aligned}
\boldsymbol{N} = & -\boldsymbol{N}\boldsymbol{A} - \boldsymbol{A}^{\mathrm{T}}\boldsymbol{N} + (\boldsymbol{N} + \boldsymbol{P})\boldsymbol{B}_1\boldsymbol{R}_1^{-1}\boldsymbol{B}_1^{\mathrm{T}}(\boldsymbol{N} + \boldsymbol{P}) - \boldsymbol{P}(\boldsymbol{B}_1\boldsymbol{R}_1^{-1}\boldsymbol{B}_1^{\mathrm{T}} - \boldsymbol{B}_2\boldsymbol{R}_2^{-1}\boldsymbol{B}_2^{\mathrm{T}})\boldsymbol{P} + \\
& \boldsymbol{N}\boldsymbol{M}\boldsymbol{H}^{\mathrm{T}}\boldsymbol{W}^{-1}\boldsymbol{H} + \boldsymbol{H}^{\mathrm{T}}\boldsymbol{W}^{-1}\boldsymbol{H}\boldsymbol{M}\boldsymbol{N} \\
\boldsymbol{N}(t_{\mathrm{f}}) = & \boldsymbol{0}
\end{aligned}\right\} \tag{8-192}$$

并且需要满足$(\boldsymbol{B}_1\boldsymbol{R}_1^{-1}\boldsymbol{B}_1^{\mathrm{T}}\boldsymbol{N} + \boldsymbol{B}_2\boldsymbol{R}_2^{-1}\boldsymbol{B}_2^{\mathrm{T}}\boldsymbol{P})$可逆。

局中人 E 状态估计方程为

$$\left.\begin{aligned}
&\dot{\hat{\boldsymbol{x}}}(t) = (\boldsymbol{A} - \boldsymbol{B}_1\boldsymbol{R}_1^{-1}\boldsymbol{B}_1^{\mathrm{T}}\boldsymbol{P} + \boldsymbol{B}_2\boldsymbol{R}_2^{-1}\boldsymbol{B}_2^{\mathrm{T}}\boldsymbol{P})\hat{\boldsymbol{x}}(t) + \boldsymbol{M}\boldsymbol{H}^{\mathrm{T}}\boldsymbol{W}^{-1}[\boldsymbol{z} - \boldsymbol{H}\hat{\boldsymbol{x}}(t)] \\
&\hat{\boldsymbol{x}}(t_0) = \boldsymbol{m}_0
\end{aligned}\right\} \tag{8-193}$$

性能指标值为

$$J = \frac{1}{2}m_0\boldsymbol{P}(t_0)m_0^{\mathrm{T}} + \frac{1}{2}\mathrm{tr}\{[\boldsymbol{P}(t_0) + \boldsymbol{N}(t_0)]\boldsymbol{R}_0\} + \frac{1}{2}\int_{t_0}^{t_{\mathrm{f}}}\mathrm{tr}[\boldsymbol{M}\boldsymbol{H}^{\mathrm{T}}\boldsymbol{W}^{-1}\boldsymbol{H}\boldsymbol{M}\boldsymbol{N}]\,\mathrm{d}t \tag{8-194}$$

(3) 对称非完全状态信息

对称非完全状态信息是指对抗双方均不能获得准确的状态信息，仅能通过各自有限的观测器进行状态估计，进而形成基于观测信息的控制策略。

考虑如下线性系统：

$$\left.\begin{aligned}
&\dot{\boldsymbol{x}}(t) = \boldsymbol{A}(t)\boldsymbol{x}(t) + \boldsymbol{B}_1(t)\boldsymbol{u}(t) + \boldsymbol{B}_2(t)\boldsymbol{v}(t) + g\boldsymbol{\xi}(t) \\
&\boldsymbol{x}_0 \in \mathbf{R}^n
\end{aligned}\right\} \tag{8-195}$$

式中：初始状态 x_0 为给定高斯分布 $N(m_0,\boldsymbol{R}_0)$，$\boldsymbol{R}_0$ 为非负定矩阵；控制量 $\boldsymbol{u} \in \mathbf{R}^p$，$\boldsymbol{v} \in \mathbf{R}^e$，其中 $p \leqslant n$、$e \leqslant n$；$\boldsymbol{A}(t)$、$\boldsymbol{B}_1(t)$、$\boldsymbol{B}_2(t)$为具有一定维数的已知矩阵。噪声 $\boldsymbol{\xi}(t)$定义在给定的概

率空间 $\xi(\Omega,F,P)$，且其与初始值 $\boldsymbol{x}_0$ 互不相关。

局中人 P 的信息模式可描述为

$$\boldsymbol{y}_1(t)=\boldsymbol{H}_1\boldsymbol{x}(t)+\boldsymbol{\omega}_1(t) \tag{8-196}$$

局中人 E 的信息模式可描述为

$$\boldsymbol{y}_2(t)=\boldsymbol{H}_2\boldsymbol{x}(t)+\boldsymbol{\omega}_2(t) \tag{8-197}$$

式中，$\boldsymbol{\omega}_1(t)$、$\boldsymbol{\omega}_2(t)$为互相独立且均与系统初始状态无关，但观测噪声 $\boldsymbol{\omega}_1(t)$和 $\boldsymbol{\omega}_2(t)$均与系统噪声 $\boldsymbol{\xi}(t)$相关。即考虑二次型性能指标函数为

$$J_\tau(\boldsymbol{u},\boldsymbol{v})=\frac{1}{2}\boldsymbol{x}^{\mathrm{T}}(t_f)\boldsymbol{Q}_{\mathrm{T}}\boldsymbol{x}(t_f)+\frac{1}{2}\int_{t_0}^{t_f}(\boldsymbol{u}^{\mathrm{T}}\boldsymbol{R}_1\boldsymbol{u}-\boldsymbol{v}^{\mathrm{T}}\boldsymbol{R}_2\boldsymbol{v})\,\mathrm{d}t \tag{8-198}$$

基于自身观测信息，局中人 P 控制 $\boldsymbol{u}$ 使得 J 的条件期望取最小值，局中人 E 控制 $\boldsymbol{v}$ 使得 J 的条件期望取最大值，有不等式(非零和)：

$$E\{J_\tau(\boldsymbol{u}^*,\boldsymbol{v}^*)\,|Y_1(\tau)\}\leqslant E\{J_\tau(\boldsymbol{u},\boldsymbol{v}^*)\,|Y_1(\tau)\} \tag{8-199}$$

$$E\{J_\tau(\boldsymbol{u}^*,\boldsymbol{v})\,|Y_2(\tau)\}\leqslant E\{J_\tau(\boldsymbol{u}^*,\boldsymbol{v}^*)\,|Y_2(\tau)\} \tag{8-200}$$

假设局中人 P 的状态估计方程为

$$\dot{\boldsymbol{z}}_1(t)=\boldsymbol{A}_1\boldsymbol{z}_1(t)+\boldsymbol{K}_1[\boldsymbol{y}_1(t)-\boldsymbol{H}_1\boldsymbol{z}_1(t)]+\boldsymbol{D}_1\boldsymbol{u}(t) \tag{8-201}$$

假设局中人 E 的状态估计方程为

$$\dot{\boldsymbol{z}}_2(t)=\boldsymbol{A}_2\boldsymbol{z}_2(t)+\boldsymbol{K}_2[\boldsymbol{y}_2(t)-\boldsymbol{H}_2\boldsymbol{z}_2(t)]+\boldsymbol{D}_2\boldsymbol{v}(t) \tag{8-202}$$

定义 $\boldsymbol{Z}_i(s)=\{(\boldsymbol{z}_i(s),s),s\in[t_0,t]\}(i=1,2)$为状态估计集。

假设双方均已知初始估计值，即 $\boldsymbol{Z}_1(t_0)=\boldsymbol{Z}_2(t_0)=\boldsymbol{Z}(t_0)$，这样问题变为

$$E\{J_\tau(\boldsymbol{u}^*,\boldsymbol{v})\,|\boldsymbol{Z}(t_0)\}\leqslant E\{J_\tau(\boldsymbol{u}^*,\boldsymbol{v}^*)\,|\boldsymbol{Z}(t_0)\}\leqslant E\{J_\tau(\boldsymbol{u},\boldsymbol{v}^*)\,|\boldsymbol{Z}(t_0)\} \tag{8-203}$$

这样局中人 P 控制 $\boldsymbol{u}$ 使得 J 的条件期望取最小值，局中人 E 控制 $\boldsymbol{v}$ 使得 J 的条件期望取最大值。

定理 8.9　对称非完全信息情形下，对于给定系统式(8-195)和性能指标式(8-198)，使得性能指标值满足式(8-199)和式(8-200)的双方最优策略和相应对策值，分别为

$$\left.\begin{aligned}\boldsymbol{u}^*&=-\boldsymbol{R}_1^{-1}\boldsymbol{B}_1^{\mathrm{T}}\boldsymbol{P}(t)\boldsymbol{z}_1(t)\\ \boldsymbol{v}^*&=\boldsymbol{R}_2^{-1}\boldsymbol{B}_2^{\mathrm{T}}\boldsymbol{P}(t)\boldsymbol{z}_2(t)\end{aligned}\right\} \tag{8-204}$$

其中，矩阵 $\boldsymbol{P}$ 满足如下 Riccati 微分方程：

$$\left.\begin{aligned}&\dot{\boldsymbol{P}}+\boldsymbol{P}\boldsymbol{A}+\boldsymbol{A}^{\mathrm{T}}\boldsymbol{P}-\boldsymbol{P}^{\mathrm{T}}(\boldsymbol{B}_1\boldsymbol{R}_1^{-1}\boldsymbol{B}_1^{\mathrm{T}}-\boldsymbol{B}_2\boldsymbol{R}_2^{-1}\boldsymbol{B}_2^{\mathrm{T}})\boldsymbol{P}=\boldsymbol{0}\\ &\boldsymbol{P}(t_f)=\boldsymbol{Q}_{\mathrm{T}}\end{aligned}\right\} \tag{8-205}$$

双方状态估计器的参数为

$$\left.\begin{aligned}\dot{\boldsymbol{z}}_1(t)&=\boldsymbol{A}_1\boldsymbol{z}_1(t)+\boldsymbol{K}_1[\boldsymbol{y}_1(t)-\boldsymbol{H}_1\boldsymbol{z}_1(t)]+\boldsymbol{D}_1\boldsymbol{u}(t)\\ \dot{\boldsymbol{z}}_2(t)&=\boldsymbol{A}_2\boldsymbol{z}_2(t)+\boldsymbol{K}_2[\boldsymbol{y}_2(t)-\boldsymbol{H}_2\boldsymbol{z}_2(t)]+\boldsymbol{D}_2\boldsymbol{v}(t)\end{aligned}\right\} \tag{8-206}$$

$$\boldsymbol{A}_1=\boldsymbol{A}(t)+\boldsymbol{B}_2\boldsymbol{R}_2^{-1}\boldsymbol{B}_2^{\mathrm{T}}\boldsymbol{P}(t)[\boldsymbol{I}+(\boldsymbol{M}_{20}-\boldsymbol{M}_{21})(\boldsymbol{M}_{00}-\boldsymbol{M}_{01})^{-1}] \tag{8-207}$$

$$\boldsymbol{K}_1=(\boldsymbol{M}_{11}\boldsymbol{H}_1+g\boldsymbol{W}_{\xi1})\boldsymbol{W}_1^{-1} \tag{8-208}$$

$$\boldsymbol{D}_1=\boldsymbol{B}_1 \tag{8-209}$$

$$\boldsymbol{A}_2=\boldsymbol{A}(t)+\boldsymbol{B}_1\boldsymbol{R}_1^{-1}\boldsymbol{B}_1^{\mathrm{T}}\boldsymbol{P}(t)[\boldsymbol{I}+(\boldsymbol{M}_{10}-\boldsymbol{M}_{12})(\boldsymbol{M}_{00}-\boldsymbol{M}_{02})^{-1}] \tag{8-210}$$

$$\boldsymbol{K}_2=(\boldsymbol{M}_{22}\boldsymbol{H}_2+g\boldsymbol{W}_{\xi2})\boldsymbol{W}_2^{-1} \tag{8-211}$$

$$\boldsymbol{D}_2 = \boldsymbol{B}_2 \tag{8-212}$$

式中，矩阵 $\boldsymbol{M}$ 为

$$\boldsymbol{M} = \begin{bmatrix} M_{00} & M_{01} & M_{02} \\ M_{10} & M_{11} & M_{12} \\ M_{20} & M_{21} & M_{22} \end{bmatrix} \tag{8-213}$$

满足如下微分方程：

$$\dot{\boldsymbol{M}} = \bar{\boldsymbol{A}}(t)\boldsymbol{M}(t) + \boldsymbol{M}(t)\bar{\boldsymbol{A}}^{\mathrm{T}}(t) + \bar{\boldsymbol{K}}(t)\boldsymbol{W}\bar{\boldsymbol{K}}^{\mathrm{T}}(t) \tag{8-214}$$

边界条件为

$$\boldsymbol{M}_{ij}(0) = \begin{cases} \boldsymbol{m}_0\boldsymbol{m}_0^{\mathrm{T}} + \boldsymbol{R}_0 & i = j = 0 \\ \boldsymbol{R}_0 & \text{其他} \end{cases} \tag{8-215}$$

式中：

$$\bar{\boldsymbol{A}} = \begin{bmatrix} \boldsymbol{A} - \boldsymbol{B}_1\boldsymbol{R}_1^{-1}\boldsymbol{B}_1^{\mathrm{T}}\boldsymbol{P} + \boldsymbol{B}_2\boldsymbol{R}_2^{-1}\boldsymbol{B}_2^{\mathrm{T}}\boldsymbol{P} & \boldsymbol{B}_1\boldsymbol{R}_1^{-1}\boldsymbol{B}_1^{\mathrm{T}}\boldsymbol{P} & -\boldsymbol{B}_2\boldsymbol{R}_2^{-1}\boldsymbol{B}_2^{\mathrm{T}}\boldsymbol{P} \\ \boldsymbol{A} - \boldsymbol{A}_1 + \boldsymbol{B}_2\boldsymbol{R}_2^{-1}\boldsymbol{B}_2^{\mathrm{T}}\boldsymbol{P} & \boldsymbol{A}_1 - \boldsymbol{K}_1\boldsymbol{H}_1 & -\boldsymbol{B}_2\boldsymbol{R}_2^{-1}\boldsymbol{B}_2^{\mathrm{T}}\boldsymbol{P} \\ \boldsymbol{A} - \boldsymbol{A}_2 - \boldsymbol{B}_1\boldsymbol{R}_1^{-1}\boldsymbol{B}_1^{\mathrm{T}}\boldsymbol{P} & \boldsymbol{B}_1\boldsymbol{R}_1^{-1}\boldsymbol{B}_1^{\mathrm{T}}\boldsymbol{P} & \boldsymbol{A}_2 - \boldsymbol{K}_2\boldsymbol{H}_2 \end{bmatrix}$$

$$\bar{\boldsymbol{K}} = \begin{bmatrix} 0 & 0 & -g \\ \boldsymbol{K}_1 & 0 & -g \\ 0 & \boldsymbol{K}_2 & -g \end{bmatrix}, \quad \boldsymbol{W} = \begin{bmatrix} \boldsymbol{W}_1 & 0 & 0 \\ 0 & \boldsymbol{W}_2 & 0 \\ 0 & 0 & \boldsymbol{Q} \end{bmatrix}$$

性能指标值为

$$J = \frac{1}{2}\boldsymbol{m}_0^{\mathrm{T}}\boldsymbol{P}(t_0)\boldsymbol{m}_0 + \frac{1}{2}\mathrm{tr}\left[\boldsymbol{P}(t_0)\boldsymbol{R}_0\right] + \frac{1}{2}\int_{t_0}^{t_f}\mathrm{tr}\left[\boldsymbol{P}\boldsymbol{B}_1\boldsymbol{R}_1^{-1}\boldsymbol{B}_1\boldsymbol{P}\boldsymbol{M} - \boldsymbol{P}\boldsymbol{B}_2\boldsymbol{R}_2^{-1}\boldsymbol{B}_2\boldsymbol{P}\boldsymbol{M}_{22}\right]\mathrm{d}t \tag{8-216}$$

2. 基于视线角速度的随机微分对策导引规律

(1) 问题描述

本节根据导弹和目标相对运动关系建立以视线角速度为变量的状态模型，假设导弹在铅垂平面内寻的，运动过程可由式(8-152)描述。对式(8-152)进行简化，并获得关于弹目视线角速度 $x = \dot{q}$ 的微分方程：

$$\dot{x} = \frac{2\dot{R}}{R}x + \frac{1}{R}(a_{\mathrm{T}}\cos\eta_{\mathrm{T}} - \dot{V}_{\mathrm{T}}\sin\eta_{\mathrm{T}}) - \frac{1}{R}(a_{\mathrm{M}}\cos\eta_{\mathrm{M}} - \dot{V}_{\mathrm{M}}\sin\eta_{\mathrm{M}}) \tag{8-217}$$

通常情况下认为导弹运动速度和目标运动速度保持不变，即 $\dot{V}_{\mathrm{T}} = \dot{V}_{\mathrm{M}} = 0$，然而实际中双方速率并不恒定，所以式(8-217)里两个中括号内的第二部分为白噪声。至此式(8-217)转化为

$$\begin{aligned} \dot{x} &= \frac{2\dot{R}}{R}x - \frac{1}{R}(a_{\mathrm{M}}\cos\eta_{\mathrm{M}} - a_{\mathrm{T}}\cos\eta_{\mathrm{T}}) + (\dot{V}_{\mathrm{M}}\sin\eta_{\mathrm{M}} - \dot{V}_{\mathrm{T}}\sin\eta_{\mathrm{T}}) \\ &= -\frac{2\dot{R}}{R}x - \frac{1}{R}a_{\mathrm{M}}\cos\eta_{\mathrm{M}} + \frac{1}{R}a_{\mathrm{T}}\cos\eta_{\mathrm{T}} + \xi(t) \\ &= a(t)x + b_1(t)u + b_2(t)v + \xi(t) \end{aligned} \tag{8-218}$$

式中：系数 $a(t)=-\dfrac{2\dot{R}}{R}$，$b_1(t)=-\dfrac{1}{R}$，$b_2(t)=\dfrac{1}{R}$；控制变量 $u=a_{\mathrm{M}}\cos\eta_{\mathrm{M}}$，$v=a_{\mathrm{T}}\cos\eta_{\mathrm{T}}$，分别为导弹加速度及目标加速度在视线法向上的分量；假设 $\xi(t)$ 为高斯噪声，$\xi(t)\in N(0,Q\delta(t))$。

考虑有限终止时二次型性能指标函数为

$$J=\frac{1}{2}E\left\{Q_{\mathrm{T}}x^2(t_{\mathrm{f}})+\int_{t_0}^{t_{\mathrm{f}}}(C_1u^2-C_2v^2)\,\mathrm{d}t\right\} \tag{8-219}$$

式中：t_{f} 为终止时间；Q_{T}、C_1、C_2 为正数。导弹有效拦截目标的关键就是如何控制 u 使得视线角速度 x 趋近于零，从而视线平行接近，即使 J 取值最小；而目标为摆脱导弹的拦截，需在有限时间内逃出制导装置视线范围，控制 v 使得视线角速度增大，即使 J 取值最大。

(2) 随机微分对策导引规律

在完全信息条件下，根据定理 8.7，可以得到导弹和目标的最优策略，分别为

$$\left.\begin{aligned}u(t)&=-C_1^{-1}b_1px\\ v(t)&=-C_2^{-1}b_2px\end{aligned}\right\} \tag{8-220}$$

满足 Riccati 方程：

$$\dot{p}+2ap-C_1^{-1}b_1^2p^2+C_2^{-1}b_2^2p^2=0 \tag{8-221}$$

而边界条件为

$$p(t_{\mathrm{f}})=Q_{\mathrm{T}} \tag{8-222}$$

为保证终止时刻视线稳定，要求终点视线角速度 $x(t_{\mathrm{f}})\to 0$，即令 $Q_{\mathrm{T}}\to\infty$。为求解式(8-221)，令 $p(t)=1/\eta(t)$，则式(8-221)变为

$$\dot{\eta}-2a\eta-C_1^{-1}b_1^2+C_2^{-1}b_2^2=0 \tag{8-223}$$

相应的边界条件为

$$\eta(t_{\mathrm{f}})=Q_{\mathrm{T}}^{-1} \tag{8-224}$$

若 $Q_{\mathrm{T}}\to\infty$，则 $\eta(t_{\mathrm{f}})\to 0$。求方程(8-223)及边界条件(8-224)，得到

$$\eta(t)=\exp\left[\int_{t_0}^{t}2a(t)\mathrm{d}t\right]\times\left\{\int_{t}^{t_{\mathrm{f}}}\exp\left[-\int_{t_0}^{\tau_1}2a(\tau_2)\,\mathrm{d}\tau_2\right]\times(C_1^{-1}b_1^2-C_2^{-1}b_2^2)\,\mathrm{d}\tau_1\right\} \tag{8-225}$$

代入系数 a、b_1 和 b_2 的表达式，得到

$$\eta(t)=\frac{1}{R^4(t)}\left[\int_{t}^{t_{\mathrm{f}}}(C_1^{-1}-C_2^{-1})\,\mathrm{d}\tau_1\right] \tag{8-226}$$

考虑到相对速度 $\dot{R}<0$，为了得到控制策略的解析表达式，假设 $C_1=-\dfrac{2}{3}\dot{R}(\tau_1)$，$C_2=-2\dot{R}(\tau_1)$，则式(8-226)为

$$\eta(t)=\frac{1}{R^4(t)}\left[\int_{t}^{t_{\mathrm{f}}}\dot{R}(\tau_1)R^2(\tau_1)\,\mathrm{d}\tau_1\right] \tag{8-227}$$

得到

$$\eta(t)=\frac{R^3(t)-R^3(t_{\mathrm{f}})}{3R^4(t)} \tag{8-228}$$

则 p 为

$$p=\frac{3R^4(t)}{R^3(t)-R^3(t_f)} \tag{8-229}$$

假设相对距离 $R(t_f)\to 0$，则 $p=3R(t)$，将其代入式(8－220)，得到

$$\left.\begin{aligned} u(t)&=-4.5\dot{R}(t)x(t)\\ v(t)&=1.5\dot{R}(t)x(t)\end{aligned}\right\} \tag{8-230}$$

通过上述分析可以看到，在完全信息模式下为了获得策略的解析解，假定 C_1、C_2 的参数形式，由此得到式(8－230)所示的策略对，即当目标以比例导引进行逃逸时，导弹的导引规律也是比例导引规律。

目标和导弹的对抗过程并非完全信息模式情形，而是具有多种不同信息的模式。同时，参数 C_1、C_2 的选择十分重要，选择不同会产生不同的策略对。

3. 多种信息模式下范数型微分对策导引规律

(1) 范数型微分对策追逃模型

以视线角速度为状态变量的系统模型为

$$\dot{q}=\frac{2\dot{R}}{R}q+\frac{1}{R}a_M^C+\frac{1}{R}a_T^C \tag{8-231}$$

式中：$a_M^C=V_M\dot{\theta}\cos\eta_M$ 为导弹控制加速度在视线垂直方向的分量；$a_T^C=V_T\dot{\theta}\cos\eta_T$ 为目标控制加速度在视线垂直方向的分量。这里考虑导弹加速度和目标加速度的一阶动态特性：

$$\left.\begin{aligned} \dot{a}_M&=(a_M^C-a_M)/\tau_M\\ \dot{a}_T&=(a_T^C-a_T)/\tau_T\end{aligned}\right\} \tag{8-232}$$

式中：τ_M、τ_T 分别为导弹和目标的延时时间常量。同时，考虑到导弹和目标过载加速度的限制，即

$$\left.\begin{aligned} a_M^C&\in[-a_M^{max},a_M^{max}]\\ a_M^C&\in[-a_T^{max},a_T^{max}]\end{aligned}\right\} \tag{8-233}$$

定义状态向量

$$\boldsymbol{X}=[\dot{q}\quad a_M\quad a_T]^T \tag{8-234}$$

状态向量微分方程可以表示为

$$\dot{X}=\boldsymbol{A}x+\boldsymbol{B}a_M^C+\boldsymbol{C}a_T^C \tag{8-235}$$

式中

$$\boldsymbol{A}=\begin{bmatrix} -2\dot{R}/R & -1/R & 1/R\\ 0 & 1/\tau_M & 0\\ 0 & 0 & 1/\tau_T\end{bmatrix} \tag{8-236}$$

$$\boldsymbol{B}=[0\quad 1/\tau_M\quad 0]^T \tag{8-237}$$

$$\boldsymbol{C}=[0\quad 0\quad 1/\tau_M]^T \tag{8-238}$$

设计导引规律的关键在于，如何通过导弹加速度 a_M^C 的控制使视线角速度趋近于零，以较好地实现准平行接近法导引规律。定义代价性能指标函数为

$$J=|\dot{q}(t_f)| \tag{8-239}$$

式(8－239)还可以写为

$$J=|\boldsymbol{MX}(t_f)|,\quad \boldsymbol{M}=[1\quad 0\quad 0] \tag{8-240}$$

(2) 目标机动信息实时可知情形

为求解上述方程所构成的微分对策问题,引入状态转移矩阵:

$$\boldsymbol{\Phi}(t_f,t)=\mathrm{e}^{\boldsymbol{A}(t_f-t)}=\mathrm{e}^{\boldsymbol{A}(t_g)}$$

$$=\begin{bmatrix} \mathrm{e}^{-2t_g\dot{R}/R} & \dfrac{\tau_M}{R-2\tau_M\dot{R}}\left(\mathrm{e}^{-t_g/\tau_M}-\mathrm{e}^{-2t_g\dot{R}/R}\right) & \dfrac{-\tau_T}{R-2\tau_T\dot{R}}\left(\mathrm{e}^{-t_g/\tau_T}\quad \mathrm{e}^{-2t_g\dot{R}/R}\right) \\ 0 & \mathrm{e}^{-t_g/\tau_M} & 0 \\ 0 & 0 & \mathrm{e}^{-t_g/\tau_T} \end{bmatrix} \tag{8-241}$$

定义当前零控视线角速度为

$$\boldsymbol{Z}(t)=\boldsymbol{M\Phi}(t_f,t)\boldsymbol{X}(t) \tag{8-242}$$

则将式(8-241)代入式(8-242),可得

$$\boldsymbol{Z}(t)=\dot{q}\times\mathrm{e}^{-2t_g\dot{R}/R}-\frac{a_M\tau_M}{R-2\tau_M\dot{R}}\left(\mathrm{e}^{-2t_g\dot{R}/R}-\mathrm{e}^{-t_g/\tau_M}\right)+\frac{a_T\tau_T}{R-2\tau_T\dot{R}}\left(\mathrm{e}^{-2t_g\dot{R}/R}-\mathrm{e}^{-t_g/\tau_T}\right) \tag{8-243}$$

式中:$t_g=t_f-t$。利用式(8-242)和式(8-243),则 $\boldsymbol{Z}(t)$满足下列微分方程:

$$\begin{aligned}\dot{\boldsymbol{Z}}(t)&=\boldsymbol{M\Phi B}a_M^C+\boldsymbol{M\Phi C}a_T^C\\&=\frac{a_M^C}{R-2\tau_M\dot{R}}\left(\mathrm{e}^{-2t_g\dot{R}/R}-\mathrm{e}^{-t_g/\tau_M}\right)+\frac{a_T^C}{R-2\tau_T\dot{R}}\left(\mathrm{e}^{-2t_g\dot{R}/R}-\mathrm{e}^{-t_g/\tau_T}\right)\end{aligned} \tag{8-244}$$

同时,性能指标函数式(8-240)变为

$$J=|\boldsymbol{Z}(t_f)| \tag{8-245}$$

采用极值原理求解最优控制策略,引入 Hamilton 函数

$$H=\lambda_z\left[\frac{a_M^C}{R-2\tau_M\dot{R}}\left(\mathrm{e}^{-2t_g\dot{R}/R}-\mathrm{e}^{-t_g/\tau_M}\right)+\frac{a_T^C}{R-2\tau_T\dot{R}}\left(\mathrm{e}^{-2t_g\dot{R}/R}-\mathrm{e}^{-t_g/\tau_T}\right)\right] \tag{8-246}$$

此时考虑到 $\dot{R}<0$,则

$$R-2\tau_M\dot{R}>0 \tag{8-247}$$

并且因为 $-2t_g\dot{R}/R>0,-t_g/\tau<0$,所以

$$\mathrm{e}^{-2t_g\dot{R}/R}-\mathrm{e}^{-t_g/\tau_i}>0\quad(i=\mathrm{T,M}) \tag{8-248}$$

由极值原理得

$$\left.\begin{aligned}\dot{a}_M&=a_M^{\max}\mathrm{sgn}(\lambda_z)\\ \dot{a}_T&=a_T^{\max}\mathrm{sgn}(\lambda_z)\end{aligned}\right\} \tag{8-249}$$

根据最优性条件,得到伴随变量 λ_z 满足:

$$\left.\begin{aligned}\dot{\lambda}&=-\frac{\partial H}{\partial z}=0\\ \lambda_z(t_f)&=\left.\frac{\partial J}{\partial z}\right|_{t_f}=\mathrm{sgn}(\boldsymbol{Z}(t_f))\end{aligned}\right\} \tag{8-250}$$

由式(8-250)可以看出 λ_z 为常量,则双方最优策略为

$$\left.\begin{aligned} a_{\mathrm{M}}^{\mathrm{C}*} &= \arg\max_{a_{\mathrm{T}}^{\mathrm{C}}} H = a_{\mathrm{T}}^{\max}\operatorname{sgn}(\boldsymbol{Z}(t_{\mathrm{f}})) \\ a_{\mathrm{T}}^{\mathrm{C}*} &= \arg\min_{a_{\mathrm{M}}^{\mathrm{C}}} H = a_{\mathrm{M}}^{\max}\operatorname{sgn}(\boldsymbol{Z}(t_{\mathrm{f}})) \end{aligned}\right\} \tag{8-251}$$

将式(8－251)代入式(8－244)可得到

$$\begin{aligned} \dot{\boldsymbol{Z}}(t) &= \boldsymbol{M\Phi B}a_{\mathrm{M}}^{\mathrm{C}} + \boldsymbol{M\Phi C}a_{\mathrm{T}}^{\mathrm{C}}\operatorname{sgn}(\boldsymbol{Z}(t_{\mathrm{f}})) \\ &= -\frac{(a_{\mathrm{M}}^{\max} - a_{\mathrm{T}}^{\max})\tau_{\mathrm{M}}}{R - 2\tau_{\mathrm{M}}\dot{R}}\left(\mathrm{e}^{-2t_g\dot{R}/R} - \mathrm{e}^{-t_g/\tau_{\mathrm{M}}}\right)\operatorname{sgn}(\boldsymbol{Z}(t_{\mathrm{f}})) \end{aligned} \tag{8-252}$$

由式(8－247)和式(8－248)以及 $a_{\mathrm{M}}^{\max} > a_{\mathrm{T}}^{\max}$ 可知

$$\frac{a_{\mathrm{M}}^{\max} - a_{\mathrm{T}}^{\max}}{R - 2\tau_{\mathrm{M}}\dot{R}}\left(\mathrm{e}^{-2t_g\dot{R}/R} - \mathrm{e}^{-t_g/\tau_{\mathrm{M}}}\right) = L > 0 \tag{8-253}$$

根据逆向积分

$$\begin{aligned} \boldsymbol{Z}(t) &= \boldsymbol{Z}(t_{\mathrm{f}}) - \int_t^{t_{\mathrm{f}}} \dot{\boldsymbol{Z}}(t)\,\mathrm{d}t \\ &= \boldsymbol{Z}(t_{\mathrm{f}}) - \int_t^{t_{\mathrm{f}}} [-L\operatorname{sgn}(\boldsymbol{Z}(t_{\mathrm{f}}))]\,\mathrm{d}t \\ &= \boldsymbol{Z}(t_{\mathrm{f}}) + \operatorname{sgn}(\boldsymbol{Z}(t_{\mathrm{f}}))\int_t^{t_{\mathrm{f}}} L\,\mathrm{d}t \end{aligned} \tag{8-254}$$

因为 $\int_t^{t_{\mathrm{f}}} L\,\mathrm{d}t > 0$，所以

$$\operatorname{sgn}(\boldsymbol{Z}(t)) = \operatorname{sgn}(\boldsymbol{Z}(t_{\mathrm{f}})) \tag{8-255}$$

由式(8－251)和式(8－255)可得实时可知情况下的导弹微分对策导引规律为

$$a_{\mathrm{M}}^{\mathrm{C}*} = a_{\mathrm{M}}^{\max}\operatorname{sgn}(\boldsymbol{Z}(t)) \tag{8-256}$$

式中：$\boldsymbol{Z}(t)$为式(8－243)的表达式。

(3) 目标机动信息时延可知情形

通常目标的机动信息具有时延性，即通过对速度信息的处理所得到的加速度信息具有时间上的延迟，假定目标的过载加速度的限制仍然满足式(8－233)要求，应用可达集得到如下结果。设加速度时延量为 Δt，则当前时刻所得目标加速度为

$$\tilde{a}_{\mathrm{T}}^{\mathrm{C}}(t) = a_{\mathrm{T}}^{\mathrm{C}}(t - \Delta t) \tag{8-257}$$

目标在当前时刻加速度 $a_{\mathrm{T}}^{\mathrm{C}}(t)$的可达集 S_1 表示为

$$a_{\mathrm{T}}^{\mathrm{C}}(t) \in S_1 \overset{\mathrm{def}}{=\!=\!=} [a_{\mathrm{T}}(t)_{r\min}, a_{\mathrm{T}}(t)_{r\max}] \tag{8-258}$$

式中：

$$\begin{aligned} a_{\mathrm{T}}(t)_{r\min} &= \tilde{a}_{\mathrm{T}}^{\mathrm{C}}(t)\mathrm{e}^{-\Delta t/\tau_{\mathrm{T}}} - a_{\mathrm{T}\max}^{\mathrm{C}}(1 - \mathrm{e}^{-\Delta t/\tau_{\mathrm{T}}}) \\ a_{\mathrm{T}}(t)_{r\max} &= \tilde{a}_{\mathrm{T}}^{\mathrm{C}}(t)\mathrm{e}^{-\Delta t/\tau_{\mathrm{T}}} + a_{\mathrm{T}\max}^{\mathrm{C}}(1 - \mathrm{e}^{-\Delta t/\tau_{\mathrm{T}}}) \end{aligned} \tag{8-259}$$

根据弹上红外成像寻的传感器原理，利用目标机动和视线角变化的关系，能够实时对当前加速度的符号值 $\operatorname{sgn}(a_{\mathrm{T}}(t))$进行判断，定义集合

$$S_2 \overset{\mathrm{def}}{=\!=\!=} \begin{cases} [0, \infty) & \operatorname{sgn}(a_{\mathrm{T}}(t)) \geqslant 0 \\ (-\infty, 0] & \operatorname{sgn}(a_{\mathrm{T}}(t)) < 0 \end{cases} \tag{8-260}$$

结合式(8-258)和式(8-260),则当前目标加速度的可达集 S 为

$$S=S_1\cap S_2 \tag{8-261}$$

用可达集 S 的中心值 $a_{\mathrm{T}}(t)_{\text{center}}$ 作为当前目标加速度的有效值 $a_{\mathrm{T}}^{d}(t)$,即

$$a_{\mathrm{T}}^{d}(t)=a_{\mathrm{T}}(t)_{\text{center}}=\begin{cases}a_{\mathrm{T}}^{\sim C}(t)\mathrm{e}^{-\Delta t/\tau_{\mathrm{T}}} & a_{\mathrm{T}}(t)_{r\min}=a_{\mathrm{T}}(t)_{r\max}\\ \dfrac{1}{2}\left[a_{\mathrm{T}}^{\sim C}(t)\mathrm{e}^{-\Delta t/\tau_{\mathrm{T}}}+a_{\mathrm{T}}^{\max}\operatorname{sgn}(a_{\mathrm{T}}(t))\right] & a_{\mathrm{T}}(t)_{r\min}\neq a_{\mathrm{T}}(t)_{r\max}\end{cases} \tag{8-262}$$

将式(8-262)代替式(8-243)中的 a_{T},得到此情况下的当前零控视线角速度

$$Z^{D}=\omega\times\mathrm{e}^{-2t_g\dot{R}/R}-\frac{a_{\mathrm{M}}\tau_{\mathrm{M}}}{R-2\tau_{\mathrm{M}}\dot{R}}\left(\mathrm{e}^{-2t_g\dot{R}/R}-\mathrm{e}^{-t_g/\tau_{\mathrm{M}}}\right)+\frac{a_{\mathrm{T}}^{d}\tau_{\mathrm{T}}}{R-2\tau_{\mathrm{T}}\dot{R}}\left(\mathrm{e}^{-2t_g\dot{R}/R}-\mathrm{e}^{-t_g/\tau_{\mathrm{T}}}\right) \tag{8-263}$$

由此可得到相应的导弹导引规律:

$$a_{\mathrm{M}}^{\mathrm{C}}=a_{\mathrm{M}}^{\max}\operatorname{sgn}(Z^{D}) \tag{8-264}$$

(4) 目标机动信息未知情形

实际情况中目标的加速度信息无法获取,目标的机动策略在 $a_{\mathrm{T}}^{\mathrm{C}}(t)\in S_1\overset{\text{def}}{=\!=}[-a_{\mathrm{T}}^{\max},a_{\mathrm{T}}^{\max}]$ 区间内是任意的。在此不确定情况下,用中心值 $a_{\mathrm{T}}(t)_{\text{center}}$ 作为当前目标加速度的有效值 $a_{\mathrm{T}}^{N}(t)$,即 $a_{\mathrm{T}}^{N}(t)=0$。

将 $a_{\mathrm{T}}^{N}(t)=0$ 代替式(8-243)中的 a_{T},得到此情况下的预测视线角速度 Z^{N},即

$$Z^{N}(t)=\omega\times\mathrm{e}^{-2t_g\dot{R}/R}-\frac{a_{\mathrm{M}}\tau_{\mathrm{M}}}{R-2\tau_{\mathrm{M}}\dot{R}}\left(\mathrm{e}^{-2t_g\dot{R}/R}-\mathrm{e}^{-t_g/\tau_{\mathrm{M}}}\right) \tag{8-265}$$

由此可以得到相应的导弹导引规律:

$$a_{\mathrm{M}}^{\mathrm{C}}=a_{\mathrm{M}}^{\max}\operatorname{sgn}(Z^{N}) \tag{8-266}$$

三种导引规律如式(8-256)、式(8-264)和式(8-266)表示,为了削弱抖动,用一个连续函数 $x/(|x|+\delta)$ 代替上述的符号函数 sgn,其中 δ 为一个小正实数,则上述三种导引规律表达式为

$$a_{\mathrm{M}}^{\mathrm{C}}=a_{\mathrm{M}}^{\max}Z/(|Z|+\delta) \tag{8-267}$$

$$a_{\mathrm{M}}^{\mathrm{C}}=a_{\mathrm{M}}^{\max}Z^{D}/(|Z^{D}|+\delta) \tag{8-268}$$

$$a_{\mathrm{M}}^{\mathrm{C}}=a_{\mathrm{M}}^{\max}Z^{N}/(|Z^{N}|+\delta) \tag{8-269}$$

(5) 仿真研究

【仿真一】三种信息模式下制导律的比较。

首先分别对导弹及目标进行建模,目标机动策略为

$$a_{\mathrm{T}}^{\mathrm{C}}=a_{\mathrm{T}}^{\max}\sin(0.6t) \tag{8-270}$$

导弹初始视线角速度为零,仿真步长 0.01 s,$\delta=0.003$,剩余时间按照 $t_g=R/\dot{R}$ 进行估计。通常情况下战术导弹、智能巡航导弹和无人机等强机动目标自身过载较大,在此假设其机动过载最大值为 $a_{\mathrm{T}}^{\max}=12g$,弹目初始距离 $R_0=5\ 000$ m,初始视线角 $q_0=0.921$;导弹平均速度 $V_{\mathrm{M}}=700$ m/s,目标平均速度 $V_{\mathrm{T}}=300$ m/s,导弹初始航向角 $\theta_{\mathrm{M}}=0°$,目标初始航向角 $\theta_{\mathrm{T}}=45°$,导弹及目标的响应时间分别为 $\tau_{\mathrm{M}}=0.3$ s 和 $\tau_{\mathrm{T}}=0.2$ s。分别使用 DGL1、DGL2、DGL3 代表上述三种制导律。图 8.21 为目标及导弹的运动轨迹。

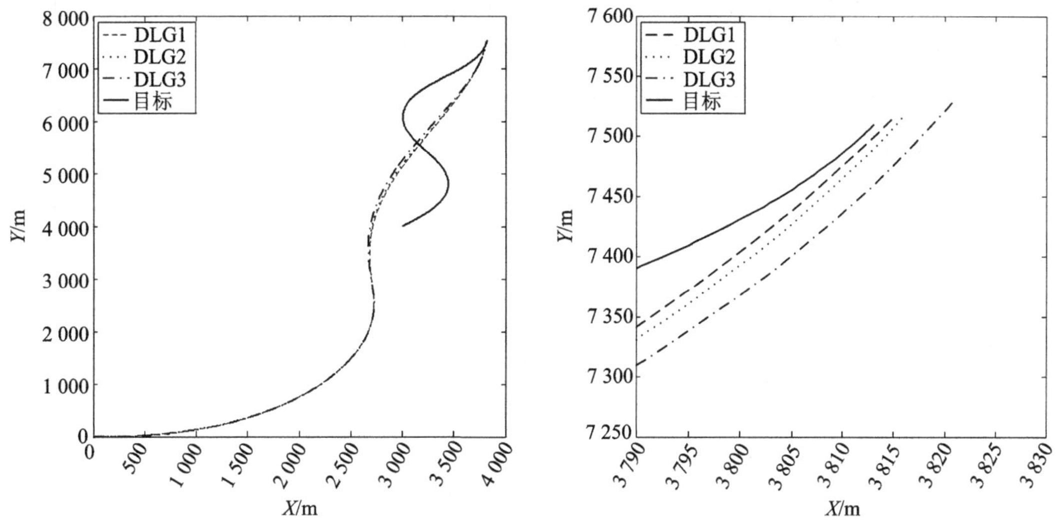

(a) 制导过程弹目轨迹　　(b) 末段弹道状态

图 8.21　三种制导律下目标及导弹运动轨迹

从图 8.21 可以看出，在制导过程初始段，三种制导律下导弹的轨迹没有明显差别，随着弹目距离的不断减小，不同信息模式的弹道差别逐渐显现。具有目标实时加速的信息的制导律 DGL1 的弹道相对平滑，其余二者弹道略微弯曲且十分接近。终止时刻弹目距离如图 8.21(b)所示。从信息优势来看，DGL3 的信息优势最差，但其最终脱靶量与具有最强信息优势的 DGL1 相差不是很大，从这点可以看出 DGL3 更具有一般的鲁棒性。

【仿真二】与其他制导律的比较。

使用 DGL3 与比例制导律 $u=3\dot{R}\omega$（用 OGL 代表）以及另一种扩展比例制导律 $u=-3\omega V_{\mathrm{m}}+200\omega/(\omega+0.01)$ 进行仿真对比。初始参数设置如仿真一。图 8.22 为制导过程的导弹及目标轨迹。图 8.23 为三种制导律的过载变化曲线。

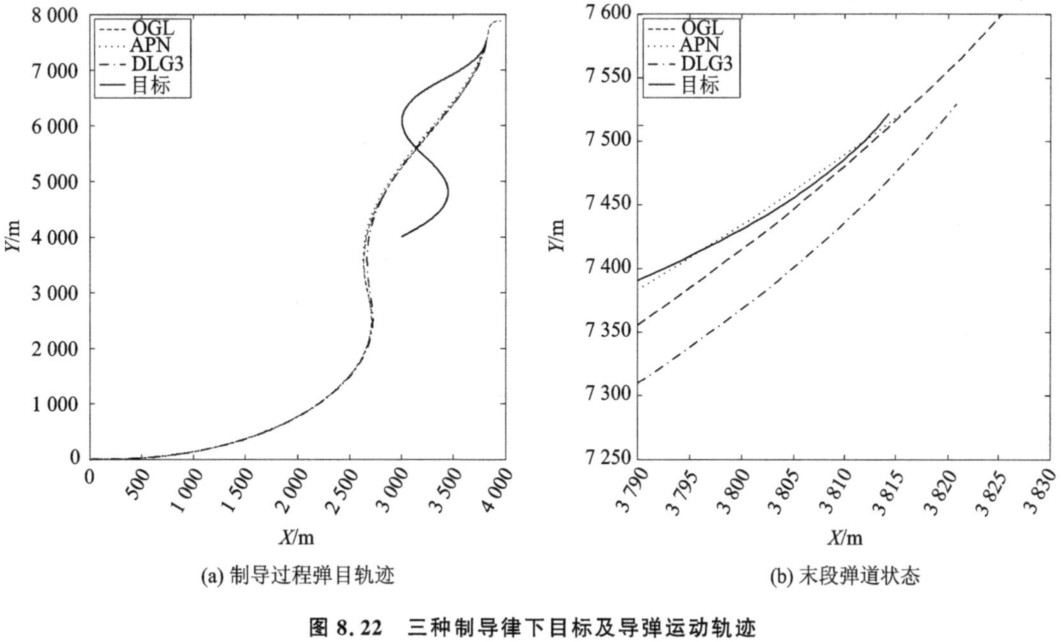

(a) 制导过程弹目轨迹　　(b) 末段弹道状态

图 8.22　三种制导律下目标及导弹运动轨迹

从图 8.23 可以看出，DGL3 制导律付出过载小于其他两种制导律，并且末段变化相对平缓，相比之下其过载特性优于其他两种制导律（OGL 及 APN）。

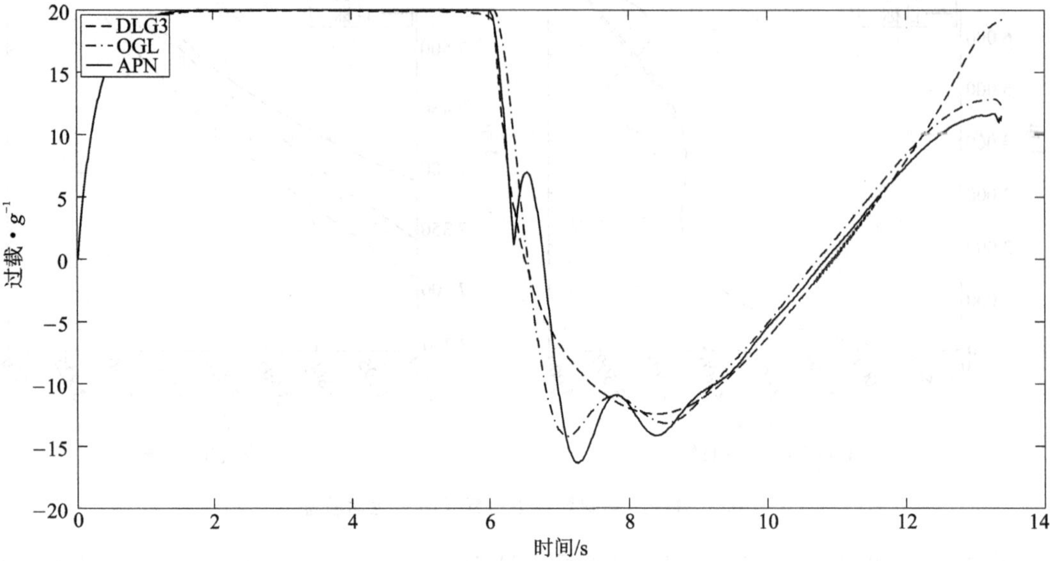

图 8.23　三种制导律下过载变化曲线

思考题

1. 试述导引规律的概念及主要设计要求。

2. 试述三点法导引规律的主要特点。

3. 分析速度前置导引规律与方位前置导引规律的原理及实现方法，以及两者之间的主要差别。

4. 试述比例导引规律的原理，工程实现方法及与纯追踪法、平行接近法和速度前置导引法之间的异同点。

第 9 章　战术导弹制导系统分析与设计

9.1　概　述

9.1.1　制导系统的组成及功能

导弹制导回路(系统)以导弹为控制对象,包括导引系统和稳定控制系统两部分。制导系统的任务是导引和控制导弹沿着预定的弹道,用尽可能高的精度接近目标,在良好的引战配合下,以要求的杀伤概率摧毁目标。

在导弹发射后的飞行过程中,制导系统将不断地测量导弹的实际运动与理想运动之间的偏差,据此偏差的大小和方向形成控制指令。在此指令作用下,通过稳定控制系统控制导弹改变运动状态以消除偏差。同时还随时克服各种干扰因素的影响,使导弹始终保持所需要的运动姿态和轨迹。一般将姿态稳定控制系统称为稳定控制回路或"小回路",而把轨迹导引系统称为制导回路或"大回路"。

制导回路是决定导弹命中精度的最重要的环节之一,一般由探测(测量)装置、导引指令形成装置组成。图 9.1 给出了导弹的典型制导系统组成框图。

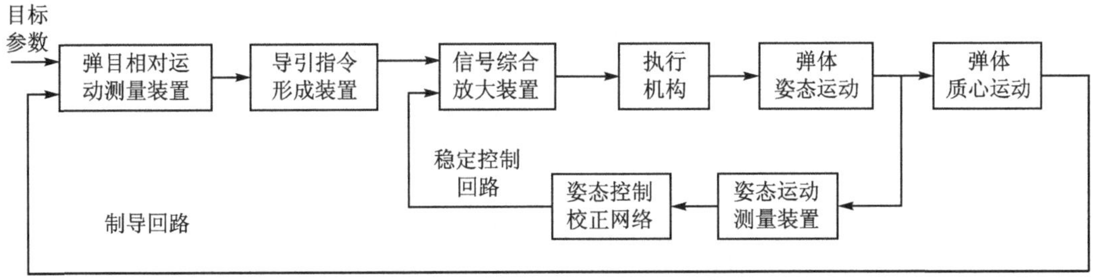

图 9.1　典型制导系统组成框图

9.1.2　制导系统设计的基本要求

导弹战术技术指标和要求是制导系统方案论证和技术设计的主要依据,对制导系统特别是导引系统设计有明显影响的战术技术指标主要有:目标特性、发射环境、导弹特性、杀伤概率、工作环境、使用特性、质量和体积、可靠性及成本等,其中最重要的是杀伤概率要求。鉴于制导系统设计的根本任务是保证尽可能高的制导精度,为此对其设计提出下列基本要求:

① 满足制导精度要求。因为武器杀伤概率直接取决于制导精度,所以制导系统设计必须首先满足制导精度要求。制导系统的制导精度通常用导弹的脱靶量表示。所谓脱靶量是指导弹在制导过程中与目标间的最短距离。脱靶量允许值主要用于确定杀伤概率、战斗部重量和性质、目标类型及其防御能力。从误差角度讲,造成脱靶量的误差源主要是动态误差、起伏误差和仪器误差。为了满足制导精度要求,必须在设计中正确选择制导方式和引导规律,保证回

路具有良好的静、动态特性，合理分配设备精度，采用有效补偿规律和抗干扰措施等。

② 探测范围大，跟踪性能好。

③ 对目标和目标群辨识能力强。在分辨两个目标情况下，一般要求 $\Delta x \leqslant (1\sim2)\sigma_{st}$。此处，$\Delta x$ 为目标间最小距离；σ_{st} 为标准误差。

④ 发射区域和攻击方位宽，作战空域大。这是通过制导系统设计达到导弹作战中采用灵活战术的重要保证。

⑤ 作战反应时间必须尽量短。作战反应时间是指从发现目标起到第一枚导弹起飞为止的时间间隔。通常，它主要取决于指控系统、通信系统和制导系统的性能。而对于攻击活动目标的战术导弹，将主要由制导系统决定。从这种意义上讲，制导系统的作战反应时间是指该系统进行目标跟踪、捕获目标、计算发射数据和发射导弹等操作所需要的时间。

⑥ 尽可能结构简单，减少设备体积和质量，并降低系统研制费用，做到低成本。

⑦ 可靠性高，检测性和维修性好。

9.1.3　制导体制的选择与分析

现代导弹制导系统种类繁多，可按照工作原理、指令传输方式、所用能源及飞行弹道的不同进行分类（见图 9.2）。导弹制导系统设计过程中，需针对的战场环境和作战需求的差异，选择不同的制导体制。

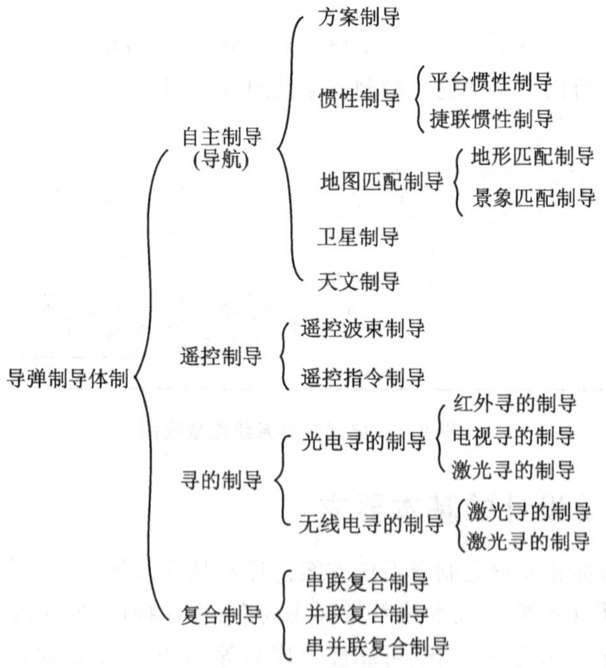

图 9.2　制导体制分类图

制导体制分析与选择是制导系统设计的关键和首要任务。它主要取决于对前述各种制导体制的对比分析和导弹武器系统对制导回路的基本要求，以及系统本身的限制条件等。

1. 拦截距离

拦截距离是决定采用单一制导体制或复合制导体制的主要依据。一般情况下，当单一制导体制的距离和制导精度能够满足系统的最大拦截距离和战斗部威力半径等主要指标要求时，为避免复合制导体制给系统带来复杂性及造价提高，应尽量采用单一制导体制。这时可供选择的单一制导体制有：全程指令制导（微波、毫米波及光学脉冲）、全程半主动寻的制导（微波、毫米波及激光）、全程主动寻的制导（微波、毫米波及激光）及全程被动寻的制导（微波、毫米波、红外、紫外等）。但当导弹武器系统要求的最大拦截距离较远且制导精度很高，而单一制导体制难以满足时，应该考虑采用复合制导体制。这时可供选择的复合制导体制有：程序制导＋寻的制导（主动、半主动和被动），程序制导＋指令制导，程序制导＋指令制导＋寻的制导，程序制导＋捷联惯导/低速指令修正＋寻的制导，全球定位卫星导航系统（GPS、北斗）＋寻的复合制导等。究竟采用哪种复合制导体制将根据具体情况而定。

2. 制导精度

从满足制导精度要求出发，对于自主式制导体制，由于无法实时测知目标和导弹的位置关系，因而不能对付机动目标或预知未来航迹的活动目标，只能作为导弹飞行引导段的制导体制，完成将导弹引入预定弹道的任务。

对于遥控指令制导体制，通常采用三点法、前置点法导引。理论分析表明，这些导引方法的导引误差随着导弹斜距的增加而加大，会造成制导精度随之下降。因此对于中近程战术导弹，可以采用全程指令制导体制，而对于远程战术导弹必须采用复合制导体制。通常，初制导采用程序制导，中制导采用"捷联惯导＋低速指令修正"，或采用（GPS、北斗）系统中制导体制。末制导目前已广泛采用寻的制导或多模寻的制导体制。对于寻的制导，由于弹上探测制导设备能直接测得弹目的视线角速度，故通常采用比例导引方法。

3. 拦截多目标能力

理论上讲，寻的制导体制具有拦截多目标不受限制的能力。但实际上，系统拦截多目标的能力将主要受到制导站最大精确跟踪目标数目的限制。多功能相控阵雷达的出现，使导弹拦截多目标的能力提高到几十至上百个目标。因为这种雷达除了集成目标的搜索、监视、跟踪和导弹制导外，还可以承担半主动寻的制导体制中的照射器照射目标，以及指令制导体制中跟踪测量导弹并向导弹发送指令信息的任务。

4. 抗干扰能力

对于自主式制导体制，由于不受电磁干扰的影响，因此被广泛用作导弹引入段和中制导段的制导体制。对于寻的制导体制采用的欺骗式干扰，可设置导引头和制导雷达工作在不同波段，以跟踪干扰源等方式提高抗干扰能力，实现对干扰源目标的拦截。对于主动、半主动和指令制导体制，由于导弹本身、照射装置和指令发送与接收装置，均有电磁波辐射而易受到对方干扰，所以很难对施放干扰的目标实施有效拦截。应该说，在各种制导体制中，除自主式制导体制外，其他在抗干扰能力上都不会令人满意。为此，有必要采用复合制导，特别是多模制导体制，以充分发挥各自在抗干扰方面的优势，实现在多种干扰条件下系统仍有效作战。

5. 反隐身能力

随着现代战争环境的不断变化，特别是目标雷达散射面积的显著减小，对导弹制导系统设计提出了严峻挑战。基于制导体制选择考虑反隐身能力成为令人注目的问题。从这一点出发，希望采用双基地系统下的半主动寻的制导体制，因为这种体制可以形成大双基地角照射。这时，目标前向散射截面积较大，能保证获得较大的截获距离，从而提高对隐身目标的探测跟踪能力。同时可采用微波、毫米波、电视、红外等各种跟踪制导方式，形成双波段或双色制导体制，作为借助多模探测跟踪手段提高系统的反隐身能力。应该指出，对于主动寻的制导体制，由于种种限制，目前不具有良好的反隐身能力。除此之外，对制导体制的选择还将受到系统机动能力、导弹成本、可实现性及可靠性等因素的影响，设计中应予以不同程度的考虑。

总之，制导体制的选择是一项综合性很强的系统工程问题，应抓住制导精度、拦截距离等主要矛盾，全面考虑和分析众多制约因素，权衡利弊，最终做出优化选择。

9.2　遥控制导系统分析与设计

遥控制导是由弹外制导站向导弹发出引导信息的制导系统。遥控制导包括波束制导和遥控指令制导，它们多用于地空导弹、空空导弹和空对地导弹，一些战术巡航导弹亦采用遥控指令制导来修正其航向。本节内容主要涉及遥控指令系统和波束制导系统的分析与设计。

遥控指令制导系统是一个闭合回路，其导引指令是由制导站根据测量得到的导弹、目标位置和运动参数综合形成的。波束制导中，波束指向只给出导弹的方位信息，而导引指令则由在波束中飞行的导弹感受其弹体偏离波束中心的大小与方向而形成的。

9.2.1　遥控制导系统的组成及工作原理

遥控制导系统按照从空间获取的信息不同，可有遥控雷达指令制导系统、遥控电视指令制导系统、雷达波束制导系统、激光波束制导系统等。图 9.3 所示为遥控指令制导系统原理图。

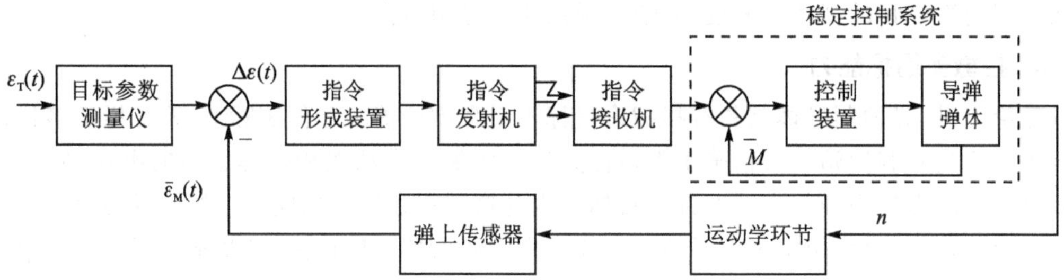

图 9.3　遥控指令制导系统原理图

由图 9.3 可知，系统由地面(或机载)制导站和弹上制导控制设备组成，主要包括目标参数测量装置(或导引头)、导弹参数测量装置、指令形成装置、指令发射/接收机、稳定控制系统和弹体等。

地面(或机载)制导站的目标和导弹探测雷达(或电视导引头等)测出目标和导弹的位置及运动参数，送入指令形成装置，指令形成装置按照选定的制导规律形成控制指令，然后由地面(或机载)指令发射机并经无线通道传输，由弹上应答系统中的接收机接收，再经译码器译码处理形成相应的控制信号，送入稳定控制系统控制导弹沿着既定的弹道飞行，直至命中目标。

具体地讲，遥控制导系统的工作大体分为如下几个阶段：目标发现、分类和识别，目标选择和分配，目标跟踪与坐标测量，导弹宽波束截获和预制导，导弹制导与目标遭遇。

目标发现、分类和识别以及目标选择和分配，通常由目标搜索和指控系统来完成。这里包括信息收集系统、数控处理系统及敌我识别器等。系统在探测到目标后，进行敌我识别、威胁程度判断和火力分配；然后向制导跟踪系统发送指定的目标数据，同时监视跟踪制导系统的工作状态。

目标与导弹坐标测量主要测出目标的距离、方位角和仰角(高低角)，由测量系统来完成。

测量系统可能是光学的、雷达的或两者结合的。其中，相控阵雷达是一种先进的探测设备被越来越广泛应用。应该指出，电视、红外跟踪器等光学跟踪测量系统往往也用于制导跟踪设备，同时可作为雷达测量的辅助手段。

导弹截获和预制导设备工作于宽视场，用来截获导弹。当导弹引入雷达(或激光等)波束后，雷达(或激光探测器等)捕获导弹应答信号，转入雷达(或激光)制导，通过导弹控制信号修正导弹飞行航线，直至命中目标。

9.2.2 目标搜索、跟踪与坐标测量

如上所述，目前主要采用电子扫描和光学搜索方法，相应的工具为微波雷达与光学搜索探测设备，且后者大多作为前者的辅助手段。

对于目标搜索探测系统，其设计主要考虑如下方面：

① 探测空域(指方位/仰角的搜索范围、最大/最小作用距离、发现概率、虚警概率等)；

② 典型目标(指对付的目标类型、目标特性等)；

③ 多目标探测能力(指同时探测目标数、自动跟踪目标数等)；

④ 分辨力(指对距离、角度和速度的分辨力)；

⑤ 目标速度范围(指最大/最小可探测速度)；

⑥ 敌我识别能力及抗干扰能力；

⑦ 机动性要求；

⑧ 数据率。

目标跟踪与坐标测量由雷达或(和)光学跟踪设备完成。以雷达跟踪测量坐标为例，其坐标测量参数主要是弹目距离、方位角、仰角及径向速度。为获得较高的坐标精度，通常采用相对偏差值。这样，在相对坐标下，相对偏差为

$$\left.\begin{aligned}\Delta R &= R_T - R_M \\ \Delta\varepsilon_{T\text{-}M} &= \varepsilon_T - \varepsilon_M = \Delta\varepsilon_T - \Delta\varepsilon_M \\ \Delta\beta_{T\text{-}M} &= \beta_T - \beta_M = \Delta\beta_T - \Delta\beta_M\end{aligned}\right\} \tag{9-1}$$

式中：下标为 T 的变量为目标相对惯性坐标系的值；下标为 M 的变量为导弹相对惯性坐标系的值；下标为 T－M 的变量分别为目标、导弹相对于雷达波束中心的偏差值。

9.2.3 导弹截获和预制导

所谓导弹截获是指导弹发射后，回波信号或应答信号为地面(或机载)导弹跟踪设备捕获并转入稳定跟踪。导弹截获分为角度截获、距离截获和多普勒(即径向速度)截获。影响导弹角度截获的因素很多，但主要是导弹的射入散布、截获波束宽度(或光学视场大小、角跟踪系统反应能力和导弹控制特性等)。影响导弹距离截获的主要因素有导弹入射段速度、加速度，距离波门宽度，搜索方式和速度，距离跟踪回路特性等。影响径向速度截获的因素是速度门的宽度、速度门的预置精度、速度门的搜索范围、搜索速度、多普勒频率跟踪特性及地杂波干扰等。

常用导弹角截获方式有以下几种：制导雷达宽波束截获，然后转入窄波束跟踪(一般的宽波束为 20°×20°，窄波束为 2°×2°)；光学宽波束视场截获，然后转入窄波束雷达跟踪(一般的宽视场为 10°×10°，窄视场为 1°×1°)；宽波束机电扫描；窄波束电扫描。导弹距离截获方式亦有多种，典型的截获方式是等待波门方式和波门运动方式。

应该指出，采用上述哪种截获方式与导弹的战术技术性能有关，特别是杀伤区近界、远界

及快速性等。这些在制导系统设计中应该认真考虑。从制导系统设计角度讲，对导弹截获提出如下主要要求：高的截获概率，该概率近似为1；短截获时间，一般小于2 s；防止误截获。为此，一般在跟踪测量系统中采取某些特殊措施，同时在选择距离波门宽度时充分兼顾导弹应答信号的可靠截获与干扰可能引起的误截获。

9.2.4 遥控指令形成及指令形成装置

遥控指令形成与所采用的导引方法有密切关系。三点法是最简单的遥控导引方法。这时，制导高低角线性误差为

$$h_\varepsilon = R(t)(\varepsilon_M - \varepsilon_T) \tag{9-2}$$

式中：$R(t)$为预先给定的时间函数，与制导站至导弹的距离 r 近似对应。

在前置角制导时，制导线性误差为

$$h_\varepsilon = R(t)(\varepsilon_M - \varepsilon_T + \Delta\varepsilon_q) \tag{9-3}$$

式中：$\Delta\varepsilon_q$ 为前置角。同理，可形成方位角线性误差 h_β。

仅仅依靠制导误差信号 h_ε、h_β 形成控制指令是不够的。为了改善制导系统的动力学特性，提高系统的稳定裕度，还必须考虑调节指令和补偿指令。较早的方法是在指令形成装置中设置：串联微分校正网络$(T_1s+1)/(T_2s+1)$，其中 $T_1 > T_2$；串联积分校正网络$(T_3s+1)/(T_4s+1)$，其中 $T_3 < T_4$。同时还应设有几个限幅器。这时，在不考虑限幅器的情况下，指令形成装置可看作线性的，其传递函数为

$$G_k(s) = \frac{u_k(s)}{h_\varepsilon(s)} = K_k \frac{(T_1s+1)(T_3s+1)}{(T_4s+1)(T_2s+1)} \tag{9-4}$$

式中：K_k 为指令形成装置的放大系数。

9.2.5 无线电遥控装置及其动力学特性

在遥控制导系统中，为了确定目标与导弹的坐标、传输控制指令，常采用无线电遥控装置，并将该装置引入制导回路。无线电遥控装置一般包括地面（或机载）站，弹上相应的发射机、接收机、编码器、译码器等。其动力学特性可利用传递函数精确描述，即

$$G(s) = \frac{K e^{-\tau s}}{Ts+1} \tag{9-5}$$

还有一种方法是在制导误差信号中引入一阶误差的导数，制导指令可表示为

$$U_c = K_c(h + T_h) \tag{9-6}$$

实现式(9-6)的指令形成装置结构图如图9.4所示。

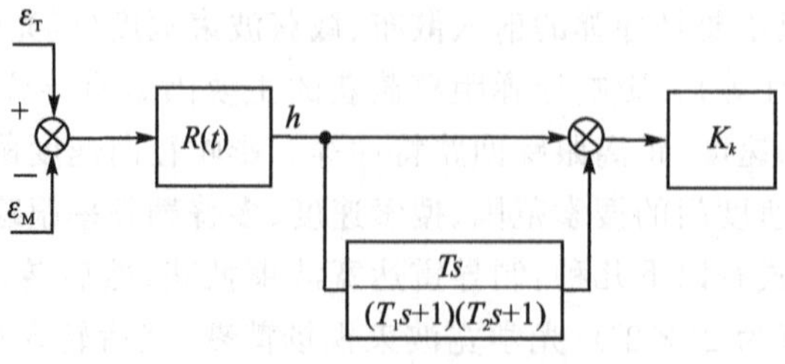

图9.4　实现式(9-6)的指令形成装置结构图

9.2.6　遥控制导系统设计

1. 制导回路组成

导弹与地面站构成的闭合控制回路为制导回路，地空导弹指令制导系统原理如图 9.3 所示。从图中可看出，指令制导系统的作用就是使导弹的高低角 ε_M 不断地跟随目标的高低角 ε_T 变化。

根据图 9.3 和此前给出的各部分的传递函数，以及自动驾驶仪的传递函数，可得指令制导系统闭合回路的方框图，如图 9.5 所示。

从图 9.5 可以看出系统的输入是目标的高低角 ε_T，输出是导弹的高低角 ε_M。目标是在运动的，一般防空导弹都是迎面攻击目标，因此 ε_T 是不断增大的，所以要求导弹的高低角 ε_M 也不断增大，就是说，要求导弹在任何时刻都处于目标线上。当导弹偏离目标线之后，雷达测角系统测出角差 $\Delta\varepsilon=\varepsilon_T-\varepsilon_M$，根据 $\Delta\varepsilon$ 的大小和方向形成控制信号操纵导弹飞行。

通过结构图变换得到输入为弧长 S_T、输出为弧长 S_M 和线偏差 h_ε 的指令制导系统方框图，如图 9.6 所示。在导弹与目标遭遇时刻，h_ε 就表示导弹偏离目标的距离，即表示脱靶量。

从图 9.5 和图 9.6 可知，整个弹上回路的传递函数可用下式来表示：

$$\Phi_n(s)=\frac{K_{uk}^{n}(T_{j2}s+1)(T_{j3}s+1)}{As^4+Bs^3+Cs^2+Ds+1} \tag{9-7}$$

式中

$$\left.\begin{aligned}
K_{uk}^{n}&=\frac{K_{XF}K_d^*\dfrac{v_M}{57.3g}}{1+K_{XF}K_d^*K_{XJ}K_{Ju}\dfrac{v_M}{57.3g}}\\
A&=\frac{T_d^{*2}T_{j2}T_{j3}}{1+K_{XF}K_d^*K_{XJ}K_{Ju}\dfrac{v_M}{57.3g}}\\
B&=\frac{2T_d^*\xi_d^*T_{j2}T_{j3}+T_d^{*2}(T_{j2}+T_{j3})}{1+K_{XF}K_d^*K_{XJ}K_{Ju}\dfrac{v_M}{57.3g}}\\
C&=\frac{T_{j2}T_{j3}+2T_d^*\xi_d^*(T_{j2}+T_{j3})+T_d^{*2}}{1+K_{XF}K_d^*K_{XJ}K_{Ju}\dfrac{v_M}{57.3g}}\\
D&=\frac{T_{j2}+T_{j3}+2T_d^*\xi_d^*+K_{XF}K_d^*K_{XJ}K_{Ju}\dfrac{v_M}{57.3g}T_{j1}}{1+K_{XF}K_d^*K_{XJ}K_{Ju}\dfrac{v_M}{57.3g}}
\end{aligned}\right\} \tag{9-8}$$

式中：下标 n 表示过载，d 表示弹体，uk 表示控制电压，XF 表示限幅，XJ 表示线性加速度计，Ju 表示积分网络，j 表示校正网络；上标 * 表示等效弹体。

如果用式(9-7)来代替图 9.5 中的自动驾驶仪部分，则可得简化后的制导回路方框图如图 9.7 所示。

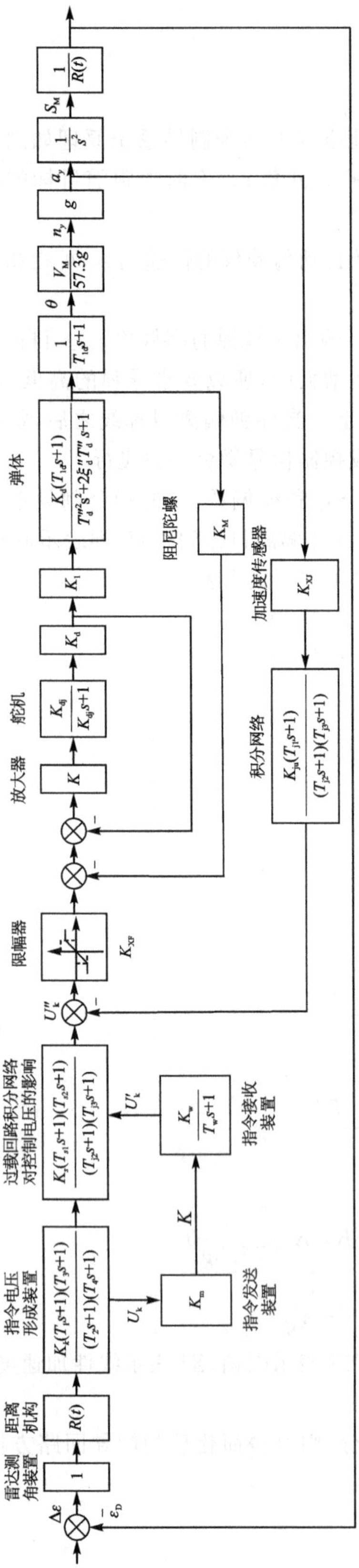

图9.5　指令制导系统闭合回路方框图

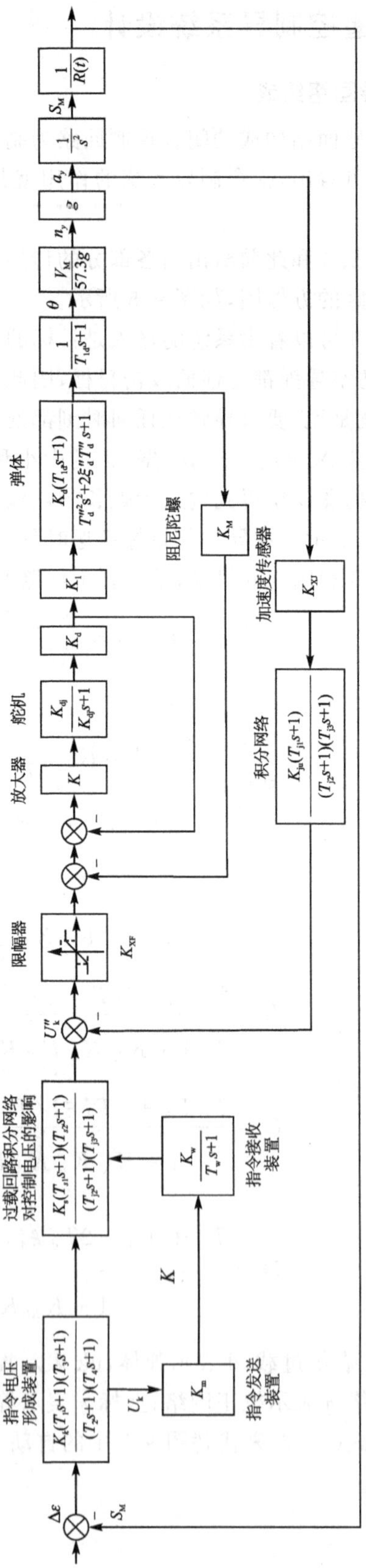

图9.6　以弧长S_T为输入、S_M为输出的指令制导系统闭合回路方框图

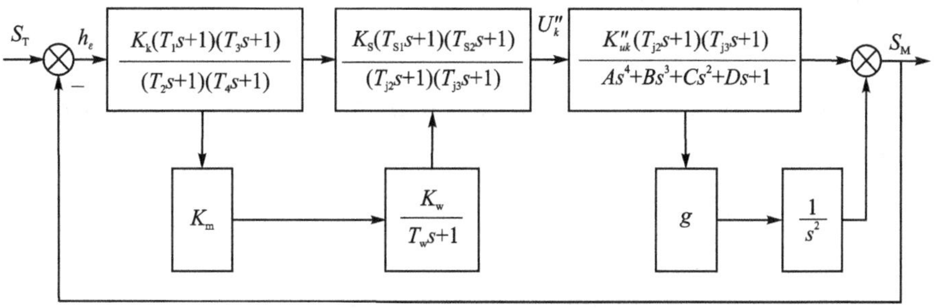

图 9.7　简化后制导回路方框图

因为 K^{n}_{uk} 和 A、B、C、D 等系数都是随着导弹的飞行高度和飞行速度而变的，所以制导系统是变系数系统，这样的复杂系统需要用计算机仿真求解。在进行初步分析和设计的时候，也可以通过经典控制理论的方法确定各种制导控制回路的形式和基本参数。

2. 对制导回路的基本要求

制导回路的作用是把导弹准确地引向目标。对于防空导弹来说，在导弹与目标遭遇时刻，要求偏离不大于 r_t。为了达到这一目的，对指令制导系统的稳定性、过渡过程时间、超调量和导引精度都是有一定的要求。这些要求是根据导弹战斗部的性能、导弹的战斗使用范围和地面引导雷达的参数来确定的。反过来，制导回路的性能指标也影响到导弹的战斗使用范围。根据导弹的战斗使用范围，可确定制导回路的基本指标。

导弹攻击活动目标时经常提到杀伤区问题，也就是战斗使用范围问题。所谓杀伤区，是指在此区域内可以保证导弹以较高的概率杀伤目标。杀伤概率与战斗特性、目标尺寸和结构、导弹与目标的接近条件、导弹的机动能力、控制系统的精度和可靠性等因素有关。

遥控制导导弹的空间杀伤区较为复杂。为了研究方便，将空间杀伤区分成垂直平面杀伤区和水平平面杀伤区。下面主要介绍垂直平面杀伤区，从中可以看出制导回路性能指标与杀伤区的关系。

垂直平面杀伤区的图形如图 9.8 所示。图中 O 表示地面雷达站和导弹发射点。从图中可以看出垂直平面杀伤区受以下几个参数的限制。

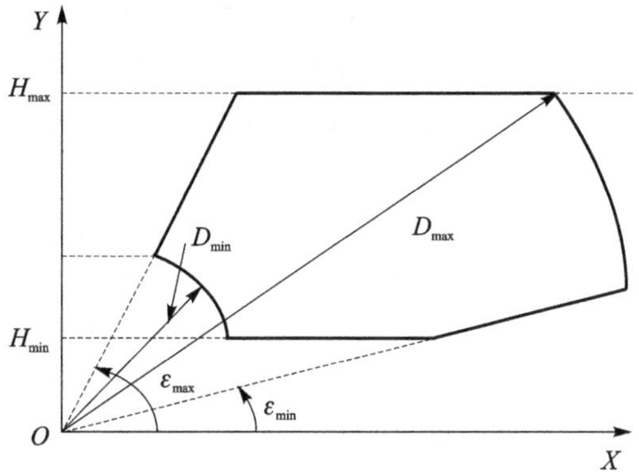

图 9.8　遥控制导导弹的垂直平面杀伤区

(1) 最大可能倾斜距离(远界距离)D_{max}

D_{max} 取决于导弹发动机的特性与主动段的工作时间、弹道特性和制导系统的导引精度等因素。导引精度对 D_{max} 的影响很大。

(2) 最小可能倾斜距离(近界距离)D_{min}

在高度 H_1 以下时,近界距离 D_{min} 往往为一常数,它取决于引入段的飞行时间,导弹的飞行过程可分为三个阶段,如图 9.9 所示。

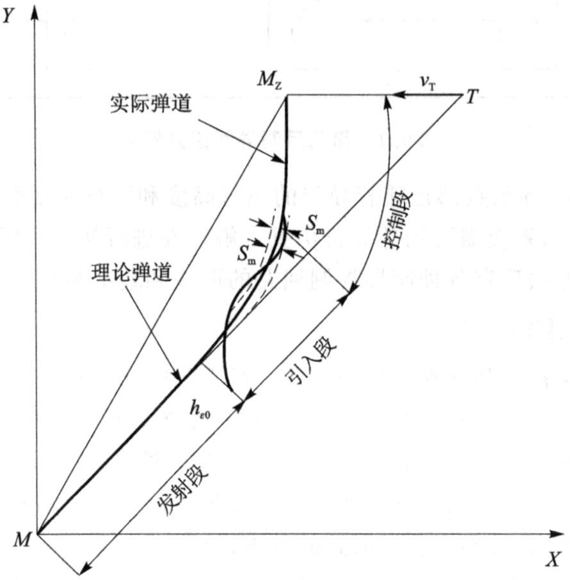

图 9.9　导弹飞行过程图

对某型防空导弹来说,从 $0\sim t_0$ 是没有控制的,这一段称为发射段;从 t_0 开始导弹受到控制。导弹开始受控时,往往偏离理论弹道,设初始偏离量 $h_{\varepsilon0}$ 可达几百米。从几百米的初始偏离到进入理论弹道有一段过渡过程,这一段称为引入段。衡量导弹进入理论弹道的标准是什么呢?对某些防空导弹作如下规定:在理论弹道两侧 S_m 处,分别作两条与理论弹道平行的曲线,可得两条宽度为 S_m 的带状区域。当导弹进入此带状区域时,就算进入理论弹道。从进入理论弹道到与目标遭遇的一段称为控制段。对某些防空导弹来说,发射段距离约数千米。由于每发导弹的初始偏离量 $h_{\varepsilon0}$ 不一样,因此每发导弹的引入距离和引入时间也不一样,一般引入距离为 5～10 km,引入时间为 10～15 s,引入时间相当于制导回路的过渡过程时间。当导弹引入杀伤区时,要求引入段必须结束。因此最小倾斜距离 D_{min} 为发射距离和引入距离之和。

对于某型防空导弹来说,若 D_{min} 约为 10 km,从导弹受控开始,过渡过程时间应在 15 s 内结束。从缩短最小倾斜距离 D_{min} 来看,过渡过程时间越短越好。但从另一个方面来看,过渡过程时间太短也不好。我们在研究过渡过程时间与系统频带关系时会发现,系统的过程时间长时系统的频带就窄,对抑制随机干扰有好处。如果系统的过渡过程时间短,则系统的频带就宽,随机干扰容易通过,增大了系统的随机误差。在遭遇距离比较大时,导引精度很差,所以过渡过程时间太短也不好。因此,某些地空导弹过渡过程时间为 10～15 s(严格地说,应该是引入段时间)。

(3) 最大高低角 ε_{max}

最大高低角 ε_{max} 取决于天线的最大高低角。某型防空导弹导引雷达天线的最大高低角约为 75°，因而 $\varepsilon_{max}=75°$。

(4) 最大可能高度 H_{max}

有时发射一发导弹不能达到杀伤目标的要求，往往要求连射多发。某型防空导弹可连射三发，设两发导弹的发射间隔时间为 τ，第一发在位置 1 与目标遭遇，第二发在位置 2 与目标遭遇，第三发在位置 3 与目标遭遇。设目标速度为 v_T，则可计算出位置 1 和位置 3 之间的距离为 $l=2\tau v_T$。

根据 D_{max}、ε_{max} 和 l，从图 9.8 上就可确定最大可能高度 H_{max}。另外，最大高度 H_{max} 越大时，空气密度越小，导弹的机动性能越差，因此 H_{max} 也受到导弹机动性能的限制。

(5) 最小可能高度 H_{min}

杀伤区的最低高度 H_{min} 与天线的最小高低角 ε_{min} 等因素有关。某型防空导弹的最低高度 H_{min} 约数千米。

从分析垂直平面杀伤区可以看出，制导回路过渡过程的长短决定于 D_{min}。反过来，制导回路的过渡过程长短也影响到 D_{min} 的确定。对于导引精度来说，导弹飞行距离越远导引精度越差，要求控制系统在最大倾斜距离 D_{max} 时，仍有一定的导引精度。如果距离太远，制导系统往往达不到这一要求。因此最大倾斜距离 D_{max} 受到导引精度的影响。因此在确定杀伤区和制导回路的品质指标时，要互相配合协调。

3. 制导回路串联微积分校正网络的作用

设计一个控制系统，首先要考虑系统的稳定性问题，如果系统不稳定，就根本谈不上控制的问题。对于指令制导系统，如果没有地面站的串联校正网络，制导回路是不稳定的。在此主要讨论制导回路的串联校正问题。

(1) 微分校正网络的作用

为了便于说明串联微分校正的作用，对系统作了一些简化。假定弹上过载回路没有积分网络，即：$T_{j1}=0$，$T_{j2}=0$，$T_{j3}=0$，同时 $T_{S1}=0$，$T_{S2}=0$。

弹上回路可用一个二阶振荡环节来表示，在式(9－7)和式(9－8)中，有

$$A=0,\quad B=0$$

$$C=\frac{T_d^{*2}}{1+K_{XF}K_d^*K_{XJ}K_{Ju}\dfrac{v_M}{57.3g}},\quad D=\frac{2T_d^*\xi_d^*+K_{XF}K_d^*K_{XJ}K_{Ju}\dfrac{v_M}{57.3g}}{1+K_{XF}K_d^*K_{XJ}K_{Ju}\dfrac{v_M}{57.3g}}$$

令 $T'^2_d=C$，$2T'_d\xi'_d=D$，则式(9－7)变成

$$\Phi_n(s)=\frac{K_{uk}^n}{T'^2_d s^2+2T'_d\xi'_d s+1} \tag{9-9}$$

如忽略弹上指令接收装置的惯性，即令 $T_W=0$。

首先讨论地面站没有串联微分校正网络时的情况，即 $T_1=T_2=T_3=T_4=0$。

根据以上的简化结果，图 9.7 变成图 9.10。从图 9.10 中可以看出，在没有校正网络时，系统的开环传递函数由一个二次振荡环节和两个积分环节串联而成。如果做出开环传递函数的对数频率特性，相角都在－180°线以下，无论如何改变开环放大系数，系统都是不稳定的，这种系统称为结构不稳定系统。

如果在指令形成装置中，除了产生与线偏差 h_ε 成正比例的信号外，还产生与线偏差变化

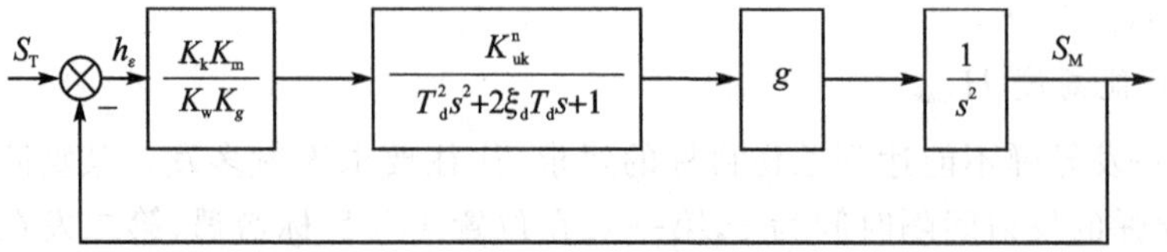

图 9.10　没有串联校正的制导回路方框图

速度 $\dot{h}_\varepsilon$ 成比例的信号，即在系统中引进串联微分校正网络$(1+Ts)$，则图 9.10 变成方框图 9.11；如果 T 比 T_d'大得多，则系统在结构上就是稳定的了。

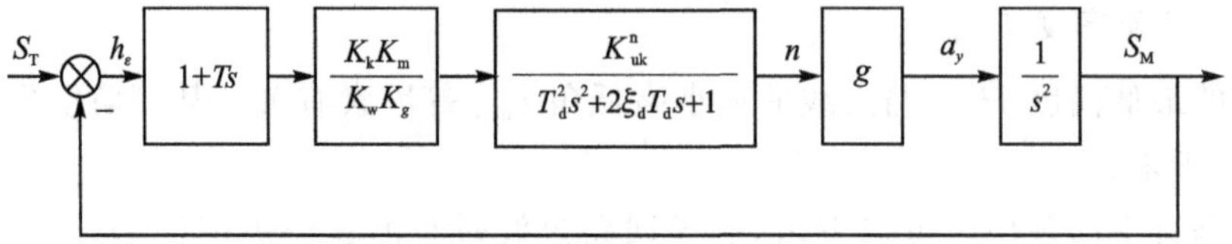

图 9.11　有微分串联校正的制导回路方框图

串联了微分校正网络之后，使一个结构上不稳定的系统变为结构上稳定的系统，或使一个稳定性较差的系统变为稳定性和品质指标较好的系统。

(2) 串联积分校正网络的作用

应用串联微分校正网络之后，有时还需要串联积分校正网络。因为加了串联微分校正网络之后，截止频率 ω_c 或系统频带都会加宽。ω_c 过分增大或频带过大也是不利的。因为在控制电压 u_k'中加杂有雷达随机测量误差。如果系统频带过宽，随机干扰的作用也加剧，因而影响到系统的导引精度。所以系统频带的宽度应有限制，必须适当地选择 ω_c。

另外，系统稳态误差与系统开环放大系数成反比，为了减小系统的稳态误差，要求增大系统的开环放大系数 $K_0=K_k K_m K_w K_s K_{uk}^n g$（对于某些防空导弹，$K_0$ 约为 0.5）。如果只用串联微分校正，当开环放大系数 K_0 增大时，对数幅频特性曲线向上移，使截止频率 ω_c 增大，即系统的频带加宽，这样一来，随机干扰的影响增大，导引精度降低。为了不使频带加宽，又要保证一定的开环放大系数 K_0，必须再串联一个积分网络 $\dfrac{T_3 s+1}{T_4 s+1}$ $(T_4>T_3)$，增加串联积分校正网络之后，要降低系统的稳定裕度。但是经过适当选择，可在尽量少影响稳定性的前提下，大大提高系统的开环放大系数 K_0。根据上面分析，在某型地空导弹制导回路中采用串联微积分校正网络。串联微分校正网络的作用在于提高系统的稳定性和加快系统的反应速度。串联积分校正网络的作用是，在尽量不影响系统稳定性的前提下，提高系统的开环放大系数，以减小稳态误差。

串联微积分校正网络根据给定的过渡过程时间和开环放大系数值选择，是一件比较复杂的工作。为了改善制导回路的过渡过程，对制导回路的相稳定裕度和幅稳定裕度都有一定的要求。在低空段，弹体时间常数比较小，稳定裕度大一些；在高空段，由于弹体时间常数比较大，所以稳定裕度小一些。一般在低空段相位稳定裕度大约为 40°，幅值稳定裕度大于 10 dB；在高空段相位稳定裕度大约只有 30°左右，幅值稳定裕度大于 6 dB。

4. 半前置点法的工程实现

由于三点法引导的理论弹道曲率较大，为保证理论弹道相对平直一些，在工程上通常优先采用半前置点法导引。然而,在整个导引过程中要实现半前置点法也是有困难的。因为制导雷达天线的扫描范围有限,所以最大的前置角应限制在相应范围内。如果超过这个范围,导弹就可能在雷达天线扫描范围之外,这样导弹就会失去控制。因此,对前置角必须进行一定的限制,一般来说 $\dot{\varepsilon}_m$ 的变化范围比较小一些,ΔR 和 $\Delta\dot{R}$ 的变化范围比较大一些。为了保证 $\eta^* < 5°$,必须对 ΔR 的最大值和 $2\Delta\dot{R}$ 的最小值进行限制。

对某型防空导弹,$2\Delta\dot{R}$ 的最小值限制规律为

$$2\underline{\Delta\dot{R}} = \begin{cases} -v & 2\Delta\dot{R} < v \\ 2\Delta\dot{R} & 2\Delta\dot{R} > v \end{cases} \tag{9-10}$$

式中:v 的单位为 m/s。

$2\underline{\Delta\dot{R}}$ 与 $2\Delta\dot{R}$ 的关系曲线如图 9.12 所示。

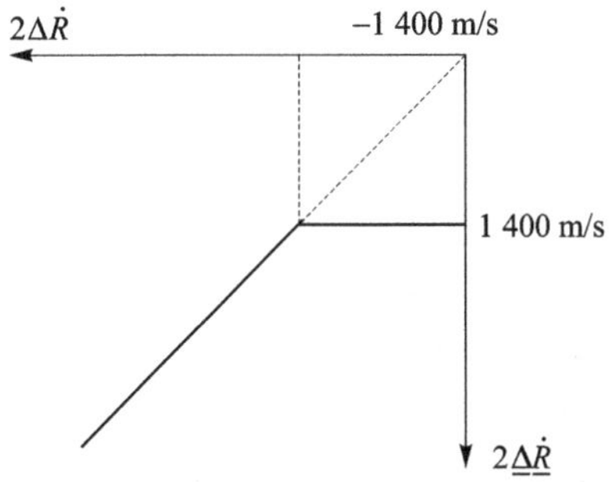

图 9.12　$2\underline{\Delta\dot{R}}$ 与 $2\Delta\dot{R}$ 的关系图

在选择 ΔR 最大值的限制规律时,应考虑两个因素:首先,在遭遇点附近要保证实现半前置点法引导;其次,在导弹刚进入雷达波束时,应避免导弹飞出波束范围,所以导弹飞行初始段,要求接近于三点法导引。考虑了这两个限制因素之后,ΔR 的最大值限制规律确定如下:

$$\overline{\Delta R} = \Delta R\left(1 - \frac{\Delta R}{R_0}\right) \tag{9-11}$$

式中:R_0 为最大距离。$\overline{\Delta R}$ 与 ΔR 的关系曲线如图 9.13 所示。

考虑了限制后的半前置角为

$$\eta^* = \frac{\overline{\Delta R}}{2\Delta\dot{R}}\dot{\varepsilon}_T \tag{9-12}$$

因此,某型防空导弹的导引方法是介于三点法和半前置点法之间。在前半段接近于三点法,在后半段接近于半前置点法。图 9.14 所示为前置点法、半前置点法、实际半前置点法和三点法的弹道示意图。从图中可以看出,实际半前置点法弹道的曲率比三点法的要小。

按半前置点法导引时,要给出半前置角信号 η^*。在实际系统中,半前置角不是用角度的形式给出的,而是把 η^* 表示成导弹至弹目视线 OM 的线偏差 $h_{\varepsilon q}$ 表示,即

$$h_{\varepsilon q} = \eta^* R(t) = \frac{\overline{\Delta R}}{2\Delta\dot{R}}\dot{\varepsilon}_T R(t) \tag{9-13}$$

式中:$R(t)$ 为导弹斜距;$h_{\varepsilon q}$ 称为前置信号。

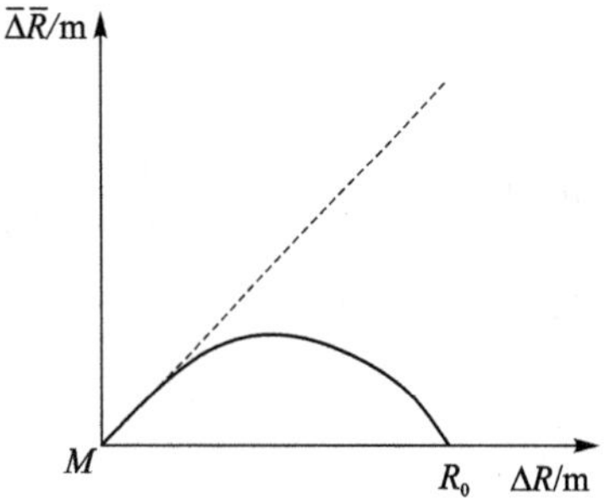

图 9.13　$\overline{\Delta R}$ 与 ΔR 的关系图

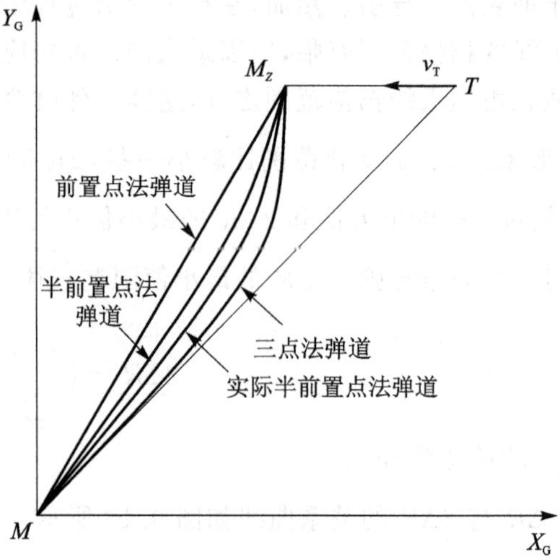

图 9.14　几种导引方法的比较图

按半前置点法导引时，制导回路的方框图如图 9.15 所示。

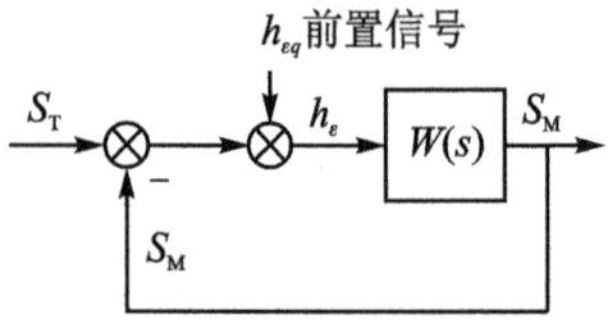

图 9.15　半前置点法导引方框图

根据图 9.15 可得 $h_\varepsilon = S_T + h_{\varepsilon q} - S_M$，当 $h_\varepsilon = 0$ 时，$S_D = S_T + h_{\varepsilon q}$，导弹沿着实际的半前置弹道飞行。

按半前置点法导引时，动态误差补偿应按半前置点法弹道弯曲情况来计算。对某型防空导弹，半前置点法的动态误差补偿 $h_{\varepsilon M}$ 可用下式表示：

$$h_{\varepsilon M} = K'(t)\varepsilon_T \tag{9-14}$$

式中：

$$K'(t) = k_2 X(t),\quad X(t) = b + ct$$

半前置点法弹道比三点法弹道平直，因此半前置点法的动态误差也小一些。考虑了动态误差补偿和质量误差补偿，半前置点法导引的制导回路方框图如图 9.15 所示。必须指出，当导弹沿着半前置点法弹道飞行时，$S_D = S_T + h_{\varepsilon q}$，而按三点法弹道飞行时 $S_D = S_T$。

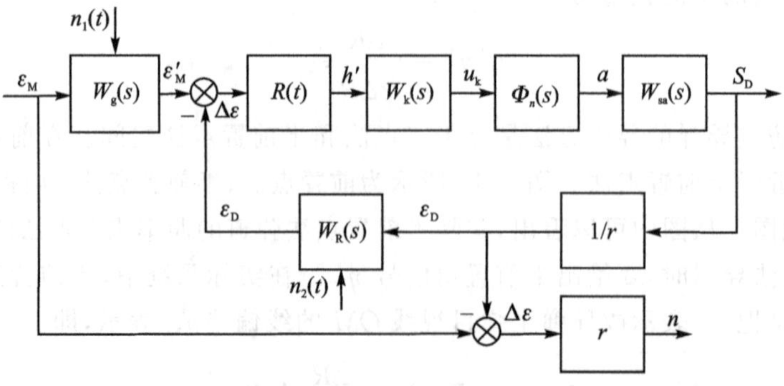

$W_R(s)$—雷达测量系统；$W_k(s)$—指令形成装置，下标 k 表示控制指令；

$\Phi_n(s)$—稳定系统；$W_{sa}(s)$—运动学环节；$n_1(t)$、$n_2(t)$—随机扰动

图 9.16　三点法指令遥控系统结构图

9.2.7　遥控制导系统结构图及动态误差分析

1. 遥控制导系统结构图

基于上述各环节讨论并考虑到前述弹体运动学环节和稳定性制导系统特性，便可以建立起遥控制导系统的结构图。图 9.16 给出了三点法指令遥控系统结构图。

应该指出，在这种情况下，导弹和目标的角坐标差值为制导系统误差，该误差在闭环制导回路指令形成装置中解算求得。如果采用更复杂的制导律，其制导误差将不再是导弹和目标的角坐标差值，而是相应的动力学弹道角坐标差值。该制导误差通过图 9.17 所示的指令形成装置产生。

2. 遥控制导系统动态误差分析

为了便于分析，可将图 9.17 结构变换为图 9.18 结构图形式。

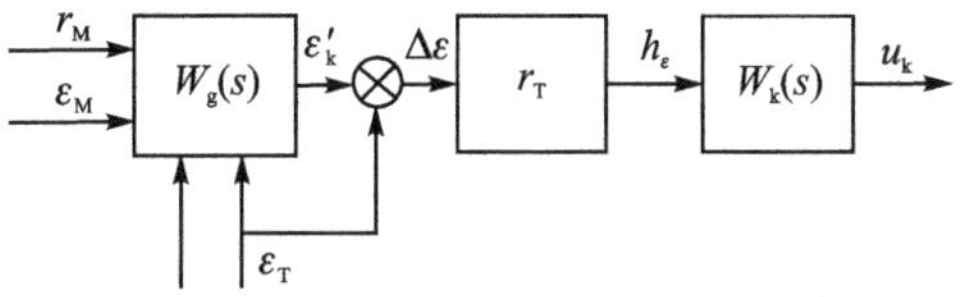

图 9.17　弹道角坐标差值指令形成装置结构图

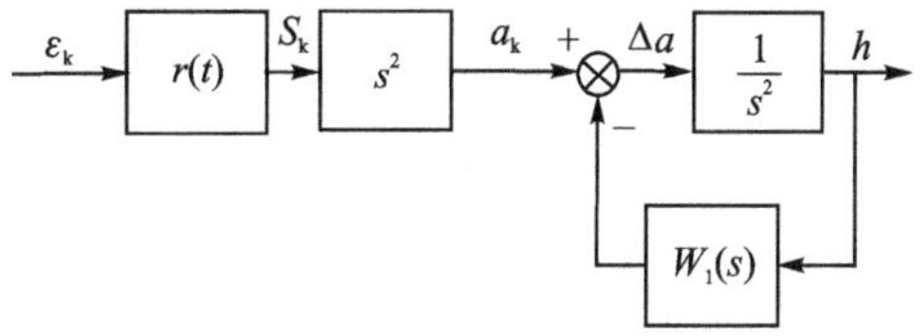

图 9.18　指令遥控系统简化构图

图 9.17 中，$S_k=\frac{1}{s^2}a_k$，a_k 为按照弹道精确运动时导弹的法向加速度；$W_1(s)/s^2$ 为制导系统开环传递函数。利用图 9.18，并忽略制导开环传递函数中的因素 $r(t)$ 和 $\frac{1}{r(t)}$，可得到制导误差

$$h(s)=\frac{W_{sa}(s)}{1+W_1(s)W_{sa}(s)}a_k(s) \tag{9-15}$$

应该指出，式(9-15)反映了制导误差 $h(s)$ 与按弹道运动时的加速度 $a_k(s)$ 的关系，它对于任何制导方法都是正确的。当然，$a_k(s)$ 将由目标运动规律和所采用的制导方法来确定。

由自动控制原理知，动态制导误差可表示为

$$h(s)=(c_0+c_1s+\cdots)a_k(s) \tag{9-16}$$

式中：c_0、c_1 为动态制导误差系数，$c_0=\Phi(s)\big|_{s=0}$，$\Phi(s)=\frac{W_{sa}(s)}{1+G(s)}$。

当 a_k 为时间的缓变函数，目标不做机动飞行时，有

$$h(t)\approx c_0a_k(t) \tag{9-17}$$

在一般情况下，$W_1(s)$ 不包含积分环节，若 $W_1(s)$ 的稳态增益为 k_0，则有

$$h(t)\approx a_k(t)/k_0 \tag{9-18}$$

可见，系统对输入信号 $a_k(t)$ 是有静差的。为了使系统成为对 $a_k(t)$ 无静差系统，就必须在指令形成规律中引入积分环节，也就是提高系统的无差度。这样，传递函数 $W_1(s)$ 可写成形式

$$W_1(s)\rightarrow\frac{W_1(s)}{s} \tag{9-19}$$

3. 动态制导误差的补偿方法

上述通过提高系统无差度或选择大的增益 k_0 来改善动态制导误差的方法并不实用，这是因为它将会引起系统稳定性恶化。同时，为了减少动态制导误差，若采用小需用过载制导方法，又会使制导设备过于复杂。因此，必须研究既实用且有效的补偿方法。理论和实践证明，利用复合控制方式是十分有效和可行的。从本质上讲，复合控制是在基本负反馈控制的基础上，利用辅助开环通道在不影响系统稳定性的前提下，提高系统的控制精度。复合控制有两种形式。其一是按输入信号补偿，即引入前馈信号；其二是按扰动补偿，即引入干扰补偿信号。这两种方法早已用于防空导弹的天线随动系统和发射架随动系统中。因此，在遥控制导系统中完全可以借助这种控制技术来补偿动态制导误差。图 9.19 给出了通过引入前馈信号实现动态制导误差补偿的遥控制导系统。这时，制导误差为

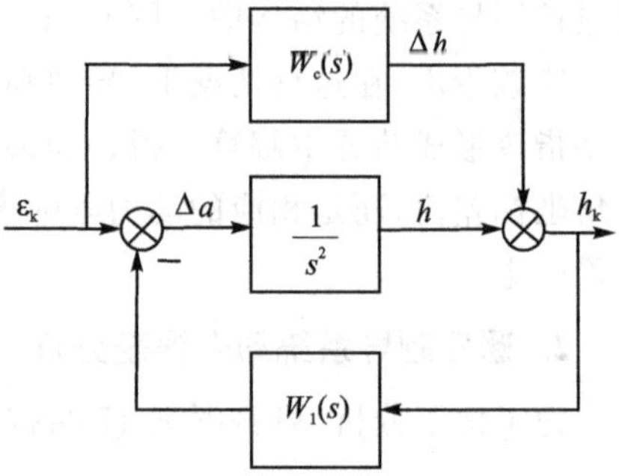

图 9.19 具有按前馈信号补偿动态误差的遥控制导系统结构图

$$h(s)=\frac{1-W_c(s)W_1(s)}{s^2+W_1(s)}a_k(s) \tag{9-20}$$

显然，对于动态误差完全补偿，也就是让 $h(s)=0$，必须通过设计以保证前馈传递函数为 $W_c(s)=\dfrac{1}{W_1(s)}$。

在实际工作中，只要做到满足一定精度要求的补偿就可以了。换句话说，一般只需要补偿动态误差的基本分量。当目标不做机动飞行时，该基本分量为

$$h(t)=a_k(t)/k_0 \tag{9-21}$$

因此，为了提高制导精度，可取前馈传递函数为

$$W_c(s)=\frac{1}{k_0} \tag{9-22}$$

如果目标有小的机动，这时法向加速度近似为

$$a_k(t)\approx F(t)\dot{\varepsilon}_m \tag{9-23}$$

式中：$F(t)=2\dot{r}_I-r_T\dot{V}_I/V_T$，$F(t)$为变系数。于是，动态制导误差信号基本分量的补偿信号可按照下式近似计算

$$\Delta h=\frac{F(t)}{k_0}\dot{\varepsilon}_m \tag{9-24}$$

9.3 寻的制导系统分析与设计

寻的制导最基本的特征是目标探测与跟踪是在弹上完成的。因此，把依靠弹上设备形成控制指令，实现自动导引导弹飞向目标直至命中目标的制导系统称为寻的制导系统。无论是主动寻的制导系统还是被动寻的制导系统，都使导弹具有“发射后不管”的能力。即使是半主动寻的制导系统，在寻的制导时，其制导站也仅起辅助作用，保证导弹发射、目标选择及作为照射目标的能源。

寻的制导与遥控制导相比，在系统组成和战技性能方面存在许多特点：

① 制导探测设备在弹上。这样，探测、导弹、目标三点制导转化为弹-目二点制导，避免指令传输中的发送、接收、调制和解调，大大简化了设备，并减少了传输过程中引入的干扰。

② 制导精度高、自主性强。

③ 有近场大目标效应，会产生目标角噪声和造成角误差提取困难，从而影响制导精度及增大失控距离。

④ 探测坐标会受到弹体运动扰动和探测系统受弹上环境约束，因此对系统可靠性提出了更严格的要求。

寻的制导的类型很多，通常根据战术使用特点，分为主动寻的、半主动寻的、被动寻的和复合寻的；根据探测频谱不同，分为微波寻的、毫米波寻的、红外寻的、激光寻的、可见光寻的及多模寻的等。

寻的制导系统设计的根本任务是在整个杀伤空域内，对规定的目标特性，使导引精度达到战技要求。具体讲，设计中应满足：

① 能实现所选择的导引律；

② 应保证整个飞行过程中制导回路的稳定性；

③ 寻的制导回路能够适应目标运动变化，具有良好的动态品质；

④ 寻的制导回路应有高的制导精度。

9.3.1　寻的制导系统的分类、组成及工作原理

寻的制导系统组成一般由天线罩、导引头、自动驾驶仪、弹体及导弹与目标的运动学环节等组成(见图 9.20)。寻的导引头是寻的制导回路中最主要的部分，由收发天线、角跟踪稳定回路、速度跟踪回路、指令形成装置和天线罩构成。其基本功能是截获目标、跟踪目标、连续测量目标位置信息、运动信息，并按照所选取的导引律输出控制信号。稳定控制系统结构组成如第 6、7 章所述。

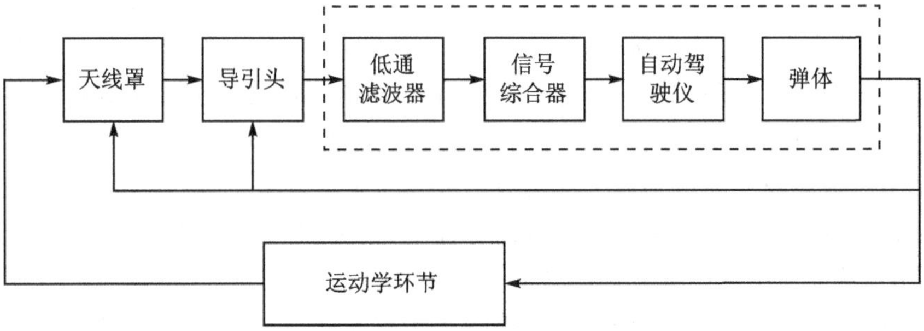

图 9.20　寻的制导回路简化方框图

寻的制导系统工作原理：在导弹飞行中，寻的制导系统应用来自目标的能量(热辐射、激光反射波、反射电磁波等)，自动截获和跟踪目标，获得目标相对导弹运动的信息，并以选定的制导规律控制导弹机动，按既定的弹道接近目标，最终按一定的精度命中杀伤目标。具体讲，寻的制导系统的工作原理与导引头类型(红外型、激光型、雷达型等)和制导形式(主动式、被动式、半主动式、复合式)有关。

1. 雷达寻的制导

利用目标辐射或反射到导弹上的电磁波(微波或毫米波)探测目标,并从电磁波中提取高精度的目标位置信息(包括距离、角度、速度、形状与几何结构等),从而自动获取目标信息,通过自动控制把导弹引向目标,最终直接命中和摧毁目标。具有上述功能的装置称为雷达导引头或雷达寻的器,这是雷达寻的制导的核心部件。按照雷达导引头的形式不同,雷达寻的精确制导主要有以下四种方式:被动式雷达制导、主动式雷达制导、半主动式雷达制导和复合式雷达制导。

对于被动式雷达制导,导弹上的雷达导引头本身不发射信号,通过接收目标辐射的电磁信号来探测和跟踪目标,主要用于反辐射导弹、末敏炮弹和末敏子弹等。

对于主动式雷达制导,导弹上的雷达导引头发射电磁波并接收目标反射回来的电磁波(简称目标回波),以此实现对目标的探测和跟踪,主要用于防空导弹、空空导弹、反坦克导弹及反舰导弹等。

对于半主动式雷达制导,由地面上或载机上的电磁波照射器发射电磁波对目标进行照射,导弹上的雷达信号导引头接收目标反射的电磁波并以此探测和跟踪目标,主要用于空对空导弹、空对地导弹和防空导弹。

常见的复合式雷达制导为主动+被动雷达复合制导,是一种新兴的雷达制导方式,通常制导过程中采用两种制导模式相互切换方式,以起到扬长避短的作用。复合式雷达制导亦有半主动/主动雷达复合制导方式。(美)"不死鸟"空空导弹就是这种复合制导方式的典型代表。它充分地利用了半主动和主动式雷达制导的优点,使导弹射程达 160 km 以上。这种复合制导通常是在导弹发射后的前一段时间内采用半主动式雷达制导,而当导弹距离目标 10~20 km 时,导弹上的主动寻的雷达导引头开始工作。

2. 红外寻的制导

它可分为红外点源寻的制导和红外成像寻的制导。红外点源寻的制导的核心部件,主要由红外光学系统、调制器、光电转换器、误差信号放大器及角跟踪系统等部分组成。其简要工作原理如下:红外光学系统用来接收目标辐射的红外能量,并将其聚焦在调制器上;调制器把目标的连续热辐射能量调制成反映目标对导弹方位偏差的离散热能脉冲信号,并实现空间滤波;光电转换器把热能脉冲信号转换成电脉冲信号并实现光谱滤波;含有杂波干扰的微弱电信号经误差信号放大器及其他电路放大和滤波后被馈入角跟踪系统,以便连续稳定地跟踪目标。

红外成像寻的制导是新一代红外寻的制导技术,其突出优点是具有很强的抗干扰能力和识别目标能力,从而命中精度高。它的核心部件是红外成像寻的器,该寻的器由红外摄像头、图像处理器、图像识别电路、跟踪处理器和摄像头跟踪系统等组成。其简要工作原理如下:导弹发射前,一旦目标位置被确定,寻的器立即跟踪并锁定此目标。导弹发射后,弹上的摄像头摄取目标的红外图像并进行预处理,得到数字化目标图像;经图像处理和图像识别,区别出目标背景信息,识别出主要攻击的目标并抑制假目标;跟踪处理器形成的跟踪窗口的中心按预定的跟踪方式跟踪目标图像,并把误差信号送到摄像头跟踪系统,控制红外摄像头继续瞄准目标。导弹的运动受到导引头的控制,而导引头不断地接收目标红外辐射,形成误差信号,并按照预定的导引律形成控制信号,操纵舵面偏转,使导弹飞向目标。弹上稳定控制系统起着稳定导弹姿态和控制导弹运动的作用,其稳定控制原理如图 9.21 所示。

"小牛"AGM-65D 空地导弹,"响尾蛇"AIM-9M 空空导弹。"斯拉姆"AGM-86E 远程

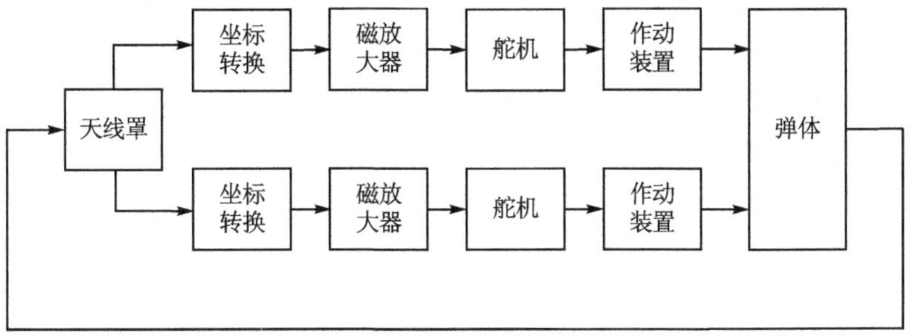

图 9.21　红外制导空空导弹稳定控制系统原理框图

地空导弹等都采用这种寻的制导方式。除此之外，随着红外制导技术的发展，红外寻的制导出现了与红外制导有关的复合寻的制导，可概括为：紫外/红外、红外/红外、激光/红外、射频/红外及毫米波/红外等。

3. 电视寻的制导

导弹依靠电视导引头自主地自动搜寻被攻击目标，完成目标信息的获取、处理和自身飞行姿态的调整等一系列的工作，使其飞向目标的制导方式叫做电视寻的制导。由于电视寻的制导利用的是目标上反射的可见光信息，所以它是一种被动寻的制导，通常被用于导弹末制导，具有很强的抗干扰能力和“发射后不管”的特点。

电视寻的制导是以导弹头部的电视摄像机（即电视导引头）拍摄目标和周围环境的图像，从有一定反差的背景中自动选取出目标并借助跟踪波门对目标实施跟踪，当目标偏离波门中心时，产生偏差信号，形成导引控制指令，以自动控制导弹飞行目标，直至准确地命中目标。为了实现上述制导过程，所设计的弹上电视寻的制导系统如图 9.22 所示。由图可见，该系统由电视摄像机、光电转换器、误差信号处理器、伺服机构设备、导弹稳定控制系统等组成。该系统简要工作原理如下：导弹对准目标方向发射后，导引头摄像机把被跟踪的目标光学图像投射到摄像管靶面上，并利用光电敏感元件把投影在靶面上的目标图像转换为视频信号。误差信号处理器从视频信号中提取目标位置信息，并输出推动伺服机构信号，使摄像机光轴对准目标，同时控制导弹飞向目标。显示器被安置在控制站（如载机、地面站），操作者（如武器操纵手）在导弹发射前对目标进行搜索、截获，以便选择被攻击的目标，在发射导弹后视情况继续监视和跟踪目标，在必要时补射导弹再次攻击。（美）“小牛”空地导弹就采用了这种电视寻的制导方式。

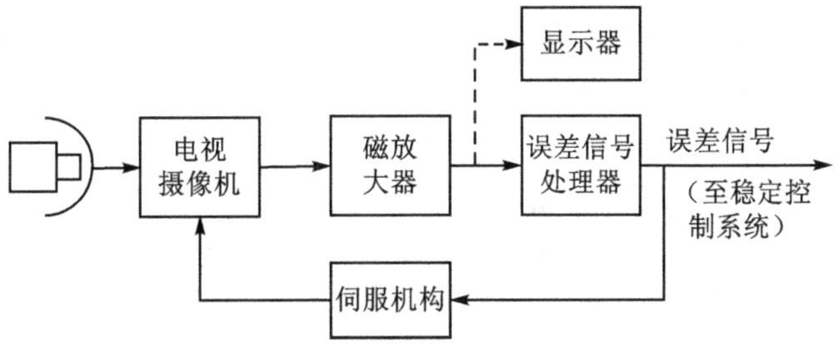

图 9.22　电视寻的制导系统简化原理框图

4. 激光寻的制导

利用激光作为跟踪和传输信息的手段，经弹上计算机解算后，得出导弹偏离目标位置的角误差，从而形成制导指令，使弹上的稳定控制系统随时修正导弹飞行弹道，直至准确命中目标的制导方式被称为激光寻的制导。按照激光源所在的位置不同，激光寻的制导可分为两类，即激光主动寻的制导和激光半主动式寻的制导。其中以后者应用最广泛。

激光半主动式寻的制导系统由激光目标指示器、弹上寻的系统和载体等部分组成，其核心部件是弹上寻的系统的激光半主动寻的器，即激光导引头。它用来接收目标反射回来的激光束，从而发现激光指示的目标并测量日标所处的位置。为了把微弱的激光反射能量收集起来，探测器设有能量收集器，即光学系统。光学系统汇聚的反射能量，通过探测器转换成电信号；放大器把电信号放大，并经逻辑运算产生角误差信号；信息处理依据角误差信号求出导引信息；指令形成器依据导引信号产生导引指令，控制导弹沿着既定弹道飞向目标，这就是激光半主动寻的系统的简单工作原理。

9.3.2 雷达寻的制导系统分析与设计

1. 主动雷达实现方位前置角导引制导系统

主动雷达实现方位前置角导引是反舰导弹常用的一种制导系统设计方案，该方案具有系统设计简单、便于实现，适用于水面舰艇类机动性较弱类目标的制导跟踪。

(1) 电气随动系统导引头组成及原理

在此以某型反舰导弹航向自动导引控制回路为例来说明它的工作状况，并求出其传递函数。该导引头采用测量轴跟踪弹目视线的安装方法。导引头跟踪角度关系如图 9.23 所示。

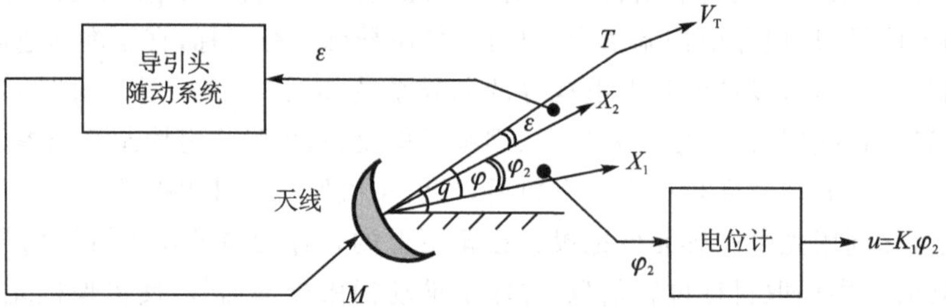

图 9.23 雷达导引头跟踪角度关系

当雷达导引头的测量轴与视线重合时，说明导引头没有信号输出；当导弹实际方位前置角与雷达导引头测得的方位前置角之间有误差时，说明导引头的测量轴与视线不重合。误差信号经过导引头随动系统的变换得到 φ_2，经电位计将电压 $u=K_1\varphi_2$ 送往驾驶仪；另外，反馈后与 φ 相比，导引头的测量轴同时转动直至 $\varepsilon=\varphi-\varphi_2=0$，此时电位计的输出为 $u=K_1\varphi$。

图 9.24 所示为雷达导引头功能图。

经过分析可知，电气随动系统导引头的传递函数为

$$\Phi_J(s)=\frac{u(s)}{\varphi(s)}=\frac{K_tK_1}{s(T_ts+1)+K_t} \tag{9-25}$$

式中：下标 t 为导引头相关参数。

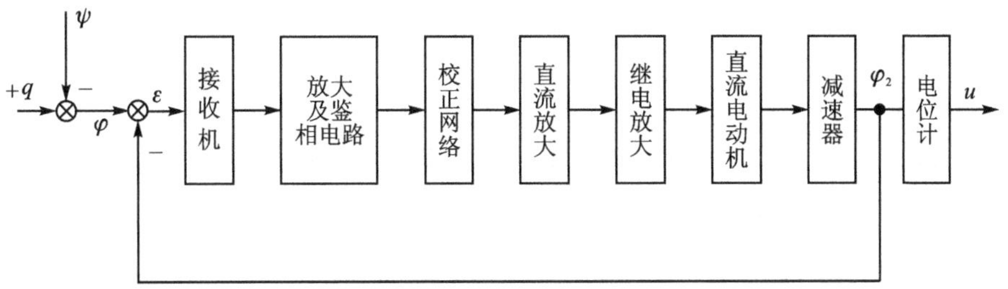

图 9.24　雷达导引头功能图

导引头的稳态输出为

$$u(\infty)=\varphi\lim_{s\to 0}\frac{K_tK_1}{s(T_ts+1)+K_t}=K_1\varphi \tag{9-26}$$

这完全反映了导弹的方位前置角。

从图 9.25 看出，$\varphi=q-\psi$ 即 $\varepsilon=q-\psi-\varphi_2$，说明误差信号与弹体姿态角的变化有关，也就是说，导引头输出信号与弹体的运动姿态角有铰链。这种导引头的通频带比较窄，通常为 1～2 Hz，适用于反舰导弹；但用在攻击机动性强的目标导弹上时，通频带就有些窄了。

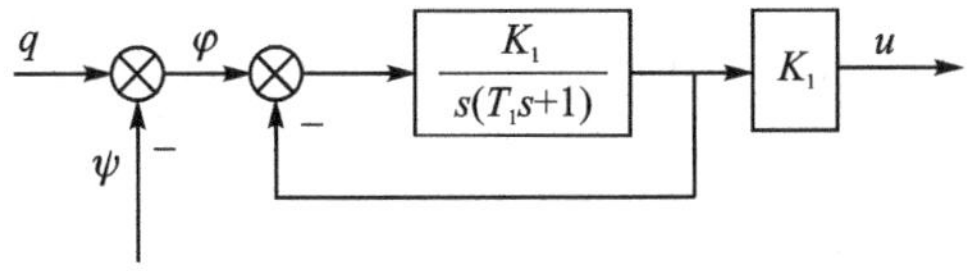

图 9.25　导引头电气随动系统方框图

(2) 方位前置导引制导回路的实现

这里以如图 9.24 所示的某型反舰导弹航向制导回路为例。

导引头采用一般电气随动系统驱动。其稳态输出为 $u_1=-K_1\varphi$。为使回路为负反馈，导引头的输出反接，所以导引头送出的信号有负号。自动驾驶仪采用具有定位陀螺、阻尼陀螺和前置陀螺的电路。前置陀螺输出信号 $u_2=K_{ZY}\psi$ 与导引头送来的信号 u_1 在基盘内综合，产生误差信号为

$$\varepsilon=-(u_1-u_2)=-(K_1\varphi-K_{ZY}\psi) \tag{9-27}$$

式中的负号是为了整个回路的负反馈而引入的。该式就是前面推导出的实现方位前置角导引的关系式，其制导回路如图 9.26 所示。

弹体是航向通道的传递函数。运动学环节是远离目标时的传递函数。该系统在定向陀螺、前置陀螺、导引头测量轴 X_2 与视线处在同一条直线上时，前置陀螺松锁。将前置陀螺松锁时刻作为基准参考位置，且由于目标是舰船，其速度远低于导弹速度，可近似地把它看成固定目标。这样，理论弹道为一直线，而且与基准参考坐标相重合。图 9.27 中关系说明视线在导弹纵轴 X_1 之后，则有 $\varphi=q-\psi>0$。

因为在回路中，弹体传递系数 $K_{C\omega}$ 和运动学环节的 K_K 均为负，φ 角为正，因此这也是导引头出来的信号有负号的原因。图 9.26 中Ⅰ、Ⅱ、Ⅲ端为干扰输入端，可从稳定回路的输出 ψ 看出它与方位前置角 φ 的关系。由图 9.26 可写出稳定回路的传递函数为

$$\frac{-\psi(s)}{-u_1(s)}=\frac{K_jK_{ZT}K_\delta K_{C\omega}(T_{1C}s+1)(T_{NT}^2s^2+2\xi_{NT}T_{NT}s+1)}{\Delta(s)} \tag{9-28}$$

式中：

$$\Delta(s)=s^3(T_\delta s+1)(T_C^2s^2+2\xi_C T_C s+1)(T_{NT}^2s^2+2\xi_{NT}T_{NT}s+1)+$$
$$K_dK_Fs^2(T_C^2s^2+2\xi_C T_C s+1)(T_{NT}^2s^2+2\xi_{NT}T_{NT}s+1)+$$
$$K_{NT}K_dK_{C\omega}s(T_{1C}s+1)+K_dK_{ZT}K_{C\omega}s(T_{1C}s+1)(T_{NT}^2s^2+2\xi_{NT}T_{NT}s+1)-$$
$$K_jK_{ZT}K_dK_{C\omega}K_{ZY}(T_{1C}s+1)(T_{NT}^2s^2+2\xi_{NT}T_{NT}s+1)$$

从式(9－28)可求出稳态时

$$\psi(\infty)=\frac{1}{K_{ZY}}u_1=\frac{K_1}{K_{ZY}}\varphi \tag{9-29}$$

或

$$K_{ZY}\psi=K_1\varphi \tag{9-30}$$

这就完全实现了式(9－28)的方位前置角导引。

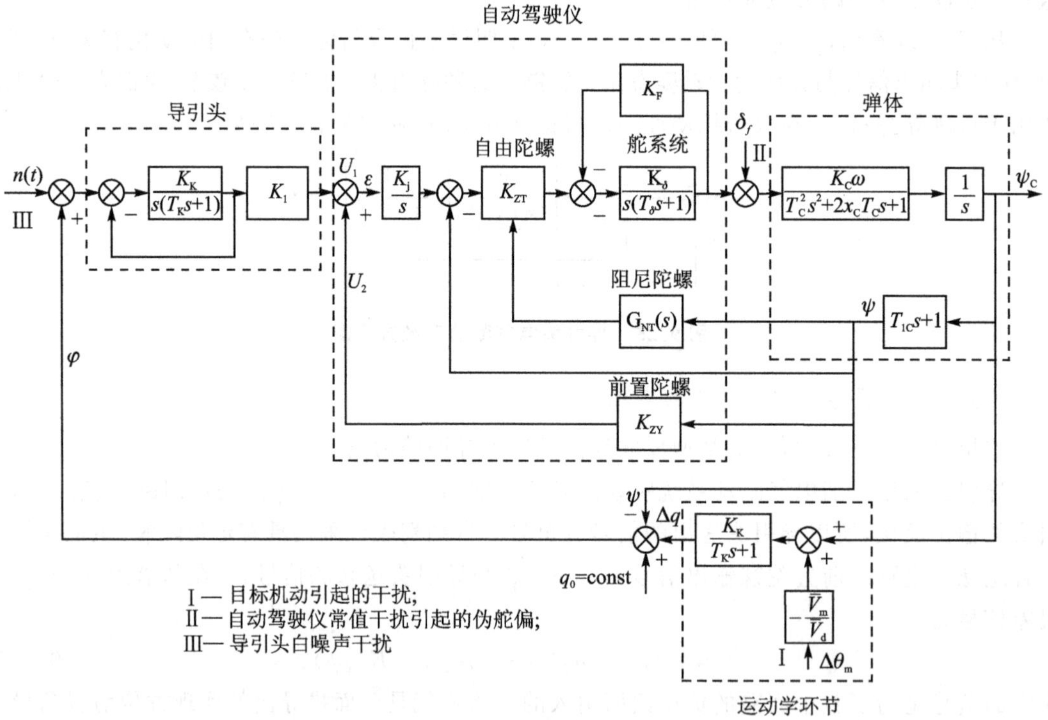

图 9.26　实现方位前置角导引的制导回路

2. 半主动雷达实现比例导引制导系统

动力随动陀螺稳定平台的自动导引头陀螺稳定平台的原理图如图 9.28 所示 。

由于导引头与被稳定的内框架固连，所以导引头测量的信号不受弹体运动影响。这种陀螺稳定平台的自动导引头有稳定和跟踪两种工作状态。

当导引头的测量轴 X_2 正确指向目标时，若导弹受某种干扰而绕 Z_1 或 Y_1 轴转动，陀螺稳定

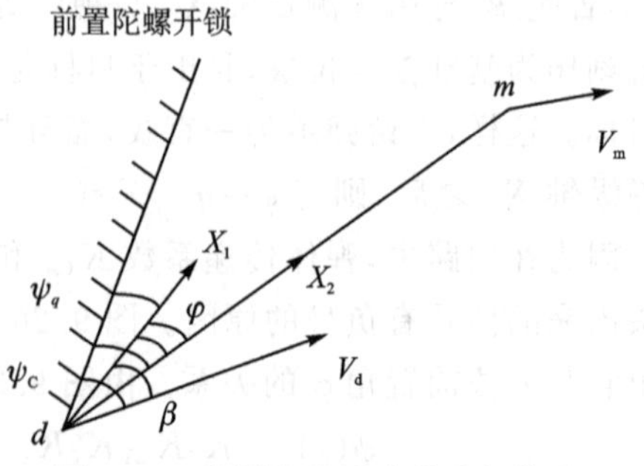

图 9.27　前置角导引法的几何关系

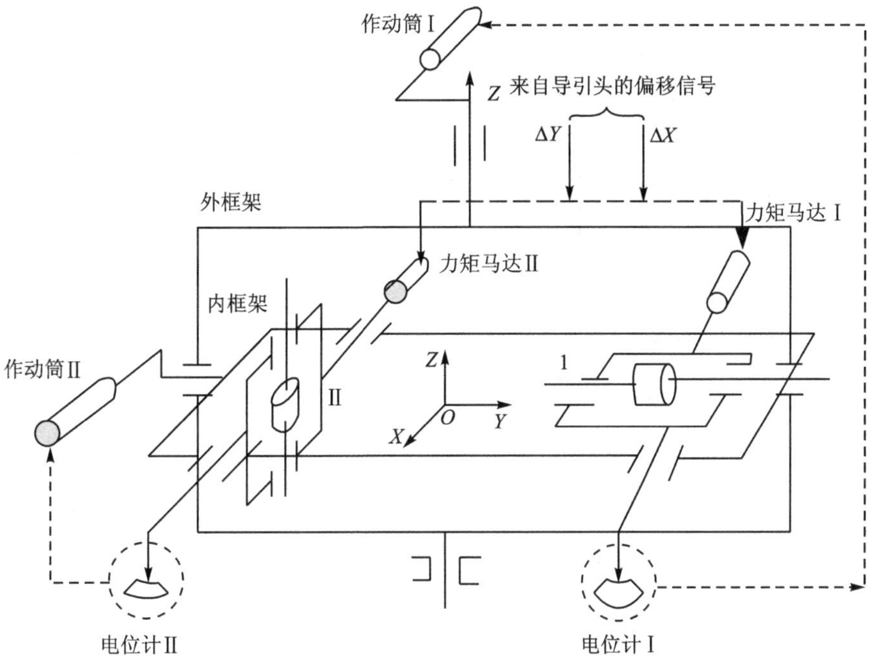

图 9.28　自动导引头陀螺稳定平台的原理图

系统仍能使测量轴 X_2 与视线重合，就是陀螺稳定平台导引头的稳定状态；所谓跟踪状态是，若导引头的测量轴 X_2 为指向目标，则导引头测出偏差信号使陀螺平台运动，直到内框架上的导引头的测量轴 X_2 指向目标为止。

根据图 9.28 可以画出导引头跟踪一个方向 Y(或 Z)的结构图，如图 9.29 所示。

若采用雷达为导引头的敏感元件，则其传递函数为

$$G_1(s)=\frac{u(s)}{\varepsilon(s)}=\frac{K_{11}}{T_1 s+1} \tag{9-31}$$

式中：$\varepsilon=q-q_2$ 为测量误差；q_2 为测量轴与基准线的夹角，如图 9.29(d)所示；K_{11}、T_1 分别为相应的放大系数和时间常数。

力矩马达的传递函数为

$$G_2(s)=\frac{M(s)}{u(s)}=\frac{K_{22}}{T_2 s+1} \tag{9-32}$$

式中：M 为力矩；K_{22}、T_2 分别为相应的放大系数和时间常数。

陀螺平台简化后的传递函数为

$$G_2(s)=\frac{M(s)}{u(s)}=\frac{1}{Hs} \tag{9-33}$$

式中：H 为陀螺的动量矩。

根据上述分析将图 9.29(a)画成如图 9.29(b)所示的计算结构图。如果以导引头敏感元件的输出 u 为输出，视线角 q 为输入，则

$$\frac{u(s)}{\dot{q}(s)}=\frac{HK_{11}(T_2 s+1)}{HS(T_1 s+1)(T_2 s+1)+K_{11}K_{22}} \tag{9-34}$$

由此求得稳态解：

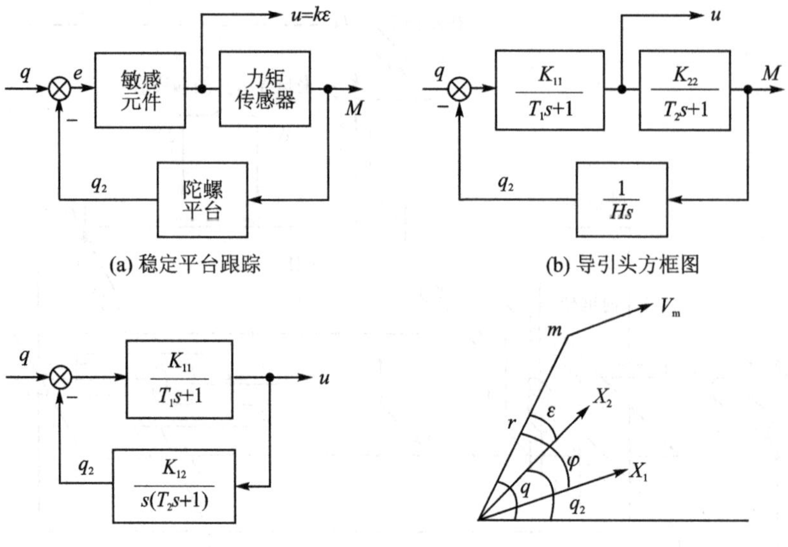

(a) 稳定平台跟踪　(b) 导引头方框图

(c) 简化方框图　(d) 导引头的角度关系

图 9.29　随动陀螺稳定平台导引头结构图

$$u(\infty)=\frac{H}{K_{22}}\dot{q}(\infty) \tag{9-35}$$

故有 $u=K\dot{q}$，式中 $K=H/K_{22}$。显然，导引头输出端得到了与视线角速度成比例的信号。

以某型空空导弹俯仰回路为例，如图 9.30 所示，自动导引头是采用动力陀螺稳定平台的导引头，其输出信号为 $u=K\dot{q}$；自动驾驶仪中积分陀螺测量的是角速度，但输出的信号都反映了角度，它具有比较宽的通频带。其中 $G_I(s)$是为了改善系统动态特性而引入的校正网络。由于整个回路中，弹体的传递系数 $K_{C\omega}$ 和运动学环节的传递系数 K_K 皆为负值，欲使系统在干扰作用下是稳定的，就要求一定是负反馈，因此在校正环节内加一个负号，具体实现时只要把信号反接一下即可。校正网络输出信号 $u=K_1\dot{q}$ 与加速度表的测量信号 $u_2=K_2\dot{\theta}_M$ 进行比较，可产生误差信号，即

$$\varepsilon=u_1-u_2=K_1\dot{q}-K_2\dot{\theta}_M=K_2\left(\frac{K_1}{K_2}\dot{q}-\dot{\theta}_M\right) \tag{9-36}$$

从而实现了比例导引，另外在放大器和舵机之间还引入了位置反馈 K_F。

图 9.30 中还有组成稳定系统的被控对象—弹体以及构成回路闭合的运动学环节。该系统考虑了三个干扰如图中：Ⅰ端的 $\Delta\theta_T$ 是目标机动引起的干扰；Ⅲ端是导引头白噪声干扰；Ⅱ端是驾驶仪的常值干扰引起的假舵偏角 δ_f。

图中 θ_{M0} 是载机投放空空导弹时速度矢量初始角度。由于校正网络的负号，反映到这里就是 $\Delta\theta_M=\theta_{M0}-\theta_M$。运动学环节输出的 Δq 还应加上初始线角 q_0，即 $q=q_0+\Delta q$，q_0 为常数。所以导引头输出的信号与视线角速度成比例，即

$$u=K\dot{q}=K(\dot{q}_0+\Delta\dot{q})=K\Delta\dot{q} \tag{9-37}$$

由图 9.30 给出稳定回路的传递函数为

$$\frac{\dot{\theta}_d(s)}{u_1(s)}=\frac{K'_MK_UK_YK_\delta K_{C\omega}(T_a^2s^2+2\xi_aT_as+1)}{\Delta(s)}$$

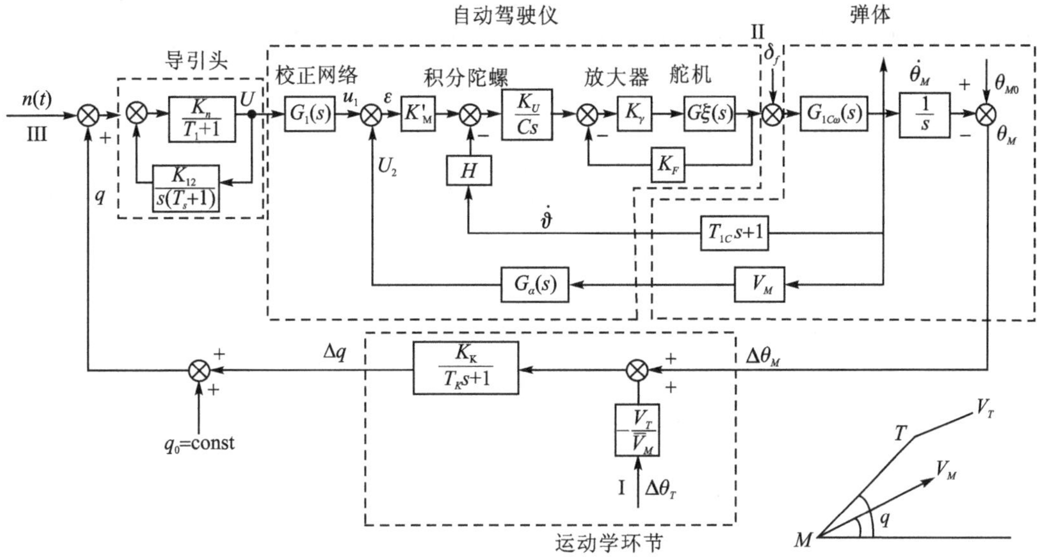

图 9.30 实现比例导引的制导回路

式中：

$$\Delta(s)=Cs^2(T_\delta s^2+1)(T_C^2s^2+2\xi_CT_Cs+1)(T_a^2s^2+2T_a\xi_as+1)+$$
$$K_UK_YK_\delta K_{C\omega}(T_{1C}s+1)H(T_a^2s^2+2\xi_aT_as+1)+$$
$$K'_MK_UK_YK_\delta K_{C\omega}V_dK_a+Cs(T_C^2s^2+2\xi_CT_Cs+1)K_YK_\delta K_F(T_a^2s^2+2\xi_aT_as+1)$$

求出稳态值为

$$\dot\theta_M(\infty)=\frac{K'_M}{H+V_MK'_MK_a}u_1=K_0u_1 \tag{9-38}$$

式中：

$$K=K'_M/(H+V_MK'_MK_a)$$

而稳态时，$u_1=K_1\dot q$，故

$$\dot\theta_M(\infty)=K_0K_1\dot q=K\dot q \tag{9-39}$$

显见，稳态时，输出角速度 $\dot\theta_M$ 与视线角速度 $\dot q$ 成正比，从而实现了式(9-34)的比例导引。

9.3.3 寻的制导系统导引精度分析与计算

导引精度是描述制导回路(系统)导引导弹准确度的量度，是导弹武器系统的重要战术技术指标，是寻的制导回路设计的总目标。

导弹落入以目标为中心、以 R 为半径(R 为杀伤半径)的圆内的概率(CEP)称为导引精度。导引精度同脱靶量和制导误差直接相关。若已知导弹对目标的脱靶量散布数学期望及均方差和制导误差服从正态分布，则可据此计算出导引精度。

1. 脱靶量及其计算公式

导弹与目标交会全过程中，导弹与目标之间最小距离被称为导弹对目标的脱靶量。寻的制导导弹脱靶量分为瞬时脱靶量和实际脱靶量。

所谓瞬时脱靶量是指导弹和目标从所给定的瞬时开始，以该瞬时弹道参数作为匀速直线飞行直至命中目标，所产生的脱靶量。图 9.31 给出了确定瞬时脱靶量的几何关系。

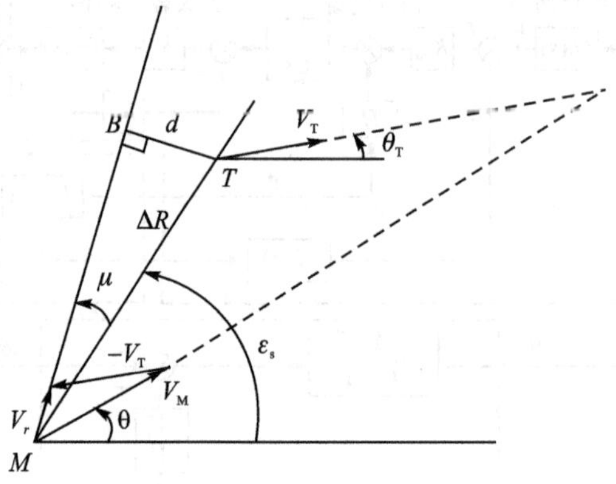

图 9.31 确定瞬时脱靶量的几何关系图

由图 9.31 可推出瞬时脱靶量计算公式为

$$d=\frac{\Delta R^2\dot{\varepsilon}_s}{|\Delta\dot{R}|} \tag{9-40}$$

式中：$\dot{\varepsilon}_s$ 为视线角速度；ΔR、$\Delta\dot{R}$ 分别为导弹和目标的距离与接近速度。

显然，在一般运动情况下，即导弹和目标变速、机动条件下的脱靶量同上述瞬时脱靶量有一定的差别，且变速和机动越大，该差别越显著。为了考虑上述变化因素，而又不致计算复杂，可假设在控制终止瞬时，导弹和目标具有不变的轴向过载和法向过载。这种假定条件下所计算的脱靶量被称为实际脱靶量。经推导，实际脱靶量为

$$d=\frac{\Delta R^2}{|\Delta\dot{R}|}\left\{\dot{\varepsilon}_s+\frac{1}{2|\Delta\dot{R}|}\Big[-\dot{V}_M\sin(\theta-\varepsilon_s)+\dot{V}_M\dot{\theta}\cos(\theta-\varepsilon_s)-\dot{V}_T\sin(\theta_T-\varepsilon_s)+\dot{V}_T\dot{\theta}_T\cos(\theta_T-\varepsilon_s)\Big]\right\} \tag{9-41}$$

式中：V_T 为目标速度；V_M 为导弹速度；θ_T、$\dot{\theta}_T$ 分别为目标的航迹倾斜角和倾斜角速度；θ、$\dot{\theta}$ 分别为导弹的弹道倾角和倾角速度。

2. 制导误差及其分布规律

寻的制导误差按其性质可以分为系统误差和随机误差。系统误差是指射击过程中的确定性误差，这种误差会引起实际弹道偏离理想弹道。随机误差是指射击过程中，符号和大小随机变化的误差，随机误差会引起实际弹道偏离平均弹道。通常，导弹制导的随机误差服从正态分布，因此导弹制导误差可用制导分布规律的数字特征来评定。

进一步分析得知，导弹射击时产生制导误差的原因是，由于系统误差和随机误差作用于寻的制导回路上。归结起来主要有三类，即动态误差、仪器误差和起伏误差。

分析后得知，寻的制导回路的总系统误差和随机误差分别为

$$\left.\begin{aligned}m_y&=m_{dy}+m_{iy}\\m_z&=m_{dz}+m_{iz}\end{aligned}\right\} \tag{9-42}$$

$$\left.\begin{aligned}\sigma_y &= \sqrt{\sigma_{ay}^2 + \sigma_{iy}^2 + \sigma_{Ry}^2} \\ \sigma_z &= \sqrt{\sigma_{dz}^2 + \sigma_{iz}^2 + \sigma_{Rz}^2}\end{aligned}\right\} \tag{9-43}$$

式中：m_d、σ_d 分别为寻的制导动态误差的系统分量和随机分量；m_i、σ_i 分别为仪器误差的系统分量和随机分量；σ_R 为起伏误差的随机分量。

3. 导引精度分析与计算

导引精度计算是制导回路设计的重要环节，其方法比较灵活，一般采用统计分析法，计算过程比较复杂，计算时需要多种数学模型。

导引精度统计分析方法通常包括线性定量系统统计分析方法、线性时变系统伴随技术、线性时变系统协方差分析法、非线性系统协方差分析描述函数技术、非线性时变系统统计线性伴随技术、蒙特卡罗统计试验法等。

读者可根据具体任务灵活选用，例如采用蒙特卡罗统计试验法，这时，针对每一条弹道就要进行 n 次统计试验，获得 n 个脱靶量，并对这 n 个脱靶量进行数据处理，得到脱靶量均值（制导系统误差）和脱靶量方差（制导的随机误差）。设 n 个脱靶量为 d_i（$i=1,2,\cdots,n$），则脱靶量均值为

$$m_d = \sum_{i=1}^{n} \frac{d_i}{n} \tag{9-44}$$

而脱靶量中间方差为

$$\sigma_d = \sqrt{\sum_{i=1}^{n} \frac{(d_i - m_d)^2}{n-1}} \tag{9-45}$$

及脱靶量中间偏差为 $E_d \approx 0.675\sigma_d$，在得到 m_d 和 σ_d（或 E_d）后，即可用查表的办法得到导引精度。

4. 制导误差计算

某型导弹寻的制导系统的制导误差计算结构形式如图 9.32 所示。由图可知，弹上导弹系统动力学传递函数为

$$\frac{n_y(s)}{\varepsilon_s} = \frac{N_1\,|\Delta\dot{R}|}{\left(1+\dfrac{T}{n}s\right)^n} \tag{9-46}$$

式中：n 为系统的阶次。

图 9.32 中，n_T 是在飞行时间 t 内均匀分布的目标机动；u_{GL} 是具有功率频谱密度 Φ_{GL} 的白色闪烁噪声，可按下式计算

$$\Phi_{GL} = 2T_{GL}\sigma_{GL}^2 \quad (\mathrm{m^2/Hz}) \tag{9-47}$$

式中：T_{GL} 为闪烁噪声的相关时间常数；σ_{GL} 为与目标尺寸有关的闪烁噪声方差。

u_{RN} 是具有功率谱密度 Φ_{FN} 的白色半主动接收机噪声，按下式计算：

$$\Phi_{FN} = 2T_{RN}\sigma_{RN}^2 \quad (\mathrm{m^2/Hz}) \tag{9-48}$$

式中：T_{RN} 为接收机噪声的相关时间常数；σ_{RN} 为接收机噪声的方差，$\sigma_{RN} = \sigma_{RN0}\dfrac{\Delta R}{R_0}$（$\sigma_{RN0}$ 为参考距离 R_0 上接收机噪声的方差）。

u_{FN} 是具有功率谱密度 Φ_{FN} 的白色距离独立噪声，按下式计算：

$$\Phi_{FN} = 2T_{FN}\sigma_{FN}^2 \tag{9-49}$$

式中：T_{FN} 为距离独立噪声的相关时间常数；σ_{FN} 为距离独立噪声的方差。

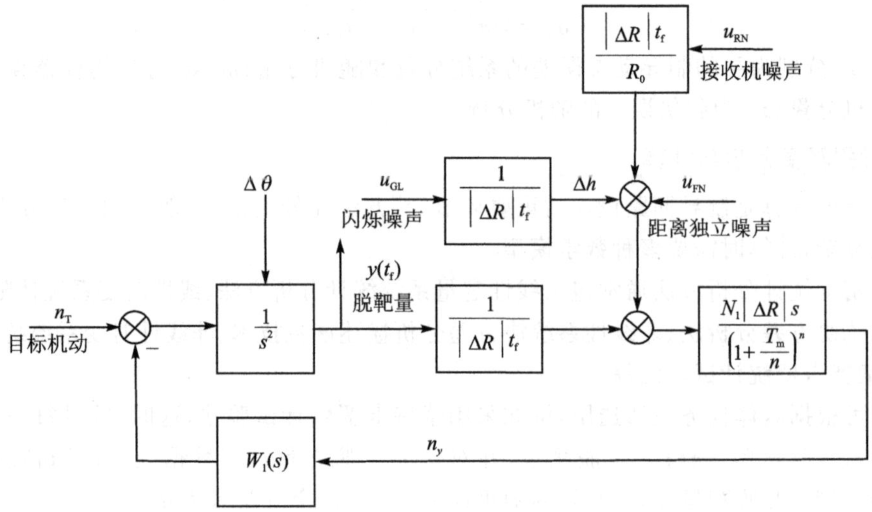

图 9.32　导的制导误差计算结构形式

9.4　复合制导系统分析与设计

复合制导是由几种制导系统依次或协同参与对导弹的制导。随着目标飞行高度向高空和低空发展，机动性和干扰能力不断提高以及导弹作战空域不断加大，复合制导已经成为中、远射程导弹主要和必需的制导方式，其技术和系统发展很快，应用越来越多。

鉴于复合制导很复杂，本节将主要从复合制导技术的角度来研究复合制导系统总体设计中的制导体制选择依据和原则、系统基本组成及运行、导弹截获跟踪系统与目标交接班系统分析与设计等关键问题。

9.4.1　复合制导的特点

对于近距战术导弹而言，因为其作用距离校近，一般均采用直接末制导方式，或经过较短时间无控或程控飞行之后进入末制导方式。然而，中远程战术导弹有完全不同的要求，其发射距离达到 60 km 以上，这种“超视距”的工作条件导致必须引入中制导段。中制导段与末制导段有着明显不同的性能特点。

① 中制导段一般不以脱靶量作为性能指标，而只是把导弹引导到能保证末制导可靠截获目标的一定范围内，因此不需要很准确的位置终点。

② 为了改善中制导及末制导飞行条件，需要一个平缓的中制导弹道。此外，必须使末制导开始时的航向误差不超过一定值。

③ 导弹的飞行控制可以划分为两部分：一是实现特定的飞行弹道；二是必须对目标可能的航向改变做出反应。后者取决于来自载机对目标位置、速度或加速度信息的适时修正，这种修正在射程足够大时是必需的。

④ 当采用自主形式的中制导时，误差将随时间积累，这决定了必须把飞行时间最短作为一个基本的性能指标，它减少了载机受攻击的机会，同时扩大了载机执行其他任务方面的灵活性。此外，由于发动机和其他技术水平的限制，要做到使小而轻的导弹具有长射程，必须考虑

在长时间的中制导段确保导弹能量损耗尽量小，这等效于使导弹在末制导开始前具有最大的飞行速度和高度。这一点对提高末制导精度是非常必要的。

⑤ 两个制导段的存在使得中制导段到末制导段之间的交接问题变得至关重要。这也是中远程战术导弹的一个技术关键。为保证交接段的可靠截获，必须综合采取各种措施。

⑥ 采用中制导段惯导和指令修正技术，可以获得大量的导弹和目标运动状态信息，因而为中远程导弹采用各种先进的制导律提供了有利条件。同时，由于中制导飞行时间长，因此导弹状态变量的时间尺度划分与近程末制导飞行阶段相比有很大不同，这就为采用简化方法求解最优问题提供了可能，例如采用奇异摄动方法。

⑦ 尽管导弹和目标的运动状态信息可以得到，但由此形成的导引控制规律仍不能用于末制导。这主要是由于估值误差的存在会使脱靶量超出允许值。当中制导与末制导采用不同的导引律时，交接段的平稳过渡应给予足够的重视。

9.4.2　复合制导体制选择的依据及原则

复合制导体制选择的主要依据是导弹武器系统对制导系统的要求及武器系统本身的某些限制条件。可大致归结如下：

① 武器系统最大拦截距离的要求；

② 武器系统对制导精度的要求；

③ 战斗部种类、装药或威力半径的限制；

④ 弹上体积、质量的限制；

⑤ 导弹武器系统的全天候能力、多目标能力、抗干扰能力和 ARM 能力，对目标的分辨、识别及反隐身能力；

⑥ 导弹的作战空域、低空性能和速度特性；

⑦ 导弹成本及武器系统的效费比；

⑧ 系统可靠性及可维修性等。

应该指出，①～③为是否选择复合制导体制的决定性依据。

复合制导体制选择的根本原则是，只要单一制导体制能够实现导弹武器系统的战术技术性能指标，应尽量不选用复合制导体制，因为它会使系统复杂且造价高。一旦决定选择复合制导后，就必须从上述八条依据出发，参照目前可能采用的多种复合制导体制的优缺点，权衡利弊，做出优化选择。选择中，为了合理地利用单一制导系统的良好特性，达到精确制导导弹杀伤目标的目的，建议掌握下列原则：

1. 初制导选择原则

初制导即发射段制导，是从发射导弹瞬时至导弹达到一定的速度，进入中制导前的制导。通常发射段弹道散布很大，为了保证射程，使导弹准确地进入中制导段，多采用程序或惯性等自主式制导方式。但是，如果能保证初始段结束时导弹进入中制导作用范围，可不用初制导。

2. 中制导选择原则

中制导是从初制导结束至末制导开始前的制导段。这是导弹弹道的主要制导段，一般制导时间和航程较长，因此很重要。中制导系统是导弹的主要制导系统，其任务是控制导弹弹道，将导弹引向目标，使其处于有利位置，以便使末制导系统能够“锁定”目标。也就是说，中制导一般不以脱靶量作为性能指标，而根本任务在于把导弹导引至导引头能够“锁定”目标的一定范围内。因此，它没有很准确的终点位置。

应该指出，中制导结束时的制导精度可决定导弹接近目标时是否还需要采用末制导。当不再采用末制导时，通常称为全程中制导。中制导一般采用自主式制导或遥控制导，捷联惯性制导和指令修正技术。这是中高空防空导弹和中远程巡航导弹普遍采用的中制导方式。

3. 末制导选择原则

末制导段的工作应在末制导导引头最大可能的作用距离上开始，这一点对提高角截获的概率是必要的，这个距离为 10～20 km。在到达该距离之前，导引头位标器应根据解算出的目标方位进行预定偏转，使目标落入其综合视场之内。末制导应采用主动式或被动式雷达及红外导引头。为保证目标截获，应对导引头瞬时视场、扫描范围、截获时间，以及位标器指向误差等做出分析和鉴定。导引律的形成应尽量采用各种滤波、补偿和优化技术，如考虑导弹系统的实际限制条件、目标机动、闪烁噪声抑制、雷达瞄准误差的补偿，以及采用高性能自动驾驶仪和其他末制导修正技术。高性能自动驾驶仪的采用能显著改善末制导的性能，使脱靶量明显减少。除此之外，末制导系统应具有跟踪干扰源的能力。

末制导是在中制导结束后至与目标遭遇或在目标附近爆炸时的制导段。末制导的任务是保证导弹最终制导精度，使导弹以最小脱靶量来杀伤目标要害部位。因此，末制导常采用作用距离不远但制导精度很高的制导方式。

是否采用末制导，取决于中制导误差是否能保证命中目标的要求。但在如下条件下必须考虑采用末制导：对于反舰导弹和反坦克导弹，要求制导误差小于目标的最小横向尺寸时，即 $\sigma \leqslant \frac{b}{2}$。此处，$\sigma$ 为圆概率误差；b 为舰船或坦克的高度；对于防空导弹要求制导误差小于导弹战斗部的有效杀伤半径时，即 $\sigma \leqslant \frac{R}{3}$。这里，$R$ 为战斗部的有效杀伤半径。

末制导通常采用寻的制导或相关制导（如景像匹配制导），且越来越多地采用红外成像制导、毫米波成像制导或电视自动寻的制导等。

9.4.3 复合制导的主要形式

按照组合方式的不同，可分为串联复合制导、并联复合制导及串并联复合制导。

1. 串联复合制导

导弹的飞行路线可分为初段、中段和末段三个阶段。若导弹在飞行过程中，一次由某种制导体制向另一种制导体制转换，则称这样的组合为串联复合制导。也就是说，导弹在飞行线路的不同阶段上，采用不同的制导方式。

常用的串联复合制导方式包括：

① 自主制导＋遥控；

② 自主制导＋寻的；

③ 遥控＋寻的；

④ 自主制导＋遥控＋寻的。

串联复合制导在各类导弹中均有应用，特别是在射程较远的防空导弹和反舰导弹中应用较为广泛。例如："利夫"导弹武器系统采用"自主制导＋无线电指令制导＋TVM 制导"串联复合制导方式，主要装备于大中型水面舰艇，主要用于中、高空目标拦截，也可拦截低空掠海飞行的反舰导弹目标。采用串联复合制导时，其阶段性较为明显，必须关注制导体制转换时所遇到的问题，如弹道衔接问题。若导弹末制导采用寻的制导，还需考虑目标再截获问题。

2. 并联复合制导及串并联复合制导

并联复合制导就是在导弹的整个飞行过程中（或在弹道某一阶段），同时采用几种制导方法。并联复合制导有三种复合方式：第一种复合方式是将几种制导方法复合在一起，在不同的环境条件下，切换使用不同制导方式；第二种复合方式是利用不同的制导方法控制导弹的不同运动参数，如弹道导弹主动段用方案制导控制其俯仰角，用波束制导进行横偏校正。第三种复合方式是以一种制导方式为主，其他制导方式辅助及校正作用。如从潜艇发射的“战斧”巡航导弹，就是采用以惯性制导为主，以地形匹配制导为辅的并联复合制导。

串并联复合制导是指导弹在整个制导过程中，既有串联复合制导，又有并联复合制导，其典型应用为“爱国者”导弹武器系统。

9.4.4 导弹截获跟踪系统分析与设计

1. 复合制导系统的组成及工作过程

复合制导系统的组成取决于导弹所要完成的任务。大多数导弹的初始段采用自主式制导，而后采用其他制导方式。因此，复合制导系统通常采用“自主式制导＋寻的制导指”“指令制导＋寻的制导”“波束制导＋寻的制导”“捷联惯性制导＋寻的制导”“自主式制导＋TVM 制导”等各种复合制导体制。例如，美国“爱国者”导弹的复合制导系统采用了“自主式＋指令＋TVM”复合制导体制。在这种体制下，初制导采用自主式程序制导，在导弹从发射到相控阵雷达截获之前这段时间内，利用弹上预置的程序进行自主导航，使导弹稳定飞行并完成初转弯；当相控阵雷达截获跟踪导弹后，初制导结束，中制导开始。中制导采用指令制导。在中制导段，相控阵雷达既跟踪测量目标又跟踪导弹，地面制导计算机比较目标与导弹的位置，形成导弹控制指令，控制导弹按期望的弹道飞向适当位置，以便实施中、末制导交班。中制导段还要形成导引头天线的预定控制指令，控制导引头天线指向目标。与此同时，导引头开始截获目标的照射回波信号，一旦导引头截获到回波信号，就通过导引头上的发射机转发到地面，地面作战指挥系统将其切换至末段制导，末制导段采用 TVM 制导。在末制导段，相控阵雷达仍然跟踪测量导弹和目标，但此时相控阵雷达采用线性调频宽脉冲对目标实施跟踪照射。另外，在形成控制指令时，使用了由导引头测量的目标信号。由于导引头测量精度比制导雷达高，因此从根本上克服了指令制导精度低的弱点。

2. 跟踪导弹的必要性问题

对于一般指令制导，跟踪导弹是必要的，且通常采用应答方式。对于中、高空导弹或采用其他制导方式的导弹是否跟踪导弹，主要取决于是否需要导弹位置信息及这些信息是否有其他来源。如全程半主动寻的制导就可以不跟踪导弹，原因是可以采用宽波束天线或利用照射天线副瓣向弹上发送直波信号，可不必知道导弹的空间位置。

应该指出，对于复合制导，获取导弹位置信息是十分重要的。例如在复合制导系统的地面跟踪雷达中，它主要用于形成中制导指令，形成中-末制导交班指令，以及用于控制指令波束（或天线）指向导弹发送控制指令或修正指令。但是，在是否跟踪导弹问题上，仍然取决于具体制导体制，以及是否有更好的方法获取导弹位置信息。一般来讲，针对如下几种典型复合制导体制，其初步结论是：

① 对于半主动寻的＋主动寻的（或被动寻的），原则上可以不跟踪导弹。

② 对于指令＋寻的(包括主动、半主动、被动、TVM)，为了形成中制导指令和交班指令，地面必须跟踪导弹。

③ 对于惯导＋修正指令＋寻的(包括主动、半主动、被动)，如果弹上将测得的导弹位置信息发回地面跟踪制导雷达，则地面可以不跟踪导弹；如果弹上不发回导弹位置信息，一般需要地面跟踪导弹。尤其是当末制导作用距离十分有限的情况下，为了获得较高的相对坐标测量精度，必须跟踪导弹。

采用指令制导的导弹大都采用应答式跟弹方案，但对于复合制导导弹必须选择既满足要求又简便的跟弹方案，例如可采用反射式跟弹方案。所谓反射式跟弹，是指把导弹视为一个目标，依靠导弹受雷达照射后反射回波信号对导弹实现跟踪。当然，能否实行反射式跟弹，将主要取决于最大跟踪距离和导弹的 RCS(雷达反射面积)大小方面的要求。对于 RCS 明显小的无翼导弹，一般不能采用反射式跟弹方案。

3. 导弹截获设计问题

可靠截获导弹是对制导系统的基本要求，它将依靠合理设计导弹截获方案来保证。实际上，是要求通过设计解决导弹初始无控段至制导段的可靠过渡问题。其设计问题包括：导弹截获要求、截获方案选择和防止误截获的技术措施等。

下面以相控阵跟踪雷达为例，讨论上述导弹截获设计问题。

(1) 导弹截获要求

导弹截获要求包括：截获空域的确定、多发截获空域的确定、同时截获导弹数、截获时间要求等。

截获空域是指在各种拦截弹道下，截获时导弹可能所处的空间位置的总范围。截获空域分单发截获空域和多发截获空域。单发截获空域大小主要由导弹初始段飞行位置散布决定，影响散布的因素主要是导弹本身飞行偏差、瞄准误差和坐标标定误差。多发截获空域是同时拦截多目标，是多枚导弹的截获空域合成的总截获空域。设计中，可通过布站方式、参数调整及截获时机的选择，使多发截获空域选得尽可能小。

同时截获导弹数与同时拦截目标数有关，且后者与来袭目标流强度、武器射击效率、杀伤区纵深等因素有关。当然，同时截获导弹数还取决于雷达能力等。

导弹截获时间主要受最小拦截距离(即杀伤区近界)的限制，它要求导弹截获时间尽可能短。一般对多功能相控阵雷达来说，截获时间应不大于 2 s，最小截获时间要求小于 1 s。

(2) 截获方案选择

在多目标拦截情况下，通常有两种搜索拦截方案可供选择，即主阵窄波束搜索截获方案和主阵宽波束搜索截获方案。前者适用于拦截空域较小、雷达多功能、多目标能力要求较低的场合；后者适用于截获空域较大且对多目标要求较高的情况。除此之外，还有基于上述两种方案而衍生的其他截获方案，如辅助阵截获方案、多个辅助小天线配合主阵截获方案等。究竟选用哪一种截获方案，除考虑上述导弹截获要求外，还需要考虑其他因素并进行效费比分析。

(3) 防止误截获的方案

对于相控阵跟踪雷达，所谓误截获就是副瓣截获。这是因为导弹发射后为了尽早截获目标或拦截低空目标，飞行高度一般较低，截获导弹的仰角都较小；而在低仰角拦截时，雷达易受到来自副瓣的地物反射信号影响。当地物反射信号很强时，会造成雷达对副瓣信号的截获，即所谓误截获。为了有效防止误截获，通常在设计上采取了一些技术措施，如低副瓣技术、高门限截获技术，设置辅助天线及设置红外辅助跟踪器等。

9.4.5　目标交接班技术

1. 目标交接班概念

所谓目标交接班，是指敏感器 1 将所跟踪测量的目标多维坐标信息传送给敏感器 2，敏感器 2 利用所提供的目标信息指向目标所在方向，在相应坐标上等待或搜索，发现和拦截目标并转入跟踪的整个过程。目标交接班可简称为目标指示或引导。

目标交接班是复合制导的特殊问题。这是因为导弹采用串联复合制导时，飞行弹道各段上采用不同的制导体制，不同的制导体制利用不同的导引方法导引导弹。当制导体制转换时，两个制导阶段（如中制导与末制导）的弹道衔接是一个重要问题。为了做到不丢失目标、信息连续、控制平稳、弹道平滑过渡以及丢失目标后的再截获，必须从设计上解决目标的交接班问题，尤其是保证中制导段到末制导段的可靠转接，使末制导导引头在进入末制导段时能有效截获目标。对目标的截获包括距离截获、速度截获和角度截获三个方面。

当导弹被导引至末制导导引头的作用距离时，即认为实现了距离截获，这时导弹的导引头将进入目标搜索状态。速度截获是指当采用脉冲多普勒或连续波雷达体制时，应确定末制导开始时导弹与目标间雷达信号传输的多普勒频移，以便为速度跟踪系统的滤波器进行频率定位，保证使目标回波信号落入滤波器通带。因为此多普勒频移是根据解算出的导弹-目标接近速度而得到的，所以与实际频移之间存在误差，可能使目标回波信号逸出滤波器通带而不被截获。为此，在主动末制导开始之前，必须在多普勒频率预定的基础上加上必要的频率搜索。

角截获问题在所有的复合制导模式下都是存在的。其根源在于末制导导引头总有一个有限的视场，目标可能落在此视场之外而不能被截获。为了保证截获，必须把位标器预定到计算出的目标视线方向上。然而，工程中存在着理论上无法确定的各种误差因素，会造成位标器指向与实际的目标方向之间的不一致，这种不一致被称为导引头指向角误差。构成这种误差的主要因素有目标位置测量误差、导弹位置测量误差、预偏信号形成误差、位标器伺服机构误差、整流罩瞄准误差和弹体运动耦合误差等。合理的设计应要求末制导导引头的瞬时视场角略大于误差角。

2. 目标交接班方式及其选择

目标交接班方式可分为两大类，即直接交接班和间接交接班。前者是利用敏感器 1 对目标的实体测量信息与敏感器 2 进行的交接班，也就是说，敏感器 2 转入对目标跟踪前的整个交接班过程中，敏感器 1 始终跟踪、测量目标，并向敏感器 2 提供目标的实时测量参数；后者是利用对目标的实时预报（外推）位置作为目标指示信息，使敏感器 2 转入对目标的截获跟踪。当然，实时预报信息一般来源于敏感器 1 在交接班前对目标的测量。

目标交接班方式的选择是交接班方案设计的第一步。方式选择中，一般应考虑如下方面：

① 当敏感器 1 与敏感器 2 的工作空域互不交叠时，只能采用间接交接班方式。

② 当两敏感器工作空域有交叠，且交叠区的纵深 ΔR 满足 $\Delta R > V_{\max} t_{10}$（$V_{\max}$ 为所攻击目标的最大速度；t_{10} 为完成交接班所需的时间）时，可采用直接交接班方式。

③ 当拦截近界目标时，为了使弹上导引头尽早截获目标，可采用间接交接班方式。

④ 当战术单位目标指示雷达与 TBM（战区弹道导弹）预警雷达分别与复合制导系统中的主雷达进行交接班时，前者主雷达应工作在直接交接班方式，而后者主雷达应工作在间接交接

班方式。

3. 顺利交接班条件

理论分析和实践表明，在复合制导中，保证中、末制导段的顺利交接班是最为重要的，为此，必须满足如下基本条件：

① 目标应处在导引头作用距离和天线波束宽度范围之内。

② 导弹与目标之间相对速度的多普勒频率必须在导引头接收机等待波门的频率搜索范围内。

由此可见，必须对导引头天线指向和接收机等待波门的频率进行预定。导引头天线指向预定方位的过程，是由弹上惯导系统测量并计算出导弹位置、速度和姿态角，通过机载（或制导站）雷达将实时获得的目标位置和速度信息经数据链系统发送给弹上接收机，并在解码处理后传输给弹上计算机。弹上计算机解算出弹目相对运动关系及参数，根据相对运动参数和弹体姿态角，可求得导弹与目标的视线方向，相当于导弹纵轴的高低角，即

$$\varphi = q - \vartheta \tag{9-50}$$

进而计算得到控制导引头天线转动的方位角为

$$\Delta\varepsilon_L = \varphi - \varphi_0 \tag{9-51}$$

导引头接收机等待波门的频率中心位置可按弹-目相对速度的多普勒频率 f_d 设置。f_d 可简化计算得到，即

$$f_d = \frac{2\dot{R}}{\lambda} \tag{9-52}$$

式中：λ 为导引头接收机所用天线波长。

另外，若能在中制导段和末制导段选用同样的导引律，则可避免两种制导段衔接处的弹道参数瞬间跳动，以有利于末制导开始时制导控制性能和弹道特性，以及减小交接班过渡时间。为此，还可以考虑设计一种交接班段的过渡导引规律 U_{ch}，即

$$U_{ch} = \begin{cases} U_{cm} & t < t_h \\ aU_{ch} + (1-a)U_{cm} & t_h \leqslant t \leqslant t_t + 2.5 \\ U_{ch} & t > t_h + 2.5 \end{cases} \tag{9-53}$$

$$a = (t - t_h)/2.5 \tag{9-54}$$

式中：a 为权值系数；t_h 为交接班开始时间，并设定交接班过渡时间为 2.5 s；U_{cm} 为中制导导引规律。

4. 目标交接班系统模型

目标交接班系统是指从交班设备给出目标指示开始到接班设备截获跟踪目标为止，参与目标交接班过程的所有设备的总体。为了分析交接班问题和设计交接班系统，必须建立该系统的模型。通常，交接班系统的基本模型可有多种形式。图 9.33 给出了交接班系统的一种典型基本模型。

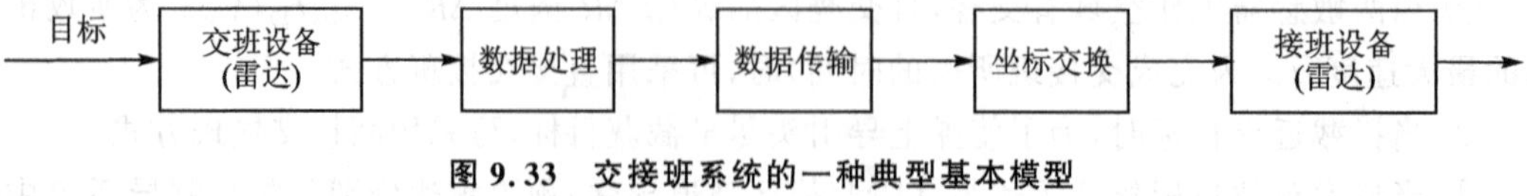

图 9.33　交接班系统的一种典型基本模型

5. 交接班成功概率及其计算

交接班成功概率是指从交班到接班整个事件被完成的概率。为了方便计算这种概率，可将交接班过程分为三个分事件：目标落入、目标发现和目标锁定。

理论分析和推导表明，单次交接班成功概率为

$$P_{1s}=P_{V}P_{D}P_{L}P_{Re}(t_1+T_1) \tag{9-55}$$

式中：P_V 为目标指示成功概率（或目标落入概率）；P_D 为平均检测概率；P_L 为已发现目标被锁定（转跟踪）的概率；P_{Re} 为交接班设备的可靠度；t_1 为设备已工作时间；T_1 为一次交接班时间。

6. 目标交接班精度计算

下面以图 9.33 为例讨论目标交接班精度计算。当各环节引入系统误差 Δ_i 和随机误差 σ_i 后，原图将变为图 9.34 形式。这时，精度计算将转化为按照图 9.34 进行的交接班误差计算。

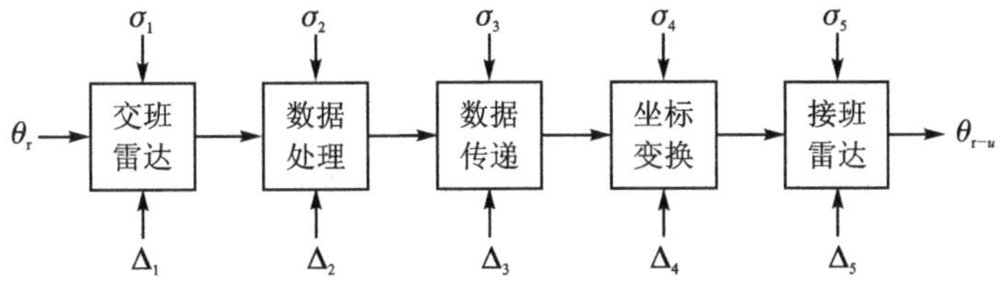

图 9.34　交接班精度计算模型

9.4.6　复合制导的中制导导引规律选择

为了实现中远程导弹制导精度要求，必须引入中制导段。确保中制导段的性能是复合制导的关键技术问题之一，其中导引规律的采用对这些性能有重要的影响。

通常，对中制导导引规律的选择主要考虑如下几个方面：

① 中制导段的能量最省（末速度最大，或时间最短）；

② 中制导至末制导交接段的航向误差最小；

③ 中制导至末制导交接段的指向误差不超过给定值；

④ 中制导至末制导交接段的目标视线与弹轴夹角小于给定值；

⑤ 中制导的弹道平缓，迎角、侧滑角较小。

由于中制导不是以脱靶量为指标，所以通常的各种形式比例导引规律是不合适的。研究表明，采用最优导引规律可能会大大改善中制导段的性能。除此之外，下面几种典型导引规律可作为中制导导引规律的最佳选择：奇异摄动导引规律（SP）、弹道形成导引规律（TS），G 偏置＋航向修正导引规律（GB）及航向修正导引规律（EB）。当然，比例导引规律（PN）也可以在同其他导引规律比较后考虑是否采用。

为了正确选择上述推荐的中制导导引规律，还必须针对具体情况进行仿真分析，对其导弹性能、中制导飞行时间、飞行速度、脱靶量、交接段指向误差等进行全面比较，权衡利弊，决定采用哪一种中制导导引规律。

9.4.7　复合制导系统的作战运用设计

导弹武器系统作战效能很大程度上取决于复合制导系统的作战运用设计。其设计包括作

战方式、作战过程和设备工作方式。

1. 作战方式

不同的复合制导系统,有以下作战方式可供选用和组合。

(1) 复合制导作战方式

复合制导作战方式是复合制导系统的基本作战方式。该作战方式一般适用于拦截中、远程距离目标。在此作战方式下,导弹飞行的控制将经历初制导、中制导和末制导的全过程。

(2) 初制导直接转主动寻的作战方式

采用主动导引头的复合制导系统,将运用这种全程主动寻的作战方式。初制导直接转主动寻的作战方式只能用于拦截近距离目标。其最大拦截距离为

$$L_{1Ta} \leqslant L_{1M} + R_a \frac{V_M}{V_T + V_M} \tag{9-56}$$

式中:L_{1M} 为初始段最大距离;R_a 为主动导引头作用距离(一般指锁定距离);V_M、V_T 分别为对应拦截距离下导弹和目标的平均速度。

(3) 初制导直接转半主动寻的作战方式

初制导直接转半主动寻的作战方式亦称为全程半主动寻的作战方式。这种作战方式主要用于拦截中、近距离目标。其最大拦截距离为

$$L_{1Ts} \leqslant L_{1M} + R_s \frac{V_M}{V_T + V_M} \tag{9-57}$$

式中:R_s 为半主动导引头的作用距离。

(4) 初制导转指令制导的作战方式

初制导转指令制导的作战方式亦称为全程指令制导作战方式,即初始飞行段末转入指令制导而不再用末制导。对于导引误差均方根 σ_G 不大于 $K \cdot r$ 的相应拦截距离以内,这种作战方式是有效的。这里,r 为战斗部威力半径;$K = \frac{1}{2 \sim 2.5}$。

2. 作战过程

对于初、中、末制导都介入的复合制导系统,基本作战过程大致为:雷达天线调转→雷达搜索检测→粗跟踪→目标威胁粗估计及粗跟踪目标排序→精跟踪→目标识别及精跟踪排序→照射器天线精调转和外同步→导弹截获跟踪→中制导→中末制导交班→末制导→引信开机。此后,当导弹、目标相对位置达到一定条件时,引信便自动爆破战斗部,杀伤目标。

3. 设备工作方式

设备工作方式是复合制导系统的重要设计内容之一,原则上包括工作方式和工作方式调度设计。在诸设备中,雷达是至关重要的。目前主雷达一般都采用相控阵雷达。它主要完成搜索、跟踪、识别、制导、对抗等多种功能。为了有效地完成多功能,必须进行雷达工作方式优化及工作方式的自适应调度设计。在此,其主要包括:搜索方式选择、搜索空域确定、跟踪方式选择、跟踪数据率选择、调度策略设计等。

除雷达工作方式设计外,还有复合制导系统其他设备的工作方式设计。这里包括:寻的系统工作方式及转换、光学辅助跟踪器的工作方式及转换、指控系统工作方式和状态转换等。

9.4.8　多模复合寻的制导

未来电子对抗技术、隐身技术的发展，以及作战环境的复杂多变，将使精确制导武器面临严重挑战，要求它必须具有各种抗干扰能力、识别真假目标能力、对付多目标能力及全天候作战能力。一般认为，多模复合寻的制导将是一种提高精确制导武器作战能力的有效技术途径。

前述任何单一模式寻的制导都既有优点又有缺点。为了克服采用单一模式导引头的缺点，提高导弹武器在复杂战场环境中的制导性能和可靠性，可以把两种或两种以上的寻的制导技术复合起来，取长补短，以形成高性能的寻的制导系统，这是精确制导技术发展的重要方向。雷达制导，尤其是毫米波雷达制导与光电制导的复合体制，是最常见的多模复合寻的制导方式。目前，主要采用的是双模复合形式，如被动式雷达/红外、主动式毫米波/红外成像和毫米波主/被动等双模复合寻的制导在近程防空导弹武器系统中得到了广泛的应用，以提高其抗干扰能力和反隐身能力。例如，法国"新一代响尾蛇"自行式防空导弹系统采用了雷达和光电复合制导；英国的"星光"便携式防空导弹采用了无线电指令和激光驾束复合制导；法国的"西北风"导弹采用了可以工作于两个红外波段上的复合导引头。

为有效发挥多模复合寻的制导的作用，在设计多模复合寻的导引头时，应着重考虑如下方面：

① 多模复合是一种多频谱复合探测。由于参与复合的寻的模式工作频率在频谱上差距越大，敌方的干扰手段欲占如此宽的频谱就越困难，因此，各模式的工作频率相距越远越好。从此角度来讲，合理的复合有：微波雷达/红外、紫外复合，毫米波雷达（主动或被动）/红外（单色或双色）复合，微波雷达/毫米波雷达复合。

② 参与复合的制导方式应尽量不同，尤其当探测的能量为一种形式时，更应注意选用不同的制导方式复合。如主动/被动、主动/半主动、被动/半主动复合等。

③ 参与复合模式间的探测口径应能够兼容，以便实现共孔径复合结构，避免采用分离式结构。毫米波/红外复合导引头的共孔径复合结构有：卡塞格伦光学系统/抛物面天线复合系统、卡塞格伦光学系统/卡塞格伦天线复合系统、卡塞格伦光学系统/单脉冲阵列天线复合系统及卡塞格伦光学系统/相控阵天线复合系统。

④ 参与复合的模式在探测功能和抗干扰能力上应互补。这是多模复合寻的制导的根本目标，唯有如此才能提高探测能力、抗干扰能力和突防能力，产生复合的综合效益。

⑤ 参与复合的各模式的器件、组件、电路应实现固态化、小型化和集成化。由此出发，最适宜参与复合的模式有：2 cm 波长主被动寻的雷达，毫米波主被动寻的雷达，红外、激光及紫外光探测系统等。

1. 被动雷达/红外复合寻的制导

被动雷达/红外双模复合制导原理框图如图 9.35 所示。应用中，雷达导引头主要解决红外成像制导作用距离短的问题，先用被动雷达制导方式工作一段，直到红外导引头的有效工作距离时，再转入红外制导，从而最终解决导弹制导精度问题和辐射源突然关机问题。这种制导方式使红外和雷达结合，优势互补，构成一种高性能寻的制导系统，主要用于反舰导弹和反辐射导弹等。

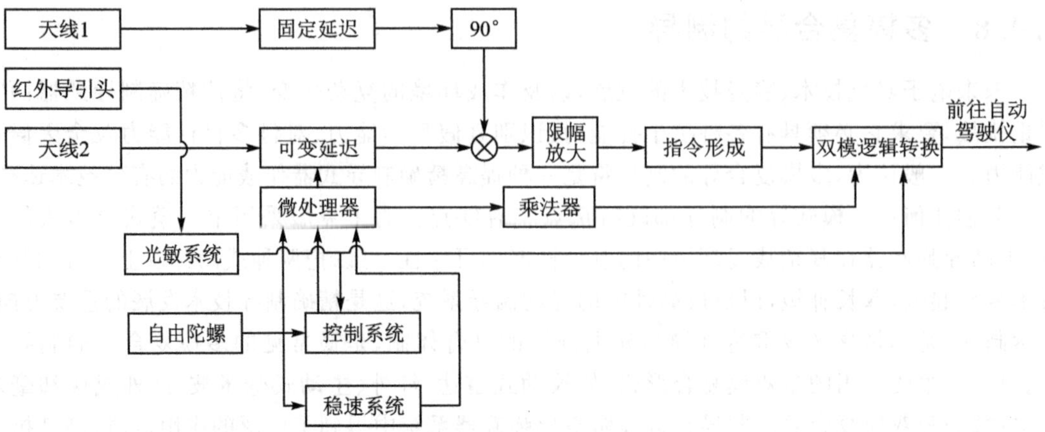

图 9.35　被动雷达/红外双模复合制导原理框图

2. 主动式毫米波/红外成像复合寻的制导

主动式毫米波/红外成像复合寻的制导方式早已经被发达国家所重视，20 世纪 80 年代即开展了这方面的研究。应用中，在末制导初段主要利用毫米波制导。这是因为它的作用距离比红外远，可穿透云雾和烟尘，波束比红外宽。在转入末制导时很快进行大范围搜索，迅速截获目标，且可利用高距离分辨技术成功实现目标检测与目标初始跟踪。在近距离时将主要利用红外制导，这时可发挥红外分辨率高的优势，实现对目标的精确定位、精确跟踪及对目标的精确打击，克服毫米波雷达近距离情况下的角闪烁效应。除此之外，毫米波与红外复合可在目标识别阶段充分利用毫米波雷达与红外探测器提供的目标特征，以提高目标识别性能。同时还可根据不同战场或目标属性，选择红外或毫米波中的一种来实现不同的制导功能，提高反隐身和抗干扰能力。

毫米波制导装置具有体积小、重量轻的特点，因此被广泛应用于多模复合寻的制导体制中。主动式毫米波/红外成像复合是目前比较典型的多模复合寻的制导系统，也被称为 IIR/MMW 双模共口径末制导系统。IIR/MMW 复合制导系统结构如图 9.36 所示，该结构中红外光学系统与毫米波天线巧妙地共用同一孔径，故而大大缩小了系统体积。

3. 毫米波主被动复合寻的制导

毫米波主动式寻的雷达可采用脉冲调制或调频体制。因为探测远距离目标时，脉冲探测器的杂波雷达截面积比调频连续波探测器的杂波雷达截面积小得多，所以，主动寻的雷达先开机时，应选用脉冲调制体制。被动式毫米波系统是直接接收目标的毫米波辐射能量，与主动式毫米波系统复合后，不但具有很高的制导精度，而且具有抗干扰和反涂层隐身的能力，是精确制导性能最好的方式之一。

除了上述三种最常见的双模复合制导系统外，近年来还出现了多模选择复合制导系统。这种制导系统是指导弹在飞行中段采用被动探测的反辐射探测器，而末段寻的探测可根据需要从微波制导寻的或被动红外等探测器中选择一种的制导系统。这种把两种探测器合并使用的方法，保证了末段探测器始终指向目标并保证目标始终处于它的搜索范围之内。这样，末制导探测器便不必进入搜索模式就可以完成中段制导模式向末段选择制导模式的转换。

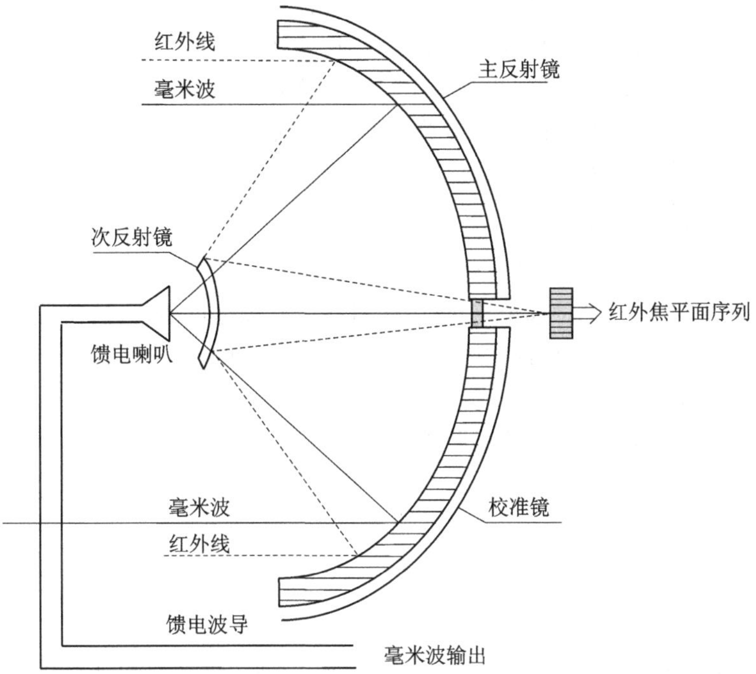

图 9.36　IIR/MMW 复合制导系统结构

9.4.9　复合制导技术的应用

1. 空空导弹复合制导技术

从近年来发生的局部战争可以看出，多目标超视距空战将是今后空战的主要形式和发展趋势。多目标超视距空战的武器当然非先进的中远程空空导弹（也称为超视距空空导弹）莫属。

中远程空空导弹发射距离可高达 60 km 以上，这种超视距的工作条件导致必须引入中制导段，且采用中段惯性制导与末段主动制导相结合的复合制导体制。因为导引头的雷达天线尺寸受到严格限制，其天线面积与发射功率远比载机雷达的小，因此这就决定了主动导引雷达的作用距离远小于载机雷达的作用距离，并且在发射后很长一段时间导引头上主动雷达根本探测不到目标。由此，主动导引头不可能在发射导弹后立即开始工作。中制导方式有半主动制导、平台式惯性制导和捷联式惯性制导。美国先进中距空空导弹 AIM－120A 就是使用捷联式惯性制导方式，这种制导方式仅需两个速度陀螺仪、三个加速度计和一台计算机。在中制导段，惯性系统可以提供大量的导弹状态信息，如位置、姿态、速度、加速度等，有利于实现制导规律。

复合制导的末制导又有多种形式，例如：被动射频寻的、半主动寻的、主动寻的、红外被动寻的等单模寻的方式；还有半主动与红外被动复合寻的、半主动与主动复合寻的、主动与红外被动复合寻的，以及被动射频与红外被动复合寻的等双模复合寻的方式；除此之外，还有红外、紫外和射频寻的复合的三模乃至多模复合寻的制导体制。

目前，国外中远程空空导弹的代表有美国的 AIM－120、欧洲的流星导弹等。AIM－120D 导弹和流星导弹都装有数据链组件。在导弹与载机分离后，导弹朝着预定的目标飞行。在中制导阶段，导弹可以从载机或者第三方（友机或预警机）的数据链中获取目标信息，有效地增加了作用距离，提高了中末制导交班成功概率。同时，导弹还通过下行数据链不断地向飞机发送导弹运动学状态、导引头截获、导弹拦截指示、导弹功能状态、导弹重新瞄准、防自伤确认等信息，使控制系统或飞行员能够及时掌握导弹信息。数据链的使用是 AIM－120D 导弹和流星导弹，从单一火力平台向火力-信息双重平台过渡的重要标志。

2. 防空导弹复合制导技术

各种末端寻的技术，虽然能使防空导弹具有“发射后不管”能力，并可用于对付多目标，但是其作用距离有限，不宜于对付远距离目标；而对空袭目标尽可能地进行远距离拦截又是非常重要的。远距离拦截可以阻止机载空射武器发挥作用，又可能对同一目标创造第二次，甚至第三次拦截的机会，提高防空效果。

为了增加地空导弹的射程，拦截远距离目标，通常把具有“发射后不管”能力的制导方式用作末端制导，而采用其他制导体制用作防空导弹的中段制导以增大射程。各种已用的或正在发展研制中的复合制导体制如下：

(1) 被动雷达寻的＋被动红外寻的

这种制导体制是利用目标的无线电辐射对目标进行被动射频寻的，作为防空导弹的中段制导，然后随着导弹接近目标，红外信号变得足够强时，即由被动射频寻的转为被动红外寻的。

美国通用动力公司正在研制的用来对付反舰导弹的旋转弹体导弹（RAM－116A），就是采用这种被动射频寻的和被动红外寻的两者的复合制导体制。因为大多数反舰导弹都载有雷达高度表和主动寻的雷达，其无线电辐射正好用来进行被动射频寻的。

(2) 半主动寻的＋主动寻的

对于半主动寻的＋主动寻的这种复合制导方式，虽然作为末制导的主动寻的方式具有“发射后不管”能力，但是作为中制导的半主动寻的却不具备对付多目标的能力。因而这种复合制导方式对付多目标的能力仅比单一半主动寻的制导有所改善。它适合于对已有的半主动寻的制导导弹改进增大射程。另外，作为半主动寻的照射器又易于遭到反辐射导弹的攻击，因而为了增强实战能力还必须增加抗反辐射导弹措施。

(3) 惯性中制导＋主动式雷达制导

法国研制的中程地对空 SAMP 武器系统（导弹为 SA－90）和舰用反导型 SAAM 武器系统（导弹为 SAN－90）采用了惯性中制导和主动式雷达末制导这种复合制导体制。

惯性中制导和主动雷达末制导这种复合制导体制抗干扰能力强，而且具有“发射后不管”能力，特别是该系统还采用了垂直发射方式，因而更加有利于对付多目标。

(4) 惯性初制导＋指令中制导＋主动雷达制导

通常的指令制导体制在导弹的整个制导过程中，必须由地面设备跟踪目标并测量飞行中导弹相对目标的偏差，形成指令并以每秒几十次的指令控制导弹飞向目标，因而这种系统不具有对付多目标的能力。另外，随着作用距离的增加，制导精度也变差。但是指令制导可用作中制导、增加主动寻的导弹的射程，这样既可增加作用距离，又可保证交会段的制导精度很高。这种复合制导方式是指令制导的发展方向之一。

英国宇航公司和马可尼公司所承包研制的用于 20 世纪 90 年代的新型舰空导弹“海狼”改进型，其制导体制就是在原来指令制导的“海狼”基础上，增加了主动雷达导引头。其目的就是用来增加射程，由原来的 5 km 增加到 15 km 或更远。由于指令中制导段与雷达主动寻的末制导段相比较短，因此改进型“海狼”也增强了对付多目标的能力，并有可能对同一个目标进行多次拦截，确保可靠杀伤。

(5) 相控阵雷达＋惯性/指令中制导＋半主动寻的末制导

这种复合制导体制可以增大导弹的射程，并具有良好的低空作战性能。但是它并不具有“发射后不管”能力，其对付多目标能力取决于所采用目标跟踪照射器的数量，因为对多目标的探测跟踪，以及为处于中段制导的导弹发送遥控指令，相控阵雷达是完全可以满足要求的。

美国的第三代舰空导弹宙斯盾舰空导弹系统就采用了相控阵雷达＋惯性/指令中制导＋半主动寻的这种复合制导体制。相控阵雷达 AN/SPY－1 是全方位单脉冲工作体制，在计算机控制下自动完成搜索、截获和跟踪多批目标，并为导弹提供中段指令制导。宙斯盾系统有 4 部 AN/SPG－62 目标照射雷达，因此只能够同时攻击 4 个目标。

相控阵雷达＋惯性/指令中制导＋半主动寻的制导并不是理想的制导体制，如果把半主动寻的末制导改为主动寻的末制导，那么就具备了“发射后不管”能力。其同时对付多目标的数量将取决于相控阵雷达的能力。宙斯盾系统之所以采用这种体制，可能是由于其采用了已有的标准－2 导弹的缘故。

(6) 相控阵雷达＋程控初制导＋指令中制导＋TVM 末制导

美国最新装备的机动式全天候多用途地空导弹系统“爱国者”就是采用这种复合制导体制。“爱国者”多功能相控阵雷达用来完成高、中、低空目标搜索、识别、截获、跟踪和照射，以及导弹跟踪和指令制导。它可以同时监视全空域的 100 批目标，制导 8 枚导弹攻击不同的目标，并具备多种抗干扰功能。

思考题

1. 试述制导控制系统的组成及功能。
2. 试述制导系统设计基本要求。
3. 试述寻的制导系统的概念及特点。
4. 试述主要的雷达寻的制导方式及其特点。
5. 根据制导运动方程推导导弹制导精度(脱靶量)计算式。

参考文献

[1] 黄瑞松，刘庆楣，等. 飞航导弹工程[M]. 北京：中国宇航出版社，2004.

[2] 金其明，等. 防空导弹工程[M]. 北京：中国宇航出版社，2004.

[3] 潘荣霖，等. 飞航导弹自动控制系统[M]. 北京：中国宇航出版社，1991.

[4] 彭冠一，等. 防空导弹武器制导控制系统[M]. 北京：中国宇航出版社，1996.

[5] 程云龙，等. 防空导弹自动驾驶仪设计[M]. 北京：中国宇航出版社，1993.

[6] (美) Siouris G M. 导弹制导与控制系统[M]. 张天光，等译. 北京：国防工业出版社，2010.

[7] 李洪儒，李辉，等. 导弹制导与控制原理[M]. 北京：科学出版社，2016.

[8] 马金铎，周绍磊，等. 导弹控制系统原理[M]. 北京：航空工业出版社，1996.

[9] 方洋旺，伍友利，等. 导弹先进制导与控制原理[M]. 北京：国防工业出版社，2015.

[10] 张有济. 战术导弹飞行力学设计[M]. 北京：中国宇航出版社，1996.

[11] 杨军，朱学平，袁博. 现代防空导弹制导控制技术[M]. 西安：西北工业大学出版社，2014.

[12] 于秀萍，刘涛. 制导与控制系统[M]. 哈尔滨：哈尔滨工业大学出版社，2014.

[13] 彭冠一，等. 防空导弹武器制导控制系统设计[M]. 北京：中国宇航出版社，1996.

[14] 吴森堂. 飞行控制系统[M]. 2版. 北京：北京航空航天大学出版社，2013.

[15] 雷虎民. 导弹制导与控制[M]. 北京：国防工业出版社，2006.

[16] 薛定宇. 控制系统计算机辅助设计[M]. 2版. 北京：清华大学出版社，2006.

[17] 夏玮，等. 控制系统仿真与实例详解[M]. 北京：人民邮电出版社，2008.

[18] 李慧峰，等. 高超声速飞行器制导与控制(上)[M]. 北京：中国宇航出版社，2012.

[19] (俄) ЯСловей Э，等. 航空制导炸弹导引系统动力学[M]. 滕克难，等译. 北京：兵器工业出版社，2017.

[20] 闰明亮，等. 防空导弹垂直发射的最优化控制研究[J]. 战术导弹控制技术，2006(3)：26-28，55.

[21] 汤善同，等. 最优控制理论在垂直发射舰空导弹转弯控制中的应用[J]. 北京航空航天大学学报，1991(4)：30-36.

[22] 吴森堂. 飞航导弹制导控制系统鲁棒分析与设计[D]. 北京：北京航空航天大学，2010.

[23] 白万姣. 大角度俯冲攻击导引与控制一体化设计研究[D]. 哈尔滨：哈尔滨工业大学，2007.

[24] 刘敬华. BTT 导弹鲁棒自动驾驶仪设计[D]. 哈尔滨：哈尔滨工业大学，2013.

[25] 伊鑫. 某型 BTT 航弹导航控制系统设计与仿真研究[D]. 哈尔滨：哈尔滨工业大学，2007.